HNC理论全书

第一卷 概念基元 ——第一册

论语言概念空间的主体概念基元及其基本呈现

图灵脑理论基础之一

黄曾阳／著

科学出版社
北京

内 容 简 介

本书是《HNC 理论全书》的第一册。HNC 理论以自然语言理解为其核心探索目标，试图为语言理解的探索开启一条新的途径，以语言概念空间的符号化、形式化为手段，实现人类语言脑的纯物理模拟。

本书分为两编，第一编论述主体基元概念，第二编论述人类活动的心理呈现。主体基元概念是 HNC 理论的核心概念体系，由作用、过程、转移、效应、关系和状态 6 个环节组成，简称作用效应链。这 6 个环节是考察任何事物的全方位视野，是开启自然语言理解奥秘之门的钥匙。主体基元概念的语言呈现可划分为两类劳动和三类精神生活，人类活动的心理呈现是其基本呈现，另称为第一类精神生活，本书从 HNC 的视野对传统心理学和认知学进行了一番重新梳理。

本书适合对自然语言理解、认知科学、文化学、哲学等感兴趣的所有读者，特别是语言信息处理方面的研究者及学生参阅。

图书在版编目(CIP)数据

论语言概念空间的主体概念基元及其基本呈现 / 黄曾阳著. —北京：科学出版社，2015. 2

（HNC 理论全书）

ISBN 978-7-03-043162-2

I. ①论… II. ①黄… III. ①系统科学–研究 IV. ①N94

中国版本图书馆 CIP 数据核字（2015）第 018889 号

责任编辑：付 艳 闵敬淞 / 责任校对：刘亚琦

责任印制：肖 兴 / 封面设计：黄华斌

联系电话：010-6403 3934

电子邮箱：fuyan@mail.sciencep.com

科 学 出 版 社 出版

北京东黄城根北街 16 号

邮政编码：100717

http://www.sciencep.com

中国科学院印刷厂 印刷

科学出版社发行 各地新华书店经销

*

2015 年 5 月第 一 版 开本：787×1092 1/16

2015 年 5 月第一次印刷 印张：37

字数：880 000

定价：148.00 元

（如有印装质量问题，我社负责调换）

本书得到下述项目支持/资助

中国科学院“八五”重点项目“汉语人机对话项目”

国家“九五”科技攻关计划项目“汉语理解系统的核心技术专题”（98-779-02-04）

国家“973”项目课题“基于概念层次网络（HNC）的自然语言理解与处理”（G1998030506）

国家“863”项目课题“专业和追求活动语境概念林的根概念研究”（2001AA114210）

国家语言文字工作委员会“十五”科研项目“汉语语料库建设规范——基于语义的语句类型及其语料库标注规范研究”（ZDT105-43C）

国家语言文字工作委员会“十五”科研项目“蒙藏维民族文字音形码编码方案研究”（MZ115-74）

国家“973”项目课题“自然语言理解的交互引擎研究”（2004CB318104）

国家科技支撑计划项目“知识组织系统的集成及应用服务体系研究与实现”（2006BAH03B03）

国家科技支撑计划项目“搜索引擎中的语言翻译基础研究”（2007BAH05B02-05）

国家社科基金项目“汉英机器翻译中的多动词语句”（10BYY009）

军队“2110”项目“汉英机器翻译中多动词语句的分析和转换——一项基于概念层次网络理论的研究”（PLA0807022）

中国科学院科研基金项目“面向语言信息处理的汉语省略恢复研究”（2008XYY004）

中国科学院声学研究所知识创新工程项目“句群理解处理理论及其应用”（O654091431）

中国科学院声学研究所“所长择优基金”项目“基于 HNC 理论的英语句类分布及汉英句类转换研究”（GS13SJJ01）

中国科学院声学研究所“所长择优基金”项目“句群分析中的中文人名处理”（GS13SJJ04）

中国科学院青年人才领域前沿项目“面向特定领域句群的人物关系与倾向性评价的自动获取研究”（O754021432）

中国科学院声学研究所知识创新工程项目“句群理解处理理论及其应用”（O654091431）

中国科学院知识创新工程重要方向项目“汉语内容理解及其应用”（Y02A081431）

中国科学院学部咨询项目“信息技术在社会科学中的应用”（Y129091211）

国家语言文字工作委员会“十二五”科研项目“基于概念空间的语义关联研究”（YB125-53）

中国科学院声学研究所知识创新工程项目“音频内容分解与检索”（Y154141431）

中国科学院信息化专项“民族语言信息处理学科领域基础科学数据整合与集成应用”（Y329251431）

国家“863”“十二五”计划项目课题“基于云计算的海量文本语义计算框架与开放域自动问答验证系统”（2012AA011102）

作者的话

本书是《HNC 理论全书》的第一册。《全书》共三卷六册，第一卷三册，第二卷一册，第三卷两册。本书是第一卷的第一册。

HNC 理论以自然语言理解为其核心探索目标，试图为语言理解的探索开启一条新的途径。HNC 认为：语言理解的奥秘，是大脑之谜的核心，也是意识之谜的核心。对这个谜团的探索不是当前的生命科学可以独立完成的，需要哲学和神学的参与。故《全书》之“全”是一个“三学（科学、哲学与神学）协力”的同义词，非 HNC 理论自身之“全”也。HNC 理论充其量是一名语言理解新探索的侦察兵，从这个意义上说，《全书》之“全”应看作是一种期待，一声呼唤。

《全书》的初稿是半成品，是 HNC 团队的内部读物。原定以十年（2006～2015 年）为期，完成初稿。不意十年未竟，推动者和出版者联袂而至。他们深谋远虑，要把一个半成品升级为成品，把一个内部读物正式出版，其间所展现出来的非凡胆识、灼见与谋划，居功至伟四字，不足以表达笔者心中感受之万一。

《全书》结构庞大，体例繁杂，带大量注释。结构方面，分上层与下层，上层分“卷、编、章”3 级，以汉字表示顺序，汉字“零”表示共相概念林或共相概念树。在某些编与章之间，还插入篇。下层分“节、小节、子节”3 级，子节之后，可延伸出次节，每级之内，可派生出分节。体例方面，主体文字之外，安置了大量预说和呼应。注释方面，分两类编号：数字与字母。前者是对正文本身的注释，后者是对正文背景的注释。数字和字母都放在方括号内，如[*01]和[*a]。其中的“*”可以多个，如同宾馆等级的标记。两星[**]以上的注释比较重要，表示读者应即时阅读。

《全书》常相互引用，为标记之便，采取了[$k_1k_2k_3$-m|]简化表示，其中的“k_1”表示卷，“k_2”表示编，“k_3”表示篇，无篇取“0”。“m|”也是一个数字序列，依次表示章节序号。例如[210-0.2.1]和[210-1.2.1]分别表示第二卷第一编第零章和第一章的第 2 节第 1 小节。

《全书》使用了大量概念关联式。概念关联式是语言理解基因的重要组成部分，也是隐记忆的重要组成部分。每一个概念关联式总是联系于特定的概念基元、句类或语境单元。概念关联式分为无编号与有编号两类，无编号的表示尚待探索，《全书》只是给出了若干示范，为上下文引用方便给出的临时数字编号也属于这一类；有编号的统一使用“——（编号）”或“——[编号]”，前者表示内使，后者表示外使。概念关联式编号区分普通与重要两级，后者加“-0”区别，若“-0”插入编号中间，表示不同文明对此有共识，而后缀于编号，则表示特定的文明视野。有编号的概念关联式都有牵头符号，代表着该概念关联式的重要性级别，目前主要用[HNC1]符号牵头。

在撰写初稿期间，池毓焕博士一直是我的学术助手。在本书出版期间，池博士一直是我个人的全权代表。科学出版社以付艳、王昌凤编辑为主的有关同志，为初稿的升级付出了巨大的辛勤与智慧，其审校之精细，无与伦比；池博士的配合，力求尽善。笔者的钦佩与感激之情，难以言表。

老子曰：“天地万物生于有，有生于无。”伟哉斯言。

黄曾阳

2014年9月22日于北京

引文出处缩略语对照表

《理论》/《HNC 理论》	黄曾阳. HNC（概念层次网络）理论[M]. 北京：清华大学出版社, 1998
《定理》	黄曾阳. 语言概念空间的基本定理和数学物理表示式[M]. 北京：海洋出版社, 2004
《全书》	即本丛书——HNC 理论全书，共有三卷六册，各册书名如下： 第一卷 第一册 论语言概念空间的主体概念基元及其基本呈现 第二册 论语言概念空间的主体语境基元 第三册 论语言概念空间的基础语境基元 第二卷 第四册 论语言概念空间的基础概念基元 第三卷 第五册 论语言概念空间的总体结构 第六册 论图灵脑技术实现之路
《导论》/《苗著》/《HNC 理论导论》	苗传江. HNC（概念层次网络）理论导论[M]. 北京：清华大学出版社, 2005
《转换》	张克亮. 面向机器翻译的汉英句类及句式转换[M]. 郑州：河南大学出版社, 2007
《变换》	李颖,王侃,池毓焕. 面向汉英机器翻译的语义块构成变换[M]. 北京：科学出版社, 2009
《现汉》	中国社会科学院语言研究所词典编辑室. 现代汉语词典(第 3 版)[M]. 北京：商务印书馆, 1996
《现范》	李行健. 现代汉语规范词典[M]. 北京：外语教学与研究出版社/语文出版社, 2004

目 录 | contents

第一编

主体基元概念

（作用效应链）

编首语

主体基元概念是语言概念空间的核心，是 HNC 概念基元符号体系的基础，也称作用效应链，其全称是作用、过程、转移、效应、关系和状态。

作用效应链是“自然语言对万事万物进行描述的六个基本角度，也是一切事物发生、发展和消亡的六个基本环节。作用效应链反映一切事物的最大共性，作用存在于一切事物的内部和相互之间，作用必然产生某种效应。在达到最终效应之前，必然伴随着某种过程或转移；在达到最终效应之后，必然出现新的关系或状态。过程、转移、关系和状态也是效应的一种表现形式。新的效应又会诱发新的作用，如此循环往复以至无穷，这就是宇宙和社会一切事物存在和发展的基本法则，也是语言表达和概念推理的基本法则。这六个环节的源头是作用，结果是效应。自然语言的主要内容就是这六个环节进行局部和总体的具体描述”（《定理》p139）。

《老子》第二十五章说：有物混成，先天地生。寂兮寥兮，独立而不改，周行而不殆，可以为天地母。吾不知其名，强字之曰“道”，强为之名曰“大”，大曰逝，逝曰远，远曰反。

“道”是老聃哲学的本体，《老子》第一章就开宗明义地指出，**“道可道，非常道；名可名，非常名。无名天地之始，有名万物之母”**。第二十五章的论述是对第一章纲领性论述的进一步阐释。这一阐释里跟随在四个“曰”字后面的“大、逝、远、反”比较难理解，历来的众多注释都显得未得要领。如果从作用效应链的视角来考察，可以给出下面的对应关系：

道	作用效应链
大	作用与效应
逝	过程与转移
远	关系与状态
反	新的效应又会诱发新的作用

上面对作用效应链 6 个环节的论述包含着三个侧面的划分，即作用效应本身、效应完成之前伴随的过程与转移、效应完成之后出现的关系与状态，这三个侧面与“大、逝、远”不谋而合。作用与效应描述“道”的两极，即“道”的根本，“大”字比较传神；过程与转移描述“道”的动态侧面，“逝”字比较传神；关系与状态描述“道”的静态侧面，是“道”一轮运作的最终结果，与初始状况相比较，“远”字比较传神。《老子》的这段论述与古希腊哲学家

赫拉克利特的名言“我们跨进、又没有跨进同一河流；我们存在，又不存在”有异曲同工之妙，但更为精密。这一论述读之在先，但当时似懂非懂，从汉字精粹归纳演绎出作用效应链以后，才有豁然开朗之感，这种感觉本身就是一种启示（《定理》pp139-140）。

作用效应链是 HNC 所定义的 15 类抽象概念范畴的第一类，这一概念范畴的基本特征是“既无所不延，又无所不指”（《定理》p12）。一般概念都存在一定范围的外延和所指，但作用效应链不存在这一限制，因为它可以外延或所指任何事物。作用效应链的这一特征决定了它必然居于语言概念空间的核心地位。

作用效应链 6 个环节的映射符号是 $\phi 0 \sim \phi 5$，约定类型符号 ϕ 可以省略，实际映射符号如下：

0	作用
1	过程
2	转移
3	效应
4	关系
5	状态

作用效应链的 6 个环节分别对应着语句的 6 种基本类型：作用句、过程句、转移句、效应句、关系句和状态句。这 6 种语句被命名为基本句类，与判断句和基本判断句一起构成基本句类的完整描述。

作用效应链的 6 个环节也可以划分成广义作用和广义效应两个侧面，作用 0、转移 2 和关系 4 属于广义作用侧面，过程 1、效应 3 和状态 5 属于广义效应侧面。这两个不同侧面的概念将分别对应广义作用句和广义效应句。广义作用句包括基本句类里的作用句、转移句和关系句，广义效应句包括基本句类里的过程句、效应句和状态句。广义作用句和广义效应句具有根本不同的语句句式特征。这就是说，作用效应链作为 15 类抽象概念范畴的核心，它不仅是划分基本句类的依据，也是考察语句句式的依据。

本编分 6 章，依次论述作用效应链的 6 个环节。第零章论述作用，第一章论述过程，第二章论述转移，第三章论述效应，第四章论述关系，第五章论述状态。

第零章

作用 0

引　言

作用0是作用效应链的源头。老子对“道”的基本阐释——天地之始、万物之母可作为作用0的定义。这就是说，作用这个概念相当于老子的“道”或基督的“上帝”。

作用必然有某种对象来承受，无承受的作用是不可思议的，或者说是语言概念空间不予考虑的。这样就出现了作用的第一号联想脉络，即作用这一概念林的第一种概念树，命名为作用的承受，简称承受，以映射符号 01 表示。如果作用由生命体来承受，则生命体必然对作用作出某种反应，生命体对作用不作出反应也是不可思议的，于是就出现了作用的第二号联想脉络，即作用这一概念林的第二种概念树，命名为生命体的反应，简称反应，以映射符号 02 表示。作用—承受—反应似乎已经构成了作用联想脉络的完整描述，其实没有，我们还应该直接考察一下作用本身的基本特征：有两类特殊的作用应该予以特殊描述，一是被命名为免除的作用，二是被命名为约束的作用，两者的映射符号分别是 03 和 04。免除是使某种作用消亡或暂时失去作用的一种特殊作用，约束是使作用对象不做什么或不发生某种变化的另一种特殊作用。这两种特殊类型之外的所有作用命名为基本作用，并以符号00表示，基本作用00一定是使作用对象做什么或发生某种变化。这样，作用的联想脉络就由基本作用00、承受01、反应02、免除03和约束04这5种概念树给出完整的描述。

为什么要将作用给出3种类型的区分？因为它们将构成3种不同类型的基本句类：基本作用句、免除句和约束句。这3类语句的句类知识具有本质的差异。

于是，概念林作用0的概念树如下表所示：

00	基本作用
01	作用的承受
02	生命体对作用的反应
03	作用的免除
04	约束

上列概念之间存在下列概念关联式：

0%=(00+(03,04))

（基本作用是作用的主体，免除和约束是作用的两翼）

01<=0

（承受逆链式关联于作用，即承受乃作用之流）

02=%ˆ0

（生命体对作用的反应属于一种反作用）

(03;04)=00

（免除或约束都与基本作用强交式关联）

第 0 节
基本作用 00 (001)

引言

上面论述了将作用 0 区分为 3 种类型 00、03 和 04 的必要性，但这 3 种作用必然具有共性，这种共性的描述将放在基本作用 00 里。于是，基本作用 00 延伸概念的定义将使用“作用”和“基本作用”的不同修饰语，并给出相应的概念关联式。

0.0-0 基本作用 00 的概念延伸结构表示式

```
00:(t=a,3,m,\k=5;9α=a,at=b,m3,3t=a;)
  00t=a              作用的基本侧面
  009                物质作用
  00a                精神作用
  003                作用的作用效应链表现
  00m                作用的基本特性
  00\k=5             作用之基本效应的形而上描述
  00\1               效应的存在性描述
  00\2               效应的功能性描述
  00\3               效应的量质度描述
  00\4               效应的双对象描述
  00\5               效应的综合性描述
```

基本作用 00 辖属 4 项延伸概念，一是作用的基本侧面 00t=a，二是作用的作用效应链表现 003，三是基本作用的基本特性 00m，四是基本作用的基本效应表现 00\k=5。

```
(00t;003):=0
(作用的基本侧面和作用效应链表现对应于作用)
(00m,00\k=5):=00
(基本作用的基本特性和效应表现对应于基本作用)
```

这 4 项延伸概念构成基本作用 00 的完备描述吗？这里只给出一个简要的说明而不进行论证。前两项延伸概念是对唯物论与唯心论长期论争的回应，是对本体论与认识论的 HNC 综合。在作用基本侧面 00t=a 里给出了物质作用和精神作用的交织性区分，这对应于西方哲学特别关注的分析或佛学语言的“分别说”；同时又在作用效应链表现 003 里将物质作用和精神作用综合起来，这对应于佛学语言的“非分别说”。后两项延伸概念是对基本作用的形而上思考，基本作用必然和必须具有黑氏对偶特性 00m，对基本作用必须给出其基本效应的形而上描述。那么，这 4 项延伸概念满足基本作用描述的完备性要求吗？应该说，这些内容本身就是一个比较清晰的答案。

本节将分 5 个小节进行论述，0.0.0 小节为作用基本侧面 00t=a 的简要说明，0.0.1 小节论述物质作用 009 的世界知识，0.0.2 小节论述精神作用 00a 的世界知识，0.0.3 小节论述作用效应链表现 003 的世界知识，0.0.4 小节论述基本作用基本特性 00m 的世界知识。

0.0.0 作用基本侧面 00t=a 的简要说明

作用基本侧面 00t=a 的具体描述是物质作用 009 和精神作用 00a。这种定义方式既分别指定了作用的特质，也分别指定了作用者的特质，但未分别指定作用对象的特质。这就是说，物质作用 009 的作用和作用者都是物质性的，精神作用 00a 的作用和作用者都是精神性的。这里，HNC 承认作用具有物质性与精神性的区分，并承认两种作用的呈现是交织性而不是并列性的。这就是说，HNC 并没有完全避开“唯物”与“唯心”的论争，因为它采用了物质先于精神的排序。

0.0.1 物质作用 009 的世界知识

009:(α=a;8:(e2m,\k=m);9:(m,\k=m),at=a)

009α=a	物质作用基本形态
0098	物理作用
0099	化学作用
009a	生物作用

物质作用 009 可分解为 3 种形态：一是物理作用 0098，二是化学作用 0099，三是生物作用 009a。三者既不呈现为常态交织延伸 009t，也不呈现为并列延伸 009\k，而是呈现为扩展并列延伸 009α=a。

0.0.1.1[①] 物理作用 0098 的世界知识

009α=a	物质作用基本形态
0098	物理作用
0098t=a	物理作用的形态效应
00989	形成物体表面效应的物理作用
0098a	形成物体内部效应的物理作用
0098b	共时性物理作用
0098\k	物理作用的基本类型
0098\1	力作用
0098\2	热作用
0098\3	光作用
0098\4	声作用
0098\5	电磁作用
0089\6	量子作用
00989e2m	对物体表面生成与消除 或增加与减少某种东西
0098ae2m	对物体内部输入与输出某种东西
0098b\k=3	共时性物理作用基本类型
0098\1k=3	能量转换型作用基本类型

① 此级及以下层级的标题中，末尾为“-阿数序号”（如 1.1.1-1）的表示概念进一步延伸的对应层级，而末尾为“.阿数序号”（如 1.1.1.1）则表示同一延伸层级的概念分项概述。全书同。

物理作用的对象（受事）一定是具体概念，首先是物体和生命体，其次是物质。

当物理作用的对象为物体和生命体时，经常可以明确区分作用对象和效应对象[*01]。

但物理作用的作用者（施事）可以是具体概念，也可以是抽象概念。前者有三大类，一是生命体，二是挂靠 0098\k 的物，三是具有 0098\k 特性的物；后者就是而且只能是 0098\k。

0098e2m 世界知识：

0098e2m 是对物理作用基本特征的语言描述，但主要是对“力”(0098\1)的基本特征的语言描述。力是矢量，在三维空间精确描述力的效应是牛顿力学的任务，力的语言描述只关心在力的发出者（作用者 A）和承受者（作用对象 B）之间的这个一维空间里，力之效应的基本特征：那就是“吸引与排斥”或“拉与推”，前者使 B 与 A 相互靠近或使 B 沿着 B 到 A 的矢量方向运动，后者使 B 与 A 相互远离或使 B 沿着 A 到 B 的矢量方向运动。

00989 世界知识：

物理作用可直接针对对象物的表面，也可直接针对对象物的内部；可直接针对对象物的整体，也可直接针对对象物的局部。这 4 种不同针对目标的物理作用将分别简称为 n 型（n=1 ~ 4）物理作用。

00989 专用于 1 型物理作用的语言描述。

00989e2m 对应着效应的“产生与消除”31m 或“增减”(34m)。

00989e21 对物体表面产生或增加某种东西，hv:|上/住，如贴/粘/画/涂/拼/等。

00989e22 对物体表面清除或减少某种东西，hv:|掉，如擦/锉/冲/抹/刷/涂/洗/等。

00989e21 具有可逆性，即产生或增加的东西可以从被 00989e21 物体的表面上去掉。理论上被 00989e21 的物体可以恢复原貌。

00989e22 不具有可逆性，即被清除或减少的东西不能照原样回到被 00989e22 物体的表面上。理论上被 00989e22 的物体不能恢复[*02]原貌。

00989e2m 是 0098#(31m;34m)的特殊情况。

补充：形式对仗而内容不对仗是 00989e2m 的根本特性，除上述可逆性与不可逆性之外，还有 00989e2m 效应对象的区别，00989e21 的效应对象可定义为作用对象的外来物，而 00989e22 的效应对象则不能作这样的定义，因为被 00989e22 的东西（效应对象）可以不是外来物，而是作用对象的自身物，如被“锉掉”的东西。

0098a 世界知识：

要点：

0098a 是对 2 型物理作用的语言描述。

0098ae2m 是 0098#(22m∪34m)的特殊情况。

0098ae2m 对应着效应的“插入和挖出”(22m)并增减(34m)。

0098ae21 向物体内部输入某种东西，hv:|入/进去，如插/填/充/灌/塞/注等。

0098ae22 从物体内部输出某种东西，hv:|出/出来，如挖/掏/抽/吸等。

补充：

0098a 必然伴随对物体表面的作用，且这一作用必然是破坏性的，否则无法完成“由表及里”的作用过程。这就是说，对一个具有全封闭性表面的物体，**0098a 必然伴随着破坏性的 00989 而存在**。现代激光和射线技术的发展可以减少甚至消除对表面的破坏性作用，但不能消除 00989 对 0098a 的伴随性。

（此规则不适用于洞穴型作用对象，如洞、穴、巢、窟窿、耳朵等，参看[110-5.4.1]）

0098b 世界知识：

要点

0098b 主要是对 3 型物理作用的语言描述。

0098b 的第一项基本特征是该物理作用与引发的物理效应共存亡，当作用消失时，其直接效应亦同步消失，故称之为共时性物理作用。

0098b 的第二项基本特征是该物理作用必然触及或波及物体的整体。

物理作用 0098 的句类知识：

描述物理作用的语句（简称物理作用句）一定是以下 3 种句类：①基本作用句 X0J；②以 X0 为 Eq 的混合句类 X0E*kmnJ；③以基本主从关系句 Rm114 为 Eq、以 X0 为 Eh 的混合句类 Rm114X0*21J。

判定物理作用句的充分必要条件是：

```
SCJ∈X0J//X0E*kmnJ//Rm114X0*21J
            Ek:0098
```

当物理作用句的作用对象为物体或生命体时，其效应对象一定是相应对象的局部，其效应内容一定是相应对象的某种物理变化。

0.0.1.2 化学作用 0099 的世界知识

0.0.1.2-0 化学作用 0099 的概念延伸结构

一级延伸结构：

```
0099               化学作用
  0099m              化合与分解
  0099\k=m           化合作用的基本类型
  0099\1             燃烧
  0099\2             腐蚀
  0099\3             毒化
```

0.0.1.2-1 化学作用 0099 的世界知识

概述

化学作用的对象一定是具体概念，主要是物质，其次是物体和生命体。

0099m 世界知识

0099m 代表化学作用的两种基本类型——化合与分解，化学反应是两者的对立统一，是典型的黑氏对偶概念。

0.0.1.3 生物作用 009a 的世界知识

0.0.1.3-0 生物作用 009a 的概念延伸结构

一级延伸结构：

```
009a                    生物作用
  009at=a                 生物作用的基本类型
  009a9                   维持生命
    009a9\k=m               维持生命的基本环节
    009a9\1                 呼吸
    009a9\2                 消化
    009a9\3                 代谢
  009aa                   繁衍后代
```

0.0.2 精神作用 00a 的世界知识

```
00a                     精神作用
00a:(t=b)
  00at                    精神作用的三种呈现
  00a9                    第一类精神生活
  00aa                    第二类精神生活
  00ab                    第三类精神生活
```

0.0.3 作用效应链表现 003 的世界知识

```
003α=9                  作用效应链的两种呈现
0038                    缘起性作用
0039                    强制性作用
```

003α典型词语：

0038: 使//令//叫//让//使得
0039: 逼//迫使//逼迫//强迫

0.0.4 基本作用基本特性 00m 的世界知识

作用的关系特征 00m 定义为吸引与排斥，具有概念关联式：

00m=>(41m,42m,42n,43e0m,43e0n,43e6m)

吸引与排斥是自然界和社会普遍存在的一种作用，这种作用必然涉及双方，故定义为“作用的关系特征”。一切事物的形成和维系都导源于吸引，一切形式的内外矛盾都导源于排斥，而一切事物的演变和转化则导源于吸引与排斥的对立统一。从作用的视野看，吸引与排斥仅呈现出黑氏对偶特性，映射符号为 00m；从关系的视野看，它呈现出黑氏和非黑氏对偶的两面性，映射符号分别有 41m、42m 和 43e0m 等。作用表现 00m 是关系表现 41×、42×和 43×的内因，上面概念关联式所表达的就是这一意义。

注释

[*01] 关于作用对象和效应对象的区分，请参看《HNC理论》的“理解问答32”，pp338-339。

[*02] 古希腊哲学家赫拉克利特永恒变化意义上的“不能恢复”，赫氏关于万物处于永恒变化的名言是：“我们跨进又没有跨进同一河流，我们存在又不存在。”

第1节
作用的承受01 (002)

0.10 作用承受01的概念延伸结构表示式

```
01:(m,t=a,\k=m,3;3t=b,m3)
  01m           承受的基本特性
  011           主动承受
  012           被动承受
  01t           承受与反应的交织表现
  019           与反应交织的承受
  01a           与承受交织的反应
  01\k=2        承受的基本形态
  01\1          对物质作用的承受（力承受）
  01\2          对精神作用的承受（契约承受）
  013           以承受为参照点的作用效应链表现
    013t=b        承受作用效应链表现的基本侧面
    0139          充当
    013a          落实
    013b          追究
    01m3          服务
```

作用-承受脉络将简称承受脉络，是作用-效应脉络的第二号干线，该脉络从承受者的角度描述作用及其效应。

作用-承受是语言概念空间全部概念联想脉络中的第一号基本脉络，因为在语言概念空间里，作用的存在必须以承受的存在为前提。人们在哲学和科学活动中可以孤立地分别描述和研究作用与承受，但在言语活动中是不允许的。言语活动以联想脉络为生命，离开了联想脉络，就没有言语活动。具体到作用-承受这一基本脉络，就可以说：离开了承受就没有作用，离开了作用也就没有承受。维特根斯坦先生说得好：

> 语言的述说乃是一种活动，或是生活形式的一部分。
> 每个记号就其本身而言都是死的，是什么赋予它以意义？它的生命在于它的使用。
> 意义就是用法。

维氏的“使用”或“用法”在HNC的术语里就是概念联想脉络的运作。

这就是“作用”符号化为0、“承受”符号化为01的依据。

0.1.1 承受基本特性01m的世界知识

一级延伸结构：

01m	承受的基本特性
011	主动承受
012	被动承受

多级延伸结构：

01m3	服务
0103	责任的承担
0113	奋斗
0123	对艰难困苦的承担

01m 世界知识：

01m 代表承受的基本特征——承受的主动与被动性及两者的对立统一。“主动”与“被动”是一组极为重要的对偶性概念，这里把它捆绑于 01，并定义为黑氏对偶，有待反思[*01]。但是，从联想脉络的实际运作过程来看，承受的主动与被动之分乃是承受这一局部联想脉络最重要的世界知识，这一点应属于不争的事实。

0.1.2 承受与反应交织表现 01t 的世界知识

在承受者是生命体的时候，承受与反应将发生相互作用，即承受与反应的交织。对这一交织现象的语言描述可表现为两种不同的基本方式，一是以承受为描述中心，二是以反应为描述中心。两者分别符号化为 019 和 01a，抱恨和承诺分别是两者的典型词语。

0.1.3 承受基本形态 01\k=2 的世界知识

现在我正坐在一把椅子上，我在使用的计算机、书籍和资料都放在一张桌子上，上下班的时候，我将骑上自行车行驶在马路上，这椅子、桌子、自行车和马路都在承受着力的作用，力的承受可以说是无所不在、无时不在。虽然力的科学阐释是牛顿的伟大发现之一，但是关于力之承受的世界知识，人类早已熟知，否则原始建筑和古建筑就是不可思议的东西了。所以力的承受被符号化为 01\1。

注释

[*01] 这里的“有待反思”短语有其特定的含义，那就是表示将在相应的“反思”一节里进行实际的反思论述。

第 2 节 作用的反应 02 (003)

作用-反应脉络是作用-效应脉络的第三号干线，从反应者的角度描述作用及其效应。

0.2-0 反应 02 的概念延伸结构表示式

一级延伸结构：

02:(e6m,e6n,e7m,e7n,t=b)	
02e6m	第一类判断反应
02e60	有所认同又有所否定
02e61	认同
02e62	否定
02e63	不认同又不否定
02e6n	第二类判断反应
02e64	有所防范
02e65	信任
02e66	怀疑
02e67	存疑
02e7m	第一类人性反应
02e71	同情
02e72	幸灾乐祸
02e73	“后者的弱化”
02e7n	第二类人性反应
02e75	侠义
02e76	见死不救
02e77	助纣为虐
02t=b	感觉
029	生理感觉
02a	心理感觉
02b	知觉

多级延伸结构：

02e6m3	第一类判断反应的相应行动
02e603	参与
02e613	接纳
02e623	拒绝
02e633	随大流
029\k=7	生理感觉的基本类型
029\1	视觉
029\2	听觉
029\3	嗅觉
029\4	味觉
029\5	触觉
029\6	神经性感觉
029\7	精神性感觉

0.2-1 反应脉络世界知识

反应者是有生命的承受者，生命的基本特征是对承受的作用必然有所反应。如果生命体对承受的作用没有反应，那只能是下列两种情况之一：死亡或睡眠[*01]。

在自然语言空间的符号体系里，承受的有生命与无生命之分可以不加区别，反应的有生命与无生命之分也可以不加区别。但在语言概念空间的符号体系里，对两者则必须加以区别，因为这两种情况在语言概念空间将产生两种不同类型的联想脉络。一个叫作用-承受脉络，另一个叫作用-反应脉络。作用-承受脉络是无生命与有生命承受者共享的脉络，只涉及对作用的承受，不涉及反应；而作用-反应脉络是有生命承受者独享的脉络，只涉及反应，承受是隐含的。HNC 在概念基元（对应自然语言的词语）和句类（对应自然语言的语句）两套符号体系里对这两类脉络作了严格的区分，概念基元符号体系的区分就表现在 01 与 02，句类符号体系的区分就表现在 X1mJ 和 X2mJ。这两组符号极为简单，但却把两种脉络的共性与个性都凸显出来了。共性是都发源于作用，以符号 0 和 X 表示，个性是分别突出“承受”与“反应”，而“承受”先于“反应”，以符号 01、02 和 X1、X2 加以区别。

反应 02 有四项非黑氏对偶，无黑氏对偶。那么是否可以说：非黑氏对偶是反应 02 的基本特征呢？HNC 目前没有精力来探讨这个哲学问题，但它确信反应 02 对偶性的非黑氏特征是作用-反应脉络最重要的一项世界知识。

反应的表现虽然千头万绪，但可以先初步划分为生理与心理反应两个方面。HNC 将把与人类精神生活密切联系的心理反应放到第一类扩展基元（见[121-1]）里，在 02 的概念延伸结构里只包括心理反应的基本方面和生理反应。

0.2.1 判断反应 02e6o 的世界知识

判断是反应的基础或依据，没有判断就无从反应，判断是智能的标志或本质，生命体都具有判断能力。判断的层次与类型属于哲学与思维科学的研究范畴，判断拥有自己的联想脉络（见[124]和[230]）。与反应 02 发生最直接联系的是[230-1]里描述的基本判断——是否判断与真伪判断。这两项判断具有黑氏对偶特性，但基于这两项判断的反应却分别具有 e6m 和 e6n 特性，这是反应 02 最基本、最重要的世界知识。

是否判断的两对立项是“肯定”与“否定”，汉语对应的词语是“是”与“不是（否）”，真伪判断的两对立项是“对肯定的肯定”与“对否定的肯定”，汉语对应的词语是“真”与“假”。但是，“是与否”和“真与假”多数情况只是事物表象的局部性特征，而不是事物表象的全局性特征。这就是说，事物表象的“是否”与“真假”并存（对立统一于一体）是事物的普遍现象。人类对事物的主流反应应该是“有所肯定并有所否定”，这是社会发展的根本动力。如果人类对事物的主流反应是简单的非“是”即“否”，那社会就不会发展了。这是作用-反应脉络的一项重要世界知识，表达这项知识的符号方式就是把判断反应纳入具有对立统一方的对偶性概念。

但是，不能把判断反应纳入黑氏对偶，为什么？因为黑氏对偶不能描述对偶的三重性，而判断反应的基本特征是它具有三重性。实际的判断反应经常处于“是”与“否”、“真”与“假”之间的不确定状态，HNC 把它叫做两对立项的弱化状态，符号表示就是 02e63 或 02e67。这就是说，判断反应具有三重对偶特征。与“是否”判断相对应的反应将命名为第一类判断反应，存在对立统一方，故符号化为 02e6m；与“真假”判断相对应的反应命名为第二类判断反应，对立统一方服务于第二方，故符号化为 02e6n。这是作用–反应脉络02e6被赋予的世界知识。

判断反应可以说是一切反应的基础，包括生理与心理反应、感性与理性反应。基于这一点，HNC对作用–反应脉络（今后将简称反应脉络）定义了第一类与第二类判断反应，给出了两者的符号表示02e6m和02e6n，并假定两者是反应脉络的第一号和第二号支脉。这个编号不仅是为了描述或记忆的便利，也考虑了它们在反应脉络中的特殊重要性。

0.2.2 人性反应02e7o世界知识

人类本性的善与恶是哲学特别是伦理学的一个长久不衰的探讨课题。我国历史上就出现过两位哲学巨人孟子与荀子关于人性善恶的论争。不过，唐代大文豪韩愈的著名文章《原性》已对这个问题作出了结论性的阐释，即人性具有善与恶的双重特征。现代脑科学研究也基本证实了这一论断。HNC基于这一认识构造了反应脉络的第三和第四号支脉。

反应脉络的第三和第四号支脉分别以符号02e7m和02e7n表示，分别代表所谓第一和第二类人性反应。第一类人性反应的积极方面是同情心，第二类人性反应的积极方面是侠义心。人性的善恶表现可以说也是千头万绪，从中抽出“同情”与“侠义”作为善的代表当然只能理解为一种观念，不能指望依据某种定理或逻辑证明其合理性，这里想引用的旁证只是：儒家学说以仁义为本，而仁义的导源就是同情与侠义。

善恶的对偶性特征符合e7的定义，因为恶的多样性远大于善的多样性。这一世界知识似乎也是不能依据某种定理或逻辑来证明的，这里想引用的旁证只是托尔斯泰的《复活》开篇名言：幸福的家庭都是一样的，不幸的家庭各有各的不幸。

0.2.3 02t世界知识

感觉可以说是承受与反应的交织，是一种内在反应，是外在反应的前奏。感觉类型的三个层次（生理、心理与理性）比较清晰。这些特征使得“感觉”符合概念底层t表示的典型要求。因此，将02t定义为“感觉”，或者说将“感觉”这个词语映像为02t，简直是天作之合。

注释

[*01]“反应”是多义词，02定义（生命体对作用的反应）里的“反应”取《现汉》的义项1与3。说死亡与睡眠无反应，是HNC意义下的反应，两者反应特性的实际差异不属于高层定义02的范畴。

第 3 节
作用的免除 03 (004)

0.3-0 作用免除 03 的概念延伸结构表示式

03:(m,t=b,\k=m)	
03m	免除的基本特性
031	主动免除
032	被动免除
03t=b	免除的基本侧面
039	免除作用（作用免除）
03a	免除约束（约束免除）
03b	免除伤害（伤害免除）
03\k=m	特定免除的基本类型
03\1	对自身的免除（执著免除）
03\2	对仇恨的免除（仇恨免除）

免除是一种特殊的作用，是对作用的作用，是作用效应联想脉络的一条特殊支线，其效应是免除某种作用。这一特殊的作用-效应脉络将简称免除脉络。

免除意味着作用效应链一轮运作的结束。

0.3.1 免除基本特性 03m 的世界知识

参见本节“反思”。

0.3.2 免除基本侧面 03t=b 的世界知识

免除方式的两种基本类型是：①使作用消失或消亡；②使作用失去对特定对象的作用。免除内容的两种基本类型是约束与伤害。

把两种方式和内容融合在 t 表示里隐含着下列约定：9 代表第一种方式，a 和 b 代表第二种方式，同时又分别代表两种内容，这是 t 表示的统一约定之一。

“使作用消失或消亡”相当于通常意义下的治本；“使作用失去对特定对象的作用”相当于通常意义下的治标。

多级延伸结构：

039t=a	
0399	使作用消失
039a	使作用消亡

作用的消失与消亡的有区别的。“消失”与特定对象相联系，这时作用仍然存在，只是不对或不能对特定对象起作用。从这个意义上说，两种免除方式的界限是模糊的，无所

不在的两可状态在这里又出现了。“消亡”则不与特定对象相联系，是典型意义的治本。039 的概念延伸脉络（结构）039t 是十分清晰的，0399 代表“消失”，039a 代表“消亡”。

“使作用消亡”虽然是免除作用的治本方式，但并不意味着该作用完全失去作用，这个推理不能成立。因为任何作用的消失必然有一个过程，在这一过程中该作用仍然存在，仍然可能产生预定的作用。例如，就“轰炸”这一作用来说，“消亡”方式就是把轰炸载体（如敌机）击毁或击落，如果是击落，则在坠落点仍然可能造成“轰炸”效应。从这个例子可以看到，“使作用消亡”这个概念还可以继续延伸，一是使该作用绝对失去作用，二是使该作用相对失去作用，击毁属于前者，而击落属于后者。同样，0399 也可以继续延伸，但当前两者都到此为止，因为继续延伸将跨出语言概念空间的正常范围，进入到概念空间的专业领域里了。但这里应该说明两点：一是 039a 的概念延伸对于战略导弹防御系统是十分重要的。二是 HNC 意义下的“绝对”都是相对的绝对，不是哲学意义下的绝对，因为语言概念空间只关心前者。

多级延伸结构：

03at=a	
03a9	通过对象转换的方式使约束失去作用
03aa	通过避开作用范围的方式使约束失去作用
03bt=a	
03b9	通过对象转换的方式使伤害失去作用
03ba	通过避开作用范围的方式使伤害失去作用

上面的阐释给出了 039 概念延伸结构的清晰脉络，对 03a 和 03b 的延伸脉络也可以给出类似的阐释。具体的作用总是相对于特定对象和特定范围而言的，于是“使作用失去作用”的方式就又派生出两种基本方式：一是围绕特定对象形成的免除方式或对策；二是围绕特定范围形成的免除方式或对策。这样，03t 的 t=a–b 就具有同样的延伸结构 03tt=a，即 03at 与 03bt 的定义具有重复性，这就出现了 HNC 符号体系希望避免而未能避免的情况。

对此，HNC 采取的补救措施是：约定 03b9 具有对 03a9 的完全继承性，03aa 具有对 03ba 的完全继承性，让 03b9 和 03aa 形同虚设。

所谓“围绕特定对象的免除方式或对策”，就是把某种作用所针对的对象转换成该作用不针对的对象，所谓“围绕特定范围的免除方式或对策”就是避开该作用的有效作用范围，以这两种方式都可以达到免除作用的目的。所谓“对策”，必然出于人类的理性活动，也就是通常所说的计谋。对策与非对策的区别在 HNC 符号体系里以是否带前挂数字符号 9 来标记。

可以肯定 039、03a9 和 03ba 已经囊括了免除方式脉络的全部内容。但免除内容显然不是 03a 和 03b 所能囊括的，然而可以肯定地说：它概括了语言概念空间最关心的两项免除内容。其他的免除内容可以不直接进入 03 的概念基元，而用复合基元来表示。这显然是符号设计的明智选择。

0.3.3 特定免除 03\k=m 的世界知识

上述特定免除对象是以作用为参照点来说的，另外，还可以站在免除的参照点来考察免除对象，对后者的描述将用符号\k 来表示。目前已选定的只有 03\1，相应于“对自身的免除”。这一概念节点的 r 表示，即 r03\1，就代表西方价值观念特别爱好的词语，即“自由”。

捆绑于 03 的世界知识主要就是上述各点，这一捆绑方式充分体现了 HNC 符号设计过程的演绎特征。这就是说，演绎方式不仅适用于 HNC 符号体系的高层和中层设计，也适用于 HNC 符号体系的底层设计。这一点是本小节希望向读者传递的主要信息。

0.3-2 免除句的句类知识

描述免除的语句要区分两种基本情况，一种只涉及两个（类）对象，另一种涉及 3 个（类）对象。这一点是免除句类最突出的句类知识。

这不是说免除句类之外的其他基本句类都不涉及 3 个对象，但应该指出，在全部 57 组基本句类中，需要在句类表示式中以显式方式表达 3 个对象存在的只有免除句，那就是免除句中的主动免除句。其表示式如下：

X31J=X3A+X31+XABC

此表示式中的 3 个对象分别是 X3A 和 XABC 中的 A 与 B，即 AXABC 和 BXABC。这里 GBK1 显含一个对象，GBK2 则显含另外两个对象，这在全部基本句类表示式中是独一无二的。

这里，X3A 代表免除执行者，AXABC 代表免除对象中的作用者，BXABC 代表免除对象中的承受者，CXABC 代表免除内容。

在免除句的其他句类表示式中，X3B 将免除执行者与免除承受者合二为一，X3A 将免除执行者与免除对象中的作用者合二为一。

X3A 一定不包含免除内容，其描述中心一定是对象。但 X3B 可以包含免除内容，因而其描述中心可以是免除内容。这就是说，相应表示式中的 CXAC 可以转移到 X3B 中并充当它的描述中心。内容从 GBK2 向 GBK1 转移，或者说内容在 GBK1 和 GBK2 之间的转移，是一项特殊的句类知识，以 X3B 为 GBK1 的免除句具有这一特性，关系句和交换句等也具有这一特性。

——反思

对偶性概念“主动与被动”放在哪里比较合适？这个问题曾困扰作者良久，最终决定放在综合概念里。承受、反应和免除都有主动与被动之分，但是否都设置相应的中层对偶表示也曾困扰作者良久。从主动与被动表现的强度来说，承受 01 最强，反应 02 最弱，免除 03 介于两者之间。这就是说，对 01 设置 01m 是理所当然的，对 02 不设置 02m 也是理所当然的，但对 03 是否设置 03m 则属于典型的两可，应该从这个角度看待目前的 03m 设置。

第4节 约束04 (005)

约束是另一种特殊形式的作用。如果说作用的直接效应通常是使得对象在某些方面有所动作，则约束的直接效应恰恰相反，是限制或禁止对象在某些方面有所动作。因此，约束04是与免除03并行的作用-效应脉络的又一条特殊支线，将简称约束脉络。

世间一切事物可以作简单的三分，一类事物应该甚至必须加以约束（将定义并简称为第二类事物），另一类事物恰恰相反，不但不能加以约束，反而应该大力推进和弘扬（将定义并简称为第一类事物），还有一类事物可以听其自然，也就是处于HNC意义下的两可状态。

约束 04 这个概念并非起源于上述标准的事物三分，而是起源于作用自身的上述分类，但约束的α表示则是直接针对第二类事物的。

依据常识，第一类事物应有利于自然和社会的发展，第二类事物应不利或有害于自然和社会的发展。然而这一常识只是人们的一种愿望，不具有必然性，不能构成一项推理性的世界知识。如果把这一愿望性常识过早纳入04的符号表示，那是非常不明智的，因为，它违背了逐级减少模糊这一HNC符号表示的根本原则。04概念延伸结构的突出特征是先底层（04α）而后中层（04αn）。这一次序不容颠倒，颠倒就违背了上述根本原则。约束是否具有积极意义的判断非常复杂，这一判断密切依赖于“利弊”的判断，而“利弊”的判断又密切依赖于参照（立场）的选择，这就进入语境范畴了。如果约束04的延伸结构采用通常的“先中层后底层”方案，反而容易造成对语境生成归一处理的负担，甚至造成误导。

0.4-0 约束04的概念延伸结构表示式

04:(e2m,α=b,\k=m)

04e2m	约束的基本特性（内外性）
04α=b	约束的基本侧面
048	制约
049	禁止
04a	规范
04b	阻止
04\k=3	约束的基本类型
04\1	第一类约束
04\2	第二类约束
04\3	第三类约束

多级延伸结构：

```
04α:(n,9t=a)
    04αn          积极与消极的制约
    0499          禁止
    049a          禁忌
```

0.4.1 约束基本特性 04e2m 的世界知识

（略）

0.4.2 约束基本侧面 04α=b 的世界知识

“约束”这一词语的实际使用（语用）有时会超出 04 的定义范畴，如果不管约束 04 定义的前提“直接效应是”，那就可以作出下面的推论：

使得对象在某些方面有所动作（就必然）
使得对象在另一些方面不能有所动作（因此）
约束与作用永远同时存在（这样）
约束就不能是作用-效应脉络的一条特殊支线

这一悖论（任何作用同时也是一种约束）的推理过程是无懈可击的，问题出在它抽去了 04 定义的上述前提。但是这个前提本身也存在不易确定的情况，如万有引力是属于基本作用 00 还是属于约束 04？两可，因为其直接效应本身就属于两可。

直接效应比较明确的约束定义为 04α=b。这里采用α表示是理所当然的，因为有资格纳入某一具体类型的约束必须具有明确的直接效应，这正是α表示所要求的共性。048 的定义“制约”实际上就是这一共性的简称。

把制约的基本类型具体化为禁止、规范和阻止 3 类是依据事物的“流、源、汇”共性演绎出来的。禁止属于防患于或然（治标），规范属于防患于未然（治本），阻止属于防患于已然（应急）。把应该制约的东西从这 3 个方面加以制约，从制约这一概念脉络的横向延伸来看，应该说是比较齐全了。

这里的“患”就是上面所说的第二类（应该或必须加以约束的）事物。虽然人类对“患”的认识差异很大，但共识的存在也是不争的事实。04α是针对“患”而设置的。04α的预定效应就是使“患”不能为患或不能继续为患，而达到这一目标的基本措施分别是禁止 049、规范 04a 和阻止 04b，这些就是 04α最基本的世界知识。

——约束句的句类知识

约束句与基本作用句最为接近。

第一章

过程 1

过程 1 定义：事物状态的时间序列

过程 1 的高层表示及定义

1y=4	
10	过程的基本内涵
11	过程之序
12	过程的因果源流
13	过程的趋向与转化
14	新陈代谢

1-1 过程 1 的世界知识

有物混成，先天地生。

寂兮廖兮，独立而不改，周行而不殆，可以为天地母。

吾不知其名，强字之曰道，强为之名曰大。

大曰逝，逝曰远，远曰反。

《老子》

我们跨进、又没有跨进同一河流；

我们存在，又不存在。

赫拉克利特

老子和赫拉克利特这两位东西方哲学巨人的两段名言对作用效应链思路的形成产生过重大影响。如果用 HNC 语言来诠释老子所说的“大、逝、远、反”，那么，“大”对应着作用效应链，“逝”对应着过程和转移，“远”对应着关系和状态，“反”则对应着《HNC 理论》关于作用效应链的下列阐释：

过程、转移、关系和状态也是效应的一种表现形式。

新的效应又会诱发新的作用，如此循环往复以至无穷。

事物的变动是永恒的，变动必然伴随着状态序列的出现。状态序列通常表现出时间与空间的联合特性，对状态序列时空特性的精确描述属于自然科学的任务，其中，仅考虑状态序列时间特性的研究在自然科学中也占有重要地位。语言概念空间对状态序列基本采取时间和空间分别描述的方式，HNC 把状态变动的时间序列定义为过程，把状态变动的空间序列定义为转移。

过程是作用效应链的一个必不可少的环节，是考察和描述万事万物的一个必不可少的侧面。过程考察所形成的联想脉络，由表及里的自然顺序是：过程的开始与结束、过程的源流与因果、过程的趋向与转化。这是过程脉络的三条基本环路，将分别简称为过程之序脉络、源流因果脉络、趋向转化脉络。

可以设想，无论是概念脉络的物质基础——大脑皮层的遗传基因结构——的形成，还是概念脉络具体运作的习得或成长，两者本身也是一个过程。前一过程的完成经历了百万年的漫长进化，后一过程的完成则需要儿童经历 2～3 年的学习。

就过程脉络的这三条基本环路而言，也许还可以进一步设想，三者的进化进程和习得进程都有先后之分，过程之序脉络在先，趋向转化脉络最后。动物也许都存在过程之序脉络，但可以肯定即使是灵长类动物也不会存在趋向转化脉络。因为过程之序脉络只涉及事物的表象，仅依靠上述概念脉络物质基础的记忆功能就足以形成。源流因果脉络则不仅涉及事物的表象，还涉及事物间的内在联系，这一脉络的形成仅依靠记忆功能显然是不够的，还需要依靠推理功能。源流因果脉络面对的是两个已经呈现的事物，而趋向转化脉络面对的是一个已经呈现和一个可能尚未呈现的事物，因而它必然需要更高级的推理功能。

除上述三条基本环路之外，过程脉络的基本干线将被命名为“过程的基本内涵”，这一定义已属于 HNC 的常规，进一步的阐述将放到[110–1.0]节。上面关于三环路的陈述可以认为是这三个脉络被赋予的最高层次世界知识。

世界知识的浩瀚无垠曾令人工智能生畏，也使雄心勃勃的 CYC 计划落得个壮志未酬的悲剧下场。HNC 将精心对世界知识作类型与层次的划分，然后分别捆绑于概念基元、句类基元和语境基元。捆绑于这 3 类基元的世界知识都是世界知识的精华，这一捆绑过程是一个不断积累与扩展的过程。HNC 并不指望囊括全部世界知识，哪个理论也不能存有这种奢望。但是，世界知识是否存在一些精华、种子或基元？如果存在，又如何表达这些知识？读者已经并将继续看到，《全书》正在对这个问题给出部分然而是最重要的回答。

第 0 节
过程的基本内涵 10 (006)

如果说概念节点“作用 0”对应着老子的“道”，是作用效应链之母，则概念节点“过程的基本内涵 10”就对应着老子的“逝”，是“逝”之母，包孕着过程世界知识的精华。HNC 对特定对象世界知识精华的定义是该对象的基本共性、基本侧面和基本类型。如果某特定对象（概念）以符号 x 表示，则其基本特性约定以 x0 表示，在 HNC 术语里称为某概念的 0 行（也叫 0 分行）。至于该特定对象的基本侧面和类型则依据不同情况而定，可安置在 0 行里，也可以安置在非 0 行里。过程的基本类型则安置在 0 行里，过程的基本侧面安置在非 0 行里。

1.0-0 过程基本内涵 10 的概念延伸结构

一级延伸结构：

```
10:(m,n,7α=a,t=b)
  10m                      确定过程与随机过程
  10n                      连续过程与离散过程
  107                      过程的基本特性
```

1078	过程的延续性
1079	过程的进展性
107a	过程的周行性
10t	过程的基本类型
109	运动过程
10a	演变过程
10b	生命过程

1.0-1 过程基本内涵 10 的世界知识

本小节将从三个方面对过程基本内涵 10 的世界知识作提纲挈领式的说明，其中对过程的延续性将给出比较详尽的理论阐释，对过程的确定性与随机性说了几句似乎多余的话。而有关世界知识的细节则放到相应的 1.0.x-1 小节。

第一方面是 10m 和 10n 的世界知识，第二方面是 107α 的世界知识，第三方面是 10t 的世界知识。

（1）过程 10 的两项中层表示 10m 和 10n 代表着过程基本特性与基本类型的统一体，10m 的“确定与随机”、10n 的“连续与离散”既是过程的基本特性，又是过程的基本类型。10m 和 10n 的表示方式指明：确定过程与随机过程、连续过程与离散过程都存在着对立统一体。

应该指出，人类直到最近一个世纪，才取得关于过程“确定性与随机性”、“连续性与离散性”的科学认识，过程离散性的发现更是一项划时代的认识突破（标志着量子力学的诞生）。但这些认识还远没有普及为常识，从大的方面说，人们对命运和上帝的迷信和中国现代学者对《周易》的迷信就是明证；从小的方面说，计算语言学界对统计方法的迷信也是一项明证。语言作为一个过程，其基本特征是存在着确定性与随机性的对立统一，但以确定性为主导。针对过程随机性而产生的统计方法对语言过程规律的揭示必然具有很大的局限性，当前计算语言学界的统计热潮形成了一个全球性的巨大技术泡沫，这个泡沫正处于膨胀时期，但其破灭的日子必将到来。

过程的连续性与离散性及其统一体的存在主要涉及自然科学的专业知识，与社会生活关系甚微，语言概念空间给出一个 10n 表示就足够了。但过程的确定性与随机性及其统一体的存在则与自然现象和社会现象都有密切的关系，因此，10m 很有可能需要作底层延伸，即使目前不存在相应的词语，将来也极有可能出现。HNC 经常说，从语言概念空间观察自然语言空间具有俯瞰效应或功能，这就是一例。

（2）过程 10 的底层表示 107α 代表过程的基本特性：延续性、进展性与周行性，这三项特性是基于过程定义的演绎结果。进展性与周行性也是延续性，因此三者采用 7α=a 延伸结构是理所当然的选择。

延续性是过程之所以成为过程的充分必要条件，所谓从过程侧面考察一个事物，就是指考察事物状态序列之间的关联性，延续性就是状态序列关联性的简称。这种关联性在自然现象和社会现象中普遍存在，人们一直在探索过程延续性（关联性）的规律，在自然科学的某些方面也取得了一些重大进展。但是过程延续性的规律探索是一个永恒的课题，探索的成果属于专业知识，超出了语言概念空间的范畴。语言概念空间所关心的只是过程延续性的一些表观现象，如继承与遗传、中断与继续、穿插与交替等。

语言的实现（言语）是一个过程，一个语句可以看做是言语过程的一个片段。如果这个片段由 N 个词语组成，表面上该过程经历了 N 个状态，然而这只是语言空间的表观状态。从语言概念空间看，该语句不是经历了 N 个，而是经历了 K 个状态，在绝大多数情况下 K<N，在极少数情况下 K=N，K 等于该语句的语义块个数。这样，语句作为一个延续性过程，就存在两种不同的状态序列描述方式：一是 N 状态描述，二是 K 状态描述，合称（N,K）状态描述。

一个语义块或其一部分可能由另一个语句蜕化出来，这一语言现象简称句蜕，若该句蜕编号记为 i，则它本身会形成自己的（N_i−1,K_i−1）状态描述。如果句蜕中又包含句蜕（二级句蜕），则将出现（N_{ij}−2,K_{ij}−2）状态描述。句蜕可逐级衍生，理论上没有限制，但实际上书面语已经很少出现三级句蜕，口语就更为罕见了。

语句状态序列关联性的显著特征是呈现跳跃性或跨越性。因为语句状态序列的内部关联集中表现在不同主语义块的要素之间，而表达这些要素的词语一般不是邻接的。这样，两个关联性最强的对应词语中间往往隔离着一些与前者只有间接关系或关联性甚微的词语，彼此相距很远。因此，简单的 N 状态描述不是探索语句状态序列关联性的合适模式。K 状态描述由于可以对要素位置给出明确的预期信息，有可能促成新的统计思路，为语句状态序列的关联性探索另辟蹊径。

当前的语言统计模型都是以 N 状态描述为基础，能否以 K 状态描述为基础创立新的语言统计模型？这是自然语言理解处理的强烈呼唤。

状态延续序列这个提法本身就意味着状态在变化，但“变化”这个词语更适合于效应描述，HNC 选择了进展或进程作为过程描述的相应词语，符号表示为 1079。

一种特殊的过程进展形式是老子所说的周行性，符号表示为 107a。日月星辰和春夏秋冬的周行变化应该是形成这一概念的最初根源，周行有不同的基本形式，但具有共性——周行，因此 α 表示是其概念延伸结构理所当然的选择。

（3）过程 10 的底层表示 10t 代表过程的基本类型：运动过程、演变过程和生命过程。作为过程类型的基元，三者是一个全面的概括，符号表示分别是 109、10a 和 10b。

过程 10 一级延伸结构的大多数都具有丰富的二级延伸结构，下面逐一说明各延伸节点的世界知识。

1.0.1 过程延续性的世界知识

过程延续性包括下列内容：一是同一过程的停顿与继续，二是两过程或多个过程在时间上的相互交叉，三是遗传。这三项内容代表过程延续性的基本世界知识，采用下面的延伸结构依次加以表达：

多级延伸结构：

```
1078:(^e2m,7,i,d01)
  1078^e2m            继续与停顿
  1078^e21            继续
  1078^e22            停顿
```

```
10787               穿插与交替
10787:(t=a)
   107879             穿插
   10787a             交替
1078i               遗传
1078d01             永续
```

过程的停顿一定是暂时的，意味着该过程还将继续下去。因此，停顿与继续是一对^e2m型的非黑氏对偶。继续与停顿呈现主从关系，而停顿与继续又呈现因果关系，但继续趋同，停顿趋异，因此1078^e2m的合理定义如下：

```
1078^e21            继续
1078^e22            停顿
```

上述主从、因果关系的知识只能放在1078^e2m的后台。

两过程在时间上的相互交叉存在两种情况，一是两过程一主一辅，辅过程出现时，主过程停顿，随后辅过程停顿，主过程延续，辅过程的出现被描述为“穿插”。二是两过程不分主辅，轮流坐庄，一个过程停顿时，另一个过程出现，这种现象被描述为“交替”。于是10787t的定义如下：

```
107879              穿插
10787a              交替
```

遗传是生命过程延续性的特殊表现。虽然遗传基因是20世纪后半叶的伟大发现，但遗传的概念早已建立。将“遗传”定义为1078i应属于无可争议的当然之选。

1.0.2 过程进展性的世界知识

描述过程进展性1079的核心或关键性概念是“快慢”，这一对比性概念表达了过程进展性1079的基本世界知识。同时，过程进展性与演变过程10a和实现的势态描述30a9强交式关联，这就产生了三者延伸结构的合理分工问题。但是，这个分工的合理安排比较复杂。例如，“顺利”这个概念主要用于对人类实现活动过程30a9的描述，但是在人们送别或描述生育过程的时候，也经常运用这个概念。因此，这里的合理分工不应排除必要的重复，像“顺利”这样的概念就需要在1079和30ab两处都进行设置。基于必要重复原则，1079延伸结构的当前设计如下：

```
1079:(e2m,c2m,c2n,e5m,e5n,e2n,e7m)
   1079e2m            进退
   1079c2m            慢与快
   1079c2n            逐步与突然
   1079e5m            提前、推迟与及时
   1079e5n            领先、落后与齐头并进
   1079e2n            顺利与坎坷
   1079e7m            前进、倒退与停滞不前
```

过程进展性的快慢1079c2m存在3种描述方式，其参照对象各不相同：一是以过程自身的过去或现在为参照；二是以另一过程为参照；三是以某一特定标准为参照。加速

或减速概念里的快慢来于第一种参照，“蜗牛速度”里的快慢来于第二种参照，“表慢/快了”里的快慢来于第三种参照。三种参照是过程快慢 1079c2m 的第一项世界知识。

过程快慢 1079c2m 的第二项世界知识是关于快慢的定量表达，这里存在两种表达形式，且两者互为倒数关系。第一种表达形式是单位时间里的状态变化尺度，第二种表达形式是单位状态变化所花费的时间。两种表达形式的相应符号分别为 z1079c2 和 ^z1079c2。与 z1079c2 对应的词语有“速率”、“速度”、“频率”等，与^1079c2 对应的词语有“周期”。

过程的“逐步与突然”是过程快慢的一种特殊表现，对应着上述第一种参照。同时它又是演变过程的基本特性，又命名为“渐变与剧变”，而 1079c26d01 对应着“突变”。

过程的迟早 1079e5m 是过程快慢的一种效应描述方式，对应着上述第三种参照对象。过程的迟早性具有非黑氏对偶 e5m 的特征，其 m 取值采用隐性利弊原则，即 1079e51 对应着早（提前），1079e52 对应着迟（晚、推迟），1079e53 对应着日常语言的及时和信息科学术语的实时。

过程的先后 1079e5n 是过程快慢的另一种效应描述方式，对应着上述第二种参照对象，既是过程进展性的效应描述，又是过程进展性的关系描述。两过程相互比较的结果才会产生领先、落后、齐头并进或并驾齐驱的概念，这些概念具有 e5n 的典型特征。

过程进展性的利钝（顺利与坎坷）1079e2n 和进退 1079e7m 都具有二重性，前者也是实现过程势态 30a9 的基本特征，后者也是演变过程 10a 的基本特征。

1.0.3 过程周行性的世界知识

过程周行性 107a 是过程的一种宏观现象，是变中不变性的一种表现。它不是过程的必然现象，但确实是一种常见现象。《老子》试图赋予它以普遍性是不正确的。由于 HNC 把变定义为过程，把不变定义为状态，所以过程周行性是过程与状态的联合描述。

变与不变是哲学的重要课题。人们常说：变是绝对的，而不变是相对的。人们又说：江山易改，本性难移。这两种说法既代表了两种哲学观点，又是两项极为重要的世界知识，这两项知识似乎是相互矛盾的，但两者都是正确的。为什么？原来变与不变都必须以一定内容和一定变化尺度为参照，只有联系到这两个“一定”来讨论变与不变才有实际意义。

过程周行性具有下述三项世界知识。

一是过程周行性必须联系于一定的内容和一定的尺度。所谓“历史重演”或“事件重复”是其重要特例，在这一特例里，内容与尺度一定性的约束表现得最为明显。

二是过程周行性通常具有随机性及离散性表现，前者指重演或重复出现的时间难以预期，后者指重演或重复事件之间必然存在明显的间隔。

三是存在确定性与连续性的周行性过程，简称周期性过程。周期性过程又有两种情况：第一，总体无变化的重复，简称往复式；第二，总体有变化的重复，简称螺旋式。

在这三项世界知识里，第三项具有特殊性，应在过程周行性的延伸结构里加以表达，而前面两项则可以作为默认知识直接放在 107a 的后台。于是 107a 的延伸结构如下：

```
107a:(α=a)
```

```
107a8            周期性过程
107a9            往复式过程
107aa            螺旋式过程
```

1.0.4 运动过程的世界知识

109 所范定的运动过程专指物体和物质的运动，不包括社会运动和政治运动。物体和物质的运动过程 109 也是一个状态序列的空间过程，必然与转移密切相关，但 109 并不描述运动过程的转移特性，仅从类型划分的角度给出运动过程的空间类型。

基于上述两点，不难确定 109 应采用下列一级延伸结构：

109:(α=b,\k=6)

其中，109α 代表运动过程的空间类型，109\k 代表物体运动过程的基本类型。

空、水、陆是实际空间的 3 种基本类型，物体和物质在这 3 类空间的运动具有不同的特性，因此 109α 的下列定义可谓浑然天成。

```
1098             物体和物质的运动
1099             空中运动
109a             水面及水中运动
109b             地面运动
```

109\k 的具体定义如下：

```
109\1            匀速运动
109\2            加速运动
109\3            跳
109\4            爬
109\5            升与降
109\6            基本体育动作
```

下面先给出 1098 的延伸结构，然后说明各项节点的世界知识。

```
1098:(t=a,\k=6)
  10989            物体运动
  1098a            物质运动
  1098\1           移动
  1098\2           转动
  1098\3           振动
  1098\4           胀与缩
  1098\5           滚动
  1098\6           爆炸

  10989:(t=a;a\k=m)
    109899           整体运动
    10989a           局部运动
      10989a\k         动物的（局部）动作
      10989a\1         头的动作
      10989a\2         手的动作
      10989a\3         脚的动作
```

```
1098a:(t=a;9t=b,a\k=4)
   1098a9              流动
     1098a99             气体流动
     1098a9a             液体流动
     1098a9b             液-固混合体流动
   1098aa              波动
     1098aa\1            反射
     1098aa\2            透射
     1098aa\3            散射
     1098aa\4            跃迁
```

1098 的延伸结构反映运动过程的两项基本世界知识：一是关于运动载体的知识；二是关于运动类型的知识。

运动载体可区分两种基本类型：一是物体，二是物质。因此 t=a 延伸满足运动载体知识表达的要求。这里的物体定义为具有确定边界的物，物质定义为不具有确定边界的物。这两种运动载体的运动特性有很大差异，在力学领域形成了各自独立的分支学科。

运动类型可划分为 1098\k 所定义的 6 种基元，这 6 种运动类型基元是物体与物质运动共同具有的。是否还存在第七种运动类型基元？是否选择前 4 种作为基元更为恰当？深入回答这两个问题要涉及很专业的物理学知识，这里只想说：语言概念空间对事物的描述不是以科学性为第一标准，而是以描述的简明与便利为第一标准。“滚动”诚然是“移动”和“转动”之并，“爆炸”是一种很特殊的运动类型，但这些知识可以隐退到 1098\k 符号表示的后台，1098\k 定义的前台表示形式更符合知识表达简明、便利的要求。这一知识表示的前台、后台原则在 109\k 的定义中表现得更为明显。

对物体运动 10989 抓住整体与局部的区分，对物质运动 1098a 抓住流动与波动的区分，是这两种运动形式知识表示的要点，这就导致两者都采用 t=a 延伸。至于物体局部运动 10989a 的\k=m 延伸、流动 1098a9 的 t=b 延伸、波动 1098aa 的\k=4 延伸，都是相应世界知识的简明表示。

1.0.5 演变过程的世界知识

如果说运动过程 109 是对状态对象外在特征时空序列的描述，那么可以说演变过程 10a 是对状态对象内在特征时间序列的描述。这就是说，在运动过程 109 的描述里一般不考虑状态对象本身的变化，这一点对于物体运动过程尤为明显，而在演变过程 10a 的描述里则集中考察状态对象本身的变化，且一般不考虑这一变化过程的空间因素。

运动过程 109 与演变过程 10a 的上述基本差异，既是两者的基本世界知识，又是两者概念延伸结构设计的基本依据。运动过程 109 的延伸结构首先需要表达不同实际空间里的运动类型，演变过程 10a 显然没有这个必要，虽然这种必要性随着科学研究的发展而日益展现，但超出了日常语言概念空间的范畴，至少在目前可以不予考虑。

演变过程 10a 概念延伸结构首先需要表达的是演变过程的基本特征，但是，这些特征的上下左右联系比较复杂。对“上”要与过程的进展性 1079 妥善分工，对“下”要与生命过程 10b 及过程的非 0 节点 1y(y=1-4)妥善分工，对“左右”要与效应的变化 309、效应的实现 30a、三种特殊类型的定向转移 209t=b、状态的层次 55、等级 56 与前景 50bb

妥善分工。这里应该强调的是：除 1079 之外，上列各项节点都属于演变过程或过程进展性的一些特殊侧面与效应。“下”是演变过程的一些特殊侧面，“左右”是演变过程的一些特殊效应。

在明确了演变过程 10a 的“上下左右”关系之后，上述一系列妥善分工就变得不那么复杂了。10a 延伸结构的描述内容应该集中在上列“上下左右”节点未予表达的演变过程特性，它们也是所有“下”与“左右”节点共享的演变过程特性，是演变过程的基本共性，而 1079 所描述的是过程的基本共性之一。

演变过程的基本共性具有下列 3 个方面的内容：一是演变过程的两种基本形式——渐变与突变；二是演变过程的两种趋向——进与退；三是演变过程的阶段性及其两种基本类型——量变与质变。第一方面对应着 e2m 对偶表示，第二方面对应着 e5m 和 e5n 对偶表示，第三方面对应着 α 表示。因此，表达这 3 个方面内容的延伸结构如下：

10a:(e2m,e5m,e5n,α=a)

10ae2m	渐变与突变
10ae5m	升、降与稳定
10ae5n	前进、倒退与停滞
10aα	演变过程的阶段性及其两种基本类型
10a8	演变过程的阶段性
10a9	量变
10aa	质变

演变过程的渐变与突变 10ae2m 与过程进展性 1079 强交式关联，在 1079 的延伸结构中有 1079c2n 的相应设置，这属于必要的重复。

演变过程的趋向与过程的趋向 139 强交式关联。趋向天然具有对偶性，这不难想到。重要的是需要进一步看到，趋向具有两方面的二重性，一是黑氏与非黑氏对偶的二重性，二是对偶有无利弊意义的二重性。演变趋向只具有非黑氏对偶，过程趋向则具有黑氏对偶。演变趋向的无利弊对偶用 10ae5m 表示，过程趋向的无利弊对偶用黑氏对偶 139m 或 139e5m 表示。两种趋向的有利弊对偶则都用 e5n 表示。

演变过程的阶段性 10a8 与状态的层次 55 及等级 56 强关联，这里的关联有链式与交式的双重意义。从链式关联来说，10a8 是源，55 和 56 是流。演变阶段性具有两类对比表示 c2m 和 c3m，对应着演变阶段的两分与三分，其映射符号及定义如下：

10a8c2m	低与高
10a8c3m	低、中、高

演变阶段性的二分及三分对比表示可以覆盖多分表示，即任意演变梯级数量的表示，这里的关键在于对比表示自身的可任意延伸。但二分和三分是演变阶段划分的基础，两者不能相互替代。

对演变阶段的实际描述，三分表示远多于二分表示，这也是一项重要的世界知识。学校的小学、中学、大学之分，大学老师的助教、讲师、教授之分，军官的将、校、尉之分，成年人的老、中、青之分，中国科举制度的秀才、举人、进士之分，社会发展的农业时代、工业时代、后工业时代之分，都是演变阶段性三分的例子。

1.0.6 生命过程的世界知识

生命过程是演变过程的特例，定义为生命体 jw6 的演变过程。

生命过程当然继承演变过程的三项基本特性。突变性表现为“受孕”、“出生”与“死亡”，三次突变之间是两个渐变过程。从“受孕”到“出生”是生命的第一个渐变过程，简称生命第一过程，其演变趋向是“升”，从“出生”到“死亡”是生命的第二个渐变过程，简称生命第二过程，其演变趋向是先“升”后“降”，中间存在一个较长的“稳定”时期。上述生命第一和第二过程对应着生命过程阶段性的二分，生命第二过程里存在生命过程阶段性的三分。但生命过程阶段性的二分比较特殊，将采用 t=a 表示替代 c2m 表示，生命第二过程的阶段性描述也将直接采用多分对比 ckm 表示。于是生命过程的概念延伸结构如下：

```
10b:(ckm,t=a,\k=4)
   10bckm            生命第二过程的阶段性描述
   10bc51            幼
   10bc52            少
   10bc53            青
   10bc54            中
   10bc55            老
   10b9              生命第一过程
   10ba              生命第二过程
   10b\k             生命过程基本类型
   10b\1             植物生命
   10b\2             动物生命
   10b\3             人的生命
   10b\4             原生命
```

在这个延伸结构里没有直接体现生命诞生与死亡的描述，它安置在概念节点 14 里。这里应强调指出的是：依据生命第一过程与第二过程的划分，生命应有两类开始（诞生）和两类结束（死亡）。两类生与死之间具有根本不同的特性，第一类死亡不具有必然性，在 10b9 里描述，第二类死亡具有必然性，在 14 里描述。

生命第一过程的正常结束（属于第一类死亡）意味着生命第二过程的开始（即第二类诞生），这当然是一项重要的世界知识，将在 10b9 的后台描述。第一类死亡还可能与第二类诞生与死亡同时发生，在漫长的农业时代，这并非小概率事件。这项世界知识将在 10b9 的延伸结构里描述。

——反思

单过程与多过程的处理

第1节
过程之序 11 (007)

序是基本概念之首，是过程的首要特征，是过程进展性的首要侧面，过程之序是过程脉络的第一条基本环路。无论是确定过程还是随机过程，也无论是连续过程还是离散过程，都具有序的表现。

序首先意味着过程的时间先后次序不容颠倒，这是过程最基本的世界知识。这一知识就由符号 11 来体现,并具体化为对 11 中层延伸符号的下述约定:自然数的(1 , 2)及(5 ,6) 顺序对应着过程的先后顺序，1一定先于2，5一定先于6；若对偶中存在3与7，则3一定介于1与2之间，7一定介于5与6之间，若存在0与4，则0先于1，4先于5。

1.1-0 过程之序 11 的概念延伸结构

一级延伸结构：

11:(e2m,ebm,7)	
11e2m	过程之先与过程之后
11ebm	过程的开始、结束、持续与过渡
117	操作过程之序

多级延伸结构：

11eb2e2n	正常结束与非正常结束
11eb3t=b	持续过程的三种基本类型
11eb39	持续到底与半途而废
11eb3a	遵守规则与违反
11eb3b	持之以恒与相反
117e2m	过程之序的循序与越序操作

1.1-1 过程之序的世界知识

本小节先阐释 11ebm 的世界知识，它是过程之序的核心内容。然后以它为基础说明其他延伸项的世界知识。

绝大多数过程存在着明显的开始与结束信息或标记，两者之间存在一个该过程的持续时期。这些信息构成了关于过程之序联想脉络的3要素——开始、结束与持续——构架。但3要素构架是不完备的，因为开始与结束可能存在着对立统一体，那就是新旧交接的现象：一个新过程的开始往往意味着一个相关旧过程的结束，或者说，一个旧过程的结束往往意味着一个相关新过程的开始。这种交接是开始与结束对立统一的典型表现，相应的典型词语叫“过渡”。因此，过程之序脉络的完备描述应采用4要素的 ebm 构架。

符号 11ebm 符合这一要求并表达了上述世界知识。与 11eb1（开始）和 11eb2（结束）对应的词语十分丰富，这是对符号 11 定义合理性（指上面关于过程之序是过程首要特征的论断）的有力支持。

过程之序作为过程进展性的一个侧面，似乎 11ebm 足以概括它的全貌了，但从联想脉络来思考则并非如此。过程的开始和结束不会来无影、去无踪。开始之前会有一个酝酿期，结束之后会有一个余效期。以百米赛跑为例，该过程以裁判的枪声发出时刻作为开始，以运动员到达百米终点线的时刻作为结束。但在赛跑之前，运动员要站到起跑线上，并做好起跑动作，这是必不可少的酝酿期或预备期。运动员到达 100 米以后，绝不可能戛然而止，停在终点线上，一定要前冲若干步，这是不可避免的余效期。100 米赛跑的这种“酝酿”和“余效”现象不是个例现象，而是一种普遍现象，是 11ebm 的必然伴随现象，是过程之序不可或缺的内容之一。HNC 把这种现象符号化为 11e2m，定义为“过程之先与过程之后”，这个定义或许有词不达意之病，但其内涵所范定的世界知识是确定的。

如果说过程之序的开始和结束（或始与终）都可以看作一个点，那么过程的持续就绝不能看作一个点，而必须看作一条线了。这条线本身又是一个过程，让我们把这条掐头去尾的线叫做持续过程，并对它作一些思考。

持续过程的当前存在表明该过程的终点尚未出现，在这一前提下，可以提出这样两个问题：一是终点必然出现吗？二是终点必然存在吗？

答案是：既不能完全肯定，也不能完全否定。或者说，答案都属于两可。

仍以百米赛跑为例。如果某参赛运动员不幸中途摔倒，那么对他来说，继续奔向终点已经变得没有实际意义，于是中途主动退出比赛，那么这一特定持续过程的预期终点也就不出现了。

上述预期终点不出现的现象起因于过程对象的主动退出，很容易想到的另一种起因是过程对象的被迫退出。例如，参赛运动员因严重犯规被判罚出场就属于这种情况。

但是，持续过程预期终点的不出现并非普遍现象，一般情况是：预期终点可能出现，也可能不出现。出现的必要条件是坚持到底，而不出现的充分条件是半途而废。这就是概念节点 11eb39 被赋予的世界知识。

持续过程得以到达预期终点的另一必要条件是遵守该过程约定的游戏规则，遵守者可能到达预期终点，而超过规则预设界限的违规者必然不能到达预期终点。这就是概念节点 11eb3a 被赋予的世界知识。

以上所述是对第一个问题的答案，其前提是存在一个预期的终点或目标。

但是，这个前提可能不存在，某些持续过程天然不具有预期的或明确的终点，如锻炼（身体）和学习（知识）。话语“学无止境，练无止境”就是对这类持续过程的生动写照。无止境持续过程也会出现与有止境过程类似的两种情况：继续与中途终止。这就是概念节点 11eb3b 被赋予的世界知识。

过程之序 11 的概念延伸结构现在只剩下 117e2m 没有阐释了。

上面谈到游戏规则对持续过程的影响，规则属于 04，而规则具有一定范围。在规则允许的范围内，过程之序的执行或操作会出现两种基本情况，那就是循序和越序，两者对应着演变过程的10ae2m。话语“要循序渐进”是对循序操作的肯定和对越序操作的否定，但话语“对优秀人才要打破常规、越级提拔”则是对循序操作的否定和对越序操作的肯定。可见过程之序的循序和越序操作符合非黑氏对偶 e2m 的标准，但是按照规则允许的范围进行过程之序的操作已不属于单纯的过程范畴，而是过程之序 11、基本作用 00 和约束 04 的联合范畴了。因此，把它符号为 117e2m 就是理所当然的选择。

——过程之序的句类知识

素描句的起源。

——反思

只考虑了单一过程，多个过程的先后次序的描述放到过程的进展性 1079 里。黑氏对偶的两种类型：对立统一体的必然存在与可能存在。

第 2 节
过程的因果源流 12 (008)

过程的因果源流 12 属于过程脉络由表及里的第二条基本环路，形式上，12 的“因”、“果”与 11 的“始”、“终”相对应，12 的“源”、“流”与 11 的“开始”、“持续”相对应。但 11 只是对过程之序的表层描述，而 12 则是对过程之序的深层描述。这里结合一个带变量××的例句对此作比较详细的说明。

清王朝满族大权的旁落××于太平天国运动

例句涉及两个事件：一是清王朝满族大权的旁落（简记为 Y 事件），二是太平天国运动（简记为 X 事件）。当××取“起因”和“源”时，该语句以果因句的形式表明 X 事件是 Y 事件的原因。因先于果，这是铁率。因此该语句提供的信息有:①Y 事件发生在 X 事件之后；②X 事件一发生，Y 事件就开始了；③Y 事件是 X 事件造成的，即 Y 事件是 X 事件的效应。当××取“始”时，该语句以素描句的形式表明 Y 事件开始于 X 事件，这时 X 的语用价值只是它所代表的年代，而这一信息已蕴涵在相应的果因句里（上列第二项信息）。由此可见，果因句或因果句包含相应素描句的内容，它提供的信息远多于相应的素描句。

因果句、果因句是 57 组基本句类中具有特殊重要性的句类，而其概念脉络基础就是过程的因果源流 12。

1.2-0 因果源流脉络的概念延伸结构

一级延伸结构：

```
12:(e2m,7,ebm,m)
  12e2m                    因与果（不可逆）
```

```
127          因果循环性
12ebm        源汇流奇
12m          源与流
```

多级延伸结构：

```
127m                      互为因果（可逆）
1270                      互为因果之统一体
  1270e2n                   良性与恶性循环
12mt                      源流的高度综合与分离
12m9                      源流综合
12m9:(ckm,^e8m,e2m)
  12m9ckm                   流之空间关系
  12m9c21                   上游
  12m9c22                   下游
  12m9c31                   上游
  12m9c32                   中游
  12m9c33                   下游
  12m9^e8m                  流之时间关系
  12m9^e81                  事后
  12m9^e82                  事先
  12m9^e83                  当时
  12m9e2m                   流之主从关系
  12m9e21                   主流
  12m9e22                   支流
12ma                      源流分离
12ma:(e2m)
  12mae2m                   基础与上层建筑
  12mae21                   基础
  12mae22                   上层建筑
```

1.2-1 因果源流脉络的世界知识

因果源流脉络描述的对象主要是多个事物，多的基础是“二”，因此，也可以说因果源流脉络主要是对两事物的描述。两事物之间存在多种多样的关系，过程视野关心两者的因果或源流关系。因与果就是过程视野中的作用与效应，而源与流是因与果的另一种表达方式，故因果源流描述本质上也是作用效应描述。

当然，因果源流脉络也包括单一过程的描述，这是由 12m9^e8m 和 12m 所定义的源流。这两类源流描述的语句纳入素描句，其他因果源流描述则统称因果句。

因果源流脉络分 3 种基本类型：一是因果脉络，含概念节点 12e2m 和 127m；二是源流脉络，含概念节点 12ebm 和 12m；三是两种特殊类型的源流脉络 12mt=a。

1.2.1 因果脉络世界知识

因果脉络一定指向两起不同的事件，这两起事件可能发生在两个不同的描述对象身上，也可能发生在同一描述对象身上。上面例句中的“清王朝满族大权的旁落”和“太平天国运动”是发生在两个对象——清王朝和太平天国王朝——身上的两起事件，但语句“过分讲究卫生的人吃了一点腐烂食物就会拉稀”里的“吃了一点腐烂食物”和“拉稀”却是发生在同一对象——过分讲究卫生的人——身上的两起事件。

事件一般由对象与内容两部分构成，因果脉络一定指向两项不同的内容，而且因之内容一定先于果之内容，这是因果脉络的第一项世界知识。

因果脉络可指向两不同对象，也可指向同一对象。两对象或同一对象的区分必然也必须在因果句的两 GBK 里有所反映，这是因果脉络的第二项世界知识。

因与果一般不具有可逆性，但也存在互为因果的可逆情况，这时就存在因果的对立同一体。不可逆性因果符号化为 12e2m，可逆性因果符号化为 127m。这是因果脉络的第三项世界知识。

可逆性因果将导致两类循环：一类是良性循环，另一类是恶性循环。这两类循环符号化为 1270e2n，这是因果脉络的第四项世界知识。

1.2.2 源流脉络世界知识

源流脉络属于最难描述的脉络之一。从自然现象到社会现象，源流脉络无所不在。在因果源流脉络 12 中曾为源流脉络设置了 5 项中层延伸表示,用于描述该脉络的 5 项基本特征，第一项 12ebm 是该脉络世界知识的总纲，随后的排列顺序主要参照人类对源流认识的升级（由简单到复杂）过程。下面的说明依次按这一顺序进行。

1）源汇流奇脉络 12ebm 的世界知识

源汇流奇脉络 12ebm 是对源流脉络的总体性描述，采用了 4 要素而不是 2 要素或 3 要素的描述方式。3 要素——源汇流——描述方式比较容易理解，但 HNC 从一开始就采用了 4 要素描述。其中的奇似乎难以理解，其实奇是一种十分常见的东西或现象，磁铁和通电线圈是磁场的奇，电话、电视、电话局和数据库是信息流的奇，洞庭湖和鄱阳湖是河流的奇（但青海湖只是汇而不是奇）。奇者，即源汇之对立统一体也。当代社会无数的宣言实质上也是一种奇（为加深印象，不妨戏称为 yizhiji——“一只鸡”的谐声，奇也可读 ji1），因为宣言一定是先汇集各方面的建议而取其同，然后又流向各有关方面而产生预期效应，宣言本身充分体现了源汇对立统一体的特征。

“源”对应着过程之序的“始”，“汇”对应着“终”，“流”对应着“持续”，“奇”则对应着“始”与“终”的对立统一。我国体育界流行的“从零开始”口号就是“奇”的生动体现。目前还没有做到把这些知识直接蕴涵在 ebm 里，拟以后台方式进行表达。符号 12ebm 尽管存在上述不足，但“奇”概念的引入是源流脉络 4 要素总体性描述的关键。

源汇流奇的各自基本特征及其基本相互关系如下。

源流之间：源必有流，流也必有源，无源之流或无流之源是不存在的（本脉络以源流命名，依据即在于此）。在时间顺序上，源先于流，流后于源。在转移的自然指向上，只能从源到流，不能从流到源。这些都是铁律。在数量关系上，多源汇集为一流是最常见的情况。这些是源流脉络的第一项基本世界知识。

流汇之间：上述源流之间的知识同样适用于流汇之间。这是源流脉络的第二项基本世界知识。

汇与奇：汇仅有输入之流，无输出之流。奇既有输入之流，又有输出之流。奇既是源，又是汇，是源与汇的对立统一体。这是源流脉络的第三项基本世界知识。

汇的类型简明，仅有单流与多流之分；奇的类型多样，有单流与多流、单元与多元、单向与双向之分等。天然湖泊的汇多数是多流汇，人工湖泊的汇多数是单流汇。单元奇有电话、电视等，电话是双向奇，电视目前是单向奇，正在向双向奇发展。这是源流脉络的第三项基本世界知识。

2）流之空间关系 12m9ckm 的世界知识

流之空间关系 12m9ckm 脉络是对流的转移描述，也可以说是对流空间的一维简化描述。这一描述适合于采用对比表示，而不采用对偶表示。这一点，与演变过程阶段性 10a8ckm 脉络的表示方案完全相同，即二分与三分兼用、三分为主。12m9ckm 的二分对应着上游与下游，三分对应着上游、中游与下游。它们的自然指向是：上游指向下游，或上游指向中游、中游指向下游。

3）流之时间关系 12m9^e8m 的世界知识

流之时间关系 12m9^e8m 脉络是对流的过程描述。12m9^e81 对应着事先，12m9^e82 对应着事后，12m9^e83 对应着当时。它们分别与时间概念的过去、将来和现在相对应。

4）流之主从关系 12m9e2m 的世界知识

流之主从关系 12m9e2m 脉络是对流的关系描述。12m9e21 代表主流，12m9e22 代表支流。12m9e2m 的后台世界知识有：主流之单与支流之多、主流与支流的合分(41m)、主流与支流的互补与冲突(43e7m)、主流与支流的相互转化(13a)。

5）源与流 12m 的世界知识

源与流 12m 脉络是源流的哲学描述，是物理学惠更斯原理的语言描述。在这一描述里，流中的任何一点是源与流的对立统一体，它是上游之流，又是下游之源。

1.2.3 两种特殊类型源流脉络 12mt=a 的世界知识

两种特殊类型的源流脉络是指源流关系的两种极端情况——源流的高度综合与分离。在形式上这两种极端情况可以用非黑氏对偶 123e2m 来表示。但考虑到两者的源流色彩已不占主导地位，实际采用了 12mt=a 的表示方式。

源流综合脉络 12m9 可命名为“机制”，机制就是源与流高度综合的体现，是作用效应链的一种综合运作体，它把一个结构系统的各单元以某种关系联结起来形成一种具有演变特征的运作过程。

源流分明脉络 12ma 的典型代表是“基础与上层建筑”概念，其表示式不言而喻应取：

12mae2m	基础与上层建筑
12mae21	基础
12mae22	上层建筑

——因果源流脉络句类知识

因果句与果因句。

因果句与复句-复合句的相互转换。

源流描述多数采用素描句。

机制描述和基础与上层建筑描述采用基本判断句。

——反思

流之主从关系脉络 12m9e2m 的后两项后台知识可推向前台。

第 3 节 过程的趋向与转化 13 (009)

过程的趋向与转化 13 属于过程脉络由表及里的第三条基本环路。如果说因果源流是对过程的动态描述，那么就可以说：趋向与转化是对过程的势态描述。势态的准确描述一般情况下远远难于动态的准确描述。未来学是近半个世纪才流行的名词，但实际上这门学问起源很早,《周易》应视为未来学的鼻祖。自然科学领域的势态研究已取得了一系列历史性突破，但长期气象预报尚未彻底脱离迷茫，地震预报还处在王国维先生所说的“独上高楼，望尽天涯路”的痛苦阶段。人文和社会科学领域的势态研究由于对象本身的巨大复杂性，还不曾取得历史性突破，也许在这一领域，类似于自然科学的历史性突破根本就不可能存在。

以上所述是趋向与转化脉络 13 世界知识的基本背景。

1.3-0 趋向与转换脉络 13 的概念延伸结构

一级延伸结构：

```
13:(t=b,3d3m)
  139         过程的趋向
  13a         过程的转化
  13b         进化与退化
  133d3m      过程趋向与转化的可预测性
```

多级延伸结构：

```
139:(dkm,m,e5m,e5n,e2n)
139dkm        趋向的对比三分或二分
139e5m        趋向的无利弊对偶三分
139e5n        趋向的有利弊对偶三分
139e2n        趋向的收敛与发散
```

```
13a:(e5m,e5n)
  13ae5m            转化的无利弊对偶三分
  13ae5n            转化的有利弊对偶三分
```

1.3-1 过程趋向与转化 13 的世界知识

过程的趋向与转化 13 包含三项内容：一是过程的趋向；二是过程的转化；三是进化与退化。三者是过程进展性或演变过程的三个特殊侧面。下面依次说明这三个侧面的世界知识。

1.3.1 过程趋向 139 的世界知识

对过程趋向 139 的描述存在一种十分奇特的两极分化现象，自然科学可精确描述的过程趋向构成两极之一极，这一极的古今描述水平有天壤之别（如古人视为天警的“异常”天文现象）。目前还不能给出科学描述的过程趋向构成另外一极，这一极的古今描述水平基本相当，在某种意义上甚至可以说今逊于昔。两极分化的正常状态是两头小、中间大，不正常状态是两头一小一大或两头大而中间小，过程趋向 139 描述（不是过程趋向本身）的奇特性就在于它属于第二种不正常状态。

在 20 世纪后半叶的前 40 年，关于全球两大政治经济阵营和日本经济奇迹的趋向出现过无数的描述，但正确的描述恐怕连寥寥无几的水平都够不上；东南亚金融风暴、美国新经济泡沫破灭的台风式来临，使那些诺贝尔经济学奖获得者都大感意外；科索沃事件和“9·11”事件对主权国家概念的巨大冲击，必将对国际关系的发展趋向产生深刻影响，但是有什么理论体系或智囊团能对这一影响给出权威性的科学描述呢？面对这些过程趋向，今逊于昔的说法大体上是成立的，因为与古人相比，今人更缺乏那种运用“重为轻根，静为躁君”（《老子》第二十六章）哲理的素质和条件。

基于过程趋向描述两头大、中间小的特点，139 的延伸结构将不包括那些可给出科学描述的过程趋向，也就是说，它只管那些那些古今描述水平相当的过程趋向。语言概念空间对此采取了对比与对偶描述的绝招，其基本“公式”是：

要么是这样，要么是那样，要不然就是两者之间

当“公式”中的两头（“这”与“那”）代表“最大”与“最小”两极端时，对应着趋向的对比性描述；当两头代表趋向相反的两个极端时，对应着趋向的对偶性描述。

上述描述方式如同过程趋向描述的如来佛，139 虽然很像那千变万化的孙悟空，但已经跳不出这位如来佛的手掌心了。

收敛与发散 139e2n 是过程趋向的一项基本属性。这两个术语虽然来自数学，但语言概念空间所关心的并不是数学意义上的收敛与发散，而是实际过程趋向的收敛与发散现象。中国哲学传统对这一现象无比重视，甚至把 139e2n 视为善恶福祸之本源。

1.3.2 过程转化 13a 的世界知识

过程的转化存在两种基本类型：一是对偶性概念里对立双方的相互转化，即 1 与 2 或 5 与 6 的相互转化，简称正反转化。二是非正反转化，包括对比性转化和对偶性概念

里非对立双方的相互转化。13a 只包括正反转化，非正反转化放在 309 里。

由于对过程转化 13a 的上述限定（定义），其延伸结构只有对偶表示。同过程趋向 139 一样，对偶表示里存在有无利弊之分。但过程转化的有利弊情况远多于无利弊情况，这是一项很特殊的世界知识。

1.3.3 进化与退化 13b 的世界知识

在语言概念空间里，“进化”是在达尔文的《进化论》之后才形成的概念。进化概念的提出是认识论的一场伟大革命。但如果从过程趋向与转化的角度来考察过程的进展性或演变过程，似乎还是应该假定，进化与退化都是有可能的。虽然宇宙和生物演变过程的进化主导性似乎正在取得某种科学性解释，但语言概念空间对此不必过早作出相应的反应，13b 及其延伸结构 13be2n 的描述方式是适当的。

——趋向与转化的句类知识

趋向 139 常取 P3J 或 P30J。

转化 13a 常取 P11Y02*311J，且 GBK2 常转换成 ReB。

进化与退化 13b 常取 P3S*10J。

——反思

13 的 t 表示与 α 表示选择。

预测性表示的层级。

无利弊三分转化放到 309。

第 4 节
新陈代谢 14 (010)

1.4-0 新陈代谢 14 的概念延伸结构

```
14:(ebm,ebn;eb63)
  14ebm                 过程代谢
  14eb0                 代谢
  14eb1                 生
  14eb2                 灭
  14eb3                 生存
  14ebn                 生命代谢
  14eb4                 生命
  14eb5                 出生
  14eb6                 死
    14eb63                非自然死亡  杀
  14eb7                 “活”
```

第二章

转移 2

转移 2 定义：事物状态的空间序列

转移 2 的高层表示及定义

2y=4	
20	转移的基本内涵
21	接受
22	物转移
23	信息转移
24	交换、替代与变换

2–1 转移 2 的世界知识

[110–1–1]说：

事物的变动是永恒的，变动必然伴随着状态序列的出现。

状态序列通常表现出时间与空间的联合特性。

语言概念空间对状态序列基本采取时间和空间分别描述的方式。

HNC 把状态变动的时间序列定义为过程，把状态变动的空间序列定义为转移。

由这段论述可以看到，过程与转移是一对孪生姐妹，是对同一事物的不同描述角度，过程脉络的主干线和由表及里的三条基本环路同样适用于转移的描述。

第 0 节
转移的基本内涵 20 (011)

[110–1.0]说：

HNC 对特定对象世界知识精华的定义是该对象的基本共性和基本类型。

如果某特定对象（概念）以符号 x 表示，则其基本特性约定以 x0 表示，在 HNC 术语里称为某概念的 0 行（也叫 0 分行）。

至于该特定对象的基本类型则依据不同情况而定，可安置在 0 行里，也可以安置在非 0 行里。

过程的基本类型全部安置在 10 里，转移的基本类型则部分安置在 20 里。为什么这样安排？

《HNC 理论》（p33）说：

对过程的表述主要是以下四个方面：第一是过程的起源；第二是过程的结局；第三是过程本身的特征；第四是过程的类别。（过程）四个（非 0）二级节点概括了前两方面的表述需要，后两方面则放到 0 号节点里予以表述。为什么不直接按这四个方面设置二级节点呢？这主要是考虑到语言表达的侧重倾向，也就是过程句二级分类的需要。这是主体基元概念二级概念节点设计的基本原则之一。转移基元概念二级概念节点的设置与过程恰恰相反，把转移的类别特征作为作为二级节点设置的依据，原因也在于此。

上面两段引文概述了概念基元符号体系高层设计的下列基本原则。

（1）概念基元的高层表示必须包含三方面的内容：① 该概念基元的基本特性，如过程的延续性、进展性和周行性，以及作用的强制性。② 该概念基元的基本类型，如过程的运动过程、演变过程和生命过程，作用的免除作用和约束作用，作用的物理作用、化学作用和生物作用。③ 该概念基元的基本侧面，如过程之序、过程的因果源流、过程的趋向与转化、新陈代谢，作用的承受和生命体对作用的反应。

（2）概念基元的这三个方面类似于自然空间的三维描述，但其描述方式完全不同于笛卡尔坐标，也许可以与球坐标作一个对应，即基本特性与球坐标的半径 r 相对应，基本类型与方位角 φ 相对应，基本侧面与俯仰角 θ 相对应。

（3）概念基元的基本特性需要一种语句描述方式，概念基元的基本侧面需要另一种语句描述方式。这两种描述方式分别描述该概念基元的共性和个性。

（4）概念基元的基本类型依据具体情况分别纳入共性或个性描述。例如，作用的物理、化学作用等纳入共性描述，而免除作用和约束作用则纳入个性描述；过程的 3 种基本类型（运动、演变和生命过程）都纳入共性描述，而转移的 3 种基本类型（物转移/信息转移/交换、替代与变换）则全部纳入个性描述。这一区别处理的依据是：该基本类型的语句描述是否存在明显的个性知识。例如，作用的约束描述不仅必须给出约束的对象，**而且必须给出约束的内容**，两者通常捆绑在同一个广义对象语义块 GBK2 里。这里的第二个"**必须**"就是个性知识，因为作用的共性描述只包括第一个"必须"。

（5）共性描述高层数字符号的末位一定取 0，简称该概念基元的 0 行。个性描述高层数字符号的末位一定取 m≠0，简称该概念基元的 m 行。

（6）主体基元概念构成语言概念空间语义描述的核心，每一个高层节点对应着一种或一组基本句类，每一个底层节点则对应着一种或一组混合句类。

（7）描述人类活动的扩展基元概念构成语言概念空间语境描述的核心。除了第一类扩展基元概念的 φ7 和 φ8 之外，两类扩展基元概念的高层节点都对应着混合句类。

以上论述属于《全书》引言的内容，刻意安排在第零章和第一章之后是为了按照"个别—一般"、"感性—理性"、"素材—概括"的顺序来展开我们的论述。这一描述方式可能给部分读者带来一点便利，但同时又可能使另一些读者感到不便。这里向感到不便的读者表示歉意。下面转向本小节的主题。

由转移的定义（见[110-1-1]）：

> 语言概念空间对状态序列基本采取时间和空间分别描述的方式，HNC 把状态变动的时间序列定义为过程，把状态变动的空间序列定义为转移。

可知，转移同时也是一个时间序列。因此，它继承过程的三项基本特性，也继承过程脉络的三条基本环路。但是，转移描述具有自己的特色。

首先，与过程 12m 相对应的输入、输出描述，与过程 11ebm 相对应的出发、到达和途径描述。

其次，转移描述语句一般需要三个 GBK，而作用效应链其他环节的描述语句一般只需要两个 GBK。两 GBK 语句的轮流坐庄现象可纳入格式范畴，三 GBK 语句的轮流坐庄现象则除了格式之外，还需要引入新的阐释方式。

转移描述需要的 GBK 有：转移的发动者 TA，转移的接受者 TB，转移的起点 TB1、终点 TB2 和路径 TB3，转移的内容 TC。

TA 一般处在 TB1 的位置（当然现代技术可使两者相距万里），TB 一般处在 TB2 的位置，TB3 一般由辅块 Wy 描述，因此转移描述一般采用 TA、T、TB/TB2、TC 顺序的 4 主块句。这是一个自然的描述顺序，TA 对应 GBK1，TB/TB2 对应 GBK2，TC 对应 GBK3，没有突出哪一个 GBK 是描述的中心。所谓轮流坐庄是指分别让 TB 或 TC 来充当 GBK1。

再次，某些转移需要对接受者或接受内容形成一定的约束，HNC 把这种约束叫做定向。

最后，转移具有一项独一无二的特色，那就是会出现 TA 与 TC 合而为一的现象，即转移发动者转移其自身。HNC 沿用山克先生的术语，把这个现象叫做自身转移。

以上所述预定放在转移 20 的基本特性和基本类型。

但转移的两种基本类型——物转移和信息转移将独立设置两个二级节点 22 和 23，HNC 对转移基本类型的这一特殊处理方式将在[110-2.2]节说明。

2.0-0 转移 20 的概念延伸结构

一级延伸结构：

20:(m,e2m,e9m,e9n,γ=b,3e2m)

20m	转移的特殊状态：入、出、跨
20e2m	转移的起止状态；转移的入出
20e9m	转移的参照点描述：去、来、离、回
20e9n	转移的过程描述：出发、到达、途经
20γ	定向转移、传输和自身转移
209	定向转移
20a	传输
20b	自身转移
203e2m	放置与移开

多级延伸结构：

209:(eam,t=b)

209eam	定向转移的层次表现
209ea1	上层向下层转移
209ea2	下层向上层转移
209ea3	同一层次之间的转移
209t	三种特殊类型的定向转移
2099	职责定向转移
209a	关系定向转移
209b	状态定向转移

20a:(d3m,α=b)

20ad3m	传输的通畅性
20aα	传输的基本特征

```
    20a8            传递
    20a9            中转
    20aa            传播
    20ab            流通
20b:(m,e9m)
    20bm            离与去
    20be90          回
    20be91          离
    20be92          来
    20be93          去
```

2.0-1 转移基本内涵 20 的世界知识

20 的概念延伸结构里采用了 γ 表示，因为该表示中的 209 属于转移的基本特性，20a 属于转移的基本侧面，20b 属于转移的特殊类型。下面分别对转移的对偶型基本特性、定向转移、传输进行世界知识的说明，自身转移则放到[110-2.2]节里。

2.0.1 转移对偶型基本特性的世界知识

转移的两项基本特性“入”和“出”、“启程”与“到达”都采用了存在对立统一体的对偶表示方式，这一点似乎不好理解。其实在实际的转移里，这种对立统一现象普遍存在。当你走进一个房间，你的前脚“出”了一道门，而你的后脚还在“入”那道门的时候，你就处于“入”和“出”的对立统一状态。当一列火车穿过一个隧道的时候，假定这个隧道的长度小于火车，我们可以清楚看到，火车前部的出洞和其后部的入洞在同时进行。因此，将“入、出”映射为 20m 是无可争议的。

“启程”与“到达”必然形成三重对偶，因为在两者之间必须途经一条路径。当路径的起点和终点合而为一时，就可能出现一种十分特殊的对立统一，那就是“到达”与“启程”的对立统一，为什么？当你在森林里迷路的时候，当你面对一个最佳路径求解问题的时候，一个循环终点的“到达”就意味着下一个循环的“启程”。因此，“启程、到达、途经”的三重对偶需要用非黑氏对偶 20e9n 来表达。这里要注意 e9n 和 ebm 的区别，前者代表同一过程不同循环的交替，后者代表新旧两过程的交替。比较一下 11ebm 和 20e9n 有助于加深对这两种对立统一的区别特征的认识。

以上所述，就是概念节点 20m 和 20e9n 被赋予的世界知识。

2.0.2 定向转移 209 的世界知识

定向性是转移的基本特性之 ，定向就意味着转移要针对特定的接受者。HNC 不设置 20e2m 以表达转移的定向与非定向性，这体现了 HNC 符号体系设计的有所不为原则，因为这两者极不对称。非定向转移一般纳入运动过程。不能纳入运动过程的非定向转移属于罕见现象，公鸡打鸣也许算得上一个难得的实例吧。

以上是定向转移 209 的基础知识。

定向转移的类型千头万绪，“嫁祸于人”和“转移视线”属于定向转移，“围魏救赵”

之计和“四两拨千斤”的神功也属于定向转移，清代医圣叶天仕的朱砂圈医案更是定向转移外科手术的奇迹。尽管如此，从作用效应链来观察，不难从纷纭繁杂的定向转移中挈领出“职责转移”、“关系的权力(rc44ea1)和所有权(rc461)转移”、“状态的层次(g55)和等级(g56)转移”以构成 209 的 t 表示。因为这三类定向转移在人类社会生活中极具普遍性并占有特殊重要的位置。这里的职责、权力、所有权、层次和等级都是转移的内容，不是对象，这一点在反思里有进一步的讨论。

关系和状态比职责高一个层次，209a 和 209b 应进一步配置延伸结构，以区别不同的转移内容，这是可以预期的。预定 209a 和 209b 都作 t=a 的延伸，其定义如下：

209a9	权力的定向转移
209aa	所有权的定向转移
209b9	层次的定向转移
209ba	等级的定向转移

以上是 209t 被赋予的基本世界知识。

209 的中层延伸 209eam 用于描述级别上、下、平之间的定向转移，人类社会为此制定了一系列表述规则，在农业时代，这些规则尤为烦琐。这些烦琐的表述规则就是一项世界知识，它被捆绑在符号 209eam 里。

2.0.3 传输 20a 的世界知识

传输就是转移，是对转移的另一种描述方式。这时由转移内容 TC 坐庄，即由 TC 来充当 GBK1，转移发动者 TA 一般隐退到传输描述的后台。

在转移描述的 6 项要素 TA、TB、TB1、TB2、TB3 和 TC 里，如果说前 4 项可以看作广义空间的一个点，那么转移途径 TB3 就必须看作广义空间的一条或多条线，而转移内容则应该看作广义空间的一个结构。这就是说，TB3 的描述一般要比 TB1 和 TB2 复杂，TC 的描述一般要比 TA 和 TB 复杂。

点和线的比喻是将转移描述与过程的 11 描述相对应，是转移的一般描述。这时 TB1 和 TB2 就是一个点，TB3 就是一条简单的线。

转移描述还应该与过程的因果源流描述 12 相对应，这时 TB1、TB2 和 TB3 都应该看作是结构，与源汇流相对应。对转移的这种描述叫做传输 20a，它是转移的源汇流描述，继承[110-1.2]节所叙述的关于因果源流的世界知识。因此，传输描述里的 TB3 就不再是一条简单的线，而是一段复杂的流了。

这段复杂的流会出现[110-1.2.2-1]所着重描写的“奇”现象。“奇”的传输表现就是“传递”，“传递”的三种具体形式是“中转、传播和流通”。传递是传输过程的基本操作，最简单的传输也需要一次传递。中转描述传递过程的转向，传播描述传递过程的扩展性，流通描述传递过程周行性。

这就是 20a 延伸结构 20aα 被赋予的世界知识。

传输的一项重要特性是通畅性，用 20ad3m 表达。

——转移 20 的句类知识

隶属于 20 的概念对应着两组基本句类：一是一般转移句；二是传输句。

——反思
传输既是转移的基本特性，又是转移的基本侧面。
自身转移是转移的特殊类型。
20t 采用\k 表示？
转移对象与内容的相对性。

第 1 节
接受 21 (012)

接受是转移的一个特殊侧面，是接受者 TB 坐庄的转移描述。与转移内容 TC 坐庄的传输类似，转移发动者这时失去了 TA 的资格，隐退转移内容 T1C 里或与 TC 共同组成复合构成语义块 TBC。

接受描述的重点是针对性（定向）接受。

2.1-0 接受 21 的概念延伸结构

一级延伸结构：

```
21:(i,t=a;it=a;itt=a,ia\k=2)
  21i                    定向接受
  219                    物接受
  21a                    信息接受
```

二级延伸结构：

```
21i9                 物定向接受
21ia                 信息定向接受
```

三级延伸结构：

```
21i(t)t=a            定向接受的两个基本步骤
21i(t)9              搜索
21i(t)a              检验
21i9t=a              物定向接受的两个基本步骤
21i99                勘探
21i9a                采掘
21iat=a              信息定向接受的两个基本步骤
21ia9                检查
21iaa                核实(确认)
21ia\k=2             信息定向接受的基本方式
```

21ia\1	看
21ia\2	听

原接收 21 的概念延伸结构如下。

一级延伸结构：

21:(α=b,\k=2)	
21i	一般定向接收
219	面向社会的定向接收
21a	物定向接收
21b	信息定向接收
21\k	接收的两种基本方式
21\1	看
21\2	听

二级延伸结构：

21αt=a	定向接收的两个基本步骤
2189	探——定向接收的实现
218a	用——定向接收的目的
2199	调查
219a	总结
21a9	勘探
21aa	采掘
21b9	搜索
21ba	检测
218\k=5	定向接收 218 的 5 种基本方式
218\1	监视
218\2	监听
218\3	检查
218\4	检验
218\5	核查

三级延伸结构：

218ac3m	参考、参照与拷贝

2.1-1 接收 21 的世界知识

接收 21 的一级延伸结构突出两项描述内容：一是接收的针对性，即定向性；二是接收的两种基本方式——看和听。前者采用α表示，后者采用\k=2 表示。两者是接收的基本世界知识。

定向接收除了一般面向外，还有三种具体面向：一是面向社会；二是面向物；三是面向信息，故采用α表示。

接收的两种基本类型是：视与听。这是动物特有的两种信息接收方式，并使用了两种特殊的接收工具——眼睛和耳朵。接收都需要工具，没有工具，就不可能实现接收。这一知识放在 21 的后台，如果设置接收的第三种基本类型——工具接收，那反而是画蛇添足了。

21α具有共同的t=a延伸结构，这一世界知识饶有趣味。HNC把21αt=a定义为定向接收的两个基本步骤。两个步骤的第一步与定向的实现相联系，第二步与定向的应用目的相联系。

对一般定向接收218，第一步2189定义为“探——定向接收的实现”，第二步218a定义为“用——定向接收的目的”，即将接收到的东西（接收内容）加以具体应用。接收内容被利用的程度会有很大差异，对这一差异将用三级对比表示c3m作进一步描述（三级延伸）。第一级218ac31最低，定义为“参考”，第三级218ac33最高，定义为“拷贝”，第二级218ac32介乎两者之间,定义为“参照”。

218ac31意义上的“参考”不完全等同于“参考文献”的“参考”。因为“参考文献”可包含218ac3m的三种类型。这时作者在相关论述中必须具体说明它属于哪一类型，如果把“参照”和“拷贝”混同于“参考”，那就是极不道德的抄袭或剽窃行为。这一世界知识没有也不可能在218ac3m加以表达，但是它为这一表达提供了符号基础。

对3类具体的定向接收，两基本步骤的第二步不直接描述具体的应用，而是描述应用前的必要准备。这样，面向社会的定向接收219的两基本步骤定义为“调查”与“总结”，总结是将调查结果加以应用的必要准备。物定向接收21a的两基本步骤定义为“勘探”与“采掘”，采掘是将勘探到的物加以应用的必要准备。信息定向接收的两基本步骤定义为“搜索”与“检测”，检测是将搜索到的信息加以利用的必要准备。采掘与检测实质上是获得(3a1)，把定向接收的内容（物或信息）拿到手，显然是随后应用的必要前提。

毛泽东在反对教条主义的斗争中曾提出过一个著名的论断——没有调查研究，就没有发言权。毛主席用“调查”与“研究”这两个词语对219的两个基本步骤作了高度概括，这里的研究是总结的高级形式。

以上是定向接收的基本世界知识。

实现定向接收有各种各样的方式，218\k=5把它概括为两“监”、两“检”一“核”，“监”的特点是可以不与“监”的对象直接接触，优先隐蔽方式，特殊情况才采用公开方式；“检”的特点是一般需要与“检”的对象直接接触，优先公开性，特殊情况才采取隐蔽方式。两“监”与接收的两种基本方式直接对应，定义为“监视”与“监听”。

“检查”服务于某特定对象存在性（有无）的判定，“检验”服务于某特定对象功能性的判定，“核查”服务于某特定对象与另一选定对象一致性的判定。在语言空间，三者都可以用“检查”来描述，但如上所述，其语义差异甚大，因此在语言概念空间必须加以区分。

以上是定向接收5种基本方式的世界知识。

——句类知识

定向接受句属于广义作用句，接受句属于两可句类。

——反思

面向社会的针对性接受与信息针对性接受的分工。

儿童自我中心言语与社会言语的接受机制。

第 2 节 物转移 22 (013)

物转移和信息转移都属于转移的基本类型，但为这两类转移独立设置了两个二级节点。表层理由是这两类转移的转移内容 TC 完全不同，前者是用具体概念描述的物，后者是用抽象概念描述的信息。深层理由则是这两类内容的语义块构成具有根本不同的特性，信息转移内容具有块扩特性，但物转移内容不具有。块扩的概念将在[110–2.3–2]节说明。为突出接受、物转移和信息转移的内容差异，语义块符号分别用 T1C、T2C 和 T3C 表示。

2.2–0 物转移的概念延伸结构

一级延伸结构：

```
22:(m,e2m,e9n,γ=b,3e2m)
```

物转移一级延伸结构的形式与 20 完全相同，定义也完全对应。在 20 定义里的“转移”字样前面加上一个“物”字就变成 22 的对应定义。

二级延伸结构：

```
   6m22e2m “”            生命体的摄入和排出
   229eam                物转移的层次表现
22a:(α=b,\k=0-3)
   22aα                  物传输的基本特征
   22a\k=0-3             三类实际空间的运输
   22a\0                 特种运输
   22a\1                 陆运
   22a\2                 水运
   22a\3                 空运
22b:(m,e9m,e9n,t=b)
   22bm                  同 20bm
   22be9m                同 20be9m
   22be9n                同 20be9n
   22bt=b                三类实际空间的自身转移
   22b9                  空中自身转移
```

22ba	水面和水中自身转移
22bb	陆地自身转移

三级延伸结构：

6m22e2m:(\k=3,i\k=3)	
6m22e2m\k=3	生命体对三类基本形态物的摄入和排出
6m22e2m\1	准固态物的入出
6m22e2m\2	液态物的入出
6m22e2m\3	气态物的入出
6m22e2mi\k=3	生命体的非正常摄入和排出
6m22e2mi\1	固态物的非正常入出
6m22e2mi\2	液态物的非正常入出
6m22e2mi\3	气态物的非正常入出

22a\0k	特种运输的基本类型和基础设施
22a\01	管道运输
22a\02	电力网线输送
22a\1k	陆运的基本类型和设施
22a\11	人行路
22a\12	车行路
22a\13	铁路
22a\14	桥
22a\15	隧道
22a\16	索道
22a\17	站
22a\2k	水运的基本类型和设施
22a\21	河湖运输
22a\22	海运
22a\23	港口
22a\3k	空运的基本类型和基础设施
22a\31	航空运输
22a\32	航天运输
22a\33	机场
22a\34	航天中心

22bt:(e2m,t,\k)	
22bte2m	三类转移的两种基本类型
22b9e2m	航空与航天
22bae2m	水面与水下（内）航行
22bbe2m	地面与地下行进
22bt$_i$t≠t$_i$	三类转移的相互转换
22b9t≠9	空中向水面和陆地转移
22bat≠a	水面或水下向空中和陆地转移
22bbt≠b	陆地向空中和水面转移
22bt\k	三类转移的运载工具
22b9\k=4	空运运载工具
22b9\1	飞艇与热气球
22b9\2	飞机
22b9\3	太空飞行器

22b9\4	飞船
22ba\k=4	水运运载工具
22ba\1	农业时代水面运载工具
22ba\2	工业时代水面运载工具
22ba\3	潜艇
22ba\4	深潜器
22bb\k=4	陆地运载工具
22bb\1	人力运载工具
22bb\2	兽力运载工具
22bb\3	火车
22bb\4	汽车

2.2-1 物转移世界知识

在一级延伸结构的层面上，物转移 22 全部继承 20 的世界知识，但 20b 的世界知识并未在[110-2.0-1]节里说明，按约定应放在本节里。下面以 22 的二级延伸为纲，分 3 个小节进行说明。

2.2.1 生命体摄入与排出 6m22e2m 的世界知识

生命需要不断地进行基本形态物的摄入与排出。如果这一转移过程的中断超过了一定限度，生命就会死亡。其中动物的呼吸与血液循环是两个非常特殊的物转移现象，与生命相始终而永不停息。呼吸表示为 6222e2m\3（其中的前挂符号 62 在第×章里说明，这一表示的特殊性在于使用了变量 e2m），它的停止被视为动物死亡的基本标志之一。对动物而言，呼吸可中断的极限时间最短，人在分的量级，水摄入可中断的极限时间比较长，人可达到天的量级，食物可中断的极限时间最长，人可达到 10 天左右。这些世界知识都不难在概念节点 6m22e21\k 的后台加以表示。

6m22e2m 采用了\k=3 和 i\k=3 两类延伸。前者代表生命体对三类基本形态物的正常摄入和排出，后者代表非正常摄入和排出。所谓正常与否的界限需要人为约定，如女性的例假应符号化为 6322e22\2p10bc32xjw63e22，纳入正常液态物排出，而吸烟则符号化为 6322e21i\3，纳入非正常气态物摄入。

动物和人气态物摄入的 TB2 一定是肺，正常液态、准固态物和固态物摄入的 TB2 一定是胃。但排出的情况比较复杂，TB1 和 TB3 各不相同。因此，需要对 6m22e22\k 再作\k 延伸，以便在相应概念节点的后台表示里给出相应的世界知识。

6m22e2m\1 的定义在固态物前面加了一个“准”字，其含义是该固态物可以被牙齿咬碎。不能被牙齿咬碎的固态物不纳入正常摄入的范畴，这是该定义隐含的一项世界知识。

2.2.2 三类实际空间运输 22a\k=(0-3)的世界知识

物的传输命名为运输。三类实际空间指“大气层”、水空间和陆地空间。随着科学技术的发展，人类活动进入了太空，所以这里的大气层加了引号，表示它包括地球的外层空间和宇宙空间。

三类实际空间运输采用了特殊形式的\k表示，k的取值不是从1开始，而是从0到3，陆地空间、水空间和“大气层”分别对应1、2和3。k=0用于表示不区分海陆空的运输方式。

运输最基本的世界知识是它的基础设施，空运需要机场，水运需要港口和码头，陆运需要路和桥。三类空间运输各自又有类型之分：空运有航空与航天之分，水运有河运与海运之分，陆运有公路与铁路之分。这两方面的世界知识都捆绑在三类空间运输22a\k=1–3的二级\k表示k_2里，k_2的数字顺序是先基本类型、后基础设施。但这一安排不可能十分严格，因为有些基础设施与运输类型密切相关。公路和铁路既是基础设施，又是运输类型。22a\k的k取值都可以扩充，如果将来实现了太空太阳能的大规模利用，光电转换后以微波形式向地球传输，那就可以将这一能量传输方式符号化为22a\03。

2.2.3 自身转移的世界知识

自身转移是一种特殊类型的转移，这时TA与TC同时坐庄，充当GBK1。但句类表示式的相应符号并不写成TAC，而必须简写成TA，因为这时的TA与TC两者已合而为一，其描述中心一定是具体概念。

动物和人是自身转移的天然TA，这是自身转移最基本的世界知识。但是随着科学技术的进步，轮船、火车、汽车、飞机、飞船、可行走机器人及相应的玩具相继出现。虽然这些工业时代的产物目前还不能完全离开人的驾驶或控制，但终究具备了自身转移必需的两项基本条件：①动力；②便于自身转移的特殊部件，如轮子、舵、机翼、螺旋桨、喷射装置、机器人的行走装置等。因此，自身转移TA的外延必须扩展，除了动物和人之外，还应该包括一切具备上述两个自身转移基本条件的机械。自身转移就是这两个条件拥有者的运作过程。按照这一定义，一切流动与重力带动下的运动和流动本身都不属于自身转移，而是运动109或22b之外的转移。

自身转移的基本世界知识还有：自身转移的语言描述特性、三类实际空间的自身转移、人类自身转移的基本工具。下面分别对这三者进行说明。

1）自身转移的语言描述特性

自身转移的数学物理描述不过是一个点的运动，但其语言描述却很不寻常，需要用黑氏对偶22bm和非黑氏对偶22be9m来描述。

黑氏对偶22bm描述自身转移的离去，有离（22b1）必有去（22b2），有去也必有离，否则就不是自身转移了。离与去最典型地表现了概念的对立统一特性。

也许可以说：离去的概念22bm仅仅是对单一自身转移矢量特性的语言描述，而“回离来去”的概念则是对自身转移矢量场特性的极为精彩的语言描述。

22be90	“回”	最后终点回归最初起点的描述
22be91	“离”	起点确定（常量）、终点模糊（变量）的描述
22be92	“来”	终点确定（常量）、起点模糊（变量）的描述
22be93	“去”	终点确定（常量）、起点唯一（常量）的描述

这一描述的精彩在于确定性与模糊性的巧妙结合。自身转移本来是一个十分复杂的矢量场，从同一起点可以指向多个终点，指向同一终点的可以来于多个起点，这是转移

矢量的共性侧面；另外，转移矢量又存在起点与终点唯一、最后的终点回到最初起点的个性侧面，自然语言不使用任何数学符号把这一共性与个性特征用 4 个词语描述得清清楚楚。可惜的是：这 4 个词语的音与形却把它们之间的内在关联性化为乌有，HNC 用符号 22be9m 恢复 4 者之间的内在关联性描述，同时又保留了自然语言描述的精彩性。

在传统汉语里，似乎单一转移矢量的描述使用“离、赴”，而转移矢量场的描述使用“回离来去”。因此，用“离与赴”来定义 22bm 似乎更为合理。但如果真的那样做，那就是文字游戏的无聊雕琢了，而且带有厚古薄今的色彩。

2）三类实际空间的自身转移

三类实际空间（气、水、陆）里的自身转移可分别简称飞行、水行和陆行。

由于三类转移与三类实际空间紧密相关，因此在描述三类转移的世界知识之前，必须对三类空间的基本世界知识有所了解。

从空间的边界看，气空间存在确定的下边界和不确定的上边界，确定的下边界是水面或陆地；陆空间与气空间恰恰相反，存在确定的上边界和不确定的下边界，确定的上边界是气空间或水空间。上边界是气空间的陆空间叫陆地；水空间是气空间和陆空间之间的特殊空间，存在确定的上下边界，上边界是气空间，叫水面，下边界是陆空间，叫水底。水面有海面、河面、湖面之分，水底有海底、河底、湖底之分。与水面相接的陆地一定高于水面。这些就是人类对三类空间边界的初期认识，也是三类空间的基本知识。

三类空间的同时存在是生命存在的必要条件。

人类对三类空间的水平边界和上述不确定的上下边界曾有过极为错误的认识，但这并没有对人类的认识进程产生严重干扰。可见这些知识是比较次要的，计算机可以暂时不管，但上述基本知识是必需的。

气空间和水空间具有可穿行性，陆空间不具有可穿行性。因此陆行是特指在陆地表面的自身转移，而飞行则特指在气空间内部的自身转移，一定要脱离气空间的下表面，水行则分为水面和水下两种。

在远古时代，三类转移大体上体现了动物界的自然分工，飞行动物（主体是鸟类）、水生动物（主体是鱼类）和陆生动物分别是飞行、水行和陆行的霸主。

三类转移蕴涵着下列基本世界知识。

飞行动物必须栖息于陆地或水面，并兼具水行和陆行能力，因为它们的食物生存于水空间或陆地。主体水生动物必须栖息于水空间，不具有飞行和陆行能力，因为没有这个必要，它们的食物就生活在水里；陆生动物必须栖息于陆地，有趣的是：它们有的具有水行能力，但不具有飞行能力；有的具有飞行能力，但不具有水行能力（如某些昆虫）。三项“必须栖息”特性来自于呼吸器官的特点。

在农业时代，人类通过船的发明创造了强大的水面航行能力，但没有创造出具有自身动力的转移工具，因而未能实现飞行的梦想。

在工业时代，人类创造了具有自身动力的转移工具，不仅实现了更强大的水面航行，而且实现了强大的水下航行；不仅实现了鸟类的飞行，而且实现了鸟类不能完成的太空飞行；在陆行方面，不仅远远超越了《水浒传》里的神行太保戴宗，而且正在向着实现孙悟空式人体体内穿行和土行孙式地内穿行的目标前进。

以上所述就是概念节点 22bt=b 被赋予的世界知识。

概念节点 22bt 延伸结构 22bte2m 的全面实现是工业时代的主要标志之一。这里就不再详说。但应该指出两点：第一，22bae22 定义中的“水下”=“水内”，而 22bbe22 的“地下”≠“地内”，目前的地下行进特指通过隧道方式的自身转移，这不是工业时代的发明，中国两千多年前就有母子“黄泉”（地下）相见的著名故事。第二，随着科学技术的发展，概念节点 22bbe22 需要继续延伸是可以预期的。不仅如此，也许还需要将延伸结构的 22bt 表示改为 22bα 表示。

3）三类转移的相互转换和运载工具

三类转移相互转换的描述采用了 $22bt_it \neq t_i$ 的特殊符号形式。它表示 22b9t 不能取 22b99，可以取 22b9a 和 22b9b。22bat 和 22bbt 类推。自身转移的相互转换和运载工具都涉及许多专业性知识，延伸结构中各概念节点所定义的内容就是计算机首先需要的世界知识大纲。对它们的详细描述已进入相应后台知识表示的具体细节，这里就不详说了。

第 3 节 信息转移 23 (014)

语言所描述的信息比自然科学里所定义的各种信息更宽。但语言既不理睬信息的严格定义，也不追求信息的定量描述，它关心的主要是信息转移 23 的特征。

上一节说到，物转移 22 全部继承转移 20 的一级概念延伸结构，但信息转移并不需要。信息转移的 20m、20e9m 和 203e2m 个性并不突出，只需要继承 20 的 e2m 和 γ 特性。

上一节还看到，物的定向转移 229 只需要一种延伸结构。信息定向转移则具有更丰富的特性，需要 5 种延伸结构。

最后一点是：转移 20 和物转移 22 都不需要\k 表示，但信息转移 23 需要\k 表示。这三点是信息转移与物转移的基本差异。

2.3-0 信息转移 23 的概念延伸结构

一级延伸结构：

```
23:(e2m,γ=a,\k=m)
  23e2m                    信息转移的入出
  23γ                      定向信息转移和信息传输
  23\k                     信息转移的各种具体形式
  23\1                     说
  23\2                     写
  23\3                     符号、图形与图像
  23\4                     表格
```

23\5	标记
23\6	喊叫
23\7	求援信号
23\8	信号

二级延伸结构：

239:(m,e2m,eam,3,α=b,7;3e4m)

239m	定向信息转移的真伪
239e2m	问与答
239eam	定向信息转移的层次表现
239ea1	上层向下层的信息转移
239ea2	下层向上层的信息转移
239ea3	不分层次的信息转移
2393	要求
2393e4m	要求的度表现
2393e41	请求
2393e42	乞求
2393e43	强求
239α=b	定向信息转移的基本类型
2398	陈述
2399	建议
239a	攻击
239b	回敬
23aα=b	信息传输的基本特征
23a8	信息传递
23a9	信息中转
23aa	信息传播
23ab	信息流通
2397	来临

三级延伸结构：

239ea1t=b	信息下行的 3 种基本形式
239ea19	指示
239ea1a	命令
239ea1b	批准
239ea2t=b	信息上行的 3 种基本形式
239ea29	汇报
239ea2a	请示
239ea2b	申请
239αt=b	各类定向转移的 3 种基本形式
2398t=b	陈述的 3 种基本形式
23989	叙述
2398a	评述
2398b	论述
2399t	建议的 3 种基本形式
23999	劝告
2399a	批评
2399b	警告

239at	攻击的 3 种基本形式
239a9	丑化
239aa	恐吓
239ab	欺骗
239bt	回敬的 3 种基本形式
239b9	辩解
239ba	驳斥
239bb	揭露

2.3-1 信息转移的世界知识

本节分 6 小节，依次阐释：①定向信息转移的基本类型；②各类定向转移的 3 种基本形式；③定向信息转移的层次表现；④要求；⑤信息转移的各种具体形式；⑥信息转移延伸结构的总说明。

2.3.1 定向信息转移 239 的基本类型 239α=b

信息转移的定向有两种含义：一是指特定的内容；二是指特定的对象。本小节的定向兼含两者，即就特定内容向特定对象作信息转移。

对定向信息转移 239 采用α延伸结构似乎不可思议。但是如果从作用效应链的角度来考察定向信息，它无非是作用和效应两个侧面，而作用侧面又应分为积极的、善意的和消极的、恶意的这两个截然不同的侧面，效应侧面是接收者的回应。这 3 个侧面构成定向信息转移的类型脉络，三者都需要陈述，没有陈述，就不可能完成相应的定向信息。其中积极和善意的陈述简称“建议”，消极和恶意的陈述简称“攻击”。这样 239α=b 就成为定向信息转移类型符号表示的当然之选了，其简明定义就是“陈述、建议、攻击和回应”。

上述世界知识不难在 239α 的后台给出符号表示。但是进一步的深层知识，如积极与善意、消极与恶意之间的复杂关系如何表达则有待清理。

2.3.2 定向转移的 3 种基本形式 239αt=b

定向转移 239α=b 的基本形式统一采用了 t=b 的延伸结构：陈述 2398 的 3 种基本形式是“叙述、评述、论述”；建议 2399 的 3 种基本形式是“规劝、批评、警告”；“攻击”239a 的 3 种基本形式是“丑化、恐吓、欺骗”；回应 239b 的 3 种基本形式是“辩解、驳斥、揭露”。从自然科学的严密性要求来看，239αt=b 的三分延伸结构诚然不可思议，但是如果从语言描述所追求的简明有效性来考察，却是一个明智的选择。下面就来依次进行考察。

（1）陈述的两种极端形式是叙述和论述，叙述是叙（陈述）其然，论述是论（陈述）其所以然。有叙有论，但叙而不全、论而不透的陈述叫评述。这就是陈述的 3 种基本形式。

叙述与论述不仅都有广度、深度的差异，还有立场的差异。但叙述关注广度，广度不够叫叙而不全；论述关注深度，深度不够叫论而不透。所以，在 3 种基本陈述形式的基础上可以形成多种派生的陈述形式。

立场对自然现象的陈述影响不大，但对社会现象的陈述影响极大。因此，立场的判定是自然语言处理的基本课题之一。这个问题在[123-0.1.1.3.3-3]节有所说明。

广度以作用效应链的各个侧面为纲，深度以作用效应链各高层概念的延伸结构为纲。

以叙述为主的文语将简称叙述文，以论述为主的文语将简称论述文，以评述为主的文语将简称评述文。这里的“文语”包括书面语和口语。

叙述、论述与评述的分类可以针对著作、文章或话语的整体，也可以针对它们的局部直至一个段落和句子。

所以，陈述 2398 的 2398t=b 三分是陈述基元的三分，是语言描述“抓两头、带中间”的简明有效方式的典型示例。

（2）“建议”这个词语并不排除欺骗性甚至包藏祸心的计谋（如《三国演义》所描述的庞统献给曹操的“连环计”），但 2399 定义的“建议”是严格排除的，“建议”的动机一定是积极和善意的。“建议”2399 的基本方式基本不取决于定向信息转移的具体对象 TB，而是主要取决于定向信息转移的内容 T3C。这个内容 T3C 实质上有显隐两个侧面。显侧面是转移发动者 TA 发出的信息，隐侧面是对象 TB 的表现，显侧面包含并针对隐侧面。这就是说，2399 这一概念脉络的内涵是 TA 认定的 TB 不良表现或错误言行，并遵循“不破不立，破字当头”的原则提出自己的建议。从因果源流关系来说，这里的隐侧面是因和源，显侧面是果和流。

如果仅仅按否定（破）程度对比性三分的方式来考虑 2399 的延伸结构，当然可以采用 c3m 的对比性表示。但考虑到“建议”2399 不仅应该包括被否定内容（不能那样做），还应该包括它的替代者，即 TB 应该具有的新表现（应该这样做）。因此，2399 采用了 t=b 表示，这又是“抓两头、带中间”方式的运用：23999 着重“应该这样做”的内容描述，2399b 着重“不能那样做”的内容描述，2399a 则两者兼顾，但以“不能那样做”为主。

（3）“进攻”这个词语的语言意义十分丰富，用于 239a 的定义只是借用。其语言概念空间的内涵是“恶意的定向信息转移”，与“善意的定向信息转移”2399 相对应。根据这一定义，2399 应该有益于对象 TB，239a 应该有害于对象 TB。这两点是 2399 和 239a 被赋予的基本世界知识。

但是，以损害对象利益和形象为目标的定向信息转移 239a 实质上相当于意识形态斗争中的宣传战，而宣传战的善恶之分非常复杂。正是基于这一考虑，HNC 未将 2399 和 239a 按 239 的 e2n 对偶表示延伸。

从宣传战的角度考虑 239a 的表现形式，问题就比较简明，那就用软硬两手加丑化的绝招。硬的一手就是恐吓，软的一手就是欺骗。

这就是 239at=b 被赋予的基本世界知识。

（4）239b 所定义的回敬是对 239a 的回应。回应延伸结构 t=b 所对应的 3 项内容“辩解、驳斥、揭露”相当于“防守、攻守兼备、反攻”。这又是“抓两头、带中间”的三分法。

从本小节的阐释可以看到，语言概念空间描述所追求的简明有效性并不违背科学的严密性原则，不过它更重视把概念脉络主干的描述放在第一位的原则。

2.3.3 定向信息转移的层次表现 239eam

定向信息转移的层次表现 239eam 是社会组织层次性对定向信息转移产生的陈述方式要求。这一要求在农业时代曾达到极为烦琐的地步，现代社会已经大大简化了。

目前只对 239ea1 和 239ea2 设置了延伸结构，但这并不意味着 239ea3 不需要。虽然 q715 表达了 239ea3 的大部分内容，但终究不能代替它[*01]。

2.3.4 要求 2393

要求 2393 是定向信息转移的一个重要侧面，定义为 TA 向 TB 提出的要求。词语要求是多义词，还包括客观形势的要求 jl127、待实现的愿望 7121 和精神状态的自我要求 72019a。这 4 种要求的共性是：被要求的对象应该有所行动，但强弱程度依次递减。要求 2393 最强，但还没有达到必须块扩的程度。

目前对要求 2393 仅设置了一项延伸结构 2393e4m。要求 2393 的大多数情况似乎是为了满足自身（即 TA）的需要，是否应该考虑这一情况而增设或增长延伸结构待定。

2.3.5 信息转移的各种具体形式 23\k=8

23\k 定义了信息转移的 8 种具体形式，这里未区分定向与非定向信息转移，因为其定向特性主要取决于语境。

每一项 23\k 都具有独特而丰富的世界知识。具体阐释将放在《全书》的附件里。

2.3.6 信息转移延伸结构的总解释

与物转移 22 相比，信息转移具有下列三大特色：

一是信息转移的一级概念延伸结构不需要 23m、23e9n 和 233e2m，且应取 23γ=a，而不能取 23γ=b。

二是信息转移的一级概念延伸结构需要引入\k 表示，而物转移不需要。

三是信息转移具有定向的优先性，而物转移不具有。这一特性决定了信息转移的二级概念延伸结构必须以定向信息转移 239 为纲。

信息转移与物转移概念延伸结构的上列重大区别表明：有必要将两者独立构成转移 2 的二级概念节点。物转移与信息转移不仅是基本类型的不同，也是基本侧面的不同，并具有基本特性的巨大差异。

——句类知识

T3C 的块扩特性和 T3C 块扩的特殊性。

239ea19、239ea1a 和 2399b 的 T39J 特性。

注释

[*01] 239eam延伸结构的最终拍板有待新一轮检验。

第 4 节 交换、替代与变换 24 (015)

交换、替代与变换三者都几乎以同样的深度直接涉及转移和关系两个方面，所以合并成一个节点 24。主体基元概念二级节点排列顺序的基本原则是：数字越小越纯净，数字越大越混杂。04 是作用与效应 362 的混杂，14 是过程与效应 312 的混杂，24 是转移与关系 408 的混杂。

21–23 的转移都只涉及一项或一类转移，而 24 则必然涉及两项（类）或多项（类）转移，故简称多元转移。

2.4–0 多元转移 24 的概念延伸结构

一级延伸结构：

```
23:(e2m,γ=a,\k=m)
  24t=b                    多元转移
  249                      交换
  24a                      替代
  24b                      变换
```

二级延伸结构：

```
249:(e1m,e1n,e2m,\k=2,i)
    249e1m                 买卖
    249e1n                 借与贷
    249e2m                 借与还
    249\k=2                交换的 2 种基本类型
    249\1                  物交换
    249\2                  信息交换
    249i                   人类的交换表现
24a:(t=b,\k=2)
    24at=b                 替代的 3 种基本类型
    24a9                   物-物替代
    24aa                   信息-信息替代
    24ab                   人-人替代
    24a\k=2                替代的两种基本形式
    24a\1                  Ⅰ型替代
    24a\2                  Ⅱ型替代
    24bγ=b                 变换的 3 种基本类型
    24b9                   状态变换
```

24ba	信息变换
24bb	能量变换

三级延伸结构：

249i:(t=b)	
249it	人类交换活动的基本形态
249i9	交流
249ia	交往
249ib	“利益交换”
24a\1k=2	Ⅰ型替代基本类型
24a\11	替换
24a\12	更换
24a\2k=2	Ⅱ型替代基本类型
24a\21	代表
24a\22	代理
24b9\k=x	形态变换的各种具体形式
24b9\1	化装
24b9\2	人物表演
24b9\3	语言翻译
24b9\4	文字演变
24ba\k=x	信息变换的各种具体形式
24ba\1	信号物质形式的变换
24ba\2	信号表现形式的变换
24ba\3	信号处理形式的变换
24bb\k=x	能量变换的各种具体形式
24bb\1	机械能变换
24bb\2	热能变换
24bb\3	电磁能变换
24bb\4	光能变换
24bb\5	声能变换
24bb\6	核能变换

2.4-1 多元转移24的世界知识

多元转移24的一级概念延伸结构是其定义的直接符号表示，下面分3小节以二级延伸结构为基础进行说明。

2.4.1 交换249的世界知识

交换249是双方共同参与的特殊转移活动，没有双方的共同参与，就不可能实现交换。这里的双方既充当TA，又充当TB，故交换者的语义块符号用T4Bm表示。这些是交换249最基本的世界知识。

交换采用了两类、五种延伸结构。第一类包括两种对偶表示e1m、e1n和e2m，描述交换现象的3种独特的输入输出特征，第二类采用\k表示和i表示，描述交换的2种基本类型和人类的交换表现。

交换输入输出的独特性在于入出互为因果，是交换双方动机与目的之契合。交换有两种基本形式：买卖 249e1m 与契约交换 249e1n AND 249e2m。下面依次说明买卖、契约交换和交换的 2 种基本类型及利益交换。

1）买卖 249e1m

买卖的双方分别叫做买方和卖方。买方以入为基点（参照），买入所需要的物品，付出等价的货币（或物品）；卖方以出为基点（参照），卖出待售的物品，获得等价的货币（或物品）。买与卖是典型的 e1m 型对偶，存在对立统一体 249e10，那就是批发，批发者的买是为了卖。

买卖 249e1m 的主要方式是商品(pwa228)与货币(gwa25\1)的交换，以物易物的方式已退居次要地位。

买卖的现代发展在 a22 和 a25b 里描述。

2）契约交换 249e1n AND 249e2m

契约交换的双方分别叫借方和贷方，借方凭借契约从贷方借入所需要的货币或物品，贷方依据契约贷出相应的货币或物品。借与贷是同一事物的两种描述方式，如同攻占与失陷、起义与叛乱、上坡路与下坡路一样，属于典型的非黑氏对偶 e1n。

与“借”对偶的另一概念是“还”，有“借”必有“还”，两者构成非黑氏对偶 e2m。借而不还属于违约，是“还”与“违约”的并复合概念。

契约有各种形式，将在 249e1n 的延伸结构里表达。

契约交换的现代发展在金融活动中在 a24 里描述。

3）交换的 2 种基本类型 249\k=2 及利益交换

交换现象在自然界、生命过程和社会中普遍存在，海洋（水空间）与大气层通过蒸发与降雨过程实现水的交换，血液流经肺部时实现氧与二氧化碳的交换，人类在日常交往中实现信息的交换，上面描述的买卖与契约交换是两种社会性交换。249\k=2 所描述的交换基本类型仅针对交换内容，不涉及交换者，把交换内容划分为物与信息 2 种基元，分别定义为“物交换和信息交换”。这一定义的完整描述是“交换主动方用交换内容与另一方进行交换”,另一方的交换内容并没有加以指定。

广义的利益交换并不限于人类活动和社会领域，但实际上这一领域之外的利益交换很少用 249ib 来描述，因此 249ib 的实际概念几乎都要加上 65-9-c 的前挂符号。

本小节最后应该说明：交换内容的 2 基元不是交换内容基元的完备集合，249\k 这个概念节点不追求这一完备性，但达到了简明有效的目的。这一集合外的交换内容可以通过 249 与其他概念节点的其他概念组合方式加以表达。

2.4.2 替代 24a 的世界知识

替代 24a 当然也存在自身的特性和方式，但似乎没有采用中层描述的必要。因此目前仅采用了 t=b 和\k=2 两种延伸结构。

替代的延伸结构 24at=b 也是针对内容，用于表示替换内容的类型基元。但定义方式不同于交换，它限于相同类型内容的替代，不考虑不同类型内容的替代。3 种替代内容基元定义为物、信息和人，用“人”代替交换 249 的“利益”。

替代的延伸结构\k=2 描述替代的两种基本形式——两“换”与两“代”。两“换”

为替换与更换，两“代”为代表与代理。显然，24a\k 需要作二级延伸。24a\11 的“替换”具有短时性和多次性（轮换）的特征，如换班、换岗的“换”；24a\12 的“更换”具有长时性和一次性的特征，如木结构换钢结构、内燃机车换蒸汽机车的“换”；24a\21 的“代表”是典型性和概括性意义上的替代；24a\22 的“代理”是受权性意义上的替代。

2.4.3 变换的世界知识

交换和替代必然存在转移，这是容易理解的。但变换似乎并不符合转移的定义，其实这是误解。因为转移定义中的空间并没有限定为实际空间，也包括广义空间，变换是广义空间中的状态序列。

对变换，只依据变换内容的类型基元设置了 γ=b 延伸结构。三种变换内容基元定义为“状态、信息和能量”。状态变换包括化装、人物表演、语言翻译、文字演变等；信息变换包括信号物质形式、信号表现形式（含各种数学变换）和信号处理形式的变换；能量变换包括各种物质能量形式之间的变换。

从上面说明可知 24bγ 需要作 24bγ\k 延伸。

——句类知识

控制交换句的对应概念不在 249，而在 a24。

24a\22 概念对应扩展替代句。

——反思

纯净性与混杂性阐释。

24b 可直接采用\k 延伸？

第三章

效应 3

引 言

“语言（或思想）是无与伦比的东西”——这已表明是一种迷信（不是错误）。它产于语法的幻象。

……

那么，**一共有多少种语句呢**？比如说，断言、问题和命令——有无数种：我们称之为**“符号”、“词”、“语句”**的东西有**无数种不同的用途**。而**这种多样性并不是什么固定的、一劳永逸地给定了的东西**；可以说，新的类型的语言、新的语言游戏产生了，而另外一些则逐渐变得过时并被遗忘。

在这里“语言游戏”一词的用意在于突出下列这个事实，即**语言的述说乃是一种活动，或是生活形式的一个部分**。

《哲学研究》，维特根斯坦

这里引录维氏的一大段论述首先是因为维氏对语言的语义、语法和语用具有超凡脱俗的深刻理解，开创了语言哲学语用转向的先河。我们必须十分重视**“语言的述说乃是一种活动，或是生活形式的一个部分”**这一著名论断。这一论断提醒我们仅按照“语法的幻象”去分析或理解语言是危险的，因为语言的述说乃是生活形式的一部分，而生活乃现实世界中的活动，每一种生活形式里都包含着相应的世界知识，因此脱离这些世界知识去分析语言就违背了语言游戏的根本宗旨。维氏在《哲学研究》中不但对语言哲学的逻辑实证主义进行了批判，也对语法学进行了深刻的批判，不过用词比较含蓄，没有引起语法学界的足够注意。

另外，我们又认为，维氏在深刻阐释语言游戏外在特征多样性和变动性的同时，忽视了语言游戏内在特征的脉络性和不变性侧面。“**固定的、一劳永逸地给定了的东西**”不是注定不存在的，老子的“道”或“大”，即HNC的作用效应链就是一个赫然的存在。

上面所阐释的作用0、过程1、转移2的各项二级节点都是“固定的、一劳永逸地给定了的东西”。HNC把这些东西叫做概念联想脉络，它们是各种自然语言的共同祖宗。这个祖宗是人类百万年进化的产物，它还会发展，但其核心（即主体基元概念——作用效应链）是稳定不变的。这个祖宗是语言游戏内在特征的脉络性侧面，违背这一内在特征脉络性约束的语言游戏是没有实际意义的。像“秦始皇将亲自来主持2008年北京奥运会的开幕式”这样的语言游戏虽然并没被禁止，但终究属于童话类。不能由于童话语言游戏的存在而否定语言游戏的脉络性本质。

维氏强调了“**符号**”、“词”、“语句”的东西有**无数种不同的用途**，可是他没有进一步思考无数种不同的用途是否属于无数种不同的类型。事实上**用途的类型不是无限而是有限的**。所谓用途的类型，就是语言游戏的类型，就是 HNC 的句类。维氏在上面论述的后面给了一个很长的多样性清单，对应着 HNC 的一些句类，我们将在[110-3.0-3]节对这个清单作一番哲学反思。

上面关于用途实例无限性和用途类型有限性的论述是效应描述的必要理论准备，因为效应描述要比作用复杂。

[110-0-1]节中曾指出，作用 0 对应着老子的“道”，[110-1-1]节又指出，作用效应链对应着老子的“大”。对作用 0（即“道”）HNC 给出了 00、03、04 的三分，那么 HNC 对效应 3 将如何作出类型的划分？感谢老子“大曰逝”、“逝曰远”的天才论断，使 HNC 领悟到“大”存在一个上游“逝”和一个下游“远”，这样效应就可以定位在“大”的中游了。

上游的内涵就是过程 1 和转移 2，在[110-1]和[110-2]里已经阐释了；下游的内涵就是关系和状态，将在[110-4]和[110-5]里阐释。这里所谓的上游和下游，如同过程之序 11 里的“过程之先与过程之后 11e2m”，作用效应本身相当于过程之序的主体 11ebm，在这个主体里，作用相当于 11eb1，而效应则相当于 11eb2 和 11eb3 了。**这个比喻应视为效应的精确定义**。这个比喻性的效应是[110-0-1]节里所说的效应，是广义的效应，包括过程、转移、关系和状态，这里的“效应 3”是狭义的，是上述“中游”意义下的效应，**主要是对基本作用 00 抽象类型的描述**，而不像 00α=a 那样是对基本作用 00 的具体类型的描述。

从[110-1.1]节的阐释可知，11eb2 和 11eb3 的脉络描述比 11eb1 复杂，与此类似，效应脉络的描述也远比作用复杂。

效应脉络描述的根本困难在于效应 3 既不像过程 1 和转移 2 那样存在类型与侧面的可穷举特征，也不像作用 0 那样存在子类 03 与 04 的可剥离特征。由于这个缘故，效应二级节点的设计就不具备演绎的可靠依据，完备性问题显得极为严峻。

我们不能肯定地说：目前效应二级节点的设计是完备的。鉴于效应描述的这一特殊情况，本节将分 5 小节而不是 12 小节进行论述，这样，3.x 的 x 并不与二级节点 3y 的 y 一一对应，前九个非 0 二级节点将依次三个一组分成三小节进行说明，最后两个节点在最后一个小节说明。这一描述方式的目的在于勾画出一个未来可能修改的预备性方案。下面按常规先给出效应的高层表示及定义，其中的 3y=1–b 实质上就是对基本作用 00 抽象类型的分类。

3y=b	
30	效应的基本特性
31	生与灭
32	利与害
33	显隐
34	增与减
35	立与破
36	推动抑制调节
37	连断通阻
38	存弃选
39	聚散合分
3a	获得与付出
3b	积累与消耗

第0节 效应的基本内涵30 (016)

3.0-0 效应基本内涵30的概念延伸结构

一级延伸结构：

30:(t=b,3,7;3γ=a)	
30t=b	效应基本特性的三侧面
309	变化
30a	实现
30b	后效
303γ=a	效应的两种特殊表现
3039	响应
303a	反馈
307	单元效应

二级延伸结构：

309:(e2n,t=b)	
309e2n	积极与消极变化
309t	变化的3种特殊类型
3099	反复
309a	转化
309b	交替与更换
30a:(e2n,e7m,e7n,t=b)	
30ae2n	达到与落空
30ae7m	成功、失败与挫折
30ae7n	规范、偏离与迷失
30at=b	实现的3个特殊侧面
30a9	实现的势态描述
30aa	实现的能动性描述
30ab	实现的阶段描述
30bt=b	后效的3种基本类型
30b9	事件
30ba	事端
30bb	事故

三级延伸结构：

```
30a:(9e5n,a:(e7m,e7n),b:(~eb0,c2m))
     30a9e5n          顺利、困难及其相互转化
     30aae7m          拼搏、退缩与气馁
     30aae7n          抓紧、放松与拖拉
     30ab~eb0         实现的过程描述
     30abc2m          实现的预备阶段和正式施行阶段
```

3.0-1 效应基本内涵 30 的世界知识

在基本作用 00 的概念延伸结构里没有设置描述基本作用基本特性的延伸项，为什么？因为基本作用 00 的基本特性就是必有效应。被定义为效应基本特性的效应节点 30，当然也就是基本作用 00 的基本特性了。

作用与效应是最直接的因果关系，效应也可定义为作用的实现。对效应基本特性 30 的考察必须以实现为纲，实现的上游是作用引发的变化，实现的下游是该变化的后效。变化—实现—后效是作用效应链描述的完整三部曲。过程与转移主要描述变化，效应主要描述实现，关系与状态主要描述后效，这就是广义效应五侧面的描述分工。

依据上述描述分工原则，30t=b 的延伸结构的设置就比较容易理解了。309 上接过程与转移，30b 下连关系与状态。两者的延伸结构 309t=b 和 30bt=b 就体现了这种连接性。下面分 4 小段进行说明。

1）关于变化 309 及其延伸结构的世界知识

变化 309 是从效应的角度对作用引发的变化进行考察，如果作用的实现（目的）不是使对象保持不变，那变化就是效应表象的最先呈现，因而也最容易被观察到。因此，变化虽然并不是效应的实质，但居于效应描述 3 侧面排列顺序的第一位是理所当然的。

效应的变化描述 309 有自己的侧重点，其延伸结构 309t=b 对这些侧重点作具体描述。

反复 3099 是过程周行性 107a 的效应描述，强调实现过程的非单调性。作用要实现它预定的效应（目标）通常不会“一帆风顺”，不会每一步都向着该目标靠近，前进与后退的交错出现是正常现象。这就是 3099 被赋予的世界知识。

转化 309a 是过程转化 13a 的效应描述，强调实现过程的不可预测性。一般来说，13a 所描述的黑氏转化具有必然性，309a 所描述的非黑氏转化具有偶然性。对偶性有黑氏与非黑氏之分，转化自然也应有黑氏与非黑氏之分。黑氏转化定义为对偶性概念 1 与 2、5 与 6 的相互转化，此外都是非黑氏转化。这一定义方式有悖于黑格尔先生的原意，但有利于自然语言的理解。两类对偶和两类转化是极为重要的世界知识，HNC 的描述方式未必恰当，我们期待着哲学界和认知科学界的碰撞、批评与指正。

交替与更换 309b 是多元转移 24 的效应描述，强调实现过程的子类多样性。一项完整的实现一般由多个子实现构成，这多个子实现将交替出现或彼此更换。例如，“写”的实现现在变得很简单了，只需要敲击键盘，但其实现过程中各种文字与符号不断交替与更换的这一本质特性并未改变；“装修”的工程实现比较复杂，仅主体运作过程就要出现

木工、瓦工、电工、水工、油漆工等的更替。一项完整的实现必然伴随着多个子实现的组合，这就是309b被赋予的世界知识。

2）关于实现30a及其延伸结构的世界知识

实现30a是效应30的实质，是效应描述三侧面的核心，其延伸结构采用了3组非黑氏对偶和一组t=b表示。

实现30a并不一定等于效应的预期，也就是说，实现并不一定真能实现。对实现30a的描述必须包括预期实现与实际实现之间的各种可能性。而语言概念空间对各种可能性的描述一定采用读者已经比较熟悉的非黑氏对偶表示。

两分实现描述30ae2n的30ae25定义为“达到”，其准确描述是“实际效应近似于预期效应”；30ae26定义为“落空”，其准确描述为“实际效应不等于预期效应”。应该强调指出，语言概念空间基本排除无模糊、无误差的预期效应，预期效应都存在一定程度的模糊，预期效应与实际效应之间必然存在一定的误差，无模糊、无误差的预期效应属于自然科学的范畴。作者在《HNC的发展与未来》一文中强调了HNC的这一基本观点。从上面的论述可知，30ae2n还应该作30ae2nc3m的延伸，以描述不同程度的“达到”与“落空”。

三分实现描述30ae7m和30ae7n都具有两分实现描述30ae2n的模糊特性，这就不必重复说明了，需要指出的是两种三分实现描述各自的特殊内涵。

上面在反复3099里阐释了实现过程不会“一帆风顺”的论点，在交替与更换309b里阐释了实现过程子类多样性的论点。这两个论点在30a里的具体体现就是30ae7m和30ae7n的设置。30ae7m里的“成功、失败与挫折”主要用于描述实现过程中的非“一帆风顺”现象，虽然它也可以用于最终结果的描述。30ae7n里的“规范、偏离与迷失”主要用于描述实现进程的多样性。例如，《全书》的写作就并非始终处于“命中”状态，经常要对“偏离与迷失”进行纠正。

以上是实现30a的3组非黑氏对偶延伸被赋予的世界知识。下面来说明实现30a的三个特殊侧面。

实现30a的第一个特殊侧面定义为“实现的势态描述”30a9。势态描述通常采取前挂53的方式，为什么对实现30a要特殊处理？

在[110-1.3]节说到，人文和社会科学领域的势态研究极为困难，也许根本就不可能取得类似于自然科学的历史性突破。这一困难集中表现在过程的趋向139、变化的转化309a和实现的势态30a9这三个方面。语言概念空间对这一困难统一采取[110-1.3.1-1]子节所阐释的“抓两头、带中间”的描述方案，实现的势态描述30a9e5n是这一统一方案的具体体现。这里30a9e55代表“顺利”，30a9e56代表“困难”，30a9e57代表“顺利”与“困难”的相互转化。显然，30a9e57必有30a9e57e2n的延伸，分别代表“转机”和“逆转”。这些就是30a9及其延伸结构被赋予的基本世界知识。

“困难”是人们最常用的词语之一，在语言概念空间里，“困难”g30a9e56与“实现”30a及其势态30a9联系在一起，这是一项非常简明然而又容易被忽视的基本世界知识。如果不去“实现”，“困难”就失去了存在的基础；如果不去考察“实现”的势态，就无所谓“顺利”和“困难”，两者也就不会存在。这不过是《老子》的“吾所以有大患

者，为吾有身，及吾无身，吾有何患？”这一著名论述的直接应用。

“顺利”与“困难”也叫“有利条件”和“不利条件”，条件的有利或不利并不是一清如水的东西，它关系到演变过程的因果源流及趋向分析，即势态分析。人类历史上的许多重大悲剧起因于最高决策者的势态分析错误，而且主要表现为把“困难”颠倒为“顺利”的错误。这就表明，“顺利、困难”要与“实现的势态”30a9 相挂接，而不能直接挂接“实现”30a。

实现 30a 的第二个特殊侧面定义为“实现的能动性描述”30aa。如果把“实现的势态描述”30a9 叫做“实现的客观条件描述”，那么也可以把“实现的能动性描述”30aa 叫做“实现的主观条件描述”。但是主观和客观的确切划分实际上是非常复杂的，并不像人们在日常语言中的使用那么简单，因此 HNC 宁愿采用上面的定义。

30aa 中的能动性是广义的，不仅包括[122-1]章所定义的能动性 721，也包括[122-0]章所定义的意志 720 和[110-1.1]节所定义的过程持续性的 3 种基本类型 11eb3t=b，这三者都是实现 30a 的基础。实现与 11eb3t=b 更呈现出最密切的交式关联，因为后者都直接关系到实现的成败。30aa 的延伸表示“拼搏、退缩与气馁 30aae7m”实际上就是过程持续性的效应描述，显然，如果没有一定的过程持续性，任何实现都是不可能的。

30aa 的另一延伸表示“抓紧、放松与拖拉 30aae7n”关系到实现的进展性 1079，两者呈现强链式关联。30aae7n 是因，1079 的延伸项 1079c2m、1079e5m、1079e5n 和 1079e7m 是果。

上面说到，实现 30a 是效应 30 的实质，这里应该再补充一句：实现的能动性描述 30aa 又是实现的核心。本节的论述是围绕着这两点而展开的。在论述中以节点 30aa 为样板，第一次具体说明了节点之间的交式与链式关联性。希望通过这个例子向读者传递一个信息，那就是概念关联性的描述要注意空间的选择，我们不能老是在语言空间观察和描述语言现象。HNC 提倡从语言空间到语言概念空间的升华，认为在语言概念空间容易观察到一些在语言空间难以察觉或描述的语言现象，概念之间的关联性描述就是一个明显的例子，这个问题将在[310-5]章作系统阐释。

实现 30a 的第三个特殊侧面定义为“实现的阶段描述”30ab。这个节点设置了一个对比性延伸结构 30abc2m。30abc21 对应着汉语的“试行、试点、试验”等，即实现的预备阶段；30abc22 对应着实现的正式施行阶段。

3）关于效应的后效 30b 及其延伸结构的世界知识

效应既是作用效应链的终点，同时又是作用效应链的起点，我们在本编的引言和[110-1-1]节中两次阐释过 HNC 的这一基本论点：新的效应又会引发新的作用。效应的基本特性里当然应该反映这一论点，这就是节点——后效 30b 设置的依据。

我们把后效 30b 划分为三种类型：事件 30b9、事端 30ba 和事故 30bb。这三类后效显然只是无数后效的三个代表，为什么选择它们充当代表呢？因为这三类后效是必须立即加以处理的，是“**新的效应又会引发新的作用**”这一论断最直接的体现者。

4）关于效应 30 一级延伸结构的解释

在上面三段里，我们以“实现 30a 是效应的实质”为纲阐释了效应基本特性 30 的三侧面。这一段将简要阐释效应 30 的另外两种延伸表示，一是“响应”与“反馈”，二是

“单元效应”。

效应基本特性三侧面可以说是以作用这一外因为主导、以作用对象的内因为依托的效应共性表现，而“响应”与“反馈”则有所不同，这时作用这一外因不再居于主导地位，而让位于作用对象的内因，外来作用只是一种激励或触发因子。钢琴和锣鼓发出声音是由两者的内因所决定的，什么作用也不可能让钢琴发出锣鼓的声音，或者让锣鼓发出钢琴的声音。钢琴和锣鼓特有的声音就是一种“响应”。

“反馈”这个词语本来是自然科学的概念，现在已广泛用于社会领域。本小节第二段说到，预期效应与实际效应之间必然存在一定的误差，信息社会特别重视这一误差，需要收集并利用这一误差信息来调整和改进预期效应。这是 HNC 所说的“新的效应又会引发新的作用”的典型表现，对这一现象的效应描述就是“反馈”。

从上面的说明可知，“响应”和“反馈”既可以看作是两种特殊的效应，也可以看作是效应的两种特殊属性。这就是把它们符号化为 303γ=a 的依据了。

效应都是在一定条件下获得的。一定效应所需要的一定条件、或一定条件下所产生的一定效应命名为“单元效应”，即通俗词语的“效率”。它是效应 3 与基本概念 j41–0 的逻辑组合所形成的效应基本特性，故符号化为 307。

——词语与句类对应

基本效应句。

309a=>对象效应句。

——反思

效应概念的二重性（作用与效应孪生）；

效应概念延伸的基本共性（将效应型概念转变为作用型概念）；

效应概念二级节点的综合说明。

让我们通过下面的及其他的例子来看看语言游戏的**多样性**。

下命令，服从命令
描述一个对象的外观，或给出对它的度量
从一种描述（一张绘画）构造一个对象
报告一个事件
就一个事件进行推测
形成并且检验一个假说
用图来表示某个实验的结果
编故事，讲故事
演戏
唱一段歌
猜谜
编笑话，讲笑话
解应用算术题
把一种语言翻译成另一种语言
提问、致谢、诅咒、问候、祈祷。

第 1 节
第一个效应三角 31//32//33 (017//018//019)

3.1　第一个效应三角

生灭 31、利害 32 和显隐 33 构成第一个效应三角。

这个效应三角的共性是各拥有一项效应之最，生与灭是最基本的效应，利与害是最重要的效应，显与隐是最普遍的效应。

下面分 3 个小节对第一个效应三角进行说明。

3.1.1-0 生与灭 31 的概念延伸结构

延伸结构表示式：

```
31:(m;1α=b,2α=b,17,27;18t=b,28t=b,)
  31m                    出现与消失
  311                    出现
     3118                  使出现
       31189                 开创
       3118a                 建立
       3118b                 培育与培植
     3119                  仿制
     311a                  引发
     311b                  消极性设置
     3117                  闪现
  312                    消失
     3128                  使消失（消除）
       31289                 根除
       3128a                 杜绝与取缔
       3128b                 取消与抵消
     3129                  解决
     312a                  克服
     312b                  消极性消除
     3127                  消亡
```

延伸结构细节：

```
3118b\k=m
3118b\1        培育
3118b\2        培植
3128a\k=m
```

3128a\1	杜绝
3128a\2	取缔
3128b\k=m	
3128b\1	取消
3128b\2	抵消

3.1.1-1 生与灭31的世界知识

生与灭31不包括生命体的生死，这一最熟知的生灭现象放在新陈代谢14里。

生与灭 31 三级概念延伸结构的脉络十分简明，故采用了延伸结构的集中表示式，其中的分号是不同级别延伸的分隔符。

生与灭的一级延伸结构仅具有一项黑氏对偶31m。

汉语的“出现”与“消失”是311和312的比较准确的描述，但其对立统一体310不存在对应的汉语词语。31m 的黑氏对偶性质雷同于过程之序的过渡 11eb0，对立统一体不具有必然存在性。

311和312的各级延伸同步对称，这种现象比较罕见。

与实现30a是效应基本特性30的核心类似，“使出现”3118和“使消失”3128分别是311和312的核心，对这两个核心都配置了t=b的延伸结构。

“使出现”3118的定义是使**原来不存在的东西**出现，这是3118被赋予的基本世界知识。“使”有主动与被动之分，这是所有二级（非0）效应节点的共性。“原来不存在”有绝对与相对之分，绝对不存在是指使之出现的东西在以前的任何时间和空间都不曾存在过，属于新事物和创新；相对不存在是指使之出现的东西在其他时间和地点曾经存在过，不过在使之出现的特定时间和空间尚未出现。这是“使**原来不存在的东西**出现”的两种极端情况，依据“抓两头、带中间”原理，3118的3118t=b设计具体安排如下：

31189	“开创”	对应着原来绝对不存在
3118a	“建立”	对应着原来相对不存在
3118b	“培植与培育”	对应着绝对和相对之间的模糊状况

“使消失”3128的定义是**使原来存在的东西消失**，消失的程度同样有绝对与相对之分。根除31289对应着绝对消失，杜绝或取缔3128a对应着相对消失，取消与抵消3128b介于两者之间。至于杜绝与取缔的区分、取消与抵消的区分可采用\k延伸予以表达。

根除31289的目的是使对象消亡3127。但在实际社会生活中，根除行动又往往只是一种理想或妄想，前述预期效应与实际效应的误差表现最为突出。

当然，消亡必然存在引发消亡的因素或简称消亡因素。消亡因素显然有主动与非主动之分，“有意根除偏不绝，无心杀尽却消亡”并非罕见现象。两种消亡因素的HNC映射符号分别是g31289和r31289，概念类别符号也分别是g和r，概念表达的这类细微区别在[310-2]章有专门论述。

311α和312α的配置在思路上类似于22aα。3119、311a和311b是3118的三种特定类型，3129、312a和312b是3128的三种特定类型。

3118 三种特定类型的基本世界知识如下：

仿制 3119 面向物质生产活动 a21∪q63，其下游强链式关联（简称流链）节点有：a219\1（基建）、a219\2（制造）、q632（制作）、q633（基建劳作）和 q634（冶与炼）。其上游强链式关联（简称源链）节点为 21i（定向接受）。

引发 311a 属于被动的"使"，强流链节点有 30b、3228，强源链节点有 rw109、32a。

消极性设置 311b 面向竞争 b3 和政治斗争 a13，强源链节点为策略 s12，与 362 强交式关联。

3128 三种特定类型的基本世界知识如下：

"解决" 3129 和"克服" 312a 都面向困难 30a9e56。3129 被赋予"萧规曹随"的限定，而 312a 无这一限定。两者的强源链节点是 jl127。

消极性消除 312b 面向改革 b1，又源于改革。这里蕴涵着一项极为特殊的世界知识，那就是把洗澡水连同洗澡的孩子一起泼掉。这并不是笑话，也不是蠢人才干的蠢事，而恰恰是许多伟人的壮举。

3.1.2-0 利害 32 的概念延伸结构

一级延伸结构：

32:(m,t=a)

32m	利害及其对立统一
321	受益
322	受害
32t=a	利害的两种关系表现
329	利益分配
32a	利益冲突

二级延伸结构：

3218	使受益
3219	保护、保养、保障
321a	救援、挽救
321b	补偿、赔偿
3228	使受害
3229	肉体和精神伤害
322a	对受害者的再伤害
322b	剥夺

三级延伸结构（部分）：

3228\k=0-3	灾祸基本类型
3228\0	灾祸
3228\1	天灾
3228\2	人祸
3228\3	荒溢之灾

3.1.2-1 利害32的世界知识

本节引言说到，生灭是最基本的效应，利害是最重要的效应。前一论点的依据是自然史、生物史和社会史就是事物的生灭史；后一论点的依据是社会冲突都起源于利益冲突，任何社会的基本问题是利益分配。

因此,利益分配与利益冲突理所当然地应该进入利害32的一级概念延伸结构32t=a。

利害32属于对立统一强存在的对偶性概念，“有利（害）于此、亦有害（利）于彼”的论断接近于绝对真理。这一论断不同于《老子》的名言“祸兮福所倚，福兮祸所伏”，该名言所述乃祸福的相互转化13a，而论断所述乃祸福的对立统一表现。纳斯达克股票持有者在1999年经历了福到祸的转化，苏联在第二次世界大战中经历了祸到福的转化。吸烟有害于健康（自己的和他人的），但有利于思维的放松或活跃，有利于烟草业；货币贬值有利于本国的对外贸易竞争力，但有害于对应国的出口竞争力和该货币持有者的购买力，因此吸烟和货币贬值都是祸福兼有，即有得有失。

利害（福祸、得失）转化是指同一对象的同一侧面，利害对立统一则指不同对象或同一对象的不同侧面。

世间是否存在仅有利（害）而无害（利）的事物呢？在语言概念空间不必考虑这一情况。这就是说，任何事物都存在利害两个方面，这就是32m的基本世界知识。

利害的语言描述当然应着重利或害的具体表现，于是32m的二级延伸结构设计雷同于31m。对“使受益”和“使受害”都区分三种特定类型，都采用α延伸表示。

下面先说明32m(m=1–2)的二级延伸结构。

3219（保护、保养、保障）与03b（免除伤害）强交式关联，其立足点是防害于未然。三“保”的具体内容依次是：对象的安全、对象的状态和对象的利益。三者的区分适合于采用\k=3(OR x)延伸表示。

321a（救援、挽救）与03b交式关联，其立足点是免害于已然而未竟。两“救”的具体内容依次是：对象分别处于客观和主观危险之中。两者的区分适合于采用e2m延伸表示。

321b（补偿、赔偿）与03b弱交式关联，其立足点是减轻已然之害的后效。两“偿”的驱动力不同，补偿基于道义，赔偿基于法律。两者的区分适合于采用\k=2表示。

3229（肉体和精神伤害）包括两类伤害内容，其延伸结构适合于采用\k=2表示。显然，3229\2（精神伤害）与239a强交式关联。

322a（对受害者的再伤害）定义的字面意义似乎具有贬义，其实没有。这里需要强调指出，32定义的利害本身没有任何褒贬倾向，同样321α和322α也都没有褒贬倾向，因此，322a当然没有褒贬倾向。如果要对32m的延伸概念赋予褒贬意义，都需要加上e2n延伸表示。这里就不再具体说明哪些概念需要e2n延伸，哪些不需要，但322a肯定是需要的。

322b（剥夺）的内容是对象的权益。

32m的一级（32的二级）延伸结构是对称的，但二级（32的三级）并不对称，最突出的是设置了3228\k（灾祸基本类型），但没有设置3218\k。托尔斯泰的名言“幸福的家庭都是一样的，不幸的家庭各有各的不幸”为这一不对称设置提供了最好的注释。

当然，如果追求形式上的完美，定义“天时、地利、人和”为 3218\k 也并非不可。但HNC 面对这一类的两可选择，永远以语言概念描述的简明有效原则为第一位。3228\k 的有效性就是它具备语境基元的构成资格（见第二编前言）。

灾祸基本类型的天灾、人祸不必解释。这里应该稍加说明的只是荒溢之灾 3228\3，荒即匮乏，溢即泛滥。荒溢之灾不仅是一个经济现象，也是自然、文化、社会的重要现象，人类对经济和自然环境的 3228\3 已经有了足够的警惕，但对文化、社会环境的 3228\3 的警惕却远远不够。纳斯达克泡沫表面上是一个经济现象，本质上是一场贪婪的溢灾；南极臭氧层的危机表面上是一个环境现象，实质上是人类享受的溢灾；以礼仪之邦著称的中国，却出现了中国游客以不文明著称的怪现象，表面上是国人不尊重外邦的习惯，实质上是中国传统文化的荒灾。

荒溢之灾应配置 3228\3e2m 的延伸结构。

3.1.3-0 显隐 33 的概念延伸结构

延伸结构表示式：

```
33:(m;52m,03,1α=b,2α=b,0\k=m;03t=b,)
  33m                    显隐及其对立统一
    5233m                  显隐的动态表现
    52330                  出没
    52331                  出台
    52332                  隐退
    3318                   使显示
    3319                   宣扬
    331a                   强调
    331b                   概括
    3328                   使隐蔽
    3329                   掩饰
    332a                   保密
    332b                   迷惑
    330\k                  显隐对立统一的特殊类型
    330\1                  谜
    330\2                  暗示
    3303                   显隐对立统一的本能表现
      3303t=b
      33039                  穿
      3303a                  戴
      3303b                  化装
```

延伸结构细节（部分）：

```
      3319t=b                宣扬的三项基本内容
      33199                  宣扬理论与学说
      3319a                  宣扬好人好事
```

3319b	宣扬道德观念
3329t=b	
33299	掩饰动机与目的
3329a	掩饰弱点、错误、失败等
3329b	掩饰强项、高明、成绩等

3.1.3-1 显与隐33的世界知识

任何事物都有显隐两个侧面，都是显隐的对立统一体。上一子节说到“有利（害）于此，亦有害（利）于彼”的论断，论断中的彼此意味着参照点的移动，显隐的对立统一也是参照点移动的效应。可见物的正面显而背面隐，非透明物的表面显而里边隐，信函的信封显而信件隐，珍珠港事件的发动对美军指挥官来说乃绝对的隐，但对日方的山本大将来说则是绝对的显。

变隐为显3318或变显为隐3328并非人类的“专利”，但语言概念空间需要对人类的这一活动予以特殊关注，这就是33mx=9-b设计的基本依据了。

331x=9-b实质上是定向信息转移239的子集，239不仅与331x=9-b强交式关联，也与332b强交式关联。

3319简称宣扬，其严格定义是把事物的有益信息通告社会。这里有两条约定：一是宣扬的内容T3C有益于而不是有害于宣扬者TA的特定目标，因此所谓信息的有益或有害是以宣扬者的立场为转移的；二是宣扬的对象TB不是个体的人，而是群体的人。

宣扬的内容又划分为下列三个基本类型：一是理论与学说，二是好人好事，三是道德观念。HNC之所以要把上列三项宣扬内容突出出来设置成3319t=b的延伸结构是由于它们对人类社会的发展产生过重大影响。

人类历史上的四大文明古国——古巴比伦、古埃及、古印度和古中国，为什么只有中国能够延续下来？为什么历史上的四大帝国——罗马、伊斯兰、蒙古和中国只有中国能够始终维持它的广大地域？这当然有多方面的因素，但这里想指出，其中的重要因素之一就是中国施行过理论与学说的一元化宣扬。也许可以说：中国的汉武帝和罗马帝国的君士坦丁大帝是两位对一元化宣扬3319具有独到眼光的帝王。但宗教本身固有的派系弱点很难取得促成国家统一的成效，因此，君士坦丁大帝未能取得汉武帝独尊儒术的预期效果，因为儒学不是宗教。至于独尊儒术所产生的消极后果就不属于《全书》讨论的范围了。

三类宣扬中，理论与学说的宣扬3319居于核心地位，好人好事的宣扬331a和道德观念的宣扬331b是以一定的理论与学说为依托的。至于理论与学说的区别将在[124]篇阐释。

与宣扬3319并列的强调331a和概括331b是3318的两种特殊形式或手段。强调的实质是突出重点，概括的实质是突出要点。这里重点与要点的区别相当于围棋术语的急所与大场。

332α与331α形式上对称，内容上并不完全对称。其中3328与3318、3319与3329、332a与331a内容对称，但332b与331b并不对称。

三类隐蔽中的掩饰3329居于核心地位，保密332a属于重点掩饰，迷惑332b虽然也是掩饰的一种特殊手段，但不属于要点掩饰，而是通过制造假象来达到掩饰的目的，是一种高级形式的隐蔽。

掩饰的内容也划分三种类型：一是动机与目的的掩饰；二是弱点、错误、失败等的掩饰；三是强项、高明、成绩等的掩饰。第三项内容掩饰属于高级形式的掩饰，智力过人的杨修正是由于不懂得这一掩饰而惹来杀身之祸（见《三国演义》）。

显然，33m9t=b 都需要作 33m9t\k 的延伸。

以上是显隐 33 的主体内容。

下面说明显隐的另外三个侧面。

第一是显隐对立统一的特殊类型 330\k，目前只定义了谜 330\1 和暗示 330\2 两类。

谜 330\1 是事物显隐对立统一这一普遍属性中的特殊表现，这时，与变隐为显相联系的参照点改换存在一定难度，甚至不可能施行，许多所谓的千古之谜即属于后一情况。当然，这里“一定难度”的定义陈述也许需要改进，它太模糊了，但这个问题不妨推迟一点来解决。

暗示 330\2 是一种特殊形式定向信息转移 239，使信息的真正接收者 TB 能够理解信息内容，而其他接收者（即定向之外的接收者）不能理解。

猜谜游戏也属于显隐对立统一的特殊类型之一，但既不属于谜 330\1，也不属于 330\2，而是人为制造的谜。是否值得为它设置一个 330\k 节点待定。

第二是显隐对立统一的本能表现 3303t=b。这里需要说明两点：①引导 t 表示的使用乃基于穿 33039 和戴 3303a 的重要功能之一御寒，而不仅仅是显隐的对立统一。②定义中的“本能”二字仅表示这一概念组的起源，并不限制前挂语境符号 6m–9–c 的选择。

第三是动态显隐 5233m。自身转移 22b 和运动过程 109 都会造成动态显隐 5233m，后者是前者的效应，或者说前者是后者的源链，而后者是前者的流链之一。延伸结构 5233m 体现了概念组合结构的内在协调性，这是值得向读者推荐的。

——句类知识

XY10*kmJ 与专业活动。

31mα 与因果句。

Y30J 与 T3J。

——反思

3m8t=b 用 3m8c3m 替换？

利益保障与利益分配、利益冲突的分离设置。

第 2 节 第二个效应三角 34//35//36 (020//021//022)

增与减 34、立与破 35、推动、抑制与调节 36 构成第二个效应三角。

这个效应三角的共性是三者之对立双方的互补性最强，尤其是后两者。

这个三角分别与基本概念的量与范围 j4、质与类 j5、度 j6 强链式互关联，这就是说，增与减会导致量与范围的增减，反过来，量与范围的不足或过剩会导致增与减的需求；立与破会导致质与类的变化，反过来，质与类的固有缺陷或过时会导致立破的需求；推动与抑制会导致度的调整，反过来，度的失调会导致推动与抑制的需求。

这个效应三角的推动、抑制与调节 36 将采用特殊形式的延伸结构表示式，因为该概念节点的效应型概念很少。

3.2.1-0 增与减 34 的概念延伸结构

延伸结构表示式：

```
34:(m,3;1α=b,2α=b)
   34m              增、减及其对立统一
   343              提高与降低

       3418              使增加
       3419              补充
       341a              加强
       341b              扩充
       3428              使减少
       3429              消冗
       342a              削弱
       342b              减缩
   343              提高与降低
   343:(~4,e2m)
       343~4
       3435              提高
       3436              降低
       343e2m            扩展与精简
       343e21::=341∪3435
       343e22::=342∪3435
```

3.2.1-1 增与减 34 的世界知识

本小节先阐释 34m 和 343 的世界知识，然后阐释 34mα=b 的世界知识。

增减 34 的对立统一特性类似于利害 32，可描述为“有增（减）于此，亦有减（增）于彼”。从事计划或预算的专业工作者对此必有深刻体会。提高与降低 343 的特性也属于这一类型。

本节引言中说到增减 34 与基本概念“量与范围 j4”强链式互关联，但这不等于说增减 34 同“质与类 j5”就没有关系。质必有量的表现，即质的值，因此增减 34 也会影响质。343 的设计就是为了反映这一基本世界知识。34m 与 343 的分工是：前者主要针对量 j41，后者主要针对质 j51。

提高与降低 343 属于双重效应型概念。

补充 3419、加强 341a 和扩充 341b 是“使增加 3418”的三种基本类型。补充 3419 是为了改变量不足造成的匮乏状态，加强 341a 是对质的改进，其改进度大于“提高 3435”，小于“改进 3519”。扩充 341b 是为了扩大范围与类。

消冗 3429、削弱 342a、减缩 342b 是“使减少 3428”的三种基本类型。消冗是为了改变量过剩造成的冗余状态，削弱是对质的降低，其降低度大于“降低 3436”，小于“毁坏 3529”。减缩是为了缩小范围与类。

3.2.2-0 立与破 35 的概念延伸结构

延伸结构表示式：

35:(m;me2n,1α=b,2α=b,03)	
35m	立、破与改动
3518	建设
3519	改进
351a	恢复
351b	巩固
3528	破坏
3529	毁坏
352a	摧毁
352b	侵蚀
3503	改正

3.2.2-1 立与破 35 的世界知识

前文说“自然史、生物史和社会史就是事物的生灭史”，这里可以说社会史就是一部立与破的历史。在漫长的农业时代，立破过程十分缓慢，到工业时代遽然加速，后工业时代又进一步加速了。现在，从发达国家到发展起步国家，从大公司到各种国际组织都认识到改革就是生命，改革 b1 就是立与破 35 的对立统一。

立与破的相互关系、生与灭的相互关系、立破 35 与生灭 31 的相互关系似乎十分简单，其实都极为复杂。这里有两个基本问题有待深入思考。第一，立与破是绝对对立的吗？第二，立破与生灭是什么类型的关联？

从纯演绎的角度说，无破而立、有破而立、全破而立都是可能和可行的。这三种类型的立是否符合两头小、中间大的一般规则及三者的优劣都不在此讨论。但可以指出两个事实：第一，科学史中“全破而立”的情况为少数，爱因斯坦的相对论对于牛顿力学来说也只属于“有破而立”；第二，欧洲的英式发达国家和法式发达国家各占一半，前者属于“有破而立”，后者基本属于“全破而立”，但其优劣相当。

所谓“无破而立”，就是不需要把“立”建立在破除前人之谬的基础上，大多数科学技术发明都属于这一情况，HNC 也非例外。

所谓“有破而立”，就是要把“立”建立在破除前人部分之谬的基础上，有立有破。这种“立”必须妥善处理改革 b1 与继承 b2 的关系，人文社会科学的多数问题属于这一情况。

所谓“全破而立”，就是要把“立”建立在根除前人之大谬的基础上，哥白尼学说是典型个例。有人曾将乔姆斯基捧成现代哥白尼，那是科学笑话。

也许可以说：人类经受的最大人祸 3228\2 之一就是对“全破而立”的迷信。

立破 35 与生灭 31 主要不是强交式关联，而是强链式关联，生灭 31 是立破 35 的最终效应。但生灭并非必须来于立破，而立破也不是必然导致生灭。对人类的“生”虽然还存在不同看法，但肯定是源于进化 13be25，而不是这里的立 351，恐龙的“灭”也还没有定论，但肯定不是导源于这里的破 352。

立 351 包括上述三种类型的立。

正确认识立与破的关系固然十分重要，但更重要的是立自身的建设过程，它继承演变过程的全部属性，并具有由 351α 所描述的自身特性。

建设 3518 是立的核心，开创 31189 和建立 3118a 都是建设 3518 的最终效应。

建设 3518 的三个特殊侧面是改进 3519、恢复 351a 和巩固 351b。

任何改进 3519 都存在一个不断完善的过程，完善也可以被看作是一个自破自立的螺旋式上升过程。完善是否永无止境？这是一个比较复杂的问题。也许比较恰当的说法是：有些特定专业领域是存在止境的（如唐诗、宋词），而大多数专业领域不存在止境。

恢复 351a 是一个特殊类型的建设，是一个消除破坏效应的过程。在发生灾祸 3228\k 之后，第一流链是救援 321ae21，第二流链就是恢复 351a。

巩固 351b 是任何建设 3518（包括改进 3519 和恢复 351a）必不可少的一个环节。这是立 351 的基本世界知识之一。有趣的是许多叱咤风云的历史人物（如李自成和洪秀全）却不具备这项知识。

破 352 包括积极与消极两种意义的破，立 351 和改动 350 都具有这一特性，这就是设置节点 35me2n 的依据。但应该指出，352e2n 的表现最为突出。

破坏 3528 的三个特殊侧面是毁坏 3529、摧毁 352a 和侵蚀 352b。

毁坏 3529 是局部性的破坏 3528，通常可以恢复 351a；摧毁是全局性和彻底性的破坏 3528，一般难以恢复 351a；侵蚀是从局部向全局扩展的逐步破坏 3528，往往具有隐蔽性，恢复也比较困难。

350 的 3503 延伸“改正 3503”的字面意义是积极的，但实际上可能是消极的。关于积极与消极的概念将在[110-3.2.3-1]里作初步说明。

3.2.3 推动与抑制 36

本小节需要补充两点属于引言的内容。

第一，36 这一效应概念的双重性表现十分特殊，语言空间的效应型词语很少，36 定义所采用的词语“推动与抑制”是作用型概念，而不像 31-35 那样是效应型概念。因此推动与抑制不能作为 36m 的定义，这不同于 31-35 的描述方式。

但是，这并不意味着在语言空间不存在 36m 的相应表达，只不过采用“动起来了”、“被抑制住了”之类的短语罢了。所谓语言概念空间的俯瞰效果，这又是一例。

第二，本节引言中说到第二个效应三角 34–36 与基本概念量质度 j4–j6 的相互链式关联性。但这里应补充说明：36 的源链主要是客观要求 jl127，而流链主要是演变过程 10a、效应的变化 309 与实现 30a。

3.2.3–0 推动、抑制与调节 36 的概念延伸结构

延伸结构表示式：

```
36:(m;0α=a,1α=a,2α=b;18t=b)
  36m                    推动、抑制、调节的效应描述
      3608                 调节
      3609                 控制
      360a                 引导
      3618                 推动
      3619                 提倡褒奖
      361a                 挖潜
      3628                 抑制
      3629                 惩罚
      362a                 萌芽抑制
      362b                 扩张抑制
         3618t=b             推动的三种基本类型
         36189               刺激
         3618a               带动
         3618b               吸引
```

3.2.3–1 推动、抑制与调节 36 的世界知识

推动、抑制与调节 36 的二级延伸结构呈现出不对称性，这是该概念节点第二项“与众不同”的表现。

在政治领域有“左派与右派”、“鹰派与鸽派”、“革命与反动”等对偶概念，在政治、经济、文化领域有“改革与守旧”、“激进与保守”等对偶性概念。这些对偶概念的前者都与推动 3618 强交式关联，而后者与抑制 3628 强交式关联。这就容易造成一种误解，以为推动 3618 具有积极意义，而抑制具有消极意义。

这里需要提前对基本概念 j86（积极与消极）作一个初步说明。效应概念都具有对偶性，而且迄今为止所遇到的一级延伸都是黑氏对偶。HNC 并未赋予黑氏对偶的 1 或 5 具有默认积极性，2 或 6 具有默认消极性。但《HNC 理论》关于对偶概念的阐述很容易给读者造成这样一个误解，这里正式予以澄清。在该书付印的时候“对偶性概念的一系列个性则未予表达”（p23），符号 emk（现改为 ekm）备而未用。后来 HNC 把对偶性概念作了黑氏与非黑氏的区分，才在非黑氏对偶中部分给出了积极与消极的明确规定。

但是，积极与消极意义本身又有绝对与相对之分，这一点在非黑氏对偶表示中也并未明确约定。相对性积极或消极与参照点（或立场）的选择密切相关，这个比较复杂的问题将在[123–0.1.1.3.3–3]节中作简要说明。

从效应概念 31–35 已经看到，黑氏对偶存在两种基本类型。一是以利害 31 为代表

的黑氏对偶，其特征是"此 1(5)则彼 2(6)"，反之亦然。这里，彼此双方的情况还有各种各样的区别，《全书》拟略而不论。二是以显隐 33 为代表的黑氏对偶，其特征是同一对象体现 1 与 2 或 5 与 6 的双重特性。今后将把这两种黑氏对偶简称为第一类和第二类黑氏对偶。

两类黑氏对偶又都有对立统一体强存在与弱存在之分。凡对立统一体强存在的对偶概念理应具有相应的词语，至少对于足够发达的自然语言理应如此。此话只是一个有趣的花絮，不必认真对待。在作了这么长的铺垫以后，本小节希望强调的第一项世界知识是推动与抑制 36 是一个对立统一体强存在的第一类黑氏对偶，故该概念节点表述为推动、抑制与调节。

控制 3609 与引导 360a 是调节 3608 的两种极端方式，控制属于强调节，引导属于弱调节。这里体现了"抓两头、带中间"的另一种表达方式。

自然科学概念里的"控制"与 3609 的定义十分贴近，日常语言里的"控制"则主要是一个主宰 44ea1 与抑制 3628 的复合概念。

提倡褒奖 3619 与挖潜 361a 是推动 3618 的两种特殊类型。推动本身还有三种基本方式：刺激 36189、带动 3618a 和吸引 3618b，三者是推动经济 a2 发展的主要手段。

提倡褒奖 3619 与宣扬好人好事 3319a、称赞 7110\2e75 强交式关联，它们产生的共同效应是推动 3618，因此提倡褒奖 3619 是三者的中心。

挖潜 361a 的另一汉语表述方式是"调动一切积极因素"，这里的积极因素包括人和物两方面。但应注意，该词语的语用往往只包括人而不包括物。

抑制 3628 分出三种基本类型：惩罚 3629、萌芽抑制 362a 和扩张抑制 362b。

惩罚 3629 是抑制 3628 的基本手段，法律 a5 的施行主要是通过惩罚 3629。

提倡褒奖 3619、建议 2399、惩罚 3629 三者相辅相成，缺一不可。这三个概念节点是社会治理的三条天然战线，与足球的前场、中场、后场类似。我国春秋战国时期，儒家侧重探索 3619（提倡褒奖）和 2399（建议），法家侧重探索 3629（惩罚）。但两大学派在当时实际上鸣而未争，因为儒法学说的创立者都深知两路探索的互补性。儒家并不反对法治，只是强调仁政的根本和长远（相当于围棋术语的大场）作用，反对苛政。法家并不反对仁义，只是强调法治的急所（围棋术语）作用。诸葛亮是儒学崇奉者，又是法学政治家。这里应注意划清两个界限，一是不能把政治家的政策争端与学派的争鸣混为一谈，二是不能把各有关学派之自鸣一律视为争鸣，鸣而不争也是常见的。爱因斯坦可以自鸣他的相对论、海森堡和薛定谔可以自鸣他们的量子力学而互不关涉。虽然爱因斯坦对量子力学颇有微词，但不属于争鸣。上面的论述只是为了说明 3619、3629 和 2399 的世界知识，丝毫没有否定学术争鸣巨大作用的意思。

萌芽抑制 362a 是高明的高级抑制，扩张抑制 362b 是应急的低级抑制。两者都可以流芳千古，也可以遗臭万年。其流芳或遗臭取决于被抑制的具体内容和考察者的立场。

——句类知识

增减主要构成效应状态句。

立破主要构成作用效应句。
推动主要构成作用过程句。
抑制主要构成约束效应句。
——反思
加强与削弱的三处设置。

第 3 节 第三个效应三角 37//38//39 (023//024//025)

连断通阻 37、存弃选 38、聚散合分 39 构成第三个效应三角。

这个效应三角的第一项共性是与一些关系概念节点强关联，第二项共性是三者都能构成双对象效应句。

连断通阻 37 与关系的基本构成 407 强关联，存弃选 38 与拥有失去 46 强关联，聚散合分 39 与结合分离 41 强关联。这里的关联都是指交式关联，链式关联在各子节里说明。

3.3.1-0 连断通阻 37 的概念延伸结构

延伸结构表示式：

```
37:(m,n;1e2m,ne2m,1α=b,2α=b,2\k=m,5α=b,6α=b)
  37m          连、断、界
    371e2m       邻接与非邻接
    3718         使连接
    3719         两相连接
    371a         网式连接
    371b         小连接大
    3728         使断开
    3729         封锁
    372a         分割
    372b         小脱离大
    372\1        埋
  37n          通阻卡
    37ne2m       对象内部和对象之间的通、阻、卡
    3758         使连通
    3759         开放
    375a         打通
    375b         沟通
    3768         使阻塞
```

3769 屏蔽
376a 拦阻
376b 覆盖与衬垫

3.3.1-1 连断通阻 37 的世界知识

连断通阻 37 现象无所不在，是所有效应概念中最繁杂的概念。上列定义中的多项词语描述并不准确，下面将作进一步的注释。

连断和通阻都属于对立统一体弱存在的第二类黑氏对偶。界（边界）是连断 37m 的对立统一体，卡（关卡、阀门、门）是通阻 37n 的对立统一体。

连断 37m 的连 371=连接，断 372=隔断，不是切断 3728。因此，连断 37m 必然涉及两个对象，但两对象之间不一定存在连断物 w37，太平洋与印度洋就大体属于这个情况。隔断物的存在意味着被隔断的两对象是邻接的，两者之间除隔断物之外不存在其他对象。连接有邻接和非邻接之分，以 371e2m 表示。

连接 371、隔断 372 和边界 370 都有各种各样的类型:人工的和天然的、整体的和局部的、封闭的和非封闭的等。螺栓、钉子、钩子、胶水属于人工连接物 pw371e21,走廊、桥梁、缆线属于人工连接物 pw371e22；墙、篱笆、屏风等是不同类型的人工隔断物 pw372，万里长城是最著名的人工隔断物 fpw372；高山、峡谷、河流、湖泊、海洋等则一般纳入边界物 w370 的范畴。

通阻 37n 与连断 37m 的本质差异在于后者一定涉及两个对象，而前者可以涉及两个或多个对象，也可以涉及一个对象。因此，通阻有对象之间和对象内部之别，这就是设置二级延伸结构 ne2m 的依据。虽然自然语言并不区分这两种通阻，但语言概念空间应该加以区分。

通阻的两对象可以邻接，也可以不邻接。这一区别可通过概念组合予以表达，就不必设置专门的延伸结构表示式了。

连断 37m 与关系状态形态 518b 强交式关联，是对事物间关系状态的静态描写；通阻 37n 与传输 20a 强交式关联，是对传输的动态描写。

通阻 37n 是连断 37m 的效应。

通阻按转移内容来划分有物通阻和信息通阻之分，这两类通阻可以设置专门的延伸结构表示式 37n3t=a，但暂不设置。

以上是连断通阻的基本世界知识。下面说明各自 α =b 延伸所对应的世界知识。

两相连接 3719 是指两个对象之间的连接，这一最基本的连接存在多种样式。

网式连接 371a 是指多个对象之间的连接，其连接样式更是多种多样。交通网、电力网和因特网都属于网式连接。

小连接大 371b 是指将小对象与大对象相连接，与携带 441 强交式关联。这里“小与大”的内涵和连接方式的差异将分别通过 γ =a 延伸和\k=m 延伸予以表达。 γ =9 对应重量或体积， γ =a 对应着动力。连接方式有粘贴、挂、别、缠等。

封锁 3729 是指将某一特定对象与外界隔断。封锁内容和方式的差异将分别通过 t=a 延伸和\k=m 延伸予以表达。t=9 对应着物封锁，t=a 对应着信息封锁。封锁方式有封闭、包围、关闭进出通道等。封锁已成为国际政治斗争的重要手段之一。

分割 372a 是指将某一特定对象分解为若干局部或侧面。分割的积极与消极分野十分鲜明，因此必须作 372ae2n 的延伸以表示这一区别。积极分割 372ae25 与分析 8112、分类 v811#j52 和理论科学研究 a63e21 强交式关联，消极分割 372ae26 与孤立片面思维方式 s219e42、割地 a15\1 和瓜分 a15\2 强交式关联。

小脱离大 372b 与小连接大 371b 具有对应性，也存在不对应性。脱离方式 372b\k 与连接方式 371b\k 基本对应，但对 372b 不必作小大内涵差异的延伸表达。

埋 372\1 是隔断的一个特殊方式，与葬 q841 和隐藏 3328 强交式关联。

开放 3759 是对特定对象转移（传输）特性的基本描述，定义为该对象与其他对象之间的传输（包括输入和输出）**基本**不受约束。定义中的“基本”二字不可省略，因为全方位或无约束的开放属于罕见的理想情况，语言概念空间主要关注实际的开放，它必然是基本不约束，但又有所约束。例如，对输入约束较多，而对输出约束较少；对多数内容的入出不加约束，但对少数内容却加以约束等。

当前全球化的浪潮推动着各种国家和各类社会不断扩大开放程度，然而这并不影响上述定义中“基本”二字的不可省略性。因为地球的有限资源绝对承受不了全球同一水平的高度现代化，因此开放不可能是无约束的，至少无约束移民在可预见的未来是不可能实现的。

打通 375a 定义为对阻塞状态的消除，是消除 3128 的重要子类之一。这里的阻塞状态默认为特定对象的内部，两对象之间的“打通”将采用 375a9 延伸表示式予以表达。

沟通 375b 定义为使两对象间信息交流的阻塞状态得到相对消除，或者说为阻塞状态的消除创造前提条件。

屏蔽 3769 与开放 3759 强对偶。

拦阻 376a 与打通 375a 对偶，不加特定对象内部的默认约定。

覆盖与衬垫 376b 与沟通 375b 弱对偶，分别描述对实际空间上下方向的阻挡。覆盖 376be21 对上阻挡，衬垫 376be22 对下阻挡。

3.3.2-0 存弃选 38 的概念延伸结构

延伸结构表示式：

```
38:(m,e2m,3;0α=a,1α=b,2α=a,e2mα=9,3e2m,)
    38m                    存弃选的效应描述
    38e2m                  选与弃的效应描述
    383                    选与弃的特定表现
        3808                 选
        3809                 筛选与过滤
        380a                 抽样
        3818                 保存
        3819                 转换保存
        381a                 过程保存
        381b                 储备保存
```

3828	舍弃
3829	转换舍弃
382a	淘汰
38e2m8	选与弃
38e2m9	争取与放弃
383e2m	包容与拒绝

3.3.2-1 存弃选 38 的世界知识

在所有的黑氏对偶中，存弃选是最特殊的一个，选既是存与弃的对立统一，选与弃又是一个非黑氏 e2m 型对偶。

作为状态序列的过程，每一步状态就是一次选择 38e21，而一次选择必然伴随着众多的抛弃 38e22。人的一生，在事业、友谊、爱情三方面都可能面临多次重大的选弃 38e2m 难题，而在日常工作和生活中几乎每时每刻都处在选弃 38e2m 的运作过程中。许多先哲有感于芸芸众生对选弃 38e2m 的茫然和艰辛，就选弃 38e2m 的哲理作过十分有益的探索。在这一方面，释迦牟尼和曹雪芹先生是两位最深刻的思考者兼最彻底的实践者，老子和庄子也是最深刻的思考者但并不是最彻底的实践者。以上所述是存弃选 38 概念节点最基本、最有特色的世界知识。

基于存弃选 38 的上述特色，其一级概念延伸结构采用了 38m 和 38e2m 表示式，38m 定义为存弃选的效应描述，38e2m 定义为选与弃的效应描述。这一定义方式与推动、抑制、调节 36 相同，同样是由于自然语言空间缺乏相应的简明词语。

下面先阐释 38m 的二级延伸结构，然后阐释 38e2m 的延伸结构。

38m 的 α 延伸不对仗，这一点又与 36 类似。

380 采用 380α=a 延伸结构。

选 3808 将作\k 延伸以描述下列概念：选拔、选派、评选、选举和竞选。这 5 种“选”的共性（语义核心）是 3808，其延伸结构符号“\k”不仅表示它们在对象、内容、方式三方面的个性差异，而且表示它们与专业活动 a0 和 a1 挂接。从上列 5“选”的汉语表达可以看出，汉字“选”是 3808 的精确逆映射。这 5“选”的相应英语词语是(choose,select)、(select,detail,depute)、(choose)、(elect,vote)、(campaign for,run for)，它们在共性与个性表达的分工配合方面似乎不如汉语那么巧妙。关于 5“选”，在[130-0]和[130-1]章还有进一步的说明。

选 3808 与决策 842 和评定 841t=a 强交式关联，因为后两者的核心概念运作就是进行选定 3808。

筛选与过滤 3809 是一种特殊类型的选 3808。筛选 3809c21 是把需要的东西选出来，过滤 3809e22 是把不需要的东西去掉。在信号处理中，前者叫滤波器，后者叫陷波器。

抽样 380a 是另一种特殊类型的选 3808，是信息处理的一项基本操作。数值形式的信息需要通过抽样 380a 以实现数字化转换，非数值形式的信息也需要通过抽样以取得高效、可靠的统计结果。两种抽样都是专业性很强的操作。

如果说 380α=a 的各项定义具有意义比较确切的汉语词语，那么 381α=b 的各项定义就没有那么幸运了，其 3 种基本类型没有相应的概括性汉语表达。不过“保存”仍然是 3818 的足够精确的逆映射词语，3818 的概念内涵是“使某一特定空间在特定时间里继续存在某种东西”，这个定义里的“特定空间和特定时间”限制是不可缺少的，“保存”大体上隐含着这一限制。这里再次强调一遍，效应 3 所包含的概念都具有作用型和效应型的二重性，约定 3m 的中层延伸都是效应型概念，3m 的底层延伸都是作用型概念。3818 的效应表达 381 就是把上面定义里的“使”字去掉，其他类推。

转换保存 3819 是指对需要保存的东西经过转换处理后加以保存。大家最熟悉的转换保存是“记录”，记忆 q8011 是一种特别重要的转换保存，营养的吸收是另一种特别重要的转换保存，而当前的数字化浪潮实质上就是转换保存的浪潮。由此可见，将转换保存列为保存 3818 基本类型之首 3819 是理所当然的选择。

过程保存 381a 是指使对象的某一或某些状态特征继续下去，是汉语词语“保持、维持、坚持”等的共性表达，是过程延续性 1078 的一种特殊类型。显然，过程保存 381a 需要作\k 延伸以描述不同状态特征的保存。

储备保存 381b 是指为满足未来需要而进行的保存，汉语的“储存”是 381b 足够精确的逆映射词语。381b 需要作 381bt=a 延伸，分别表示物储存和信息储存。

舍弃 3828 的定义与保存 3818 对称——“使某一特定空间在特定时间里不再继续存在某种东西”。表面上，舍弃 3828 的实现似乎比保存 3818 要复杂或困难一些，实质上并非如此。这取决于保存和舍弃的具体内容及外界条件。

舍弃 3828 与改革 b1 强交式关联，保存 3818 与继承 b2 强交式关联，这是两者对偶性的交式关联体现。舍弃 3828 与消除 3128、破坏 3528 互为链式关联，而保存 3818 似乎不与 3118（使出现）和 3518（建设）互为链式关联，事实并非如此。这涉及较为深层的哲理，这里就不作具体讨论了。

转换舍弃 3829 列为舍弃 3828 的基本类型之首，理由不如转换保存 3819 充分，主要是基于形式对仗的考虑作这样的安排。生命体的排泄物是转换舍弃的典型，上面提到当前的 3819 浪潮，3829 也有一个浪潮，那就是无害污染处理。

淘汰 382a 也可定义为过程废弃，在语义上与 381a 完全对称。

但是，3828 未设置基本类型 382b，虽然预备性舍弃是存在的，但可用 533828 表示。这是简明有效原则的运用。

选与弃的非黑氏对偶形式 38e2m 在本小节开头已经有所阐释，这里需要说明的是：选 38e218 与选 3808 究竟有什么区别，与此同时也就说明了两种“弃”的区别。

选 38e218 和弃 38e228 是针对选择过程的某一特定步骤，而选 3808 和弃 3828 则是针对选择的全过程运作。例如，一次招聘活动，应聘者很多，审查过程中所有被淘汰的应聘者是 3828 的对象，审查过程中未被淘汰的所有候选者是 3818 的对象，最终审查的所有获聘者是 3808 的对象。可见 38m8 用于描述招聘活动全过程和所有应聘对象。38e2m8 不同，只用于描述招聘活动某一操作环节的某一特定对象，这时只有两种选择：选或弃。

中国有句古训说“两害相权取其轻”，这里的“取”就是 38e218。把这句古训改成“两害相权弃其重”，那么这里的“弃”就是 38e228。总之，38e2m8 强调的是两者选一，38m8 强调的是多种选择的全过程描述。

这里有必要对上述古训说几句话，两害轻重的判断是一个十分复杂的问题。对简单功利主义的处理标准应该保持警惕态度，多一点哲理性思考。

争取与放弃 38e2m9 是选与弃 38e2m8 的一个极为重要的基本类型。以上所述都是面向已经存在的事物，显然需要一项补充，把未来包括进来，或者说突出出来。这是 38e2m9 被赋予的第一项基本世界知识。

38e2m9 与 3am 强链式关联，后者又是前者的流链。38e2m9 与追求活动 b0 强交式关联。有所追求当然就是有所争取，但同时必然或必须有所放弃。这是 38e2m9 被赋予的第二项基本世界知识。

本子节的最后一项内容是包容与拒绝 383e2m。这个概念节点也可以安排在反应 02、依存与排斥 42 或关系型心理反应 7103 的延伸结构里。基于选弃的前述哲理背景，最终决定将"包容与拒绝"表示成 383e2m，这是比较合理的选择。

3.3.3-0 聚散合分 39 的概念延伸结构

延伸结构表示式：

```
39:(e2m,e6m;e2mα=a,e61α=9,e613,e617,e61\k=2,
                          e62α=9,e623,e627,e62\k=2)
  39e2m            聚与散
     39e218          使聚
     39e219          集成
     39e21a          集中
     39e228          使散
     39e229          拆散
     39e22a          分散
  39e6m            合分独联
     39e618          使合
     39e619          吞并
     39e613          参与
     39e617          会合
     39e61\1         加入
     39e61\2         接纳
     39e628          使分
     39e629          割让
     39e623          退出（活动）
     39e627          分开
     39e62\1         退出（组织）
     39e62\2         开除
```

3.3.3-1 聚散合分 39 的世界知识

[110-3.3.1]小节中说到，连断通阻 37"是所有效应概念中最繁杂的概念"，这里可以说聚散合分 39 是所有效应概念中最绚丽多彩的概念。

聚散合分 39 是第一个没有黑氏对偶的效应节点；聚散 39e2m 与合分 39e6m 强交式关联；聚散 39e2m 属于最简明的非黑氏对偶，二级延伸结构对称；合分 39e6m 属于最复杂的非黑氏对偶，但二级延伸结构仍然对称。

俗话说：天下没有不散的筵席；《三国演义》说：天下大势，分久必合，合久必分。俗话所说乃是一项社会性世界知识——聚必有散（但反命题“散必有聚”不成立）。这项世界知识扩展到生物世界已经不甚确切，更不能扩展到物质世界。《三国演义》所说的是对农业时代中华大地历史的概括，当然也适合于所有农业时代的国家，但不适合于后工业时代的国家。对于国家之外的社会组织，“分久必合，合久必分”似乎是一个高明的哲理性概括，合分的相互转化是有条件的，这一条件的阐释十分复杂，《三国演义》作者绕开这一复杂性，仅用一个“久”字加以概括，确实高明，也符合语言概念空间的描述原则。

以上是聚散合分 39 最基本的世界知识。

二重性非黑氏对偶概念聚散 39e2m 主要针对多个对象，四重性非黑氏对偶概念合分 39e6m 主要针对两个对象或一个对象。聚散对象数量的双与多之分对于语境生成是重要的，但一般从上下文可以获得这一知识，不必在聚散 39e2m 的延伸结构里予以表示。合分对象的单与双之分则应该在 39e6m8 的延伸结构里予以表示。预定采用符号 39e6m8-e21 描述单对象的合分，它属于纯粹的效应合分；用符号 39e6m8-e22 描述双对象的合分，它不属于纯粹的效应合分，与关系的结合与分离 41 强交式关联。

39e2m8 的各自特殊类型 39e219 与 39e229、39e21a 与 39e22a 具有语义对仗性。集成 39e219 是将多个单元组合成一个整体，拆散 39e229 是将一个整体分解为多个单元；集中 39e21a 是将一个整体的各个侧面集中起来以指向同一目标，分散 39e22a 是将一个整体的各个侧面分散开来以指向不同的目标。

四重性非黑氏对偶概念合分 39e6m 的另外两重概念是“独”与“联”，独 39e63 描述不合不分，是合与分这两个对立概念之间的过渡；联 39e60 描述既合又分，是合与分的对立统一表现。

合 39e61 与分 39e62 的一级延伸结构动用了 HNC 的所有底层延伸符号表示，形式上完全对称，但内涵并不完全对称，39e61\k=2 与 39e62\k=2 就属于形式对称而内涵并不完全对称的情况。加入 39e61\1 与接纳 39e61\2 两者如果表示成 39e61\1e1m 或 39e613e1m 更为恰当，但是由于 39e613 另有安置，而退出（组织）39e62\1 与开除 39e62\2 又不具有 e1m 的对偶特性。综合权衡结果采用了形式对称的表示方式，但加入 39e61\1 与接纳 39e61\2 的 e1m 特性应该在后台加以表示。

合 39e61 与分 39e62 的一级延伸表示里的会合 39e617 和分开 39e627 与自身转移 22b 强交式关联，又是自身转移的流链。其他各延伸概念都与关系 4 的相应概念节点强交式关联，这将放到[110-4]的各节里说明。

最后需要说明的是：39e6m 各延伸概念定义所用的汉语词语都不够准确，不过在对偶性的约束下可以排除自然语言固有的不确定性。

——句类知识

双对象效应句的主要来源。

——反思

黑氏与非黑氏对偶的应用、引导符号 3//7 的应用对效应概念延伸结构的巨大影响。

3808\k 的具体表示方式。

选弃的38e5m设置。

第4节
获得与付出3a (026)、积累与消耗3b (027)

效应的最后两组概念——获得与付出3a、积累与消耗3b——紧密相关，如果将来需要扩展效应的高层表示，代价最小的变动就是将3a与3b合并，腾出3b供新的效应节点使用。

获得与付出3a是一对比较复杂的概念，这里作详细说明。

获得与付出3a属于第一类强黑氏对偶，与转移的入出(201和202)强关联。但是，如果仅输入201而不保存3818，就不可能获得3a1，因此，获得首先是对转移输入的保存，即3a1::=201∪3818。但获得的内容可能归直接获得者拥有461，也可能不是（如直接获得者是拥有者的代理）。对拥有者来说，获得可表示为：3a1::=(201∪3818)$461。这就是说，获得3a1具有上列两个表示式的双重意义。付出则不同，它严格定义为拥有者对拥有内容的舍弃，3a2::=3828|461。这是对偶概念获得与付出3a内涵不对称性的第一项表现。

获得与付出3a内涵不对称性的第二项表现是：对获得与付出内容描述的侧重点应有所不同，对付出3a2必须突出付出数量和范围的部分性侧面，而获得则不需要突出这一侧面。部分付出是付出3a2的一种常见形式，应给出简明的表达。

获得与付出3a内涵不对称的第三项表现是付出可以向获得转化，某些获得必须以相应付出为前提，而且，某种付出必然导致某种获得。但不存在与此陈述相反的现象。从这个意义上说，获得与付出3a是一对非常特殊的第一类黑氏对偶。这一特殊性也将在3a的延伸结构里予以表达。

到此为止，与人类活动最息息相关的“利害得失”四字都有所阐释了。所谓得失，不过是获得与付出的五元组效应表示，其相应符号为r3a1和r3a2。

积累与消耗属于第二类弱黑氏对偶。积累3b1是获得3a1的累加341，即3b1::=3a1||341，消耗3b2是付出3a2的累加341，即3b2::=3a2||341。

3.4.1-0 获得与付出3a的概念延伸结构

延伸结构表示式：

```
3a:(m;mt=a,03,0i,13,23,1\k=x,2\k=x;0i\k=x,13\k=4)
  3am                    获得、付出及其对立统一表现
    3a09                   给予
    3a0a                   转让
```

3a19	需求
3a1a	索取
3a29	提供
3a2a	奉献
3a03	贿赂
3a0i	付出转化的获得
3a0i\1	报酬
3a0i\2	工资
3a13	不道德获得
3a13\1	贪污
3a13\2	抢劫
3a13\3	诈骗
3a13\4	盗窃
3a23	无可奈何的付出
3a27	部分付出
3a1\k	获得的本体论描述
3a1\1	获得权势
3a1\2	获得财富
3a1\3	获得成就
3a1\4	获得知识
3a1\5	获得经验教训
3a2\k	付出的本体论描述
3a2\1	生命付出
3a2\2	环境付出
3a2\3	人文付出

3.4.1-1 获得与付出 3a 的世界知识

获得与付出 3a 未采用三个效应三角（3y=1-9）的统一延伸结构表示式 3ymα，而采用了与 30 类似的延伸结构表示式。这是由于任何自然现象和人类活动都存在得失两侧面，就如同作用必有效应一样，“使获得”或“使失去”都具有确定的内涵，于是，3am8 的设置反而是一项多余的举措了。与“使获得”、“使失去”相对应的各概念节点的列举和说明是一篇专文的任务，这里就从略了。下面按二级延伸结构的顺序对获得与付出 3a 的世界知识进行说明。

获得与付出的第一项二级延伸 3amt=a 是所有效应高层概念中唯一的全对称延伸。对此不必深究，可视为巧合。

给予 3a09 具有丰富的内涵和形式，其共性是给予方有所付出，接受方有所获得。予受双方的特征和予受内容的范定是给予 3a09 延伸结构描述的要点，前者适合于采用\k 延伸，后者适合于采用 t=a 延伸（t=9 表示物给予，t=a 表示信息给予）。在漫长的农业时代，描述给予 3a09 的词语十分丰富，如果采用符号 3a093\k 概括“给予”的这一时代特征不失为一项明智的选择。

如果说给予 3a09 在形式上是无条件的，那么，转让 3a0a 在形式上就是有条件的，它是一种特殊形式的买卖249e1m。

需求3a19与需要jl127强交式关联，具有下列概念关联式：

```
3a19=jlr127
3a19::=3a1+53d22
```

此表示式表明：需求3a19是具有特定内容的需要jl127。

索取3a1a与行动追求b01强交式关联。两者的分工在于理性水平的差异，前者的理性水平低于后者。

```
3a1a::=3a1+53d21
```

奉献3a2a是一种大公行为732198，与索取3a1a或行动追求b01互为链式关联（简称互链，即互为因果）。为有追求而奉献，没有追求的奉献是不存在的，从这个意义上说，追求为源而奉献为流。但是，追求又必须以奉献为基础，没有实际的奉献，追求是不可能实现的，从这个意义上说，奉献为源而追求为流。

提供3a29与需求3a19也是互链关系。

贿赂3a03与不道德获得3a13都是一种自私行为，而且与违法行为a59强交式关联。贿赂也可以符号化为3a23，但考虑到贿赂的实现离不开受贿，符号化为3a03更符合实际。构成犯罪的不道德获得3a13符号为3a13\k=4。

付出转化的获得符号为3a0i，采用变量形式的3a0i\k=m作三级延伸。当前仅给出最重要的两项：报酬（3a0i\1）和工资（3a0i\2），两者都应具有e2m的四级延伸以区分付出者和获得者。

部分付出符号化为3a27,其内涵十分丰富,包括捐献、无偿服务等。显然需要作3a27\k类型的三级延伸。

获得3a1的类型延伸3a1\k=x采用了变量表示以备扩展。但已给出的5种类型具有足够的覆盖率。其中获得知识3a1\4、获得经验3a1\5*9与付出转化的获得3a0i强交式关联,这是一项极为重要的世界知识。

3.4.2-0 积累与消耗3b的概念延伸结构

延伸结构表示式：

```
3b:(m;0e2n,1γ=a,1\k=5,2e2n,2t=a)
  3bm                       积累、消耗及其对立统一表现
    3b0e2n                    盈余与亏损
    3b19                      收入
    3b1a                      筹集
    3b1\k                     积累的本体论描述
    3b1\1                     权势积累
    3b1\2                     财富积累
    3b1\3                     成就积累
    3b1\4                     知识积累
    3b1\5                     经验积累
    3b2e2n                    节约与浪费
```

3b29	费用
3b2a	损耗

3.4.2-1 积累与消耗 3b 的世界知识

本节引言中曾指出，如果需要的话，可以将获得付出 3a 与积累消耗 3b 合并成效应的一个高层概念节点。两者的概念延伸结构表示式清楚地表明：这一合并是非常方便的，只需要将积累消耗的一级延伸表示式 3bm 改成 3an 并对多级延伸作相应改动就万事大吉了。

盈余与亏损 3b0e2n 是积累与消耗 3b 对立统一表现的两种基本形式。

收入 3b19 和筹集 3b1a 是积累 3b1 的两种特殊类型，属于典型的 γ 类延伸。收入 3b19 有经常性和非经常性之分，筹集 3b1a 有有偿性与无偿性之分，这些区分似乎适合于采用 e2m 延伸表示，但实际上采用\k 延伸表示更为适当。

节约与浪费 3b2e2n 代表了消耗 3b2 的基本特性，节约 3b2e25 的积极意义几乎是绝对的，而浪费的消极意义也几乎是绝对的。遗憾的是：全球性环保运动尚未对此作深入思考，市场经济对节约与浪费 3b2eb2 的传统观念造成了巨大的冲击或破坏，资本主义必然讳言这一破坏的消极后果，但《老子》式的理性思考是不能回避这一重大课题的。

费用 3b29 和损耗 3b2a 是消耗 3b2 的两种基本类型，属于典型的 t 类延伸。费用 3b29 也有经常性和非经常性之分，损耗 3b2a 有正常性与非正常性之分。前者适合于采用\k 表示，后者适合于采用 e2n 延伸表示。

——句类知识

XYa0 和 XYb0 的混合句类一定要取效应内容，即不容许取“*22”的形式存在。

给予和转让 3a0t=a 可分别采用转移效应句 T0Ya0*322J 和关系效应句 R01m4Ya0*322J，后者对 3a093\k 尤为适用。

——反思

获得与付出、积累与消耗原中层设计存在重大失误。

第四章

关系 4

引 言

上一章说到，关系 4 是作用效应链的下游，这表明关系 4 与日常语言中的关系有一定区别。日常语言里的“关系”无所不包，而关系 4 则赋予了特定的内涵，其定义如下表所示：

4y=0-7	
40	关系的基本内涵
41	结合与分离
42	依存与排斥
43	支持与反对
44	主宰与从属
45	使用与舍弃
46	拥有与失去
47	适应与干扰

所谓关系 4 的特定内涵就是指由 41～47 所定义的具体关系内容，这 7 个关系高层概念是作用效应链关系“下游”的具体代表。40 基本特性的三类设置（见下文）充分体现了关系 4 的特色，这一特色意义下的关系 4 与日常语言里的关系是没有区别的。

上一章还说到，效应 3 二级节点的设计不具备演绎的可靠依据，完备性问题显得极为严峻。关系 4 也存在类似问题。纵观从农业时代到今天的后工业时代初期，我们看到效应 3 的某些概念发生了巨大变化，如“给予 3a09”和“节约与浪费 3b2e2n”，这两组概念里存在着过时的(死亡的)内容。关系 4 的“主宰与从属 44”里也存在这种情况，如宗主国与臣属国或殖民地、奴隶主与奴隶、地主与佃户、君臣、主仆等。而“结合与分离 41”里则出现了同性恋结婚与家庭的新现象。

但也应该指出，上列过时或新生的概念都不是效应 3 或关系 4 的高层概念，只是某些底层概念。这就是说，效应 3 与关系 4 底层概念节点的完备性问题是严峻的，但高层概念节点的完备性并不那么严峻。这里的严峻性是以理论的透彻性为参照点的，如果以实际应用为参照点，完备性问题根本就不存在，这不仅是由于底层概念可以扩展，而且由于概念基元的组合具有无限性特征。

在[110-2.4]节说到主体基元概念的纯净性和混杂性，并指出高层概念的数字顺序将体现纯净性递减和混杂性递增的原则。这里则应该补充说明：“双递”

原则的实施对于作用、过程和转移比较简明，对于效应、关系和状态则比较复杂。因为作用、过程和转移属于作用效应链的上游，而效应属于的中游，关系和状态属于下游。一条河流的上游如果已经受到污染，那下游就难以纯净了，作用效应链存在类似问题。我们已经看到，第一号效应概念生与灭 31 受到第四号过程概念新陈代谢 14 的“污染”，这里又看到，第一号关系概念结合与分离 41 受到第九号效应概念聚散合分 39 的“污染”。这样看来，纯净性与混杂性的概念对于效应 3、关系 4 和状态 5 似乎没有什么实质性意义了，其实不然。作用效应链六个环节或侧面既相互独立又存在千丝万缕的相互联系，**问题的关键在于我们必须区分相互联系的主与从及源与流**。对相互联系的双方仅指出相互性是不够的，还应该指出相互联系的主从源流性或对等性。如果仅指出前者而不顾后者，那实际上只完成了认识过程的一半，如果颠倒了主从性或源流性，那更是认识过程的重大偏离 30ae76。

第四号过程概念新陈代谢 14 对第一号效应概念生与灭 31 的“污染”丝毫不影响两者的主从关系——31 为主、14 为从，生与灭 31 是最基本的效应；同样，第九号效应概念聚散合分 39 对第一号关系概念结合与分离 41 的“污染”也丝毫不影响两者的主从关系——41 为主、39 为从，结合与分离 41 是最基本的关系。主从关联的从概念不影响主概念的纯净性，但反过来主概念会影响从概念的纯净性，而对等性关联则影响两者的纯净性。效应的最后两个节点获得与付出 3a、积累与消耗 3b 都与转移 2 对等性关联，与关系的关联性也接近对等，因此两者的混杂性最强。

结论是：“双递”原则对于效应 3、关系 4 和状态 5 依然适用。

以上所述读者也许觉得烦琐，但这些正是基本句类 Ym0J 或混合句类 EYm0*k|J 的句类知识的源泉。

上述概念之间的主从性在关系 4 的内部更有突出表现。关系 4 的所有概念都必然具有关系的双方，双方之间存在主从关系或对等关系，这一区别必须加以明确表示。

关系 4 的另一重要属性是单向性与双向性。一定属于双向的只有结合与分离 41；一定属于单向的只有主宰与从属 44，其他都属于两可情况，即存在双向与单向的双重属性。42 与 43 是从双向往单向的蜕变，而 45 ~ 47 是从单向往双向的蜕变。

第 0 节
关系基本内涵 40 (028)

4.0-0 关系基本内涵 40 的概念延伸结构

一级延伸结构表示式：

```
40:(-,e2m,eam,α=b,i,7,\k; -00,-0-0)
  40-,40-0,40-00          关系的全体、局部与成员
  40e2m                   关系的整体与单元
  40eam                   关系的等级性
  40α=b                   关系的第二类基本特性
  40i                     关系的第三类基本特性
  407                     关系的基本构成
  40\k                    关系的基本类型（社会性结构）
```

关系的一级延伸结构共 7 项，前三项命名为关系的第一类基本特性，第四项 40α=b 命名为关系的第二类基本特性，第五项 40i 命名为关系的第三类基本特性，第六项 407 为关系的基本构成，最后一项 40\k 为关系的基本类型。下面分 5 个小节对上述 5 个方面进行说明。二级以上延伸结构在相应小节给出。

4.0.1 关系 40 第一类基本特性的世界知识

关系 4 必须至少涉及两个对象，对单个对象的描述用不着关系 4 这个概念，对一个对象及其内容的描述也用不着这一概念，这就是关系 4 与日常词语“关系”的基本区别。因此，关系 40 首先需要引入全体、局部和成员这一包含性概念集合，其映射符号为 40-、40-0 和 40-00。这一概念集合与基本概念量与范围 j4 里的二级包含性概念集合 j40-、j40-0 和 j40-00 强交式关联，后者完全对应数学的集合概念，存在空集合和单元集合，但前者（关系的集合）不存在，故后者包含前者。

在关系 40 里，整体与单元的非黑氏对偶概念 40e2m 特别重要，而在基本概念 j40 里这一概念并不重要。40e2m 的整体 40e21 可以代表全体或局部，当 40e21 代表全体时，40e22 可以代表局部或成员,当 40e21 代表局部时，40e22 一定代表个别成员。

在基本概念 j40 的集合里，等级性概念价值不大，但在关系 40 的集合里却具有突出重要性。反映关系等级性的非黑氏对偶概念 40eam 不仅是社会体系或结构的基本支柱，也是生物、物质体系或结构的基本支柱。没有等级就不能形成体系或结构，事物将蜕化到混沌状态。

上述 3 点是任一关系集合必须具备的特性，故命名为关系 40 的第一类基本特性。

4.0.2 关系 40 第二类基本特性 40α=b 的世界知识

先给出 40α=b 的具体定义：

40α=b	关系的第二类基本特性
408	关系的对应性
408e2m	对应关系的正映射与逆映射
409	关系的指向性
409e2m	关系指向的双向（相互）与单向
40a	关系的主从性
40aeam	关系的主、从与对等
40ae2m	关系的主与副
40b	关系的互动性
40bean	关系的主动、被动性
40be2m	关系的同步、异步性

如果说第一类关系基本特性是对关系集合的关系特性描述，那么，第二类关系基本特性就是对两个特定关系对象的关系特性描述。两特定关系对象必然具有某种对应性，否则就不能构成关系，所谓“风马牛不相及”就是找不出三者的对应关系。对应性是第二类关系基本特性的基础，因此第二类关系基本特性采用α延伸结构就是理所当然的选择了。

第二类关系基本特性 40α=b 的 4 项特性分别是对应性 408、指向性 409、主从性 40a 和互动性 40b。

关系对应性 408 具有 e2m 延伸结构，408e2m 分别代表正映射和逆映射。这里的“正逆”具有因果或源流的意义，即“正”对应着因或源，“逆”对应着果或流。因此，正映射 408e21 一般是一到多的映射，而逆映射 408e22 一般是多到一的映射。例如，原著与译本、语言概念空间的概念基元与自然语言的词语的对应关系就是典型的正逆映射关系。

关系指向性 409 主要用于描述关系的双向性和单向性，这是关系对应性的第一位重要属性。有些关系必然是双向的或相互的，如结合与分离 41；有些关系必然是单向的而不是相互的，如主宰与从属 44；大多数关系处于两可情况。

关系的双向与单向描述也采用 e2m 延伸表示，409e21 代表双向关系描述，409e22 代表单向关系描述。

描述单向关系的概念不能用相互概念 409e21 来修饰，如不能说相互主宰或相互从属。与单向关系概念相联系的两对象不能交换位置。例如，如果 A 主宰着 B，则 B 就不可能主宰 A。用逻辑语言来说就是：如果 A 主宰 B 为真，则 B 主宰 A 必为假。应该指出，这种判断并不属于形式逻辑的范畴，而应属于未来的内容逻辑学。

形式逻辑学与语法学都是“千年老叟”，两千年来都取得了巨大进展。但是，两位老叟“抛开内容、只管形式”的高招（前者抛开思维内容，后者抛开语义）到了人机交互日益成为日常生活一部分的今天需要反思了，HNC 不过是这一应有反思的比较彻底的反思者。判断与推理需要从纯形式逻辑方式进入思维形式与思维内容相结合并以内容为主导的逻辑方式，这种逻辑方式将称为内容逻辑以区别于形式逻辑，它是 HNC 理论必然奔向的第二步目标。《全书》之所以对高层概念的概念延伸结构给出详尽的世界知识阐释，目的之一就是希望为内容逻辑学的诞生撒播一些种子。

描述双向关系的概念可以用相互概念 409e21 来修饰，如相互结合或相互分离。但是应该注意，描述双向关系两对象的词语有单向指称与双向指称之分，对于单向指称的词语不能用 v409e21 来连接。例如，不能说：张先生和李小姐互为（v409e21）夫妇，但可以说张先生和李小姐互相结合为夫妇。

关系主从性 40a 与关系等级性 40eam 强交式关联，关系等级性的上级 40ea1 一定居于主位 40aea1，下级 40ea2 一定居于从位 40aea2。但不能说：关系等级性包含关系主从性。等级与主从是对关系属性不同侧面的描述，前者偏重于两关系对象的静态描述，而后者偏重于两关系对象的动态描述。

关系主从性的两项延伸结构 40aeam 和 40ae2m 的定义都十分明确，无须赘述。

第二类关系基本特性的最后一项是对应关系的互动性 40b，包含两方面的内容：一是主动性和被动性，二是同步性和异步性。前者用延伸结构 40bean 表示(40bea7 随动)，后者用延伸结构 40be2m 表示。

关系指向性 409、关系主从性 40a 和关系的主动被动性都对关系句的句类表示式具有决定性影响，这一点将在[110-4.0-2]节说明。

4.0.3 关系 40 第三类基本特性 40i 的世界知识

第一和第二类关系基本特性可以说是关系 40 特有的基本特性，两者直接面向关系对象的集合和两特定关系对象。对象数量问题是关系 4 的个性，第三类关系基本特性不考虑这一个性，也就是说把关系 4 这一根节点与作用效应链的其他 5 个根节点同样看待，这就是将关系第三类基本特性定义为 40i 的依据了。

关系第三类基本特性采用 40it=b 延伸结构，40i9、40ia 和 40ib 分别代表关系的紧密性、传递性和相互作用，其延伸结构表示式如下：

```
40it=b
40i9                      关系的紧密性
  40i9d2m                   亲疏或近远
    40i97t=a                  关系紧密性的特定表现
    40i979                    函数关系
      40i979e2m                 正变与反变关系
    40i97a                    伴随关系
      40i97ae1n
40ia                      关系的传递性
  40ia9                     遗传关系
    40ia97                    血缘关系
      40ia97\k                  血缘关系基本类型
  40iaa                     仿效关系
  40iab                     模拟血缘关系
40ib                      关系的相互作用
  40ibe2m                   关系的生克性：催生与催灭
  40ibe0n                   关系的制约性：制伏、抗拒、屈服
  40ibe1m                   关系的融合性：同化与消融
```

关系紧密性 40i9::=j02g40，列为关系第三类基本特性 40i 之首当属不争之选。紧密性具有典型对比性特征，但这一典型特征应采用 40i9d2m，而不宜采用 40i9c2m 表示。紧密性的另一典型表现是呈现函数关系，这一典型表现用 40i979 表示。函数关系的一种特殊类型是正变与反变，用 40i979e2m 表示。实际的函数关系当然普遍存在正变与反变交替出现的情况，但那属于数学的专业性课题，不是语言概念空间关心的焦点了。

关系的传递性 40ia::=40||20a，代表关系的转移特性。关系传递性有三种基本形式：传承传递、仿效传递和模拟血缘传递。三者用延伸结构 40iat=b 表示，40ia9 代表遗传关系，40iaa 代表仿效关系，40iab 代表模拟血缘关系。遗传关系里的一个特别重要的情况是血缘关系，以 40ia97 表示。血缘的重要性在农业时代曾被过分突出，直到最近人们才开始纠正这一认识偏差。血缘关系同时也是一种特殊结合关系 411i 的产物，因此，血缘关系基本类型 40ia97\k 的描述将在[110-4.1]节进行。

关系的相互作用 40ib::=(00u409e21,lg02,g40)，即关系双方的相互作用。这里“双方”这一信息就隐含在符号(lg02g40)里，如果是多个或某一关系对象，就需要在 lg02 前面加上相应符号。关系的相互作用 40ib 植根于关系的竞争性，关系竞争性既有相生的一面，又有相克的一面，两者用 40ibe2m 表示。这里要注意的是 40ibe21 必须对应相生，而不能对应相克。相生这一概念的现代词语是互补，人们对于竞争互补性的认识直到最近才比较成熟，才产生双赢这一常用词语，但应该指出，这一概念早已包含在儒家的学说里。

如果说关系竞争性是关系相互作用 40ib 的双向表现，那么 40ib 的另外两项直接非黑氏对偶延伸 40ibe0n 和 40ibe1m 就是关系相互作用的单向表现。40ibe0n 描述的是关系相互作用的下述效应（景象）：一方要制伏另一方，另一方或者抗拒或者屈服。40ibe1m 描述的是关系相互作用的另一种效应，那就是关系的一方（强势方）把另一方（弱势方）同化或消融了，被同化方名实双亡或名存实亡。这里应该强调的是强势方通常就是主宰方或征服方，但也存在相反情况，如汉族与满族、汉族与北方众多游牧民族的消长关系。在农业时代，同化的决定性因素是文化；在工业时代，同化的决定性因素是经济与政治。

4.0.4 关系基本构成的延伸结构及其世界知识

```
407:(m,n,e2m,-e2m,e3m,e3n;e3m-0,)
407m                    关系的此、彼与双方
407n                    关系的自身、其他与大家
407e2m                  同与异
407-e2m                 同与另
407e3m                  关系的我方、你方与他方
  407e3m-0                关系的我、你、他
407e3n                  关系的我方、敌方与友方
```

由于关系 4 至少涉及两个对象，因此，对各个关系对象的描述就成为关系构成描述的首要任务，407 专用于这一描述。

语言概念空间对关系构成的描述采用两分与三分并重的方案，两分描述里又有黑氏对偶与非黑氏对偶之分。

关系基本构成 407 的两组黑氏对偶分别是**此与彼** 407m 和**自身与其他** 407n，两者都

属于第三类黑氏对偶，即对立统一体是两对立方的并，x0=x1∪x2，x4=x5∪x6。对立统一体 4070 对应着“双方”，4074 对应着“大家”。读者应该注意，这里的 4071 对应着“此”、4072 对应着“彼”的定义方式是不容颠倒的，这与日常词语“彼此”的顺序正好相反。同理，4075 对应着“自身”、4076 对应着“其他”也是不容颠倒的。理由如[110-1.0.1]小节所述：对偶表示里的数字 1 与 5 被赋予趋同性，2 与 6 被赋予趋异性。

关系基本构成 407 的两组非黑氏两分对偶分别命名为**同与异** 407e2m 和**同与另** 407-e2m。**同与异** 407e2m 的**同** 407e21 定义为一个特定集合全体成员的共同点，异 407e22 是一个集合成员（不一定全体）的非共同点。外交谈判术语“求同存异”中的同异就属于**同与异** 407e2m。**同与另** 407-e2m 的**同** 407-e21 定义为一个特定集合中某些成员构成的子集，该子集的补集定义为**另** 407-e22。

关系基本构成的三分当然属于典型的非黑氏对偶 e3o，407e3m 对应着“我方、你方、他方”，407e3n 对应着“我方、敌方、友方”。

我方、你方和他方 407e3m 需要-0 延伸 407e3n-0，用于代表“我、你、他”。

关系基本构成是一个十分有趣的题目，这里既存在第三类黑氏对偶，又存在 e2o 和 e3o 型非黑氏对偶，既存在零阶包含性概念 407-，又存在一阶包含性概念 407-0。这些中层特性都具有典型性，是理解相关概念的难得范例。

4.0.5 关系基本类型 40\k 的世界知识

40\1	社会分工关系
40\2	朝野关系
40\2*3	政教关系
40\3	国际关系
40\4	民族关系
40\5	阶级及阶层关系
40\6	内外关系

上面列举了六种社会关系的基本类型，前五种都是社会性关系，其时代性很强。如何表达这一知识将在第一卷第五编讨论。

社会分工关系 40\1 是任何社会制度必然存在的最基本的社会关系，描写社会分工关系的词语在不同社会制度有很大的变化，关系的内涵也有很大变化。但是有三种类型的分工实质上是不变的，那就是脑力劳动与体力劳动的分工、干部与群众的分工、军与民的分工。这三种类型的分工将符号为 40\1k=1-3，其延伸结构将采用 40\1ke5m 代表分工的双方及其过渡状态。要注意，这里选用了非黑氏对偶 e5m 而不选黑氏对偶或非黑氏对偶 e2m 来表达三类分工，不选黑氏对偶是由于这三类社会分工主要是互补性，而不是对立性，不选非黑氏对偶 e2m 是由于这三类分工都不是二重对偶而是三重对偶。例如，实验物理学家和表演艺术家应纳入 40\11e53，一般职员和部队的士官应纳入 40\12e53，预备役军人和民兵应纳入 40\13e53。

朝野关系 40\2 在民主制国家有明确的界限，朝野的定期更替是民主制度的根本体现，得到宪法的保证。非民主制国家没有朝野更替制度，但仍然存在朝野更替，因而朝野关系仍然存在。但这是两种截然不同的朝野关系，将采用非黑氏对偶 e2n 予以表达。

其他四项不言自明，这里就从略了。

关系 4 非 0 高层概念节点的延伸结构一般比较简单，因此下面有些节将 “-0” 部分和“-1”部分的阐释融合在一起。

第 1 节
结合与分离 41 (029)

4.1-1 结合与分离 41 的世界知识

结合与分离列为关系 4 基本类型之首应属于不争之选，因为没有结合与分离 41，就没有物质世界，更没有生命世界。结合与分离 41 具有最彻底的相互性 409e21，而相互性可以说是关系 4 的“专利”。

结合与分离 41 为第二类黑氏对偶，联结与联合这个概念就是结合与分离的对立统一体。41 具有唯一的一级延伸结构 41m，411 代表结合，412 代表分离，410 代表联合。

联合 c410 是一种社会现象，曾是集团斗争的主要手段之一，国家之间的斗争（包括战争）、政治势力之间的斗争曾广泛运用 c410 联合的策略，政治谋略大师都是这一策略运用的高手。

如果说后工业时代以前的社会性联合主要是为了斗争或竞争，那么可以说：后工业时代赋予了社会性联合以新的意义，那就是通过联合求得联合体的协同发展，主要是经济的可持续发展。这种新型联合是后工业时代的基本标志之一，将符号化为 cc410,前挂符号“cc”的说明见第一卷第五编。

结合 411 可以理解为最高级形式的联合，会产生不同程度的质变。最高质变度的结合会产生新的属性，结合双方的个性在结合体里基本不复呈现，这是物理化学的结合，如质子、中子与电子的结合成原子，氢原子与氧原子的结合成水分子等。物理化学结合放在 00991，简称化合。应该指出，关系的结合 411 与作用的化合 00991 构成概念节点之间的主从关系。化合与分解 0099m 属于第一类黑氏对偶，其对立统一 00990 表示化学反应，相应的对立统一体通常不是一个对象，而是多个对象。而关系的结合与分离 41m 属于第二类黑氏对偶，其对立统一体只能是一个对象。

上面谈到了最高质变度的合分 0099m，这个提法本身意味着存在最低质变度的合分和质变度介乎两者之间的合分，这确实是 HNC 在主体概念基元设计时，对合分这一对偶概念的基本考虑。基于“抓两头、带中间”的一贯策略，HNC 把质变度最低的合分安置在 41m，把质变度最高的合分安置在 0099m，把质变度居于中间的合分安置在效应概念节点 39e6m。

三类合分都存在对立统一体，这里存在一个明显的理论问题：如何区分对立统一体与合体？这一区分对三类合分有显著差异，可以说这一差异是将合分这一对偶概念分置三处的另一基本依据。

黑氏对偶的关系合分 41m 存在连接体(r410;rw410)、结合体(r411;rw411)和分离体(r412;rw412)。关系合分被赋予的世界知识是：连接体关系双方或成员的结合与分离居于同等地位；结合体关系双方或成员的结合占主导地位，但其成员的个性仍得到最大限度的保持；分离体的关系双方或成员一定可以独立存在或生存。

非黑氏四重对偶的效应合分 39e6m 存在连接体 w39e60、合体 w39e61、分体 w39e62 和独体 w39e63。效应合分被赋予的世界知识是：合体是连接体与分体的并，即 w39e61=w39e62∪w39e60，但[110-3.3.3-1]小节说过，w39e60 可能为空集；不保证分体的各方和连接体可独立存在（生存），即它们可能不具备独立存在的功能；独体的存在以其他三方的存在为前提。

黑氏对偶的化学合分 009m 存在化学反应生成体 w0090、化合体 w0091 和分解体 w0092。化学合分被赋予的世界知识是：化学反应生成体是化合体和分解体的并，即 w0090=w0091∪w0092，当化合体或分解体的一方为空集时，化学反应生成体就是非空的化合体或分解体。

上述三类合分被赋予的世界知识也就是它们各自的基本特性。这里还应该特别指出三类合分的“抓两头、带中间”的特定意义，那就是两头比较简明，而中间比较复杂。两头的化学合分 009m 和关系合分 41m 各有特定的指向，前者专指物质的合分，后者实际上将主要指向社会的合分。这里的“实际上”体现了一种设计意图，前面谈到的 410 需要引入符号 cc410，下面将要阐释的 41 底层表示，都是这一设计意图的体现。

结合与分离 41 的延伸结构如下：

```
41:(m;03,1(i,3),2(i,3))
      4103                解体
      411i                两性结合
      4113                地缘结合
      412i                两性离异
      4123                地缘分裂
```

社会的两头是家庭和国家。这个两头比较特殊，家庭是社会的最小单位，国家是社会的最大单位。家庭组成的基本条件是两性的结合，而国家组成的基本条件则是地缘的结合。41 的底层设计服务于这一基本世界知识的描述。

“结婚”这一概念的形成应视为文明社会开始的标志。按 411i、412i 和前挂符号 9 的定义，“结婚”的逆映射符号应为 9411i，而“离婚”的逆映射符号为 9412i，对两者再前挂符号 53，即对应着现代的“同居”(539411i)和“分居”(539412i)概念。在文明社会出现之前，人类存在 65411i，但不存在 9411i。

下面分两小节专门讨论两性结合和地缘结合的世界知识。

4.1.1 两性结合 9411i 的世界知识

两性结合的最高形式是结婚，映射符号是 9411i，其定义表示式为：

```
9411i::=(50a9u407e21)pxjw62e21∪pxjw62e22u10bc22+jlv02e25i|ga009aa
```

这一定义表示式的自然语言表述形式是

结婚（定义为）符合社会契约的成年男女共同生活

HNC 对结婚的定义方式与《现汉》略有不同。《现汉》对结婚的释义是“男子和女子经过合法手续结合成为**夫妻**”，而 HNC 对结婚的定义则避开“夫妻”概念的引入，因为“夫妻”这个概念是“结婚”的效应，不宜直接引入“结婚”的定义。《现汉》对“夫”的释义是“男女两人**结婚**后，男子是女子的丈夫”，对“妻”的释义是“男女两人**结婚**后，女子是男子的妻子”。在形式上“结婚”与“夫妻”循环定义，在语言空间对此不必苛求，但在语言概念空间则是必须避免的。

下面以“9411i 结婚”这一概念为基础，阐释“家庭、夫妻、父母、子女”等概念，希望通过这一阐释过程具体勾画 HNC 概念基元符号表示体系的三项基本构思的第三项：“**底层表示=概念横向关联表示=网络表示=再抽象**。”

“结婚”的直接效应是形成“家庭”这一社会的最小单元，“家庭”的逆映射符号是 rp9411i。其概念延伸结构如下：

```
rp9411i:( -0,β=b)
```

细心的读者或许已注意到，此前的延伸结构表示式都不带概念类别符号，而此处第一次出现了概念类别符号 rp。这是概念延伸结构表示式的一种特殊形式，只适用于底层概念，符号 rp 的解释见[310-2]章。

家庭(rp9411i)的第一项延伸 rp9411i-0 表明家庭存在多个成员，即理论上家庭不能是单个成员。每个人必须属于一个家庭，孤儿或“单身”形式上不是某一家庭的成员，但实质上必有所属。

家庭成员(rp9411i-0)的基本构成是夫妻，其映射符号为 rp9411i-0e2m，夫妻具有变异β延伸结构，其延伸表示式及相应定义如下：

```
rp9411i-0e2m:(0-β14-β41)
rp9411i      父母
rp9411i      儿子和媳妇
rp9411i      女婿和女儿
```

这些表示式揭示了在家庭的对偶性成员里存在三类夫妻，这三类夫妻关系呈现出变异β延伸结构。

家庭(rp9411i)的另一延伸结构 9411iβ 定义如下：

```
9411i9       家庭效应—生儿育女
9411ia       家庭演变—形成家族
9411ib       家庭间关系—形成亲戚
```

家庭的β延伸属于β延伸里最简明的情况：β=9 对应着效应，β=a 对应着过程，β=b 对应着关系。下面分别说明 rp9411iβ 的进一步延伸结构。

家庭效应 9411i9 的延伸结构表示式为：

```
rp9411i9^e8m     ::=g559e2mrp9411i+g52\2ju71e22     父母与子女
rp9411i9^e81                                        父母
```

```
rp9411i9^e81e21   ::=rp9411i9^e81∩xjw63e21=rp9411-0e219   父亲
rp9411i9^e81e22   ::=rp9411i9^e81∩xjw63e22=rp9411-0e229   母亲
rp9411i9^e82                                               子女
rp9411i9^e82e21   =rp9411-0e21a                            儿子
rp9411i9^e82e22   =rp9411-0e22b                            女儿
```

父母与子女 rp9411i9^e8m 的定义式表明：父母(rp9411i9^e81)与子女(rp9411i9^e82)具有逆向动态转换特性，即人必须先为子女而后才能为父母，不可能反过来。这一世界知识实际上已包含在非黑氏对偶^e8m 的定义里，它还规定每个人在正常情况下都会出现 rp9411i9^e83 的状态，即既是子女又是父母的状态。

家庭演变 rp9411ia 的延伸结构表示式为：

```
rp9411ia:(e2m;e2meam;e21ea1d0m|,e21ea2(c0m-ckn)|,e21ea3ckn,
                     e22ea1d0m-ckn,e22ea2c0m,e22ea3
                     e22ea2c0m-d0n,e22ea3-d0m)
  rp9411iae2m                         直系与旁系
    rp9411iae21eam                      直系上辈、下辈与同辈
      rp9411iae21ea1d0m|                  直系上辈历史
      rp9411iae21ea2(c0m-ckn)|            直系下辈历史
      rp9411iae21ea3ckn                   直系同辈
```

家庭演变 rp9411ia 延伸结构表示式具有两项此前未曾见过的特点：一是使用了重复符号“|”；二是出现了 c0m-ckn 形式的包含性概念，这种形式结构里的 ckn 可取 c10，表示该层级下辈中断，即无子女。

家庭演变 rp9411ia 概念系列首先分直系亲属 rp9411iae21 和旁系亲属 rp9411iae22，直系亲属里的 rp9411iae21ea1d01 和 rp9411iae21ea2c01 也将分别命名为父母和子女，但这里的“父母”和“子女”不同于家庭效应 rp9411i9 里的父母 rp9411i9^e81 和子女 rp9411i9^e82。这里加引号的“父母”与“子女”是祖辈与孙辈的关系，不是无引号的父母与子女的关系。

对旁系亲属 rp9411iae22 仅给出了简化表示式，略去了历史进程描述。简化表示式的第一行又属于最简化表示。

家庭关系 9411ib 的延伸结构表示式为：

```
9411ib:(e1m;eam;ea1d2m,ea2c2m,ea3d3m)
  9411ibe1m                         以男女双方为参照点的亲戚关系
    9411ibe1meam                      亲戚之间的辈分关系
    9411ibe1mea1                      长辈-晚辈亲戚关系
    9411ibe1mea2                      晚辈-长辈亲戚关系
    9411ibe1mea3                      同辈亲戚关系
      9411ibe1mea1d2m                   两类长辈-晚辈亲戚关系
      9411ibe1mea2c2m                   两类晚辈-长辈亲戚关系
      9411ibe1mea3d3m                   三类同辈亲戚关系
```

上列家庭关系延伸结构的第三级表示式分别采用了三种类型的对比表示式，这些表示式考虑了人类三代共时性（中国传统术语叫三代同堂）的基本特征，这一基本特征是

由人类寿命和发育的时限性所决定的。人类亲戚关系通常仅在共时的三代人中有密切交往，这就是将亲戚关系三级延伸表示式中的 dkm 和 ckm 分别取 k=2//3 的缘故。如果考虑到一般情况，可取 k=0，但不如上列表示式实际。

自然语言为亲戚关系的描述给予了众多的词语，不同语种给予的方式还有所不同，但上列表示式能适应各种情况。这一点读者可自行验证。最后需要说明的是上列表示式仅考虑了直系亲戚，如果是旁系亲戚，可在相应表示式后面串接 g9411iae22 予以表达。

4.1.2 地缘结合的世界知识

部落、民族和国家在人类社会的发展历程中发挥过重要作用，而这三者的形成都必须以地缘为前提。地缘指地域关系的天然特征，包括下列 3 项基本要素：海洋、高山与位置，这里没有包括气候与地貌，这两者是地域的天然特征，而不是地域关系的天然特征。

海洋是地域关系特征的第一要素，有两件事实支持这一论点，一是世界上的绝大多数国家都拥有自己领海，与海洋隔绝的内陆国家仅占国家总数的 23%。二是世界历史的主流是海洋文明最终战胜了大陆文明。各种古代文明大体上可划分为海洋文明和大陆文明两类，如希腊和罗马文明属于海洋文明，中华和印度文明属于大陆文明。海洋文明具有天然开放性，而大陆文明具有天然封闭性。因此虽然大陆文明曾在一个历史时期里称雄世界（如蒙古文明的横扫欧亚大陆），但终究是欧洲的海洋文明赢得了文明竞赛的决定性胜利。从这一论点看，两本被视为同样影响世界历史的著作《海军战略》和《地缘政治论》实际上不能等量齐观，后者的历史眼光貌似着眼于未来，而实际上主要是着眼于过去。

高山是地缘关系特征的第二要素。民族和国家的活动地域不仅受到海洋的限制，也受到高山的限制，如亚洲的喜马拉雅山、欧洲的阿尔卑斯山、南美洲的安第斯山等都起着这种限制作用。

位置是地缘关系特征的第三要素。政治、军事术语里的战略要地、兵家必争之地都必然具有位置上的特殊作用。这种特殊作用主要表现为交通要道。

——句类知识

双向关系句及其适用范围。

化学作用合分和效应合分的描述都采用作用效应混合句。

第 2 节 依存与排斥 42 (030)

依存与排斥 42 在关系 4 中的地位非常类似于利与害 32 之于效应 3。在[110-3.1]节中说到，生与灭 31 是最基本的效应，利与害 32 是最重要的效应，显与隐 33 是最普遍的效应。这里我们也可以说：结合与分离 41 是最基本的关系，依存与排斥 42 是最重要的关系，支持与反对 43 是最普遍的关系。

没有结合与分离 41 就没有我们已知的宇宙，也没有当今的世界。宇宙起源于 150 亿年前的一次大爆炸，这是没有异议的，但是如果没有大爆炸之后物质的一系列结合与分离，就不会形成已知宇宙的模样；人类起源于生物的进化，这也是没有异议的，但是如果没有民族与国家的结合与分离，就不会形成当今的世界。火、工具和语言的使用诚然是人类成为万物之灵的关键，这一转变过程是漫长的，而人类文明的历史不过只有短暂的几千年，这几千年文明史的主线是民族、国家的结合与分离，这是事实。对这一事实中各种现象的解释可以采用不同的学说，但事实本身是不能否定的。

结合与分离 41 的基础是依存与排斥 42，由于相互依存 421 而结合 411，由于相互排斥 422 而分离 412。这就是概念节点 41 与 42 所蕴涵的最基本的世界知识。

4.2-0 依存与排斥 42 的概念延伸结构

延伸结构表示式：

```
42:(m,n;1i,m\k,6e2m;6e2mt=a)
  42m                   相互依存与排斥
  42n                   单向依存与排斥
    421i                  性生活
    42m\k                 42m 的基本类型
    42m\1                 时空占有的 42m
    42m\2                 属性的 42m
    42m\3                 利益占有的 42m
    42m\4                 观念的 42m
    426e2m                主动与被动排斥
      426e219               挑衅
      426e21a               反击
      426e229               抗拒
      426e22a               自卫
```

4.2-1 依存与排斥 42 的世界知识

依存与排斥 42 的第一项世界知识是具有双向性和单向性两种基本类型，分别以 42m 和 42n 表示。两者都属于第一类黑氏对偶，其对立统一体的基本特征是：①对立统一体弱存在而不是强存在，故自然语言无相应描述词语；②对立统一体是同一对象的不同侧面而不是不同对象，对双向 42 而言，这里的同一对象是指相互依存或排斥的两对象，对单向 42 而言，同一对象可以指依存者或排斥者，也可以指被依存者或被排斥者，这取决于其延伸结构的具体约定。

相互依存与排斥 42m 具有对称型和非对称型两种二级延伸，相互依存可简称互补，相互排斥当然可简称互斥。前者以 42m\k 表示，后者以 421i 表示。

42m\k 表示相互依存与排斥的 4 种基本类型。时空占有的互补与互斥 42m\1(类型 1)是自然界和社会共同现象，这里需要说明两点：第一是时空占有的互斥性容易理解，但时空占有的互补性似乎比较难理解，其实不然。从系统论观点看来，没有时空占有的互补性就不可能构成系统。喜欢强调互斥性而忽视互补性是人类认识的一大误区。第二是对社会现象来说，被占有的空间是广义的，既指自然空间，也指社会空间。

属性的互补与互斥 42m\2（类型 2）也是自然界和社会的共同现象，与关系竞争性里的相生与相克 40ibe2m 强交式关联。但两者的描述侧重点不同，42m\2 侧重于这一关系侧面的静态描述，而 40ibe2m 侧重于这一关系侧面的动态描述。

利益占有的互补与互斥 42m\3（类型 3）和观念的互补与互斥 42m\4（类型 4）主要涉及社会现象,人们在这两个问题上的认识同样存在强调互斥性而忽视互补性的误区。

关系互补性与互斥性的基本类型 42m\k 当然不仅是上述 4 个方面，但它们是 42m\k 的主要方面。延伸结构表示式 42m\k 未对 k 给出具体数字就表示 k 的取值必要时可以加以扩展。

二级延伸结构 421i 表示一种十分特殊的相互依存，那就是动物和人的性生活。性生活的重要性毋庸解释，这里需要说明的只是 421i 是 9411i9（家庭效应）的源链。

单向依存与排斥 42n 只具有非对称的延伸结构 426e2m。426e219 代表排斥方，而另外三个节点 426e21a、426e229 和 426e22a 都代表被排斥方。

——反思

426e21a 的特殊性。

第 3 节 支持与反对 43 (031)

在[110-0.2.1]小节中曾定义第一类判断反应——认同与否定 02e6m，如果这一反应持续地指向某一对象，则指向者和被指向者就构成了一种关系，HNC 把这种关系定义为支持与反对 43。这个概念与 02e6m 类似，不是黑氏对偶，而是非黑氏对偶，而且具有三种不同的类型。

4.3-0 支持与反对 43 的概念延伸结构

延伸结构表示式：

```
43:(e0m,e7m,e6m;e0613,e023,e063,^e61)
  43e0m                    合作与对抗
  43e01                    合作
    43e013                   勾结
```

43e02	对抗
43e023	敌对
43e03	妥协
43e7m	和谐与冲突
43e71	和谐
43e72	冲突
43e723	暴力冲突
43e73	摩擦
43e6m	支持与反对
43e60	调和
43e61	支持
^43e61	背叛
43e62	反对
43e63	中立

4.3-1 支持与反对 43 的世界知识

支持与反对 43 的三项非黑氏对偶被赋予下述基本分工：e0m 和 e7m 承担对支持与反对关系 43 的双向描述，而 e6m 则承担单向描述。这就是说，支持与反对 43 需要双向与单向两个侧面的描写。

43e0m 和 43e7m 都是对关系 43 的双向描述，但前者涉及三类关系对象，而后者仅涉及两类关系对象。

43e01 表示相互支持（合作），43e02 表示相互反对（对抗），43e03 表示对抗双方寻求非对抗之路（妥协）。如果妥协的双方是原对抗双方的转化，则妥协双方即原对抗双方，43e02 和 43e03 所涉及的是同一组对象。但是，妥协方可能只是对抗双方里的一部分，这样，对抗双方的内部就发生了分裂，出现对抗派（主张）和妥协派（主张）的对立。43e0m 的三类关系对象就是指合作者、对抗者和妥协者，三者都存在关系的双方。在关系一方的内部，合作、对抗、妥协三种主张之间又出现合作与对抗、对抗与妥协的内部对立。那么，合作与妥协之间是什么关系呢？

如果说 43e0m 是关系-作用的描述，那么 43e7m 就是对关系-效应或关系-状态的描述。43e0m 与 43e7m 的关联属于链式关联，前者为源，后者为流。和谐 43e71 是合作 43e01 的效应；冲突 43e72 是对抗 43e02 的效应。摩擦 43e73 也是对抗的效应，而不是妥协的效应。这些是 43e0m、43e7m 与 43 相联系的个性。就 43e7m 本身来说，和谐 43e71 与冲突 43e72 强对立，摩擦 43e73 是冲突的弱化，与和谐 43e71 弱对立，则是 e7m 共性的表现。

43e6m 与 02e6m 强交式关联，支持 43e61 强关联于认同 02e61，反对 43e62 强关联于否定 02e62，调和 43e60 强关联于有所认同又有所否定 02e60，中立 43e63 强关联于不认同又不否定 02e63。对关系支持与反对 43 的单向描述 43e6m 涉及 5 类关系对象：一是支持者，二是反对者，三是被支持或反对的对象，四是调和者，五是中立者，前三者属于基本关系对象，后两者是派生关系对象，调和和中立是针对基本关系对象的运作。e6m 通常只涉及 4 类对象，43e6m 涉及 5 类对象是 e6m 联系于 43 的个性表现。

对合作 43e01、对抗 43e02 和冲突 43e72 分别设置了形式为 43ekx3 的底层节点,对支持 43e61 设置了延伸节点^43e61。这四项延伸的意义各不相同，合作 43e01 本来不含褒贬意义，但勾结 43e013 的定义则赋予 43e01 以褒义，而 43e013 为贬义；对抗 43e02 的程度可以很宽，最大程度的对抗即所谓你死我活的斗争值得加以特殊描述，汉语符号化为“敌对”，HNC 符号化为 43e023，与敌方 407e36 强交式关联；冲突 43e06 可以具有各种形式，其中的暴力形式值得加以特殊描述，汉语未给予特殊符号，HNC 符号化 43e063；反对 43e62 存在一种非常特殊的形式，那就是背叛，其 HNC 符号为^43e61::=13a|43e62。背叛这个概念既可具有强烈的贬义，也可具有强烈的褒义，是褒是贬取决于陈述者的立场。

本小节最后应该说明两点：一是支持与反对 43 虽然导源于第一类判断反应 02e6m，但 43 所涉及的关系对象并不限于生命体；二是 43 的关系对象一般要包含内容，特别是单向描述里的支持或反对的对象。

——句类知识

概念 43e0m 双向关系作用句，43e7m 双向关系效应句。

概念 43e6m 主从关系句，43e61 可导致扩展主从关系句。

——反思

背叛的初期表示方式。

第 4 节 主宰与从属 44 (032)

本节引言曾指出，主宰与从属 44 是单向关系的“祖宗”，在关系 4 的全部二级节点中唯有它不能用互相来修饰，即不能说互相主宰或互相从属，主宰 44ea1 与从属 44ea2 必须单向。但平等 44ea3 却必须双向，这是一项很有趣的概念特性。

4.4-0 主宰与从属 44 的概念延伸结构

延伸结构表示式：

```
44:(eam,m;ea1\k,ea2\k,)
  44eam          主宰与从属
  44ea1          主宰
  44ea2          从属
  44ea3          平等
  44m            主体、附属和配置
  440            配置
```

```
441            主体
442            附属
  44ea1\k        主宰的基本类型
  44ea1\1        自主
  44ea1\2        强对弱
  …
  44ea2\k        从属的基本类型
  …
```

原 44 延伸结构表示式：

```
44e6m          主宰与从属
44e2m          带领与跟随
```

4.4-1 主宰与从属 44 的世界知识

人类的历史，从某种意义上，可以说是不同家族、民族争夺政治、经济、军事和文化主宰权的历史，这个历史进程在后工业时代依然在继续着。当然，主宰的具体形式和内容在不断变化，取得主宰权的方式在不断进步，但主宰本身的存在价值没有实质性变化，如政治和经济，其主宰形式从农业时代到后工业时代确实发生了很大变化，但主宰的存在价值依然存在。马克思主义曾经提出一个十分有吸引力的口号——消灭剥削和消灭私有制，剥削和私有制都是经济主宰的一种形式，其存在价值就是一个十分复杂的课题，人们还在对此继续进行更深入的探索。

主宰与从属 44 的中层特性比较明朗，呈现为 44e2m 和 44e6m 两种形式。主宰与从属概念 44 本身并不限于生命界，但其两项中层概念则为生命界所特有。生命形式越是高级，这两项中层特性的表现就越强烈。人的婴儿期最长，对带领与跟随 44e2m 的依赖性最大。“活到老，学到老”的名言更是这一依赖性的生动写照。“教”和“学”就是 44e2m 的一种底层形式，但不在高层概念 44 下面设置。

带领与从属 44e2m 仅涉及两类关系对象：带领者与从属者。主宰与从属 44eam 则涉及 4 类关系对象：主宰者、从属者、平等者和独立者，这是非黑氏对偶 e6m 用于关系描述的共性特征。但主宰 44e61 和从属 44e62 不能加“互相”修饰，而平等 44e60 和独立 44e63 可加“互相”修饰则是将 e6m 用于单向关系描述的个性特征。

个人、社会与国家需要平等 44e60 与独立 44e63，也需要主宰 44e61 与从属 44e62。44e6m=0//3 与 44e6m=1//2 既对立又互补，如何对两者的不断进行调节是社会科学的永恒研究课题，HNC 的任务只是指出这一概念特性的存在。

带领 44e21、跟随 44e22、主宰 44ea1 和从属 44ea2 都具有丰富的类型。但 44ekx 的具体设置主要是综合而不是演绎问题，这里宁愿只给出一个框架表示。

——句类说明

44e2m 和 44e6m=1-2 对应主从关系句，44e63 对应双向关系句。

——反思

平等 44e60 和独立 44e63 未设置 44e6m\k。

第 5 节 使用与舍弃 45 (033)

关系 4 的最后 3 个高层概念 45 ~ 47 都具有非常简明的延伸结构，其一级延伸仅有一项黑氏对偶，因此都不设置“-0”段落，把相应内容合并到“-1”段落里。

4.5-1 使用与舍弃 45 的世界知识

在[110-4.1]小节我们看到，效应的合分 39e6m 和关系的合分 41m 对应，这里又看到效应的选与弃 38e2m 与关系的使用与舍弃 45m 对应。这里值得特别指出的是：“合分”与“用弃”这两组概念在关系里都是简明的黑氏对偶，而在效应里则比较复杂，这一现象之“所以然”在于作用效应链的如下根本特性：“作用必然产生某种效应……在达到最终效应之后，必然出现新的关系或状态。”关系居于效应之后，效应对应着中间过程，关系对应着最终结果。中间过程比最终结果复杂，最终结果比中间过程简明。“所以然”奥秘不过如此。

“选”的目的之一在于“用”，“用”之“选”占“选”的绝大多数。这样的选择过程完成以后，选者对被选者就构成了关系的使用 451。另外，已构成的使用关系 451 也可以解除，这就是形成关系的舍弃 452。从这个意义上说，关系的使用与舍弃 45 与关系的结合与分离 41 强交式关联。不过 45 是单向关系，而 41 是双向关系，这是两者的本质区别。

使用与舍弃的中层表示 45m 属于第二类黑氏对偶。450 无相应词语，但并非弱存在。450 的含义是“使用对象的一方面特性，而舍弃其另一方面特性”，即“用其所长，弃其所短”，这是对立统一规律的高级运用。韩信称赞刘邦的那段名言“陛下不能将兵，而善将将，此乃信之所以为陛下擒也”里的“善将”就是 450 的语用示例。

使用与舍弃 45 的概念延伸结构表示式为：

```
45:(m;1(e2m,3e1n),23e2m)
```

451e2m 表示公用与私用，4513e1n 表示雇用与受雇，4523e2m 表示解雇与离职。

——句类说明

45m 和 45m3e2m 仅对应主从关系句，即不可能形成扩展主从关系句，但 4523e22 可形成 R5104T32*21J 或 R5104T0 混合句类。

——反思

45m3e2m 可不设置。

第 6 节 拥有与失去 46 (034)

拥有与失去 46 是第三个由效应直接转换而来的关系高层概念，其源链为获得与付出 3a。获得 3a1 为拥有 461 建立了必要条件，但付出 3a2 不仅可导致失去 462，也可导致获得 3a1 和拥有 461。在[110-3.4.1]子节中，正是基于这一事实而设置了底层节点 3a0i（付出转化的获得）。因此，拥有与失去 46 必然具有对立统一特性 460，而且是第二类黑氏对偶。但这一特征并不强存在，因而自然语言无相应词语。

4.6-1 拥有与失去 46 的世界知识

《理论》(p346)曾指出，汉字“有”有三种意义，一是基本语言逻辑 jl 意义的“有”，即老子的万物之母的“有”，也即哲学意义的存在，HNC 符号为 jl11e21，与无 jl11e22 对偶；二是状态 5 意义的“有”，可简称“具有”，HNC 符号为 50e21，与没有 50e22 对偶；三是关系 4 意义的“有”，可简称“拥有”，HNC 符号为 461，与失去 462 对偶。存在 jl11e21、具有 50e21 和拥有 461 三者强交式关联，它们的对偶概念当然也强交式关联。

从 HNC 符号形式来看，拥有 461 与具有 50e21 的本质区别在于：前者为黑氏对偶的一方，后者为二元非黑氏对偶 e2m 的一方。从概念内涵来看，拥有 461 是对两个对象 RB1 和 RB2 的关系描述，表示该 RB1 拥有(v461)RB2；具有 50e21 是对一个对象 SB 的状态描述，表示该状态对象 SB 具有(v50e21)状态内容 SC。拥有描述属于基本句类的主从关系句，具有描述属于基本句类的一般状态句。“语义块是句类的函数”这个极为重要的概念许多自然语言处理专家感到难以理解，下面将简要讨论拥有 461 和具有 50e21 这两个概念所对应的句类差异，也许这一差异有助于疏通这一障碍。

按照主从关系句 R611J 和一般状态句 S0J 的句类知识，R611J 的两个关系对象 RB1 和 RB2 必须各自都能独立存在，不过 RB1 是主导者，RB2 是从属者；一般状态句的状态内容 SC 一般是不能离开状态对象 SB 而独立存在的，如果 SC 属于抽象概念，则 SC 必须是与 SB 共存亡的属性。语义块 RB1 与 RB2、SB 与 SC 之间的这种约束是分别由句类 R611J 和 S0J 所决定。一个句类集中代表了一类概念的语句共性，也就是一类语句的最大共性，HNC 把这一最大共性叫做句类知识。句类知识的总体就是世界知识的精华，而各项具体句类知识就是相应概念的基本特性，上述 R611J 和 S0J 的特性也就是概念节点 461 和 50e21 的基本特性。所以，语言学不能仅看作是研究语言现象的科学，语言现象是概念特性的表现，透过语言现象研究概念特性才是语言学的本质使命，用哲学术语来说，概念特性的研究才是语言学的本体或描述形而上学。

概念特性的研究一直是语言哲学的“专利”，我国语言学界很少关心语言哲学的研究成果。另外，语言哲学界对概念特性的研究又仅运用语言学的语法成果和逻辑学的方法论成果，满足于语形、语义和语用的关系论述和某些词语、短语和语句的逻辑意义描述，始终未能进入语言概念空间概念体系结构及其特性的总体性系统研究。

HNC 理论在对语言概念空间的高层特性进行总体性系统研究以后，得出了“语义块是句类的函数”和“语言的基本句类是有限的”这两个重要概念，并据此而形成了 HNC 句类分析技术。该技术在理论上应区分“他很有财富”和“他很有个性”这两个语句的句类差异，前者是拥有的“有”，后者是具有的“有”，“他”不存在（死）了，他的财富 RB2 可依然存在，而他的个性 SC 却必然随之消失。所以，可以说“钱财是身外物”，但不能说“个性是身外物”，这一能说和不能说都是富于哲理的陈述，反映了概念 461 和 50e21 的本质区别。

存在意义的“有”应视为关系“有”和状态“有”的“老大哥”，可以充当两个小弟弟的代表。这就是说，存在意义的“有”对相应的 DB 与 DC 是否共存亡采取模糊态度。因此，在句类分析的初级阶段，允许将“拥有”和“具有”简化为“有字句”，一律按存在句 jD1J 处理。这就是说，上面提到的“他很有财富”和“他很有个性”目前并不加以区别，将都按存在句处理。

拥有和失去 46 目前只配置了中层概念 46m，对 461 配置了二级延伸 461e2m 以表达公有与私有这一组重要的二元非黑氏对偶概念，以及 461c2m 以表达部分与全部拥有。目前未配置底层表示，那么，是否有必要像获得 3a1 那样，设置底层概念 46m\k 以分别表达拥有 461 和失去 462 的基本类型呢？这显然有利于从有字句(存在句 jD1J)中分离出主从关系句 R611J 或 R610J，但不是现阶段的急所。

人类的天性喜爱拥有 461，不愿意失去 462，但个人的拥有必须适度，这是一个十分重要而有益的观念。中国古代把懂得这个道理的人称为君子，把不承认这个道理而贪得无厌的人称为小人。这两个名词显然有利于精神文明建设，但后来这两个名词及它们所蕴涵的正确观念一再被曲解，到近代被彻底抛弃，这实在是中华文化的重大损失。

——句类说明

461 对应着主从关系句 R611J，462 对应着主从关系句 R610J。

——反思

曾将接受与拒绝这一组对偶概念映射为 46m9，这是重大失误。这一组概念应纳入 7103。

第 7 节
适应与干扰 47 (035)

在主体基元概念的 6 个根节点（即作用效应链）中，效应 3 的二级节点（即其高层概念）最多，关系 4 次之。两者的二级节点都具有对偶性，这是其他根概念不具有的特点。效应 3 用完了高层概念二级以下（含二级）节点的数字定义域，关系 4 只用到 7，41～46 的纯净性都很强，唯有适应与干扰 47 似乎不那么纯净。

4.7-1 适应与干扰 47 的世界知识

45～47 这三组关系概念在双向性和单向性的表现方面，同 41～43 一样具有一种递减特性：41～43 是双向性的递减（单向性的递增），44～47 则是单向性的递减（双向性的递增）。关系二级概念节点的顺序主要是根据这一特性来安排的。适应 471 和干扰 472 的单向性和双向性基本相当，但不仿效 42 的模式，分别采用 47m 和 47n 予以表达，仅设置单项一级延伸 47m，并默认它代表单向适应和单向干扰。

适应与干扰 47 具有强对立统一 470 表现，470 的对应词语是融合。这里我们又一次看到了关系黑氏对偶的一项十分有趣的特性：当对偶两方具有单向性时，其对立统一方仍然具有双向性。就“融合”这一词语的语用性来说，它可以双向，也可以单向，这里仅取其双向意义。

汉语下列成语“入乡随俗”、“识时务者为俊杰”、“顺之者昌，逆之者亡”和“水土不服”都是 471 或 472 的生动写照，其中的“随、识、顺”是对适应 471 的直接表述，“逆”和“不服”是对干扰 472 的间接表述。这些成语所表达的只是 471 和 472 丰富内涵的一部分，但由此已可清楚看到，适应与干扰 47 同支持与反对 43 强交式关联。

“水土不服”对干扰 472 的描述采用了特殊的修辞手段。

适应与干扰 47 的概念延伸结构表示式如下：

```
47:(m;m3,1e2m,2e2m,)
  470                        融合
     4703                      协调
  471                        适应
     4713                      默契
     471e2m                    包容与迁就
  472                        干扰
     4723                      纠缠
     472e2m                    被干扰与干扰
```

这个延伸结构表示式里出现了一个看似冗余的符号——m3 后面的逗号，它表示适应与干扰 47 的延伸结构很可能需要扩展。符号 47m3 用于 47 的内部关系描述，所有的关系描述 41～47 都存在内外关系 40\6 的区分，但唯有 47 的内部关系最为突出，因此作出这样的特殊安排。自然语言的相应词语“协调-默契-纠缠”并不专用于 47 关系的内部描述，读者对此应已经习以为常，就不必另行解释了。

——句类说明

471 和 472 对应着主从关系句 R711J，470 对应着双向关系句。

——反思

适应与干扰曾采用 e6m 中层表示，47e63 对应着协调，这是由当时对内外关系 40\6 在 47 里的特殊性认识不足造成的。

第五章

状态 5

引言

状态 5 是作用效应链条的最后一个环节，HNC 理论的初学者往往很难区分效应和状态，容易将效应概念混淆成状态概念，有语言学功底的初学者更容易出现这种状况。为什么？作用效应链的源头是作用，归宿是关系和状态，两者之间的过渡是过程、转移与效应。“**作用必然产生某种效应……在达到最终效应之后，必然出现新的关系或状态。**”这就是说，关系或状态本来就是最终效应的伴随物。关系的描述至少要涉及两个关系对象，而效应通常只涉及一个对象，因此关系与效应的区分相对简单一些。但状态的描述也只涉及一个对象，这是状态与效应的区分相对困难一些的根本原因。有语言学功底的初学者对状态这个概念比较熟悉，而对效应这个概念则比较生疏，“熟悉拒斥生疏”的惯性形成了他们接受 HNC 的负担，而新学者反而可以没有这个负担。

语言学曾从情状类型（situation type）的角度提出过动作、完结、达成和状态的四分方案，相应的英语词汇是 activity、accomplishment、achievement 和 state。从动词分类的角度提出过动作（action）、过程（process）和状态（state）的三分方案。这两个方案存在共同的环节——动作和状态。两个方案都触及了语言概念空间的核心子空间（即作用效应链），但由于没有树立起全面描绘语言概念空间的思路，与作用效应链擦肩而过。但语言学关于时相(phase)、时制(tense)和时态(aspect)的研究成果仍是一笔重要的遗产，它们与 HNC 定义的语言逻辑概念 l 的某些二级节点有密切的联系，我们将在第二卷对此作详细说明。

情状类型的状态(state)也有人译为静态，目的在于突出状态的相对稳定性。作为作用效应链最后一个环节的状态 5，这应该是它的重要特性之一。但是状态既有相对稳定的情况，也有相对不稳定的情况，状态高层概念节点的设计必须兼顾到稳定与不稳定这两个侧面，否则就是显而易见的片面性错误了。

基于上述理由，状态 5 的概念树定义如下：

50	状态的基本内涵
51	形态
52	动态
53	势态

54	结构
55	层次
56	等级

其中的形态 51、结构 54、层次 55 和等级 56 描述状态的稳定侧面，动态 52 和势态 53 描述状态的非稳定侧面。这个排列顺序并没有严格遵守稳定和非稳定的界线，而是基于纯净性递减的考虑。这就是说，结构 54、层次 55 和等级 56 已不是纯净的状态概念，而是状态与关系的综合了。

第 0 节
状态基本内涵 50 (036)

引言

在作用效应链的 6 个环节中，应该说：关系 4 和状态 5 的基本内涵是最复杂的，其原因在于两者处于这个链条的下游。在[110–4.0]节我们已经充分展示了关系基本内涵 40 的复杂性，本节将展示状态基本内涵 50 的复杂性。

5.0–0 状态基本内涵 50 的概念延伸结构表示式

```
50:(e2m,7,α=b)
  50e2m          状态的基本逻辑表现
  50e21          具有
  50e22          没有
  507            状态的基本概念表现
  50α=b          状态的层级表现
  508            自然状态
  509            生命体状态
  50a            人之状态
  50b            社会状态
```

状态基本内涵 50 辖属三项概念联想脉络：一是状态的基本逻辑表现 50e2m；二是状态的基本概念表现 507；三是状态的层级表现 50α=b。三者分别关涉到语言概念空间的三大板块（即三大超级语义网络），是状态基本内涵形而上思考的必然结果。这一思考可以保证该联想脉络的完备性。

5.0.1 状态基本逻辑表现 50e2m 的世界知识

状态基本内涵的第一位描述是它的具有性，其反面是没有，这一项基本对偶特性用符号 50e2m 来描述。[110–4.6]节曾讨论过拥有 461、具有 50e21 和存在 jl11e21 的差异，指出状态对象 SB 的**抽象**特性 SC 与其具有者（即状态对象 SB）共存亡。这个提法里隐含着另外两项重要的世界知识，一是状态对象 SB 的**具体**特性 SC 可以不与状态对象 SB 共存亡，如指纹和胎记；二是不区分对象表现（特性）的必然和偶然，50e21 不只包含那些必然表现（即成语“江山易改，本性难移”里的本性），而且也包含那些偶然表现。所以“共存亡”之说实质上仅强调“共亡”而不一定“共存”。从理论上说，规定概念 50e21 所范定的 SC 必须是状态对象的本性（必然表现）当然有利于自然语言理解处理，但具体实行比较困难，不如先采用这种模糊表示。

与上述具有50e21类似，对没有50e22也不区分必然的（历来且始终的）、暂时的或失去的这三种不同类型。那么对“具有”与“没有”的这些重要差异，HNC是否完全置之不理呢？也不是，在语言逻辑概念jl11e2m里将给出“有”与“无”的类似区分，它可以为50e2m描述能力的不足提供弥补手段。

5.0.2 状态基本概念表现507的世界知识

50e2m为状态基本内涵的描述提供了一个普遍适用的方式，但是它“高”而不“深”，不能对内涵提供具体信息。那么如何描述状态基本内涵的具体信息呢？能给出某种演绎性的描述吗？对这类似乎不存在终极答案的复杂问题是自然语言理解处理不能回避的，HNC的答案是：状态基本内涵具体信息的全面描述无非是基本概念的8个侧面j0～j7，这个答案是演绎性的，我们在第二卷的第一编和第二编论述基本概念的时候，还会回到对这一问题的讨论。这里只说明状态基本内涵具体描述的符号表示方式，那就是“507+jy”的复合形式。

应该看到，状态的基本概念表现只涉及状态基本内涵的一个方面，即状态的内容SC，而没有涉及状态的对象SB，这一思考就必然导致状态层级表现50α=b的设置。

自然—生命—人—社会是一个层级分明的状态序列，它们是对状态对象SB的全面概括。6m–9–c的前挂表述方式不能充分表现这四个层级的巨大状态差异，采用α延伸表示是合适的选择。这里的自然应作广义与狭义的双重理解，广义理解是“物质世界+精神世界”的综合体，对应于康德的物自体，是“天人之际”的世界。狭义理解就是地球状态，不含超宏观的宇宙，更不含物理学的微观世界。

状态层级表现50α=b世界知识的论述将占用随后的4个小节。

5.0.3 自然状态508的世界知识

```
508:(7,α=b)
    5087          广义自然状态
    508α=b        地球状态
    5088          物的状态
    5089          气候
    508a          环境
    508b          年景
```

自然状态508定向延伸5087描述广义自然状态；还有一项延伸概念地球状态508α=b，分别描述物的状态5088、气候5089、环境508a和年景508b。5088的物特指基本物jw的宏观基本物jw5，气候5089特指宏观基本物大气层jw51a的状态，环境508a特指宏观基本物地面jw53t7\1的状态，年景508b特指自然环境508a在一年时间里的综合状态。

宏观基本物有气体jw51、液体jw52和固体jw53三种基本类型，虽然水jw529的面积占地球表面的71%，但人类主要生活在陆地上，并且一时一刻也离不开大气层，因此，气候5089和自然环境508a乃大自然状态508概念延伸结构的理所当然的选择。而年景508b与气候5089和自然环境508a取得平等的描述地位似乎很不协调，但是，如果注意到状态 5 的高层概念节点还专门设置了动态 52 和势态 53，那就不会感到年景 508b 设置的不协调了，因为它所表达的正是气候 5089 和自然环境 508a 的基本动态、势态表现。

下面分别说明 5088、5089、508a 和 508b 的世界知识。

如上所述，物的状态 5088 特指宏观基本物的气体、液体和固体状态，因此 5088 的下示概念延伸结构

5088:(t=b,\k=3)

是唯一的选择,其中的 t 表示分别代表气体状态 50889、液体状态 5088a 和固体状态 5088b，而\k=3 表示则代表宏观基本物的物理、化学和生物特性，具体定义如下：

5088\1	物理特性
5088\11	温度
5088\12	亮度
5088\13	色彩
5088\14	声响
5088\15	干与湿
5088\16	硬与软
5088\2	化学特性
5088\21	酸性与碱性
5088\22	无机与有机
5088\3	生物特性
5088\31	营养性
5088\32	疗效性

宏观基本物的三种基本类型在一定条件下可以相互转换，因此 5088t=b 应具有下示延伸结构：

$5088t_i \neq t$

其中的 $50889t_i \neq 9$ 表示气态向液态或固体的转换，$5088at_i \neq a$ 表示液态向气态或固态的转换，$5088bt_i \neq b$ 表示固态向气态或液态的转换。这种延伸结构读者应有似曾相识之感，因为在[110-2.2-0]小节讨论三类转移的相互转换时我们已经遇到过。

气候 5089 的世界知识将用下面的延伸结构来表示：

5089:(e4m,e5m,e7n,\k;e4mt=a)

三项非黑氏对偶 e4m、e5m 和 e7n 都是气候的典型特征。

5089e4m 表现在温度和湿度两个方面，对应着延伸结构 5089e4mt=a，其具体定义如下：

5089e4m9	气候的温度表现
5089e419	温和
5089e429	过冷
5089e439	过热
5989e4ma	气候的湿度表现
5089e41a	爽
5089e42a	潮湿

```
5089e43a                    干燥
```

5089e5m 对应着气候的“晴、阴和多云”三种关联情况，5089e7n 对应着气候的好、差和恶劣（灾难性）三种关联情况。后者不能采用 5089e7m 表示，因为地球上绝大多数地点都是恶劣气候占少数，即使是南极和帕米尔高原也是如此，只有像罗布泊等极少数地点例外。

5089\k 给出气候的各种特定现象，具体定义如下：

```
5089\1                 风
5089\2                 雨
5089\3                 雪
5089\4                 霜
5089\5                 雾
5089\6                 雷
```

汉语描述这些现象的典型词语“刮风、下雨、下雪、打霜、起雾、打雷”所对应的 HNC 符号为 v5089\k=1–6。这些自然现象的表现程度可以后接对比性符号 ckm 来表达，但其表现特征的表达却需要使用串联和展开的手段，这里就不来叙述了。

环境 508a 具有下面的延伸结构表示式：

```
508a:(e5n,\k=3,i)
  508ae5n                  环境的质量描述
  508a\k=3                 环境的基本要素
  508a\1                   气候
  508a\2                   资源
  508a\3                   交通
  508ai                    环境的人文描述
    508ai*t=a
    508ai*9                  特殊景观  “山清水秀”
    508ai*a                  特殊文明  “人杰地灵”
```

描述环境的“优、差、中等”三种类型，把“中等”视为“优”与“差”之间的过渡情况。508ae5n 是对环境之质的描述，这里的非黑氏对偶 e5n 是不能用对比性概念 c3m 替代的。自然语言并没有为 508ae5n 设置专用的词语，但在语言概念空间必须设置专用的概念节点，因为环境太重要了，环境就是客观条件。

508ae5n 应配置 508ae5n\k 的延伸结构以描述各种具体的环境，但这是一个非急所课题，可以稍缓。

508a\k=3 的具体定义如下：

```
508a\1                 气候条件
508a\2                 资源条件
508a\3                 交通条件
```

这三项自然环境条件各自拥有自己的成语，如“塞外江南”、“天府之国”和“兵家必争之地”，可见中华文化对这三项最重要的自然环境条件早就有明确的认识。

508ai 专用于环境的人文描述。

年景 508b 的延伸结构如下：

508b:(e5n,\k=m)

508be5n 的意义与环境 508a 的对应符号 508ae5n 完全相同，但符号“\k”的意义则完全不同，k 值的上限也暂时不定。

5.0.4 生命状态 509 的世界知识

509:(e2m,e4n,e8m,\k=3,t=b;e2m7,e4nt=a,e45(c2n,d3m))

509e2m	生命状态的基本动态特性
509e21	活动
509e22	休息
509e4n	生命健康状态
509e45	健康
509e46	亚健康
509e47	疾病
509e8m	生命体的确定过程
509e81	旺
509e82	衰
509e83	由旺到衰的过渡
509\k=3	生命状态的层次表现
509\1	“微生物”状态
509\2	植物状态
509\3	动物状态
509t=b	生命的异态表现
5099	生命体异态
509a	动物异态
509b	植物异态
509e2m7	醒与睡
509e217	醒
509e227	睡
509e45:(c2n,d3m,t=a)	
509e45c25	强壮
509e45c26	虚弱
509e45d31	非常健康
509e45d32	中等
509e45d33	健康较差
509e45t	体力和精力的区分
509e459	体力充沛
509e45a	精力旺盛
509e46:(t=a)	
509e46t	体力和精力的区分
509e469	体力疲乏
509e46a	精力疲乏
509e47:(t=a)	
509e47t	疾病的现象学和解释学描述
509e479	疾病的现象学描述
509e47a	疾病的解释学描述

就状态的多样性（绚丽多彩）来说，50α 必然呈现出递增现象，生命的出现是自然的一项本质变化。自然状态 508 仅有两项一级延伸，而生命状态 509 却有五项之多，这是意料之中的现象。

这个一级延伸结构包括对偶表示、t 表示和\k 表示三类，即延伸结构的三种基本类型一应俱全。下面依次对生命状态的这三个侧面进行世界知识的说明。

生命状态的对偶性表现都是动物生命的显著特征，这里选择了三项：活动与休息 509e2m、健康与失调 509e4n 及其伴随现象旺盛与疲乏 509e4nt、生命体由旺到衰的确定过程 509e8m。“醒与睡”原定义为黑氏对偶 509m，其对立统一状态 5090 非强存在，实际上对应着生命的不正常状态，如半昏迷和酒醉，这是一项依附于 509 的特殊对立统一表现，这一世界知识当然只能放在 5090 的后台，5090 本身是没有表达的。509m 的后台知识十分丰富，虽然表达并不困难，但这不属于《全书》的任务。“醒与睡”现定义为活动与休息 509e2m 的定向延伸 509e2m7。

健康与失调还有体力与精力的区分，这是一项重要的世界知识，采用 509e4nt=a 延伸予以描述。

509 的第一项对偶特性专用于动物状态的描述，后两项对偶特性则兼用于动物和植物的状态描述，但其延伸表示 509e4nt=a 仍仅用于动物状态的描述，这是约定。至于动物与植物的区分、生命体雌雄特性的区分都放在基本物的生命体 jw6 里描述，这也是约定。

生命状态 509 的 t 表示 509t=b 着重描述生命体的非正常状态，即自然语言所说的疾病与伤残。这里也作了一些特殊约定：5099 可兼用于动物和植物的描述，509a 专用于动物异态的描述，509b 专用于植物异态的描述。

疾病 509e47 对应的自然语言词语甚多，其世界知识在迅猛扩大，因为原来的许多专业知识正在大量转化为常规世界知识，即《全书》所关注的知识，因此 509e47 需要一个精心设计的延伸结构，目前仅给出了一个 t=a 表示，509e479 对应疾病的现象学描述，509e47a 对应疾病的解释学描述。后者与语种无关，前者则与语种密切相关。有关疾病词语的知识表示首先就要面对这个比较麻烦的课题，但这已超出《全书》的范围，这里就只指出问题而不作具体讨论了。

5.0.5 人之状态 50a 的概念延伸结构表示式

```
50a:(t=a,c2n,e5n,e7m,7,\k=4)
    50at=a              人之状态的基本描述
    50a9                “生活”
    50aa                劳动
    50ac2n              生活
    50ac25              物质生活
    50ac26              精神生活
    50ae5n              人之状态的势态表现
    50ae55              幸运
    50ae56              “倒霉”
    50ae57              坎坷
    50ae7m              人之状态的能动性表现
    50ae71              勤劳
```

50ae72	懒惰
50ae73	懈怠
50a7	人之状态的传统表现
50a\k	人之状态的特定作用效应链表现
50a\1	特定状态
50a\2	特定关系
50a\3	特定效应
50a\4	特定过程

人是生命体的最高级形式，是动物之灵，人之状态 50a 继承 509 中关于动物状态的全部知识，具有下面的概念关联式：

50a<=509\3
（人之状态逆链式关联于动物状态）

这意味着人之状态 50a 延伸概念所表达的世界知识乃人类所特有。

对人之状态的综合性或总体性考察，需要两种不同的视野：一是生活与劳动的视野。当一个人说“我这一生如何”的时候，经常使用的是这一视野。二是物质与精神的视野。当一个人说“我当下（或过去与将来）如何”的时候，经常使用的是这一视野。生活与劳动视野里的人之状态适合于以交织延伸符号 50at=a 进行表示，50a9 表示生活，50aa 表示劳动。日常语言的“生活”可以包括劳动，但这里的“生活”不能，因而它是狭义的。物质与精神视野里的人之状态适合于以比偶性延伸符号 50ac2n 进行表示，50ac25 表示物质生活，50ac26 表示精神生活，两者统称生活，符合日常语言“生活”的广义特性。“精神”这一重要语言概念，其映射符号就是 r50ac26。

以上所述，就是对人之状态设置前两项延伸概念的依据，两者之间必然存在下面的概念关联式：

50at≡50ac2n

下面分 5 个子节进行论述。

5.0.5.1 人之状态基本描述 50at=a 的世界知识

人之状态的基本描述 50at 将简称人之基本状态，具有下面的特殊延伸结构表示式：

50a:(t=a;(t):(e5m,\k=3),at=a)

50a(t)e5m	人之基本状态的对偶性描述
50a(t)e51	忙
50a(t)e52	“闲”
50a(t)e53	“空”
50a(t)\k=3	人之基本状态的 3 项特定内容
50a(t)\1	个人卫生
50a(t)\2	个人形象
50a(t)\3	行旅
50aat=a	两类劳动
50aa9	第一类劳动
50aaa	第二类劳动

如上所述，由于这里的生活 50ac25 是狭义的，将不为它设置独立的延伸概念，而只

为 50a(t)和 50aa 设置延伸概念。

50a(t)的第一项延伸概念 50a(t)e5m 描述人之基本状态的忙 50a(t)e51、“闲” 50a(t)e52 和 “空” 50a(t)e53。虽然 50a(t)e5m 所对应的词语通常是特指工作（劳动），但也可以指生活，其综合特征是显而易见的。

50a(t)的第二项延伸概念 50a(t)\k=3 描述人之基本状态的 3 项特定内容：个人卫生 50a(t)\1、个人形象 50a(t)\2 和行旅 50a(t)\3，对三者都设置了相应的延伸概念，如下面延伸结构表示式所示：

```
50a(t):(\k=3;\1*γ=b,\2:(e2m,*3),\3:(k=2,e2m,*3);\31*3)
  50a(t)\1                  个人卫生
     50a(t)\1*γ=b             个人卫生的基本侧面
     50a(t)\1*9               日常卫生
     50a(t)\1*a               “健体”
     50a(t)\1*b               “健身”
  50a(t)\2                  个人形象
     50a(t)\2e2m              个人形象的内在与外在表现
     50a(t)\2*3               化装
  50a(t)\3                  行旅
     50a(t)\3k=2              行旅的两项特殊内容
     50a(t)\31                迁徙
       50a(t)\31*3              从农村到城市的迁徙
     50a(t)\32                流离
     50a(t)\3e2m              行旅的境内外之别
     50a(t)\3*3               出差
```

劳动 50aa 具有下面的延伸结构和概念关联表示式：

```
  50aat=a                   劳动两侧面
  50aa9                     劳动第一侧面
  50aaa                     劳动第二侧面
(50aa9=:q6;50aa9==q6)
（劳动第一侧面等同于第一类劳动，是第一类劳动的虚设概念）
(50aaa=:a; 50aaa==a)
（劳动第二侧面等同于第二类劳动，是专业活动的虚设概念）
```

5.0.5.2 生活 50ac2n 的世界知识

生活 50ac2n 具有下面延伸结构表示式：

```
50a:(c2n;(c2n):(c3n,3,t=b,7),c25:(\k=3,e2m;e22d01),c26t=b)
  50ac25                    物质生活
  50ac26                    精神生活
    50a(c2n)c3n               生活的质量表现
    50a(c2n)c35               贫穷
    50a(c2n)c36               中产
    50a(c2n)c37               富裕
    50a(c2n)3                 性生活
    50a(c2n)t=b               生活的时间性展现
    50a(c2n)7                 生活的空间性展现
```

50ac25\k=3	物质生活基础要素
50ac25\1	食
50ac25\2	衣
50ac25\3	住
50ac25e2m	简朴与奢侈
50ac25e22d01	物质生活的极度奢侈性表现
50ac26t=b	精神生活的层级表现
50ac269	第一层级精神生活
50ac26a	第二层级精神生活
50ac26b	第三层级精神生活

生活基础要素具有鲜明的时间和空间特性，延伸概念 50a(c2n)t=b 和 50a(c2n)7 用于描述这一世界知识，两者具有下面的基本概念关联式：

50a(c2n)t:=pj1*t
（生活的时间性展现对应于三个历史时代）
50a(c2n)7:=(50ac2n,l14,(wwj2-0;ppj52))
（生活的空间性展现对应于特定地区或民族）

生活的质量表现 50a(c2n)c3n 应视为社会的常态，人类一直抱有消除这一层级性展现的妄念。当然，应该减小 z50a(c2n)c3n 之间的差异，以力求免除 50a(c2n)c35c01（绝对贫困）现象的出现。

物质生活的极度奢侈性表现 50ac25e22d01 是一个值得深思的社会现象，农业时代的帝王、贵族和权势者曾普遍追求 50ac25e22d01 生活方式，为我们留下了丰富的历史文化遗产。后农业时代的大多数富豪和权势者仍在追求这种生活方式。应该为 50ac25e22d01 写下什么样的基本概念关联式？笔者宁愿把这个问题留给读者去思考。

精神生活 50ac26 具有下面的基本概念关联式：

50ac269:=(71,72,73,8)
（第一层级精神生活对应于第一类精神生活）
50ac26a:=(q7,q8)
（第二层级精神生活对应于第二类精神生活）
50ac26b:=(b,d)
（第三层级精神生活对应于第三类精神生活）

精神生活层级表现 50ac26t=b 暂处于虚设状况。

从上面的说明可知，人之状态基本侧面 50at=a 和 50ac2n 关涉到全部扩展基元概念，即人类的两类劳动和三类精神生活，这就是说，人之状态基本侧面 50at=a 和 50ac2n 实际上关涉到语境信息的主体。显然，与扩展基元概念直接有关的延伸概念可以在这里被安置成虚设概念，其语境信息将由扩展基元概念来提供。但是，50at 的非虚设概念将承担着直接提供相应语境信息的功能。因此，下面分三段对生活的基础要素 50ac25\k=3、人之基本状态的特定内容 50a(t)\k 和生活的特定表现 50a(c2n)3 进行论述。

1）物质生活基础要素 50ac25\k=3 的世界知识

汉语对生活基础要素有“衣食住行”的简明概括和“民以食为天”的古训，这一概括和古训是十分宝贵的启示性知识，它所描述的生活是广义的，包括物质生活和精神生活。在沿用这一知识时，将把“衣食住行”的前三项纳入物质生活的基础要素 50ac25\k=3 里，并调整“衣”与“食”的排序，“行”则放到人之基本状态的特定内容 50a(t)\k 里。

物质生活基础要素之一的食 50ac25\1 具有下面的延伸结构表示式：

```
50ac25\1:(e2m,*(t=a,3)
   50ac25\1e2m          食的基本特性
   50ac25\1e21          饮食
   50ac25\1e22          排泄
   50ac25\1*t=a         食的基本形态
   50ac25\1*9           吃
   50ac25\1*a           喝
   50ac25\1*3           食的特定形态——“吸”
```

食的延伸概念具有下列基本概念关联式：

```
50ac25\1e2m:=6522e2m
（食的基本特性对应于人的摄入和排出）
50ac25\1*t≡a23\211k
（食的基本形态强关联于餐饮服务基本类型）
50ac25\1*3≡a23\211*3
（食的特定形态强关联于吸用服务）
```

50ac25\1e22 作为 6m22e2m 的子集也具有独特的个性，那就是 50ac25\1e22 对地点具有特殊约束，不能像 22e2m3 那样可以随地进行，这形成了所谓的“厕所文明”，于是“上厕所”与“拉屎撒尿”同义。

生活基础要素之二的衣 50ac25\2 具有下面的延伸结构表示式：

```
50ac25\2*:(t=a,i)
   50ac25\2*t=a         衣的基本侧面
   50ac25\2*9           穿
   50ac25\2*a           戴
   50ac25\2*i           衣的特定侧面——“盖”
```

衣 50ac25\2 的延伸概念具有下列概念关联式：

```
50ac25\2<=65330
（衣逆链式关联于人的显隐本能表现）
50ac25\2*t≡a23\212*α
（衣的基本侧面强关联于穿戴服务的基本内容）
50ac25\2*t=50a(t)\2
（衣的基本侧面强交式关联于形象）
50ac25\2*i≡a23\212*i
（“盖”强关联于“卧”）
```

穿戴 50ac25\2 最先导源于人体适应 471 过冷气候 5089e429 的需要，随后是“显隐对立统一本能表现 3303”的需要。显然，过冷气候 5089e429 是穿戴 50ac25\2 的源链，而 50ac25\2 与 3303 强交式关联。应该说明：这里没有强调“遮羞”的古老说法，实际上“遮”的作用不仅在于掩盖，也在于性挑逗，显隐对立统一本能表现 3303 的说法似乎更符合实际情况，动物都懂得这一本能运用，何况人类。总之，穿戴文明之本质是 3303 的扩展。

广义穿戴应包括化装，在 3303 的 t 延伸结构 3303t=b 中就是这么处理的。但在人之状态 50a 中，化装 50a(t)\2*3 不作为穿戴 50ac25\2 的定向延伸，也就是把化装从广义穿戴中分离出去了，因为化装还有另外的意义，服务于政治、军事斗争或艺术表演的需要。

生活基础要素之三的住 50ac25\3 具有下面的延伸结构表示式：

50ac25\3*t=b	住的基本内容
50ac25\3*9	居住
50ac25\3*a	物质生活之用
50ac25\3*b	精神生活之用

住 50ac25\3 的延伸概念具有下列概念关联式：

50ac25\3<=509e22//509e2m
（住逆链式关联于生命状态的基本动态特性，首先是休息）
50ac25\3*9≡pwa219\11*9
（居住强关联于生活建筑物）
50ac25\3*a:=(451,l14,50ac25)
（物质生活之用对应于物质生活里的使用）
50ac25\3*a≡pwa219\21*9
（物质生活之用强关联于物质生活用品）
50ac25\3*b:=(451,l14,50ac26)
（精神生活之用对应于精神生活里的使用）
50ac25\3*b≡pwa219\21*a
（精神生活之用强关联于精神生活用品）

住宿 50ac25\3*9 导源于休息 509e22 的需要，而休息又导源于静 j70e22 的需要。休息需要一个免除干扰的安静环境，于是，人类创造了“住宿文明”。在漫长的农业时代，住宿文明有两种基本类型：耕种型和游牧型。两种住宿类型对应着两大类民族群，这两大类民族之间的战争对人类历史进程产生过重大影响，东方和西方都是如此。

基于上述世界知识，住宿 50ac25\3*9 将采用下面的延伸结构表示式:

50ac25\3*9:(e5n,t=a)

第一项 50ac25\3*9e5n 表示住宿状况的优、差、中，第二项 50ac25\3*9t=a 表示游牧与耕种两种住宿文明。

上面给出了生活基础要素 50ac25\k 世界知识的形而上描述。这一描述充分吗？这需要通过 50a 之特定语境单元萃取 SGU 来验证。相应的形而下描述则放在经济活动的建造业 a21 和服务业 a23 里。

在上面关于 50ac25\k 的全部说明中，都没有涉及另外一条源链，那就是 50ac25\k 赖以实施的物质条件，这些物质条件的建立主要属于第一类劳动，将在第五编说明。

应该说明：生活基础要素（食、衣、住）的映射符号必须采用 50ac2n\k，而不能采用 50ac25\k，这样才能为饮食文化、服饰文化和建筑文化等重要领域概念预留存在空间。

2）人之特定状态 50a(t)\k 的世界知识

延伸结构如上所述。

日常卫生（自清洗）50a(t)\1*9 的世界知识比较简明，包括洗澡、刷牙、刮胡子、剪指甲等，可见自清洗必须采用\k 表示，即 50a(t)\1*9\k 的形式。50a(t)\1*9 与效应的灭 312 和专业活动的卫生、保健与护理 a81 强交式关联。前者是后两者的一个子集，这一子集的特征是作用对象是作用者自身。但是，某些人群可能不具备（如婴儿）或丧失（如病人或老人）自清洗的能力，或者贪图享受不进行自清洗，这时就需要由家务劳作者 pq62 代行自清洗 50a(t)\1*9 的功能，因此 50a(t)\1*9 就成了家务劳作 q62 的一项特殊形式的流链。

健身 50a(t)\1*~9 与健身 q725 强交式关联，这一关联性汉语用“身心健康”四个字给予了充分描述。健康不仅是“身”的健康，更有“心”的健康，即精神状态的健康。50a(t)\1*a 主要描述身的健康，q725 主要描述心的健康。另外，50a(t)\1*b 又是 509e45 的一个子集，专用于描述人类的健康，以利于健身文化的描述。当然，健身文化（如印度的瑜伽文化、中国的道教文化）将放在 q725 里描述，因此 50a(t)\1*~9 概念节点具有“备件”特征，主要用于复杂概念的展开表示，本身对应的词语是比较少的。

化装 50a(t)\2*3 与穿戴 50ac25\2 强交式关联。这两个概念都应该采用双重\k 表示，以利于描述不同目的的化装和穿戴。第二重\k 表示的具体数字定义这里从略。

这里的行旅 50a(t)\3 与表层第二类精神生活的概念林——行旅 q74 同名，两者之间存在等同关系吗？不，它们之间只存在强交式关联，相交于自身转移 22b。

行旅 50a(t)\3 以常量并列延伸 50at7\3k=2 描述其两项特殊内容：一是迁徙 50a(t)\31，二是出差 50a(t)\32，这一设计是平衡原则的体现。

延伸概念有 50a(t)\3e2m 表示行旅的（国）境内外之别。

迁徙的境内外特征对人类历史发展产生过重大作用，因为民族的境外迁徙经常与征服相关联。虽然国界的概念在农业时代比较模糊，但并非不可使用。民族迁徙不难给出 50a(t)\31e2m 的区分。例如，中华大地和南亚次大陆发生过的民族迁徙基本属于境内迁徙 50a(t)\31e21，除此之外的民族迁徙则基本属于境外迁徙 50a(t)\31e22。在汤因比先生列举的 20 多种古文明中，唯有中华文明和印度文明具有本土长寿的特征，中、印的境内迁徙特征是其文明长寿性的重要因素之一。

迁徙的一项特定延伸概念是从农村到城市的迁徙 50a(t)\31*3，将简称乡城迁徙，其定义式为：

```
50a(t)\31*3::=(50a(t)\31,100*22be95,~(pwj2);100*22be96,pwj2)
```

乡城迁徙具有反概念城乡迁徙^(50a(t)\11*3)，其定义式为：

```
^(50a(t)\31*3)::=(50a(t)\31,100*22*be95,pwj2;100*22be96,~(pwj2))
```

大规模乡城迁徙必然发生于工业时代，但在后工业时代将出现小规模的城乡迁徙，这一世界知识的概念表示式如下：

```
50a(t)\31*3ju40c33:=pj1*a
```

```
^(50a(t)\31*3)ju40c31:=pj1*b
```

出差是现代词语，但出差这一现象则古已有之，张骞出使西域和玄奘的印度取经就是境外出差 50a(t)\32e22 的著名事例。

3）生活状态特定表现 50a(c2n)3 的世界知识

生活特定表现 50a(c2n)3 具有下面的延伸结构表示式：

50a(c2n)3:(e2n)	
50a(c2n)3e2n	性生活的伦理表现
50a(c2n)3e25	道德的性生活
50a(c2n)3e26	不道德的性生活

性生活 50a(c2n)3 是性生活 421i 的一个子集，这一子集的特征是 50a(c2n)3 限于夫妻之间或现代观念的同居者之间的性生活，而 421i 不存在这一限制，甚至不限于人类。

5.0.5.3 人之状态基本内涵 50ae7m 和 50ae5n 的世界知识

50ae7m 所表达的"勤劳、懒惰及懈怠"和 50ae5n 所表达的"幸运、倒霉及坎坷"能够充当人类状态 50a 之对偶特征的代表吗？如果注意到前者实质上是对 50a 的主观条件的描述，后者实质上是对 50a 的客观条件的描述，那你的疑虑就应该有所减少了。

50ae7m 不可能对 50a 的主观条件给出全面的描述，但是它对主观条件的最重要方面给出了一个生动的描述；50ae5n 并没有对 50a 的客观条件给出具体描述，但是它对客观条件的效应给出了一个巧妙的概括。

50ae7m 与实现的能动性 30aa 强关联，50ae5n 与实现的势态 30a9 强关联，前者为流，后者为源。这种关联性可以一直对应到 30aa 和 30a9 的非黑氏对偶延伸。这项十分重要的世界知识在符号上体现得十分简明，在 HNC 符号体系里属于知识挖掘简易型情况。

5.0.5.4 人之传统表现 50a7 的世界知识

（略）

5.0.5.5 人之状态特定作用效应链表现 50a\k=4 的世界知识

50a\1	特定状况
50a\11	姓名、性别、生死时间
50a\12	民族、国籍、籍贯
50a\13	宗教信仰
50a\2	特定关系
50a\21	父母
50a\22	婚姻
50a\23	子女
50a\24	近亲
50a\3	特定效应
50a\31	专长与贡献
50a\32	罪与罚
50a\33	财富
50a\4	特定过程
50a\41	教育

```
50a\42                    履历
```

5.0.6 社会状态 50b 的世界知识

本小节最后，需要阐释一项十分重要的世界知识，那就是作用效应链的前四个环节（作用、过程、转移、效应）和后两个环节（关系、状态）存在着一个基本差异——两者历史进程的烙印有深浅之分，前者较浅，后者较深，状态 5 的烙印更深于关系 4。从物之状态 508 到生命状态 509、从生命状态 509 到个人状态 50a、从个人状态 50a 到社会状态 50b 都经历了非常漫长的历史时期，这是状态 5 的一项非常特殊的世界知识。而在作用效应链的前四个环节里找不到（或不存在）这样的世界知识。作用效应链六环节前四后二的这一基本差异必须在 40 和 50 的延伸结构里有所反映，这就是关系基本类型 40\k 和状态基本类型 50α=b 设计的依据，也是前述“507+jy”设计的基本依据。本来主体基元概念都可以前挂 6m//9//c 以区分本能性、理智性和社会性的差异，为什么还要再专门定义关系的社会性结构 40\k？为什么还要把状态基本类型再划分为物//生命//人//社会？因为 6m//9//c 所表达的是共时性特征，而“40\k”和“50α=b”所表达的历时性特征，两者不能相互代替。

50b 的延伸结构表示式如下：

```
50b:(n,e7m,t=b)
  50bn                    治、乱及其对立统一表现
  50be5n                  繁荣、衰败与停滞
  50bt                    社会状态的基本侧面
  50b9                    社会关系
  50ba                    风气、时尚与思潮
  50bb                    社会现状与前景
  50b9:(i,e2m)
    50b9i                   人际关系
      50b9ie7m                友爱、欺诈、冷漠
    50b9e2m                 国内、国际形势
      50b9e21e2n              治世与乱世
      50b9e22t                国际社会基本状态
      50b9e229                和谐与冲突
      50b9e22a                和平与战争
      50b9e22b                多元与一统
      50b9e22i                国际关系理念
    50bae7m                 社会风气：良尚、堕落、贪婪
    50bae2n                 诚信和虚伪的社会风尚
    50bbe2n                 开放和封闭社会
```

50b 的第一项延伸 50bn 代表社会状态的治乱及其对立统一表现，这个概念节点吸收了中国文化关于治世和乱世的基本观念，但不对治世与乱世赋予积极和消极的明确含义。因为治世必有乱萌，而乱世亦必有治萌，这不过是将老子的名言“福兮祸所伏，祸兮福所倚”用于社会状态的描述，也不过是对《三国演义》的著名开场白“天下大势，分久必合，合久必分”作一个简单的概念转换而已。治与乱为强存在第二类黑氏对偶，但没有相应词语。

当然，治与乱的具体内容会随着社会的发展而变化。例如，工业时代以前表征治乱的重要标志之一是和平与战争，到了后工业时代这个标志就会趋于消失。但后工业时代会必然出现新的治乱因素，如当前困扰世界经济的所谓新经济泡沫，人们对它的认识还远没有完结。

50b 的第二项延伸 50be5n 是对第一项延伸 50bn 的必要补充，因为治世与乱世毕竟具有截然不同的社会效应，那就是社会的繁荣与衰败。而繁荣与衰败属于典型的非黑氏对偶概念 e5n，其中间概念 50be57 的典型词语为停滞。

50bt=b 描述社会状态的三项永恒课题，那就是社会关系 50b9、风尚 50ba 和前景 50bb。

风尚 50ba 的研究属于社会科学 a649b 和人文科学 a649a 的交叉领域，关于风尚的现象描述放在 50ba 里，而关于风尚的解释描述则放到 a649 里。风尚是社会性惯性，是时间和地域的函数。前面我们看到了人的惯性 50a7，这里又遇到了社会惯性 50ba,那么，是否有必要定义一个更基本的概念节点——惯性？没有必要，因为，惯性不过是基本概念静 j70e22 的效应 jr70e22。这两个底层概念可分别写出定义式 50a7::=jr70e22p 和 50ba::=jr70e22pj01。由这一定义式可知，风尚 50ba 必然与观念 d3 强交式关联，而人的习惯则与个人行为 7332 强交式关联。

风尚 50ba 的汉语词语还有风气、思潮、时尚等，这些概念之间的区别是采用 50ab 的延伸表示，还是采用复合构成表示，有待进一步考察与思考。

社会前景 50bb 的研究正在进入社会科学 a649b 的范畴。这项研究历史悠久，但在很长一段历史时期里处于不科学状态，似是而非的说法很多。这类说法将放在 50bb 里描述，而科学的陈述则放在 a649b 里描述。这就是这两个概念节点的分工。

风尚 50ba 和前景 50bb 都着眼社会状态的整体性宏观描述，人际关系状况 50b9i 则着眼于社会状态的局部性宏观描述。正是基于这一互补性，三者才构成 50b 的 t 表示，否则就是 50b 的 γ 表示了。

广义的人际关系表现在社会关系的一切方面，或者说，一切社会关系归根结底都是人际关系。所谓儒家学说，主要是对人际关系提出了一系列规范性建议，是关于人际关系的系统学说。中国农业时代的统治者对儒家学说采取“为我所用”的策略，乃是明智的表现，同罗马帝国的君士坦丁大帝把基督教提升为国教可谓异曲同工。而基督的原教旨是反对罗马统治的，并在最初的 300 年间遭到罗马统治者的残酷镇压，儒家也曾遭到秦始皇的坑焚。因此，“儒家=封建统治卫道者”的论断就如同说“剪刀=杀人工具”一样的“只知其一，不知其二”，更不用说其三、其四了。

20 世纪中国经历过两次打倒孔家店的热潮，对这两次热潮的得失还没有进行过清醒的总结或反思，说明这个问题十分复杂。应该说人类自身对语言概念空间之 50b9i 部分的认识还比较幼稚，作者的感觉是：对人际关系状况 50b9i 目前还不具备进行充分描述的条件。

令作者欣慰的是：目前企业界开始重视企业文化的建设，氛围这个词语日益受到人们的喜爱。氛围就是 g50b9i，企业文化的核心也是 50b9i 问题。50b9i 是关系概念 42、43、44 的综合效应，也是行为 73 的综合效应。关于人际关系状况 50b9i 的基本世界知识本子节就写这些。

——句类知识说明

50 概念对应的基本句类：

```
基本状态句    SJ=SB+S
一般状态句    S0J=SB+S0+SC
简明状态句    S04J=SB+SC
```

——反思

简明状态句两 GBK 的边界划分问题。

第 1 节 形态 51 (037)

状态有内在与外在之分，形态是状态的外在表现。外在的东西是暴露的 u331，内在的东西是隐蔽的 u332。所谓“知人知面不知心”就是这一世界知识的生动概括。由于状态内在表现的难知和外在表现的易知，HNC 在语言概念空间只设置形态 51，而不为内在状态设置相应的高层概念。

5.1-0 形态 51 的概念延伸结构

延伸结构表示式：

```
51:(e2m,e5n,α=b;8:(β,7),9:(t=a,3),a:(t=b,\k=2),b:(7e2n,t=b);
     87t=b,99e2n,9ae2m,93t=a,a\kk=x;87t(\k=2,e2m);87b\2e2m)
  51e2m              弯曲与平直
  51e5n              美丑
  51α                形态的层级表现
  518                物之形态
  519                生命形态
  51a                人之形态
  51b                人造物形态
  518:(β,7)
    518β               形态功能的作用效应链分类
    5189               作用效应型
    518a               过程转移型
    518b               关系状态型
    5187               物质形态基本维度描述
      5187t=b
      51879              形态一维描述
      5187a              形态二维描述
      5187b              形态三维描述
      5187t:(\k=2,e2m)
```

5187t\k=2	铅直维形态和水平维形态
5187te2m	主维形态和次维形态
51879\1	铅直维形态(垂吊)
51879\2	水平维形态(圈)
51879\2e2m	纵深
51879\2e21	横向(宽)
51879\2e22	纵向(深)
51879\(k)	一维形态(摆)
5187a\1	铅直维形态(歪斜)
5187a\2	水平维形态(对称)
5187b\1	铅直维形态(高)
5187b\2	水平维形态
519:(t=a,3)	
519t	生命体形态的空间特性
5199	生命体的铅直维特征
5199e2n	生命体的正常与非正常形态
519a	生命体的水平维特征
519ae2m	生命体的左右对称性
5193	动物的活动与休息形态
5193:(t=a)	
51939	动物的活动形态
5193a	动物的休息形态
51a:(t=b,\k=2)	
51at	人体的“躺、坐、站”三种典型形态
51a9	躺
51aa	坐
51ab	站
51a\k	人体形态的整体和局部特征
51a\k:(k=x)	
51a\1	整体形态
51a\11	身材
51a\12	身高
51a\13	体重
51a\2	局部形态
51a\21	脸部
51a\22	手
51a\23	胸、腰、臀
51a\24	腿
51b:(7e2n,t=b)	
51b7e2n	人造物的正常与非正常形态
51b9	模拟性人造物形态
51ba	想象性人造物形态
51bb	创造性人造物形态

5.1-1 形态 51 的世界知识

本小节分 5 个子节进行阐释，先对形态 51 的世界知识作总体性说明，随后依次对物、生命体、人体和人造物的形态作相应说明。

5.1.0 形态51基本特性的世界知识

如上所述，形态51是状态5的外在表现。形态51与结构54强关联，所谓状态外在表现的具体化就是结构54的外在表现，形态51也可以说是结构的效应之一，结构54是源，形态51是流。那么状态高层概念节点的设计为什么不先结构而后形态呢？因为结构54和随后的层次55与等级56更稳定，对它们的描述不涉及主观因素，可以完全纳入共同框架（即形成完全共识），但形态不能，“情人眼里出西施”的现象就是明证。这就是说，形态的描述既涉及客观因素，又涉及主观因素。

形态客观因素的基本表现是弯曲现象，而弯曲的极端情况是平直。弯曲到平直的量变是量变转化为质变的典型之一，另一典型是从动到静的量变。弯曲与平直51e2m是描述一切形态现象的基础，是关于形态的最基本的世界知识。

形态延伸结构的第二项“美、丑与平常 51e5n”是对形态效应的描述，形态效应就涉及主观因素。形态美 51e55 是基本概念“美与丑 j83”的一个子集 j83e719，51e55=:j83e719。为什么要对形态美采用双重定义？因为符号j83e729不能反映形态丑为少数情况(与j83e739相比较)这一世界知识，而符号51e56却可以反映这一世界知识（参看[110-5.0.2]子节）。追求形态美51e55是人的天性，也是生命体的天性，甚至可以认为形态美是自然界的一种固有属性。因此，形态丑占少数的知识不是一项不重要的知识。

上述关于51e2m和51e5n的说明是对形态51基本特性的描述，与形态的具体对象无关。联系到具体对象的形态描述放在51的延伸项51α=b里，它分别描述物、生命体、人体和人造物的形态。与50α=b相比，这里以“人造物”替换了“社会”，为什么要作这一替换呢？一方面，因为社会形态问题属于政治科学和历史科学的范畴，放到扩展基元概念里来描述比较适当。另一方面，人造物的出现是人成为万物之灵的标志，人造物功能的不断扩展是技术发展的根本动力，人造物形态的不断完善是艺术发展的根本动力，因此人造物形态是有资格与前三者并列而充当51b的。

5.1.1 自然形态518的世界知识

物之形态518有2个延伸项518β和5187。518β虽然已有约定的定义，但这里仍然需要作一些补充。在现代汉语里，形式和个人等词语带有贬义色彩，如果后接“主义”两字，那就是确定无疑的贬了，如“搞形式主义”、“个人主义严重”等。但是，从语言概念空间看，内容与形式的对偶符号j50e21和j50e22丝毫没有重内容而轻形式的含义，数学就是形式主义的产物，因此从语义角度不能把形式主义列为贬义词。集体主义与个人主义在语言概念空间里呈现为d10:e2m的非黑氏对偶形式，也没有褒贬之分。没有个人能动性721的充分发挥，一个集体一定是没有活力的。形态51是形式j50e22的效应jr50e22，基于“新的效应又会引发新的作用”原理，对形态的功能需要给出一个全方位的描述，而语言概念空间的全方位就是作用效应链。因此518β应是518的当然之选。

物之形态518的第二项延伸5187t=b是对形态空间特性的描述。空间特性是形态51的首要特性，放在518里来描述可谓天经地义。实际空间之三维性的对应形态描述当然应该保留，但是形态描述首先应该凸现它的二维特征——铅直与水平方向的特征，这就是引入延伸项 5187a\k=2 的依据。延伸项 5187b\k 及 5187b\2e2m 对应着形态的三维（高宽深）描述。在第二卷第一编将阐释实际空间的两种描述方式，5187t=b 的描述方式是对两者的兼顾。

在本子节最后，应该说明一下“物之形态”的命名，在[110-1.0.4-1]子节阐释运动过程的世界知识时，曾区分物体运动 10989 和物质运动 1098a，但这里未区分物体形态和物质形态。因为从形态 51 的角度对两者进行延伸结构的区分似乎超出了语言概念空间的范畴。所以“物之形态”命名是故意模糊物体与物质的界限，不仅如此，它还同时故意模糊物体是否具有确定边界的界限。这里应该提醒读者，模糊描述是语言概念空间的惯用手段，而寓默认于模糊又是这一惯用手段的重要补充，“物之形态”的默认意义是具有确定边界物体的形态，当偏离这一默认意义时，自然语言描述可能给出补充信息，但也可以不给出。这是自然语言贯彻始终的一条游戏规则，自然语言理解的超级困难就在这里。语言概念空间的描述可以在大多数情况下免除自然语言空间描述过于“潇洒”的任意性，但也要量力而行，前面的 50b 和这里的 518 就属于需要量力的情况。

色彩是形态 51 的一个重要方面，但是不需要在 51 的延伸结构里给出这一描述，因为一方面，色彩 5088\13 可以列入形态 51 的必有内容，是形态 51 的子集；另一方面，色彩与形态的空间特性相比，毕竟是第二位的，否则色盲者就应该打入形态感觉的另类，而这样做显然是不公平和不科学的。

5.1.2 生命体形态 519 的世界知识

生命体形态 519 有两项延伸 519t=a 和 5193t=a，前者描述生命体形态的空间特性，后者描述动物的活动与休息形态。

如果问，生命体形态具有什么样的基本空间特性？也许可以采用下述答案：①生命体形态具有水平左右维分布的对称特征；②生命体形态具有铅直上下维的分布特征；③动物具有水平前后维的分布特征。

与水平前后维和铅直上下维相联系的一项重要世界知识是前后维具有相对性，而铅直维具有绝对性。这样，前后维分布特征的旋转属于正常或平衡形态，而铅直维分布特征的旋转则属于非正常或非平衡形态。519 的延伸项 519t=a 就用于描述生命体的上述形态特征。5199 描述生命体形态的铅直维特征，5199e2n 对应着铅直维的正常和非正常状态；519a 描述生命体形态的水平维特征，519ae2m 对应着水平维的左右对称性。

5.1.3 人体形态 51a 的世界知识

人体形态 51a 具有两项延伸结构 51a:(t=b,\k=2)。51at=b 描述人体的“躺、坐、站”三种典型形态。这个顺序是按照人体的发育过程排列的，躺 51a9 与休息形态 5193a 强交式关联。坐 51aa 和站 51ab 既是人体的一种活动形态，也是一种休息形态，因此，两者与 5193 强交式关联。

51a\k 描述人体形态的整体和局部特征，\k 表示的二级定义如下：

51a\11	身材
51a\12	身高

51a\13	体重
51a\21	脸部
51a\22	手
51a\23	胸、腰、臀
51a\24	腿

51a\$k_1k_2$的延伸表示这里不作讨论，自然语言对 51a\11 和 51a\21 给予了丰富的词语，待这些词语的搜集基本齐全以后再设计这两个概念节点的延伸结构比较合理。

5.1.4 人造物形态 51b 的世界知识

人造物形态 51b 也有两个延伸项：51bt=b 和 51b7e2n。前者描述人造物形态的 3 种基本类型，后者描述人造物体的正常和非正常形态。

人造物形态 51b 的 3 种基本类型 51bt=b 也是人造物 pw 的 3 种基本类型，这一项极为重要的世界知识放在 pw 的后台描述。人造物的 3 种基本类型是模拟、想象和创造，模拟物 pw51b9 是对实际存在的自然物的模拟，想象物 pw51ba 是对实际不存在的自然物的模拟，包括所有的神话艺术作品。创造物 pw51bb 包括人类创造的所有有实际使用价值的人造物 pw。

人造物形态 51b 主要是指人造物体的形态，但仍然包括人造物质。而 51bt=b 所代表的则一定是人造物体的形态，这是约定。这一约定也适用于 51b7e2n，或者说，这一延伸结构里的数字 7 的意义就是为了特指人造物体而不包括一般人造物，人造物体的形态就一定有正常与非正常之分。这里正常或不正常的意义与生命体形态 519 中相应术语的意义完全相同。

——句类说明

形态描述最重要的句类是简明状态句 S04J。

——反思

图形与图像的形态。

从图形形态联想到语言形态的实质和汉语形态的争论。

第 2 节 动态 52 (038)

概念都有动静之分，在基本概念的属性之属性 j7 中，动与静是其 0 号概念 j70 的对偶表现 j70e2m。在 8 大类型抽象概念中，3 大类基元概念（主体基元概念、第一类和第二类扩展基元概念）都具有充分的五元组类别表现，而五元组表现里的第一项就是动态 v，第二项就是静态 g。基本概念里的“动”、概念五元组类别里的“动”都是与“静”相比较的“动”，是动静这一对特殊对偶里的“动”。而“动”本身还有其自身的特性，这主要有短暂性的动、转换性的动和不稳定性的动。这三者在自然语言空间并不加以严格区分，但三者作为一个整体需要加以表达，以区别于那个只是与静相比较而存在的动。例如，“闪”这个概念，在自然语言空间就兼有短暂性、转换性和不稳定性的含义。闪电的闪使用它的短暂性，霓虹灯的闪使用它的转换性，烛光的闪则使用它的不稳定性。这里的“闪”都用于物的亮度 5088\12 描述，“闪”的映射符号将统一表示为 v52331+{u5088\12}。

这个表示式的主项是 v52331，意思是动态性显示，第二项{u5088\12}表示它优先用于描述物的光亮性，但并不是必需的展开项，可以没有这个意义。例如，“一闪而过”里的“闪”就只是对显示 331 的动态性描述，只取主项 v52331 的含义，与物的亮度 5088\12 无关。

理论上，任何 v 概念都有可能需要如同“显示 331”那样给出它的动态性描述，3 大类基元概念的这一需要尤为明显。因此，HNC 把符号 52 当作一个特殊的前挂符号来处理，可直接前挂 3 大类型基元概念以表达它的动态性。这种前挂方式是一种模糊方式，不区分上述动态性的三种基本类型。

对于基元概念以外的抽象概念，如果需要表达它的动态性，那就采用展开方式，v52 置于展开表示式的第二项。如果基元概念的动态性表达需要指明具体类型，也采用同样的展开方式，展开项一定是 52\k 的形式。52\k 与动态性的上述三种类型相对应。

52\k	事态基本类型
52\1	瞬态性
52\2	转换性
52\3	动荡性

第 3 节 势态 53 (039)

势态 53 延伸结构表示式：

53:(e7m,d2n,d2m)

53e7m	势态基本表现
53e71	机遇
53e72	危机
53e73	风险
53d2n	强势与弱势
53d25	强势
53d26	弱势
53d2m	低级与高级势态
53d21	高级势态
53d22	低级势态

势态 53 如同动态 52 一样，也被当作一种特殊的前挂符号来处理。这里需要着重阐释的是势态的意义。

第 4 节
结构 54 (040)

到本节为止，我们已经阐释了作用 0、过程 1、转移 2 的各 5 个高层节点，效应 3 的 12 个高层节点，关系 4 的 8 个高层节点，状态 5 的 7 个高层节点也已阐释了 4 个。在阐释结构 54 之前对作用效应链（主体基元概念）全部 42 个高层节点的可认识特征作一个说明是有益的。

人的认识从哪里来？许多哲人提出并深刻阐释过这个问题。语言学大师乔姆斯基先生提出过普适语法（UG）的概念，认为 UG 是人类百万年来进化的结果，是先天的客观存在。HNC 完全支持乔先生的这一进化观点，但认为进化的实质性产物是概念联想脉络而不是 UG，这个脉络才是语言系统的物质基础，才是语言的本质或本体。人的认识和思维伴随着语言的习得而形成，这一过程就是这个脉络的激活和发育过程。

这个脉络在大脑皮层里的对应物质形式脑科学已开始有所了解，但距离揭示人类大脑思维奥秘的目标还十分遥远。概念联想脉络的物质结构固然是一个十分重大的科学课题，但更重要、更紧迫的课题是概念联想脉络的功能结构，而功能结构的研究是可以通过对自然语言现象的考察来进行的。

通过自然语言研究思维的现象与本质是 20 世纪初哲学语言学转向的初衷，语言哲学对语义学和语用学都产生过重大影响，使语义–语用研究浸透了逻辑色彩。逻辑方法的引入既是巨大的推动力，又存在不容忽视的掩蔽效应。因为，逻辑毕竟是思维的形式逻辑，并不触及思维的内容。而概念联想脉络的研究应该首先直接针对思维的内容而不是形式。

逻辑学对概念给出了“内涵与外延”、“能指与所指”的表述，对语言学给出了语法、语义和语用的三维表述，对语言系统的自然意义（大体相当于语义维的意义）和非自然意义（大体相当于语用维的意义）进行过十分深入的研究。这些表述和研究都非常重要、非常基本，然而终究不是概念联想脉络的本体研究。

为了让计算机能够理解自然语言，概念联想脉络的本体研究是不能回避的。计算机的运算能力再强，存储能力再大，如果它不具有类似于人类大脑中相应于概念联想脉络的物质实体，就永远不可能理解自然语言。概念联想脉络在大脑里绝不可能是以词语连接网络的形式存在，而是以词语转换后之概念的连接脉络形式而存在。这一转换的关键之一是把以任意性原则构成的词语集合转换成以关联性原则构成的概念集合。这一转换机制正如乔姆斯基先生所指出的是人类大脑百万年进化的结果。

语言习得是儿童的天赋，但这并不意味着形式逻辑和语法也是儿童的天赋，恰恰相反，形式逻辑和语法是施加于大脑的外来者，大脑固有的内在本体只是概念联想脉络。上面所阐释的39个高层概念节点就是对这个概念联想脉络的功能性描述。描述这些概念节点的数字符号不像自然符号那样“任意”，而是精心设计的。如果说作用效应链本身的设计带有浓重的哲学色彩不容易被理解，但作用效应链每一环节（即主体基元概念的6类概念林）所对应的每一组高层概念（概念树）的内部关联性是非常清晰和容易理解的，为每一个高层概念配置的每一组黑氏或非黑氏对偶性延伸、每一组对比性延伸、每一组包含性延伸、每一组交织延伸、每一组并列延伸所对应的世界知识也是清晰和容易理解的。每一项延伸概念相当于一个概念“集装箱”，每一个“集装箱”对应着一组世界知识，它们代表着世界知识的精华，HNC称其为概念联想脉络。这些知识的内部脉络性就体现在“集装箱”的结构本身，其外部脉络性则以概念关联式的方式予以表达。本编迄今为止的阐释就是以这两点为主线的，以后缀符号“-0”标记的小节是对“集装箱”总体结构的描述，以后缀符号“-1”标记的小节是对“集装箱”内外联想脉络内容的具体描述。这些以数字编码形式表示的世界知识的充分利用既需要概念节点后台知识库的支持，更需要软件的创造性译码操作，它在自然语言理解处理中的使用价值当然依赖于句类分析技术的优异表现，但原动力在这些数字表示本身，它们就是概念联想脉络的功能模拟系统，是一个巨大的世界知识宝藏。

近两年兴起了语义互联网的前沿性研究，伯纳斯-李不寻常的个人魅力使许多人觉得这一前沿研究大有可为，然而其核心绝招只是XML语言。从HNC概念基元符号体系设计的艰辛体验中，笔者可以断言，XML虽然对自然语言的标注可以产生比现有标注系统更好的效果，也会取得HNC不可比拟的技术和经济效应，但它不具备HNC所拥有的概念关联性和世界知识的表示潜力，不可能解决自然语言理解处理的根本问题。

一个值得注意的现象是：逻辑学在阐释内涵与外延、能指与所指的时候，基本不涉及本编已经阐释过的高层概念,主要涉及HNC所定义的具体概念。这个现象是否具有某种启示或佐证意义？让我们再回到“人的认识从哪里来？”这个问题，看看是否能找到一些线索。

已经阐释过的高层概念（即作用效应链）就其外延和能指来说，可以用“无所不在”四个字来描述，它们属于逻辑学的一个极为特殊的范畴。这一范畴是从哪里来的呢？显然，它们主要不是来自于生理感觉029和心理感觉02a，而是主要来自于知觉02b。如果依据这三类感觉来源来划分概念的类型，那么可以把概念简单分为三大类：主要来自于生理感觉的概念，如“弯曲与平直51e2m”；主要来自于心理感觉的概念，如“美、平常、丑51e5n”；主要来自于知觉的概念，如刚刚阐释的势态53。这种简单的概念分类属于狐狸方式，HNC基本不采用这种方式，但这里不妨把这三类概念简称为第一、第二和第三类概念。每一个人从儿童开始的认识形成过程当然是先产生第一类概念或认识，后产生第二类概念或认识，最后产生第三类概念或认识。这三类概念呈现“金字塔”形，第一类概念或认识的数量最多，第二类次之，第三类最少。但是必须指出，上述儿童认识形成过程与某人对某事的认识形成过程可能是两个截然不同的过程，不能混为一谈。后者在绝大多数情况并不遵循三类认识的循序渐进过程，因为认识者自身已有的认识将起关键作用，而自身已有认识的运用不属于反应02的范畴。在极端情况，认识可以完全来于自身的已有认识，即心理学的内省认识，这些认识主要来于再抽象、演绎与创造性思维。如果把这类思维叫做第二类思维，把它以外的思维叫做第一类思维，那么，语言概念空间描述所必需的概念联想脉络的本体研究就属于第二类思维，作用效应链是第二类思维的产物。对第二类思维来说，上述第一类认识来源并不重要，最重要的是第三类认识来源。当然，第一和第二类思维绝不是截然分开的两个孤立或独立系统，两者之间必然存在相互依存的复杂联系，但不能因此而模糊或否认两类思维的存在性。

应该指出，并非作用效应链的每一个高层概念都是第二类思维的产物，结构54就不是，而且特别典型。上面的论述本来应该是《全书》引言的内容，放在这里就是引言所说的合适时机，因为我们遇到了第一个不是来自于第二类思维的高层概念“结构54”。

结构54兼有上述三类概念的特征，但不是来自于第二类思维。结构物w54或pw54具有非常突出的生理感觉，而且兼有5项生理感觉（见[110-0.2-0]小节）中的两项——视觉和触觉。这些都是结构54的独特世界知识。结构54的延伸结构设计将充分反映这些独特的知识。

5.4-0 结构54的概念延伸结构

一级延伸结构表示式：

```
54:(m,e2m,54-000,β,i;a3e2m,a7e2m,i\k=4)
  54m                  实心、空心和孔隙结构
  54e2m                软、硬结构
  54-                  体结构
  54-0                 面结构
  54-00                线结构
  54-000               点结构
  54β                  结构功能性的作用效应链表现
  549                  作用效应型表现
  54a                  过程转移型表现
  54b                  关系状态型表现
  54i                  物质结构物理化学特性
     54i\1               溶解性
     54i\2               传导性
     54i\3               可燃性
     54i\4               耐热性
       54a3e2m             活动与固定
       54a7e2m             整体可转移与不可转移
```

结构54共计5项一级延伸，前2项对偶延伸对应着结构54的基本特性，包含性延伸对应着结构体54-的层次性表现，β延伸对应着结构54功能性的作用效应链表现，最后一项i\k延伸对应着结构54的物理化学特性。下面以两个子节阐释结构对偶性延伸和包含性延伸的世界知识，其β延伸有统一定义，\k延伸定义明确，就不作进一步说明了。

5.4.1 结构 54 对偶性延伸的世界知识

首先应该指出，结构 54 的 4 项对偶延伸都是具体结构而不是抽象结构的基本特性，因此这些基本特性实际上就是 HNC 所定义的物性 x，对应着结构体 w54 的物性 x。物性这个概念是典型的具体与抽象之两可概念，这一点将在第二卷第八编里作详细说明。

结构 54 的 4 项对偶延伸所代表的结构特性与具体结构的层次（结构层次这个概念将在下一子节说明）无关，这就是说，从体结构 54–到点结构 54–000 都可以具有这 4 项特性。

第一项对偶性延伸为黑氏对偶 54m，对应着结构体的实心、空心和孔隙特性，孔隙 540 是典型的第二类黑氏对偶。后三项都是 e2m 型非黑氏对偶，硬与软 54e2m 是结构体的基本特性，它直接属于状态，活动与固定 54a3e2m 是结构体与过程（运动 109）的联合特性，可移动与不可移动 54a7e2m 是结构体与转移的联合特性，因此在 e2m 前分别加上了定向延伸表示符号 3 和 7。54a3e2m 是结构体的局部特性，54a7e2m 是结构体的整体特性。

5.4.2 结构 54 包含性延伸的世界知识

结构 54 的包含性延伸符号 54–000 表示结构体 54–具有 3 重包含、4 个层次，依次是立体结构（体）54–、面结构（体）54–0、线结构（体）54–00 和点结构（体）54–000。这里的面结构、线结构、点结构都是指结构体，都占有三维空间，但应区分主要维度（简称主维）和次要维度（简称次维）。主维的尺度一定远大于次维。面结构体 54–0 的主维是几何意义的面，次维是几何意义的线（厚度）；线结构体 54–00 的主维是几何意义的线，次维是几何意义的面（截面）；点结构体 54–000 没有主维，只有次维，有一维、二维两种描述方式；立体结构体 54–没有次维，只有主维，有一维、二维和三维 3 种描述方式。

依据结构体 54–的上述分类和描述原则，下面先依次给出 4 类结构体的各自延伸结构，随后说明各项延伸的世界知识。

结构体 54–的概念延伸表示式如下：

```
54-:(3,7,i;3m,7:(\k=2,t=b),it=b;
                  7\1:(e2m,e5m,d0n),7\2e2m,7t\k=3;7\2e2me5m)
  54-3                        结构体的开放与封闭性
  54-7                        结构体的维度描述
  54-i                        结构体的基本物理特性
    54-3m                       结构体的开放、封闭和可封闭性
    54-7\k=2                    结构体的铅直维和水平维
    54-7t=b                     结构体的维度描述
    54-79                       一维描述
    54-7a                       二维描述
    54-7b                       三维描述
    54-it=b
    54-i9                       体积
      54-i9-0                     面积
      54-i9-00                    线度
```

54-ia	重量
54-ib	比重

54-3m 表示结构体的开放、封闭和可封闭性，它体现了结构体最基本的属性——自成一体。自成一体就意味着需要一个边界，以便把自身与外界(内外关系 40\6)分隔（3728）开来。可见结构 54 本身就是一个状态、关系和效应的联合概念，由于结构具有良好的稳定性，安置在状态里最为合理。而依据混杂性排序原理，它排在势态之后就是自然之选了。

按照自成一体的思路，应该把结构体与外界的分隔性（封闭）定义为 54-31，但这里却把结构体与外界的连通性（开放）定义为 54-31，而把封闭性定义为 54-32，为的是便于描述结构体 54-与效应连断 37m 的交式关联性。实际的结构体往往既具有封闭的一面 54-32，又具有开放的一面 54-31，一间无窗无门无通气孔的房间是没有使用价值的。因此，54-3m 应属于强存在第二类黑氏对偶，实际结构体的绝大多数具有 54-30 特性。这里把 54-30 定义为可封闭性，也可定义为可开放性。

地面建筑物是结构体中特别重要的一类，它属于 pw54-30。但这个映射符号没有反映出地面建筑物的不可转移特性，而这项世界知识太重要了。由于前面已有 54a7e2m 的定义，这项知识可通过 54-30u54a7e22 予以表达，这个表示式并不复杂，但 HNC 宁可采用符号 54-303 来表达这一世界知识。这就是符号表示的再抽象原理。在这一再抽象里可以放进另一项重要的世界知识，那就是地面建筑物有一个天然封闭面——地面，这就是上述“宁可”的主要原因了。

54-7\k=2 描述结构体的铅直维与水平维特性。铅直维描述 54-7\1 具有两项非黑氏对偶和一项对比性表示，具体定义如下：

54-7\1e2m	铅直结构的基底与上层
54-7\1e5m	铅直结构的上层、下层与中层
54-7\1d0m	铅直结构的层级表示

铅直结构 54-7\1 的这三项延伸各拥有下列世界知识。54-7\1e2m 反映这样一项基本世界知识：地面上的任何结构体如果要保持某种稳定状态就必须与地面或相当于地面的东西硬性连接起来，否则就将处于坠落或漂浮状态，那个起连接作用的东西就叫做基底 54-7\1e21，它是结构体上层 54-7\1e22 的支撑部分，如建筑物的地基、各种人造物的底座或底盘。政治经济学的经济基础与上层建筑之说可以用符号 54-7\1e2m 前挂数字 c 来表示。但是绝大多数实际结构体可以没有基底，它们直接以地面或其他结构体为基底。上述世界知识的科学基础是万有引力，在万有引力微弱或被抵消的太空，54-7\1e2m 所反映的知识已不存在，这就不是语言概念空间管辖的范围了。

54-7\1e5m 和 54-7\1d0m 都是对铅直结构的层级描述，前者为粗描述，后者为细描述。上层也可叫高层，下层也可叫低层。层级细描述的编号习惯是自下而上，故取 d0m 形式的对比性表示。

结构体水平维描述 54-7\2 仅采用单项非黑氏对偶延伸，定义如下：

54-7\2e2m	水平维的横纵(x-y)描述

```
54-7\2e21e5m          水平维横向的左右中描述
54-7\2e22e5m          水平维纵向的前后中描述
```

结构体表面维度描述 54–7t=b 的再延伸采用\k 表示，具体定义如下：

```
54-79                 一维描述
  54-79\1               线段
  54-79\2               圆与球
  54-79\3               角与锥
54-7a                 二维描述
  54-7a\1               三边、四边与多边形
  54-7a\2               环
  54-7a\3               柱
54-7b                 三维描述
  54-7b\1               笛卡尔描述
  54-7b\2               柱坐标描述
  54-7b\3               球坐标描述
```

结构体描述归根结底就是对结构体边界的描述，而结构体边界的完整描述一般是三维的，但存在可简化成一维或二维描述的典型特殊体，那就是圆、球、角、锥、环、柱。由圆与球演绎出半径和 π 的概念，由角、锥、环、柱演绎出极坐标和球坐标的概念。这应该是认识的历史事实，如果有人要批判这一观点，HNC 将采取鸵鸟对策，不予应战，因为 54–7t 的目的只是给出一种实用性描述。

上面定义的圆是对一种特殊平面的描述，球是对一种特殊封闭曲面的描述，角是对两相交平面的描述，锥是对一种特殊开放平面的描述，环是对另一种特殊封闭曲面的描述，柱是对一种两端由平面封闭的特殊曲面的描述。其中，封闭曲面内部都默认为实心状态。

体结构 54–的最后一个延伸项 54–it=b 对应着结构体的基本物理特性，其中的比重就是密度，在语言概念空间可不考虑两者的区分。

面结构 54–0 的概念延伸结构表示式为

```
54-0:(e2m,7e2m,t=a;e21:(e1n,7e2m),9e2m)
  54-0e2m               曲面与平面
    54-0e21e1n            凸面与凹面
      54-0e217e2m           突起与凹陷
    54-07e2m              粗糙与平滑
  54-0t=a               主维与次维
    54-09e2m              横向与纵向
```

平面是曲面的极限情况，平滑是粗糙的极限情况，这两项世界知识都已隐含在相应的延伸结构表示式 54–0e2m 和 54–07e2m 里。凸面与凹面类似于上坡与下坡的对偶性，但不必考虑对立统一体的存在，故取 54–0e21e1n 的形式。突起与凹陷选取了特定参照面，不再是 e1n 型非黑氏对偶，故取 e2m 型非黑氏对偶。延伸结构表示式 54–0e217e2m 里的“7”是对特定参照面的描述。

线结构 54–00 的延伸结构表示式如下：

```
54-00:(e2m,t=a,7\k=3)
   54-00e2m            曲线与直线
   54-00t=a            主维与次维
      54-007\k           曲线的 3 种特殊类型
      54-007\1           抛物线
      54-007\2           双曲线
      54-007\3           椭圆线
```

54-007\k 所描述的是几何意义的线，因此不能采用 54-00\k 表示。后者将用于描述真实的特殊线状结构体。

第 5 节 层次 55 (041)

层次 55 是结构 54 的产物，没有结构 54 的概念，也就不会有层次 55 的概念。但是，层次 55 又具有结构 54 所不具有的特性，那就是层次的不同部分可以非共时（不同时）存在，而结构的不同部分必须共时（同时）存在。正是由于这一根本差异，层次 55 取得了与结构 54 并列的资格，都成为状态 5 的高层节点。

概念空间和语言概念空间的层次问题基本上是清晰的。但有趣的是：概念空间的基本层次问题——宇宙之宏观与微观两极的层次问题尚未最终解决。语言概念空间的基本层次问题——其本体的层次描述一直为语法学和逻辑学所掩蔽，未受到应有重视。HNC 提出的作用效应链和高层—中层—底层描述方案只是一个建议，许多本质问题尚待深入探讨。

5.5-0 层次 55 的概念延伸结构

概念延伸结构表示式：

```
55:(e2m,e5m,eam,7,t=b;e2m3,7:(e2m,t=a))
   55e2m               层次的里与表
      55e2m3             认识的层次表现：深与浅
   55e5m               层次的内外中
   55eam               层次的上下中
   557                 层次的量、质、度特性
      557e2m             层次的模糊性与清晰性
      557t               层次的量与质表现
      5579               层次的量表现
      557a               层次的质表现
   55t=b               层次的基本类型
   559                 生命层次
   55a                 人的层次
```

55b　　　　　　　　社会层次

层次 55 的延伸结构表示式分为 3 组：第一组代表层次的空间特性；第二组代表层次的量、质、度特性；第三组代表层次的基本类型。

5.5-1 层次 55 的世界知识

层次 55 具有三项空间特性：里与表、内外中、上下中，三者分别属于非黑氏对偶的三种类型。

第一项空间特性“里与表 55e2m”的陈述顺序与汉语的惯用顺序相反，这是为了与基本概念的内容与形式 j50e2m、内外边 j42e5m 等对偶概念保持对应性，同时也便于与层次的内外中 55e5m 对应。里与表 55e2m 概念的延伸 55e2m3 定义为“深浅”，深浅本来是对位于地面之下的结构体的铅直维描述，后来扩展为对事物认识深化程度的描述。认识深化过程是由现象到本质的过程，即由表及里、由浅入深的过程。符号 55e2m3 把认识深化过程与层次的基本特性 55e2m 联系起来，刻画了认识过程的层次性特征。

如果说里与表 55e2m 是对层次空间特性的二分描述，那么，内外中 55e5m 就是对层次空间特性的三分描述，而上下中 55eam 则是对层次铅直维空间特性的三分描述。

层次的第二组延伸涉及层次的量、质、度表现。量、质、度分别属于基本概念的 j4、j5 和 j6，层次的量与质表现用 557t=a 表示，层次的度表现则用 557e2m 表示。度表现的基本特征是模糊与清晰的二重对偶 j60e2m，这一表现在层次 55 的描述里也十分突出，所以直接以符号 557e2m 加以表达。

底层概念节点 557t=a 当然都具有丰富的延伸结构，但这里可以不作进一步的描述，因为对 557 这一局部联想脉络的阐释已经达到了提纲挈领的目标。

层次 55 的第三组延伸 55t=b 采用了类似于状态基本类型 50α=b 的定义方式，以 t=b 替换 α=b，也就是取消了物的共性代表资格。因为生命、人和社会的层次性之清晰是物所不可比拟的。生命的层次特征生物学已经作了透彻的研究，生命层次 559 的延伸结构设计只需要适当吸收其研究成果。下面需要阐释的是人的层次 55a 和社会层次 55b 的延伸结构表示式。

人之层次 55a 的延伸结构及其定义如下：

55a:(7,γ=b;7e8m,9e2n,ac3m,bt=a;9e2nc3m,b9e5n,bae5m)

55a7	辈分
55a7e8m	晚辈、前辈、同辈
55aγ=b	人之层次的基本表现
55a9	专业水平层次
55aa	职务层次
55ab	时代效应层次

也许可以说，人的层次性表现是最丰富多彩的，人的天赋、气质、修养、文化素质以至善恶表现都具有鲜明的层次特征，因此采用 55a\k|的延伸结构似乎是理所当然的选择，但这里却选用了 55aγ=b 延伸结构，理由是：语言概念空间优先关注最具有现实意

义的表达需要，人的专业水平层次 55a9 和职务层次 55aa 最符合这一标准，而时代效应层次 55ab 则是为了填补概念层次网络的一项“空白”。

人的一生是不断学习的一生，学习的内容无非是做人和做事这两个方面，两者大体与精神生活和物质生活对应，而专业水平是这两个方面的综合表现，把专业水平等同于做事水平是人类认识的最大误区之一。许多人把事情办坏了不是由于其做事水平不高，而是由于其做人水平太低，同样，许多人把事情办好了主要得益于其为人，而不是靠手腕高明。这一现象不仅常见于常人，也常见于伟人。“得道多助，失道寡助”的名言不能仅仅视为儒家学说的高调。底层节点 55a9 试图描述这一极为重要的世界知识，其延伸结构将采用 55a9e2nc3m 表示式。55a9e25 对应德才兼备的专业水平，55a9e26 对应被误识的专业水平。

如果说专业水平层次 55a9 是人类的第一追求，那么职务层次 55aa 就是人类的第二追求。不能把对 55aa 的追求等同于名利追求，但两者强交式关联。55a9 与 55aa 呈现链式关联，前者为源，后者为流，但这是统计意义下的源流关系，不具有必然性。职务层次 55aa 的自然延伸是 55aac3m。

时代效应层次 55ab 是一个将来可能调整的底层节点，正是由于它的加入 55a 才选用了 γ=b 延伸，如果把它迁出，仅保留上述两项，则应改成 55at=a 延伸。55ab 试图表达现代社会日益频繁出现的代沟现象。代沟现象有两种基本类型，一是理念型代沟，如《父与子》和《战争与和平》里描述的代沟；二是风尚型代沟，如“嬉皮士”之类。这两类代沟将分别采用 55ab9e5n 和 55abae5m 表示。

社会层次 55b 的延伸结构及定义如下：

55b:(t=b;t\k)

55b9	农业时代（社会）
55ba	工业时代（社会）
55bb	后工业时代（社会）

这三个时代的延伸结构都采用\k 表示，以便适应不同历史学派的描述方式。三个时代与社会的三种基本类型相对应。理论上，三个时代具有历时性，实际上，三个时代又具有共时性。当前的世界就是一个三个时代并存的时期，有些地区已进入后工业时代 55bb，另一些地区还停留在农业时代 55b9，甚至是农业时代的前期 55b9ck1。

三个时代 55bt=b 的概念是 HNC 语境描述的基础知识之一，这将在第二卷第八编作详细阐释。

——句类说明

常用基本句类：S50J、jDJ、S04J。

常用混合句类：Y0S50*21J、Y0S5*11J。

——反思

层次无限性观点的质疑。

第 6 节 等级 56 (042)

自然语言空间基本不区分层次 55 与等级 56，但在语言概念空间有必要对两者加以区分。因为天然与人为的差异是最基本的世界知识，层次以天然性为主，而等级以人为性为主。人类争取各种自由的斗争本质上就是打破人为等级的斗争。如果没有各种人为的等级现象，就没有必要在层次 55 之后，又引进等级 56 的概念，等级只不过是层次的量与质的表现 557。

在漫长的农业时代，各种等级观念和制度曾非常发达。这些东西的不合理性随着时代的发展而日益凸现，但不能否定它们在一定历史时期里也曾起过某种积极作用。

5.6-0 等级 56 的概念延伸结构

延伸结构表示式：

```
56:(e5n,3e1m,t=b,d0m,c0m;9e5n,at=b,b:(7,3);)
  56e5n                 强势、弱势及过渡（群体）
    563e1m                压迫与被压迫
  56t=b                 等级的基本类型
  569                   生命等级
  56a                   人的等级
  56b                   社会等级
  56d01                 最高等
  56c01                 最低等
```

5.6-1 等级 56 的世界知识

等级 56 的一级延伸结构比较简单，但其内涵都比较复杂，且二级延伸呈现出极不平衡的状况。

第一项延伸 56e5n 代表等级的基本特征——等级里必然存在着强者、弱者及过渡者的划分，如果没有这一区分，就不必在状态的高层概念里引入等级 56 的概念。这一特性与层次的质量表现 557a 强交式关联，具有客观性或天然性。所以上面说：等级以人为性为主，而不是以人为性为唯一标准。

56e5n 需要 56e55d0m、56e56d0m 和 56e57ckm 的二级延伸，但不需要别的延伸。这些二级延伸分别代表最强者、最弱者和中间等级的不同情况。

等级 56 的第二项延伸 563e1m 代表等级的一种特殊效应，即压迫与被压迫现象。压迫与被压迫存在对立统一体 563e10，即存在既被压迫又压迫他人的情况。等级 56 造成的压迫与被压迫现象 563e1m 具有绝对不公正性，是一种人为的邪恶。这一十分重要的世界知识未能在符号 563e1m 里表现出来，只能依靠后台描述。

等级 56 本来可以只设置人和社会两类等级，为了与 55t=b 在形式上完全对应，这里也采用了 56t=b 的延伸结构。其中的生命等级 569 具有强烈的人为性，它导源于人类对某些动物甚至植物的崇拜或歧视。这些观念当然具有很强的地域性、民族性或宗教性，但这并不影响 569 延伸结构的设计，569e5n 是比较适当的选择。

```
569e5n          生命等级的褒贬划分
569e55          受宠、受尊敬的生命
569e56          受歧视的生命
569e57          一般的生命
```

人的等级 56a 采用下面的延伸结构：

```
56a:(t=b;tc3m,b3e2n;b3e2nt=a)
  56a9              权势等级
  56aa              财富等级
  56ab              成就等级
    56atc3m           人之等级的三分对比描述
    56ab3e2n          成就等级的正常和非正常转换
      56ab3e2n9         成就等级到权势等级的正常和非正常转换
      56ab3e2na         成就等级到地位等级的正常和非正常转换
```

人的权势、地位、成就三者之间在现实生活中呈现出极为错综复杂的交式和链式关联性。这里通过 56a 的二级和三级延伸结构给出了一个“点睛”式描述。

这一“点睛”式描述所反映的世界知识是：在正常情况，人的权势和地位等级应该与其成就等级成正变关系，而现实里也存在与此相反的非正常情况。人的等级现象尽管千头万绪，但上述正常和非正常情况的描述是画龙点睛之笔，语言概念空间应该首先抓住这一要点。

社会等级 56b 的延伸结构如下：

```
56b:(ockm)
    56b3ckm           社会等级的弱不公正划分
    56b7ckm           社会等级的强不公正划分
```

社会等级 56b 的存在本身就是社会不公正性的表现。但是，对社会等级的不公正性必须给出强弱的区分，这一区分标准与人的成就等级 56ab 强交式关联。

社会等级的具体划分则进入历史的专业性知识，在 HNC 符号体系里，只能采用语言逻辑组合方式，即(56bockm,l10,y|)的表示式，式中的 o=3//7，符号“y|”描述该社会等级所对应的历史条件。

第二编

第一类精神生活

第一篇 “心理”

篇首语

本卷第二编论述人类的第一类精神生活，分为4篇，第一篇“心理”71，第二篇意志72，第三篇行为73，第四篇思维8。读者首先应该注意到的是这四者范畴符号的差异，前三者使用了统一的范畴符号7，随后对它加上了次范畴符号71、72和73的三分，这样的区分在整个概念基元符号体系的设计中是唯一的，也可以说是唯一的例外。为什么要这样做？这与HNC关于大脑概念空间5大区块的假设有关。“心理”、意志和行为不仅属于语言概念空间，也属于情感概念空间，因此，HNC对它给予了特殊照顾，或者说，它理应得到特殊照顾。

“心理”、意志与行为具有下列基本概念关联式：

(71,72,73):=a6498\2 (1)

（“心理”、意志与行为对应于心理学）

(7y+8,y=1-3)=:50ac269 (2)

（心理和思维等同于人类的第一层级精神生活）

笔者这一代中国人特别熟悉的名言之一是“存在决定意识”（后文将简称第一名言），这一名言是对另一名言“意识决定存在”（后文将简称第二名言）的批判或反动，这一点，马克思先生讲得非常明确。在形式上，后者似乎并不存在，但它确实是黑格尔庞大哲学体系的核心。所谓唯物论与唯心论的论争，其实就是这两句名言的论争，双方在这场论争中都对存在与意识之间的复杂关系或相互作用形成了一系列独到的认识或理解。

这两句名言都是人类智慧的最高体现，第一名言使我们对人类文明的历史发展进程获得了一个明晰的基本理解，第二名言则使我们对人类文明多样性的根源获得了一个明晰的基本理解。两名言在形式上是对立而互不相容的，但实质上并不对立而是互补的。黑格尔先生在其晚年的《历史哲学》和《法哲学原理》中对世界文明多样性的阐释是深刻而独到的，虽然也有重大瑕疵；但对世界文明发展进程的阐释则是浅薄而带有日耳曼偏见的，虽然也不乏个别的精彩见解。这充分体现了第二名言的特色与弱点。对两名言的片面甚至错误理解与运用在学术界只是形成争鸣的热闹景象，但是，有些政治家将第一名言用于“争天下”和“坐天下”的政治活动，那就是十分严重的问题了，它会导致巨大的社会灾难。波普尔先生看到了这一点，写了《开放社会及其敌人》，哈耶克先生也看到了这一点，写了《通往奴役之路》，在那个经典社会主义如日中天的辉煌年代，全球知识分子的主流都以讨伐资本主义和歌颂社会主义为荣，两位先生特立独行的清醒确实令人钦佩。但《开放社会及其敌人》只是就政治论政治，《通往奴役之路》只是就经济论政治，毕竟都不属于透彻的哲学著作，都远没有达到形而上层次的思考。

《全书》不直接触及存在与意识谁决定谁的问题，而将人类社会的存在与意识区分为两类劳动和三类精神生活，并将它们作为语言概念空间语境的主体，语境无限而语境单元有限的假设及其证实就是以两类劳动和三类精神生活为基本依托的。这一证实过程首先关系到这些概念范畴之概念树的设计，其次关系到这些概念树之概念延伸结构表示式的设计，这里使用了“设计”这一词语，这必然会引起质疑，但笔者不打算在这里回答这假设中的质疑，而只想告诉读者，这“设计”就是康德先生所强调的理性法官。这两项设计主要依靠形而上思考，在第一类精神生活各概念树及其概念延伸结构表示式的设计过程中，当然也参考了东西方学者关于精神生活的主要学术著作，特别是休谟先生的《人性论》、亚当·斯密先生的《道德情操论》和牟宗三先生的《中国哲学十九讲》。

上面使用了“主要依靠形而上思考”的说法，这使笔者深感不安，因为笔者在上面评说了波普尔和哈耶克两位先生，这容易使读者对《全书》产生一种误会，以为它试图弥补两位大师之大著的不足。因此，笔者应该在这里郑重申明：《全书》第一卷第二编到第六编的目标只是局限于“语境无限而语境单元有限”这一假设的证实，如果这一证实有助于对后工业时代哲学呼唤的回应，那笔者就喜出望外了。

描述语境单元的主体概念树及其全部延伸概念也叫做扩展基元概念，以上所说，可看作是扩展基元概念的总引言。下面需要对心理学所包含的整体(71,72,73)说几句话，并从上面的两个概念关联式说起。

第一号概念关联式对 71、72 和 73 采用了有序集合意义下的“加”表示—(71,72,73)，集合中各元素的顺序是不可交换的，也就是说，其排列顺序是有先后之分的。第二号概念关联式采用了无序集合意义（即算术意义）下的“加”表示—(7y+8,y=1–3)，被加的两元素是可以交换的。最近笔者才知道，上述对有序与无序集合的表示符号区分，正好与苗传江博士在知识库表示中已采取的约定相反。笔者本来打算立即采取向苗博士看齐的行动，但后来决定不动。为什么？第一，这一区分虽然在理论上是重要的，但对于当前的交互引擎研究未必那么重要；第二，如果真有那么一天，《全书》的概念基元表示式和概念关联式将全部转换成语言知识工程（产品）四棒接力赛第二棒的概念知识库建设（这是第二棒里最关键的一项），这项转换工作是不难顺利完成的，不管那个时候笔者在哪个世界里。这里似乎应该提醒两点，第一，这项转换并不是简单的逗号“,”与加号“+”的相互转换，概念延伸结构表示式里的“,”就不宜转换。第二，对“,”与“+”的严格区分主要关系到语言的生成过程和语习概念的使用，在其他情况下对两者模糊视之无碍于语言的浅层理解。

第一号概念关联式表明了 HNC 对心理学的三层级概括，这三个层级大体与感性、知性和理性认识对应。“心理”71 大体与感性认识对应，这个带引号的心理也可以叫做狭义心理或基本心理。这一概念子范畴包含 5 种概念群：心情 710、态度 711、愿望 712、情感 713 和心态 714，读者从这个清单可以体会到把它们统称狭义心理是适当的。意志 72 大体与知性认识对应，现代西方文明的核心价值观—自由—这个概念主要来源于意志这一概念，因为，据说意志的本质是自由的（黑格尔先生特别强调这一点）。这一概念子范畴包含 3 种概念群：意志的基本内涵 720、能动性 721 和禀赋 722，这个清单本身没有直接给出知性的特质，这将在本编的第二篇里有所论述。行为 73 大体与理性对应，它包含 4 种概念群—行为的基本内涵 730、言与行 731、行为的形而上描述 732 和行为的形而下描述 733，这个清单给读者的印象很可能是一团迷雾，这只能烦请读者到本编的第三篇里去拨开迷雾了。不过，这里应该先说一点，“心理”与意志都好比是黑箱，人们只能通过行为去观察或认识“心理”与意志，这一观察与认识本身就是人类理性的基本表现。这里应该补充两点：第一，黑箱说现在已经不完全适用了，脑科学的研究正在朝着揭开“心理”与意志之物理面纱的方向前进。但前进的步伐多少有点显得杂乱无章，因为它缺乏形而上思维的引导。第二，无理性的行为在现实生活中处处可见，但行为的主体毕竟是理性的，否则，这个人类社会就不成其为人类社会了。概念范畴 73 主要考察理性行为。

第二号概念关联式表明：思维既可以理解为心理的提升，也可以理解为心理的基础。HNC 虽然在符号上采用了“提升”的视角，但又在概念关联式里保留了“基础”的视角。这里应向读者交代，心理与思维的表示符号设计曾困扰笔者长达 10 年之久，这主要关系到“行为”和“智力”这两个概念范畴放置在哪里比较合适？最终的选择是将“行为”符号化为 73，而将“智力”符号化为综合逻辑概念的 s1。这一选择主要是受到《中国哲学十九讲》的启示，牟先生在《中国哲学十九讲》的第十二讲里说“肯定实有与肯定性空都是大智慧。……西方哲学是为实有而奋斗，佛教是为去掉实有而奋斗，儒家也是为实有而奋斗，但它是由道德处讲，因此仍与西方不同”。这一论断是很值得深思，对后工业时代哲学呼唤的响应需要这样的深思。不过，笔者并不同意牟宗三先生关于中国哲学特殊通孔本质的见解，牟先生说“中国哲学，从它那个通孔所发展出来的主要课题是生命，就是我们所谓的生命的学问。重要的用心在于如何来调节我们的生命，来运转我们的生命，安顿我们的生命”。这个说法在思辨的意义下确实精彩。但依笔者的愚见，牟先生此论的前提是把佛学当作中华文明的主体了，而这不是历史真相，其次，即使以佛学论，牟先生所说的“生命”实质上还是社会，而不是西方哲学（特别是黑格尔哲学）意义下的人。这一点将在本卷第四编里有所论述。

按照 HNC 符号体系的基本约定，扩展基元概念的范畴符号采用特定的数字表示，两类劳动和第二、第三类精神生活都只采用一位数字表示，思维也是如此，唯一的例外就是心理，它采用了两位数字，这属于特殊照顾，理由已在本引言一开始就交代过了。这一点，此前的 HNC 专著都未明确指出，这是应该向读者致歉的。

按惯例，本引言的最后将“心理”71 的概念群列举如下：

710	心情
711	态度
712	愿望
713	情感
714	心态

这一概念群的配置体现了 HNC 关于共相表示和殊相表示的一贯思路，4 种殊相概念群的排序首先是依据它们与情感空间的交织度，其次是依据它们与意志空间的交织度，态度 711 弱交织于情感空间和意志空间，愿望 712 和情感 713 强交织于情感空间，但仍然弱交织于意志空间，心态 714 则同时强交织于情感空间和意志空间。这里笔者愿意胆言，未来的大脑研究成果可能证实这里的说法。近年来不断传出大脑研究的各种最新报告，但这些研究都十分缺乏关于大脑科学问题的总体性思考或形而上思考，其研究方式明显表现出瞎子摸象的特征，这是现代科学的巨大悲剧，笔者曾在《对话》（见本《全书》第二册附录 1）中对此有所论述。

第零章

心情 710

引 言

HNC 将“心理”71 这一子范畴的共相概念群 710 定名为心情大约是没有异议的。用 HNC 语言来表述，那就是下面的基本概念关联式：

710=:6502
（心情等同于人类的感性反应）

这就是说，心情 710 不包含人类的理性反应 902 和理念反应 c02。这就决定了心情 710 的领域句类代码将以被动反应句 X22J 为主。这里应该预先说明一下（具体论述见《全书》第三卷），HNC 的理性相当于康德的知性 understanding，也就是当前流行的理性，而康德的理性 reason 则相当于 HNC 的理念。主体概念基元（作用效应链）前挂 65、9 和 c 的映射符号 65ϕ、9ϕ 和 cϕ 所代表的意义就是人类对作用效应链 6 个环节所形成的三层次认识：感性认识、知性认识和理念认识。为了从众，知性认识将称为理性认识；为了突出理念认识的核心价值观，理念认识也将称为超时代认识。认识就是本能之上的反应，这就是说，反应有本能（生理）、感性、理性和理念的四层次之分，而认识只有感性、理性与理念的三层次之分。

上面的基本概念关联式表明：心情之上还有理性反应和理念反应，心情之下还有本能（生理）反应。人类的第二类劳动 a、深层第二类精神生活 q8 和浅层第三类精神生活 b 都主要是理性反应或认识，唯有人类的深层第三类精神生活 d 才主要是理念反应或认识。人类的第一类劳动 q6 起源于人类的本能反应，而终止于理性反应直至理念反应。本能反应的直接描述的映射符号是(6mϕ,m=0–4)。

基于以上论述，心情 710 的下列概念树设计就是 HNC 的必然选择。

7100	感受
7101	对广义作用的心理反应（广义作用反应）
7102	对广义效应的心理反应（广义效应反应）
7103	对关系另一方的反应（关系反应）

心情 710 的共相概念树 7100 是作用效应链共相感性反应的非分别说，7101 和 7102 是作用效应链殊相感性反应的分别说，7103 是作用效应链殊相感性反应的非分别说。

第 0 节
感受 7100 (043)

引言

省略，将以本节的结束语代之。

0.0-0 感受 7100 的概念延伸结构表示式

```
7100:(m,e2n,52y;e2ne4m,e26t=a)
   7100m               感受基本形态
   71001               喜剧感受
   71002               悲剧感受
   71000               幽默
   7100e2n             感受基本效应
   7100e25             积极感受
   7100e26             消极感受
   527100              动态感受
      7100e2ne4m          感受基本效应的度表现
      7100e26t=a          消极感受的异态表现
      7100e269            焦虑
      7100e26a            抑郁

      (527100)t=a         动态感受的基本形态
      (527100)9           愤怒
      (527100)a           气愤
```

0.0.1 感受基本形态 7100m 的世界知识

让我们回想一下各壮丽文明流传下来的那些最古老的典籍吧，中华文明有《诗经》，印度文明有《吠陀》，希腊文明有荷马史诗。即使是那些不够壮丽的文明，也有大量的古老传说或神话流传。希腊文明最辉煌的年代是悲剧与喜剧最兴旺的年代，据说，柏拉图原来的志向是成为一名出色的悲剧作家，因青年时期悲剧创作的失败才转向哲学的。这些典籍、传说、神话、悲剧和喜剧描述的基本内容是什么？就是感受基本形态 7100m。因此，将它列为感受 7100 的第一位延伸概念是理所当然的选择，将 71001 定名为喜剧感受，将 71002 定名为悲剧感受是合适的，虽然这也许不太符合汉语的语习。

希腊的喜剧与悲剧是感受基本形态 7100m 文学表达的杰出代表，所以 71001 和 71002 就以喜剧感受和悲剧感受命名。诗歌是表达感受基本形态的高级艺术，贺知章的名诗“少小离家老大回，乡音无改鬓毛衰，儿童相见不相识，笑问客从何处来”是喜剧感受71001的抒发。陈子昂的名诗“前不见古人，后不见来者，念天地之悠悠，独怆然而涕下”是悲剧感受71002的抒发。杜牧的名诗“清明时节雨纷纷，路上行人欲断魂，借问酒家何处有，牧童遥指杏花村”是幽默71000的抒发，因为那个时代在清明时节去酒家应该是不符合礼教的。

笔者曾多次说过，HNC回避诗歌的理解，其言外之意是：诗歌主要涉及情感和艺术概念空间的描述，是HNC力所不及的。但这不等于说：HNC符号体系完全置情感和艺术概念空间于不顾，不求甚解的理解还是可以做到的。上面对7100m延伸概念给出了捆绑示例，分别引用了3首唐诗，这就是一种不求甚解的理解。

古汉语的“悲天悯人”和现代汉语的“无奈”可以捆绑于71002，诸葛亮的名句“鞠躬尽瘁，死而后已”和近年流行的“难得糊涂”都是71002的直系词语，当然，“难得糊涂”也可以纳入71000的旁系。可捆绑于71000的汉语直系词语也比较丰富，如“悠然”、“自在”、“幽默”等，可惜后者是外来语。可捆绑于71001的词语似乎比较少，“啸傲”可以算上一个。屈原的《离骚》当然可以与希腊的伟大悲剧比美，郭沫若先生曾为此做过转化的努力。郭先生喜爱希腊悲剧，但1949年以后的中国不能容纳悲剧感受的存在，也不能容忍幽默的存在，他只能以喜剧的形式即兴表现，我们还是多体谅一点他的苦衷吧。

0.0.2 感受基本效应7100e2n的世界知识

感受基本效应7100e2n具有下面的基本概念关联式：

7100e2n=01a
（感受基本效应强交式关联于与感受交织的反应）

感受基本效应7100e2n是当代社会学和心理学的热门研究课题之一。近年流行着幸福指数的概念，并受到联合国的重视，据说那个藏传佛教小国——不丹——的幸福指数在世界上名列前茅。联合国创建于工业时代行将结束的时刻，是工业时代视野的产物。后工业时代还只有半个世纪的发展历程，虽然它十分需要建立超越工业时代的自身历史视野，但新历史视野的探索（包括实践）还有十分遥远的路程，联合国在这一探索中应该发挥自己的独特作用，把不丹纳入高幸福指数国家的行列，也许是联合国最值得称道的善举，因为这里面可能存在着解救后工业时代深层危机的启蒙智慧。

幸福和幸福指数的映射符号如下：

幸福	r7100e25
幸福指数	zr7100e25

与上列符号对应，应该存在下面的映射符号对：

苦恼	r7100e26
苦恼指数	zr7100e26

幸福指数可以代替苦恼指数吗？等式“zr7100e26=:(1–zr7100e25)”成立吗？这个问

题的答案可暂不追究。

对幸福与苦恼可以写出一系列基本概念关联式，暂从略。

感受基本效应 7100e2n 设置了两项延伸概念：7100e2ne4m 和 7100e26t=a，前者的定名（感受基本效应的度表现）很一般化，但映射符号本身的传神性足以弥补这一缺陷；后者的定名（消极感受的异态表现）还不错，可惜映射符号本身未能给出这一义境的信息。

符号 7100e2ne4m 是感受基本效应的分别说形态，可以对感受基本效应给出比较细致的表示，如“得意忘形”就是 7100e25e43 的直系词语。但也许还应该给出非分别说的形态 7100(e2n)e4m，那么，老聃的名言“宠辱不惊”就成了 7100(e2n)e41 的直系词语。最近网上流行着“失语症”这个词语，是 7100(e2n)e42 的直系词语。

消极感受的异态表现 7100e26t=a 具有下列基本概念关联式：

7100e26t=509e47
（消极感受的异态表现强交式关联于疾病）
7100e269=>(509e47+r7100e269)
（焦虑强源式关联于焦虑症）
7100e26a=>(509e47+r7100e26a)
（忧郁强源式关联于忧郁症）

在上面的表示式里，焦虑症和忧郁症的映射符号代表了 HNC 对各种疾病的表示原则之一。读者不妨先感受一下，详细说明在《全书》第三卷的第一编。

焦虑症和忧郁症是常见的精神疾病，两者可简称“轻度精神病”，其映射符号如下：

“轻度精神病”:=(509e47+r7100e26t)

据说，“轻度精神病”患者高达 10%以上。现在，心理治疗成了一个时髦词语，在汶川地震救灾活动中，心理救助是一个热门话题，对此笔者是有疑惑的。生活经历使笔者得以亲身感受过三个历史时代的基本特征，抗战期间笔者曾回到故乡（湖北蕲春）的仰山堂生活过 7 年，那时的仰山堂还基本保持着农业时代的淳朴风貌。接着笔者在武汉的珞珈山生活了 8 年，那段时间我充分感受了工业时代丰富多彩的生活特征。随后到了北京的中关村，在这里已生活了 54 年之久，这期间我亲身感受了后工业时代诞生过程的种种历史阵痛。笔者常常想，仰山堂、珞珈山和中关村应该有资格充当三个历史时代不同文明的见证者吧，它们都是我的老师。虽然笔者是一个愚笨的学生，但愚者千虑之一得也使笔者不免对当前的许多热门话题产生疑惑。对于笔者所熟悉的仰山堂人、珞珈山人和中关村人，当然不能说完全不存在心理治疗的医学课题，但笔者深知：他们都特别敬业，他们最看重的是一种精神境界的追求，而不是物质享受的追求。为什么我们不从这里去发掘中华文明的基本特色呢？汶川救灾活动当然需要心理救助，但汶川人的心理创伤肯定大大有别于北京人或上海人，更不用说纽约人或巴黎人了，这是要点，而说者几乎都未涉及，而在笔者看来，没有比这更重要的了。

0.0.3 动态感受 527100 的世界知识

动态感受 527100 配置了单项延伸概念(527100)t=a，分别表示愤怒(527100)9 和气愤(527100)a，愤怒与气愤的基本特征是其动态性，因此，映射符号(527100)t=a 是 HNC 的必然选择。(527100)t=a 的基本概念式如下：

```
527100<=j80~4
（动态感受强流式关联于正义与邪恶）
(527100)9<=((j85~e75,j84~e71),102,4076))
（愤怒强流式关联于他人的霸道与倒行逆施及过失与差错）
(527100)a<=((j82~e75,j84~e71),102,4076)
（气愤强流式关联于他人的卑鄙与虚伪及过失与挫折）
```

这里应强调一下第一号概念关联式的统摄作用，它规定了后续概念关联式里所有源流关系的相对性。这就是说，实际上，引发愤怒的可能不是霸道与倒行逆施，而是王道，引发气愤的可能不是卑鄙与虚伪，而是高尚。

中国的“士”特别重视“戒怒”，是否由于对上列概念关联式具有独特的领悟呢?

结 束 语

感受 7100 是“心理”不管部心情 710 的小不管部，从心情 710 的殊相概念树来看，这个小不管部的职责是明晰的，就是把那些引发感受的作用效应链来一个非分别说，那么，感受的基本形态和感受的基本效应就是必然的选择了，这里体现了形而上学思维轻车熟路的特色。对于“心理”，中国人有“喜怒哀乐”的说法，还有七情六欲的说法，佛学也有类似的说法，休谟先生和亚当·斯密先生更有比较精细的论述，但这些说法或论述缺乏共相与殊相的辩证性思考，缺乏概念层次性与网络性的明细认识，因此，先贤的研究成果需要梳理。本章是梳理的第一步，把“怒”从“喜怒哀乐”中独立出来就是其中的一项，它具有典型意义，请读者加以领会。

第 1 节
对广义作用的心理反应 7101 (044)

引言

本节和下一节所说的广义作用和广义效应不是指 HNC 的下列定义：

```
“广义作用”:=(0,2,4,8)
“广义效应”:=(1,3,5,jl)
```

因为对(0,2,4)或(1,3,5)的感性反应可以直接使用 65ϕ来表示，对于“8”和“jl”的基本反应已在概念树 02 的概念延伸结构表示式里予以描述了。因此，本节应先给出下列概念关联式：

```
7101=02:(e6m,e6n)
（广义作用心理反应强交式关联于两类判断反应）
7102=02:(e7m,e7n)
（广义效应心理反应强交式关联于两类人性反应）
```

两类人性反应怎么会跟基本逻辑概念发生了联系？这需要解释一下。同情 02e71 及其非 02~e71、侠义 02e75 及其非 02~e75 是人性的基本表现，这些基本表现乃是基于比较判断而作出的反应。同情 02e71 和侠义 02e75 都是比较判断的产物，“朱门酒肉臭，路有冻死骨”的名句不就是同情的诗化描写吗？“路见不平，拔刀相助”的豪言不也是侠义的诗化描述吗？

那么，广义作用反应 7101 约定的反应引发者及其表现是什么？答案是政治和经济活动。7101 概念延伸结构表示式的设计将以此为基本依据。

0.1-0 广义作用反应 7101 的概念延伸结构表示式

```
7101:(t=a,e0n;tt=a)
   7101t=a              广义作用反应的基本侧面
   71019                政治反应
   7101a                经济反应
   7101e0n              广义作用反应的基本形态
   7101e05              攻击
   7101e06              反抗
   7101e07              顺从
       7101tt=a             广义作用反应的二级本体描述
       710199               政治反应
       71019a               法律反应
       7101a9               经济反应
       7101aa               卫保反应
```

0.1.1 广义作用反应基本侧面 7101t=a 的世界知识

第二类劳动 a 构成人类文明的主体，政治活动 a1 和经济活动 a2 是文明的第一主体，文化活动 a3 和科技活动 a6 是文明的第二主体。广义作用反应 7101 将用于描述人们对文明第一主体的感性反应，广义效应反应 7102 将用于描述人们对文明第二主体的感性反应。

这就是说，延伸概念 7101t=a 实际上就是广义作用反应的本体论描述，其定义式如下：

```
71019::=(6502,143,(a1,a4,a5))
（政治反应定义为人们对政治、军事、法律活动的感性反应）
7101a::=(6502,143,(a2,a6,a8))
```

（经济反应定义为人们对经济、科技和卫保活动的感性反应）

依据上述定义，政治反应的二级本体描述就必然采取 7101tt=a 的形态了，这意味着军事将并入政治。这里要强调的是：广义作用反应 7101 的延伸结构表示式采用了封闭形态，这就是说，广义作用反应 7101 的理解基因竟然不过是区区三项，但是，这两项一级延伸概念和一项二级延伸具备充当理解基因的资格吗？

对这个问题的回答，既十分简明，又比较复杂。简明性来于 HNC 对广义作用反应 7101 的定义：人们对文明第一主体的感性反应。这一定义不仅规定了 7101 的本体论描述，也规定了 7101 的认识论描述，这两种描述的 HNC 符号表示就是 7101t=a 和 7101e0n。复杂性源于本体论描述和认识论描述必然形成交织，而这种交织性并没有直接在符号里得到体现。上面把简明性归结为问题的本体论描述和认识论描述，把复杂性归结为问题的交织性描述，这样的陈述方式似乎反而把问题的简明侧面复杂化了，而问题的复杂侧面也似乎过于简单化了。这里笔者不能不说：这两“化”只是“似乎”而已，因为**本体论描述和认识论描述是 HNC 符号体系设计的灵魂**。所谓本体论描述，就是给出（规定）研究对象的定义，认识论描述就是给出（规定）研究对象的基本特性。说到定义，哲学上有著名的循环论之争，这一争论的本质来自于自然语言词语意义的不确定性，这就是语言哲学应运而生的学术背景。但是，HNC 的概念树及其延伸概念的表示符号具有完全确定的意义，这是由符号本身所决定的，符号里的任何一位数字都没有任何意义的不确定性，或者说，其不确定性只包含在该数字串的最后一位或最后一组数字里，这就是数字化表示的无与伦比的（相对于任何其他的符号表示方式）优点，这一点是大家所熟知的。关于定义的困扰就说到这里，那么如何区分本体论描述和认识论描述呢？HNC 定义了两类延伸概念——第一类延伸和第二类延伸——的表示符号，第一类延伸**一定**是本体论描述，第二类延伸**一定**是认识论描述，而全部的概念树都属于本体论描述，因此，7101t=a 和 7101e0n 的意义是一清如泉的。这一段话是《全书》第三卷第一编有关论述的“预说”，至于两者是否具备理解基因资格的问题，那就请等待“预说”的本说吧。

为什么把预说放在这里呢？因为本篇是语境单元论述的开始，《全书》的撰写过程并不严格按照卷、编、篇、章、节的编次顺序，这是贯彻 HNC 符号体系平衡原则的需要。读者在阅读时也应该采取按需选择、跳跃翻阅的方式，本节和下节的阅读就需要对专业活动编所描述的基本世界知识略有了解，这一基本世界知识首先就体现在专业活动概念群和概念树的设计，政治、经济和文化是专业活动的基本殊相概念群，那么什么是三者的定义？这个定义确实比较复杂，它就是三者相应概念树所规定的全部内容，那么，各概念树又如何定义？它就是该概念树的全部一级延伸概念所规定的全部内容，一级延伸概念又如何定义？这首先就有本体论描述和认识论描述的区分，其次是截止和继续的区分，即封闭方式和开放方式的区分。这样，概念的本体论描述和认识论描述在 HNC 符号体系里就基本不存在困扰了。在 HNC 符号体系整体框架的视野里，西方世界的各种“主义”之争就不过是一种“公说公有理，婆说婆有理”的热闹学术景象罢了。“主义”是“自由”这一现代西方世界核心价值观的必然产物和体现，但“主义”一定陷入自我束缚，从而必然走向“自由”的反面。可惜连哈耶克先生都没有洞察到这一点。近代中国人习惯于“取其精华，去其糟粕”的说法，但习惯于此说的人们并不明白：这个说法本身是建立在“我即上帝”的假定之上的，否则精华与糟粕的判断标准从何而来呢？“我即上帝”的假设其实是“自由”观念的最高体现，在一切重大哲学和科学探索的初始阶段是必要的，但绝不能把它带入探索的结果里。否则，“我即上帝”的假设就会陷入僵化的状态，这种状态不仅是可悲的，甚至是可怕的。精华与糟粕的简单二分法就是这种僵化的表现。本篇的引言里，笔者引入了第一名言和第二名言的说法（命题），说这两个命题分别是精华与糟粕可行吗？再进一步，说两者都是精华与糟粕的辩证表现可行吗？在笔者看来，提出这样的问题都是多余的，就如同提出“究竟是时势造英雄还是英雄造时势”这样的问题一样。近 5 年来，HNC 对延伸概念符号“ekm 和 ekn”的运用取得了较大进展，池毓焕博士告诉笔者：“ekm 和 ekn”的出现频度超过了另一对延伸概念“m 和 n”的出现频度，这表明“ekm 和 ekn”在语言概念空间里是概念辩证性的主流表现。黑格尔先生对概念辩证性的研究并没有深入到这一主流侧面，而只涉及它的基本侧面，即“m 和 n”侧面。因此，今后将引入基本辩证和主流辩证的术语，前者对应于“m 和 n”辩证表现，后者对应于“ekm 和 ekn”的辩证表现。但是，我们绝对不能因此而对黑格尔先生关于概念辩证性的宏伟论述随意褒贬，更不宜随意使用糟粕之类的词语。黑格尔先生关于文明的那一段名言（“东方文明只知道一个人是自由的，希腊文明知道一部分人是自由的，日耳曼文明才知道所有人都是自由的”）就属于这类不宜随意褒贬的命题，至于有些中国人以奉为圭臬的心态引用这段名言，恐怕只能说是极不成熟的表现了。当然，精华与糟粕是一种客观存在，任何文明都存在糟粕，把糟粕当作精华的顽固派在历史的转折关头肯定大有人在。但在 20 世纪的中国，情况十分复杂，我们对浪漫理性——他们喜爱“封建=糟粕”之类的公式——泛滥的严重后果是否反而有点麻木不仁呢？

HNC 的概念本体论描述和认识论描述与语言概念空间的理解基因存在什么关系？“理解基因”这个术语或概念成立吗？有没有赶时髦的意味或抄袭的嫌疑？笔者也一直在思考这个问题，所以理解基因这个术语还没有在已经出版的 HNC 理论著述中出现过，不过，在 HNC 的内部沙龙里已经试用过一段时间了，这里是第一次正式使用。从本编开始，《全书》进入主体语境概念树的论述，语境概念树的每一延伸概念都与语言概念空间的一项理解基因相对应，这就是理解基因的定义。人类大脑皮层里有多少这样的理解基因呢？到本卷结束时，这个问题就会有一个精确的答案。不过，这个精确数字并不重要，重要的是它的数量级，这里可以预告一声：大脑自然语言理解基因的直接主体构成大约是 15 000。这项理解基因的探索属于大脑研究的战略性课题，用围棋术语来说，就是大脑研究的大场。西方认知科学界似乎还没有这样的认识，这是西方传统语法思维和逻辑思维的必然效应或必然造成的局限性，这一点，将在《全书》第二卷第四编和第六编里给出比较详尽的论述。因此，HNC 一家孤军奋战的态势还会持续相当长的一段时间。但是，中华文明已经萌生了要在各项专业领域赢得话语权的强烈愿望，自然语言理解基因的探索是在科技领域赢得话语权的最佳突破口之一。针对这个突破口的前哨战已经打响了，HNC 赢得了巨大的理论优势。但是，自然语言理解作为一项重大科技工程的正式启动还需要耐心的等待，因为，这需要一位科学弥赛亚的智慧与魄力。

以上的大段论述理应安置在《全书》的序言里，但笔者决定将序言的大部分内容也在相关章节里复说或详说，这可能有利于读者的阅读，这是第一次尝试。

广义作用反应 7101 的本体论描述 7101t=a 和认识论描述 7101e0n 可构成复合理解基因，下面给出两个示例：

7101tu7101e0n
((7101t;7101e0n),l45,ay$_1$y$_2$:)

第一示例是复合理解基因之本体论描述和认识论描述的必然组合。如果说它是复合理解基因形而上表示的代表（或称理解基因第一复合原理），那么，第二示例就是复合理解基因形而下表示的代表（或称理解基因第二复合原理）。第二示例表示式里的 y_1 是有选择性的，其范围取决于 7101 的定义式。前文说“两‘化’只是‘似乎’而已”，现已正式确认此言之不虚（属实）了。当然，这里只是一个特例，不是所有的复合理解基因都有如此简明的复合表示式。但是，原则性困难肯定是不存在的，只要你把握住了 HNC 全部符号体系的定义。

广义作用反应 7101 本体论描述的二级延伸概念 7101t$_1$t=a 就不必多说什么了。现代西方社会流行着各种各样的民意调查 a3593，各国政府也十分关注理念宣传 a12\1*9 和舆论监督 a12\1*a，这 3 项理解基因与广义作用反应 7101 之间存在下列基本概念关联式：

(a3593,l03,7101//)
（广义作用反应是民意调查的首要内容）
7101<=a12\1*9—（7101-1）
（广义作用反应强流式关联于理念宣传）
7101=a12\1*a——（7101-2）
（广义作用反应强交式关联于舆论监督）

上面对第二和第三个基本概念关联式给出了编号，这里的编号直接依托于概念树 7101，一般情况依托于延伸概念，这个编号形式只是 HNC 定义的多种编号形式之一，表示该概念关联式特别重要，将简称特殊编号。其他编号形式的含义请跳阅本卷第三编第四章的 4.7.1 小节。

0.1.2 广义作用反应基本形态 7101e0n 的世界知识

为便于阅读，将广义作用反应基本形态的汉语说明拷贝如下：

7101e0n	广义作用反应的基本形态
7101e05	攻击
7101e06	反抗
7101e07	顺从

广义作用反应基本形态选用了映射符号 7101e0n，为什么？这里存在两个基本问题：为什么只有一项？为什么偏偏选“7101e0n”而不选其他？如“7101e0m”？笔者就不直接回答这两个问题了，请读者自己思考吧。

中国的网民数量已经是世界第一，这个世界第一也许会保持半个世纪以上。中国主体网民的网络词语在 7101e0n 方面极富“创造性”，也最喜爱使用这类“创造性”词语。

因此，7101e0n 的汉语词语捆绑工作十分繁重，这就要麻烦《全书》的第一位接力者池毓焕博士多加费心了。

结束语

本节论述了本体论描述和认识论描述的概念，给出了这两类描述的符号表示。几千年来关于本体论与认识论的哲学论争当然不会因为 HNC 引入的这一符号表示而结束，但在许多方面至少可以告一段落吧。本节还正式推出了自然语言理解基因的论断，笔者并不奢望读者立即认同这一论断，但希望读者一定要进行理解基因的思考。HNC 虽然只关心语言概念空间，但其思考方式是否有助于另外 4 种概念空间的类似思考？就语言学来说，理解基因的思考方式是否对传统语法学的研究有一定的参考价值？乔姆斯基先生的普适语法概念实质上就是语言生成基因的概念，但是，S=NP+VP 有资格充当自然语言生成基因的数学表示式吗？请读者思考吧。

第 2 节 对广义效应的心理反应 7102 (045)

引言

如同上节一样，对广义效应的心理反应 7102 将简称广义效应反应，用于描述人们对文明第二主体——文化和科技——的感性反应。其概念延伸结构表示式也将采取本体论描述和认识论描述的简明模式。

0.2-0 广义效应反应 7102 的概念延伸结构表示式

```
7102:(t=a,e6m;(t)i,ad01,e61c2m;(t)ie4n)
   7102t=a                 广义效应反应的基本侧面
   71029                   文化反应
   7102a                   科技反应
       7102(t)i              生活方式
          7102(t)ie4n          生活方式基本描述
       7102ad01              科技迷信
   7102e6m                 广义效应反应的基本形态
   7102e60                 融合
   7102e61                  “欢迎”
       7102e61c21            好奇
       7102e61c22            迷恋
   7102e62                 拒绝
```

7102e63　　　　容纳

0.2.1 广义效应反应基本侧面 7102t=a 的世界知识

上节已经指出：延伸概念 7102t=a 是广义效应反应的本体论描述，具有下列定义式：

71029::=(6502,143,(a3,a7))
（文化反应定义为人们对文化与教育活动的感性反应）
7102a::=(6502,143,(a6,a2))
（科技反应定义为人们对科技与经济活动的感性反应）

从上面的定义式可以判定：7102t=a 的后续延伸将不同于 7101t=a 的后续延伸。这里给出了两项，一是非分别说延伸 7102(t)i，定名为生活方式；二是极度科技反应 7102ad01，定名为科技迷信。下面以两个分节进行论述。

0.2.1-1 生活方式

生活方式 7102(t)i 是最为复杂的社会课题，其时代性和地域性表现极为鲜明。下面先给出 7102(t)i 的基本概念关联式：

7102(t)i≡50ba——（7102(t)i-1）
（生活方式强关联于社会风尚）
7102(t)i=50ac26a//50ac2n——（7102(t)i-2）
（生活方式强交式关联于物质与精神生活，首先是第二类精神生活）

生活方式 7102(t)i 的时代性和地域性是一项重要的世界知识，以下列概念关联式进行描述：

((7102(t)i,s31,pj1*~b),j1111,u1079c25)——（7102(t)i-3）
（农业和工业时代的生活方式是渐变的）
((7102(t)i,s31,pj1*bc35),j1111,u1079c26)——（7102(t)i-4）
（后工业时代初期的生活方式是剧变的）
((7102(t)i,s32,wwj2-0;s31,pj1*~b),100*331,jr52e22)
——（7102(t)i-5）
（农业和工业时代不同地域的生活方式呈现为多样性）
((7102(t)i,s32,wwj2-0;s31,pj1*bc35),100*137d31,jr52e21)
——（7102(t)i-6）
（后工业时代初期不同地域的生活方式确定地趋向于单一性）

上面的概念关联式都以生活方式 7102(t)i 的名义赋予了特殊编号，这表明了生活方式这一概念的特殊重要性，在理念 d1 章里将对这些概念关联式作出呼应。

对生活方式给出了（三级）延伸概念 7102(t)ie4n，定名为“生活方式基本描述”，熟悉符号“e4n”意义的读者可对它所描述三种生活方式自行命名，笔者建议的命名是：适度享乐 7102(t)ie45、苦行 7102(t)ie46 和过度享乐 7102(t)ie47。下面给出 7102(t)ie4n 的基本概念关联式：

7102(t)i~e47≡d13e25
（适度享乐和苦行强关联于积极文化理念）

7102(t)ie47≡d13e26
（过度享乐强关联于消极文化理念）
7102(t)ie47=>(53e72,l47,pj1*b)
（过度享乐强源式关联于后工业时代危机）

这三个基本概念关联式毫无疑问具有赋予特殊编号的资格，但这里没有这样做，因为笔者不想造成不必要的误解。“后工业时代危机”是一个远未形成基本共识的概念，本卷第三编第一章（政治活动）的 1.0.3 小节对此略有论述。

0.2.1-2　科技迷信 7102ad01 综述

科技活动对生产力发展的巨大推动作用已经超越了上帝的预期，更远远超越了经典社会主义大师们对共产主义社会物质文明水平的预期，这里有列宁先生的“共产主义就是‘苏维埃+电气化’”的名言为证，也有斯大林先生的“年产 6000 万吨钢和 6000 万吨石油就可以保证苏联无敌于天下”的名言为证。半个世纪前，年产 300 万吨粗钢的“武钢”曾是我国为之奋斗了十年以上的第一号重工业的骄傲，而今天的印裔钢铁大王米塔尔先生竟然敢宣称：他计划以 5 年多的时间在印度建设一个年产 1.2 亿吨粗钢的钢铁巨无霸。目前我国的年消费钢铁量已超过 4 亿吨，接近全球消费量的 1/3，远远超过了美国和欧盟。这是一个斯大林先生不曾梦想过的天文数字，这是一个应该让全球为之震惊的可怕数字，但人们对此并没有多大反应，为什么？因为在当代经济精英的眼里，钢铁不过是夕阳产业，经济价值不大，信息和金融才是朝阳产业，经济价值最大，这是高见。但这一高见里缺乏一点形而上的思考，钢铁产业的环境代价虽然很大，但其消极消费效应却比较小，信息和金融产业虽然环境代价比较小，但其消极消费效应却很大。这里使用了“消极消费效应”的概念，这个概念属于经济活动的五种基本效应之一。在当代经济精英眼里，这个概念大约属于乱弹琴之类，所以，下面不得不预说一点关于五种基本经济效应的世界知识。

HNC 定义的五种基本经济效应是：财富效应 r3a1\2、生产力效应 r3b1\2、消费效应 r3b2e2n、环境代价 r3a2\2 和人文代价 r3a2\3，消极消费效应属于其中的 r3b2e26。这五种基本经济效应具有下列基本概念关联式：

(r3a1\2,jl00e22,pj1*t)
（财富效应无关于时代）
r3b1\2=pj1*~9
（生产力效应强交式关联于工业和后工业时代）
(r3b2e25+r3a2\2)=pj1*a
（积极消费效应和环境代价强交式关联于工业时代）
r3b2e26+r3a2\3=pj1*b
（消极消费效应和人文代价强交式关联于后工业时代）

关于五种基本经济效应的论述理应放在经济活动基本内涵 a20 这一概念树（本卷第三编第二章第 0 节）里，但笔者将不这样做，而放到经济理念 d12 这一概念树（本卷第四编下篇第一章第二节）里去论述。这不是由于经济活动五种基本效应的世界知识不够重要，也不是出于对五效应说本身是否成立怀有顾虑，而是由于五效应说的内涵已经远远超出了经济活动本身，五者对人类社会扮演着天使与魔鬼的双重角色，人类对它们的认识还停留在工业时代的惯性视野里。五效应的总根源是科学技术的发展，而科技迅猛发展的一个必然效应就是科技迷信的产生。“科技迷信”这个概念或术语必然会引起质疑，笔者也曾反复质疑自己。但是，在读了伏尔泰先生的《历史哲学》(即《风俗论》的导言)以后不再质疑了。原来，当代的科技迷信不过是远古时代自然迷信的翻版。《历史哲学》对远古自然迷信的发生和演变作了十分精彩的论述，那么，21 世纪后期是否会出现关于科技迷信的伏尔泰式专著？我们只能翘首以待！笔者曾在《对话》里通过形而上老者之口说：“科学被奉为至尊……新的迷信弥漫在西方的天空，从自由和民主到语法和逻辑，几乎无所不在。”这些新的迷信包括专业活动的全部领域，科技迷信只是其中之一。本节将对它给出一个初步描述，其概念延伸结构表示式如下：

```
7102ad01:(t=b,\k=2;)
  7102ad01t=b          科技迷信本体论描述之一
  7102ad019            财富迷信
  7102ad01a            生产力迷信
  7102ad01b            消费迷信
  7102ad01\k=2         科技迷信本体论描述之二
  7102ad01\1           无视自然
  7102ad01\2           无视人文
```

这一初步描述可概括成三迷信和两无视，这体现了汉语表述的优势，也体现了形而上概括方式（本体论描述与认识论描述）的优势。这五者与五种基本经济效应的基本概念关联式如下：

```
7102ad019<=r3a1\2
（财富迷信强流式关联于财富效应）
7102ad01a<=r3b1\2
（生产力迷信强流式关联于生产力效应）
7102ad01b<=r3b2e2n
（消费迷信强流式关联于消费效应）
7102ad01a=>(7102ad01\k,k=2)
（生产力迷信强源式关联于两无视）
7102ad01b≡7102(t)ie47——（7102-8）
（消费迷信强关联于过度享乐）
7102ad01\1=>r3a2\2
（无视自然强源式关联于环境代价）
7102ad01\2=>r3a2\3
（无视人文强源式关联于人文代价）
```

对这 7 个概念关联式应作两点说明：第一，前 4 个概念关联式对应于前述“存在决定意识”的第一名言；后两个概念关联式对应于“意识决定存在”的第二名言。第二，消费效应有积极与消极之分，因此，消费迷信也有积极与消极之分。这里应立即加以补充：任何效应和任何迷信都有积极与消极之分，五种基本经济效应和科技的三迷信与两无视也不例外。不过，其中的消费效应的二重性最为突出，故赋予直接的符号表示。

写到这里，笔者不能不说一句逆耳的话，只看到两无视而不见三迷信是当代形而上思维衰落的突出表现，是后工业时代面临的最大认知危机。批判两无视的论坛、论文和专著已经是浩如烟海，而在这个喧嚣的世界里听得到批判三迷信的声音吗？诚然，这样的声音在个别学界高人那里出现过，但似乎还没有人对三迷信给出本体论和认识论层次的系统论述，从而对三迷信与两无视之间的源流关系给出透彻的阐释。请允许我再说一次：让我们等待伏尔泰式的论述吧。

以民主、平等、自由和人权为核心价值观（四者又以自由为核心）的西方文明不可能对三迷信展开批判，因为这些美好的价值观正是建立三迷信的基础之上。经典社会主义制度的遽然崩塌使得西方人得意忘形，以为西方文明的普世性已经得到了证实，必将畅通无阻地推行于全球。可是，他们忘记了一个基本的现实，那就是占有全球“财富”（包括财富、生产力和消费）总量 70%～80%的西方文明不过只拥有全球人口的 1/7，他们是后工业时代地球村的新贵族。这个新贵族确实继承并弘扬了希腊、罗马开明贵族的至善理念（包括民主、平等、自由、人权和法制），但希腊、罗马开明贵族的至善理念是把奴隶排斥在外的，女人也基本排除在外。为什么提出至善理念的先哲们会出现这样的局限性？非不欲为（打破这一局限性）也，知其不可为（这一局限性乃现实性的理性呈现）也。所以，不要以为时代的局限性仅仅是认识上的局限性，更不要把时代局限性简化为糟粕性。地球村是个时髦的词语，但千万别忘记了这个村子仍然有贵族与平民之分，目前，仅有 1/7 的人是这个村子的贵族，另外 6/7 的人还是平民甚至是贫民，这就是后工业时代的基本现实，这个不合理的现实肯定需要改变。问题是如何改变？历史上出现过两种基本构思：一种是把贵族降低为平民，另一种是把平民提升为贵族。第一种构思导致著名的乌托邦设想，经典社会主义继承了这一设想；第二种构思导致发展全能的梦想。这一梦想渊源于科技的迅猛发展，这一发展确实造就了西方文明全民贵族化的奇迹，三迷信是这一奇迹的产物，符号 7102ad01t=b 描述的就是这一极为重要的世界知识。

从哥伦布发现新大陆至今的 500 多年间，发展一直展现出无比巨大的威力和无限美好的前景，已成为现代的全能上帝，被西方世界评为“千年十杰”之一的霍金先生就对这位上帝深信不疑，最近还据此描述了移民外星球的宏伟远景。但是，发展真的是全能上帝吗？有人计算过：如果全人类都达到现代西方文明的享乐水平，还需要 6 个地球提供基本资源，现代上帝能再创造 6 个地球吗？当然，不能对这一计算结果过于认真，因为资源不是静态的，科技可以创造各种资源。但是，科技创造力的增长速度能够满足三迷信的无限渴求吗？在当前各种全球化的谈判中，那 1/7 的贵族依然顽固地坚持着寸利必争的态度，这一令人愤慨的表现其实主要是三迷信在作祟，而不是所谓的帝国主义的陈旧阴谋。查韦斯先生不理解这一点，内贾德先生更不理解。这里还应该指出：占地球村人口 6/7 的平民可分为 5 种类型（世界）——市场社会主义世界（第二世界 pj01*\2）、经典文明模拟世界（第三世界 pj01*\3）、伊斯兰世界（第四世界 pj01*\4）、部落基础世界（第五世界 pj01*\5 北非以外的大部分非洲）和征服遗裔世界（第六世界 pj01*\6 拉丁美洲的大部分国家），而所谓的发达国家将定名为经典文明世界（第一世界 pj01*\1）。上述两位先生是征服遗裔世界和伊斯兰世界这两类平民的极端代表，两位的表现不过一种政治表演，其实无足轻重。关键是市场社会主义世界和经典文明模拟世界的发展势态，这两个世界的人口接近地球村居民的一半，而且他们最有潜力（与另外三个世界相比）较早跻身于后工业时代的贵族之列。中国和印度分别是这两个世界的代表，但是，如果他们也像当今的经典西方文明世界的贵族那样走上三迷信的道路，而现在的贵族又丝毫不反思三迷信的巨大危害，让那个核心价值观——自由——继续自由地驰骋，那么，这个 21 世纪的后工业时代必将出现我们现在难以想象的各种历史阵痛。

在笔者看来，上述关于六个世界的概念无比重要，因此，已对它们直接赋予映射符号。虽然这六个世界具有很大的不确定性，但使用符号 pj01*\k=6 加以描述是适当的，这将在《全书》第二卷第八编里论述。六个世界并存的态势肯定还要持续若干个世纪，过去的 14 个世纪，前五个世界在东半球基本保持着它们原来的地盘，仅经典文明世界在西半球和大洋洲扩展了它们的地盘并在拉丁美洲催生了一个征服遗裔世界 pj01*\6。工业时代曾造成经典文明世界 pj01*\1 一家独霸的局面，这个局面已随着后工业时代曙光的出现而彻底改观。六个世界并存的态势将顽强地持续下去，它不仅没有随着全球化的态势而削弱，而是相反呈现一种加强势头，从这个视野来看，《世界是平的》之类的畅销书的作者们都是患有形而上基因缺陷的糊涂学者。对这一发展态势略有认识的反而是那位《历史的终结及最后之人》的作者福山先生，不过这个书名会造成严重的误导，这“历史的终结”应理解为“工业时代的终结”，而“最后之人”则应理解经典文明世界的贵族。两者毕竟代表着人类历史发展的两个高峰，可惜福山先生没有意识到：这高峰既是工业时代晚霞的象征，又是后工业时代曙光的象征。

三迷信和两无视都存在相应的反概念，它们具有下列基本概念关联式：

```
^(7102ad01)==d10e41
（科技迷信之反是适度积极理念的虚设）
^(7102at=b)==d12e41
（三迷信之反是适度经济理念的虚设）
^(7102ad01\k)==d13e41
（两无视之反是适度文化理念的虚设）
```

0.2.2 广义效应反应基本形态 7102e6m 的世界知识

广义效应反应基本形态的选用映射符号 7102e6m 与广义作用反应基本形态的选用 710e0n 有异曲同工之妙，笔者就点到这里为止。

有趣的是：中国主体网民的网络词语在 7102e6m 方面的创造性远低于 7101e0n。这也许与中国属于市场社会主义文明有关吧。不过，在三迷信和两无视方面，现代汉语都出现了语用力量极为强大的名言。语言概念空间就是自然语言的天堂，天堂有天堂的法则，人间的习惯无权干预天堂的法则。

结束语

本节给出了生活方式的映射符号，引入了科技迷信的概念及其映射符号，具体描述了科技迷信的基本内容——三迷信和两无视，列举了广义效应反应的 8 个特殊编号概念关联式。这些是本节的要点，但显然笔者言有未尽，非不敢言也，而是思虑未透也。也许在《全书》结稿时，笔者会写一段补充说明放到附录里。

第 3 节
对关系另一方的反应 7103 (046)

引言

对关系另一方的反应 7103 将简称关系反应。按照作用效应链的概念，关系不过是广义作用的一个侧面或环节，既然设置了广义作用反应 7101，为什么要重复设置关系反应 7103 呢？这是由于 HNC 将 7101 和 7102 直接联系于专业活动的殊相概念树，因此需要设置一个面向这些概念树之外（包括 a0）的不管部性质的反应概念树。关系具有作用与效应的双重性，是作用效应链殊相感性反应非分别说的天然代表。因此，心情的第三株殊相概念树 7103 之定名关系反应，就是 HNC 的必然选择了。

0.3-0 关系反应 7103 的概念延伸结构表示式：

```
7103:(^e4n,e2m,t=b;e4nd01,~^e47d01)
  7103^e4n            关系反应的第一形态
  7103^e45            关心
    7103^e45d01         热衷
  7103^e46            兴趣
    7103^e46d01         好奇
  7103^e47            冷漠
    7103^e47d01         冷酷
    7103~(^e47)d01      激情
  7103e2m             关系反应的第二形态
  7103e21             直接反应
  7103e22             间接反应
  7103t=b             关系反应的基本内容
  71039               权势反应
  7103a               利益反应
  7103b               成就反应
```

关系反应 7103 设置了 3 项一级延伸概念，前两项属于认识论描述，第三项属于本体论描述。本节仅点出这一点，此后将完全略而不说，特此说明。

0.3.1 关系反应第一形态 7103^e4n 的世界知识

在关系反应 7103 的 3 项一级延伸概念中，唯有关系反应的第一形态 7103^e4n 给出了二级延伸概念，这些概念都具有比较准确的自然语言词语，汉语也不例外。因此，笔者毫不怀疑：未来的脑科学研究将证实，这些延伸概念必与大脑皮层的某一特定小区相对应，这种特定小区就是理解基因的载体。可以预期：7103^e4n 所对应的“关心、兴趣和冷漠”等概念将与禀赋 722 这一概念群同属大脑的某一特定小区，我们不妨把这一特定小区暂称为禀赋小区，该小区又可划分为“禀赋”（禀赋的基本内涵）7220、性格 7221 和素质 7222 三个子区。这就是说，7103^e4n 具有下面的基本概念关联式：

```
7103^e4n=722
（关系反应第一形态强交式关联于禀赋）
```

本篇的 0.1.1 小节曾谈到在自然符号体系里进行定义的巨大困扰和 HNC 符号体系如何免除这一困扰的有趣话题，并指出这一话题正是语言哲学的起源。这里建议读者在阅读本编的过程中，不妨多花点精力思考一下 HNC 符号体系和相应自然符号体系之间的本质差异：确定性与模糊性。刚才提到了性格 7221 和素质 7222，在本编第二篇的相应两章里，将对它们给出确定性的描述（定义），读者可以把 HNC 的描述与《现汉》对性格和素质的描述进行对比，体验一下这两类描述的本质差异。一些关心 HNC 的语言学家对 HNC 庞大的数字符号体系感到茫然，有人建议 HNC 回归自然语言符号，有人建议 HNC 回归数理逻辑符号。应该看到：这两种回归只是沟通的需要，而不是科学描述或科学表示的需要。如果要求 HNC 放弃其数字符号体系，那就如同要求麦克斯韦放弃其电磁场理论的微分方程，如同要求爱因斯坦放弃其广义相对论的张量方程，这里的如同性是一清如泉的，把“无须赘述”的套话用在这里是最恰当不过的了。

7103^e4n 的延伸概念 7103^e4nd01 和 7103~^e47d01 由于符号自身的意义自明性，这里就不作进一步的论述了。但应该指出：中华文明和西方文明对于热衷 7103^e45d01、好奇 7103^e46d01 和激情 7103~^e47d01 的认识存在巨大差异，这一差异对交际引擎来说是非常重要的，但对交互引擎并不那么重要。因此，本小节将不涉及这一世界知识，而仅给出下列概念关联式：

```
7103^e45d01=>b00
（热衷强源式关联于追求）
7103^e46d01=>a60
（好奇强源式关联于探索与研究）
7103^e47d01=>7221be77
（冷酷强源式关联于凶残）
```

0.3.2 关系反应第二形态 7103e2m 综述

关系反应第二形态 7103e2m 分别定名为直接反应 7103e21 和间接反应 7103e22，这一定名的渊源可以从下面的定义式找到清晰的答案：

```
7103e2m::=(6502,l45,(XBC,jl00e2m,(r4045,l47,X2B))
```

这个定义式对关系反应第二形态的世界知识给出了明晰的规定，直接反应 7103e21 是有关反应者自身的感性反应，间接反应是无关于反应者自身的感性反应。

关系反应第二形态 7103e2m 具有下面的概念延伸结构表示式：

7103:(,e2m,;e2m:(d01,c01),(e2m):(d01,c01))

这些二级延伸概念的意义都具有符号自明性，就不另行定名了。第一项二级延伸概念是对关系反应的分别说，属于社会心理学关心的课题，汉语的相关词语比较丰富，下面给四个例子：

7103e21c01	置之度外
7103e21d01	睚眦必报
7103e22c01	事不关己，高高挂起
7103e22d01	路见不平，拔刀相助

第二项二级延伸概念是对关系反应的非分别说，属于哲学关心的课题，下面也给两个例子：

7103(e2m)c01	淡泊
7103(e2m)d01	“超人”

“淡泊”是庄子的基本理念，“超人”是尼采的基本理念。理念是信念（相信最高本体——上帝——的存在）的升华，是信念与理性的结合，也可以叫做上帝情结。哲学家都存在上帝情结，老聃的上帝是“道”，孔子的上帝是“仁”，唯有庄子彻底摆脱了上帝情结，因此淡泊就成了他的上帝。尼采虽然宣称“上帝死了”，但他的上帝情结最为浓厚，因此必须造出一个超人（查拉图斯特拉）来代替那位死去的上帝。这些话属于人类第三类精神生活的主题，这里提前略说，是为了方便读者理解下列基本概念关联式：

(7103e2md01+7103e2mc01)=d20
（关系反应第二形态的分别说强交式关联于理性的基本内涵）
(7103(e2m)d01+7103(e2m)c01)=d10
（关系反应第二形态的非分别说强交式关联于理念的基本内涵）

敏感的读者可能会问：关系反应第二形态 7103e2m 的延伸概念为什么不使用“e4m”或“ckm”之类的符号呢？笔者的回答是：现代汉语不是有“抓两头，带中间”的说法吗？这体现了一种智慧，这里的延伸概念设计是这种智慧的运用。

0.3.3 关系反应基本内容 7103t=b 的世界知识

关系反应基本内容 7103t=b 是关系反应的本体论描述。这一描述的依据关系到人类专业活动共相概念树 a00 里的“三争”概念（本卷第三编第零章），具有下面的基本概念关联式：

(7103t<=a0099t,t=b)
（关系反应基本内容强流式关联于专业活动的“三争”）

“三争”的具体表述是争取权势、争取利益和争取成就，故对应的关系反应被分别定名为权势反应 71039、利益反应 7103a 和成就反应 7103b。这 3 项反应必然具有两种形态的区分，依据理解基因第一复合原理，必然存在下列两组复合理解基因：

```
7103tu7103^e4n     第一形态的“三争”
7103tu7103e2m      第二形态的“三争”
```

对这两组复合理解基因，要直接给出捆绑词语。这项工作存在比较大的难度，先做一点浅显的东西吧，交互引擎不必对此有深入的把握，因为 HNC 并不奢求计算机能够读懂鲁迅先生的杂文。这里顺便说一句，鲁迅先生是关系反应基本内容 7103t=b 这组理解基因的第一号专家，但不是上述第一形态复合理解基因的专家，这就是浪漫理性的局限性。

结 束 语

本节粗说了理念和上帝情结的概念，传统中华文明以理念为上帝，传统西方文明以理性为上帝。理性以科学为依归，理念以伦理为依归。理性满足于把理念降低为法治，理念则追求把理性提升为德治。要考察传统中华文明和传统西方文明的基本差异，离开了这个基本视野是不可能抓住要领的。这些论断将在本卷第四编里论述，但那里的论述将引用本节和本章的许多概念及其概念关联式，故这里粗说之以便相互呼应。以上已经说了本章后记应说的话。所以，本章就不写后记了。

第一章

态度 711

引 言

态度列为“心理”的第一号殊相概念群，应该是没有异议的。HNC关于这个问题的思考已经在第零章的引言里说过了。中国有句谚语说“知人知面不知心”（下文将简称“东谚”），这里的“面”有两层意思，一是“面孔”的面，二是“两面派”的面，后者就是态度。“面”与“心”的关系实质上是伦理学的核心课题。“东谚”是一种过于消极（悲观）的描述，东方伦理学可以说是“东谚”的反思式演绎，致力于良知的塑造，试图使不可知的心转换成可知的心；另外还有一种过于积极（乐观）的描述，那就是“西谚”——“眼睛是心灵的窗户”，西方伦理学可以说是“西谚”的正思式演绎，致力于原罪与赎罪的阐释，试图使隐蔽的心转换成透明的心。因此，东西方伦理学具有异曲同工之妙。尼采先生全然不了解这一点，在其《善恶的彼岸》中仿照黑格尔的文明三段论，提出了道德三段论，也仿照黑格尔的思路，把中国的伦理学打入前道德阶段。由此可见，尼采先生与其说是浪漫理性最伟大的天才，不如说是浪漫理性最伟大的勇士。他自以为是“超人”，其“超人”式思考获得了空前发现，而实际上那不过是许多先哲不愿意捅破的一层窗户纸，希腊人把这层窗户纸叫做潘多拉盒子。难道先哲们真的不明白：“正义渊源于邪恶、人性渊源于兽性、智慧渊源于愚昧、神灵渊源于想象”的简明逻辑吗？否！佛陀最明白这一点，斯宾诺莎和康德都明白这一点。不过他们更明白：人类大多数最需要的**毕竟**只是“知其然”，而不是“知其所以然”。这个特殊的“**毕竟**”可名之为“智能潘多拉盒子”或“智慧窗户纸”，他们都一致决定不砸开这个潘多拉盒子，不撕破这层窗户纸，但尼采先生不明白先贤们的这一良苦用心。同时应该说明：与霍金先生不同，尼采先生确实不愧为“千年十杰”之一，因为，他不仅在20世纪的东西方世界成全了一大批政治家，也成全了一大批文化人，鲁迅先生就是尼采先生最杰出的学生之一。

关于态度711这一概念群之概念树的设计，笔者将采取经验理性的思考方式，主要吸收东方伦理学的成果，因此不能不提前说了一点关于浪漫理性的话语。下面先给出711各概念树的清单，然后稍加说明。

7110	态度的基本内涵
7111	对事业的态度

7112　　　　对亲情的态度
7113　　　　对友谊的态度

这个清单表明：HNC 认为事业 7111、亲情 7112 和友谊 7113 是人类第一类精神生活的三项基本要素，态度殊相概念树所要描述的就是对这三项基本要素所持的态度。第一类劳动者和第二类劳动者的精神生活固然存在巨大差异，两类劳动者的精神生活在不同文明地区也会存在巨大的差异，随着历史时代的巨变，人类精神生活的内容更是发生了翻天覆地的变化。但所有这些差异和变化里存在一个“万变不离其宗”的“宗”，那就是符号(711y,y=1–3)所描述的事业、亲情和友谊。

浪漫主义者一定对这三要素说提出异议，因为在尼采先生看来，事业不过是贵族的游戏，亲情不过是统治者的骗局，友谊不过是智者的奸计。但是，“自强不息”的雅言和“望子成龙”的俗话难道只是贵族的专利吗？难道“孝悌也者，其为仁之本与”只是统治者的专利吗？难道“四海之内，皆兄弟也”只是智者的专利吗？有人说：大众最基本的需求是生存，诚然！尼采哲学也被称为生存哲学。但是，君不见：正是在最贫苦的生存里存在着更感人、更伟大的事业、亲情和友谊吗！还是把生存的概念提升一点吧，把事业、亲情和友谊看作是生存的三要素吧。事业可大可小，但绝不可无，亲情可浓可淡，但绝不可无，友谊可多可寡，但绝不可无。故笔者在《八声甘州·七十抒怀兼谢友朋》一词中曾写道“事业、亲情、友谊，万岁此园田”，这园田里的辛勤园丁，才是一个全面的人，一个高尚的人，一个真正幸福的人。

至于态度的共相概念树 7110，那就在本章的第 0 节里论述了。

第 0 节
态度的基本内涵 7110 (047)

引言

本节将直接进入态度基本内涵 7110 的概念延伸结构表示式，不作文字表述。因为前面已经对 HNC 的定义方式及延伸概念的本体论描述和认识论描述给出了充分的阐释，7110 之概念延伸结构表示式的数学表示与文字说明都一清如泉，如果对这一设计的依据怡然自得地不惜笔墨，反而是对读者的不尊重了。

1.0-0 态度基本内涵的概念延伸结构表示式

```
7110:(t=b,\k=5;)
  7110t=b        态度的基础因素
  71109          契约因素
  7110a          观念因素
  7110b          日常心态因素
  7110\k=5       态度的基本表现
  7110\1         态度的素质表现
  7110\2         态度的判断表现
  7110\3         态度的关系表现
  7110\4         态度的伦理表现
  7110\5         态度的方式表现
```

1.0.1 态度基础因素 7110t=b 综述

态度基础因素 7110t=b 是对态度本体论的第一描述，描述了决定态度的三项基础性因素：契约、观念和日常心态。具有下列基本概念关联式：

```
71109<=a009aae2m
（态度的契约因素强流式关联于契约的基本内容）
7110a<=d30
（态度的观念因素强流式关联于观念）
7110b<=714
（态度的日常心态因素强流式关联于心态）
```

这里应该交代一声：交织延伸“t=o”本身存在不同类型或特性，这将在《全书》第三卷第一编里论述。此处要提前说明的是：7110t=b 所描述的三因素有轻重之分，契约因素远重于观念因素，观念因素又重于心态因素，这一世界知识就蕴涵在上列概念关联式里，契约对应的符号是 4 级延伸概念，观念对应的符号是概念树，心态对应的符号是概念群。这一符号性质的差异就对应于读者熟悉的权重概念。语言概念空间的这种特殊权重表示方式还需要研究与沟通，笔者在最近写的《快讯》里将这一特殊权重的运用纳入看齐原则之一，其用意即在于沟通。

下面先介绍一下契约的概念。

契约可视为外来语，描述契约基本内容的术语——权益与义务——似乎也是外来语，其实不然。《孟子》开宗明义第一章孟子见梁惠王的对话就是关于权益与义务的全面论述，其中的那句名言——“王何必曰利，亦有仁义而已矣”——是多么精辟和精练的表述啊！这里的“仁”就是指权益，“义”就是指义务，契约的古汉语表述就是“仁义”。HNC 采用的映射符号是 a009aae2m，a009aae21 对应于权益，a009aae22 对应于义务，利的对应符号是 a009aae21a。梁惠王只说到“利”，所以孟子不得不立即加以纠正。读者可能熟悉“你若不仁，我就不义”的说法，翻译成现代汉语就是“如果你不讲权益，我也就不讲义务了”。所以，契约、权益、义务等概念只是词语形式上的外来，并非内容实质上的外来。那位自幼脱离汉语语境的海归先锋辜鸿铭先生精通英、法、德、拉丁等多种语言，欧洲文艺复兴之后的人文社会科学名著无不了然于胸，为什么后来竟然服膺于以四书五经为核心的中华文明呢？也许“王何必曰利，亦有仁义而已矣”曾是对辜先生产生过巨大语用力量（振聋发聩）的名句之一吧。

契约这个词语或概念由于卢梭先生的《社会契约论》而流行，但这个概念并不是卢梭先生的发明，其在柏拉图的词典里就是正义，在伏尔泰的词典里就是风俗，古汉语以“仁义”名之应该说是比较高明的。请注意：契约在 HNC 的符号体系里，只是扩展交织延伸概念 a009aα=a 的老三，老大是秩序 a009a8，老二是制度 a009a9。因此，如果撇开秩序来谈制度和契约，或撇开秩序和制度来谈契约，那就叫做舍本逐末，很容易走上极端实用理性之路。反过来，撇开契约来谈秩序和制度，或撇开制度和契约来谈秩序，那就叫做乌托邦，很容易走上极端浪漫理性之路。这两种极端在怪异学人的思维里是不共戴天的敌人，但在精明政治家的思维里则是好朋友。为什么一些怪异学人和精明政治家会拥有众多的崇拜者呢？因为在这个浪漫理性和实用理性泛滥的时代，人们几乎接触不到上述世界知识。

1.0.1-1 态度契约因素 71109 综述

态度契约因素 71109 具有下面的概念延伸结构表示式：

```
71109:(e2n,e7m,e7n)
    71109e2n        态度的契约表现
    71109e25        “仁义”
    71109e26        “功利”
    71109e7m        态度的权益表现
    71109e71        慷慨
    71109e72        贪婪
    71109e73        小气
    71109e7n        态度的义务表现
    71109e75        大度
    71109e76        计较
```

```
        71109e77            吝啬
```

这里一共是 3 项延伸概念，第一项 71109e2n 描述态度的契约表现，第二项 71109e7m 描述态度的权益表现，第三项 71109e7n 描述态度的义务表现。这里要提醒接力者：第一项的词语捆绑应着重于非分别说方式，后两项则只取分别说方式。

态度契约表现 71109e2n 的具体形态非常复杂，但上面的延伸结构表示式仍然采取了封闭形态，这意味着对 71109e2n 不必作 71109e2nckm 之类的直接延伸。但这里应该指出，符号 71109e2n 本身存在相应的自然语言词语，“违心”是其中之一，“人在江湖，身不由己”也是。“违心”和“人在江湖，身不由己”都是一种态度，它们与现实行为 7331 强交式关联，但它们不是行为者的本意，因此，纳入行为描述不如纳入“心理”描述。“违心”是“仁义”与“功利”的对立统一吗？是“仁义”或“功利”两者之一的否定之否定吗？我不知道黑格尔先生会怎么回答这个问题，但我觉得黑格尔的概念三段论在这里显然遇到了麻烦。那么，老聃的“一生二、二生三、三生万物”的概念三段论怎么样呢？这里要告诉读者的是：“违心”的符号表示 71109e2n 及（推而广之）HNC 的整个“eko”符号设计，主要依据的是老聃的概念三段论，而不是黑格尔的概念三段论。

态度的权益表现和态度的义务表现分别采取了 71109e7m 和 71109e7n 表示，笔者觉得这两项符号表示都很传神，欲知究竟，请参阅《全书》附录里的李颖和池毓焕的论文[*01]。这里有 6 项概念，相应的汉语说明似乎都不够准确，但也都未加引号，因为，它们实际上是准确的。以贪婪为例，通常是指贪财，但实际上贪财者也一定贪权和贪名，其不贪权、不贪名的表现往往是假象。被誉为 19 世纪英国最有智慧的人阿克顿勋爵说过一句有名的话：“权力导致腐败，绝对的权力导致绝对的腐败。”这句名言最近常被人引用，但也有人指出它存在明显的逻辑缺陷，但指出者可能不明白这名言的语境，阿克顿勋爵是对绅士们说这句话的，如果把对象扩大到一般人，只要把“权力”改成“贪婪”就是了。

权益 a009aae21 和义务 a009aae22 都具有交织延伸“t=b”，那么，态度的权益表现 71109e7m 和义务表现 71109e7n 也作相应的延伸不是可以获得更精确的描述吗？这里应告诉读者：语言概念空间的 HNC 描述确实在追求精确，但那是一种寓精确于模糊的层次性精确，而不是那种讲究小数点后多少位的数学精确。就态度的权益表现和义务表现来说，其 HNC 符号表示可以到 71109e7o 为止。

当然，态度契约因素的 3 项表现与概念树“行为的心理特性 7301”和概念群“言与行 731”都存在强交式关联，这里就不给出相应的概念关联式了。

1.0.1-2 态度观念因素 7110a 综述

态度观念因素 7110a 具有下面的延伸结构表示式：

```
7110a:(m,e4n,t=a;)
    7110am          态度的初级观念表现
    7110a0          （无）
    7110a1          尊重
    7110a2          歧视
    7110ae4n        态度的高级观念表现
```

7110ae45	谦让
7110ae46	超脱
7110ae47	争夺
7110at=a	态度的丛林法则表现
7110a9	强梁
7110aa	忍受

请对比一下态度契约因素 71109 的概念延伸结构表示式，两者都是三项。但契约因素全部赋予认识论描述，观念因素则赋予一项本体论描述 7110at=a，下文将对此有所解释。

态度观念因素的三项延伸概念的定名都异于寻常，需要有所说明，所以，本分节将再分 3 个子节进行论述。

1.0.1-2.1 态度初级观念表现 7110am 综述

尊重与歧视是人类进入文明社会之初就出现的一个概念对，这是各种古老文明最清晰的共性。这个概念对属于典型的第一类对偶，可奇怪的是：此对偶的对立统一概念 7110a0 似乎在各种文明的自然语言里都不存在，所以在上面的汉语说明里只好写上“无”字了。

古代汉族对异族基本采取歧视态度 7110a2，古汉语里的夷、狄都是带有歧视 7110a2 义境的词语，连圣人都说“夷狄之有君，不如诸夏之亡也”（《论语・八佾》）。但是，在骨子里汉族对异族从来不是 7110a2 占主导地位，而是 7110a0 占主导地位，从赵武灵王的胡服骑射到后来无数次的和亲国政策就是明证。7110a0 似乎演变成了中华文明民族心理的重要特征，在宋元明清四代王朝都有充分的体现，清王朝更是发展到了顶峰。满族诸帝甚至满族整体都对汉族抱着 7110a0 的态度，既不是 7110a2，更不是 7110a1，而是 7110a0。

按照黑格尔的概念三段论，7110a0 应该是 7110a~0 的高级形态，黑格尔先生的这一高见确实在这里得到了最鲜活的证实。当然，这只是笔者个人的体会，并不指望得到读者的普遍认同。这里有一句不吐不快的话，那就是 7110a0 代表一种智慧，中华文明虽然具有这种智慧的传统，然而毕竟始终处于不自觉的状态。当工业文明随着洋枪大炮而迅猛来临时，那点不自觉的 7110a0 智慧就一下子被摧毁殆尽了，于是对西方文明的态度从初期的歧视 7110a2 迅速走向后来的尊重 7110a1。张之洞先生的“中学为体，西学为用”倒是 7110a0 的体现，可惜张先生本人并没有完全脱离不自觉状态，至于继承与发扬，当然就谈不上了。

尊重 7110a1 具有下面的概念延伸结构表示式：

7110a1:(d01,t-a)

7110a1d01	“粉丝”
7110a1t=a	尊重的两种特殊形态
7110a19	崇拜
7110a1a	信奉

这三项延伸概念的义境，这里就不细说了。不过，读者可以通过两位大师获得对崇拜和信奉之义境差异的理解，这两位大师就是鲁迅和胡适。就对西方文明的态度来说，

两位都属于 7110a1 派；就对中华文明的态度来说，两位都属于 7110a2 派。两位大师的差异在于：鲁迅属于社会主义的 7110a1a（信奉）派，胡适属于自由主义的 7110a19（崇拜）派。近年出现了不少评论这两位大师的文章，有的文章触及了这一要点。笔者在这里愿意补充一句：这一要点其实还不是要害，因为它仅涉及态度的初级观念表现。

近来有人带着一种敬畏的心态谈及“敬畏”这个词语，这里顺便给出它的映射符号：

7110a1(t)	敬畏

名词敬畏对应于 r7110a1(t)，动词敬畏对应于 vr7110a1(t)。这就是说，敬畏只是态度初级观念表现特殊形态 7110a1t 非分别说的效应而已。

1.0.1–2.2 态度高级观念表现 7110ae4n 的世界知识

态度高级观念表现的出现是人类文明进入高级阶段的标志。这一点大约不会引起质疑，但是，态度的高级观念表现映射成符号 7110ae4n 一定会引起懂得符号“e4n”义境之读者的强烈质疑。“竞争是人类进步的根本动力”的信条是如此深入人心，怎么可以把争夺映射成 7110ae47 呢？

各种观念的形成必然经历过很长的时间，这一点尼采先生的雄论非常出色，中华文明的圣人论和其他文明的神示论确实都存在虚伪与欺骗的嫌疑。但前文已经说过：这层窗户纸是不宜随意捅破的。态度高级观念表现 7110ae4n 的三要素必然是 7110ae47（争夺）在先，而 7110a~e47（谦让与超脱）在后，这就是黑格尔先生所津津乐道的概念辩证运动。各古老文明都经历过 7110ae4n 的概念辩证运动，因而都具有 7110ae4n 的全面体现，这是共性。另外，不同文明必然具有自己的个性，三要素的成熟度必然会有所不同。也许可以说：儒学重视 7110ae45（谦让）的培育，佛学致力于 7110ae46（超脱）的培育，基督文明和伊斯兰文明都重视 7110ae47（争夺）的培育，圣战的概念就是明证。西方也有致力于 7110ae46 培育的流派，被翻译成犬儒主义，这个翻译很糟糕，因为犬儒与儒学完全不相干。

在日常生活里，态度的观念表现无所不在。在这后工业时代的初级阶段，态度的初级观念表现受到空前的重视，但态度的高级观念表现则遭到前所未有的忽视和曲解。写到这里，笔者不由想起狄更斯《双城记》中的那段名言，请允许笔者抄下其中几句吧：

> 这是最好的时代，这是最坏的时代；这是智慧的时代，这是愚蠢的时代；这是信仰的时期，这是怀疑的时期；这是光明的季节，这是黑暗的季节；这是希望之春，这是失望之冬；人们面前有着各样事物，人们面前一无所有；人们正在直登天堂，人们正在直下地狱。

在态度的初级观念表现 7110am 方面，尊重的态度在被普遍提倡，歧视的态度在被普遍扬弃，这确实是社会进步的标志。但是，是否出现了有些不应该被尊重的东西得到了过度的尊重呢？有些应该被歧视的东西反而得到了尊重呢？而有些应该被尊重的东西反而遭到了歧视呢？果真如此的话，那它就是社会退化的表现了。进化论哲学应该把上列现象当作一项极为重要的世界知识加以研讨，改革哲学、竞争哲学、发展哲学都应该有类似的思考。

在态度的高级观念表现方面，应该说现在是 7110ae47 一枝独秀的狂热时期，这个态势如果持续下去，人类的道德水平总有一天会退回到史前文明的原始状态。有人会说：原始状态有什么不好。笔者对此说无言以对。

1.0.1-2.3 态度丛林法则表现 7110at=a 综述

态度丛林法则表现 7110at=a 即“弱肉强食”法则的态度表现，汉语的短语“欺软怕硬”是对这一表现的生动描述。7110at=a 是态度的本体论描述，伦理学实质上就是关于态度丛林法则的哲学思考，这是各种文明伦理学的共性，因此，7110at=a 具有下面的基本概念关联式：

7110at<=6556e5n
（态度丛林法则表现强流式关联于人类等级性的本能表现）
7110at=>a6498\1*i
（态度丛林法则表现强源式关联于伦理学）
7110a9<=p56e55
（强梁强流式关联于强者）
7110aa<=p56e56
（忍受强流式关联于弱者）

中华文明对 7110at=a 有自己的独特理解，其基本出发点是扬弃 7110at=a 的消极面，倡导 7110at=a 的积极面，孔子说“仁者乐山，智者乐水”（《论语·雍也》）；孟子说“富贵不能淫，贫贱不能移，威武不能屈，此之谓大丈夫”（《孟子·滕文公下》）。这就是孔子和孟子对丛林法则进行哲学思考的基本结论。不是像尼采先生简单地把 7110at=a 归结为“主人道德和奴隶道德”。《论语》和《孟子》是对“强梁与忍受 7110at=a”的全面哲学回应，代表着伦理学的最高智慧。这里还应该特别指出：中华文明对 7110aa（忍受）有特殊的钟爱，演绎了许多富于哲理的名言和故事，最著名的名言有“巧言乱德，小不忍则乱大谋”（《论语·卫灵公》，最著名的故事有“卧薪尝胆”（越王勾践）和“胯下之辱”（汉代第一名将韩信）。

上面谈到了态度丛林法则表现的积极面和消极面，这是极为重要的世界知识，应设置相应的延伸概念加以描述，符号 7110ate2n 是必然之选，7110ate25 定名为态度丛林法则积极面，7110ate26 定名为态度丛林法则消极面，两者具有下列基本概念关联式：

7110a(t)e25=>j805
（态度丛林法则积极面强源式关联于正义）
7110a(t)e26=>j806
（态度丛林法则消极面强源式关联于邪恶）
7110a9e26=>(7110ae47+7110a2,7110\1~e71,7110\3~e71,)——（7110-1）
（强梁的消极面强源式关联于争夺与歧视、傲慢与“自负”、粗暴与慢待）
7110a9e25=>(7140e55+7141e55,)
（强梁的积极面强源式关联于积极心态与进取）——（7110-2）
7110aae26=>(7110\2e42+7141e56,)
（忍受的消极面强源式关联于“谄媚”与认命）
7110aae25=>(7140e55+7144e71,)——（7110-3）
（忍受的积极面强源式关联于积极心态与镇静）

上面给出了 3 项特殊编号的概念关联式，上文说到“《论语》和《孟子》是对‘强梁与忍受 7110at=a’的全面哲学回应，代表着伦理学的最高智慧”。这两部经书对这 3 项特殊编号概念关联式给出了最精辟的阐释，辜鸿铭先生一定会支持这一论断。笔者幼年时曾背诵过十三经里的八经，其中的绝大部分后来都忘得一干二净了，但《论语》与《孟子》里的许多名句却始终留在记忆里，一辈子受益。

1.0.1-3 态度日常心态因素 7110b 综述

态度日常心态因素 7110b 仅设置单项延伸概念 7110be7m，其汉语说明如下：

```
7110be71        “宽恕”
7110be72        “责怪”
7110be73        “埋怨”
```

7110be7m 可简称态度的日常心态表现，具有下面的概念延伸结构表示式：

```
7110b:(e7m;e7mc2n,e71e26,e72:(e25,i),e73i;e72ie25)
    7110be71c2n             “宽恕”的等级表现
    7110be71c25             原谅
    7110be71c26             宽恕
    7110be71e26             自谅
    7110be72c2n             “责怪”的等级表现
    7110be72c25             非议
    7110be72c26             指责
    7110be72e25             自省
    7110be72i               苛求
        7110be72ie25            严格要求
    7110be73c2n             “埋怨”的等级表现
    7110be73c25             抱怨
    7110be73c26             埋怨
    7110be73i               妒忌
```

在上面的说明里，第一次使用了“等级表现”这一词语作为表示符号“c2n”的说明，第一次使用了对偶性概念消极侧面与积极侧面的串接及其表示符号的示例“e72e25”。这两点都需要提前略加说明（详见第三卷第一编）。

对比是自然属性之共相概念树 j70 的汉语说明，对偶是自然属性之第一号殊相概念树 j71 的汉语说明。许多概念表现出对比与对偶的强交织性，用 HNC 的语言来说，就是对比与对偶的两可。笔者曾反复自问：多数交际引擎都不十分了解对比与对偶的差异，那么，有必要让交互引擎了解吗？当前依然是一个浪漫理性大行其道的时期，有些著名的哲学著作曾施展浪漫理性的颠覆才华，不仅把对比纳入对偶，而且把丰富的对偶特性简化为单一的对立。这一简化主要是基于政治谋略的考量，是政治大智能的表现。简化者当然对此讳莫如深，崇拜者不知究竟，把简化者的一系列简化命题一律视为真理。崇拜简化命题一直是全球性的认知流行病，不过在当今的中国更为突出。因此，揭示对比与对偶概念的全部固有特性是具有一定启蒙意义的，这一特性通过特定的符号表示也不难为交互引擎所理解，“ckn”是这一努力的尝试之一，它专用于对比与对偶之两可表现的符号表示。那么，为什么这里选用“等级表现”作为它的汉语说明呢？因为等级在作用效应链的全部概念树中处于一个很特殊的地位，用当前的流行话语来说，它是作用效应链的句号，这个句号里含有最丰富的“ckn”表现。这里顺便指出一个非常有趣的现象，在理论上，等级这个概念在 20 世纪遭到了自由主义和社会主义两大敌对阵营的共同声讨，但在实践里，所有的自由主义都在致力于建立财富等级的巨大金字塔，所有的社会主义都在致力于建立权力等级的巨大金字塔。这两种新时代的金字塔与古埃及的法老金字塔存在本质区别吗？

下面来回答第二个问题。自黑格尔哲学大行其道以来，概念的辩证表现一直被误解为矛盾的对立统一，其实，对立统一只是概念辩证表现的形态之一，更深刻的辩证表现是对立性对偶概念的串接，如上面的 7110be71e26（自谅）和 7110be72e25（自省），这两个概念值得多说几句。两者的定义式如下：

7110be71e26::=(7110be71,l45,(j84~e71//j806,l47,4075))
（自谅定义为对自己的邪恶、首先是错误与挫折采取“宽恕”态度）
7110be72e25::=(7110be72,l45,(j84~e71//j806,l47,4075))
（自省定义为对自己的邪恶、首先是错误与挫折采取“责怪”态度）

《论语》里反复讲述君子和小人的概念，但可以说“万论不离其宗”，这个“宗”就是下面的等同式：

君子=:p7110be72e25
（君子等同于自省者）
小人=:p7110be71e26
（小人等同于自谅者）

人性的根本弱点就是偏好自谅而厌恶自省，要改善人性的这一根本弱点，大约不会有比《论语》更好的教材了。

本分节最后，给出下面的基本概念关联式：

7110b=714
（态度的日常心态因素强交式关联于心态）

1.0.2 态度基本表现 7110\k=5 综述

态度基本表现 7110\k=5 也是对态度的本体论描述，请记住：符号“\k”总是对应于第二位本体，符号“t”总是对应于第一位本体，这是 HNC 的基本约定之一。

态度基本表现的汉语说明拷贝如下：

7110\k=5	态度的基本表现
7110\1	态度的素质表现
7110\2	态度的判断表现
7110\3	态度的关系表现
7110\4	态度的伦理表现
7110\5	态度的方式表现

这 5 项基本态度的排序体现了由近及远的“原则”，前两项 7110\1 和 7110\2 来于第一类精神生活本身，第三项 7110\3 来于主体基元概念，第四项 7110\4 来于基本概念，第五项 7110\5 来于逻辑概念。这里更需要说明的是态度基本表现的完备性思考，从上面的说明可知，HNC 所定义的全部一级概念范畴都涉及了，其完备性应该得到保证了，这是设计延伸概念时 HNC 常用的思维方式。至于各概念范畴的代表为什么会作出上面的选择，那就以“说来话长”为由而不作答了。

下面以 5 个分节对态度的 5 项基本表现作分别说说。

1.0.2-1 态度的素质表现 7110\1 综述

态度的素质表现 7110\1 具有下面的基本概念关联式：

```
7110\1<=7222
（态度素质表现强流式关联于素质）
```

这一基本概念关联式是 7110\1 概念延伸结构表示式设计的依据。

```
7110\1:(e4m,e7m)
    7110\1e4m          态度的气质表现
    7110\1e41          热情
    7110\1e42          冷漠
    7110\1e43          狂热
    7110\1e7m          态度的胸怀表现
    7110\1e71          谦虚
    7110\1e72          傲慢
    7110\1e73          小人得志
```

这两项二级延伸概念具有下列基本概念关联式：

```
7110\1e4m<=72228e7m
（态度的气质表现强流式关联于气质）
7110\1e7m<=72229e2n
（态度的胸怀表现强流式关联于胸怀）
```

这两个概念关联式呈现出符号的不对称性，请读者记住这个不对称性，哲学上的因果性困扰就是来源于此。《全书》第三卷第一编将就这个问题作专门论述，届时可能引用这两个概念关联式。

气质 72228e7m 的汉语说明是君子 72228e71、小人 72228e72 和俗人 72228e73（见本编第二篇），这一汉语表达体现了中华文明的独特智慧，对 7110\1e73 的汉语表达——小人得志——是又一示例。这类表达在希腊古典名著里找不到相应的词语，在近现代西方人文社会科学的名著里也找不到相应的词语。可惜，这些宝贵的词语已被作为糟粕扬弃了。从某种意义上说，文明不过就是一种记忆，而记忆是可以被摧毁的，被摧毁了的记忆还能恢复吗？

1.0.2-2 态度的判断表现 7110\2 综述

态度的判断表现 7110\2 具有下列基本概念关联式：

7110\2<=8419
（态度的判断表现强流式关联于评价）
7110\2≡8419
（态度的判断表现强关联于评价）

在所有的一级延伸概念里，评价 8419 这一概念最为复杂，社会的复杂性，其集中表现就是评价的复杂性。因此，《全书》将不对评价 8419 本身给出进一步的延伸描述，而把它分散到有关延伸概念里去表达，这就是所谓“平衡原则”的运用，上面的两个概念关联式就是这一运用的符号表示。

态度判断表现 7110\2 的概念延伸结构表示式如下：

7110\2:(*n,e7n;6:(d01,c01))

7110\2*n	态度判断表现的基本效应
7110\2*4	“藐视”
7110\2*5	重视
7110\2*6	轻视
7110\2e7n	态度判断表现的基本形态
7110\2e75	褒扬
7110\2e76	贬抑
7110\2e77	讽刺

关于态度判断表现的基本效应 7110\2*n，需要对带引号的“藐视”作一点说明。毛泽东先生说过许多名言，“在战略上要藐视敌人，在战术上要重视敌人”是其中之一，这里的藐视就是 7110\2*4 的意思，是不能用轻视来代替的。与上面名言配套的还有“美帝国主义是纸老虎”、“原子弹是纸老虎”等名言。这些名言都具有巨大的语用力量，后两句名言表述了对美帝国主义和原子弹的藐视，而不是轻视。这些名言都体现了顶级政治智能，由此可见，带引号的“藐视”完全符合黑格尔先生关于对立统一（即符号“4”）的辩证标准。

对态度判断表现基本效应里的“轻视 7110\2*6”设置了两项延伸概念：

7110\2*6d01	“漠视”
7110\2*6c01	忽视

这里把带引号的漠视定义为最大限度地轻视 7110\2*6d01，它具有下面的基本概念关联式：

7110\2*6d01=7110\2*4
（“漠视”强交式关联于“藐视”）

黑格尔先生曾对汉字说过一些属于低级错误的论断，如果他知道：汉字竟然能如此轻而易举地产生直接表示 7110\2*6d01 和 7110\2*4c01 意义的词语，并对漠视与藐视之间的辩证关系给出如此简明的表达，他一定会对他曾经犯过的低级错误感到惭愧。

关于态度判断表现的基本形态 7110\2e7n，需要给出下列基本概念关联式：

(7110\2e7n,jl11e21,j75e2m)
（态度判断表现的基本形态具有相对与绝对的二重性）
(7110\2e7n,l00*r331ju721,j75e21)
（态度判断表现的基本形态主要呈现为相对性）

在这个所谓的信息爆炸时代，人们接触到的热点信息几乎无不具有 7110\2e7n 特征，但人们很少注意到这些信息的相对性，却宁愿接受它的绝对性。那么，是否有必要设计一项三级延伸概念 7110\2e7ne2m 以提醒人们注意？显然，这样的设计不具有可操作性，作罢为上策。但鉴于 7110\2e7n 的普遍存在，今后，将把态度判断表现的基本形态 7110\2e7n 简称为态度基本形态。

1.0.2-3 态度关系表现 7110\3 综述

本章已多次论述过等级 56 这一概念树在 HNC 概念体系里的特殊意义，因此，这里就直接说：态度的关系表现 7110\3 实质上就是指态度的等级表现，后文就使用这一名称，而下面的定义式也就是顺理成章的事了。

7110\3::=(7110,145,56~9)
（态度关系表现定义为对人之等级和社会等级的态度）

基于上述定义，态度关系表现 7110\3 将采取单项延伸，其符号与汉语说明如下：

7110\3e4m	态度关系表现的基本形态
7110\3e41	不卑不亢
7110\3e42	卑
7110\3e43	亢

延伸概念 7110\3e4m 的汉语词语极为丰富，这就要麻烦池毓焕博士多费心了。是否需要再作延伸表示由后来者决定。这两年“我是流氓我怕谁”的名言颇为流行，它是 7110\3e43 的典型直系词语。凡属于“e43”的相应词语一定受到浪漫理性的赞赏，本章提前说了许多关于浪漫理性的话，这是最后一次了。

1.0.2-4 态度伦理表现 7110\4 综述

态度伦理表现 7110\4 将设置扩展并列延伸 7110\4k=0-6，具有下列基本概念关联式：

(7110\4k<=j8y,k=0-6,y=0-6)
（态度伦理表现强流式关联于相应的伦理概念）
7110\4=7110a
（态度伦理表现强交式关联于态度观念因素）

第一个概念关联式能否变换成定义式的形式呢？这里只给出答案：不能。二级延伸概念 7110\4k 是否需要再作延伸呢？待定，将放在伦理属性 j8 的撰述之后。

1.0.2-5 态度方式表现 7110\5 综述

态度方式表现 7110\5 的具体论述将放在方式方法 s21 的撰述之后，暂时只给出下面的基本概念关联式：

7110\5<=s21
（态度方式表现强流式关联于方式与方法）

结 束 语

本节提出了两个论断，其一是“伦理学实质上就是关于态度丛林法则的哲学思考”，其二是“‘面’与‘心’的关系实质上是伦理学的核心课题”。也许先贤早已有过同样的论断，欢迎知者指教。基于这一论断，本节对中华传统文明的一些核心价值观念（如仁义、君子、小人）采取了基本肯定的态度。但在浪漫理性看来，这些核心价值观都是人类文明的死敌和封建垃圾。因此，本节不得不提前对浪漫理性作了一种视野（不是全方位视野）的评论。这样做也有另一方面的考虑，那就是深层第三类精神生活的论述预定放在《全书》撰写过程的最后，但笔者未必能坚持到这最后的日子，因此，一些涉及后工业时代哲学呼唤的话语就不得不提前搞一点浅说了。

基于上述论断，本节对态度的共相表现 7110 采取了以本体论描述为主、以认识论描述为辅的方式。在所有的概念树中，态度共相表现 7110 也许是最为纷纭繁杂的语言概念空间，然而，运用这一描述方式似乎比较轻松地理出了这一概念空间的概念联想脉络，笔者对这一脉络的系统性和清晰性比较满意。

重视、轻视和忽视等概念也属于综合逻辑概念，本节没有给出两者之间的概念关联式，将放在第二卷第六编第二章里给出。

注释

[*01]“附录里的李颖、池毓焕论文”系指发表于《中文信息学报》的《对偶性概念的HNC阐释》一文（2004,18(3):39-46），因符号约定偏于陈旧，兹以第二册附录5“概念关联性与两类延伸”代替。

第 1 节
对事业的态度 7111 (048)

引言

本节定名为对事业的态度，事业是难以用自然语言定义的典型概念之一。不过，HNC 符号体系对事业的定义则比较简明，事业就是劳动 50aa（它与生活 50a9 相交织而存在）

的效应 r50aa。劳动有第一类和第二类之分，事业自然也有相应的区分。不过，第一类事业的映射符号将主要采用 rq6，而不是 r50aa9；第二类事业的映射符号将主要采用 ra，而不是 r50aaa，这是 HNC 概念符号体系网络性的妙用。以上是关于劳动与事业的分别说，另外，生活与劳动还需要非分别说，这就需要使用符号 50a(t)了。在人类历史上，50a(t)构成一个十分特殊的概念空间，具有十分特殊的世界知识，HNC 预计在《全书》第二卷第八编在 p50a(t)这一概念下对此加以论述。

下文将把对事业的态度 7111 简称为事业态度，事业态度离不开事业本身。因此，可以预期：7111 的概念延伸结构表示式将同时采用本体论和认识论描述。引言就到此为止，下面给出 7111 的定义式：

```
7111::=(6502,l45,r50aa)
```

1.1-0 事业态度 7111 的概念延伸结构表示式

```
7111:(e7m,t=b;te2n)
   7111e7m           事业态度的基本形态
   7111e71           敬业或尽职
   7111e72           “玩忽职守”
   7111e73           做一天和尚撞一天钟
   7111t=b           事业态度的本体表现
   71119             为权势服务
   7111a             为利益服务
   7111b             为成就服务
      7111te2n          事业态度本体表现的二重性
```

1.1.1 事业态度基本形态 7111e7m 的世界知识

延伸概念的本体论描述通常都放在认识论描述之前，违反这一常规的都有其特殊考虑。这里的特殊考虑是：事业态度基本形态既不区分两类劳动，也不区分劳动者的主角和配角；但事业态度的本体表现则主要面向第二类劳动者的主角。这是约定，笔者认为：这一约定可能有助于交互引擎的理解。延伸概念的上述排序原则可能是大脑神经结构的特性之一。后面的话都属于笔者的设想，读者姑妄读之。

7111e7m 的汉语说明也许不那么准确，其中 7111e72 的汉语说明还加了引号，因为这个词语通常是专用于第二类劳动的。但是，这里要着重指出：敬业或尽职是 7111e71 的绝妙表述。前文说到笔者所熟悉的仰山堂人、珞珈山人和中关村人都特别敬业，这里想加一句话，如果要从中华文明优秀传统中推选一项影响最为巨大的美德，我的这一票就投给敬业 7111e71。下面要插写两个故事，第一个故事发生在仰山堂，仰山堂有一座附属建筑叫归学处，就是儿童读书的学校，《黄侃年谱》里有黄侃幼年在这所学校勤奋读书的叙述。笔者幼年也是在这所学校启蒙读古书的。那几年，有一位老道士每隔十天（表明老道以天干地支的方式记日）一定来归学处收拾废弃的字纸，笔者就是从这位老道那里第一次听到了要“尊重字纸”的话语并接受了该词语所传达的观念。“尊重字纸”不就是现代词语“尊重知识”的古汉语表述吗？在我幼年的心灵里，这位老道并不是一位高人，但现在我觉得他就是一位高人，一位敬业的典范。第二个故事发生在珞珈山，在中国 1949 年后的众多政治运动中，有两位我熟悉的伯伯（那时对父辈的同辈朋友都叫伯伯）背上了贪污（美国有关机构对武汉大学的资助款）的罪名，当时，我这个少年的直觉就非常坚定地认为这是绝对不可能的事，多年以后，两位伯伯的绝对清白得到了证实。那么，我的幼年直觉的依据是什么呢？高尚的人格。我亲身感受过这两位伯伯的高尚人格，而贪污是对高尚人格的极大侮辱，他们怎么可能让这样的侮辱落到自己身上呢？我一直没有对概念关联式给出一点具有生活气息的说明，这里算是一次补偿吧。这两个故事可以作为下列基本概念关联式的生活说明。

7111e7m=722be7m
（事业态度基本形态强交式关联于品格的基本表现）
7111e71=7110be72e25
（敬业强交式关联于自省）
7111~e71=7110be71e26
（“玩忽职守”与做一天和尚撞一天钟强交式关联于自谅）

自省 7110be72e25 的消失和自谅 7110be71e26 的膨胀是笔者近年来最大的感触，笔者本来以为：这种感触只是一种“夜郎”视野，最近从电视节目里听到了蒋介石先生日记的介绍，才明白这不仅不是“夜郎”视野，而且还是中华文明优秀传统里最宝贵的内容之一，因此决定写出上列 3 项基本概念关联式，但不加特殊编号，因为那容易成为“张扬个性”主张者的鲜明攻击目标，而笔者丝毫没有和这一主张作对的意思。

1.1.2 事业态度本体表现 7111t=b 的世界知识

事业本体表现的汉语说明拷贝如下：

7111t=b	事业态度的本体表现
71119	为权势服务
7111a	为利益服务
7111b	为成就服务
7111te2n	事业态度本体表现的二重性

事业态度本体表现 7111t=b 具有下列基本概念关联式

(7111t<=a0099t,t=b)
（事业态度本体表现强流式关联于专业活动的“三争”）

事业态度本体表现的汉语命名，未能做到摆脱褒贬的目的，笔者颇感遗憾，这三“表现”将简称“三服务”。现代汉语流行着“为人民服务”的高尚口号，这里的“为权势”、“为利益”和“为成就”与“为人民”相比，就必然显得卑下了。中国改革开放以后，出现了“为利益”和“为成就”辩护的争鸣之声，但没有出现“为权势”辩护的争鸣之声[*01]，只有不容争辩的权威之声，为什么？因为权势是历史主题的状态在中国还没有发生实质性的变化，中国依然是一个“权势就是上帝”的国度或社会，俄罗斯也基本如此，而上帝是不需要辩护的。西方世界以其独特的方式改变了“权势就是上帝”的状态，在政治领域造就了“权势不是上帝”的奇迹。但是，应该清醒地看到：这一转变只是人类社会从农业时代步入工业时代的标志之一，并不是必要条件，更不是充分必要条件。但自由主义坚持认为：它就是充分必要条件，西方的社会转变模式（下文将简称西方模式）就是放之四海而皆准的绝对真理。在我国，迷信这一真理的知识人并非少数，不过存在着态度明朗与态度暧昧的明显区别，这两种人都特别喜欢表现自己，在空前繁荣的书市上和互联网上都充斥着他们的浅薄著作和文字，简直是一场知识灾难。有远大志向的年轻人要有免除这场知识灾难的警惕性，静下心来读一点东西方经典的原著。前文曾简述过（见本篇 0.2.1-2 分节）：当今的世界并不是同一个世界，而是六个世界，西方世界只是这个地球世界的六者之一。地球村或“地球是平的”（这是一本畅销书的书名）的概念只对于生意人或旅游爱好者才具有一定的实际意义。近半个世纪来，西方模式在西方世界以外的五个世界里都进行过不同程度的试验，确实出现过成功的范例（如日本和韩国），当前，巴西、南非及原社会主义阵营的多数东欧国家也呈现出加入这一行列的明显迹象。但是，西方人不愿意直接去面对和思考的是：为什么多数试验的结果简直是一塌糊涂呢？他们更不愿意思考的是：那另外五个世界是否也可以产生自己的独特成功模式呢？亨廷顿先生的《文明的冲突与世界秩序的重建》不仅缺乏这一思考，甚至都连这一思考的苗头都看不到。不过，应该公平地说：亨廷顿先生还不是那种盲目追随地球村或“同一个世界”之类糊涂概念的平庸学者，他对六个世界的认识虽然还远不透彻，但毕竟略有认识。上面的略述也许使读者感到纯属多余，这需要稍作解释。《全书》的目标之一是为“后工业时代的哲学呼唤”提供一些思考的素材，如果一项自然语言理解基因（语境概念树的延伸概念）关涉到这一呼唤，笔者就多半会写一点多余的话，此前已经这么做了，这里正式宣告一下吧。

对“三服务”7111t=b 采用了统一的 7111te2n 单项延伸，这个符号体现了一点争鸣之声，将来对政治制度 a10e2n 的论述也将以同样的符号形式体现这一点争鸣之声。

结束语

本节第一小节说到：那位定期收拾字纸的老道是笔者现在心目中的高人，这里要补充说几句话。笔者幼年在仰山堂时接触过几位婶辈、嫂辈和侄媳辈，她们一生都在尽心相夫教子。在读巴金先生的《家》、《春》、《秋》三部曲和其他“五四”作品的时候，笔者曾联想到那几位婶嫂和侄媳，感染过当时流行的“五四”情结。后来看了一点外国的经典，才逐步明白“五四”情结里存在着对人类文明史的重大误解。笔者对于那位老道的崇敬之情就是在这之后产生的，同时对那几位婶嫂和侄媳也产生了同样的崇敬之情，因为她们都不是一般的敬业者 p7111e71，而是那种最坚韧的敬业者 p7111e71d01。在电视机前听余秋雨先生讲“中华文明长寿的秘密”，一边欣赏着余先生虚实并举的独特风格，一边心里嘀咕着“虚多而实少”的不足，中华文明长寿最关键的因素是什么？是中华民族独特的敬业精神，妇女都是独特的敬业者，一直在艰难的处境中起着“半边天”的巨大作用，可惜余先生没有讲出这个要点。

注释

[*01] 这个说法一定会引起争议。曾在北大任教的一位法律学教授不是多次发动过这一争鸣吗？汶川地震后那首“做鬼也幸福”的词不是引发过众多网民的声讨吗？但应该看到：那位教授的发动只是一场独角戏，而那场网民声讨的性质反而属于“态度丛林法则表现7110at=a”里不太光彩的一面，因为“做鬼也幸福”的词固然属于71119，但不属于71119e26。人们不要误以为这就是“为权势”辩护的争鸣之声，它顶多算一个先声的信号吧。

第2节 对亲情的态度7112 (049)

引言

对亲情的态度7112将简称亲情。笔者少年时多次听长辈们谈起过亲情的话题，他们一致认为中华文明和基督文明的亲情伦理存在着本质区别，但他们对两者的评价存在比较大的分歧。后来看了一些翻译过来的西方小说，曾对长辈们的一致认识产生过怀疑。现在笔者知道：长辈们的一致认识是正确的。那么，亲情态度7112概念延伸结构表示式的设计要不要反映这一重要的世界知识？最后的结论是：管不了。因为，这个世界是六分世界，要么说全，要么只说自己生活的那个世界。笔者只能选择后者，因为笔者完全没有选择前者的资格。

1.2-0 亲情7112的概念延伸结构表示式

```
7112:(e7m,eam,t=b,i;ea1t=a,ea2:(i,7),ea3\k=m,i\k=3)
   7112e7m              亲情的基本形态
   7112e71              关爱
   7112e72              虐待
   7112e73              偏心
   7112eam              亲情的关系表现
   7112ea1              亲情的上位表现
       7112ea1t=a         上位亲情的本体表现
       7112ea19           严
       7112ea1a           慈
   7112ea2              下位亲情的本体表现
       7112ea2i           逆反
       7112ea27           孝
   7112ea3              亲情的同位表现
       7112ea3\k=m        同位亲情的本体表现
```

```
        7112ea3\1        夫妻亲情
        7112ea3\2        兄弟亲情
        7112ea3\3        哥们亲情
    7112t=b            亲情的本体表现
    71129              亲情与权势
    7112a              亲情与利益
    7112b              亲情与成就
    7112i              准亲情
        7112i\k=3        准亲情基本类型
        7112i\1          领养
        7112i\2          认亲
        7112i\3          过继
```

1.2.1 亲情基本形态 7112e7m 的世界知识

对亲情基本形态 7112e7m，赋予下列基本概念关联式：

```
7112e7m=>j82——（7112-1）
（亲情基本形态强源式关联于善恶）
7112e71=>j82e71——（7112-2）
（关爱强源式关联于善）
7112e72=>j82e72——（7112-3）
（虐待强源式关联于恶）
7112e73=>j85~e75——（7112-3）
（偏心强源式关联于不公正）
```

上列基本概念关联式都被赋予了特殊编号，它试图体现中华文明的文化理念之一，即亲情基本形态 7112e7m 是善恶 j82 这一概念树的根源。“百善孝为先”是这一文化理念的高度概括，其基本思路是：抑恶扬善必须从亲情基本态度的教育与实践做起。在过去一个世纪的中国，这一思路被自由主义者视为最有害的封建糟粕，又遭到无产阶级世界观的毁灭性批判，造成了无数可怕的“灭亲”壮举。当然，这也许是伦理学里最为复杂的课题，上列基本概念关联式只提供了一个思考的起点，并没有直接支持“百善孝为先”的论断。曾有不少近代先贤对这一复杂课题作过比较系统的论述，其中以辜鸿铭先生最为突出。笔者愿意在这里向读者推荐《辜鸿铭文集》，并向该书的编译者（辜先生的原作多数使用外语）表示敬意。

1.2.2 亲情关系表现 7112eam 的世界知识

亲情关系表现 7112eam 里存在着两项中华文明特有的延伸概念，那就是

```
7112ea27        孝
7112ea3\3       哥们亲情
```

这两个概念在传统中华文明里占有特殊地位，外国人理解不了这两个概念，自然会说一些怪话（如罗素先生）。因为这两个概念在“先进”的西方文明里不存在，可见它一定是封建糟粕，必须首先加以铲除，这一观念最后变成了一个信条。这信条就不必具体表述了，其终极表现就是汉字也一度被纳入了必须铲除的清单。20 世纪的 60 年（1919 ~

1979 年）间，对传统中华文明的铲除运动成效显著。铲除运动的主将都崇奉浪漫理性，因而都必然以启蒙者自居，这种启蒙情结依然是当今中国杰出文化人的主流。最近 10 多年，开始出现了对 60 年铲除运动的初步反思，这一反思有真假高低之分，对这一反思的回应或反击也有真假高低之分，这当然是十分可喜的现象。其中特别值得一提的是“孔子，丧家犬”的论断，浪漫理性极为赞赏这一论断，认为“丧家犬”的提法恢复了孔子独立知识分子的地位和品格，在这些似乎博学的论者看来，没有什么比“去圣人化、去政治化、去道德化、去宗教化、去意识形态化、去商业化”更重要的文化使命了，这就是当代浪漫理性的基本信条，因而他们对“尊重 7110a1”这一基本伦理底线都很不在意（当然也就谈不上遵守），这就是鲁迅先生出于尼采而胜于尼采的特殊贡献了。西方的浪漫理性大师还是十分注意这一伦理底线的，否则“丧家犬”的称谓早就加到柏拉图等大师的头上了，因为他们的个人经历与孔子十分相似。尼采先生大量使用欺骗和谎言之类的谴责词语，但仅用于泛指，而不用于特指，他绝不会把“骗子”的称谓加到耶稣及其门徒的身上，最多只说“上帝死了”。

在传统中华文明里，同位亲情 7112ea3 表现为 7112ea3t\k=3 的形态，而西方文明则似乎只表现为 7112ea3\k=2 的形态。因此，西方人对“四海之内，皆兄弟也”是不容易理解的。中华文明的夫妻亲情 7112ea3\1 和兄弟亲情 7112ea3\2 也具有自己的鲜明特色，这里就不展开论述了。

老龄社会是当前的热门话题之一，西方文明为老年人创立了两类人间天堂，第一天堂叫云游四海，第二天堂叫养老院。第一天堂的伦理基础是人们没有抚养第三代的任何责任，第二天堂的伦理基础是子女没有奉养父母和长辈的任何责任。这两项伦理基础是西方自由核心价值观的必然产物。西方世界之外的五个世界当前似乎都存在一个共同的倾向，那就是：除政治领域（伊斯兰世界则还要加上文化领域）外，其他一切专业活动领域都向西方世界看齐，因此，上述“老年天堂”模式正在迅速向全世界蔓延，在中华大地的蔓延之势也许将最为壮阔。笔者的少数老友已在享受第一天堂的幸福生活，但更多的老友则面临着第二天堂的严峻考验。这个地球可以容纳多少人享受第一天堂呢？第二天堂是否意味着自由与人道存在着某种内在冲突呢？由于对这两个问题没有想清楚，故笔者早已决定：第一，绝不享受第一天堂，且不要墓地；第二，将亲身体验第二天堂，并在那里思考“孝 7112ea27”在后工业时代的意义与价值。没有理由认定：“孝 7112ea27”与现代文明一定是不相容的。笔者也算是一个“工作狂”，但这并没有妨碍笔者在父母晚年尽到了孝的责任。那么，是否有可能创立一个有别于西方模式的另类第二天堂呢？

孝和哥们亲情都必然存在“e2n”延伸，华人黑社会组织都把 7112ea3\3e26 的运用作为一种精神武器。最后应该说明的是：在对待传统文化问题上，政治家通常比文化人精明，不像文化人那么死心眼。大家都知道：蒋介石先生是运用 7112ea3\3 的高手，而当时中国成功运用这一手段的并不只是蒋先生一人。

作为语言概念空间的理解基因，“孝 7112ea27”在现代中国人的大脑皮层里显然已经基本不存在了；“哥们亲情 7112ea3\3”也不存在“刘（备）关（羽）张（飞）”的模式了。所以，理解基因的变异似乎比生理基因更为容易，这也许是后工业时代有别于工业时代的基本特征之一吧。

1.2.3 亲情本体表现 7112t=b 综述

亲情本体表现 7112t=b 的汉语说明拷贝如下：

```
7112t=b        亲情的本体表现
71129          亲情与权势（权势亲情）
7112a          亲情与利益（利益亲情）
7112b          亲情与成就（成就亲情）
```

亲情的描述存在着神学、哲学和科学的不同视野，也许可以说：儒学着重于亲情之哲学视野的论述，经典文学（特别是经典诗人）着重于亲情之神学视野的歌颂，这两种视野似乎都具有美化亲情的倾向，这大约是所有文明的共性。但是，如果从科学的视野去考察亲情，那就必须承认：亲情的本质与专业活动的“三争”不可分离，这就是延伸概念 7112t=b 设计的基本依据了。因此，亲情本体表现具有下列基本概念关联式：

```
(7112t<=a0099t,t=b)
（亲情本体表现强流式关联于专业活动的三“争”）
```

未来的大脑研究将证实这一基本概念式的存在吗？笔者确实有此奢望。亲情本体表现具有下面的概念延伸结构表示式：

```
7112:(,t;(t)e2n,9c01,ac2n,be4m;(t)e2n\k=m,)
    7112(t)e2n            亲情的伦理表现
    7112(t)e25            君子亲情
    7112(t)e26            小人亲情
      7112(t)e2n\k=m        伦理亲情的基本表现
    71129c01              权势亲情的理想形态
    7112ac2n              利益亲情的发展形态
    7112ac25              利益亲情的初级形态
      7112ac25i             家庭纷争
                            （利益亲情初级形态的特定效应）
    7112ac26              利益亲情的高级形态
    7112be4m              成就亲情的基本形态
```

在上面的汉语说明里，对亲情本体表现给出了各种简洁的表述话语，这就不一一解释了，但需要给出下列基本概念关联式。下面，只部分采用通常的集中列表方式，这里将第一次使用逐项说明的特殊方式。

```
71129≡a10e2n——（71129-1）
（权势亲情强交式关联于政治制度）
```

这个被赋予了特殊编号（71129-1）的概念关联式包含着极为复杂的世界知识，与专家知识很难剥离，强关联概念关联式的形式不对称性就直接表明这一点，这是一项符号性约定。从李世民的玄武门事变到当今我国流行的“二奶现象”，都是这一概念关联式的产物，这里的“产物”一词确有投机取巧的嫌疑。为了弥补该概念关联式过于宽泛的弱点，将给出下列概念关联式以资弥补。

```
71129=:(7112+ra00999)
```

（权势亲情即亲情权势）
(71129,l47,pj1*9)=%a009aa
（农业时代的权势亲情属于契约）
(71129,l47,pj1*9)=>a109——（71129-2）
（农业时代的权势亲情强源式关联于王权制度）
(71129,l47,pj1*9)=>a11e2ne22\1
（农业时代的权势亲情强源式关联于官廷政变）
(71129,l47,pj1*9)=>(a13e21,l47,a109)
（农业时代的权势亲情强源式关联于王权制度的内部政治斗争）

这里又给出了两个特殊编号的概念关联式，它与专家知识的交织性极强，暂不作辩护性说明。上列概念关联式表明：似乎应该引入一个专门符号以表述农业时代的权势亲情，但由于专家知识的必然介入，这个符号很难逃脱自然语言符号的固有弊端（模糊性），因此，笔者决定采取另外的弥补方式，这就是引入亲情伦理表现7112(t)e2n和权势亲情理想形态71129c01这两个延伸概念。

亲情伦理表现7112(t)e2n采取了亲情本体描述的非分别说形式，将7112(t)e25命名为君子亲情，将7112(t)e26命名为小人亲情。许多读者一定对这个命名不以为然，请原谅笔者对君子与小人这一对词语或概念的偏爱。在笔者看来，这两个概念在现代汉语中受到冷落不仅是中华文明的不幸，也是整个人类文明的不幸，因为西方文明实际上没有对应的词语和概念，而后工业时代恰恰十分需要它。闹得沸沸扬扬的三鹿事件是这一论断的绝妙旁证，因为三鹿公司的最高负责人可不是法盲，接受过完备的法治教育。因此，单靠法治能杜绝三鹿乱象吗？无独有偶，美国也在今年出现了华尔街乱象，三鹿与华尔街乱象，异流而同源，都是小人的杰作，都是当代西方教育模式和生活方式培育出来的杰出小人的杰作。当代的所谓社会精英，几乎成了杰出小人的代名词。我们能不能说：西方的教育模式和生活方式正在经历着一个根本性的转向？那就是：把“培育杰出人才”的主旋律变成了“培育杰出小人”，把“为人民服务”的主旋律变成了“为杰出小人服务”，也许这才是三鹿和华尔街乱象的要害。三鹿乱象不能仅被看作是一种经济现象，它预示着市场社会主义世界（第二世界）需要树立新的政治、经济与文化理念，华尔街乱象也不能仅被看作是一种经济现象，它预示着经典文明世界（第一世界）也同样需要树立新的政治、经济与文化理念。这两个世界都不能自以为自己的社会根基具有“万岁”性的基本特质，因为大家都是后工业时代的幼童，在历史长河的视野里，第一世界只不过比第二世界年长几个月而已。

为什么要在本小节引入延伸概念7112(t)e2n并据此引入君子亲情7112(t)e25和小人亲情7112(t)e26的概念呢？上文已作了预备性辩护，正式的辩护将放在理念章（本卷第四编下篇）里。君子首先要依靠君子亲情来培育，没有君子亲情的人一定不是君子。君子亲情和小人亲情的基本表现以延伸概念7112(t)e2n\k=m描述，其具体设计和汉语表述将放在写完理念章之后。这里先给出一些基本概念关联式：

7112(t)e25=%(732,l47,p72228e71)
（君子亲情属于君子的形而上行为）
7112(t)e26=%(732,l47,p72228~e71)

（小人亲情属于小人和俗人的形而上行为）
(7112(t)e25,l00*3218,(3118a,l02,p7228e71)
（君子亲情有利于君子的培育）

对权势亲情理想形态 71129c01，给出下面的基本概念关联式：

(71129c01,jl11e21,(pj1*b,(pj01*\1,))——(71129-3)
（权势亲情的理想形态存在于后工业时代并首先出现于第一世界）

这个概念关联式也赋予了特殊编号。但该式并不完全准确，美国也许就是一个例外，它在工业时代即出现了权势亲情的理想形态。但 HNC 把这类知识纳入专家知识的范畴，表达世界知识的概念关联式通常不得不放弃对这种特例的兼纳。

利益亲情 7112a 的延伸概念 7112ac2n 具有符号自明性，其基本概念关联式如下：

(7112ac25,jl00e22,xpj1*t)
（利益亲情的初级形态无关于时代）
7112ac25≡(a50\1,l45,7112ac25)
（利益亲情的初级形态强关联于相应的民法）
7112ac25=>7112(t)e26
（利益亲情的初级形态强源式关联于小人亲情）
7112ac26=%7112(t)e25
（利益亲情的高级形态属于君子亲情）
7112ac26=pj1*b
（利益亲情的高级形态强交式关联于后工业时代）
7112ac26=>a237b
（利益亲情的高级形态强源式关联于捐献服务）

对利益初级形态 7112ac26 设置了延伸概念 7112ac26i，定名为家庭纷争，这是文学特别喜爱的课题。对 7112ac26 不难写出清晰的定义式，这就留给读者做练习吧。

成就亲情 7112b 的延伸概念 7112be4m 也具有符号自明性，但其实际表现比较复杂，是社会心理学家关心的课题，因此，这里连基本概念关联式也暂付阙如。

结 束 语

本节为中华文明特有的“孝”、“君子”和“小人”这三个概念作了初步辩护，提到了辜鸿铭先生，再次就浪漫理性说了一些我国主流学者难以接受的话语。本节中提到了“三鹿”乱象和华尔街乱象，强调了要把这两个乱象提高到时代警钟的高度来认识，预说了“第一世界和第二世界都不过后工业时代幼童”的论断。

诸葛亮说过：“亲贤臣（贤臣即君子政治家），远小人，此先汉所以兴隆也；亲小人，远贤臣，此后汉所以倾颓也。”我们应该怎么看待这一论断的时代局限性和思辨局限性呢？这首先需要思考一下为什么希腊文明并没有君子与小人这一概念对（因此现代的经典文明世界也没有），而孔子却特别重视并反复申述这一概念对。孔子对这一概念对的阐释方式比较独特，完全不同于希腊文明对于正义、至善与自由的思辨论证。孔子阐释方式的独特性主要表现为先给君子的概念设置了一个最低标准和最高标准，最低标准是“己所不欲，勿施于人”，最高标准是“己欲立而立人，己欲达而达人”，这个最高标准的现代简明汉语表述就是“共同创业，共同发展”。由此可见，孔子的“己”有别于西方文明的“我”或“自我”，后者是以独立个人为参照的，而前者则是以社会群体（社稷）为参照的，都使用了“人”这个概念，但孔子的“人”是指紧密联系于社会的人，希腊文明的“人”则指独立于社会的“人”。

孔子把要求于社会之人的最高标准推及于社会，那就是“仁”，把“仁”的概念应用于政治，那就是文武之道，其终极结论是要由君子来统治和治理天下（社稷）。诸葛亮的“前汉与后汉兴衰论”就是对这一终极结论的简明表述。柏拉图从独立于社会的人出发去探索正义与自由，他把正义与自由的概念推及社会，就形成法治的概念，其终极结论是要由哲学家来统治和治理国家（城邦）。在终极结论方面，两位先哲殊途同归，但在农业和工业时代那必然是不可实现的梦想。

如上所述，希腊文明的伦理基础是法治，中华文明的伦理基础是“仁”。由法治走向民主制度（平等、自由、人权）具有顺产性，由“仁”走向民主制度则具有难产性。从这个视野来看，“五四”先驱们提出“打倒孔家店”的革命口号是符合浪漫理性基本原则的。“打倒”是浪漫理性特别钟爱的休克疗方，但这个疗方的局限性和消极效应不容忽视。工业时代的所有非经典文明国家都曾处于危急存亡之秋，只有两个国家幸免于难，那就是俄罗斯和日本，为什么？一个最简明的答案就是：这两个国家都坚决拒绝了浪漫理性的休克疗方，而采用了“集权+现代实业”的实用理性疗方。

随着后工业时代的来临，工业时代笼罩在全部非经典文明世界头上的亡国危机实际上已不复存在，任何国家的政治危机都主要是来于内部的折腾，而不是外部威胁。不承认甚至颠倒这一基本现实的，第一是那些别有用心的政治野心家，第二是民族主义或宗教狂热信徒的大量史盲。经典文明世界和非经典文明世界都在遭受着小人的折腾，对这项折腾，法治显然力不从心。在这个情况下，柏拉图和孔子殊途同归的终极结论似乎值得地球村重新加以研究。本节写了不少有悖于经典文明世界信条的话语，权供参考吧。

第 3 节
对友谊的态度 7113 (050)

引言

对友谊的态度 7113 将简称友谊。上节说到中华文明的“己”有别于希腊文明的“我”，这一文化差异使得古汉语不必对“407e35（我）”和“r407e37（友谊）”分别设立两个形态无关的词语（如英语的 myself 和 friendship），而使用“己”和“知己”来加以表达，这非常贴切，其符号自明性几乎接近于 407e35 和 r407e37 了。古汉语的知己等同于

r407e37，但不等同于7113。

笔者幼年在仰山堂时受到过“知己”教育的熏陶，对“一日三省”之一的“与朋友交而不信乎”、“士为知己者死”、“海内存知己，天涯若比邻”、“君子之交淡如水”等语句印象深刻。少年时在珞珈山，父辈们对于“没有永远的敌人，也没有永远的朋友，只有永远的利益”命题的议论有过激烈的交锋，给我留下了深刻印象。1949年后，听到了无产阶级国际主义友谊的说法，其形影不离的修饰词语“坚如磐石”和“牢不可破”至今记忆犹新。

以上漫谈所隐含的世界知识将在友谊7113概念延伸结构式的设计及其基本概念关联式里有所体现。

1.3-0 友谊7113的概念延伸结构表示式

7113:(e2n,t=b,\k=m;9eam,\k$_1$k=m,\3eam)

7113e2n	友谊基本形态
7113e25	君子之交
7113e26	小人之交
7113t=b	友谊本体的第一表现（第一友谊本体）
71139	权势友谊
7113a	利益友谊
7113b	成就友谊
7113\k=m	友谊本体的第二表现（第二友谊本体）
7113\1	事业友谊
7113\2	学业友谊
7113\3	状态友谊
7113\4	奉献友谊
7113\5	邻里友谊

概念延伸结构表示式里的二级延伸概念都未给予汉语说明，因为它们都具有清晰的符号自明性。不过，在下面各小节的世界知识阐释里会略加解释。

1.3.1 友谊基本形态7113e2n的世界知识

上节已对君子与小人的概念作了初步论述，对友谊基本形态7113e2n的自然语言表述没有比“君子之交”和“小人之交”更合适的词语了，这又一次表明君子与小人这一对概念或这个概念对是多么的可贵和重要。下面给出友谊基本形态7113e2n的基本概念关联式：

7113e25:=(j82e71+j82e75)——（7113-1）

（君子之交对应于善和高尚）

7113e26=(j82~e71+j82~e75)——（7113-2）

（小人之交强交式关联于恶与无情、卑鄙与虚伪）

7113e25=7113\k

（君子之交强交式关联于友谊本体第二表现）

7113e26=7113t

（小人之交强交式关联于友谊本体第一表现）
(7113e25,jl00e22,s1~0)
（君子之交无关于谋略与策略）
7113e26=s1~0
（小人之交强交式关联于谋略与策略）

上面对前两个概念关联式给予了特殊编号。现代读者对君子和君子之交的概念已经不可能充分理解了，这两个概念在精神长河里的状况已经类似于长江里的白鳍豚了。所以，下面写一个君子之交的故事，也许对未来的概念考古（训诂学的主业）有一点参考价值。故事里的两位当事人：一位是城市隐士，另一位是武汉大学教授。两位先生每月必见面畅谈一次，并在教授家共进午餐，但绝不超过一次。1948 年春末（结核病特效药出现的前夕）教授因肺结核病复发咯血卧床，于是，隐士每天上午必准时前来探望并施行太极式医治，风雨无阻，连续一个多月，无一日间断，直至教授基本痊愈。这段时间里，午餐还是惯例的每周一次。对隐士的这种过度耿介，教授都说过“不可理喻”，但终归束手无策。教授夫人还试图打破隐士的免费医治惯例，引起隐士的极大不快，也只得作罢。两位先生的住处相距近 8 公里，故隐士每天需步行约 15 公里。有时未带雨伞而遇暴雨，衣服湿透，隐士拧干以后照穿不误，绝不接受更换衣服的建议。隐士先生是古典散文和太极拳的高手，于太极医理颇有自学心得。20 世纪 30 年代因拒绝教授白话文而被解聘，遂甘于贫苦，陋居里巷，以当年难得一遇的“家庭补习”为业，终生未婚，自称城市隐者。1949 年后的政治运动中，教授曾遭到“与‘不食周粟’份子密切交往”的批判，教授则以“亦不食殷粟”的辩词予以化解，故两位先生每月一次的定期神会 20 年间（1946 ~ 1966 年）未曾间断，直至“文化大革命”风暴的来临。笔者亲眼见过隐者同一位业余武术高手（武汉大学法律系教授）的较量，两人屈腿站立，手靠手做推手（太极拳武术）圆圈运动，看起来一点也不费劲，但不到 3 分钟，业余高手即满头大汗，连说“佩服”而叫停。故事就写到这里吧。最后说一点尾声，20 世纪 60 年代初，笔者曾因重病多次回家休养，又见过隐士，他曾劝笔者跟他学太极拳，但笔者拒绝了，因为那个微妙而强有力的孔乙己效应那时还在起作用。“文化大革命”后，隐者在笔者心中的形象已不再是孔乙己而是一位高人了，很想再见到他，可惜只留下“白云千载空悠悠”的遗憾了。

1.3.2 友谊本体第一表现 7113t=b 的世界知识

第一友谊本体 7113t=b 具有下面的基本概念关联式：

(7113t<=a0099t,t=b)
（友谊本体第一表现强流式关联于专业活动的三“争”）

读者应该注意到：这个基本关联式就是亲情本体表现 7112t=b 相应概念关联式的翻版。各种自然语言对第一友谊本体有许多精彩的表述，但这些表述所包含的世界知识都在这一基本概念关联式的统摄之下。在这类表述中，以经典文明世界的表述最为精彩，那就是前面已引述过的“没有与只有”的著名论断了。古汉语里虽有“狡兔死，走狗烹；

飞鸟尽，良弓藏；敌国破，谋臣亡”的名言，但其抽象与概括水平可比“没有与只有”差远了。

近年，流行着“双赢”的术语和概念。上面的基本概念关联式能对上述论断和概念给出恰当的解释吗？这虽然跨入了专家知识的范畴,但词语的捆绑研究仍可以有所作为。

第一友谊本体 7113t=b 的基本特性先以下面的基本概念关联式予以描述，其他的以后再说。

(7113t=b,jl11e22,7113e25)
（第一友谊本体不存在君子之交）

1.3.3 友谊本体第二表现 7113\k=m 的世界知识

第二友谊本体采用了变量并列延伸的形式 7113\k=m，给出了前 5 项第二友谊本体的汉语说明。每一项第二友谊本体都不难写出相应的定义式，这就留给后来者去完成吧。

下面略说两点。

（1）权势友谊 71139 和状态友谊 7113\3 都存在“eam”延伸，这两项二级延伸概念的世界知识极为丰富，各种自然语言的相应词语也比较丰富，汉语的表现似乎有点特别，构成“丑陋中国人”的重要依据。不过，论者在论述中华文明的丑陋时，往往忽视了这些丑陋性的本体特征，从而也就忽视了它们的普遍性和时代局限性，误以为那是中华文明所特有的丑陋。以孔子的“唯女子与小人难养也”为例，它所造成的社会效应肯定是一种丑陋，建议读者浏览一下亚里士多德的《政治论》，那就会知道：孔子的这句话不过是“小巫见大巫”而已。在整个农业时代的先贤里，用现代话语来说，孔子的思想体系恐怕是最为开明和开放的了。

（2）第二本体友谊统一设置了二级并列延伸 7113\k1k=m，但未予具体设计。这里，演绎思维无用武之地，只好把这项比较繁重的工作留给后来者了。

结 束 语

本节原来试图重点论述君子之交和小人之交，因为，君子和君子之交是传统中华文明的特殊产儿。那个当前充当地球村主宰的经典文明世界从来都不曾存在过这两个概念。撰写过程中，那种“白鳍豚悲情”不断涌上心头，这对于没有写作才能的人反而是一种扼杀性的打击，所以，最后决定以一个故事来替代论述了。

第二章

愿望 712

引言

愿望 712 和情感 713 这两个概念群将不设置共相概念树，因为两者都强交织关联于情感空间，而 HNC 理论是将情感空间独立于语言概念空间之外的，它自知不具备描述 7120 和 7130 的资格。因此，愿望 712 这一概念群仅设置下列殊相概念树：

7121	期望
7122	愿望之实践
7123	愿望实践后

这 3 株概念树的设置基于下面的思考：7121（期望）具有部分取代 7120 的意图；7122（愿望之实践）不仅是对愿望的过程描述，也包含对愿望的作用与关系描述；7123（愿望实践后）不仅是对愿望的效应描述，也包含对愿望转移和状态描述。概念群愿望 712 之三概念树的设计，就先给出这简要的说明，但这简要说明确立了各概念树延伸结构表示式设计的基本依据。

7122 和 7123 的汉语说明曾作过多次变动，但名变而实未变，这最后的命名算是比较准确的吧。

第 1 节
期望 7121 (051)

引言

前文说到：地球村实际上存在六个世界。对不同世界，每一种概念树都多少存在着一些个性差异，但这里可以说一句：没有什么概念树的个性差异比期望 7121 更大的了，因此，期望 7121 概念延伸结构表示式的设计将考虑到这一因素。

2.1-0 期望 7121 的概念延伸结构表示式

```
7121(t=b,c01,d01,\k=6,53y;td01,53ye2n)
  7121t=b        期望基本内容
  71219          权势期望
  7121a          财富期望
  7121b          成就期望
    7121td01       “野心”
  7121c01        最低期望（生存）
  7121d01        最高期望（幸福）
  7121\k=6       期望与文明类型
  537121         誓愿
    537121e2n      誓愿的基本形态
    537121e25      善意誓愿（祝福）
    537121e26      恶意誓愿（诅咒）
```

2.1.1 期望基本内容 7121t=b 的世界知识

期望基本内容 7121t=b 具有下面的基础概念关联式：

(7121t<=a0099t,t=b)
（期望基本内容强流式关联于专业活动的“三争”）

这样的概念关联式在前面已经出现过 4 次了，一同拷贝如下：

(7103t<=a0099t,t=b)
（关系反应基本内容强流式关联于专业活动的“三争”）
(7111t<=a0099t,t=b)
（事业态度本体表现强流式关联于专业活动的“三争”）
(7112t<=a0099t,t=b)
（亲情本体表现强流式关联于专业活动的三“争”）
(7113t<=a0099t,t=b)

（友谊本体表现强流式关联于专业活动的三“争”）

由此可见，第一类精神生活与专业活动的“三争”密切相关，如果我们设想：专业活动（第二类劳动）的“理解引擎”应处于大脑皮层的某一区域（在中心区的可能性比较大），那么“三争”应该不在该理解区的中心，而处于靠近情感空间的边缘地带。当然，现在写下这类设想确实为时过早，姑妄言之而已。这里顺便说一句：上面对本体描述分别使用了“本体表现”和“基本内容”这两种汉语说明，也可以使用“基本表现”，三者可以互换，今后将基本不用“本体表现”的说法。

下面给出期望基本内容 7121t 的基本概念关联式：

(7121t,102,4075)——(7121-1)
（期望基本内容以自身为当然对象）
7121t=:b00c01
（期望基本内容等同于最低形态的追求）

这是一个不对称概念关联式，它相当于下面的概念关联式，这也是一项符号性约定。

b00c01==7121t
（最低形态追求是期望基本内容的虚设）

对 7121t 设置了 7121td01 的延伸概念，赋予了带引号的汉语说明——“野心”。请注意这里采用了符号 7121td01，而不是符号 7121(t)d01，这意味着对“野心”既可以作分别说，也可以作非分别说。汉语的升官发财、恭喜发财、财迷、官迷等需要作分别说捆绑，而壮志凌云、狼子野心、功成名就、志气、抱负等则需要作非分别说捆绑。

自然语言词语对一个概念的表述通常都存在着褒贬的意义，词语的褒贬性对于语言理解和语言生成几乎具有同样的意义，但毕竟对于语言生成更具有急所性，因此，HNC 迄今未直接针对词语的褒贬性专门设置相应的符号表示。现在，应该把这个问题提上日程了，因为词语的褒贬意义是密切联系于语境信息的，与语境单元三要素中背景信息 BAC 的述者背景 BACA 的关系最为密切。

从自然语言理解处理的资源建设来说，词语褒贬性表示属于自然语言理解处理四棒接力过程（见《全书》第三卷第一编——概念关联性总论）第二棒的内容，第二棒里最基础的工作是捆绑词语，以前建议过三维度描述方式，第一维度是五元组特性，第二维度是直系与旁系特性，第三维度是分别说与非分别说，现在应该加上第四维度了，那就是褒义与贬义。那么，在直系与旁系、分别说与非分别说、褒义与贬义之间存在复杂的过渡状态吗？笔者不知道，但坚信总是可以找到简明解决方案的。

以上插话本不属于《全书》的内容，由于上面写下了“壮志凌云”和“狼子野心”的词例，就顺便说了几句题外话。贬义词一般不用于自我表述，这一知识在世界知识与常识之间，现有的 HNC 表示符号具备描述这类知识的能力吗？对此笔者将笑而不答。

2.1.2 最低期望 7121c01 综述

最低期望 7121c01 亦简称生存。古汉语的“衣食住行”和“民以食为天”都是对生存基本需求的简明概括。笔者不了解这两项概括出现先后的训诂情况，但愚意以为：前一个概括把“衣”放在第一位不是偶然的，也许反映了华夏民族在农业时代初期的生存认识论。不过，“衣食住行”还得加上“知”、“玩”和“医”才符合齐备性的要求，“衣食住行知玩医”这七个字所包含的世界知识将以符号 7121c01\k=6 而不是 7121c01\k=7 来描述，7121c01\k=6 的汉语说明如下：

7121c01\k=6	生存基本需求
7121c01\1	衣与食
7121c01\2	住
7121c01\3	行
7121c01\4	知
7121c01\5	玩
7121c01\6	医

生存基本需求具有下列基本概念关联式：

7121c01\1=>(a21i,a219\21,a23\21)
（衣与食强源式关联于“农业”、生活用品制造及基本生活需求服务）
7121c01\2=>(a219\11,a23\11,a23\213)
（住强源式关联于建筑、基础设施服务及家具服务）
7121c01\3=>(a219\12,a219\22,a23\22)
（行强源式关联于交通基建、交通运输工具制造及行旅服务）
7121c01\4=>(a307,a72^e2m)
（知强源式关联于广义文化和教学）
7121c01\5=>a23\31
（玩强源式关联于文化生活需要服务）
7121c01\6=>(a82,a219\24,a23\12*b)
（医强源式关联于医疗、医保用品制造及病老需求服务）
7121c01=>a23\12——（7121-2）
（生存强源式关联于社会特定需求服务）

2.1.3 最高期望 7121d01 综述

最高期望 7121d01 亦简称幸福。前面说到：古汉语对生存有“衣食住行”的简明概括，这里应该说：古汉语对幸福也有四个字的深刻概括，叫做“祸福相依”，即老聃的著名论断：“祸兮福所倚，福兮祸所伏。”希腊文明没有这样的概括，因此，经典文明世界也就没有“祸福相依”的幸福观。这一幸福观渊源于农业时代的政治形态，而政治形态在经典文明世界的建立过程中获得了根本性的改善，因此，这一幸福观似乎可以扔进封建糟粕的垃圾箱了。但是，随着后工业时代的来临，人们有重新思考的必要。

“祸福相依”的辩证表述在语言上极为朴素，但其深刻哲理所揭示的效应威力正在超越“科技与经济”所爆发出来的效应威力，具体表现为**“科技与经济”所造成的“祸”将大于它所造成的“福”**，这一**超越现象**是经典文明世界当前面临的最大社会课题，下文将把这一超越现象称为“边疆终结效应”或“祸福逆转效应”。

边疆终结效应是对上述**超越现象**的本体论描述，祸福逆转效应则是相应的认识论描述。

边疆终结效应里的边疆主要指下列三类边疆：第一是地理意义的边疆；第二是科学意义的边疆；第三是经济意义的边疆。

地理边疆的概念可以有各种理解，这里把它作为地球村的同义语。科学边疆的概念已有争论，有人称之为“科学的终结”，不在这里讨论，下面仅略说经济意义的边疆。

在工业时代来临时，地球展现出广阔无垠的新边疆，工业时代也可以叫做开拓地理新边疆的时代，经典文明世界的创立者都是地理新边疆的开拓者（但反之不然）。于是，经典文明世界就形成了一系列前所未有的新迷信，可简称边疆无限性迷信。这里的边疆当然不是原来地理意义下的边疆，而是全部（8 种）专业活动领域意义下的边疆。新迷信特别集中在以下三个特定领域：第一叫市场或消费边疆；第二叫资本或金融衍生品边疆；第三叫自由边疆。实体经济王国的主宰者迷信第一边疆的无限性，将简称市场迷信；金融王国的主宰者（中国香港人叫金融大鳄）迷信第二边疆的无限性，将简称金融迷信；自由王国的忠诚战士（包括经典文明世界的主流政治家和全球的自由主义者）都迷信第三边疆的无限性，将简称自由迷信。三者构成发展迷信的主体。

发展迷信或三边疆迷信尚未见诸自然语言，语言概念空间当然还不存在这样的理解基因。因此，应该说明：最高期望 7121d01 的下列延伸概念主要是为未来准备的。

```
7121d01:(\k=m;\ke4n)
    7121d01\k=m            幸福之基本表现
    7121d01\1              第一幸福（享受）
       7121d01\1e4n           第一幸福的辩证表现
       7121d01\1e45           适度享受
       7121d01\1e46           低度享受
       7121d01\1e47           过度享受
    7121d01\2              第二幸福（投资）
       7121d01\2e4n           第二幸福的辩证表现
       7121d01\2e45           适度投资
       7121d01\2e46           低度投资
       7121d01\2e47           过度投资
    7121d01\3              第三幸福（自由）
       7121d01\3e4n           第三幸福的辩证表现
       7121d01\3e45           适度自由
       7121d01\3e46           低度自由
       7121d01\3e47           过度自由
```

对幸福 7121d01 的本体论描述采用了变量并列延伸，认识论描述采用了“e4n”延伸。前者不仅为幸福观的未来发展留下了描述空间，也为以往幸福观的训诂不足留下了描述空间；后者则与经典文明世界的幸福观背道而驰，下面略作辩护。

经典文明世界在进入后工业时代的半个世纪里取得了任何人都未曾预想到的巨大发展，政治上成功地化解了经典社会主义世界的挑战，“历史的终结及最后之人”的梦幻堂然出现；经济上把古人视为神圣的“天地”搞得不堪重负，“世界末日”的噩梦再次降临；文化上低级趣味至上，赢利第一，文化的高雅特质在迅速蜕化；军事上美帝国主义的野心无限膨胀，竟在追求所谓“零伤亡战争”的超级梦魇；科学上出现了“科学在走向终结”的豪言，实质上也是一种悲鸣。这一切，确实是史无前例的辉煌，这一切，诚然是“过度享受、过度投资和过度自由”造就的辉煌，但这是一种必然伴随着空前危机的空前辉煌。在本卷第三编的政治制度小节里，将把这一空前危机叫做“幸福追求无止境”危机，是后工业时代的时代性危机。最近，经典文明世界出现了所谓金融危机，那不过是这一时代性危机的冰山一角而已。但是，由于形而上思维的衰落，人们只会从经济和法治层面去思考这场危机，不会从哲学和生活方式层面去作深层次思考。因而，应对这场史无前例危机的治标措施将会是及时的甚至是强有力的，但治本之策是不会出现的，专家们的高评宏论迄今为止连治本之见的踪影都没有见到。

那么，什么是治本之策？那就是提倡 7121d01\k~e47，抑制 7121d01\ke47。但这一治本之策不仅会遭到经典文明世界的全面拒斥，也会遭到市场社会主义世界和经典文明模拟世界的坚决拒斥。因此，对延伸概念 7121d01\ke4n 的认识或理解是未来的事。

2.1.4 期望与文明类型 7121\k=6 的世界知识

期望与文明类型 7121\k=6 的汉语说明如下：

7121\k=6	
7121\1	经典文明世界的基本期望
7121\2	市场社会主义世界的基本期望
7121\3	经典文明模拟世界的基本期望
7121\4	伊斯兰世界的基本期望
7121\5	部落基础世界的基本期望
7121\6	征服遗裔世界的基本期望

延伸概念 7121\k=6 试图表明：地球村的六类世界存在着各自不同的基本期望。第一世界的基本期望是自己永远保持世界第一的地位，第二世界的基本期望是在综合国力方面迅速赶上第一世界，第三世界的基本期望是不落后于第二世界；第四世界的基本期望是继续保持其 14 个世纪以来的宗教扩张势态；第五世界的基本期望是消解部落冲突，形成自己的统一市场；第六世界的基本期望是实现“我本第一世界”的自负，它们最讨厌所谓“美国后院”的帽子或名声，消除这个名声几乎成了它们的第一期望。

对 7121\k=6 的进一步描述建议采用 7121\ke3m 的延伸，定名为不同世界期望的特征表现，7121\ke3m 具有下面的基本概念关联式：

7121\ke3m:=a60ae3m
（期望的特征表现对应于世界知识的基本构成）

这就是说，六类世界基本期望的差异渊源于六者各自不同的神学、哲学观念和科学水平。因此，这一世界知识必然强交织于专家知识，这里就暂不细说了。

2.1.5 “誓愿”537121 综述

“誓愿”537121 是一种特殊的期望，其延伸概念 537121e2n 分别代表着善意誓愿与恶意誓愿。

“誓愿”537121 可以是一种宗教活动 q821 或迷信活动 q813，善意誓愿 537121e25 常用于交往活动的祝愿 q715e45b。

上述世界知识的概念关联式就从略了。

结 束 语

本节着重论述最高期望 7121d01，其中关于“发展迷信”的概念一定会引起争议。这一概念是与后工业时代的时代性危机紧密关联的，没有这一时代性危机的概念，就绝对不会认同发展迷信的概念。但应该指出：发展迷信与发展先知是一对孪生概念，抓住时代性机遇的人是发展先知，洞察时代性危机的人也是发展先知。在《全书》军事科技互动性 a46ean 小节（本卷第三编军事章 4.6.1 小节）里，对康熙皇帝和彼得大帝有一个比较性论述，这里说一句关键性的话，那就是康熙皇帝非常遗憾地未能成为那个时代的一位发展先知，而彼得大帝则在更多不利条件下做到了这一点。康熙和彼得都生活在工业时代的晨曦时刻，应该怎样看待中俄两国在那个时代性的历史转折关头截然不同的表现？应该怎样看待康乾盛世与彼-叶（叶卡特琳娜）盛世之间的本质差异？这一不同表现和本质差异留下了什么样的时代性启示呢？某些清史学者对康乾盛世的一味推崇，是否比某些经济学者对华尔街的盲目推崇更等而下之呢？当前，生活在后工业时代晨曦时刻的中华民族，能否从所谓康乾盛世的失误中，获得更多的历史领悟呢？

第 2 节
愿望之实践 7122 (052)

引言

愿望之实践 7122 涉及作用效应链的过程、作用与关系侧面，其概念延伸结构表示式的设计以此为基本依据。

2.2-0 愿望之实践 7122 的概念延伸结构表示式

```
7122:(53y,t=b,e4m;(53y)c5n,(t)e4n)
   537122          势态愿望
   7122t=b         目标选定
   71229           争权
   7122a           争利
   7122b           争名
   7122e4m         “手段”
   7122e41         适度手段
   7122e42         缺乏手段
   7122e43         过度手段
```

第一项延伸概念 537122 对应于愿望实现的过程侧面，定名为势态愿望；第二项延伸概念 7122t=b 对应于愿望实现的作用侧面，定名为目标选定；第三项延伸概念 7122e4m 对应于关系侧面，定名为“手段”。

2.2.1 势态愿望 537122 的世界知识

势态愿望 537122 仅设置一项延伸概念(537122)c5n，定名“势态愿望的五阶段表现”，它具有下面的基本概念关联式：

(537122)c5n:=p10bc5m
（势态愿望的五阶段表现对应于人之第二生命过程的五阶段）

势态愿望的五阶段表现分别给出下列定名：

(537122)c55	幼年喜好
(537122)c56	少年梦想
(537122)c57	青年志向
(537122)c58	中年抱负
(537122)c59	老年感悟

势态愿望的五阶段表现分别具有下列基本概念关联式：

(537122)c55=d24
（幼年喜好强交式关联于实用理性）
(537122)c56=d23
（少年梦想强交式关联于浪漫理性）
(537122)c57=d22
（青年志向强交式关联于先验理性）
(537122)c58=d21
（中年抱负强交式关联于经验理性）
(537122)c59=d13
（老年感悟强交式关联于文化理念）

这里，请读者联想两点：第一，关于四种理性和文化理念这五株概念树之符号设计的 HNC 思考；第二，为什么势态愿望的五阶段表现不采用符号(537122)c5m 而采用(537122)c5n。

2.2.2 目标选定 7122t=b 的世界知识

目标选定 7122t=b 具有下面的基本概念关联式：

(7122t=>a0099t,t=b)——（7122-0-1）
（目标选定强源式关联于专业活动之“三争”）

这一概念关联式被赋予了特殊编号，它描述了第一类精神生活与第二类劳动之间最基本的概念关联性。这里，第一类精神生活的目标 7122t=b 是源，而第二类劳动之“三争”是流；同类描述的概念关联式前面已经出现了四项（见本章 2.1.1 小节），但那里，第一类精神生活是流，而第二类劳动之“三争”是源。这样，不同心理学流派的基本主张就各得其所了。

与势态愿望一样，目标选定也仅设置一项延伸概念 7122(t)e4n，其汉语定名如下：

7122(t)e45　　适度“三争”
7122(t)e46　　淡泊“三争”
7122(t)e47　　过度“三争”

前面，对幸福之基本表现 7121d01\k 给出了类似延伸概念 7121d01\ke4n(见本章 2.1.3 小节)，那里采用了分别说的形式，而这里则采用非分别说的形式。两者体现了认识论描述“e4n”的共同哲理，这一哲理将在理念章里作进一步的论述。

2.2.3 “手段”7122e4m 的世界知识

愿望之实践 7122 首先需要智力，其次需要条件，两者都属于综合逻辑概念的概念群，条件可以联系于关系的 46，但智力似乎与作用效应链的关系环节没有直接的联系，这必须予以说明。综合逻辑概念的第一号概念群 s1（智力）和第二号概念群 s2（手段）可合称“手段”，它具有下列基本概念关联式：

7122e4m=:(s2,s1)
（“手段”等同于手段与智力的有序并）
7122e4m<=407e3n——（7122-0-2）
（“手段”强流式关联于关系基本构成之Ⅱ型三方——我、敌、友）

第一项概念关联式表明：愿望之实践 7122 必须拥有“手段”7122e4m，第二项概念关联式（愿望之实践的第二特殊编号概念关联式）表明：愿望之实践之所以需要手段是由于关系基本构成之Ⅱ型三方的存在。这就是“延伸概念 7122e4m 对应于关系侧面”的论据了。

“手段”映射符号本身 7122e4m 就给出了“手段”基本特性的描述，汉语的“权谋”、“权术”和“有办法”大体对应于“手段”的非分别说 7122e4m，汉语的“明智”可完全对应于 7122e41，汉语“老实”的义项之一和“书呆子”可完全对应于 7122e42，汉语的“狡诈”和“为达目的、不择手段”等，则是 7122e43 的精致表述了。

结 束 语

本节给出了两个特殊编号概念关联式，两者所对应的理解基因——目标选定 7122t=b 和“手段”7122e4m——应位于大脑的“要地”，这“要地”具有军事学上战略要地的意义，“要地”意味着它不仅必须具有与情感空间联系的便利，也必须具有与艺术空间和科学空间联系的便利，因此，可以设想：语言概念空间的地图既不同于中国和印度，也不同于美国，而应该与经典文明世界的旧大陆接近。大脑研究者应首先思考并考察五类概念空间的地图，再向下分别考察每类概念空间的地图。虽然中关村和华尔街的局部地图是重要的，但毕竟不能脱离北京去考察中关村，脱离纽约去考察华尔街。而且，北京之上有中国，中国之上还有亚洲；纽约之上有美国，美国之上还有北美洲。大脑的未来研究会不会证明：第一类精神生活的地图是语言概念空间里的一个小版图的“经典文明世界旧大陆”呢？笔者以为这种可能性比较大。

第 3 节
愿望实践后 7123 (053)

引言

本章引言里说：“7123（愿望实践后）不仅是对愿望的效应描述，也包含对转移和状态的描述。”这句话也可表述为：“‘愿望实践后’意味着一种效应，在心理上它会诱发新的愿望、新的关系感和新的状态感，或诱发一种满足、巩固或‘万岁’情结。”7123 概念延伸结构表示式的设计将以此为依据，并把愿望实践后的上述种种心理表现以“情结”命名。

2.3-0 愿望实践后 7123 的概念延伸结构表示式

```
7123:(e9n,eam,ean)
  7123e9n        转移情结
  7123e95        再出发情结
  7123e96        终点情结
  7123e97        征途情结
  7123eam        地位情结
  7123ea1        高位情结
  7123ea2        低位情结
  7123ea3        攀比情结
  7123ean        世态情结
  7123ea5        强势情结
  7123ea6        弱势情结
  7123ea7        较量情结
```

2.3.1 转移情结 7123e9n 的世界知识

为便于读者对三项转移情结的理解，这里戏将上面的汉语定名换成以三位政治家的名字定名，其对应关系如下：

```
7123e95        再出发情结        格瓦拉情结
7123e96        终点情结          秦始皇情结
7123e97        征途情结          朱元璋情结
```

格瓦拉非常崇拜毛泽东，这里存在着在 7123e95 情结上强烈共鸣的因素，但毛泽东先生在关键点上深藏不露，而秦始皇和朱元璋又不具备与毛泽东并列的资格，故这里以

"格瓦拉情结"作为7123e95的定名。就这几位伟人的个性来说，格瓦拉情结的定名最为传神。作为三项转移情结的具体定名，这里不仅完全抽去了"伟大"的意义，也完全抽去了褒贬的意义，这是应该说明的。

每一个人的具体转移情结是其性格 7221 的重要特征，但在性格概念树的延伸概念里并不设置，因此下面的特殊编号概念关联式应视为性格 7221 的编外延伸概念。

7123e9n=%7221——（7123-0-1）
（转移情结构成性格的编外延伸概念）

2.3.2 地位情结 7123eam 的世界知识

类似于转移情结乃性格的编外延伸概念，地位情结和世态情结都是气质的编外延伸概念，这一重要世界知识构成下列特殊编号概念关联式：

7123eao=%72228~e71——（7123-0-2）
（地位情结和世态情结构成气质的编外延伸概念）
(72228e71,jl11e22,7123eao)——（7123-0-3）
（君子不存在地位情结和世态情结）

高位情结 7123ea1 的汉语词语多数具有贬义色彩，如"高高在上"、"盛气凌人"、"专横跋扈"、"目空一切"、"霸气"、"傲气"等，有少量中性词语，如"高贵"、"高雅"，似乎没有褒义词语，这是一个有趣的语言文化课题，值得进行语言文化学的比较研究。也许孔子是最早洞知特殊编号概念关联式（7123-0-3）意义的哲人，深知地位情结和世态情结需要加以引导，因此，他特别致力于君子与小人概念的阐释。最近，有一位名气不小的历史学教授在"百家讲坛"讲孔子，与"孔子，丧家犬"的提出者和"打倒孔家店"的"五四"先驱遥相呼应，给了孔子一个对章太炎和胡适都显得浮泛的 16 字评语[*01]，其目的在于把孔子拉下圣坛。最近，确实出现了把孔子重新抬上圣坛的现象，这是笔者所不赞同的。但这些"五四"精神的继承者是否过于敏感了一些呢？你们自己不也在同样极力维护"五四"的圣坛地位吗？孔子与"五四"两者之圣坛地位对近代中国所造成的消极效应究竟孰轻孰重呢？让后人去评判吧。

高位情结 7123ea1 在古汉语可另称"大人情结"或"老爷情结"，在现代汉语可另称"高干情结"，这些另称情结在第一世界似乎已经消失了，但在第一世界之外的另外五个世界都严重存在，第三世界也不例外（如日本和印度），可见民主政治制度并不是铲除地位情结的灵丹妙药，同时也表明：铲除地位情结并不是治国的大场和急所。维护"五四"圣坛地位的学者们应该关注和了解这一十分重要的世界知识，并据此重新评估孔子和佛陀关于地位情结的独到思考。

地位情结有广义与狭义之分，7123eam 是狭义地位情结，其对象限于愿望实践的胜利者和失败者。那种与生俱来的"贵族情结"、"种姓情结"、"民族情结"、"市民情结"、"贫民情结"、"贱民情结"、"奴才情结"及鲁迅先生塑造的著名"阿 Q 情结"（浪漫理性善于制造这类怪胎）等，7123eam 都不包含，因此 7123eam 暂不设置延伸概念。

上面说到：第一世界似乎消除了高位情结和低位情结（7123~ea3），但它却把攀比情结抬到了极致。自由市场经济学正是利用 7123ea3 来不断扩张市场的新边疆，自由经济学说隐藏着一个基本假定，那就是市场的新边疆具有无限性，因为市场可以创造。这个假定在工业时代是适用的，但在后工业时代已经不适用了，因为地球毕竟是有限的，最后的市场新边疆就是金融市场。最近的金融风暴是第一世界迷信市场无限性的必然后果，是攀比情结7123ea3达到极致的必然效应，是“幸福追求无止境”危机的第一声警钟，怎么办呢？要不要思考一下特殊编号概念关联式（7123-0-3）里所体现的孔子智慧呢？

汉语对攀比情结7123ea3有一句绝妙的表述，叫“人比人，气死人”，此话义境的正解是：“不要去‘比’。”第一世界是不认同这种正解的，作为第二世界代表的中国在这一点上倒是与第一世界基本接轨了。

2.3.3 世态情结7123ean的世界知识

地位情结距离多数人的生活比较远，但世态情结在现实生活中可以说无所不在，如影随形。汉语的“势利眼”和“世态炎凉”是对世态情结非分别说的绝妙表述。分别说也有比较精彩的表述，如强势情结7123ea5的“趾高气扬”，弱势情结7123ea6的“忍辱负重”。至于较量情结7123ea7，确实是中华文明所缺乏的，如果说这是儒家学说造的孽，笔者非常同意。因此，古汉语似乎没有表述7123ea7的恰当词语。不过，最近有位作家填补了这个空缺，叫“我是流氓我怕谁”。

世态情结7123ean具有下面基本概念关联式：

7123ean≡7228~e71——（7123-0-4）
（世态情结强关联于小人与俗人）

这一特殊编号概念关联式已经把笔者想说的话概括无遗了。世间的世态情结是如此浓重，人们已很难想象：世间曾经存在过无世态情结的人（君子）。但笔者接触过不少这样的人，前文说到的那位城市隐者就是其中之一。这里应补充一句话：读者不要以为那位隐者对那位教授的感人情谊与受者的教授身份有关，你这样想就完全错了，因为该隐者对他的陋巷邻居也都是这样。

结束语

本节的论述着重于“愿望实践后7123”这一概念树自身描述的系统化，各项延伸概念的汉语表述都比较到位，因此，对这些概念本身及它们与其他概念树的关联性都略而未表。不过，最基本的（最重要的）概念关联式都给出了，并赋予了特殊编号。

这些特殊编号概念关联式所描述的世界知识适用于所有的世界，当然，不同世界的转移情结、地位情结和世态情结都具有自己的个性，但在HNC视野里，这些个性知识就属于专家知识而不是世界知识了。

后记

狭义心理（“心理”）的五种概念群——心情710、态度711、愿望712、情感713和心态714，到此已经论述过三群了，现在，我们可以给出一个轮廓性的描述了。这五种概念群呈现出“一主两翼”的形态，愿望是“心理”的主概念群，心情与态度构成“心理”的一翼，情感与心态构成“心理”的另一翼。这两翼一侧的心情 710 和态度 711 与另一侧的情感 713 和心态 714 具有某种对称性，主概念群 712 则呈现为一种“三位一体”的结构，那就是期望、实践与情结，三者分别是 7121、7122 和 7123 的简称。这“三位之一体”或“一体之三位”构成伦理学的主体，也是文化的主体。

这“一主两翼”说和“三位一体”说并不是什么新的说法，不过是对《道德情操论》和《人性论》第二卷（论情感）的一种简明概括。西方著作习惯于向读者提供矿砂，而不是炼品。如果老聃（李耳）来写这两部专著，也许连“五千言”都用不了，这是中华文明特具的文学魅力。真正懂得这一魅力的也许只有两个人，那就是辜鸿铭先生和陈寅恪先生。但这两位大师又有所不同，辜先生是一位不识时务者，故“明之则鸣”；而陈先生是一位识时务者，故“明之而不鸣”。

注释

[*01] 该教授对孔子的16字评语是：“文化巨匠、失意官员、模范教师、性情中人。”

第三章

情感 713

引　言

本编第二篇的 1.0.1 小节将指出：大脑的概念空间应区分五大区块，情感概念空间是其中之一。因此，这里的情感 713 应视为情感概念空间派驻语言概念空间的“办事处”或“代表”。故情感 713 概念群之概念树的设计，不仅不企求完备性，也不企求透彻性，而以代表性为满足。于是，弗洛伊德先生的潜意识理论及现代心理学热衷的各种变态或异态情感或心理现象都不在本章的考虑之内。

上述考虑实质上就是一种简化，简化的情感描述就可以回避情感的共相，采取类似于愿望 712 的设计思路。于是，情感 713 各概念树的符号设计及其汉语表达如下：

7131	情感的基本表现（基本情感）
7132	外因主导的情感（外因情感）
7133	内因主导的情感（内因情感）

第 1 节
情感的基本表现 7131 (054)

引言

情感基本表现 7131 将简称基本情感。

在愿望 712 章的引言说过，“7121（期望）具有部分取代 7120 的意图”，这里应首先申明的是：情感基本表现 7131 连这样的意图都没有，这一概念树的汉语说明以“基本表现”替代通常的“基本内涵”就传达了这个意思。这一义境差异不难以概念关联性表示符号的形式告知交互引擎，但鉴于交互引擎研发的现状，笔者决定暂时放弃这一符号设计。

这里应该交代一声的是关于情感本体论描述符号的改动，原来对 7131 和 7132 的一级延伸概念都采用 γ 表示，对 7133 则采用\k 表示，现在决定统一采用\k 表示。

由于情感 713 的各株概念树(713y,y=1–3)不过是情感概念空间的代表，故其概念延伸结构表示不仅比较简明，而且比较整齐。隐藏在这种简明性和整齐性背后的联想逻辑或理解逻辑十分有趣，读者不妨结合下面的说明从那些符号本身去体验一下。

3.1–0 基本情感 7131 的概念延伸结构表示式

```
7131:(\k=2;\ke5m,(\k)e53;(\k)e53d01,\k~e53e2n)
  7131\k=2                   基本情感的类别
  7131\1                     第一基本情感
     7131\1e5m                 第一基本情感的三分描述
     7131\1e51                 喜好
     7131\1e52                 厌恶
     7131\1e53                 “未名”
  7131\2                     第二基本情感
     7131\2e5m                 第二基本情感的三分描述
     7131\2e51                 高兴
     7131\2e52                 担忧
     7131\2e53                 “未名”
     7131(\k)e53               第一平常心
       7131(\k)e53d01            第一佛性
     7131\k~e53                强烈基本情感
       7131\k~e53e2n             强烈基本情感的辩证表现
```

上文说到的简明性指前两级延伸概念仅一项，整齐性指一级延伸都用\k 表示，二级延伸则用 e5m 或 e5n 表示。情感 713 的三株概念树都如此统一处理，故本章各节之下仅有分节而无小节，但分节编辑方式有别于常规，将单为三级延伸概念世界知识的论述增加一个分节。

本章各节都会遇到符号 e5m 或 e5n，这里预说一下这一对符号自身的世界知识是合适的。e5m 和 e5n 是亲兄弟，两者的共性是：存在这样一种三元概念集合，其中的两元（双方）形式上对立而实质上不对立，这两元可相互转换，两元之间必然存在一个第三元（方），这第三元并不是那两元的对立统一，而只是两元之间的过渡形态。说得简短一点，此三元概念集合的基本特点是：转换性与过渡性并存，而不是对立性与统一性并存。这是第一类对偶（原称黑氏对偶）和第二类对偶（原称非黑氏对偶）的**基本差异之一**。"e5m 的 e51 与 e52"和"e5n 的 e55 与 e56"就是那形式对立的两元，而 e53 和 e57 则是那体现过渡性的第三元。e5m 与 e5n 的个性差异是：前者形式上对立的双方（两元）不带有积极与消极意义的区分，而后者带有这一区分，即 e55 具有积极意义，e56 具有消极意义。基本情感 7131 的概念延伸表示式表明：其前两级延伸概念都不被赋予积极与消极的含义。当然，相应的词语并不遵守这一约定，这就是自然语言符号和 HNC 符号的本质差异，语言学的消歧与翻译、语言哲学的描述与解释、训诂学的笺疏与注解，都密切联系于词语意义在语言概念空间的定位，而过去缺乏一个定位标准或定位参照系，如今，HNC 概念基元符号体系提供了这样的标准或参照系。

基本情感具有下列基本概念关联式：

7131\ke51=r7100e25
（基本情感的喜好和高兴强交式关联于幸福）
7131\ke52=r7100e26
（基本情感的厌恶和担忧强交式关联于苦恼）

3.1-1 第一基本情感 7131\1 的世界知识

第一基本情感 7131\1 之三分描述 7131\1e5m 的汉语表达拷贝如下：

7131\1e51	喜好
7131\1e52	厌恶
7131\1e53	"未名"

第一基本情感之形式对立双方 7131\1~e53 有现成的汉语词语表达，那就是"好恶"。第一基本情感具有下列基本概念关联式：

7131\1e51=>7102e61c2m//7102e61
（喜好强源式关联于广义效应反应的"欢迎"，首先是好奇与迷恋）
7131\1e52=>7102e62
（厌恶强源式关联于广义效应反应的拒绝）
7131\1e53=>7102e63
（第一基本情感的"未名"强源式关联于广义效应反应的容纳）
7131\1e51=>7103~^e47
（喜好强源式关联于关系反应的关心与兴趣）
7131\1e52=>7103^e47

（厌恶强源式关联于关系反应的冷漠）
7131\1e51=>7112e71
（喜好强源式关联于关爱）
7131\1e52=>7112~e71
（厌恶强源式关联于虐待与偏心）
7131\1~e53=>7132\1~e53
（好恶强源式关联于外因主导情感的爱与恨）

上一章的后记里有这么一句话（论断）——“这两翼之一侧的心情 710 和态度 711 与另一侧的情感 713 和心态 714 具有某种对称性”，上列概念关联式是对这一论断的注释，也是将 7131 定名为基本情感的注释。读者即将看到：第二基本情感 7132\2 也具有类似的特性。

3.1-2 第二基本情感 7131\2 的世界知识

第二基本情感 7131\2 之三分描述 7131\2e5n 的汉语表达拷贝如下：

7131\2e51	高兴
7131\2e52	担忧
7131\2e53	“未名”

第二基本情感之形式对立双方 7131\2~e53 的汉语表达可名之为“乐忧”，范仲淹先生关于“先忧后乐”名句里的“乐”与“忧”就可以精确定位于 7131\2e51 与 7131\2e52。这里顺便说一句：范先生的那千古名言完全适用于农业和工业时代，但不完全适用于后工业时代，因为后工业时代更需要“先天下之乐而忧，后天下之忧而乐”。为什么？因为在农业和工业时代，忧是社会的常态，乐是社会的异态；而后工业时代反之。笔者曾在《对话》里借一位形而上老者之口讲过这一观点。

第二基本情感具有下列基本概念关联式：

7131\2e51=>(71001+7100e25)
（高兴强源式关联于喜剧感受和积极感受）
7131\2e52=>(71002+7100e26)
（担忧强源式关联于悲剧感受和消极感受）
7131\2e51=>7102(t)i~e46
（高兴强源式关联于生活方式的享乐）
7131\2e52=>7102(t)ie46
（担忧强源式关联于生活方式的苦行）
7131\2e51=>(71109e71+71109e75)
（高兴强源式关联于态度契约因素的慷慨和大度）
7131\2e52=>(71109~e71+71109~e75)
（担忧强源式关联于态度契约因素的贪婪与小气或吝啬与计较）
7131\2e51=>7110be71
（高兴强源式关联于态度的日常心态因素的“宽恕”）
7131\2e52=>7110b~e71

（担忧强源式关联于态度的日常心态因素的“责怪”与“埋怨”）

7131\2~e53=>7132\2~e53

（高兴和担忧强源式关联于外因主导情感的兴奋与哀伤）

上列概念关联式又一次诠释了关于“心理”之“一主两翼”的论断，并表明：7131\2确实具备“基本情感”的资格。在态度章里，曾给出下列概念关联式：

7110b<=714

（态度的日常心态因素强流式关联于心态）

7110b=714

（态度的日常心态因素强交式关联于心态）

这两个概念关联式同上列两组关联式之间的联系描述了语言概念空间和情感概念空间之间最本质的联系，但这已跨入专家知识的范畴，就不展开论述了。

3.1-3 基本情感三级延伸概念的世界知识

基本情感三级延伸概念的符号和汉语拷贝如下：

7131\k~e53e2n	强烈基本情感之辩证表现
7131\1~e53e2n	好恶之辩证表现
7131\2~e53e2n	“乐忧”之辩证表现
7131(\k)e53d01	第一佛性（第一平常心之升华）

这里引入了一个新名词——强烈基本情感，意指“好恶”和“乐忧”，其HNC映射符号极为简明，那就是7131\k~e53。不言而喻，映射符号7131\ke53将名之平常基本情感或第一平常心。每一种强烈基本情感（共四种）都存在辩证表现“e2n”，这就是说，既有积极的“好恶”，又有消极的“好恶”；既有积极的“乐忧”，又有消极的“乐忧”。那么，平常基本情感7131\ke53就不存在这种辩证表现吗？HNC不直接回答这个问题，而只引入非分别说表示符号7131(\k)e53及其延伸概念7131(\k)e53d01，前者定名第一平常心，后者定名第一佛性。这种符号表示方式清晰地表明：第一佛性就是第一平常心的升华。

请注意：平常基本情感可以分别说，有7131\1e53和7131\2e53的区别，两者在自然语言里似乎没有合适的词语，故皆以“未名”名之。下面将会看到：外因主导的情感7132也存在类似的情况，但内因主导的情感不是这样。

结 束 语

本节引入了第一基本情感和第二基本情感的概念，进而引入了强烈基本情感和平常基本情感的概念，基于平常基本情感的非分别说又引入第一平常心的概念，进而引入了第一佛性的概念，下面将会看到，不仅基本情感存在平常心和佛性，外因或内因主导的情感也同样存在，内因主导的情感还存在两种平常心和佛性，因此，平常心和佛性有第

一、第二、第三和第四之分。这一说法是为交互引擎服务的，如有非议，笔者将不作辩护。

这里还要说的是：基本情感在大脑皮层中一定占有一个特定区块，甚至可以设想，它与愿望区块的间距可能小于与情感概念空间“边界”（5 种概念空间之间存在边界吗？这当然是脑科学第一位的科学问题。但目前这是一个“伪”问题，因为 5 种概念空间的说法只是 HNC 的假设，认知科学和脑科学还没有进行这样的思考，因此对这里的边界加了引号）的间距。强烈基本情感 7131\k~e53 对不同文明或 HNC 定义的六个世界不应该存在明显差异，但平常基本情感 7131\ke53 则可能存在巨大差异，这是完全可以预期的。

第 2 节 外因主导的情感 7132 (055)

引言

外因主导的情感 7132 将简称外因情感，这外因应该加上引号，这里把它省略了。

外因情感是指这种情感的出现或产生必然伴有某种**具体**外因的引发。

前已指出：基本情感 7131、外因情感 7132 和内因情感 7133 的前两级延伸概念具有统一的结构。

上节已经说到：三株情感概念树具有“一级延伸都用\k 表示，二级延伸都用 e5o 表示”的共性，这里再对三者的共性作进一步的描述。第一，一级并列延伸的 k_{max} 依次取 2、3、4；第二，对以“e53”表示的情感部分以“未名”名之，并统称平常情感；第三，对以“~e53”表示的情感统称强烈情感。第四，平常情感的非分别说定名平常心，其延伸概念“713y(\k)e53d01”将统称佛性。于是，强烈基本情感和平常基本情感有第一与第二之分；强烈和平常外因情感有第一到第三之分；强烈和平常内因情感有第一到第四之分。而佛性则有第一、第二、第三与第四之分，第一佛性是第一平常心（基本情感）的升华，第二佛性是第二平常心（外因情感）的升华，第三和第四佛性是第三和第四平常心的升华，即内因情感的两种升华。

3.2-0 外因情感 7132 的概念延伸结构表示式

```
7132:(\k=3;\ke5m,(\k)e53;(\k)e53d01,\k~e53e2n,\1e51:(i,t=a),
          \2e51d01,;\1e51ie2m,^(y\1e51i),;^(y\1e51ie2m),;)
  7132\k=3                        外因情感的类别
  7132\1                          第一外因情感
    7132\1e5m                       第一外因情感的三分描述
```

```
    7132\1e51                  爱
    7132\1e52                  恨
    7132\1e53                  （未名）
7132\2                     第二外因情感
    7132\2e5m                  第二外因情感的三分描述
    7132\2e51                  兴奋
    7132\2e52                  悲伤
    7132\2e53                  （未名）
7132\3                     第三外因情感
    7132\3e5m                  第三外因情感的三分描述
    7132\3e51                  无畏
    7132\3e52                  恐惧
    7132\3e53                  （未名）
    7132(\k)e53                第二平常心
        7132(\k)e53d01             第二佛性
    7132\k~e53                 强烈外因情感
        7132\k~e53e2n              强烈外因情感的辩证表现
```

这里没有对外因情感 7132 的全部延伸概念给予汉语表达，已给予的部分与基本情感 7131 基本（除强烈第一外因情感）对应，对下一节的内因情感 7133 也将如法炮制。从概念延伸结构表示式来说，基本情感与外因情感的差异来自于“爱 7132\1”的独特性。这一点特别值得注意，因为不同文明的个性在这里有最鲜明的表现。

3.2-1 第一外因情感 7132\1 的世界知识

第一外因情感三分描述 7132\1e5m 及其延伸概念的汉语表达拷贝并补充如下：

```
7132\1e51                      爱
    7132\1e51i                     爱情
        ^(7132\1e51i)                  滥情
        7132\1e51ie2m                  贞节
            ^(7132\1e51ie2m)               淫荡
    7132\1e51t=a                   两种特殊外因情感
    7132\1e519                     宠爱
    7132\1e51a                     同性恋
7132\1e52                      恨
7132\1e53                      （未名）
7132\1~e53                     第一强烈外因情感（爱与恨）
    7132\1~e53e2n                  爱与恨之辩证表现
```

下面将首先讨论爱与恨及其辩证表现，随后讨论“贞节”，最后略说两种特殊外因情感。

爱与恨 7132\1~e53 将简称第一强烈外因情感。农业和工业时代的所有精明政治家都善于把两者铸练成威力无穷的法宝，特别是其中的恨 7132\1e52。这两个法宝有许多美好的名称，最著名的有下列四个：“爱国主义”、“民族恨”、“异端诛”、“阶级仇”，其对应映射符号如下：

r7132\1e51(d01)　　　　爱国主义
r7132\1e52(d01)　　　　民族恨、异端诛、阶级仇

但这四个延伸概念并不直接纳入 7132 的概念延伸结构表示式里，HNC 将给这类延伸概念取一个专门名字，叫“自延伸概念”，符号上以“()”表示。自延伸概念的领域归属具有多重性，既可以纳入自身从属的理解基因，也可以纳入与该从属理解基因呈“强”关联的其他各项理解基因。这是 HNC 符号体系对概念网络性描述的一项特殊约定，这里预说一声（详见《全书》第三卷第一编）。基于这一约定，对第一外因情感应给出下面的基本概念关联式：

7132\1~e53(d01)<=a13
（爱与恨的最高形态强流式关联于政治斗争）
7132\1e51(d01)<=a13\11*9
（爱之最高形态强流式关联于国家之间的斗争）
7132\1e52(d01)<=(a13\12+a13\21)
（恨之最高形态强流式关联于阶级斗争和宗教斗争）
(7132\1~e53(d01),jl111,(sg22\2,100*901m3,a13);s31,pj1*~b)
(7132-1)
（在农业和工业时代，爱与恨的最高形态是服务于政治斗争的精神武器）
((pa1,s32,pj01*\1),s2(~jlu12c32)(jl12e21),7132\1e52(d01);
s31,pj1*bc35)
（在后工业时代初期，第一世界的政治家已不能把恨之最高形态作为手段来使用）

后工业时代的曙光虽然已照临地球村半个世纪之久，但地球村的居民们几乎还没有感受到这一曙光，因而更谈不上理解它的伟大历史意义，他们依然以工业时代，甚至农业时代的视野或观念来看待这个世界。那些自命为地球人的人们，那些误以为“世界是平的”的人们并没有爬出“工业时代的洞穴”，就如同生活在工业时代曙光中的康熙皇帝没有爬出“农业时代的洞穴”一样。第一世界的情况稍微好一点，上列最后一项概念关联式所体现的世界知识是证据之一。但其他概念关联式（包括那个赋予了特殊编号的概念关联式）所反映的“洞穴”观念依然是这个地球村的主流观念。网络世界的诞生不仅没有为带领人们走出“旧时代洞穴”带来任何助力，反而形成了强大的阻力。这种阻力特别明显地表现在对“爱与恨的辩证表现 7132\1~e53e2n”的茫然不知或故作不知，博客们或跟帖者们为了吸引网民的眼球，毫无节制地使用属于 7132\1e52e26（下文将命名为愚恨）的语言就是明证。

在所有具有辩证性表现的概念里，“爱与恨之辩证表现 7132\1~e53e2n”这一概念的意义和重要性也许仅次于“政治制度之辩证性表现 a10e2ne2n”的概念，如果有人把这两者评为辩证性概念的冠军和亚军，则笔者将深表赞同，现在不是流行各种评选活动吗，故笔者也赶一次时髦。符号 7132\1~e53e2n 本身已对“爱与恨之辩证表现”的意义给出了足够的表达，但对应的自然语言词语似乎不敷应用，汉语对消极爱 7132\1e51e26 有“溺爱”一词，但语用上局限于父母对子女的爱，因此，下面将借用佛学的“大慈大悲”概念并利用汉语的词义组合化优势对 7132\1~e53e2n 给出下面的汉语表达：

7132\1e51e25　　积极的爱（大慈）
7132\1e51e26　　消极的爱（愚爱）
7132\1e52e25　　积极的恨（大悲）
7132\1e52e26　　消极的恨（愚恨）

下面讨论“贞节 7132\1e51ie2m”，这是一个第一外因情感的三级（外因情感的四级）延伸概念，其父概念是“爱情 7132\1e51i”，其祖概念是“爱 7132\1e51”，其曾祖概念是“第一外因情感 7132\1”，其高祖概念是“外因情感 7132（概念树）”。中华文明有“共高祖为近亲”的传统观念，对应的上辈称呼为：高祖、曾祖、祖父、父亲，下辈称呼为儿子、孙子、曾孙、玄孙。今后，将参照这些称呼，以概念树为参照，把一级延伸概念叫子概念，把二级延伸概念叫孙概念，把三级延伸叫曾孙概念，把四级延伸概念叫玄孙概念，大于四级的延伸概念将统称远孙概念。这样，贞节就是外因情感的玄孙概念，而爱情是曾孙概念。

贞节是一个概念对，是第二类对偶的典型之一，其汉语表达如下：

7132\1e51ie21　　男性贞节
7132\1e51ie22　　女性贞节

在农业时代，各种文明都存在贞节歧视，贞节歧视是女性歧视中最为残酷的表现形式之一，它片面强调甚至扭曲女性贞节，而男人却可以没有相应的贞节。不过，这里需要为君子的概念说几句话，君子实质上是包括男性贞节的。抗日战争胜利时，我国无数坚守女性贞节的妇女遭遇了丈夫背叛的悲剧，但家庭团圆的感人情景依然大量存在（笔者的家庭是其中之一），因为那时的中国还有不少君子。笔者知道多位学界名人终身不娶，他们也绝对不会另有情妇，这并不是由于他们是独身主义者，而是由于他们忠贞于自己的初恋，他们中的有些人还同初恋者的婚后家庭终生保持着独特的情谊和交往，这一独特性是现代人不可思议的。这些可尊敬的“他们”（包括那些初恋者的婚后家庭成员，特别是她们的丈夫）就是君子。因此，下面带特殊编号的概念关联式是必须给出的。

7132\1e51ie2m≡p7110be72e25——（7132-2）
（贞节强关联于君子）

在工业时代，贞节的概念在全球遭到了浪漫理性和实用理性的毁灭性打击，君子的概念在中华大地遭受的打击则更具毁灭性。现在是后工业时代，是否应该重新思考一下这两个概念的社会价值呢？如果概念关联式（7132-2）得到认同，那么，是否可以设想：“艾滋病和‘包二奶’的灾祸就会同战争一样，不再是一个不可避免的东西了”呢？

爱情是文学的永恒题材，文学是属于艺术概念空间的东西，因此，爱情不仅是情感概念空间派驻语言概念空间的代表，也是艺术概念空间派驻语言概念空间的代表。因此，对爱情似乎应该设置并列延伸概念 7132\1e51i\k=2，让它们分别充当情感代表与艺术代表，这对于小说和神话的理解十分重要。但 HNC 理论深知语言理解之艰难，目前只专心做“分内”的事，上述延伸概念乃“分外”的事，暂时不考虑为妥。

爱情存在反概念，定名滥情，贞节也存在反概念，定名淫荡。

下面略说一下被命名为“两种特殊外因情感 7132\1e51t=a”的东西。这两样东西分别叫做宠爱 7132\1e519 和同性恋 7132\1e51a，有人觉得这两样东西是“世风日下”的产物，这是误解，是怀旧者所固有的“色盲”表现，实际上两者皆自古有之。不过，同性恋者现在居然提出了婚姻法律权利的诉求，这确实新鲜，有的地方还制定了满足这一诉求的法律。那么，是否设置一项玄孙概念来描述这一现象呢？这由后来者酌定。其映射符号是现成的，如下所示：

7132\1e51ad01　　　同性婚姻

最后，要提醒读者注意的是：外因情感 7132 的概念结构表示式采用了比较特殊的开放形式，不仅最后一级是开放的，其曾孙和玄孙概念也都是开放的。当前在玄孙概念里引入了滥情，在远孙概念里引入了淫荡。对滥情和淫荡的描述已成为现代文学必不可少的调味品，这主要是第一世界造的孽。第一世界总是盯着另外五个世界（当然对第三世界比较客气）的不足和缺点，老要求别人反思，而很少反思自己。其实，就第一类精神生活来说，第一世界需要反思的东西或许反而更多一些。

3.2-2 第二外因情感 7132\2 的世界知识

第二外因情感三分描述 7132\2e5m 的汉语表达拷贝并补充如下：

7132\2e51　　　兴奋
　7132\2e51d01　　　狂热
7132\2e52　　　悲伤
7132\2e53　　　（未名）
7132\2~e53　　　第二强烈外因情感

本分节应先给出下列两个基本概念关联式：

7132\1=7131\1
（第一外因情感强交式关联于第一基本情感）
7132\2=7131\2
（第二外因情感强交式关联于第二基本情感）

读者有理由发问：既然存在这样的关联性，为什么不把这两个外因情感并入相应的基本情感？如果是哲学家或心理学家来回答这个问题，那会搞得非常复杂；但如果是政治家和企业家来回答这个问题，那就非常简明，因为他们会从可调动性和应用价值的角度来区分三种情感：难以调动的、容易调动的和不必调动的，难以调动的情感是基本情感 7131，容易调动的情感是外因情感 7132，不必调动的情感是内因情感 7133。他们最看重容易调动的情感，因为这种情感的政治或经济价值最大，一旦被充分调动起来，就会极有利于他们的事业追求。

外因情感 7132 是政治家和企业家最感兴趣的情感，不过，政治家和企业家的关注点有所不同，也可以说有本质区别。政治家的调动内容是全面的，包括三类强烈外因情感和第一类强烈内因情感，但企业家的调动内容则集中于宠爱 7132\1e519 和狂热 7132\2e51d01。市场边疆或消费边疆（见本篇的 2.1.3 小节）的本质就是扩张人类的宠爱与狂热。经济的豪华快速列车从来只奔向那名叫幸福（最高期望 7121d01）的车站，从来不曾光顾过那名叫生存（最低期望 7121c01）的车站，对此，第一世界的政治家和企业家都是心知肚明的。经济学家们喜欢谈论刺激需求或刺激内需，但是，这些谈论中的“需求”实质上只是“幸福、宠爱与狂热”的代名词，与“生存”的关系甚微。后工业时代已经形成了如此强大生产力，要解决人类的生存问题应该是易如反掌的，然而实际呈现出来的情况却恰如李白的“蜀道难”的慨叹。这是后工业时代的第一号时代悖论，也是人类有史以来的第一号悖论。对这一悖论的简略讨论是理念章的事，这里需要指出其要点：这一悖论的终极根源不是别的，正是外因情感孙概念之一的狂热 7132\2e51d01。

这个符号并没有积极或消极的含义，但这个概念特别值得研究。其基本概念关联式如下：

7132\2e51d01<=(7132\1e51e26+7132\1e52e26)——(7132-3)
（狂热强流式关联于愚爱与愚恨）
7132\2e51d01=>7133\1~e57
（狂热强源式关联于第一强烈内因情感）

在农业时代，只存在政治狂热，在工业时代，政治狂热与经济狂热并存，在后工业时代初期的当下，政治狂热有所减弱（六个世界的情况差异比较大），但经济狂热则一浪高过一浪，对文化领域产生了巨大冲击。如果说工业时代后期曾经出现过的文化灾难仅仅是政治狂热的余波，那么，后工业时代的文化灾难则如同环境灾难一样，可以基本归因于经济狂热了。20 世纪全部灾难的发动引擎无一不是狂热，这包括政治、经济与文化灾难。希特勒是制造政治狂热的千古第一高手，他让千千万万德国人陷于政治狂热而不自知，于是酿成了千古第一号政治灾难——第二次世界大战。第一世界对这个历史教训进行了比较深刻的反思，但是，第二世界和第三世界都还没有这样做，经典社会主义世界诸多政治领袖们所造成的政治、经济和文化灾难，大部分还笼罩在浓重的历史霾雾中，甚至还有人在美化它；而第三世界最杰出的“骄子”——日本——至今还是一个典型的“小人 p7110be71e26”。20 世纪分别发生在六个世界的政治、经济与文化灾难还远远没有进行过系统的反思，因为 20 世纪取得的历史性成就太辉煌了，似乎足以把那些灾难“化为乌有”。这“乌有化”现象需要一位新时代的笛卡尔或康德来加以揭示。因此，笔者猜想：如果笛卡尔活在今天，他会先写出他的《狂热沉思》，然后才去写他那个系列的哲学沉思；如果康德活在今天，他也会先写出他的《狂热批判》，然后才去写他那个系列的哲学批判。“狂热不除，世无宁日”，这两位先哲是一定不会置“人世间第一号悖论”的终极根源于不顾的。

以上论述的世界知识不难写出相应的概念关联式，这里就从略而留给后来者了。

3.2-3 第三外因情感 7132\3 的世界知识

第三外因情感三分描述 7132\3e5m 的汉语表达如下：

7132\3e51　　无畏
7132\3e52　　恐惧
7132\3e53　　（未名）

第三外因情感没有对应的基本情感，但首先应该指出：这种情感同样是政治家所乐于调动的，企业家也对它极为关注，试图把强烈第三外因情感 7132\3~e53 当做一种重要而特殊的经济资源加以利用，市场新边疆早已扩展到这里了，这在工业时代都是无法想象的。

强烈第三外因情感 7132\3~e53 拥有众多的直系词语，这里选用了“无畏”与“恐惧”作为代表，也许“勇敢”比“无畏”更合适一点。这些细节问题《全书》一律不予关注，但这里需要说明一点：企业家为了把市场新边疆扩展到心理领域或第一类精神生活，对信心和恐惧赋予了特定的经济含义，这构成了一项重要的世界知识，因此，本分节将特地给出下列基本概念关联式：

7132\3e51<=7202e71
（无畏强流式关联于勇敢）
7132\3e52<=53~e71
（恐惧强流式关联于危机与风险）
(7132\3(~e53)(i)=%a24\k,s31,pj1*b)——（7132-4）
（在后工业时代，经济意义的无畏与恐惧属于金融第二本体）

关联式里的 7132\3~e53(i)是强烈第三外因情感的自延伸概念，又是金融第二本体 a24\k 的编外延伸概念。概念 7132\3e51(i)的汉语定名可选用“市场信心”，概念 7132\3e52(i)的汉语定名可选用“市场恐慌”。

3.2-4 外因情感三级主体延伸概念的世界知识

与基本情感相应分节的表述不同，这里在“三级”和“延伸概念”之间加了“主体”这一修饰词语，主体者，仅含“(\k)e53d01”和“\k~e53e2n”之意也。其符号及汉语表达拷贝如下：

7132(\k)e53　　第二平常心
　7132(\k)e53d01　　第二佛性
7132\k~e53　　强烈外因情感
　7132\k~e53e2n　　强烈外因情感的辩证表现

同基本情感 7131 的情况一样，这些日子，笔者一直没有想到描述 7131\ke53 的合适词语，也没有找到描述 7132\k~e53e2n 的合适词语。但是，同基本情感一样，这样的外因情感不仅应该存在着，而且应该十分常见。为什么出现这种语言现象呢？“抓两头，带中间”也许是自然语言最基本的表达原则之一吧。于是，“两头”之间更常见的“中间”就“尽在不言中”了。

结束语

亚里士多德直截了当地说过："人是一种政治动物"，亚当·斯密先生后来加了两句："人还是一种经济动物"和"人也是一种伦理动物"，不过没有那么直截了当。本节对外因情感的论述是以这两位先哲的上述论断为基本出发点的。

本节提出了愚爱和愚恨的概念，并用一个特殊编号概念关联式把两者与狂热联系起来。本节还提出了"世间第一号悖论"的说法及"狂热是其终极根源"的论断，这说法和这论断是同"幸福追求无止境"危机的思路一脉相承的。自然语言对情感的描述存在巨大的空白（这似乎是大脑五大区块假说的旁证），本节和上一节一样，借用了佛学的几个基本术语。本节再次提到了后工业时代的曙光和康熙皇帝的失误或遗憾，使用了"时代洞穴"的概念，这来自于《理想国》的启示。本节还用一个特殊编号概念关联式把君子和贞节这两个概念联系起来，这来自于《论语》的启示。许多学者都会对君子和贞节这两个词语嗤之以鼻，因为两者被视为封建糟粕的典型代表，但笔者认为这是一种历史性的误解，是把落在历史宝物上的历史尘埃混同于宝物本身了。但笔者确实也曾为这两个词语的使用感到气馁，因为它们不仅"声名狼藉"，而且在现代汉语里已处于死亡的边缘了。不过，《全书》的目的仅在于描述交互引擎需要把握的世界知识，如果描述不当，后来者可以修改。就世界知识的描述和把握来说，这里应强调一点：没有什么东西比时代视野更重要的了。未来的第一代交互引擎可以十分缺乏常识，其初期理解自然语言的能力可以不如一个小学生甚至儿童，但绝不能没有时代的视野，这是笔者最大的期待，聊记于此。

第 3 节
内因主导的情感 7133 (056)

引言

内因主导情感 7133 将简称内因情感，其概念延伸结构表示式的设计原则同基本情感和外因情感完全一样，前文已经说过了。这里需要补充的只是下面的对照符号：

	k_{max}
基本情感	2
外因情感	3
内因情感	4

3.3-0　内因情感 7133 的概念延伸结构表示式

```
7133:(\k=4;\1e5n,(~\1)e5m;\1e57d01,\1(~e57):(e2n,c01,d01),
            (~\1)e53d01,(~\1)(~e53)e2n,\2e52t=b,^(y\2e5m))
  7133\k=4                      内因情感的类型
  7133\1                        第一内因情感
    7133\1e5n                     第一内因情感的三分描述
    7133\1e55                     光荣
    7133\1e56                     耻辱
    7133\1e57                     “觉悟”
      7133\1e57d01                  第三佛性
    7133\1(~e57)                  荣辱观
      7133\1(~e57)e2n               荣辱观的辩证表现
  7133\2                        第二内因情感
    7133\2e5m                     第二内因情感的三分描述
    7133\2e51                     自得
    7133\2e52                     自责
    7133\2e53                     自省
  7133\3                        第三内因情感
    7133\3e5m                     第三内因情感的三分描述
    7133\3e51                     自勉
    7133\3e52                     抱憾
    7133\3e53                     “释怀”
  7133\4                        第四内因情感
    7133\4e5m                     第四内因情感的三分描述
    7133\4e51                     自豪
    7133\4e52                     自卑
    7133\4e53                     含蓄
    7133(~\1)e53                  第四平常心
      7133(~\1)e53d01               第四佛性
    7133(~\1)~e53                 强烈内因情感
      7133(~\1)~e53e2n              强烈内因情感的辩证表现
```

与基本情感和外因情感不同，内因情感的三分描述都具有足够准确或基本准确的汉语表达。对基本准确的表达一律加上引号，不带引号的自然就是足够准确的了。

3.3-1　第一内因情感 7133\1 的世界知识

第一内因情感三分描述 7133\1e5n 的汉语表达拷贝如下：

```
7133\1e55                 光荣
7133\1e56                 耻辱
7133\1e57                 “觉悟”
```

把光荣与耻辱或荣辱 7133\1~e57 列为强烈内因情感之首应该是没有争议的，对俄罗斯伟大诗人普希金和现代中国杰出诗家王国维先生悲剧性死亡略有所知的读者，对此应有心领神会之感。但荣辱观 r7133\1~e57 是一对极为复杂的概念，荣辱的辩证表现 7133\1~e57e2n 就更为复杂了。如果要问各种历史文明的基本差异在哪里，当今地球村六个世界的最大差异在哪里，笔者的回答是：不是政治（它是第二），也不是经济（它是第三），而是文化里的荣辱观，特别是渗透于政治考量中的荣辱观。政治学家和经济学家习惯于把利益视为政治考量中的决定性因素，这当然没有错，然而，这只是政治考量中的共性表现。那么，政治考量中的个性表现主要是什么？答案是：荣辱观！当然，你可以把荣辱纳入政治利益，但它与其他政治利益毕竟有根本区别，是一种几乎不可以名之为利益的特殊因素。为什么英国的“铁娘子”撒切尔夫人要力排众议，执意同阿根廷打那场“马岛之战”？为什么俄罗斯要蛮不讲理地继续占领着日本的北方四岛？为什么美国对其世界霸权地位的敏感度竟然很像一个精神病患者？为什么精明的萨达姆先生最终落得个玩火自焚的悲剧下场？为什么在历史知识方面可以傲视同时代所有政治家的丘吉尔先生却在时代视野方面不仅远不如罗斯福，甚至还比不上那位老佛爷——慈禧太后？这些，都绝不是单纯的政治利益说可以完全解释的。

常听到一种说法——中国人爱面子，似乎外国人就不爱面子了。面子就是荣辱观的表现，其实面子是国国爱、人人爱，不同文明的面子观可能有重大差异，但无一例外都具有爱面子的特性。面子问题不在于爱或不爱，而在于爱之形态存在虚与实的差异，爱之效应存在积极与消极或正确与错误的差异。普希金和王国维先生对面子的爱是实爱，但不能说是正确的爱；撒切尔夫人和萨达姆先生对面子的爱也是实爱，但肯定是错误的爱；俄罗斯人对日本北方四岛的爱在虚实之间，但不能说是错误的爱；美国人对别国自由和民主的爱是典型的虚爱，但也不能肯定地说是错误的爱。可见，荣辱感或爱面子的实际表现非常复杂，学者和专家都不容易搞明白，当然不能指望初期的交互引擎能作出合理的判断。但是，荣辱观或爱面子毕竟是一项非常重要的世界知识，要为交互引擎最终把握这一知识提供“机会”。这“机会”就是相应的符号表达，如下所示：

7133\1(~e57)	荣辱观
7133\1(~e57)e2n	荣辱观的辩证表现（面子的效应表现）
7133\1(~e57)e25	积极的或正确的荣辱观（面子的正面效应）
7133\1(~e57)e26	消极的或错误的荣辱观（面子的负面效应）
7133\1(~e57)c01	虚伪的荣辱观（面子的虚伪形态）
7133\1(~e57)d01	执著的荣辱观（面子的执著形态）

汉语对虚浮的荣辱观 7133\1(~e57)c01 和执著的荣辱观 7133\1(~e57)d01 各有一句非常传神的说法，前者叫“满嘴仁义道德，满肚子男盗女娼”；后者叫“士可杀而不可辱”。后一句话明说了“可杀而不可辱”这一论断的对象是“士”，前一句话没有明说，实际上也是指“士”，因为“士”才有“满嘴仁义道德”的本事。可见，这两句传神的话具有明显的时代局限性，论者心中只有“士”（第二类劳动者），没有“非士”（第一类劳动者）。因此，把它们打入封建糟粕的垃圾箱似乎是蛮有理由的，不过，这是浪漫理性或实用理性喜爱的理由，而两验理性（经验理性和先验理性）是不轻易使用这种理由的。

当未来的汤因比再次研究世界文明的演变时，他会惊奇地发现：20 世纪最奇特、最重大的历史事件并不是两次世界大战及它所诱发的两次奇异性政权崩塌（因为这两个政权都属于大战的胜利方），而是中华文明的荣辱观 7133\1(~e57)出现了整个人类历史进程中前所未有的巨大变化，而另外五个世界则基本保持原状。中华民族荣辱观的这一独特变化是否不可逆转？我们能回归到“以仁义为荣，以盗娼为耻”的传统荣辱观吗？让未来的汤因比去回答这个问题吧。

荣辱观与第三类精神生活(dy,y=1–3)和社会风尚(50ba)有非常密切的联系，这些联系的描述非常重要，但不放在这里，而放在论述第三类精神生活的篇章里。

3.3–2 第二内因情感 7133\2 的世界知识

第二内因情感三分描述 7133\2e5m 的汉语表达拷贝如下：

7133\2e51	自得
7133\2e52	自责
7133\2e53	自省

本分节应首先说明：内因情感 7133 也可以分为两大类，将第一内因情感定名为表层内因情感，而把后三种内因情感定名为深层内因情感。表层内因情感各文明大同而小异，对于深层内因情感，则中华文明与其他文明小同而大异，这一点的发现者应归功于辜鸿铭先生[01]。古老中华文明特别重视深层内因情感，可惜现在这已经成为一种历史的回忆了，本篇前面向读者提供了一些零碎的资料。

所谓“深层内因情感中华文明与其他文明小同而大异”的具体含义是：中华文明深层内因情感之三分表现呈现出全面均衡的发展，而其他文明则匮乏全面性，仅突出其中的一面，如第一世界的第二内因情感主要是突出“自得 7133\2e51”；他们也有“自责”，但其基本形态是向上帝的忏悔，而不是基于良知的自责；他们基本不存在自省。对这一论断，需要略加说明。

“三自”与第三类精神生活的概念关联式如下：

7133\2e51<=b00
（自得强流式关联于表层第三类精神生活的追求）
7133\2e52<=d20
（自责强流式关联于深层第三类精神生活的理性）
7133\2e53<=d10
（自省强流式关联于深层第三类精神生活的理念）

“三自”与伦理的概念关联式如下：

(7133\2e51,103,(j86,j85))
（自得以伦理的利害及王霸为内容）
(7133\2e52,103,(j84,j83))
（自责以伦理的对错及美丑为内容）
(7133\2e53,103,(j82,j81))
（自省以伦理的善恶及真伪为内容）

“自得、自责与自省”是深层内因情感的第一项，下文将简称“三自”。依据 HNC 描述的常规约定，7133~\1 的共相描述应放在 7133\2 里。这一描述通过两种方式加以实现。第一是特殊概念关联式的赋予，第二是特殊延伸概念的配置。

上面的第一组概念关联式将“三自”与第三类精神生活(b,d)联系起来，第二组概念关联式将“三自”与伦理概念 j8 联系起来，这样的联系当然是最基本的概念联想，是不带特殊编号的特殊概念关联式。把这些概念关联式直接赋予 7133\2，就意味着赋予它以共相描述的特殊地位。

内因情感 7133 曾孙概念之首是一项特殊延伸概念^(7133\2e5m)，其汉语非分别说就是“三自”之反，其分别说可定名如下：

^(7133\2e51)	自暴自弃
^(7133\2e52)	自是
^(7133\2e53)	自欺

在 20 世纪，斯大林先生和毛泽东先生分别在苏联和中国进行了史无前例的思想改造运动，但收效相差很大，在中国的收效远大于在俄罗斯。这原因当然十分复杂，但最根本的原因在于两国文明土壤的差异，中国存在深厚的自责与自省传统，而俄罗斯不存在。

“三自”的三个概念虽然共寓于 7133\2 的 e5m，但自责与自省两者强交式关联，具有下面的特殊编号的概念关联式：

7133\2e52=7133\2e53——（7133-1）
（自责与自省强交式关联）

宋明以后儒家的主流形态——理学——是否过于强调了 7133\2~e51（自责与自省）情感，从而实际上走向了自身的反面呢？所谓的理学先生果真多数是“自是^(7133\2e52)”和“自欺^(7133\2e53)”的伪君子吗？这属于专家知识，这里不来讨论，但应该指出下列基本事实：《论语》的开篇记录了曾子“吾日三省吾身”的著名样板，《曾国藩家书》充满了 7133\2~e51（自责与自省）的内因情感，最近部分开放的《蒋介石日记》表明：蒋先生是曾国藩的真实信徒而不是一位伪装者。

在 20 世纪的中国，7133\2e52 的著名词语有“自我批评”，7133\2e53 的著名词语有“思想改造”。这两个词语的捆绑是否存在麻烦呢？请允许笔者笑而不答。

3.3-3 第三内因情感 7133\3 的世界知识

第三内因情感三分描述 7133\3e5m 的汉语表达如下：

7133\3e51	自勉
7133\3e52	抱憾
7133\3e53	“释怀”

7133\3e5m 的汉语词语极为丰富，雅俗皆然。属于俗语的有“不受苦中苦，难为人

上人”和“比上不足，比下有余”等；属于雅语的有“知足常乐”、“难得糊涂”和“书中自有黄金屋，书中自有颜如玉”等。以前中国人喜欢用“自强”和“行健”给男孩子起名字，大家知道：这来于“天行健，君子以自强不息”的信念（《易经》）。这一信念造就了中国人的特殊敬业精神，成为中华文明长寿最重要的因素，因此，应给出第三内因情感 7133 的下列特殊编号概念关联式：

7133\3e51=7111e71——（7133-2）
（自勉强交式关联于敬业）
7133\3e51=7133\2~e51——（7133-3）
（自勉强交式关联于自责与自省）

以前的中国人特别重视自勉 7133\3e51、自责 7133\2e52 和自省 7133\2e53，如何看待中华文明在内因情感方面的这一特殊传统？笔者将把它们推给内因情感 7133 的专家知识而不在这里阐释。但需要特别提一下那大名鼎鼎的“阿 Q 精神”，它属于 7133\3e53（“释怀”），中国人的这一内因情感就那么特别低下吗？笔者在其熟悉的仰山堂人、珞珈山人和中关村人当中，未曾见到过那种低下的东西，难道是这些人都是高明的伪装者吗，或者是笔者“有眼不识泰山”呢？！

3.3-4 第四内因情感 7133\4 的世界知识

第四内因情感三分描述 7133\4e5m 的汉语表达拷贝如下：

7133\4e51	自豪
7133\4e52	自卑
7133\4e53	含蓄

本篇前言曾说到：“‘心理’71”的“4 种殊相概念群的排序首先是依据它们与情感空间的交织度，其次是依据它们与意志空间的交织度。”这 4 种殊相概念群的殿后者——“心态 714”可视为“‘心理’71”与“意志 72”相互交织的集中表现，而第四内因情感 7133\4 又可视为“情感 713”与“心态 714”相互交织的集中表现。这一重要世界知识以下面带特殊编号的非对称概念关联式予以表达：

7133\4=714——（7133-4）
（第四内因情感强交式关联于心态）

第四内因情感 7133\4“三世而斩”，没有为情感 7133 这位祖宗传下曾孙概念，第三内因情感 7133\3 也是如此。但是，第四内因情感 7133\4 具有下面的特殊编号概念关联式：

7133\4e5m=7133\1e5n——（7133-5）
（第四内因情感的三分描述强交式关联于第一内因情感的三分描述）

这个概念关联式表明：“自豪、自卑与含蓄”这三者本身虽然在形态上没有积极与消极之分，但实质上是存在这一区分的。这里顺便说一句，“骄傲”这个词语近年变成了

7133\4e51 的汉语直系词语，这不是偶然的，因为第四内因情感 7133\4e5m 与态度胸怀表现 7110\1e7m 和态度关系表现 7110\3e4m 之间存在下列基本概念关联式：

```
7133\4e51=>7110\1~e71
（自豪强交源式关联于态度胸怀表现的傲慢和小人得志）
7133\4e51=>7110\3e43
（自豪强源交式关联于态度关系表现的亢）
7133\4e52=7110\1e71
（自卑强交式关联于态度胸怀表现的谦虚）
7133\4e52=7110\3e42
（自卑强交式关联于态度关系表现的卑）
7133\4e53=>7110\3e41
（含蓄强交式关联于态度关系表现的不卑不亢）
```

上列概念关联式表明：第四内因情感 7133\4e5m 的“业力”非常复杂，认识论符号“e5m”本身并不拥有这样复杂的辩证表现，但其组合符号 7133\4e5m 却呈现出来了，这就是所谓“无共无殊，无殊无共”的辩证法（见《全书》第三卷）。对此具有深刻认识的，当首推佛学的唯识论，辩证法大师黑格尔先生反而难以望其项背。

3.3-5 内因情感 7133 三级主体延伸概念的世界知识

与外因情感和基本情感相比，内因情感的概念延伸结构表示式具有自身的鲜明个体特征，为便于看清楚这一点，现将其概念延伸表示式拷贝如下：

```
7133:(\k=4;\1e5n,(~\1)e5m;\1e57d01,\1(~e57):(e2n,c01,d01),
        (~\1)e53d01,(~\1)(~e53)e2n,\2e52t=b,^(y\2e5m))
```

此式表明：内因情感 7133 实质上分为两组：一是 7133\1，亦称表层内因情感；二是 7133(~\1)，亦称深层内因情感。表层内因情感派生出荣辱观 7133\1(~e57)和第三佛性 7133\1(~e57)d01；深层内因情感派生出强烈内因情感 7133(~\1)~e53 和第四佛性 7133(~\1)e53d01。这就是说，HNC 所定义强烈内因情感仅包括“自得与自责、自勉与抱憾、自豪与自卑”，而不包括“光荣与耻辱”。“觉悟”7133\1e57 即老子所说的“宠辱不惊”，可名之第三平常心，故其升华定名为第三佛性。而自省 7133\2e53、“释怀”7133\3e53 与含蓄 7133\4e53 可合称第四平常心，故其升华定名为第四佛性。

对强烈内因情感的自责 7133\2e52 赋予了再延伸描述 7133\2e52t=b，其汉语说明如下：

7133\2e52t=b	自责的基本表现
7133\2e529	后悔
7133\2e52a	惭愧
7133\2e52b	内疚

所有情感之辩证表现的具体内涵都不属于世界知识，而属于心理学的专家知识，强烈内因情感当然也不例外。

结束语

本节对内因情感 7133 分别进行了四分和两分描述，通过两分描述引入第三和第四平常心的概念，并进而引入第三佛性和第四佛性的概念。

在论述第一内因情感时，书中曾提到在 20 世纪“中华文明的荣辱观 7133\1(~e57)出现了整个人类历史进程中前所未有的巨大变化”，这一论断同样适用于其他三项强烈内因情感。对不同文明基本特性的考察离不开对其内因情感特性的考察，构成不同文明的主体民族，其强烈内因情感必然有所不同而带有民族特征，这是人文-社会科学的基本常识。强烈内因情感都存在积极与消极之分，但不同民族的强烈内因情感存在优劣之分吗？浪漫理性喜欢对此作出惊人而轻率的论断，人们不可以轻信。重要的世界知识是：内因情感强关联于人类的第二类和第三类深层精神生活，这是可以信赖的。其特殊编号概念关联式如下：

```
7133=(q8,d) —— (7133-0-1)
7133<=(q8,d) —— (7133-0-2)
```

后记

对情感 713 作基本情感 7131、外因情感 7132 和内因情感 7133 的三分符合本章引言所说的代表性原则，估计不会引发太大的争议，4 种强烈情感和 4 种平常心的说法也许能够得到类似的看待。但是，将 4 种平常心的升华定名为 4 种佛性则使笔者深感不安，佛性二字又不宜加上引号，因为佛是神圣的。因此，请允许笔者以下面的粗浅话语来替代解释。

佛学的“四谛”、“八道”和“十二因缘”说是对存在的哲学表述，“三世”和“六轮回”说是对心灵的神学表述，而不是对存在的哲学表述。佛学哲学表述的基本特征是将本体论与认识论融为一体，如“四谛”的苦谛和集谛是关于存在的本体论表述，而灭谛和道谛则是关于存在的认识论表述。“八道”和“十二因缘”说则呈现为更高级的综合，寓本体论于认识论之中。基于上述粗浅领会，笔者十分认同“放下屠刀，立地成佛”的箴言，对于这“立地可成”的佛来说，本章所说的 4 种佛性就不是一个难以理解的语言概念了。

注释

[01] 辜鸿铭先生的有关论述有：“中国过着一种心灵的生活，一种情感的或人类之爱的生活……（中华文明）不朽的秘密就是心灵与理智的和谐……欧洲文明既存在科学与艺术的对垒，又存在宗教与哲学的对垒，这一可怕的战场存在于心灵与理智之间，造成了永恒的冲突与混乱。然而在中国文明中，至少在过去2400年里，是没有这种冲突与混乱的。中国文明与欧洲现代文明的根本区别就在于此。”（《辜鸿铭文集》的“中国人的精神”）

第四章

心态 714

714y=0-4	
7140	心态的基本表现
7141	对事业的心态表现
7142	对生活的心态表现
7143	对困难的心态表现
7144	对变故的心态表现

第 0 节 心态的基本表现 7140 (057)

7140:(e2m,e5n)	
7140e2m	乐观与悲观
7140e21	乐观
7140e22	悲观
7140e5n	积极与消极心态及其相互转化的中间过渡
7140e55	积极心态
7140e56	消极心态
7140e57	积极与消极心态的过渡

第 1 节 对事业的心态表现 7141 (058)

7141:(e5n,e2n)	
7141e5n	进取与认命及其相互转化的中间过渡
7141e55	进取
7141e56	认命
7141e57	消沉
7141e2n	敬业与很不负责任
7141e25	敬业
7141e26	很不负责任

第 2 节
对生活的心态表现 7142 (059)

7142:(e7m)

7142e71	潇洒
7142e72	无病呻吟
7142e73	

第 3 节
对困难的心态表现 7143 (060)

7143:(e7m)

7143e71	积极面对
7143e72	逃避
7143e73	顾虑 踌躇 打鼓

第 4 节
对变故的心态表现 7144 (061)

7144:(e7m,e5n)

7144e71	镇静 沉着
7144e72	惊慌 发慌
7144e73	着急 发急
7144e55	果断 胸有成竹 断然
7144e56	优柔 仓皇
7144e57	仓促

第二篇

意志

篇首语

HNC 把人们通常所说的“心与脑”定义为人类的第一类精神生活，“心”的映射符号为 7，“脑”的映射符号为 8。“心”又分为 3 个子范畴，意志是其中之一。为加深这一总体印象，现将相应映射符号及其汉语说明拷贝如下：

7	心理
71	“心理”
72	意志
73	行为

“心理”71、意志 72、行为 73 和思维 8 形成下图所示的拓扑结构：

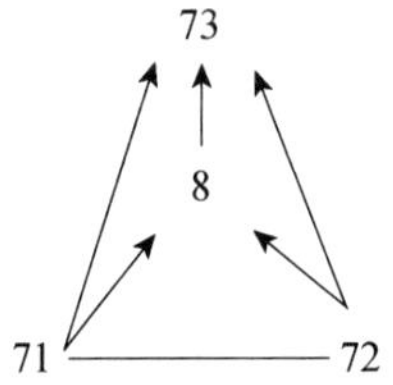

这个拓扑结构将简称脑谜 3 号，可视为第一类精神生活的别称。脑谜 3 号的基本特征是：既可以呈现出三层次表现，也可以呈现出两层次表现。三层次表现的含义是：“心理”71 与意志 72 构成脑谜 3 号的底层，判断 8 构成脑谜 3 号的介层，行为 73 构成脑谜 3 号的顶层。这就是说，脑谜 3 号的三层次表现是：起于 71 与 72，途经 8 而止于 73。两层次表现则只涉及起点与终点，不管途径，起点还是 71 与 72，则终点可以分别是 8 或 73。上面似乎清晰地叙述了脑谜 3 号的运作路线，那么，脑谜 3 号的谜在哪里？是指起点、路径与终点都存在“歧义”吗？当然，这里肯定存在未解之谜，但根本问题显然并不在这里，而在于这一拓扑结构里的 71、72 是完全不可直接观察的，8 的运作过程也是不可直接观察的，可直接观察的只是 73，这是众所周知的事实。“心理”、意志和思维的不可直接观察性，为脑谜 3 号的科学考察带来了特殊困难。近年来，大脑活动的信号检测与处理技术取得了巨大进展，这在一定程度上缓解了不可直接观察性带来的困扰。但应该强调指出：不可直接观察性只是脑谜 3 号的表层现象，观察手段的改进只是工具而已，

绝不是揭示脑谜3号科学之谜的钥匙，那钥匙只能是脑谜3号理论模型的建立与验证。然而，对这把钥匙的探索在近一个世纪里反而被忽视了，简单的动物性还原论大行其道，市场需求推动了心理治疗的大发展。这样的理论和方法当然有一定的实用价值，但基本无益于脑谜3号的科学探索。

体—面—线—点的分解（分析）与组合（综合）是科学考察的基本方法。如果把71、72、73与8看成这4个点，并由这4个点构成的如下图所示的3面锥体，那么，这个3面锥体的底是三角形71–72–8，3个斜立的面分别是三角形71–72–73、71–8–73和72–8–73，73是这3个斜面的交会点——顶。这个3面锥体是一个黑箱，设想把这个黑箱的顶（头）换上一块叫做行为的透明体，而其功能不变。那么，这个被施行了“换头术”的3面锥体就可以作为脑谜3号的一个简化理论模型了，将简称脑谜锥体模型。脑谜3号和脑谜锥体模型的共同点是承认脑谜存在3项内在要素（基础）：“心理”71、意志72和判断8，而行为73是脑谜的外在要素（上层建筑）。

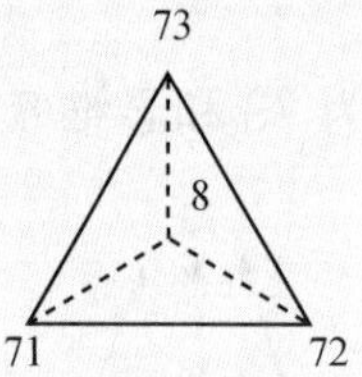

心理学的许多流派实际上都在使用这个脑谜模型。有的流派着重于单一要素（点）或两要素（“线段”）的研究，有的流派着重于三要素（“面”）的研究。例如，智商学就着重于72–8“线段”的研究，情商学着重于71–8“线段”的研究，格式塔心理学着重于底面71–72–8的研究，行为主义着重于上列三斜面的研究，社会心理学主要是面对71的研究，自我心理学主要是面对72的研究。

本编的第一篇是对71的HNC阐释，体现在这一阐释方式里的一系列共相与殊相思考及相关的符号约定已在该篇作了充分的说明，这里给出一个简明的概括。

第一，以概念范畴为基础，对其所属概念群和概念树进行层次性设计，这一设计实质上就是该概念范畴的定义或本体论描述。

第二，以每一概念树为基础，对其概念延伸结构表示式进行层次性与局部网络性的设计，这一设计实质上就是该概念树的定义，每一延伸概念代表一项理解基因，每一理解基因可以是该概念树的本体论描述，也可以是认识论描述，但多数是本体论与认识论的综合描述。

第三，每一理解基因与各种类型的概念（包括概念范畴、概念群、概念树和其他理解基因）存在着各种类型的关联性，这些关联性以各种概念关联式予以表示。

第四，理解基因及其概念关联式构成理解基元——[HNC-3]——的知识表示，这些知识被定名世界知识，以区别于高端的专家知识和低端的常识。理解基元也叫语境单元。

第五，世界知识有共相与殊相之分，共相世界知识都尽可能写出相应的概念关联式，其完备性是可以做到的，但当前采取了有所放弃的弹性处理手段。殊相世界知识则通常仅加以论述而不写概念关联式，因为笔者认为：把这项工作留给自然语言理解处理 4 棒接力过程的第二棒更为适当。

上列 5 项阐释适用于所有的概念，包括抽象概念和具体概念，HNC 希望：对概念的这种阐释方式（即 HNC 阐释）将对包括脑谜 3 号在内的大脑之谜的深层揭示有所裨益。

本编的主题叫第一类精神生活，是文明的 5 项主体内容（两类劳动与三类精神生活）之一，带有鲜明的文明个性。而中华文明的原有特征在最近的 100 年间遭遇了毁灭性巨变，这一巨变主要出现在“心理”71 方面，意志 72 方面基本不存在。因此上一篇里关于中华文明毁灭性巨变的论述在本篇将不再涉及。

概念范畴 72（意志）将设置下列概念群：

720	意志基本内涵
721	能动性
722	禀赋

这就是意志 72 的 HNC 定义，这一定义方式在本编第一篇的 0.1.1 小节已作了详尽论述，这里需要补充说明的只是“心理”71 与意志 72 的基本分工，它充分体现在下面的特殊编号概念关联式里：

71:=(30,01+02)—（71-0）

（“心理”首先对应于“效应”，其次是承受与反应）

72:=(50,3a+3b)—（72-0）

（意志对应于“状态”，其次是获得与付出、积累与消耗）

“效应”30 是作用效应链一轮整体运作的中间环节，因而“心理”71 必然具有易变性或动荡性；“状态”50 是作用效应链一轮整体运作的最后环节，因而意志 72 必然具有非易变性或稳定性。为什么要把大家都熟悉的心理学概念强行作出 71 与 72 的两分，从而搞出一个带引号的“心理”呢？道理就全在这里了。学界对此是否认同，笔者感到无所谓了。

第零章

意志基本内涵 720

引 言

意志 72 共相概念群 720 将设置下列概念树：

7201	意志的常态表现（常态意志）
7202	面向困难与诱惑的意志表现（异态意志）
7203	定向性意志（注意）

概念树 7201 定名为意志的常态表现，将简称常态意志；概念树 7202 定名为面向困难与诱惑的意志表现，将简称异态意志；概念树 7203 定名定向性意志，将简称注意。这意味着共相概念群 720 将不设置共相概念树 7200，因为，常态意志 7201 可以充当“意志基本内涵”的代表。

上一篇对“心理”71 的义境阐释是以广义作用效应链为依托的，这种义境阐释方式将贯穿于本卷的第二编到第六编，但具体叙述将不拘泥于统一的形式。本编的叙述比较细，其后各编或粗或细，个别章节可能完全略而不述。

意志基本内涵 720 及其各株概念树具有下列基本概念关联式：

720=:r50ac26
（意志基本内涵等同于精神生活的效应）
(720,l02,4075)——（720-1）
（意志基本内涵以自身为对象）
7201=:r50ac269
（常态意志等同于第一层级精神生活的效应）
7202=:r50ac26(~9)
（异态意志等同于第二与第三层级精神生活的效应）
7203=:(50a(t),239)
（注意等同于人之常态表现与定向信息转移的有序并）

这些概念关联式可视为概念群 720 及其所属各概念树的定义式。本编第一篇的 3.1-0 分节在谈及自然语言符号和 HNC 符号的本质差异时曾写到：“语言学的消歧与翻译、语言哲学的描述与解释、训诂学的笺疏与注解，都密切联系于词语意义在语言概念空间的定位，而过去缺乏一个定位标准或定位参照系，如今，HNC 概念基元符号体系提供了这样的标准或参照系。”以前已经为这一论断提供了一系列具体证据，这里是又一批证据。其实这些证据是不重要的，主体基元概念和语境基元概念之间的联想逻辑才是 HNC 理论体系的生命线，这一联想逻辑是坚实的，这一点将在《全书》第三卷第一编进行论述。在读者未充分了解这一点之前，侈谈证据等于是废话，因此，这类废话将从此打住。

第 1 节
常态意志 7201 (062)

引言

省略，将以本节的结束语代之。

0.1-0 常态意志 7201 概念延伸结构表示式

```
7201(t=b,e7m,e2n;(t):(3,e5n),tγ=a,a:(d01,c01),bean,e2ne2n;
     ^(ytγ),9a:(d01,c01),99e5n; ^(y9ac01))
```

7201t=b	常态意志的基本内容
72019	目标与要求
7201a	坚持与毅力
7201b	适应与调整
7201e7m	常态意志的低级形态（“低级”意志）
7201e71	振作
7201e72	颓废
7201e73	消沉
7201e2n	常态意志的高级形态（“高级”意志）
7201e25	进取
7201e26	保守

应该说，对常态意志 7201 的这一定义仅反映了各种文明的共相，没有包含某些文明特别重视或钟爱的东西，自由意志就属于这样的东西，在经典文明的传统里，这是不可或缺的。笔者曾打算以延伸概念 7201i 来描述它，后来放弃了，是否加上由后来者决定。下文常态意志也可能以“意志”替代。

0.1.1 常态意志基本内容 7201t=b 的世界知识

常态意志基本内容 7201t=b 具有下列基本概念关联式：

7201t=712
（“意志”基本内容强交式关联于愿望）

72019=7121
（目标与要求强交式关联于期望）

7201a=7122
（坚持与毅力强交式关联于愿望之实践）

7201b=7123
（适应与调整强交式关联于愿望实践后）

“意志”基本内容7201t具有非分别说延伸概念7201(t)，这是一个z强存在概念，其汉语的典型直系词语为**意志力**，其相应孙概念7201(t):(3,e5n)的汉语表述如下：

```
7201(t)3        意志力培育
7201(t)e5n      意志力的基本描述
7201(t)e55      （意志）坚强
7201(t)e56      （意志）薄弱
7201(t)e57      缺乏意志力
```

意志力培育7201(t)3具有下列基本概念关联式：

```
7201(t)3=%(a70a9,a40b8\1)
（意志力培育属于心理教育与军事精神训练）
```

下面以3个分节依次论述。

0.1.1-1 目标与要求72019分别说的世界知识

目标与要求72019分别说之延伸概念的汉语说明如下：

```
72019:(,9γ=a,;99e5n,9a(d01,c01),^(y9a);^(y9ac01))
  72019γ=a              目标与要求分别说
  720199                （自我）目标——“目标”
    720199e5n             “目标”的三分描述
    720199e55             行善
    720199e56             作恶
    720199e57             明哲保身（“自保”）
  72019a                （自我）要求——“要求”
    72019ad01             严格要求自己
    72019ac01             “要求”底线
    ^(72019a)             放任
      ^(72019ac01)          兽行
```

目标与要求的两分描述将简称“目标”与“要求”，两者都带引号，因为这里的目标和要求带有自我的特定意义，这已由特殊编号概念关联式（720-1）所赋予。“目标”与“要求”分别具有下列基本概念关联式：

```
720199:=3a1
（“目标”对应于获得）
720199==(7121t=b)——（7201-1）
（“目标”是期望基本内容的虚设概念）
72019a:=3a2
（“要求”对应于付出）
72019a=04\1
（“要求”强交式关联于第一类约束）
72019a=7110be72e25
（“要求”强交式关联于自省）
```

特殊编号概念关联式（7201-1）把一项特殊“权利”赋予了“‘目标’720199”，即

7121t=b 的所有延伸概念及概念关联式 720199 都可以仿制。延伸概念的这种重复设置是平衡原则的运用，平衡原则体现从作用效应链的不同环节对同一概念进行考察，不同环节代表着不同的视野，而不同视野对应于不同的世界知识，这十分重要。本篇引言曾依据特殊编号概念关联式（71–0）和（72–0）概述了“心理”71 与意志 72 的稳定性特征，据此可知，意志的“目标”720199 必然是稳定的，而“心理”的期望基本内容 7121t=b 必然是不稳定的。

上列概念关联式表明：“要求”72019a 意味着付出、自我约束与自省。严格要求自己 72019ad01 就是儒家“十字箴言”的第一要素——“修身”，佛学“八正见”的第五要素——“正命”，希腊文明“四德”的第三要素——“节制”。“要求”存在反概念^(72019a)，其汉语定名为放任。如果说：人的天性喜爱放任而讨厌“要求”，大约是不会有争议吧，这是一项重要的世界知识，其概念关联式如下：

^(72019a)<=xp
（放任强流式关联人性）
72019a=xp
（“要求”强交式关联于人性）

由“目标”与“要求”繁衍的曾孙和玄孙概念具有下列基本概念关联式：

^(72019a)=720199e56
（放任强交式关联于作恶）
72019ac01≡720199e57
（“要求”底线强关联于“自保”）
^(72019ac01)≡720199e56
（兽行强关联于作恶）——（7201–1）
(72019ad01,jl111,(3128,103,720199e56)+(3118,103,720199e55))
（严格要求自己就是消除作恶和实践行善）——（7201–2）

伦理学历来存在着人性善与人性恶的著名学术论争，上列概念关联式表明：“性恶论”确实比“性善论”深刻（这是一位政治伟人的名言），因为它洞察到人性的低端就是人性与兽性之间的临界线，而这个临界线是容易跨过的（这正是符号“^”的意义），这是特殊编号概念关联式（7201–1）所传达的世界知识。但又应该补充说“性善论”比“性恶论”明智，因为人性的高端就是善，那么为什么不致力于向上引导，而致力于向下沉沦的渲染呢？这是特殊编号概念关联式（7201–2）所传达的世界知识。

常态意志 7201 的概念延伸结构表示式及其概念关联式都是揭示脑谜 1 号的线索，异态意志 7202 和注意 7203 也是如此，其中代表重要线索的概念关联式将赋予特殊编号，如上面的（7201–1）和（7201–2）。

0.1.1–2 坚持与毅力 7201a 的世界知识

“意志”7201 的概念延伸结构表示式指明：其一级延伸概念——“意志”基本内容 7201t=b——的分别说不仅具有同样的二级延伸概念 7201tγ=a，而且还具有同样三级延伸概念——反概念^(7201tγ)。这一延伸结构特性应视为“意志”的基本特性和脑谜 3

号的重要特征之一，脑科学实验研究的设计者需要进行这类思考。坚持与毅力 7201a 延伸概念的相应汉语说明如下：

```
7201a:(γ=a,d01,c01;^(yaγ))
  7201aγ=a                  坚持与毅力分别说
  7201a9                    坚持
  7201aa                    毅力
  7201ad01                  坚韧
  7201ac01                  “三心二意”
     ^(7201a9)                 放弃
     ^(7201aa)                 一曝十寒
```

上列延伸概念的基本概念关联式就不一一写下了，只给出其中最重要的一个：

```
(7201ad01,jl111,(sg35e21,l00*30a,720199))
(坚韧是实现“目标”的必要条件)——(7201-3)
```

0.1.1-3 适应与调整 7201b 的世界知识

适应与调整 7201b 延伸概念的汉语说明如下：

```
7201b:(γ=a,ean;^(ybγ);)
  7201bγ=a                  适应与调整分别说
  7201b9                    适应
  7201ba                    调整
  7201bean                  适应与调整的基本形态
  7201bea5                  同化
  7201bea6                  异化
  7201bea7                  融合
     ^(7201b9)                排斥
     ^(7201ba)                顽固
```

上列延伸概念具有下列基本概念关联式：

```
7201bγ<=xp
(适应与调整强流式关联于人性)
7201bγ:=j86e25
(适应与调整对应于积极伦理)
(7201bγ,l00*3218,(13be25,l45,pj01)+(139e55,l45,p-0))
(适应与调整有利于文明的进化和个人的进步)
^(7201bγ)=xp10bc55
(排斥与顽固强交式关联于老者的习性)
^(7201bγ):=j86e26
(排斥与顽固对应于消极伦理)
(^(7201bγ),l00*3228,(13be25,l45,pj01)+(139e55,l45,p-0))
(排斥与顽固有害于文明的进化和个人的进步)
((7201b~ea7,l44,pwj01),jl111,(507+j721,l45,pj01);
                     l54\5e22,pj1*bc35)——(7201-4)
(文明之间的同化与异化一直是我们这个世界的主流状态)
```

((7201bea7,l44,pwj01),l00*r309jlu13c21,(507+j721,l45,ra03b);l54\5e21,pj1*bc36)
（后工业时代中期之后，文明之间的融合应成为全球化的主流）

上面给出了“意志”7201 的第三个特殊编号概念关联式（7201-4），需要对它略加说明。文明 pwj01 和国家 pj2 都有强势 53d35 与弱势 53d37 之分，但强势文明与强势国家的相互依存关系在历史长河中显得十分复杂，这将《全书》第二卷第八编里论述。这里需要指出的是：文明自身具有这样的基本特性：强势文明同化弱势文明，弱势文明异化于强势文明。这就是特殊编号概念关联式（7201-4）所提供的世界知识，这一世界知识可以分别以下列概念关联式表示：

(pwj01u53d35,l00*7201bea5jlu12c32,pwj01u53d37)
（强势文明可同化弱势文明）
(pwj01u53d37,l00*7201bea6jlu12c32,pwj01u53d35)
（弱势文明可异化于强势文明）

这两个概念关联式是特殊编号概念关联式（7201-4）的必然推论，这一推理过程就是所谓的联想逻辑，未来的交互引擎可以自动进行这一推理，因为施行这一推理的全部依据已经蕴涵在（7201-4）主项概念 7201b~ea7 的符号里了。

在农业时代，中华文明一直处于强势态势，即使在汉族被征服的年代也不例外。但工业时代彻底改变了这一态势，本编第一篇的 3.3-1 分节说到：“中华文明的荣辱观 7133\1(~e57)出现了整个人类历史进程中前所未有的巨大变化，而另外五个世界则基本保持原状。”这一论断实际上提出了这样一个问题：中华文明在 20 世纪是否被异化了呢？读者可以不同意上述论断，但请不要轻易否定思考文明异化问题的重要性与必要性。农业时代哲人的某些深邃思考反而重新焕发出智慧的光芒。在后工业时代初期的当下，文明同化与异化的崇拜者自以为在扮演着新时代启蒙者的角色，而实际上是在扮演着后工业时代堂吉诃德的角色而不自知，因为现在是一个应该大力提倡文明融合 pj01+7201bea7 的时代，而不是一个适合鼓吹文明同化 pj01+7201bea5 或文明异化 pj01+7201bea6 的时代。

0.1.2 常态意志低级形态 7201e7m 与高级形态 7201e2n 的世界知识

两者的汉语说明拷贝如下：

7201e7m	常态意志低级形态（“低级”意志）
7201e71	振作
7201e72	颓废
7201e73	消沉
7201e2n	常态意志高级形态（“高级”意志）
7201e25	进取
7201e26	保守

“低级”与“高级”意志的质异主要表现在下列概念关联式中：

7201e7m:=6502
（“低级”意志对应于感性反应）

7201e2n:=902
（“高级”意志对应理性反应）
7201e7m=7121c01
（“低级”意志强交式关联于生存）
7201e2n=7121d01
（“高级”意志强交式关联于幸福）

“低级”意志具有下列基本概念关联式：

7201e7m=7111e7m
（“低级”意志强交式关联于事业态度的基本形态）
7201e71<=7133\2e5m
（振作强流式关联于第二内因情感的自得、自责与自省）
7201~e71<=^(7133\2e5m)
（颓废与消沉强流式关联于第二内因情感的自暴自弃、自是与自欺）
7201e71=7201~b
（振作强交式关联于目标与要求、坚持与毅力）
7201~e71=(^(72019a)+^(7201a9))
（颓废与消沉强交式关联于放任与放弃）

“高级”意志 7201e2n 具有自己的辩证表现 7201e2ne2n，其汉语表述如下：

7201e2ne2n	“高级”意志的辩证表现
7201e25e25	积极进取
7201e25e26	消极进取
7201e26e25	积极保守
7201e26e26	消极保守

100 年来，中国的主流文化对进取 7201e25 一味歌颂，对保守 7201e26 一味鞭笞。因此，现代汉语不可能给积极保守 7201e26e25 这一概念提供一个容身之地，相应的词语是不存在的；但消极进取 7201e25e26 却涌现过大量的词语，不过那仅局限于政治和经济领域。

结束语

常态意志 720 的意义十分接近汉语的词语——意志，借这个机会，顺便这里说明一下 HNC 符号的汉语说明。

HNC 符号意义的确定性和自然语言符号意义的模糊性实际上提出了符号转换学的两项特殊课题：模糊意义的确定性表示和确定意义的模糊性表示，前者是从语言空间到语言概念空间的符号变换，服务于语言理解，是交际引擎输入接口的基本操作；后者是从语言概念空间到语言空间的符号变换，服务于语言生成，是交际引擎输出接口的基本操作。为了区分这两种符号变换，曾使用过映射和逆映射的术语，但这两个术语并没有为 HNC 团队所接受。由于 HNC 首先关注语言理解，所以大家一直在非常辛苦地做着映射的工作，这项工作的主体内容被称为词语知识库建设。但是，映射与反映射是相辅相成的，两者齐头并进并相互印证才是 HNC 词语知识库建设最佳方式，HNC 团队一直未能正式这样做，这既是笔者的失误，也是笔者的无奈，因为概念延伸结构表示式的设计始终处于滞后状态。

近年来，为了弥补这一失误，正式启动了反映射课题，由池毓焕博士打头阵，并给这项课题起了一个容易记住的名字，叫词语捆绑。无论是映射和捆绑都存在大量的难题需要解决，概念范畴、概念群、概念树、延伸概念的命名或汉语说明都存在捆绑难题。引号的使用不过是应对这难题的一项过渡处理，约定：带引号的命名大体与所谓的旁系词语对应，而不带引号的命名大体与所谓的直系词语对应。大体虽然不符合严格意义的科学原则，但符合科学的起步原则，是一种高明的对应原则，可简称大体性原则。

72 的命名——意志——实际上不是语言意义下的意志，而是意志这一词语的广义化，应该加引号，但本篇不加，因为这样做并不违背大体性原则。

720 的命名——意志的基本内涵——使用了词组，这个词组里又使用了一个模糊度很大的词语：基本。那么，如何界定这个基本呢？那就是 7201、7202 与 7203 定义的总和。

7201 的命名——常态意志——也使用了词组，这个词组里的常态如何界定呢？它被分解成本体论描述和认识论描述两部分，本体论描述是：目标与要求、坚持与毅力、适应与调整；认识论描述是：低级意志与高级意志。本体论描述的对应 HNC 符号通常不能直接给出传神的世界知识，但认识论描述的对应 HNC 符号却可以做到这一点，本节提供了最生动的例证。

上面又一次涉及定义、本体论描述、认识论描述这三个专门术语，它们已多次被讨论过。《全书》将大量采用这种相互呼应的论述方式，为了指明呼应的线索，将引入下面的地址表示方式以构成索引表，便于读者查寻。

地址表示方式是：(k|-m|-n|)

k|	依次是卷、编、篇的编号
m|	依次是章、节、小节的编号
n|	分节编号

最后给出呼应阅读的重要地址：

定义：(121-011)(121-310)
本体论与认识论描述：(121-011)

第 2 节
异态意志 7202 (063)

引言

异态意志的异态是指困难与诱惑。困难的映射符号是 30a9e52，诱惑的映射符号是

311b。异态意志就是指人在面对困难和诱惑时的反应，其定义式如下：

```
7202::=(01a,145,(30a9e52;311b))
```

这个定义式里使用的符号是 01a，而不是 902//c02，这与前面给出的概念关联式

```
7201=:r50ac269
（常态意志等同于第一层级精神生活的效应）
7202=:r50ac26(~9)
（异态意志等同于第二与第三层级精神生活的效应）
```

并不矛盾，因为，三层级精神生活与三类精神生活只是对应关系，而不是等同关系。

常态意志 7201 的子概念既有本体论描述，也有认识论描述，但异态意志 7202 将只设置认识论描述的子概念，但其孙概念有本体论描述。

0.2-0 异态意志 7202 概念延伸结构表示式

```
7202:(e7m,e7n;e7mi,e7n:(t=b,i);,e7nie2m,)
  7202e7m              面对困难的意志（困难激效）
  7202e71              勇敢
  7202e72              怯懦
  7202e73              逃避
     7202e7mi            面对挑战的意志（挑战激效）
  7202e7n              面对诱惑的意志（诱惑激效）
  7202e75              坚定
  7202e76              动摇
  7202e77              同流合污
     7202e7nt=b          面对基本诱惑的意志（“三争”激效）
     7202e7n9            面对权势诱惑的意志（权势激效）
     7202e7na            面对利益诱惑的意志（利益激效）
     7202e7nb            面对成就诱惑的意志（成就激效）
     7202e7ni            面对色情诱惑的意志（色情激效）
```

上面使用了一个新词——激效，是“激发的效应”的缩写。

0.2.1 困难激效 7202e7m 的世界知识

困难激效 7202e7m 和挑战激效 7202e7mi 的定义式如下：

```
7202e7m::=(01a,145,(30a9e52;53*303))
（困难激效定义为人对困难与挑战的交织性反应）
7202e7mi::=(901a,145,53*303)
（挑战激效定义为人对挑战的理性交织性反应）
```

困难激效具有下列基本概念关联式：

```
7202e7m=>7132\3e5m——（7202-1）
（困难激效强源式关联于第三外因情感）
```

7202e71<=7133(~\1)e51——(7202-2)
（勇敢强流式关联于深层内因情感的自得、自勉和自豪）
7202e72<=7133(~\1)e52——(7202-3)
（怯懦强流式关联于深层内因情感的自责、抱憾和自卑）
7202e71=7133\1e55
（意志的勇敢强交式关联于第一内因情感的光荣）
7202e72=7133\1e56
（意志的怯懦强交式关联于第一内因情感的耻辱）
7202~e73≡7132\3~e53
（异态意志的强烈表现强关联于第三强烈外因情感）
7202e7mi≡b32e02
（意志的应战强关联于追求活动的应战）

上面给出了 3 个特殊编号概念关联式，它们体现了意志与情感之间的基本关联性，揭示脑谜 3 号的研究要特别重视这一线索。

面对挑战的意志 7202e7mi 是一个很特殊的理解基因，其特殊性在于不同文明的差异性很大，为了表述这一点，需要引入 7202(e7m)i\k 的延伸概念。但这一步已经跨入专家知识的范畴了，所以暂时不作处理，这就是概念延伸结构表示式里符号“;,”所传达的信息。中华文明的格言“居安思危”是 7202e7mi 的直系词语，暂时只能以符号 7202(e7m)i: 表示。

0.2.2 诱惑激效 7202e7n 的世界知识

诱惑激效 7202e7n 繁衍了两个孙概念 7202e7nt=b 和 7202e7ni，前者简称“三争”激效，后者简称色情激效。下面以两个分节简略论述。

0.2.2-1 “三争”激效 7202e7nt=b 的世界知识

“三争”激效具有下列特殊编号概念关联式：

7202e7nt=>7121t——(7202-4-0)
（“三争”激效强源式关联于期望基本内容）
7202e75t=>a0099t——(7202-5-0)
（坚定的“三争”激效强源式关联于专业活动的“三争”）
7202e75t≡7121td01——(7202-6)
（坚定的“三争”激效强关联于“野心”）

概念关联式（7202-4-0）揭示了意志 72 与意愿 712 之间最重要的关系，概念关联式（7202-5-0）揭示了意志 72 与专业活动共相本体描述 a00β 之间最重要的关系。两者都是特殊编号概念关联式（71-0）和（72-0）的联想逻辑推理，不过前者的推理过程是直接的，而后者是间接的。

“心理”篇引言有下面的论述：“近年来不断传出大脑研究的各种最新报告，但这些研究都十分缺乏关于大脑科学问题的总体性思考或形而上思考，其研究方式明显表现出瞎子摸象的特征，这是现代科学的巨大悲剧……”那么，如何具体落实所谓的总体性思考或形而上思考呢？请允许我这么说吧：概念延伸结构表示式的设计、特殊编号概念关联式的写定，就代表着这种思考的落实。其中带符号“-0”的概念关联式都是揭示大脑之谜的钥匙，上篇和本篇的特殊编号概念关联式则是揭示脑谜 3 号的钥匙，这里的（7202-4-0）和（7202-5-0）更是当之无愧的两把金钥匙。为什么？因为笔者深信：大脑里并非只有一个智力中心，而是存在两个智力中心，可分别命名为“智能中心”和“智慧中心”，两者皆以第一类精神生活为基础。前者的主体构成还包括第二类劳动和追求活动（表层第三类精神生活）的联想脉络，后者的主体构成还包括深层第二类和第三类精神生活的联想脉络。目前，这些当然都只是笔者的假设，这假设如果用 HNC 和古汉语两者的符号语言来表达，将显得更为简洁，故以这种方式重述如下：

“智能中心”者，(7y+8,a,b,)之谓也；
“智慧中心”者，(7y+8,q8,d,)之谓也。
“(7202-4-0)+(7202-5-0)”者，开启“智能中心”大门之钥匙也。

HNC 理论符号可明确区分的“智能”与“智慧”在现实世界里也有鲜明表现，从伟人到普通人都如此。拿破仑和毛泽东都具有雄视千古的智能，但智慧并不超群；柏拉图和孔子都具有洞察千载的智慧，但智能一般。普通人的类似典型表现是：有的人精明而不明智，有的人明智而不精明。智能与智慧兼备的普通人已不多见，伟人则极为罕见，在中外的历史人物中，李世民和华盛顿也许可以算得上两个代表吧。

0.2.2-2 色情激效 7202e7ni 的世界知识

色情激效 7202e7ni 带曾孙概念 7202e7nie2m，以区别男性和女性，这一世界知识以下面的概念关联式表示：

7202e7nie21:=xjw63e21
7202e7nie22:=xjw63e22

古汉语对 7202e7nie21 的描述有两名句：一是“英雄难过美人关”；二是“柳下惠坐怀不乱”。前者毫无疑义可作为 7202e76ie21 的直系捆绑词语，但后者是否入选于 7202e75ie21 由捆绑者决定，可能阙如为上。至于 7202e7nie22，似乎中外都没有可捆绑的直系词语，但不乏真人真事，埃及艳后和武则天就是 7202e76ie22 的著名代表。至于小说里的人物，那就不胜枚举了。因此，给出下面的概念关联式似乎是必要的：

7202(~e75)i<=xp
（色情之心强流式关联于人性）
7202e7ni=72228e7m
（色情激效强交式关联于人的基本素质）

结 束 语

孔夫子曾说过一段其本人“自我”描述的著名话语，其中的第二句是：“三十而立”，这“立”的意义是什么？用 HNC 的语言来说，那主要就是指常态意志和异态意志的建立。常态意志 7201 可在“温室”里形成，但异态意志 7202 必须“经风雨，见世面”，否则是立不起来的。这就是“三十而立”的义境。

本节共给出了 6 个特殊编号概念关联式，其中两个带“-0”符号。基于它们所传达的世界知识，关于大脑存在两个智力中心的假设是先验理性的必然结论，而先验理性是不看重实验验证的。

第 3 节
注意 7203 (064)

引言

本节所讨论的注意不涉及心理学所关注的基本科学课题——注意的认知模型及注意与学习的相互作用，而只把注意看作是对信息的选择，其定义式如下：

```
7203::=(938e2m,145,jw03)
（注意定义为人对信息的理性选择）
```

这一定义既排除了生理和感性层次的信息选择(6438e2m8 和 6538e2m8)，也排除了社会性层次的信息选择(c38e2m8)。过马路要注意红绿灯，可归于 6438e218 的信息选择，纳入常识是适当的；金融评论员要注意股市行情，可归于 c38e218 的信息选择，纳入专家知识是适当的。两者都不必纳入意志 72 的概念范畴，但理性层次的信息选择 938e2m 不同，它所要求的世界知识与概念关联式 7203=:(50a(t),239)（见本章引言）的要求是一致的，密切联系于人的常态表现 50a(t)。因此，注意 7203 完全有资格与常态意志 7201、异态意志 7201 共同构成意志基本内涵 720 的三要素之一。

如同对异态意志 7202 一样，本节对注意 7203 的一级描述也仅限于认识论，而不涉及本体论。

0.3-0 注意 7203 的概念延伸结构表示式

```
7203:(e2n,^e4n;e2n:(t=b,e2n),^e4n:(\k=3,e4m);
                         e25e26:(3,d01),e26e253,)
   7203e2n              对未然信息的注意（势态注意）
   7203e25              警惕
   7203e26              松懈
   7203^e4n             对已然信息的注意（事态注意）
   7203^e45             细致
   7203^e46             敏感
   7203^e47             粗心
```

从注意的视野来看信息，信息可区分为两类：未然信息 jw03jlu12e22 与已然信息

jw03jlu12e21。未然信息等同于势态基本表现，具有下面的基础性概念关联式：

jw03jlu12e22≡53e7m

已然信息等同于动态的基本表现，具有下面的概念关联式：

jw03jlu12e21≡52\k

这就是说，未然信息就是指关于机遇 53e71、危机 53e72 和风险 53e73 的信息；已然信息是指关于关于事态瞬态性 52\1、转换性 52\2 和动荡性 53\3 的信息。对这两类信息的注意就构成了两种注意形态：势态注意 7203e2n 与事态注意 7203^e4n。

势态注意 7203e2n 和事态注意 7203^e4n 分别具有下面的基本概念关联式：

7203e2n=s10\1——（7203-1）
（势态注意强交式关联于智慧）
7203^e4n=s10\2——（7203-2）
（事态注意强交式关联于智能）

0.3.1 势态注意 7203e2n 综述

势态注意 7203e2n 的定义式如下：

7203e2n::=(7203,145,53e7m)
（势态注意定义为对势态基本表现的注意）

这个定义式里蕴涵着注意 7203 孙概念的本体描述。

下面给出势态注意 7203e2n 延伸概念的汉语表述：

7203e2nt=b	势态注意的本体描述
7203e2n9	机遇注意
7203e2na	危机注意
7203e2nb	风险注意
7203e2ne2n	势态注意的辩证表现
7203e25e25	适度警惕
7203e25e26	过度警惕
7203e25e263	转移内部注意力
7203e23e26d01	“暴虐”
7203e26e25	虚松懈
7203e26e253	麻痹潜在敌人
7203e26e26	实松懈

势态注意本体描述 7203e2nt 具有下面的基本概念关联式：

7203e2nt:=53e7m
（势态注意的本体描述分别对应于势态的基本表现）

机遇注意 7203e2n9、危机注意 7203e2na 和风险注意 7203e2nb 的词语捆绑都比较繁重，双字词几乎没有，主要是四字词语。例如，7203e259 有“抓住机遇”，7203e269 有“坐失良机”；7203e25a 有“危机意识”，7203e26a 有“文恬武嬉”；7203e25b 有“有备无患”，7203e26b 有“麻痹大意”。

势态注意辩证表现 7203e2ne2n 可直接捆绑的词语非常稀少，“韬光养晦”算一个吧，可捆绑于 7203e26e253。

势态注意辩证表现 7203e2ne2n 里的“转移内部注意力 7203e25e263”和“麻痹潜在敌人 7203e26e253”都属于政治智慧，这一重要世界知识以下面的概念关联式予以表示：

```
(7203e25e263+7203e26e253):=(s10\1,145,a13)
```

此外，两者还具有下列基本概念关联式：

```
7203e25e263=a13e21
(转移内部注意力强交式关联于内部政治斗争)
7203e26e253=a13e22
(麻痹潜在敌人强交式关联于外部政治斗争)
```

0.3.2 事态注意 7203^e4n 综述

事态注意 7203^e4n 的定义式如下：

```
7203^e4n::=(7203,145,52\k)
```

这个定义式也蕴涵着注意 7203 孙概念的本体描述。

下面给出事态注意 7203^e4n 延伸概念的汉语表述：

7203^e4n\k=3	事态注意的本体描述
7203^e4n\1	突发性事态注意
7203^e4n\2	转换性事态注意
7203^e4n\3	不稳定事态注意
7203^e4ne4m	事态注意的辩证表现
7203^e4ne41	“适度”
7203^e4ne42	“不足”
7203^e4ne43	“过度”

事态注意本体描述具有下面的基本概念关联式：

```
7203^e4n\k:=52\k
(事态注意本体描述对应于事态基本类型)
```

与势态注意 7203e2n 类似，事态 7203^e4n 的词语捆绑任务也十分繁重，直系词语主要是四字词，如“目光如炬”、“明察秋毫”、“一叶知秋”、“视而不见”、“听而不闻”等。

事态注意辩证表现 7203^e4ne4m 的汉语表述都加了“引号”，这引号是由于^e4n 与 e4m 的连用而引入的，如果对事态注意 7203^e4n 作非分别说，写成 7203(^e4n)e4m 的形式，那这些引号就可以取消了，把相应的汉语表述分别定名为“适度关注”、“关注不足”和“过度关注”了。敏感的人可能会发问：存在 7203^e47e41 的词语或事态注意吗？当然，汉语的“粗中有细”就是它的直系捆绑词义，而张飞和鲁智深就具有纯熟的 7203^e47e41 智力（理解基因）。

势态注意 7203e2n 和事态注意 7203^e4n 之间存在下列基本概念关联式：

7203e25=7203~^e47
（势态注意的警惕强交式关联于事态注意的细致与敏感）
7203e26=7203^e47
（势态注意的松懈强交式关联于事态注意的粗心）

势态注意 7203e2n 与常态意志之间 7201 之间存在下列概念关联式：

7203e2n<=7201e7m
（势态注意强流式关联于“低级”意志）
7203e25<=7201e2n
（警惕强流式关联于“高级”意志）

势态注意 7203e2n 与异态意志之间 7202 之间存在下列概念关联式：

7203e25<=(7202e71+7202e75)
（警惕强流式关联于勇敢与坚定）

事态注意 7203^e4n 与“心理”71 之间存在下列概念关联式：

7203^e4n<=(7121t+7131\k~e53+7132\k~e53)
（事态注意强流式关联于期望基本内容、强烈基本情感和强烈外因情感）

结束语

从世界知识的视野来考察，将注意区分为势态和事态两大类是明智的，而且十分重要。这种区分显然是认识论的区分，而不是本体论的区分，符号 7203e2n 和 7203^e4n 的使用比较传神。本节以分组的方式给出两类注意的基本概念关联式，这是联想逻辑“路线图”的第一个比较完整的示例，将在第三卷的相关论述中引用。

第一章

能动性 721

引言

能动性是意志的基本特性，经典文明喜欢把它叫做自由。奥古斯丁就有《论自由意志》的专著，1400 年后的黑格尔，在其《历史哲学》中更把意志自由的观念发挥到了极致。自由这个概念过于宽泛，用于意志本性的描述不是一个好的选择，因此，《全书》选用“意志能动性”替代自由意志的概念，其实，奥古斯丁和黑格尔论述的“自由意志”就是指意志的能动性。儒家之“格物致知”、佛学之“正觉”和“正志”的所指也是这个内容。

意志能动性 721 将设置共相概念树 7210，定名为能动性的基本内涵；设置两种殊相概念树，分别定名为先天能动性表现 7211 和后天能动性表现 7212。

这“一共两殊”概念树的设置符合康德的透彻性与齐备性要求吗？这里不必论述。

第 0 节
能动性基本内涵 7210 (065)

引言

意志能动性的基本内涵 7210 大体对应于希腊文明的逻各斯。在 HNC 概念体系里，逻各斯属于综合逻辑概念 s，它包括智力 s1、手段 s2、条件 s3 和工具 s4。这 4 项中第一项是对纯主观因素的描述，后三项是对主客观因素的综合描述，其中第二项偏重于主观侧面，第三、第四两项偏重于客观侧面。设置在第一类精神生活里的 7210 必然只能对应于智力 s1 的部分内容，因此，意志能动性基本内涵也可简称智力，其概念延伸结构表示式的设计将以此为基本依据。

1.0-0 智力 7210 的概念延伸结构表示式

```
7210:(α=b,\k=2)
   7210α=b              意志能动性的 4 要素
   72108                志向
   72109                路径
   7210a                步调
   7210b                视野
   7210\k=2             意志能动性的基本表现
   7210\1               智慧
   7210\2               智能
```

1.0.1 意志能动性 4 要素的世界知识

意志能动性 4 要素的设计是作用效应链在意志能动性 7210 描述中的自然推论，其联想逻辑直接体现在下列概念关联式里：

72108:=(0,3)——(7210-1)
（志向对应于作用与效应）
72109:=(2,4)——(7210-2)
（路径对应于转移与关系）
7210a:=(1,2)——(7210-3)
（步调对应于过程与转移）
7210b:=(2,5)——(7210-4)
（视野对应于转移与状态）

意志能动性 4 要素具有下面的基本概念关联式：

7210α≡s10α——(7210-5-0)
（意志能动性 4 要素强关联于智力 4 要素）

上列概念关联式都赋予了编号，（7210-1）表明：志向 72108 对应于所谓“自我”的定位，就是确定自己的志向，认清自己在社会中能够起到的作用与效应，明确自己当前所在的此岸和今后要奔向的彼岸；（7210-2）表明：此岸与彼岸的连接不可是一条简单的直线，它必须面对一系列密切联系于转移的关系问题，因此要讲究途径；（7210-3）表明：从此岸到彼岸不可能一蹴而就，它必须面对一系列联系于过程的转移问题，因此要讲究步调；（7210-4）表明：奔向彼岸的过程必须面对联系于转移的状态问题，这就是说，必须从不同的侧面和层次去考察途径与步调，这就是视野问题。实际上，奔向彼岸的征程必然伴随着一系列的转移，从而造成自身和他人的状态变化，因此要依据变化中的状态不断调整自己的视野，增强适应性（52）和预见性（53），解决好一系列结构性（54）、层次性（55）和等级性（56）问题。

现在是叙说一下 HNC 理论关于大脑皮层功能区块划分之基本假设的时候了。该基本假设认为：人类的大脑皮层存在着五大功能区块，它们是形象区块、语言区块、情感区块、艺术区块和科学区块，这五大区块也可叫做五大概念空间，显然形象区块密切联系于看（视觉）与行（动作，行为），语言区块密切联系于听（听觉）与说，情感区块密切联系于“听说看行”，艺术区块与情感区块联系紧密，同时分别密切联系于形象区块和语言区块，分别形成形象艺术与语言艺术，两者价值相当，科学区块与情感区块基本无关，综合联系于语言区块和形象区块，虽然也可以说有形象科学与语言科学之分，但毫无实际意义，因为前者的内容远比后者丰富，而价值远大于后者。五大区块的拓扑关系如下图所示，这个大脑五大功能区块拓扑图将简称脑谜 1 号。

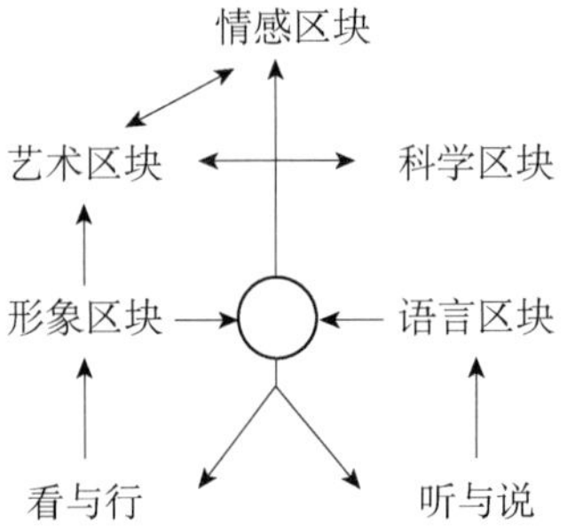

语言区块或语言概念空间又分为两个相互独立的区块，一个是实现语言生成的功能区块，另一个是实现语言理解的功能区块。HNC 理论把这两个区块统称语言概念空间，但主要致力于语言理解区块的研究，将该区块的主体构成与语言概念空间的基元概念相对应。HNC 理论把语言理解区块一分为六，六者与相应基元概念的命名如表 2-1 所示。

表 2-1　语言理解区块及其对应基元概念

命名	对应基元概念	首位数字符号
核心理解区块	作用效应链	0–5
第一精神区块	第一类精神生活	7,8
第二精神区块	第二类精神生活	q7,q8
第三精神区块	第三类精神生活	b,d
第一劳动区块	第一类劳动	q6
第二劳动区块	第二类劳动	a

大脑皮层存在五大功能区块，其中的语言区块存在理解与生成两个分区块，语言理解区块又存在六个子区块。如果把大脑之谜的探索比做一场围棋比赛，那么以上三点就是**大脑研究的大场**，也是**心理学和认知科学的大场**。围棋的大场、急所与收官的概念也许可以看作东方智慧的典型范式，因为它特别重视大局与要害的思考，即以综合与演绎为主导的思考。当前的大脑研究特别需要这样的思考，这在上一篇已多次提到了，其中最为重要的是“广义作用反应基本侧面7101t=a”小节（0.1.1）关于理解基因的论述。

语言理解的六个子区块的核心理解区块并不直接形成理解基因的主体，10^4量级的理解基因主要由三个精神子区块和两个劳动子区块构成，对语言理解区块的这一描述可名之为精神理解基因的三分和劳动理解基因的二分。那么，核心理解区块起什么作用呢？一个必须引进的假设是：理解基因之间，特别是不同理解区块之间需要一个相互沟通的平台，这平台就是核心理解区块。核心理解区块的这一平台作用将命名为脑谜2号。

因此，对精神理解基因和劳动理解基因都将尽可能给出它们与作用效应链的概念关联式，以便为脑谜2号的未来研究预作一点准备。

特殊编号概念关联式（7210-m,m=1-4）就属于这样的准备工作。

意志能动性4要素虽然如此重要，但并不在这里对它作进一步的描述，而由特殊编号概念关联式（7210-5-0）来承担这一任务。该表示式只描述了志向实现与基本智力因素的联系，这暗含着对“不择手段”行为的贬弃。

1.0.2 智力基本表现7210\k=2的世界知识

智力基本表现的汉语说明拷贝如下：

7210\1	智慧
7210\2	智能

本篇异态意志7202的“‘三争’激效7202e7nt=b”分节（0.2.2-1）里，曾论述过智慧7210\1与智能7210\2的基本区别，但在以往的论述中并未刻意加以区分。不过，应该指出，从理念的视野来俯瞰，这一区分则是十分重要的世界知识，其重要性体现在下列两个带编号的概念关联式里。

(7210\1ju86e25,jl00e22,j8y:(~ek1;~ek5))——(7210-6)
（积极的智慧无关于消极伦理）
(7210\2,jl00e22,j8y:(ek1;ek5))——(7210-7)
（智能无关于积极伦理）

这两个带编号的概念关联式都焕发着世界知识的魅力，常识丰富的常人和专业知识深厚的专家的世界知识都可能较匮乏，前文曾说到：拿破仑和毛泽东都具有雄视千古的智能，但智慧并不超群；柏拉图和孔子都具有洞察千载的智慧，但智能一般。对这样的论断，常人可能极度愤慨，而专家则可能不屑一顾，然而，在世界知识的视野里，它却像泉水一样的清澈。有些专家喜欢给“宁我负天下人”的君王涂抹“性情中人”的色彩，这种奇怪的态度当然首先是由于他们自身的消极事业态度7111te26，但匮乏（7210-7）所表示的世界知识也是一个不容忽视的因素。

结 束 语

本节扼要介绍了 HNC 理论关于大脑皮层功能区块划分的建议，重点论述了三项大脑之谜，并依据其层次性表现，分别定名为脑谜 1 号、脑谜 2 号和脑谜 3 号。大脑之谜的大量实验研究方兴未艾，获得重大甚至突破性进展的报道不断传来，但笔者所看到的都不过是瞎子摸象。但愿笔者的评判是错误的，并能在《全书》定稿的同时，写出一份像样的检讨。

第 1 节
先天能动性表现 7211 (066)

引言

上一章的“异态意志 7202”节（0.2）里提出了两个智力中心的假说，在本章的上一节里，该假设已具体化为能动性基本内涵 7210 的第二本体描述 7210\1 和 7210\2。先天能动性 7211 概念延伸结构表示式的设计自然也将以该假说为基本参照。

下文将把“先天能动性表现 7211”简称为先天智力。

1.1-0 先天智力 7211 的概念延伸结构表示式

```
7211:(m,e7m;me2n)
  7211m            先天智力的智慧表现（智慧表现）
  72111            聪慧
    72111e2n         聪慧的辩证表现
    72111e25         明智
    72111e26         狡诈
  72112            愚钝
    72112e2n         愚钝的辩证表现
    72112e25         老实
    72112e26         傻
  72110            亦慧亦愚
    72110e2n         亦慧亦愚的辩证表现
    72110e25         外愚内智（大智若愚）
    72110e26         外智内愚
  7211e7m          先天智力的智能表现（智能表现）
  7211e71          天才
  7211e72          低能
  7211e73          庸才
```

1.1.1 智慧表现 7211m 的世界知识

先天智力 7211 的概念延伸结构表示式表明：智慧不仅呈现为基本辩证特性 7211m，还呈现出主流辩证特性 7211me2n；而智能则仅呈现为主流辩证特性 7211e7m。

智慧表现 7211m 具有下列基本概念关联式：

7211m=:7210\1
（智慧表现等同于智慧）
7211m=(q82+d1,a3)——（7211-1-0）
（智慧表现强交式关联于信念与理念活动及文化活动）
72111e26=7211e71——（7211-3）
（狡诈强交式关联于天才）
72112=7211~e71——（7211-4）
（愚钝强交式关联于低能与庸才）

上面的 3 个概念关联式都赋予了编号，（7211-1-0）还赋予了特殊编号。这种处理密切联系于前文（见本篇的 0.2.2-1 分节）关于大脑里存在两个智力中心的假设。两个智力中心之间当然存在密切的联系，这联系的基本体现就是概念关联式（7211-3）和（7211-4）。

1.1.2 智能表现 7211e7m 的世界知识

智能表现 7211e7m 具有下面的概念关联式：

7211e7m=:7210\2
（智能表现等同于智能）
7211e7m=(a1;a2)——（7211-2-0）
（智能表现强交式关联于政治或经济活动）

特殊编号概念式（7211-1-0）和（7211-2-0）一起，构成 HNC 理论关于先天智力的基本描述。请注意（7211-2-0）里的政治与经济是“或”的关系，而不是（7211-1-0）里的信念、理念与文化之间的“与”关系。这意味着智能有政治与经济的明显区分，但智慧无相应的明显区分。农业时代和工业时代都出现过许多天才的“文盲”政治家和企业家，但“文盲”思想家、文学家与艺术家则是罕见的例外，“文盲”思想家尤为罕见。这是两个智力中心假设存在性的有力证据。

先天智力 7111 的概念延伸结构表示式采取了封闭形式，因为，HNC 的目标仅在于对两类智力给出一个定义式的描述。至于智力具体表现的描述则放在“思维 8”和“智力 s1”的相应篇章里。

结束语

本节给出了先天智力的两分描述，采取了认识论的描述方式，但它们兼具有本体论的特质，两个等同性概念关联式指示了这一要点。

智商测试的迄今研究没有作智慧与智能的区分，但孔夫子却似乎有这个思考，其遭到诟病的话语“唯上知与下愚不移”里的“知”，在笔者看来，主要是指智慧而不是智能。当然，这只是笔者的“姑妄言之”，严格论证是训诂学的事。但重要的是：智商不仅需要情商的配合，更需要智能与智慧的区分。这一区分的实际价值是明显的，而理论价值尚在其次。

第 2 节 后天能动性表现 7212 (067)

引言

后天能动性表现 7212 将简称“智力”。

对“智力”将不再进行智慧与智能的区分。

“智力”密切联系于专业性，而专业性智力属于典型的专家知识。因此，7212 概念延伸结构表示式的设计将仅涉及“智力”的共相描述。

1.2-0 “智力”7212 的概念延伸结构表示式

```
7212:(t=a,e7m,e7n;e7ot=a,(e7n)c2n)
  7212t=a              “智力”的基本侧面
  72129                认知
  7212a                能耐
  7212e7m              “智力”的行动力表现（行动力）
  7212e71              练达
  7212e72              蠢材
  7212e73              平庸
     7212e7mt=a          行动力的基本描述
     7212e7m9            “生活”能力
     7212e7ma            劳动能力
  7212e7n              “智力”的专业性表现（专业智力）
  7212e75              擅长
  7212e76              外行
  7212e77              “半吊子”
     7212e7nt=a          专业智力的基本描述
     7212e7n9            第一类专业智力
     7212e7na            第二类专业智力
     7212(e7n)c2n        专业智力的层级表现
     7212(e7n)c25        偏才
     7212(e7n)c26        通才
```

1.2.1 “智力”基本侧面 7212t=a 的世界知识

任何个人的智力集中体现在认知 72129 和能耐 7212a 两方面，两者都是知识，甚至可以说两者概括了知识的全部，此外再无别的知识。《圣经》说：“上帝全知全能”，大乘佛教也这样描述佛祖。在所有的命题中，没有比这更高明的命题了。经验理性和先验理性都不直接向这一最高明的命题挑战，康德曾经在《纯粹理性批判》里暗中送走了上帝，接着又在《实践理性批判》里明着把上帝请了回来。但浪漫理性喜欢直接面对这一挑战，热衷于用一套新的科学命题取代那个最高明的命题，而不知道：科学不能代替哲学，更不能代替神学。经典社会主义也曾出现过类似的壮举。然而迄今为止，所有的挑战者自身，最后都成了所谓新科学命题的殉葬者。这一世界知识也许十分重要，但是，尚处于婴儿期的后工业时代需要这样的世界知识吗？有必要在这里设置延伸概念 7212td01 或者在意志能动性表现 7210\k 里设置延伸概念 7210(\k)d01 以表述上帝，进而给出上述世界知识的概念表示式吗？这留给后来者去处理吧。

“智力”基本侧面 7212t=a 具有下列基本概念关联式：

72129%=81
（认知包含概念群认识与理解）
7212a=>73
（能耐强源式关联于概念子范畴行为）

在上面的汉语说明里，特地写出了“概念群”和“概念子范畴”的修饰词语，其用意在于强调：认知 72129 与能耐 7212a 都具有极为丰富的内涵，但其具体内涵不在这里描述，而放在“认识与理解 81”章和“行为 73”篇里。延伸概念 7212t=a 实质上形同虚设，这也是平衡原则的一种运用。

但是，7212t=a 的直系词语非常丰富，其词语捆绑任务比较繁重。

1.2.2 行动力 7212e7m 的世界知识

行动力 7212e7m 仅设置单一延伸概念 7212e7mt=a，其基干联想脉络充分体现在下面的带编号概念关联式里：

7212e7mt≡50at——（7212-1）
（行动力的基本描述强关联于人之状态的基本描述）

请注意：这里使用的是强关联“≡”，而不是强交式关联“=”的联想逻辑符号。在“人之状态 50a”里，对“人之状态”给出了详尽的共相描述，这里则是对“人之状态”给出简明的殊相描述。但作为世界知识的载体，延伸概念 7212e7m 所承担的，只是“人之状态”殊相的共相特性描述。把主流辩证符号“e7m”用于这一描述非常贴切，而基本辩证符号“m//n”是无能为力的。这一点值得读者细心领会。

延伸概念 7212e7mt=a 表明：人的行动力有生活能力 7212e7m9 和劳动能力 7212e7ma 之分，有人的劳动能力很强 7212e719，但其生活能力可能很弱 7212e72a，相反的情况也同样存在。在漫长的农业时代，各种文明都存在着主要由男人承担劳动和主要由女人承担生活的习俗，这就必然形成一系列的时代性偏见。清除这类偏见当然是新文明建设的重要组成部分，但它毕竟是文明建设的“大官子”，而不是“大场”与“急所”。男女之间存在明显的体力生理差异，也存在一定的脑力生理差异。联系于不同生活和不同劳动的行动力表现 7212e7m，如果存在性别差异，那是不足为怪的。不要由于害怕性别歧视的指责而不敢去进行“行动力基本描述 7212e7mt=a”的性别差异研究，更不要为了吸引眼球而去搞那些违反常理的所谓“科学新发现”。

1.2.3 专业智力 7212e7n 的世界知识

专业智力 7212e7n 设置了两项延伸概念：7212e7nt=a 和 7212(e7n)c2n。前者的意义充分体现在下面的概念关联式里：

7212e7n9:=q6
（第一类专业智力对应于第一类劳动）
7212e7na:=a
（第二类专业智力对应于第二类劳动）

这两个概念关联式也可视为第一和第二专业智力的定义式。

各种传统文明都存在对第一专业智力的歧视，在论及文明的经典著作中，只有马克思主义和亚当·斯密先生的《国富论》不存在这种歧视。中华传统文明的这种歧视是否比其他文明更为严重？那是训诂学的任务。但有一点是可以肯定的，那就是没有一个文明像中华文明那样，在不到 100 年的时间里，对两类专业智力价值 z7212e7nt 的评价搞了两次休克治疗，第一次休克治疗的后果是显性的，它浓缩在“臭老九”这一著名词语里。第二次休克治疗的后果则是隐性的，一方面是大学生与博士“过剩”，另一方面是熟练技工匮乏；一方面是“三农”问题年年讲，另一方面却是这么多年对数以亿计的农民工不曾认真做过技能培训的努力。听专家们高谈公共需求建设、教育改革和拉动内需，笔者深感：专家知识绝不能完全替代世界知识，因此，这里给出下面的带编号概念关联式：

(z7212e7n9,jl00e53,z7212e7na)——（7212-2）
（第一类专业智力的价值相当于第二类专业智力的价值）
(z7212(e7n)c25,jl00e53,7212(e7n)c26)——（7212-3）
（专业偏才的价值相当于专业通才的价值）
(8419~e41,l03,(z7212e7nt;7212(e7n)c2n)),jl02~e41,jr805)
——（7212-4）
（专业智力的类别性和层级性价值的非适度评价都违背正义原则）

结 束 语

关于世界知识与专家知识的分野，没有比后天能动性表现 7212 更清晰的概念领域了。本节的叙述照顾了专家知识与世界知识的不同视野，引言第一句说“后天能动性表现 7212 将简称‘智力’”，后面又把引号拿掉了。带引号是专家知识视野的要求，拿掉引号是世界知识视野的要求。

本节给出了 4 个带编号概念关联式,这些关联式都关涉到个体大脑皮层的智力基因。它们代表着大脑皮层个性（殊相）最基本的共性（共相）表现，大脑奥秘的探索不能回避这一基本因素。

后 记

本章概述了 HNC 理论关于大脑皮层五大功能区块的论断，略说了五大区块的基本拓扑联系。提出了智慧与智能具有本质差异的论断，并据此提出了智商需要进行相应区分的建议。

本章基于世界知识的视野，采取了“意志即智力之母”的基本思考，从而把“自由意志”的繁多哲学论述一律纳入专家知识而不予理会。

本章的带编号（包括特殊编号）概念关联式比较多，希望它们都有助于大脑实验研究的形而上思考。

第二章

禀赋 722

引　言

传统中华文明讲究德才兼备，“德才兼备”是传统中华文明特别钟爱的命题，既含有德居于第一位、才居于第二位的理念，也含有德之辨认远难于才的思考。但是，才的实际作用毕竟远大于德，因此，HNC 将才纳入能动性 721，而将德纳入禀赋 722。

禀赋 722、能动性 721 与“意志”720 这三个概念群也可简称德、才、志。三者各占有自己的特定大脑区块吗？在笔者看来，这不言而喻。不仅如此，其内部的各株概念树也必然拥有各自的区块。

这里略说一下三者的发育特征和文明依赖性，如表 2-2 所示。

表 2-2　三者的发育特征和文明依赖性

概念群名称	发育特征	文明依赖性
志 720	“三十而立”	弱
才 721	“四十而不惑”	中
德 722	童年奠定	强

禀赋（德）722 的概念树设计将仿效能动性 721（才）的做法，一“共”两“殊”。其汉语表述如下：

7220　禀赋之基本内涵
7221　性格
7222　素质

第 0 节
禀赋之基本内涵 7220 (068)

引言

禀赋 722 之基本内涵 7220 构成伦理学的基本课题，伦理学是神学与哲学共同关心的课题，又是社会学的核心课题。几千年来，探讨伦理学的著名专著数以百计。在西方文明里，亚里士多德的《尼各马可伦理学》是伦理学的第一部名著，那么，中华文明出现过可与该名著比肩的专著吗？答案是肯定的，那就是孔夫子的《论语》。

伦理学的话题，前面已有三处论及。第一处在“态度 711”章的引言里，指出了东方与西方伦理学的出发点和思考路径有所不同；第二处在该章的“1.0.1–2.3”分节里，指出“伦理学实质上就是关于态度丛林法则的哲学思考”，并说《论语》和《孟子》“代表着伦理学的最高智慧”；第三处在“愿望 712”章的后记里，指出愿望 712 的“三位（期望、实践与情结）一体”式结构是伦理学的主体构成。本节是以上论述的继续，涉及伦理的指导原则。

在上述三处论述中，两次提到了尼采先生和鲁迅先生，指出尼采先生是浪漫理性最伟大的勇士，而鲁迅先生是尼采先生最杰出的学生之一。由于本节要论述伦理的指导原则，不得不重复一下关于尼采先生和鲁迅先生的基本定位。笔者知道：这个做法一定会遭到强烈的指责，但鲁迅先生确实把中华文明的伦理指导原则概括成两个字，叫“吃人”，中国传统文化的千年伦理就是吃人伦理。这确实是极为高明的概括，其颠覆威力可谓无与伦比，吴虞先生受此启发，及时提出了“打倒孔家店”（注：“倒”字是随后修辞技巧的添加，但这是细节）的响亮口号，陈独秀先生立马打出了一个文化史上最漂亮的“全垒打”，使这一口号响遍全国，所向披靡，势不可当。最近有一位名人说，“打倒孔家店是对的，但不要打倒孔子”，多么聪明的怪论！中华文明即使在宋明以后也并非只允许一家文化店铺营业，诚然，明及以后的科举制度确实造成了“只此一家，别无分店”的态势，把这独家老店叫做孔家店也符合历史真实。但是，这家老店的垄断地位在 1905 年就寿终正寝了，1908 年还公布了试行宪政的时间表。1919 年并没有什么像样的社会势力企图复辟孔家店，文化开放已蔚然成风，形成了势不可当的历史潮流。中华文明从来不排斥其他文明，这正是儒家伦理学的基点之一（下文即将谈到），清王朝丝毫没有改变中华文明的这一优良传统。当时的政治、经济、文化大局既可以说完全不需要“打倒孔家店”，**但又可以说必须首先“打倒孔家店”**，因为只有这样，才能使“一张白纸，好写最新最美的图画”的主张赢得绝对话语权。中华文明在“五四运动”后进入了绝对话语权的建立过程，中华文明在这一过程中经受了一场其他尚存于工业时代的各种古老文明都未曾经历过的独特洗礼——漂白清洗。现在的中国是经受过多次漂白清洗后的中国，对这一点没有足够的认识，就谈不上对现代中国有基本的理解。说到这里，有必要引用一下“亲情 7112”节结束语里的一段话，现拷贝如下：

> 希腊文明的伦理基础是法治，中华文明的伦理基础是“仁”。由法治走向民主制度（平等、自由、人权）具有顺产性，由“仁”走向民主制度则具有难产性。从这个视野来看，“五四”先驱们提出“打倒孔家店”的革命口号是符合浪漫理性基本原则的。“打倒”是浪漫理性特别钟爱的休克疗方，但这个疗方的局限性和消极效应不容忽视。工业时代的所有非经典文明国家都曾处于危急存亡之秋，只有两个国家幸免于难，那就是俄罗斯和日本，为什么？一个最简明的答案就是：这两个国家都坚决拒绝了浪漫理性的休克疗方，而采用了“集权+现代实业”的功利理性疗方。

这段话体现了一种反思式辩护（将简称“反辩”），既有对集权制度的“反辩”，又有对《论语》的“反辩”。前者将在本卷第三编里作进一步的论述，而后者则集中在本节里。其辩护词十分简明，那就是**《论语》对禀赋基本内涵 7220 给出了作用效应链的全面阐释**。在《论语》里，孔夫子凝练出“仁”的概念用于禀赋基本内涵之作用效应侧面的正面表述；凝练出“学”的概念用于禀赋基本内涵之过程转移侧面的正面表述；凝练出“义”的概念用于禀赋基本内涵之关系状态侧面的正面表述。这是西方伦理学迄今未曾达到的高度。

以上就是禀赋基本内涵 7220 概念延伸结构表示式设计的基本依据。

2.0-0 禀赋基本内涵 7220 的概念延伸结构表示式

7220:(β;βe5n;9e55:(c01;d01),9e56d01,)

7220β	禀赋基本内涵之作用效应链表现
72209	禀赋基本内涵之作用效应表现
72209e5n	禀赋作用效应表现的认识论描述（禀赋作用表现）
72209e55	仁
72209e56	霸
72209e57	双赢
7220a	禀赋基本内涵之过程转移表现
7220ae5n	禀赋过程转移表现的认识论描述（禀赋转移表现）
7220ae55	学（开放）
7220ae56	故步自封
7220ae57	（未名）
7220b	禀赋基本内涵之关系状态表现
7220be5n	禀赋关系状态表现的认识论描述（禀赋关系表现）
7220be55	义
7220be56	唯利是图
7220be57	（未名）

禀赋基本内涵 7220 只设置了单项一级延伸概念 7220β，定名为禀赋基本内涵的作用效应链表现。该表示式及其汉语说明试图表达的世界知识是：人性的基本内容是人的

禀赋，禀赋是意志最稳定的部分，它主要取决于先天因素，大脑皮层里应该存在禀赋小区块（参看本编第一篇心情 710 章的 0.3.1 小节）。人之异于禽兽在于人的禀赋，人的个性差异取决于禀赋，因此，禀赋的基本内涵 7220 如果没有作用效应链的全面呈现是不可思议的，延伸概念 7220β 的设置乃 HNC 思考的必然之选。这里的延伸符号β涉及一项特殊的符号约定，该约定也简称“β延伸”，在《全书》第三卷里有专门论述。

2.0-1 禀赋作用效应链 7220β 的世界知识

在西方伦理学的专著中，没有不论述幸福与自由的，也没有不论述道德与正义的，这四者是西方伦理学的纲，从柏拉图到约翰·罗尔斯（《正义论》作者），这个纲是“一以贯之”的，即使是斯多葛学派和所谓的犬儒学派也没有跳出这个窠臼。但孔夫子独树一帜，《论语》讨论的中心话题不是幸福与自由，甚至也不是道德与正义，而是“仁、学、义”，后来孟子以“仁义”替换了“仁、学、义”，这一替换符合修辞原则，但孔夫子很可能非常不赞同。下面就从这一点说起。

《论语》以仁义为纲的伦理学阐释不仅有孟子的系统论述，还有韩愈先生的“博爱之谓仁，行而宜之之谓义，由是而之焉之谓道，足乎己无待于外之谓德。仁与义为定名，道与德为虚位”的著名概括，李幼蒸先生近年写的《仁学解释学》也支持这一论述。“学”在这些论述里都没有获得其应有的地位，过去曾有“仁义礼智（知）信”的概括，也没有“学”。所以这里将重点为“学”的地位辩护。

首先应给出一个重要的事实，《论语》全书的话题总计 503 个（此为池毓焕博士的统计），其中“仁”占 48 个，而“学”竟然高达 38 个，这可能出乎很多人的意料。请记住：《论语》里频度极高的词不仅有“仁、礼、君子、小人、孝、知、信”，还有一个“学”。

孔夫子为什么那么重视“学”呢？“学”有资格与“仁义”比肩，成为禀赋基本内涵 7220 的主体角色之一吗？对此的简明回答是：“无学即无仁义”，这是孔夫子对“学”的独到思考，这一独到思考就是黑格尔先生酷爱的思辨。因此，孔夫子对“学”的论述不包括生理层次的“学”，仅包括康德意义下的知性与理性层次的“学”，这是需要说明的。

《论语》的文学风格按当代标准显得杂乱无章，但实际上存在着严密的内在逻辑性，孔夫子本人对“学”的哲学论述都集中于《论语》的前半部就是明证之一。下面将这些论述的要点集中摘录如下。其中特别富于哲理的话用黑体，括号内给出一个简要的现代汉语说明。

“**无友不如己者**，过则勿惮改。”（学者襟怀）

“敏于事而慎于言，就有道而正焉，可谓好学也已。”（学风）

“**知之为知之，不知为不知，是知也**。”（求真）

“敏而好学，不耻下问，是以谓之文也。”（学者风格）

“**三人行，必有我师焉**。择其善者而从之，其不善者而改之。”（学者襟怀与风格）

“盖有**不知而作之者，我无是也**。多闻择其善者而从之，多见而识之，**知之次也**。”（务实）

“吾有知乎哉？无知也。有鄙夫问于我，空空如也，我叩其两端而竭焉。”（识伪）

“法，语之言，能无从乎？改之为贵。巽，与之言，能无说乎？绎之为贵。说而不降，从而不改，吾末如之何也已矣。”（实践、继承、发展）

“后生可畏，焉知来者之不如今也。”（发展）

子谓颜渊，曰：“惜乎，吾见其进也，未见其止也。”（学无止境）

曾子曰：“以能问于不能，以多问于寡；有若无，实若虚，犯而不校，昔者吾友尝从事于斯矣。”（学者境界）

上面选用了 11 条《论语》语录，就《全书》而言，这不仅是“绝无仅有”，而且还完全违背了笔者的预定论述方式。出此下策是由于笔者确实为当前的孔子“新”形象——灰色衣冠[*01]失意官，忍气吞声丧家犬——所震撼。引这么多语录是为了表明：不要以为现代人就一定比古人高明，更不要以为西方经典文明就一定比中华传统文明高明，这要看什么学科。就伦理学来说，“仁、学、义”的伦理构架与西方伦理学存在本质差异，这本质差异很值得研究，不宜轻言孰优孰劣。

上引语录关于学者襟怀、风格与境界的论述是孔子伦理学的重要组成部分，而这正是西方伦理学所缺乏的。这导致西方文明越来越钟爱“主义”，而依据孔夫子的思想，这种“钟爱”是缺乏学者境界的表现，不一定是什么好东西。能不能说：西方文明是一种缺乏学术境界的文明呢？要不要发问：当前经典文明世界普遍存在的傲慢心态同这种文明基因的欠缺存在某种关联呢？

黑格尔说过：孔子根本不懂思辨，最近有人大力跟进，说孔子是“脑残”。但我们从上列语录看到，孔夫子不仅重视求真与识伪，而且善于此道。“空空如也，我叩其两端而竭焉”就是十分高明的思辨。黑格尔有这种功力吗？这可能是一个很有意义的训诂学课题。

孔子伦理学最高明的地方是把“学”与“仁义”融为一体，反复申述了“无学即无仁义”的论断，仁义必须在“学而时习之”的动态实践过程中才能逐步形成，从而走向更高的禀赋境界。这是《论语》一以贯之的基本思考，是孔子先验理性的展现；另外，孔子也有经验理性的杰出展现，具体表现为以下两点：第一，把仁义与道德区别开来，韩愈先生对此给出了最简明的阐释（见前面的引文），第二，把仁与义区别开来。仁对应于作用与效应，它必须考虑层次与等级的区分；义对应于关系与状态，它可以淡化层次与等级的区分。用现代话语来说，仁主要是对社会精英的道德要求，义主要是对社会大众的道德要求，仁高于义。请允许笔者重复一遍，“仁、学、义”的三位一体架构和“仁义”的功能区分是孔子伦理学的独特思考，至于它是否比西方先哲的伦理学说更为高明，让训诂学去论证吧。让沐浴在后工业时代曙光里的六个世界都来进行思考吧。因为大家都面临着“后工业时代危机”的严峻考验，第一世界又提不出应对这一时代危机的济世良方，那么，孔子伦理学里是否存在新时代济世良方的启示性知识呢？这很值得探讨。

由于孔子的伦理学思考与 HNC 理论的作用效应链思考可谓不谋而合，所以，禀赋基本内涵 7220 的一级延伸概念就唯一采用了“仁学义”架构。这里顺便说一句，HNC 理论的创立过程曾经历过 10 年的中断期，前期终结时，笔者只领悟到：老聃的“道、大、逝、远、反”说与作用效应链思考不谋而合，因此，《HNC 理论》的参考书目引了《老子》，但没有引《论语》，许嘉璐先生对此举深不以为然，许先生是正确的。

“仁学义”必然存在相应的辩证表现，其 HNC 映射符号是显而易见的，那就是应该使用概念的主流辩证表现“e5n”，而不是经典辩证表现“m//n”。对应的汉语说明存在一些空白（未名），孔夫子也没有都给出合适的词语，估计英语的情况也差不多吧。

2.0-1 禀赋作用表现 72209e5n 的世界知识

前面说到：李幼蒸先生把儒学概括为仁学，这是值得称赞的。在《对话》里，笔者也曾表达过类似的意思，那就是“仁者，礼之形而上；礼者，仁之形而下”的论断。仁是一种理念，是值得大力向全球宣讲的理念。幼蒸先生把“仁”直接英译为 Ren，这就比辜鸿铭先生“moral life”的翻译高明多了，遍布全球的孔子学院应高举 Ren 的旗帜。

仁的世界知识主要体现在下列概念关联式里：

(72209e55,jl00e22,a0099t)
（仁无关于“三争”）
(72209~e55,jl00e21,a0099t)
（非仁相关于三争）
(72209e55,jl000,d10d01)　(1)
（仁近似于最高理念）
72209e55=>a103　(2)
（仁强源式关联于政策）
72209e55=>7302　(3)
（仁强源式关联于意志行为）
72209e55≡72228e71　(4)
（仁强关联于君子）
72209e55=a00e45d21　(5)
（仁强交式关联于干部）

上列概念关联式有的给了临时编号，有的连临时编号都没有给。从笔者的愿望来说，巴不得给它们的每一个都加上正式编号甚至特殊编号，因为，它们里面存在着后工业时代济世良方的启示性知识。但是笔者不能这样做，因为那等于无视当今的地球村存在六个世界这一现实，也等于无视仁在当今的中国社会早已荡然无存的现实。所以，下面只对这些概念关联式说一点个人领会。

——关于仁：

仁 72209e55 设置了延伸概念 72209e55c01 和 72209e55d01。孔夫子对前者的明确表述是：“己所不欲，勿施于人。”对后者的明确表述是：“己欲立而立人，己欲达而达人。”两延伸概念的映射符号表明：前者乃仁的最低标准，后者乃仁的最高标准。值得指出的是：这两点《论语》皆重复一次，是整篇《论语》的罕见例外。这似乎表明该符号设计比较符合孔夫子的原意。仁是 72209e55d01 和 d10d01 的汉语直系词语，英语取 Ren。

——关于“杀身成仁”：

其全文是：“志士仁人，无求生以害人，有杀生以成仁。”中国历史上出现过无数“杀身成仁”的志士仁人，他们是中华文明的骄傲。抗日战争期间出现过许多杀身成仁的国军高级将领，其中最著名的有张自忠将军和戴安澜将军，我们不应该忘记他们。“杀身成仁”的崇高文化内涵是绝对不应该被打上封建烙印的，可是我们确实做过这样的荒唐事，曾过度热衷于“不自由，毋宁死”和“生命诚可贵，爱情价更高，若为自由故，二者皆可抛”等西式表述（观念）的宣扬，并把它们抬捧到“清除腐朽儒家观念之有效消毒剂”的高度。因此，笔者建议 HNC 概念知识库作下面的捆绑：

72209e55	仁
72209e55c01	己所不欲，勿施于人
72209e55d01	己欲立而立人，己欲达而达人
v72209e55d01	杀身成仁
p72209e55d01	志士仁人
d10d01	天下为公+大公无私+共产主义
d11\1d01	“不自由，毋宁死”
d13\1d01	“生命诚可贵，爱情价更高，若为自由故，二者皆可抛”

——关于“大公无私”和概念关联式(1)

“天下为公”是最崇高的命题，又是最浪漫的命题，故理想主义者沉醉于斯；是最聪明的命题，又是最虚伪的命题，故自由主义者耿耿于斯；是号召力最强的命题，又是忽悠力最大的命题，故政治家钟情于斯。

“天下为公”是浪漫理性的产物，孔夫子的仁近似于 jl000 它，但不等同于 jl001 它，这就是概念关联式(1)希望传达的世界知识。

——关于概念关联式(2)

孔夫子曾为实践该关联式而周游列国，柏拉图也有过类似的壮举，但仅限于西西里那一小块殖民地。古今中外，还没有一个国家的政府曾经实践过概念关联式(2)，他们实际采用的都是下面的概念关联式：

(a0099t=>a103,l54\5e22,pj1*bc35)
（在后工业时代成熟期之前，权、利、名的三争强源式关联于政策）

但是，后工业时代的阳光将逐步赋予概念关联式(2)以强大生命力。人们终将认识到：在后工业时代，任何每一个国家都不可能赢得可以独善其身的权、利、名追求，无论它多么强大。双赢的概念是一个不错的过渡，但不能替代“己欲立而立人，己欲达而达人”的伟大表述。认定孔夫子是“丧家犬”或“失意官员”的人们当然会讥笑概念关联式(2)，讥笑者的智能一定是很高的，但其智慧则是笔者不敢恭维的。

其他的概念关联式这里就不说了，后文或许会有所呼应。

最后，给出延伸概念 72209e5n 的下列捆绑词语：

r72209e55	王道
r72209e56	霸道
r72209e56d01	极权

2.0-2 禀赋转移表现 7220ae5n 的世界知识

禀赋转移表现 7220ae5n 的汉语说明拷贝如下：

7220ae5n	禀赋转移表现
7220ae55	学（开放）
7220ae56	故步自封
7220ae57	（未名）

前面我们强调了儒家伦理学的“仁学义”三位一体特征，给出了“无学即无仁义”的论断，因此，儒学必然具有开放的特征。开放不应该只是社会的基本特征，也应该是人之禀赋的基本特征。没有人之禀赋的开放（孔夫子使用的词语是“好学”），没有“三人行，必有我师焉”的襟怀与风格，没有“有容乃大”的智慧，开放社会的理念只能是空中楼阁。开放社会的基本特征不是“主义”之间的竞争与恶斗，而是“主义”之间的相互取长补短。本编上一篇的前言，曾有对《开放社会及其敌人》和波普尔先生有不敬之词，答案就在这里了。

最近有人提出：“打倒孔家店”是一个历史的误会，笔者深表赞同。

禀赋转移表现 7220ae5n 最重要世界知识是：

(7220ae55,jl111,(sg35e21,100*30a,7220~a)) ——（7220-0-1）
（学是实现仁义的必要条件）

请注意：这个概念关联式被赋予了特殊编号概念。最近奥巴马先生首访欧洲的时候，说了“我是来倾听的”的话语，这出自一位美国新任总统之口，给了全球一种新鲜的感觉。希拉里国务卿首访亚洲的时候，多次用了“同舟共济”的汉语成语。这都是后工业时代曙光的标记，但是，如果两位还引用一下“三人行，必有我师焉”，那就更妙了，这正是（7220-0-1）所要传达的世界知识。

2.0-3 禀赋关系表现 7220be5n 的世界知识

禀赋关系表现 7220be5n 的汉语说明拷贝如下：

7220be5n	禀赋关系表现
7220be55	义
7220be56	唯利是图
7220be57	（未名）

上文引用了韩愈先生对义 7220be55 的阐释，这一阐释与亚当·斯密先生的基本思考完全不谋而合（见《道德情操论》）。亚当·斯密先生用了几章的篇幅对此作了详尽的论述，但在笔者看来，退之先生的七个字——“行而宜之之谓义”——在语义上可以替代斯密先生的几章，在语用价值上甚至有所超越，这就是文言文的魅力。

文言文便于背诵，并容易形成终生不忘的效果，这是任何文体所望尘莫及的。当然文言文本身也有各种的形态，那佶屈聱牙的形态、一些过于骈丽的形态、八股规范，都是不可取的，但是，由《论语》、《左传》和《史记》所奠基的基本形态完全没有上述弊病，是极为宝贵的文学与美学遗产，为什么一定要予以废除呢？

禀赋关系表现7220be5n具有下列带编号的概念关联式：

(7220be5n,j100e21,a0099t)——(7220-2)
（禀赋关系表现有关于三争）
7220be5n≡72228e7m——(7220-3)
（禀赋关系表现强关联于人的基本气质）
7220be5n=>7301e5n——(7220-4)
（禀赋关系表现强源式关联于心理行为的辩证表现）

前面曾给出了两个与（7220-2）有对应关系的概念关联式，但两者连临时编号都没有给。因为，能够理解那两个关联式的只有那位笔者在《对话》中描述的老者。当然，李幼蒸先生或许也能理解，但他的《仁学解释学》太技术化了，不可能起到“挽狂澜于既倒”的作用。李先生发明的Ren也不可能在第一世界引起共鸣，因为人家根本不存在这一理解基因。

但是，任何文明都存在（7220-m）的理解基因。（7220-2）是丛林法则的HNC描述，（7220-3）是基本人性的HNC描述，（7220-4）是基本行为的HNC描述。HNC描述者，语言概念空间描述之谓也，世界知识描述之谓也。在《全书》基本结稿时，笔者有可能以（7220-m）为纲写一本中华传统文明的通俗读物，阿门！

注释

[*01] 参看《于丹论语心得》的序言。

第1节 性格7221(069)

引言

欧洲文明的星相术和中华文明的“相面”术与“算命”术都对性格有十分精彩的描述，现代心理学更有大量的研究。本篇引言在论及“脑谜3号”时曾说到：“71、72是完全不可直接观察的，8的运作过程也是不可直接观察的，可直接观察的只是73。”“相面”术高人一定对这一论断嗤之以鼻。笔者多次听过甚至是亲身经受过“神看”与“神算”的奇迹，《史记》和《汉书》里的大量“神看”记录恐怕也不能全部扔进迷信的垃圾箱。但这些不会给HNC带来困扰，因为HNC仅面向世界知识。因此，笔者并不打算修改上面的论断，但不否认可能存在“神看”与“神算”的专家知识。这里，肯定有江湖骗子，但一概斥之为“伪科学”是轻率的，不符合孔夫子的“知之为知之，不知为不知”的求真原则。

对于丰富多彩的性格展现，HNC将仅从作用效应链的视野加以梳理。

2.1-0 性格7221的概念延伸结构表示式

```
7221:(β;9e6m,ae2m,b:(e7n,e2m);ae21e4m,be7ne1n,be2m\k=2)
  7221β                          性格的作用效应链表现
  72219                          性格的作用效应表现
     72219e6m                      性格作用表现的认识论描述
                                   （性格作用表现）
     72219e60                      太极
     72219e61                      柔
     72219e62                      刚
     72219e63                      犟
  7221a                          性格的过程转移表现
     7221ae2m                      性格转移表现的一级认识论描述
       7221ae2me4m                   性格信息反应
       7221ae2me41                   信任
       7221ae2me42                   多疑
       7221ae2me43                   轻信
  7221b                          性格的关系状态表现
     7221be7n                      性格关系表现的认识论描述
                                   （性格关系表现）
     7221be75                      温和
     7221be76                      暴烈
     7221be77                      凶残
     7221be2m                      性格状态表现的认识论描述
                                   （性格状态表现）
     7221be21                      “灵活”
       7221be21\k=2                  “灵活”的第二本体描述
       7221be21\1                    “生活”“灵活”
       7221be21\2                    劳动“灵活”
     7221be22                      “呆板”
       7221be22\k=2                  “呆板”的第二本体描述
       7221be22\1                    “生活”“呆板”
       7221be22\2                    劳动“呆板”
```

2.1 性格作用效应链表现7221β综述

对性格作用效应链表现7221β的概念延伸结构表示式，需要作下列简要说明。

第一，性格的作用效应表现72219，汉语有非常精到的表述词语，那就是与72219e6m对应的“太极、柔、刚、犟”，其中的“太极”尤为精当。《现汉》没有收录这个词条，只收录了“太极拳”，这虽然可以理解，但毕竟是一个小瑕疵。但是，这个最精当的汉语说明词语却不能选作72219e60的汉语直系捆绑词语，这是需要特别注意的。比较贴切的捆绑词语是“刚柔相济”、“柔中有刚”和“绵里藏针”等。72219e61对应于柔、72219e62对应于刚的排序不必深究，就当做是约定吧。老聃对刚柔之道有许多独到的论述，那属于专家知识。但是，通过符号72219e6m里的“e6m”却传达了下述世界知识，单纯的“柔、刚、犟”都不是好性格，“太极”才是最好的。而这一重要世界知识使用经典辩证性符号“m//n”是无法表达的。

第二，性格的过程转移表现7221a集中描述信息与性格的源流关系，其终极表现就是符号7221ae2me4m所对应的“信任、多疑与轻信”。把性格的这一侧面定名为“性格转移表现”似乎匪夷所思，必为专家所不齿。然而，它揭示了这样一个知识要点：“信任、多疑与轻信”密切联系于信息与主体之间的互动过程，这一揭示是通过符号7221ae2me4m里的“ae2me4m”来完成的，这正是所谓世界知识的特色。至于互动的“why”与“how”的问题，它是不管的，那属于专家知识。

第三，性格的关系状态表现7221b使用了两组延伸概念7221be7n和7221be2m，前者定名为性格关系表现，这里使用的符号“e7n”和对应的汉语说明“温和、暴烈与凶残”都十分传神。后者定名为性格（的）状态表现，这没有匪夷所思的弊病。但其分别说的定名就不那么到位了，所以都加了引号。

性格状态表现7221be2m具有非常丰富的内涵，这个延伸概念可以作为性格7221的“不管部”看待，但是，这个不管部似乎只需要设置一项并列延伸概念7221be2m\k=2就足以完成其“不管部”的使命。

2.1-1 性格作用表现72219e6m的世界知识

性格作用表现具有下列基本概念关联式：

(72219e6m,jl00e21,(r00,147,731))——(7221,00)
（性格作用表现关乎人之言行的作用）
72219e60=>71000——(7221,01)
（太极性格强源式关联于幽默）
72219~e60=>7100~0——(7221,02)
（柔、刚、犟强源式关联于悲喜感受）
72219e62=>(527100)t——(7221,03)
（刚强源式关联于愤怒与气愤）
72219e61=>7101e07——(7221,04)
（柔强源式关联于顺从）
72219e62=>7101~e07——(7221,05)
（刚强源式关联于攻击与反抗）
72219e61=>(7110aa+7110a~e47)——(7221,06)
（柔强源式关联于忍受、谦让与超脱）
72219e62=>(7110a9+7110ae47)——(7221,07)
（刚强源式关联于强梁与争夺）
72219e61=7110a1——(7221,08)
（柔强交式关联于态度观念因素的尊重）

72219e62=7110a2——（7221,09）
（刚强交式关联于态度观念因素的歧视）
72219e61=>7110be71——（7221,10）
（柔强源式关联于态度情感因素的“宽恕”）
72219e62=>7110b~e71——（7221,11）
（刚强源式关联于态度情感因素“责怪”与“埋怨”）
72219e61=7110\1e71——（7221,12）
（柔强交式关联于态度素质表现的谦虚）
72219e62=7110\1~e71——（7221,13）
（刚强交式关联于态度素质表现的傲慢与小人得志）
72219e61=7110\3e42——（7221,14）
（柔强交式关联于态度关系表现的卑）
72219e62=>7110\3e43——（7221,15）
（刚强源式关联于态度关系表现的亢）
72219e60=>7110\3e41——（7221,16）
（太极强源式关联于态度关系表现不卑不亢）
72219e61=>7112ea1a——（7221,17）
（柔强源式关联于上位亲情表现的慈）
72219e62=>7112ea19——（7221,18）
（刚强源式关联于上位亲情表现的严）
72219e62=^(7133\2e52)——（7221,19）
（刚强交式关联于第二内因情感的自是）
72219e61=7201b——（7221,20）
（柔强交式关联于常态意志的适应与调整）
72219e62=7201a——（7221,21）
（刚强交式关联于常态意志的坚持与毅力）
72219e60≡7202e75——（7221,22）
（太极性格强关联于异态意志的坚定）

对一项延伸概念（理解基因）赋予这么多的概念关联式，这是《全书》撰写以来的第一次，也将是最后一次。这丝毫不意味着性格作用表现72219e6m具有某种“特权”，而是试图粗略描绘一下语言概念空间的基本景象，那就是各延伸概念（理解基因）之间存在着一些基础关联性，而我们可以对这些关联性给出无遗漏的描述，把握这些基础概念关联性是交互引擎之有资格被称为思维引擎的唯一必要条件，而HNC的[HNC-1]为这些基础关联性的无遗漏描述提供了保障或保证。上列概念关联式系列只是试图表明：该无遗漏描述已不存在“蜀道难”的困惑，而各种“语法+西式逻辑”的思路和近年比较热门的“词语本体”之类的思路能摆脱“蜀道难”的困惑吗？请读者思考。笔者也不打算对上列概念关联式逐一或分组加以论述，那是交互引擎工程“四棒接力智慧”第二棒的使命。孔夫子说过：“不愤不启，不悱不发”，笔者曾对此有过动摇，如今则打算要至死不渝了。

上面的概念关联式赋予了（7221,mn）形态的编号，这没有任何别的意义，只是为了《全书》第三卷引述的便利。

2.1-2 性格信息表现 7221ae2me4m 的世界知识

每一个人的生活或整个社会的生活可以简化为物质与精神两个基本侧面，从主体（主观世界）和客体（客观世界）的相互关系来看，不过就是物与信息的输入与输出，而信息的入出远比物的入出更为重要。每一个人的性格都深深承载着其个人信息输入与输出的烙印。在一个谎言浓雾或尔虞我诈信息环境中成长起来的人不太可能具有诚信的品格。传统中华文明极度重视诚信，但诚信这个词语连进入《现汉》的资格都曾经被取消了，如果有人说：这是浪漫理性和功利理性在中华大地 90 年泛滥的一片知秋之叶；如果有人说：现在最应该提倡的是“以诚信为荣，以欺骗为耻”、“以真话为荣，以假话为耻”的传统荣辱观，你确实不宜遽而奋起反击。

诚信将设置在概念树“素质 7222”里，本分节只讨论性格信息表现 7221ae2me4m 的世界知识。对输入或收到的信息要采取分析的态度，轻信或多疑都不是正确的反应或态度，但浪漫理性对两者都极度酷爱，作家更热衷于塑造轻信和多疑的艺术形象，汉语里有大量关于 7221ae2me4m 的箴言，如“宁可信其有，不可信其无”、“疑人勿用，用人勿疑”等。这些都是比较重要的世界知识，要把它们直接纳入 7221ae2me4m 的概念关联式吗？这留给后来者决定。本分节只给出两个概念关联式：

```
7221ae2me4m<=(r6521a,147,10bc31)
（性格信息表现强流式关联于个人成长期的信息环境）
7221ae2me4m=902e6n——（7221-1）
（性格信息表现强交式关联于第二类理性判断的反应）
```

请注意：这个带编号的概念关联式是不对称的，它揭示了判断与性格之间的独特关联性。

2.1-3 性格关系表现 7221be7n 的世界知识

性格关系表现 7221be7n 同性格信息表现 7221ae2me4m 一样，其符号表示本身带有十分传神的信息，似乎不必多加解释，其实情况非常复杂。这里请允许笔者再说几句招人讨厌的话，传统中华文明崇尚“温良恭俭让”，这五个字可以作为整体直接捆绑于 7221be75，它优于经典文明世界的对应词语“gentleman”，因为它不存在性别歧视。但是，无论是“温良恭俭让”还是“gentleman”都不受崇尚了，两者在中国内地更是名声扫地。另外，暴烈与凶残的性格表现则似乎备受同情甚至赞美。而“温良恭俭让”表现往往被讥为“冤大头”、“烂好人”、“傻帽”之类，这种对同一种表现的褒贬描述将约定以 ekoe1n 符号表示，其中的“e1n”将定名为正说与反说，“e15”对应于正说，“e16”对应于反说。对积极“eko”正说为正确的褒；对消极“eko”正说为错误的褒；对消极“eko”反说为正确的贬，对积极“eko”反说为错误的贬。这就是说，褒贬本身有正确与错误之分，这一区分当然十分复杂，其正确与错误的标准密切联系于对第三类精神生活的描述与理解，特别是其中的立场 d31 与价值观 d32。笔者之所以对当今地球村划分出六个世界，主要就是基于这六个世界在第三类精神生活方面存在着深刻差异。这是所谓文明冲突的基础性根源，而亨廷顿先生对此的认识似乎忽略了这绝对不宜忽视的要点。

《全书》的许多论述带有传统中华文明的视野，笔者在撰写过程中，不断提醒自己：要力求减少这一视野的局限性，其重要措施之一就是尽量少用 ekoe1n 的符号表示。性格关系表现 7221be7n 的延伸概念 7221be7ne1n 是第一次使用。

性格关系表现 7221be7n 具有下面的带标号概念关联式：

7221be75=72219e61——（7221-2）
（温和强交式关联于性格作用表现的柔）
7221b~e75=72219e62——（7221-3）
（暴烈与凶残强交式关联于性格作用表现的刚）

2.1-4 性格状态表现 7221be2m 综述

本分节先将性格状态表现 7221be2m 的基本描述拷贝如下：

7221be2m	性格状态表现的认识论描述（性格状态表现）
7221be21	“灵活”
7221be21\k=2	“灵活”的第二本体描述
7221be21\1	“生活”“灵活”
7221be21\2	劳动“灵活”
7221be22	“呆板”
7221be22\k=2	“呆板”的第二本体描述
7221be22\1	“生活”“呆板”
7221be22\2	劳动“呆板”

性格状态表现 7221be2m 的两种基本形态，笔者实在想不出合适的汉语表述词语，暂以带引号的灵活与呆板代之。

性格状态表现具有下列概念关联式：

7221be2m\1:=50a9
（生活性格对应于“生活”）
7221be2m\2:=50aa
（劳动性格对应于劳动）

性格状态表现 7221be2m 的奇妙之处在于：生活性格与劳动性格可以一致，也可以相反。例如，康德的生活性格极为“呆板”，但其劳动性格却极为“灵活”，而国学大师黄侃先生恰与康德相反。

性格状态表现是否需要做 7221be2me4m 的延伸呢？笔者没有把握，这个难题就留给后来者吧。

结 束 语

本节给出了两项示范性描述：一是关于作用效应链或概念延伸符号“β”的运用，这是它的第二次运用，用于性格 7221 的梳理性描述，前一次（上节）用于禀赋基本内涵 7220 的梳理性描述，两次都展示了这种梳理方式的透彻性魅力；二是在第一分节给出了概念关联性无遗漏描述的示例，展示了从语言概念空间俯瞰联想逻辑的千里眼魅力。“王婆卖瓜”的丑态太显眼了，就此打住吧。

第 2 节
素质 7222 (070)

引言

素质曾长期用于概念群 722 的汉语命名，2005 年，笔者决定以《全书》替换《手册》的撰写计划之后，才将禀赋升格为概念群 722 的定名，而将素质降格为概念树 7222 的定名。

前两节我们看到：禀赋基本内涵 7220 和性格 7221 的概念延伸结构表示式采用了同样的一级表示，那就是单项 β 表示。素质 7222 是禀赋 722 最稳定的部分，它不需要考虑作用效应链的各个环节，专注于状态这一个环节就足够了，这就是素质 7222 概念延伸结构表示式设计的基本指导原则。

2.2-0 素质 7222 的概念延伸结构表示式

7222:(α=b;8e7m,9e2n,a:(e5n,e2n),b:(c01,d01);^(ybc01),)

7222α=b	素质的基本内涵
72228	素质主体（气质）
72229	襟怀
7222a	品格
7222b	节操

素质 7222 的概念延伸结构表示式也采用单项一级延伸，这里只给出子概念（一级延伸概念）的汉语说明。这是由于某些极为重要的孙概念为汉语所特有，经典文明世界很难理解这些概念。把这些孙概念直接在概念延伸结构表示式的语言说明里写出来无异于放了一记闷棍，所以笔者决定把全部孙概念都转移到分节里进行说明。

2.2 素质基本内涵 7222α=b 的世界知识

素质教育是当代中国教育界的热门话题之一，但素质应该包含哪些基本内容？本节提供了一个世界知识视野的答案，那就是素质主体 72228、襟怀 72229、品格 7222a 和节操 7222b 这四个侧面。这四个侧面构成扩展交织延伸 7222α=b，其中的根概念 72228 按约定的汉语表达应为素质主体，也将简称气质。

素质 7222 与性格 7221 的本质差异在于可塑性，素质的可塑性大于性格。这一世界知识十分重要，将以下面的带编号概念关联式

((zr52\2,147,7222),jl00e52,(zr52\2,147,7221))——(722-0)

予以表达。请注意：以 722 牵头的带编号概念关联式，这将是唯一的一个。

前文反复提到的君子与小人的概念将设置在这个根概念 72228（气质）里。若有人对这一设置“嗤之以鼻”，那也许是最温和的反应。对此，笔者只好抱歉地说一声：对不起，我顾不得那么多了。

2.2-1 气质 72228 综述

气质 72228 仅设置单项延伸概念 72228e7m，其汉语说明如下：

72228e7m	气质基本描述
72228e71	君子
72228e72	小人
72228e73	俗人

对气质基本形态 72228e7m，可像对性格作用表现 72219e6m 那样，写出一组无遗漏性的概念关联式，但本分节将不这么做，而采取突出重点的表示方式。

72228e71:=7220βe55——(7222-1a)
（君子对应于禀赋基本内涵的积极要素——仁、学、义）
72228e72:=7220be56——(7222-1b)
（小人对应于禀赋基本内涵的见利忘义）
(72228e71,jl00e22,7122(t)e47)——(7222-2a)
（君子无关于过度三争）
(72228e72,jl00e21,7122(t)e47)——(7222-2b)
（小人有关于过度三争）
72228e71=7110be72e25——(7222-3a)
（君子强交式关联于自省）
72228e72=7110be71e26——(7222-3b)
（小人强交式关联于自谅）

关于君子与小人，不难列举出成百条标准，但笔者认为：上列三组概念关联式所表达的内容是最基本的或最基础的。三组概念关联式使用了不同的联想逻辑符号，这是一

种富于弹性的描述方式。自然语言可以这样说：君子一定博爱、好学和仗义，小人一定见利忘义；君子绝不会过度三争，而小人必然过度三争；君子勤于自省，而小人总是自谅。这样的陈述固然痛快，但未必符合实际。君子也会有缺点，也会犯错误；小人也会有优点，也会做正确的事，更重要的是：小人在三争中往往比君子占有优势，从而往往能对社会的发展作出更大贡献。上列三组概念关联式的描述方式既避免了自然语言表述的过于刚性或模糊性，也避免了传统逻辑描述的过于严密或呆板性。

一个健康社会的基本标志是：君子和小人都居于少数，俗人居于多数，但君子应受到尊重，而小人不敢放肆。相反，一个君子遭到鄙夷（被称为冤大头、烂好人、傻帽之类），而小人心安理得甚至张扬于三争的社会必然是不健康的，更遑论和谐。在讨论“第一内因情感 7133\1 的世界知识”（见上篇的 3.3–1 分节）时，曾提到中华文明“以仁义为荣，以盗娼为耻”的传统荣辱观，也许把中华文明的传统荣辱观概括成“以君子为荣，以小人为耻”更确切吧。

前面说到：孔子学院应该高举 Ren 的旗帜，这里必须补充说：这面旗帜的标志符号应该是：Ren & Junzi。不知李幼蒸先生以为然否？

笔者深知：上面的论述无异于痴人说梦。但是，后工业时代的享乐无止境危机给了笔者以巨大希望，前文曾说到那位城市隐者和他的教授挚友[*01]，说到仰山堂的婶嫂，说到两位受到冤屈的珞珈伯伯，他们都在冥冥之中鼓励我。所以，我就决定再做一次痴人了。

2.2–2 襟怀 72229 综述

襟怀 72229 也只设置单项延伸概念 72229e2n，其汉语说明如下：

72229e2n	襟怀基本描述
72229e25	宽宏
72229e26	狭隘

为什么襟怀基本描述采用 72229e2n 的符号表示，而不采用 72229e5n 呢？下面的基本概念关联式也许可以给出一个联想逻辑的答案。

72229e25=>7102~e62
（宽宏强源式关联于广义效应反应的融合、“欢迎”和容纳）
72229e26=>7102e62
（狭隘强源式关联于拒绝）
72229e25=>7103e21c01
（宽宏强源式关联于关系反应第二形态的置之度外）
72229e26=>7103e21d01
（狭隘强源式关联于睚眦必报）
72229e25=>71109e75
（宽宏强源式关联于态度契约因素的大度）
72229e26=>71109~e75
（狭隘强源式关联于态度契约因素吝啬与计较）
72229e25=>7110be71
（宽宏强源式关联于态度情感因素的宽恕）

72229e26=>7110b~e71
（狭隘强源式关联于态度情感因素的责怪与埋怨）
72229e25=7112e71
（宽宏强交式关联于亲情的关爱）
72229e26=7112~e71
（狭隘强交式关联于亲情的虐待与偏心）
72229e25=7121d01\k~e47
（宽宏强交式关联于适度幸福或低度幸福）
72229e26=7121d01\ke47
（狭隘强交式关联于过度幸福）
72229e25=7122(t)~e47
（宽宏强交式关联于适度三争或淡泊三争）
72229e26=7122(t)e47
（狭隘强交式关联于过度三争）
72229e25≡72228e71
（宽宏强关联于君子）——（7222-4a）
72229e26≡72228~e71
（狭隘强关联于小人与俗人）——（7222-4b）

上列概念关联式都可视为襟怀 72229 的定义式，其中的带编号概念关联式可视为君子与非君子的定义式。传统中华文明特别重视襟怀的培育，孔夫子说："君子坦荡荡，小人长戚戚。"林则徐说："有容乃大。"这都是"智慧东方"的高级命题，希腊文明及其当代产儿——经典文明世界——有这样的高级命题吗？请知者见告。

2.2-3 品格 7222a 综述

品格 7222a 设置了两项延伸概念，其符号表示及汉语说明如下：

7222a:(e5n,e2m;e5ne2n,e56c01,e2me2n,e22d01)

7222ae5n	品格第一形态（第一品格）
7222ae55	真实
7222ae55e25	诚信
7222ae55e26	（未名）
7222ae56	虚假
7222ae56e25	（未名）
7222ae56e26	诈骗
7222ae56c01	违诺
7222ac57	隐瞒
7222ae57e25	"讳"
7222ae57e26	（未名）
7222ae2m	品格第二形态（第二品格）
7222ae21	稳健
7222ae21e2n	稳健之辩证表现
7222ae21e25	务实
7222ae21e26	顽固
7222ae22	求变

```
7222ae22e2n              求变之辩证表现
7222ae22e25              变革
7222ae22e26              浮躁
7222ae22d01              冒险
```

品格 7222a 的内容无比丰富，这里只选择了最紧要的两项。它体现了世界知识表述一种特殊思考方式：主要以透彻性为依归，基本置完备性于不顾。

两类最紧要品格的非分别说命名无关紧要，分别说的汉语说明都比较准确，那就是第一类品格的真实 7222ae55、虚假 7222ae56 和隐瞒 7222ae57，第二类品格的稳健 7222ae21 与求变 7222ae22。

十分有趣的是：两类品格都具有鲜明的辩证表现，但第一品格辩证表现的汉语说明却显得十分残缺不全，虽然所有的“未名”都不妨以“从权”替换，但毕竟十分勉强。其他语言大约也存在类似情况吧，这是一个非常有意义的训诂学课题。当然，许多名著里不乏描述品格辩证表现的名言，如《孙子兵法》里的“兵不厌诈”,《论语》里的“父为子隐，子为父隐，直在其中矣”,《君王论》(马基雅维里)里的“一个聪明的君王，遇到如果守信就要违反自己利益，他便应该不守信”等。但是，必须指出：这些名言所论述的，实质上都仅仅是联系于智能的品格，而几乎与智慧无关。智慧高于智能，故后者显然更为重要,这是伦理学的一项空白,也许可以列入后工业时代哲学呼唤的内容之一吧。

在态度 711 章的引言里，曾谈到智能潘多拉盒子和智慧窗户纸，当时还没有对智能与智慧的本质区别加以论述，现在不同了，因此，这里建议读者重读一下那个引言。第一品格之辩证表现 7222ae5ne2n 既是智能潘多拉盒子，也是智慧窗户纸，也许这就是自然语言对其“语焉不详”的根本原因吧。这里还应该指出，第一品格之辩证表现也可以考虑选用符号 7222ae5ne4o 或 7222ae5no，这就由来者去处理吧。

第二品格 7222ae2m 之辩证表现的符号表示也存在类似的问题,目前的 7222ae2me2n 选择不是不可以更改的。

冒险 7222ae22d01 是一种十分重要的品格，但传统中华文明却比较缺乏，儒释道三家都忽视对这一品格的培育。

本分节不写概念关联式，这是笔者赋予自己的特权，且今后将经常使用。

2.2-4 节操 7222b 综述

节操 7222b 的概念延伸结构表示式及汉语说明如下：

```
7222b:(t=b,d01,c01;t~ea7,(t)~ea7,^(yc01),)
   7222bt=b                 节操本体表现
   7222b9                   政治节操
   7222ba                   经济节操
   7222bb                   文化节操
   7222bd01                 良知(高风亮节)
   7222bc01                 良心(道德底线)
     7222bt~ea7               关系节操分别说
     p7222b9ea5               公仆
```

7222b9ea6	气节
p7222b9ea6	公民
…	
p7222baea6	纳税人
…	
7222b(t)~ea7	关系节操非分别说
7222b(t)ea5	仁爱
p7222b(t)ea5	孺子牛
7222b(t)ea6	尊严（名节）
^(7222bc01)	违背道德底线（小人）

这个概念延伸结构表示式有四点值得说明一下：第一，节操的本体表现是鲜明的，它密切联系于“权利名”的三争，尤其是三争里的权与利，因此，古汉语对节操的表述有气节与名节之分，气节主要面向权力之争；名节主要面向声名之争。不过，名节这个词语后来跟封建吃人礼教挂上了钩，实际上，其义境非常接近于关系节操非分别说的尊严。但是，尊严这类词语在当代中国依然很少被使用，这主要是由于中国赫然存在着一个具有至高无上尊严的实体，其他实体的尊严自然就要大打折扣了。第二，关系节操描述必然具有“~ea7”特性，延伸概念 7222bt(~ea7)的设置乃 HNC 的必然之选，但各种文明都缺乏关系节操分别说的合适词语，传统中华文明也不例外，因此，在概念延伸表示式的词语说明中不得不使用符号“…”。不过应该指出：第一世界贡献了三个有关的具体概念，那就是“公仆”、“公民”和“纳税人”，但尚未形成相应的抽象概念。第三，鲁迅先生对关系节操非分别说 7222b(t)ea5 贡献了一个十分传神的具体概念，那就是孺子牛，其相应的抽象概念就是仁爱。第四，各种文明不仅都缺乏对政治与经济关系节操的抽象表述，更缺乏对文化关系节操的抽象表述。对这些缺失的填补是后工业时代伦理学重建的重要内容之一。

应该承认：第一世界的政治节操 7222b9 已经具有很大进步，经济节操 7222ba 也出现了一些可贵的新景象，公仆、公民、纳税人这些相关的具体概念都是第一世界的贡献，另外五个世界都应该向第一世界学习。但遗憾的是：第一世界的文化节操却在走向衰败，六个世界基本上处于同病相怜的状态。本来，第二世界的文化节操完全有潜力走在第一世界的前面，这是辜鸿铭、章太炎、马一浮、熊十力等先贤的坚定信念，我们应该以虚心的态度去训诂他们的信念，不要为“遗老”或“疯子”之类的“帽子”所误导。

下面给出几个带编号的概念关联式：

7222bd01≡72228e71——（7222-5）
（高风亮节强关联于君子）
7222bc01≡72228e73——（7222-6）
（道德底线强关联于俗人）
^(7222bc01)≡72228e72——（7222-7）
（违背道德底线强关联于小人）

为说明这 3 个带编号概念关联式的意义，这里引用《对话》里的一段对话。

智者：新时代面临的各种挑战正在受到全球的关注，各种对策的策划和实行如火如荼，前辈何以如此悲观？

老者：如火如荼者不过是政治、经济、军事、法律、科技、教育、环保等具体侧面，而关键是**文化根基的建设**，全球的政治和经济巨头们仍然沉浸在征服思维里而怡然自得，不知**文化根基为何物**，这岂非越是如火如荼，越应该“后天下之乐而忧”吗？

老者两次提到了文化根基，那么什么是文化根基和文化根基的建设？

文化根基不是泛指人类的三类精神生活，而是特指标志着人类最高追求要的深层第三类精神生活。但是，第一类精神生活毕竟是一切精神生活的基础，文化根基的建设必须从这里做起，也只能从这里做起，因为娃娃们只能接受第一类精神生活的熏陶和教育。

上面我们已经看到：从某种意义上说，第一类精神生活的殿后概念（树）是素质 7222，素质 7222 的殿后概念是节操 7222b，而节操 7222b 的殿后（核心）概念是良知 7222bd01 和良心 7222bc01。

因此，文化根基的建设无疑要从第一类精神生活的建设做起，从良知和良心抓起，大力提倡“以君子为荣，以小人为耻”的荣辱观，这是素质教育的根本。笔者在希腊文明的经典伦理学著作中没有看到这些概念（理念），这些概念是传统中华文明的独特贡献。上列带编号概念关联式试图传达这些基本世界知识，这些世界知识曾经在中华大地存在过，时代洪流的不可逆转性并不意味着时代洪流里不存在永恒的普世价值观念，笔者并不像《对话》中的老者那么悲观。

结 束 语

本节对人的素质 7222 给出了君子 72228e71、小人 72228e72 和俗人 72228e73 的基本描述；对素质给出了气质 72228、襟怀 72229、品格 72228a 和节操 72228b 的本体描述；阐释了文化根基及其建设的基本含义；指出了良知和良心的熏陶乃是素质教育的根本。在笔者看来，这些都是中华文明对普世价值观念的独特贡献。

后 记

志 7220、才 7221、德 7222 是意志 722 的本体描述，各种文明对志（意志基本内涵）7220 和才（能动性）7221 的理解与描述大同小异，但对德（禀赋）7222 的理解与描述是否也是如此？这是训诂学的第一大课题。

笔者的初步认识是：传统中华文明对德 7222 的理解与描述有别于希腊文明，也是中华文明唯一高于希腊文明的地方，这个地方是伦理学的核心。高明的具体表现就是仁和君子这两个概念的提出与阐释，希腊文明曾详细论述的至善与正义的概念只相当于儒学的义。而儒学则系统阐释了“仁学义”的伦理基本架构，这个架构的要点是：“无学即无仁义”、“仁主要是对社会精英的道德要求，义主要是对社会大众的道德要求，仁高于义”，愚意以为：这一要点对后工业时代所呼唤的伦理学具有启示意义。

注释

[*01] 陆宗达先生曾对该教授有“古之君子，今之古人”的八字评语。

本 篇 跋

这是《全书》撰写过程中写下的第一跋，意志 72 这一概念范畴所属的全部概念树都已进行了 HNC 论述，这在全部概念范畴里还是第一次，因而它也就第一个取得了被跋的资格。

在语言概念空间的视野里，概念范畴——意志 72——所属概念群的三分非常清晰，因为其形而上景象十分类似于状态概念群的第一组概念树，其对应性如表 2-3 所示。

表 2-3　状态第一组概念树与意志概念群的对应表

状态第一组概念树	意志所属概念群
(50,51)	720
52	721
53	722

那么，状态第二组概念树与“意志”无关吗？否！不过，它们被对应到思维 8 这一概念范畴里。这意味着：HNC 所说的意志 72 实质上是指智力的“物质基础”或智力本体。而思维 8 是指智力的“上层建筑”或智力本体的运作。所谓意志 72 的形而上景象就是指它作为智力本体的形象。这一形象自然就要包含形态（广义的）、动态与势态这三个基本侧面。意志所属概念群的设计就是如此简明，至于将 720 命名为意志基本内涵，将 721 命名为能动性，将 722 命名为禀赋，那只不过是一个技术性举措而已。

本篇基于智力本体的思考，素描了大脑之谜的基本景象，将这一基本景象概括为脑谜 1 号、脑谜 2 号、脑谜 3 号（在第二和第三类精神生活里还会介绍脑谜 4 号和脑谜 5 号）和两个智力中心的假说。这里，特意使用素描一词，素描者，世界知识视野之描述也，非专家知识视野之描述也。脑谜 1 号素描了大脑五大功能区块的拓扑结构，语言区块是五者之一。脑谜 2 号素描了语言区块存在着语言理解与语言生成的两分（这一点应是语言学界的常识，但实际情况并非如此）；素描了理解区块的主体存在着作用效应链与理解基因的两分；素描了理解基因的主体存在着两类劳动和三类精神生活的区分。脑谜 3 号素描了第一类精神生活的内部拓扑结构和脑谜锥体模型。两个智力中心假说素描了智慧与智能的本质差异。

有关领域专家对以上素描会采取什么态度呢？最好的态度大约是“哂之”。笔者将对“哂之”者表示谢意，而对那些“棒之”者则不免怜意有加。

本篇的内容关涉到伦理学的核心内容，在笔者看来，传统中华文明的独特优势就在于它对伦理学的哲学思考高于希腊文明。关于这个问题的论述未完全采取素描方式，对孔夫子的“仁学义”伦理观给予了高度评价，提出了孔子学院应高举“Ren & Junzi”旗帜的建议。为此，不得不对“打倒孔家店”的世纪浪潮进行了一定程度的反思式论述。这些论述是在三个时代和六个世界的时空视野里展开的，因此，阅读时请先浏览一下有关章节的论述。

在未来交互引擎的运作过程中，概念关联式的运用既是知识传递的具体形态，又是联想逻辑运算的具体体现。交互引擎的研发过程需要四棒接力智慧，《全书》的基本使命是关于第一棒的理论阐释，而第二棒的基本使命是建立一个表示概念关联性的庞大概念知识库，这个知识库的建设基础就是写出满足透彻性与齐备性要求的概念关联式组，本篇的第二章为此做了两次示范，希望对于后来者能略有裨益。

第三篇 行为

篇首语

行为 73 与“心理”71、意志 72 和思维 8 共同构成脑谜 3 号的四要素，上一篇已经指出：行为 73 是四要素中唯一可以直接观察的要素。但这里应立即补充说：可直接观察性并不等于真实性，这一十分重要的世界知识必须纳入行为的描述，这是为行为 73 设置第一号殊相概念群 731 的基本思考，731 将命名为言与行。

符号 73 意味着行为隶属于第一类精神生活，但前已多次指出：三类精神生活是不可能截然分开的，需要设置一个概念群描述三类精神生活之间的相互联系，这就是设置第二号殊相概念群 732 的基本思考，732 将命名为行为的形而上描述。

精神生活与劳动也是不可分离的，需要设置一个概念群描述精神生活与两类劳动之间的相互联系，这就是设置第三号殊相概念群 733 的基本思考，733 将命名为行为的形而下描述。

这样，行为 73 的外在描述就符合透彻性与齐备性要求了，剩下的只是行为的内在描述。这一描述将命名为行为的基本内涵，并符号化为 730，它构成行为的共相概念群。因此，行为的概念群设置将如下所示，这显然是达到了“功德圆满”。

730	行为的基本内涵
731	言与行
732	行为的形而上描述
733	行为的形而下描述

第零章

行为基本内涵 730

行为基本内涵 730 可简称基本行为，将设置 3 种概念树，如表 3-1 所示。

表 3-1　基本行为 730 概念树

7301	“心理”行为
7302	意志行为
7303	心态行为

此表的概念树设计显然符合透彻性与齐备性的要求。为什么要将心态从“心理”里独立出来？因为心态是“心理”与意志的交织表现。

三种行为具有下列基本概念关联式：

7301<=71~4
（“心理”行为强流式关联于心情、态度、愿望与情感）
7302<=72
（意志行为强流式关联于意志）
7303<=714
（心态行为强流式关联于心态）

这些概念关联式不仅是未来交互引擎联想逻辑运算的主干，也是三种行为概念延伸结构表示式设计的基本依据。语言概念空间的某些奇妙特征将在延伸概念里得到最充分的体现，这一点，要烦请读者加以密切注意。

第 1 节
“心理”行为 7301 (071)

引言

“心理”行为 7301 的一级延伸概念将采取“\k=0–3”的扩展并列延伸，其汉语说明如下：

7301\k=0–3	“心理”行为的本体描述
7301\0	心情行为
7301\1	态度行为
7301\2	愿望行为
7301\3	情感行为

这 4 种行为具有下列基本概念关联式：

7301\0<=710
（心情行为强流式关联于心情）
7301\1<=711
（态度行为强流式关联于态度）
7301\2<=712
（愿望行为强流式关联于愿望）
7301\3<=713
（情感行为强流式关联于情感）

这些概念式的右方都是概念群，敏感的读者会立马联想到：一级延伸概念 7301\k 应继续作二级并列延伸 $7301\backslash k_1k_2$，以便在“心理”行为 7301 的二级延伸概念 $7301\backslash k_1k_2$ 与“心理”概念树 $71y_1y_2$ 之间建立起简明的符号联系。这意味着上列 4 种“心理”行为将按照概念树的规格来对待，故下文将提升小节和子节的规格，先后以 $7301\backslash k_1$ 和 $7301\backslash k_1k_2$ 为参照写出各自的概念延伸结构表示式。这就是说，$7301\backslash k_1$ 相当于概念群，而 $7301\backslash k_1k_2$ 则相当于概念树。因此，本章的段落编号将“独树一帜”，将通常的 3 位数字表示增加为 5 位数字表示。前两位数字依然是章（对应于概念群）和节（对应于概念树）的标记，但后续的两位增加数字则将分别是“心理”71 或意志 72 的相应章节标志，第五位数字才相当于通常意义下的小节。在称呼上，对由 3//4 位数字标记的段落将直接以其数字表示命名，而对于由 5 位数字标记的段落则依然称为小节。

行为基本内涵各节的篇幅都十分庞大，因此，将设置小节和子节编号。

第0小节
心情行为 7301\0

0.1.0-0 心情行为 7301\0 的概念延伸结构表示式

```
7301\0:(k=0-3;)
    7301\00                        感受行为
    7301\01                        作用心理行为
    7301\02                        效应心理行为
    7301\03                        关系心理行为
```

4 种心情行为 7301\0k 具有下列基本概念关联式：

```
7301\00<=7100
(感受行为强流式关联于感受)
7301\00≡7100——(7301\0-0-1)
(感受行为强关联于感受)
7301\01<=7101
(作用心理行为强流式关联于广义作用心理反应)
7301\01≡7101——(7301\0-0-2)
(作用心理行为强关联于广义作用心理反应)
7301\02<=7102
(效应心理行为强流式关联于广义效应心理反应)
7301\02≡7102——(7301\0-0-3)
(效应心理行为强关联于广义效应心理反应)
7301\03<=7103
(关系心理行为强流式关联于对关系另一方的反应)
7301\03≡7103——(7301\0-0-4)
(关系心理行为强关联于对关系另一方的反应)
```

上面给出了 4 项特殊编号概念关联式，它们意味着（二级）延伸概念 7301\0k 与概念树 710y 的概念延伸结构表示式将**基本对应**。这 4 个黑体字的意思是：第一，7301\0k 概念延伸结构表示式的主体是 710y 对应表示式的简单搬迁；第二，对搬迁过来的表示式可能有所补充或修改，但补充项一定限于一级延伸概念以下，而不能是一级概念自身。补充的延伸概念将定名增扩延伸，并另加符号“*”予以标记。

0.1.0.0 感受行为 7301\00

0.1.0.0-0 感受行为 7301\00 的概念延伸结构表示式

```
7301\00:(*m,e2n,52y;
         *m*:(c01,d01),e2ne4m,e26t=a,(52y):(t=a,*e2m);
         e26(t)*d01,(52y)9*3,(52y):(*e2m\k=2,*(t)i);
         e26(t)*d01e2m,)——[7301\00]
  7301\00*m                        感受行为基本形态
```

7301\00*1	喜剧行为
7301\00*2	悲剧行为
7301\00*0	幽默行为
7301\00e2n	感受基本效应行为
7301\00e25	幸福行为
7301\00e26	苦恼行为
527301\00	动态感受行为

这个概念延伸结构表示式基本上就是概念树——感受 7100——延伸结构表示式的拷贝，按前述约定，这些增加的延伸概念以冗余的“*”予以标记，并以增扩延伸概念命名，如其中的 7301\00*m*c01 和 7301\00e26(t)*d01。

0.1.0.0.1 感受行为 7301\00 综述

本综述应视为本节的正式引言，是本篇前言和本章引言的继续，现在有条件对行为 73 的世界知识的论述给出一个更确切的描述了。

严格说来，脑谜 3 号四要素之行为的可观察性是有条件的，并不完全适用于行为 73 所属的全部概念群，但行为基本内涵 730 这一共相概念群则具有完全适用的资格。用一句文言式的命题来说，那就是“‘行’为‘心’之镜”。这命题对“心理”行为 7301、意志行为 7302 和心态行为 7303 都是完全适用的。感受行为 7301\00 的概念延伸结构表示式是这一论断的充分证据。该表示式虽然仅属于一个二级延伸概念，但其表示方式提供了一个样板，这就是它被赋予了特殊符号[7301\00]的原因了。“心理”行为 7301、意志行为 7302 和心态行为 7303 的全部概念延伸结构表示式都将如法炮制。

特殊符号表示式[7301\00]里含有增扩延伸，这就是说，感受行为 7301\00 的主体是感受 7100 的镜子，但也并非全部，而必须有所增扩。这些增扩表现，下面有具体说明。

0.1.0.0.1-1 感受行为基本形态 7301\00*m 的世界知识

感受行为基本形态的汉语表述分别是喜剧行为 7301\00*1、悲剧行为 7301\00*2 和幽默行为 7301\00*0，三者都具有增扩表现。

喜剧行为 7301\00*1 的可捆绑词语比较丰富，但直系词语的选定要慎重，容易混淆于幽默 7301\00*0，开玩笑也许可以算一个例子吧。

悲剧行为 7301\00*2 的可捆绑词语非常少，但存在相应的语句和句式。“我想一个人呆一下”、“相顾无言，唯有泪千行”都是典型的例句，“我不知道该……”可以是相应句式的句首形态。

幽默行为 7301\00*0 应该没有直系词语吧，但幽默行为的描述一直是文学的壮丽花园。这花园的奇葩曾盛开于《史记》和《世说新语》，可惜现代人误以为只有金庸先生才擅长幽默行为的描述。笔者少年时曾读遍了当时的流行武侠小说，高产作家有下列五位：还珠楼主、郑证因、白羽、王度庐和朱贞木。其中朱先生对幽默行为的描述水平绝不低于金庸先生。这五位先生似乎只有王度庐先生由于电影《卧虎藏龙》的出现而未被完全遗忘，如果有人写武侠小说史的话（也许已经有人写过，有兴趣的读者在网上查一下吧），请不要忘了这五位先生。

感受行为基本形态设置了增扩延伸概念 7301\00*m*c01 和 7301\00*m*d01，前者主要联系于儿童，后者主要联系于少年。具有下列基本概念关联式：

```
7301\00*m*c01=(10b\3+10bc51)
（初级增扩感受行为强交式关联于儿童）
7301\00*m*d01=(10b\3+10bc52)
（高级增扩感受行为强交式关联于少年）
```

没有体验过初级增扩感受行为的儿童，就没有真正意义下的童年幸福；没有体验过高级增扩感受行为的少年，就没有真正意义下的少年幸福。那种体验的精髓就是一句话——既有法有天，又无法无天。笔者有幸在仰山堂度过自己的童年，在珞珈山度过自己的少年，从而获得过这种体验。这里想说的是：现代物质生活尽管越来越丰富多彩，但促成初级和高级增扩感受行为的生活环境却是越来越差了，现代化包装下形成的法与天，实际上使得你玩不了那美妙的“法与天的有无辩证法”。

上面的概念关联式和上面的话语都是一般读者难以理解的，笔者也不打算作进一步的说明，就留下一个悬念吧。但笔者还是想说这么一段话：互联网、手机及第一世界正在寄予厚望的许多高新技术产品诚然已经或将要为你提供许多以前难以想象的东西，但同时也会使你失去许多人类精神生活最有价值的东西。你一定确信这里的利弊得失是不成问题的问题，但笔者并不这么看。人们都太习惯于工业时代的惯性思维了，对后工业时代的曙光几乎没有察觉。工业时代之物质和精神条件的创建可以归功于第一世界的贡献，后工业时代物质条件的创建也主要是第一世界的贡献（第三世界的日本和俄罗斯也有一定贡献），但第一世界**不可能独力承担**创建后工业时代精神条件的历史重任。当然，这是一项笔者不敢进行论证的重大命题，但将尽力提供一些佐证，“心理”篇的世界知识描述已经这么做了，行为篇也将继续如此。关于增扩感受行为 7301\00*m*o01 的描述算是本篇的第一炮吧，但故意卖了个破绽，请原谅。

0.1.0.0.1-2 感受基本效应行为 7301\00e2n 综述

感受基本效应行为 7301\00e2n 的延伸概念及其汉语说明如下：

```
7301\00(,e2n,;e2ne4m,e26t=a,;e26(t)*d01;e25e43*7)
  7301\00e2n                    感受基本效应行为
  7301\00e25                    幸福行为
     7301\00e25e4m                幸福行为的度描述
     7301\00e25e41                适度幸福行为
     7301\00e25e42                “苦行”
     7301\00e25e43                “挥霍”
       7301\00e25e43*7              乐极生悲
  7301\00e26                    苦恼行为
     7301\00e26e4m                苦恼行为的度描述
     7301\00e26e41                适度苦恼行为
     7301\00e26e42                “麻木不仁”
     7301\00e26e43                “破罐子破摔”
     7301\00e26t=a                消极感受异态行为
     7301\00e269                  忧郁行为
     7301\00e26a                  焦虑行为
       7301\00e26*(t)d01            极端行为
          7301\00e26*(t)d01e2m         极端行为的基本形态
          7301\00e26*(t)d01e21         自杀
```

```
7301\00e26*(t)d01e22        杀人
```

这里需要说明：感受基本效应和感受基本效应行为这两个子概念的世界知识描述曾使笔者困扰良久，佛学的四谛说（第一谛为苦谛）和老聃的祸福相依说使笔者认定："抓两头"的表示方式是恰当的，因此，两者的符号表示就选取了 7100e2n 和 7301\00e2n，相应的汉语词语说明就选取了幸福与苦恼。幸福和苦恼的感受必然会产生相应的行为，自然语言的词语都对感受有所描述，但对行为则似乎就没有简明的词语描述了，至少汉语的情况是如此，上面的"汉语说明"充分表明了这一情况。

对感受基本效应及其行为配置描述符号"e4m"属于 HNC 的常规选择。有趣的是：对行为 7301\00e2ne4m 的描述虽然在词语层面比较贫乏，但在语句层面并非如此，这使得词语捆绑工作变得十分复杂。在文学作品里，对 7301\00e2ne4m 的精细描述是文学家的特殊嗜好，初期的交互引擎能胜任对这类文字的语境分析吗？笔者坦率地说：不知道，因为，支撑语境分析的"三二一"原则在这里似乎难以发挥作用。

感受基本效应行为 7301\00e2n 存在两项增扩感受行为：7301\00e25e43*7（乐极生悲）和 7301\00e26(t)*d01（极端行为），后者又有自杀与杀人之分。在世界知识的视野里，两者的语境分析都比较容易，尽管前者一般用不上直接的词语激活。把范进中举的故事与 7301\00e25e43*7 联系起来存在难以逾越的障碍吗？笔者不回答。

消极感受异态行为 7301\00e26t=a 的时代性特征需要予以特殊关注，可以考虑设置增扩延伸概念 7301\00e26(t)*\k=3 加以描述，通过下面的概念关联式

(7301\00e26(t)*\k:=pj1*t, k_{max}=3, t_{max}=b)

就可以做到这一点。网络世界已经出现了各种消极感受异态行为 7301\00e26(t)*\3，并呈现出无奇不有的复杂特征，是否需要对增扩延伸概念 7100e26(t)*\3 作进一步的延伸描述请后来者酌定。

0.1.0.0.1-3 动态感受行为(527301\00)综述

动态感受行为(527301\00)的概念结构表示式及其汉语说明如下：

```
(527301\00):(t=a,*e2m;9*3,*(t)i,*e2m\k=2;*(t)id01;*e2m\2d01)
  (527301\00)t=a              动态感受行为基本形态
  (527301\00)9                愤怒行为
    (527301\00)9*3              伪怒
  (527301\00)a                气恼行为
  (527301\00)*e2m             动态关系行为
  (527301\00)*e21             双向动态行为
  (527301\00)*e22             单向动态行为
    (527301\00)*e2m\k=2         动态关系行为的基本形态
    (527301\00)*e2m\1           言语形态
    (527301\00)*e2m\2           动作形态
      (527301\00)*e2m\2d01        杀人
    (527301\00)*(t)i             恼怒自己
      (527301\00)*(t)id01         自杀
```

动态感受的两种基本形态(527100)9（愤怒）和(527100)a（气恼）的差异主要表现为

两者的过程性特征有所不同，且两者可相互转化，对应的行为亦然。这些世界知识以下列概念关联式予以表示：

(((527100)9;(527301\00)9),jl00e21,1079c26)
（愤怒或其行为相关于剧变）
(((527100)a;(527301\00)a),jl00e21,1079c25)
（气恼或其行为相关于渐变）
(((527100)t;(527301\00)t),jlv12c32,(309au409e21,l47,r4075))
（愤怒与气恼可相互转化，其相应行为亦然）

存在各种各样的愤怒与气恼，对它们的粗略分析属于常识，对它们的精细分析属于专家知识。HNC 所关注的只是介于常识与专家知识之间的世界知识，上列 3 个概念关联式所表达的是其中的部分内容。这些知识与相应的 HNC 符号就构成了交互引擎的理解基因，从而得以实现对愤怒与气恼行为的语境分析或交互引擎方式的理解。

动态感受行为(527301\00)拥有多项增扩延伸，这些延伸概念都拥有比较准确的汉语词语，这就不必一一细说了。但下面的概念关联式必须给出。

(527301\00)*e2m\2d01≡7301\00e26*(t)d01e22
（动态行为的杀人强关联于极端行为的杀人）
(527301\00)*(t)id01≡7301\00e26*(t)d01e21
（动态行为的自杀强关联于极端行为的自杀）

上列两种杀人都属于比较特殊的刑事案件，这当然是重要的世界知识，但这里并不写出其相应概念关联式，这不是偷懒，而是为了表明交互引擎面临的基本严峻态势。一方面，交互引擎所倚仗的科学方法论——“四棒接力智力”——是完全可以实现的，凡《全书》偷懒的事，后来者都不难胜任；另一方面，交互引擎主体知识基础——概念关联知识库——的工程量是多么浩大，性格 7221 节（122-21-1）的分节曾给出了“冰山一角”的描述。然而，那只是工作量问题。因为，冰山的全貌已经不再是未知的东西了。

写到这里，应该向读者说一点题外话了。

第一，本节的规模将为《全书》之冠，段落的编号一般为 5 位数字，这可能是《全书》空前绝后的景象。为什么会出现这种景象呢？这在前面已有充分说明了，要烦请读者停下来想一想。

第二，本节名称叫“心理”行为，它与意志行为和心态行为三足鼎立，试图对全部心理行为给出一个全貌性描述，这就是说，心理行为的全貌性描述是一种三足鼎立式的描述，交互引擎能够接受并理解这样的描述方式。心理行为的全貌性描述，前人当然作出过许多重大努力，但这里要说一句不中听的话：在笔者看来，做得最好的不是 20 世纪众多心理或社会学家的著名专著，而是亚当·斯密先生写于 18 世纪的《道德情操论》，它兼顾了专家知识与世界知识的平衡，而 20 世纪的专著则都过于偏重专家知识，而忽视了世界知识。不过《道德情操论》对心理行为的描述乃以分析与归纳为主，缺乏综合与演绎的思考，还不足以承担心理行为全貌性描述的重任。

第三，心理行为全貌描述的三足之一是“心理”描述，“心理”描述需要一分为四，由心情描述、态度描述、愿望描述和情感描述四者构成，心情描述也需要一分为四，由感受描述、作用反应描述、效应反应描述和关系反应描述四者构成，态度、愿望和情感描述也都有各自的构成。这是心理行为全貌描述的层次性侧面。到此为止，我们只给出了“冰山一角”的感受描述，但这冰山的全貌已经在“心理”71 和意志 72 篇里作了充分的描述，这“一角”实际上是一片“知秋之叶”，无论“冰山”的哪个角落，如法炮制就是了。

第四，任何事物的全貌性描述不能只有层次性（纵向）侧面，还得有网络性（横向）侧面，网络性侧面的复杂性一般远大于层次性。“心理”71 篇和意志 72 篇对心理的网络性描述不能简单移用于相应的行为，因为行为必然还有其自身的内在与外来因素。这就形成了行为概念延伸结构表示式的“移用+修改+增扩”特殊形态，那“增扩”主要用于补充原来网络性描述的不足。感受描述多次使用了这一特殊延伸形态，本节的随后部分和本章的随后各节都将继续使用。

以 4 位数字号码“0.1.0.0”标引的感受行为 7301\00 已经占用了太多篇幅，许多延伸概念都未加说明，只好阙如，不过，对定名为伪怒的增扩延伸概念(527301\00)9*3 需要说几句有关其世界知识的话。伪怒是一种手段，许多人酷爱此道。历史上有许多关于伪怒的有趣故事，刘邦在张良的提示下对韩信代表的伪怒就是一例。不过，伪怒的巅峰运用当推毛泽东先生，他曾以此为契机，将赫鲁晓夫和杜勒斯两位先生玩弄于股掌之上[01]。

注释

[01] 关于毛泽东先生的伪怒。此事发生于1958年金门炮战的前夕。当时，苏联领导人赫鲁晓夫试图与以美国为首的西方缓和紧张局势，推行他的缓和外交路线。毛泽东先生为了阻止苏美两大国之间的勾结，召见当时的苏联驻华大使尤金，无端大发雷霆，可怜的尤金被吓得一度精神忧郁而住院治疗。此举果然达到了毛泽东先生的预定目的，诱使赫鲁晓夫秘密来华访问。出乎赫氏意料的是，双方谈得十分融洽。赫氏离京时，毛泽东先生亲自去机场送行，礼遇之隆空前绝后，全球瞩目。赫氏忐忑不安而来，兴高采烈而回。但数日后，金门前线万炮轰鸣，赫氏才猛然醒悟，中了毛泽东先生的圈套，其缓和路线的诚意遭到美国人的严重怀疑。当时的美国国务卿杜勒斯先生对伪怒事件全不知情，否则美国人可能会猜想到这里的圈套。

0.1.0.1　作用心理行为 7301\01

0.1.0.1-0 作用心理行为 7301\01 的概念延伸结构表示式

```
7301\01:(*t=a,~e05;*tt=a,~e05*e2n)
  7301\01*t=a              作用反应行为
  7301\01*9                政治反应行为
     7301\01*9t=a            政治反应行为的两分描述
     7301\01*99              政治霸道反应行为
     7301\01*9a              法律霸道反应行为
  7301\01*a                经济反应行为
     7301\01*at=a            经济反应行为的两分描述
     7301\01*a9              环境霸道反应行为
     7301\01*aa              利益霸道反应行为
  7301\01~e05              作用反应行为基本形态
```

7301\01e06	反抗行为
7301\01e07	顺从行为

请注意：这里不是广义作用反应之概念结构表示式的简单搬迁，原来的“e0n”已修改为“~e05”。为什么要做这样的修改？下文关于作用心理行为的定义式会提供清晰的答案。

0.1.0.1.1 作用心理行为 7301\01 综述

作用心理行为 7301\01 的概念延伸结构表示式不仅不是广义作用反应概念树 7101 相应内容的简单搬迁，汉语说明也有所变动。这里重复使用了霸道一词，并引入了政治霸道、法律霸道、经济霸道和环境霸道等术语，但这些术语并不放在专业活动的政治 a1、法律 a5、经济 a2 和环卫 a8 的各章里，而放在理念 d1 章的理念基本内涵 d10、政治理念 d11 和经济理念 d12 这三节里。为什么要这样安排？因为王道与霸道是传统中华文明的特有概念，是有待恢复的概念。在笔者看来，王道与霸道这一**概念对**更贴近两验（经验与先验）理性，其特殊珍贵性在于具有对乌托邦浪漫理性和功利理性的**免疫力**。从这个意义上说，它高于经典文明所崇奉的民主、平等、自由和人权等概念，这些概念在政治 a1 章里有所描述。

政治反应行为 7301\01*9 的延伸概念 7301\01*9t=a 集中描述了对政治霸道和法律霸道的反应行为；经济反应行为 7301\01*a 的延伸概念 7301\01*at=a 集中描述了对经济霸道和环境霸道的反应行为。这些都充分体现了世界知识描述的独特思考模式。

作用反应行为基本形态 7301\01~e05 使用了主体辩证性表示符号“~e05”，这个符号的传神性是值得读者去体察的，为此，请参阅附录里的李颖、池毓焕的论文。

0.1.0.1.1-1 作用反应行为 7301\01*t=a 综述

这个综述只需要一句话，那就是作用反应行为将划分出政治反应行为 7301\01*9 和经济反应行为 7301\03e2a 两个分节进行论述。

1）政治反应行为 7301\01*9 的世界知识

本分节将从下列定义式谈起。

```
7301\01*9::=(7301,145,d11(~\2)e26)
（政治反应行为定义为面对政治霸道和法律霸道的“心理”行为）
7301\01*99::=(7301,145,d11\1e26)
（政治霸道反应行为定义为面对政治霸道的“心理”行为）
7301\01*9a::=(7301,145,d11\3e26)
（法律霸道反应行为定义为面对法律霸道的“心理”行为）
```

为什么要把作用反应行为基本形态的映射符号改成 7301\01~e05，而不采用 7301\01e0n 呢？这些定义式已给出了充分解释，再多说就是废话了。

专业活动的全部概念群和概念树都有王道与霸道之分，这一区分的最突出表现点是政治与法律，两者的王道表现也许永远不过是人类的憧憬，但两者的霸道表现则依然笼罩着六个世界，如果要评选它们的霸气度，笔者实在不知道应该把霸气之最（最低或最高）这一票投给哪个世界，如果拿出这六个世界的代表性国家来评价，笔者也不知道该把这一票投给哪个国家。

政治霸道反应行为 7301\01*99 和法律霸道反应行为 7301\01*9a 的实际表现非常复杂，“打着红旗反红旗”的现象不过是这一复杂性的典型表现之一。那么，如何来描述这一复杂表现？这一问题似乎无解，但在语言概念空间的视野里，这个问题不仅有解，而且答案还非常简明，那就是下列概念关联式：

7301\01*t=a12\1*a
（作用反应行为强交式关联于舆论监督）
7301\01*9=%a123e2m3
（政治反应行为属于“民政”）——（7301\01-1）
(7301\01*9,jlv12c32,(311a,l03,a13))
（政治反应行为可能引发政治斗争）
(7301\01*9,l01,40\12~e51)——（7301\01-2）
（政治反应行为的作用者是民众）
(r7301\01*9,l01,40\12e51)——（7301\01-3）
（政治反应行为之效应的作用者是官方）
(7301\01*9,l02,40\12e51)
（政治反应行为的对象是官方）
(7301\01*99,l03,a11+a12)
（政治霸道反应行为的内容是政权活动和国家治管）
(7301\01*9a,l03,a55+a56+a57+a58)
（法律霸道反应行为的内容是检察、审判、行裁和法难）

也许应该对上列概念关联式多说几句话，但笔者还是决定打住，原因就不说了。

2）经济反应行为 7301\01*a 的世界知识

为阅读之便，先作一份拷贝如下：

7301\01*a	经济反应行为
7301\01*at=a	经济反应行为的两分描述
7301\01*a9	环境霸道反应行为
7301\01*aa	利益霸道反应行为

如同政治反应行为一样，经济反应行为就是人们面对经济霸道所产生的“心理”行为，其相应定义式可如法炮制，问题在于如何理解经济霸道这个概念。下面将对这个概念略加论述，最后给出其 HNC 表示式。

本编第一篇论述的许多概念（如仁、义、孝、君子、小人等）一定会遭到诸如“荒诞复古”或“封建余孽”的讥笑，讥笑者的有力证据之一将是：笔者不过是一位可怜的代沟盲人，“80 后”的国人将对这些概念不屑一顾，嗤之以鼻。不过，笔者期待着经济霸道这个概念可能不会受到这种待遇。如果经济霸道能得到认同，那么经济王道的概念跟着就有希望了，而政治王道的概念似乎也有跟进的希望了。笔者不像《对话》里的老者那么悲观，其基本原因就在于此。

经济霸道的表现无非是以下两个方面：第一叫做所有权霸道；第二叫做分配权霸道。

所有权霸道在专家知识的视野里会显得非常复杂，但在世界知识的视野里则显得非常简明，那就是环境占有权的霸道，霸道者对人类生存的有限环境强行占有了过多的份额。人类生存环境的主体是土地，所以，环境霸道也可以叫做土地霸道。农业时代的贵族和豪强曾环境霸道过几千年，工业时代的豪强曾环境霸道过几百年。当前，第一世界的北美地区和大洋洲地区是第一世界原居住地的移民们和冒险家们这样霸道出来的；第六世界主要是第一世界的冒险家们这样霸道出来的；俄罗斯（属于第三世界）的部分欧洲地区和整个亚洲地区也是俄罗斯人借着工业时代的东风这样霸道出来的。进入后工业时代以后，环境霸道现象似乎已成为历史的烟霾，其实远不是这个情况。不过，六个世界所面临的情况存在巨大差异，而作为第二世界中坚的中国，其状况最为复杂和严重，笔者 1961 年因病去庐山休养时，对这一状况深有所感。环境霸道是当前中国巨贪的主要根源之一。但必须同时指出：中国经济超高速发展的秘诀之一正在于它能够在全国范围内推行令印度羡煞的环境霸道。

分配权霸道将简称利益霸道。罗尔斯先生在《正义论》中从专家知识的视野对利益正义进行了精致的分析，但没有论及利益霸道，更没有涉及环境正义和环境霸道。这充分表现了专家知识视野的固有局限性。在世界知识的视野里，经济高层主管的天文数字年薪与奖金、《福布斯》的全部超级富豪都不过是利益霸道的产物；而超级豪华住宅、超级高尔夫球场之类的东西不过是环境霸道的小产物。后工业时代需要建立的经济理念之一就是鄙弃环境霸道和鄙弃利益霸道，并同时建立起环境王道和利益王道的经济理念。这又是本卷第三编的铺垫话语了，下面回到本分节的主题。

如上所述，经济反应行为 7301\01*a 的定义可如法炮制，但这里从略，只给出环境霸道的表示符号：

环境霸道	d12\1e26
利益霸道	d12\2e26

延伸概念 7301\01*a、7301\01*a9 和 7301\01*aa 与经济活动 a2、环卫活动 a8 和政治活动 a1 之间存在一系列概念关联式，为节省篇幅，笔者不得不偷懒了。

0.1.0.1.1-2 作用反应行为 7301\01~e05 基本形态的世界知识

为阅读之便，先作一份拷贝如下：

7301\01~e05	作用反应行为基本形态
7301\01e06	反抗行为
7301\01e07	顺从行为

为论述之便，这里还要拷贝一段话：“为什么要把作用反应行为基本形态的映射符号改成 7301\01~e05，而不采用 7301\01e0n 呢？这些定义式已给出了充分解释，再多说就是废话了。”下面要补充的是：当今六个世界的意识形态围墙其实主要表现为作用反应行为崇奉倾向的差异，如表 3-2 所示。

表 3-2　六个世界的崇奉倾向

世界类型	作用反应行为的崇奉倾向
第一和第六世界	7301\01e06（反抗）
第二和第三世界	7301\01e07（顺从）
第四和第五世界	(7301\01e07,l45,40\6e21)（对内顺从） (7301\01e06,l45,40\6e22)（对外反抗）

六个世界对应于六种文明，此表所揭示的是这六种文明的基本文明特征。汤因比和亨廷顿两位先生都是杰出的学者，可惜由于世界知识视野的缺乏，两位都未能观察到上述崇奉倾向。效应反应行为是否也存在类似的相应差异？请带着这个疑问往下阅读吧。当然，不同世界的不同国家和不同民族必然会表现出地区性和民族性的差异，那就属于专家知识了。

上述崇奉倾向都具有“e2n”的主体辩证表现，延伸概念 7301\01~e05*e2n 的引入乃 HNC 的必然之选，它属于增扩延伸，这就毋庸赘言了。

0.1.0.2 效应心理行为 7301\02

0.1.0.2-0 效应心理行为 7301\02 的概念延伸结构表示式

```
        7301\02:(*t=a,e6m;
                 *(t)i,*ad01;
                 *(t)ie4n,*ad01:(t=b,\k=2);
                 *(t)ie47*\k=5,*ad01t*(c01,d01),)
  7301\02*t=a                   效应反应行为
  7301\02*9                     文化反应行为
  7301\02*a                     科技反应行为
    7301\02*(t)i                  生活方式
      7301\02*(t)ie4n               生活方式的基本形态
    7301\02*ad01                  科技迷信
      7301\02*ad01t=b                 “三迷信”行为
      7301\02*ad01\k=2                “两无视”行为
  7301\02e6m                    效应心理行为基本形态
  7301\02e60                    融合行为
  7301\02e61                    “欢迎”行为
  7301\02e62                    拒绝行为
  7301\02e63                    容纳行为
```

0.1.0.2.1 效应心理行为 7301\02 综述

本综述首先应该说明的是：效应心理行为 7301\02 概念延伸结构表示式未包含科技迷信之反^(7102ad01:)的对应概念。因此，需要烦请读者回过头去翻阅一下[121-0.2.1-2]分节关于科技迷信的论述，那里说明了科技迷信里的两项反概念是适度经济理念 d12e41 和适度文化理念 d13e41 的虚设，所以，“移用+修改+例外”模式里的“修改”，在这里实际上变成了部分删除。

下面分别论述效应反应行为 7301\02*t=a 和效应心理行为基本形态 7301\02e6m，前者又以三个分节进行论述，这一安排方式已明确体现在上面的概念延伸结构表示式里。

0.1.0.2.1-1 生活方式基本形态 7301\02*(t)ie4n 综述

本分节首先给出各延伸概念的具体汉语说明，下面两个分节将如法炮制。

7301\02*(t)ie4n	生活方式基本形态
7301\02*(t)ie45	适度享乐
7301\02*(t)ie46	苦行
7301\02*(t)ie47	过度享乐

在[121-0.2.1-1]里，没有对“生活方式基本描述 7301\02*(t)ie4n”进行正式命名，只作出了建议，但那些建议的名称用于生活行为基本描述是非常贴切的，这里就把它们用上了，不过，做了一点文字修改，将“生活方式基本描述”改成“生活方式基本形态”。

生活方式基本形态设置了增扩延伸概念 7301\02*(t)ie47*\k=5，本分节的重点是描述该概念的世界知识，它集中体现在下列具有特殊编号概念关联式里：

(7301\02*(t)ie47*\k:=7121c01\k, k_{max}=5) —— （7301\02-0-1）
（过度享乐的基本内容对应于生存的基本需求）
7121c01\k=>7301\02*(t)ie47*\k —— （7301\02-0-2）
（生存的基本需求强源式关联于过度享乐的基本内容）
7301\02*(t)ie47*\k=7301\21*d01\1e47 —— （7301\02-0-3）
（生活方式的过度享乐强交式关联于第一幸福的过度享受）

这三个概念关联式之所以被赋予特殊编号是由于它们为享乐、享受与幸福的概念提供了下列阐释：

（7301\02-0-1）表明：过度享乐可基于生存的基本需求区分为 5 类；

（7301\02-0-2）表明：正是人类生存的基本需求导致了过度享乐生活方式的形成；

（7301\02-0-3）表明：单纯物质层面的过度享乐与幸福层面（物质与精神）的过度享受是分不开的。

前文已多次说到：过度享乐与过度享受已成为第一世界生活方式的主流，第二世界和第三世界都在努力向着这一主流生活方式看齐。在地球村的前三个世界里，“过度享乐”和“过度享受”这样的自然语言术语是招人厌恶的，其相应的 HNC 符号表示是许多领域专家难以认同的。《全书》的许多论述都会遭遇到这样的困扰，本分节和随后的两个分节就存在这一困扰。不过，这里不作任何辩护，只是把可能招人厌恶的东西列举出来，为日后的讨论准备素材而已。本分节的素材就是 5 项过度享乐的具体汉语说明，如表 3-3 所示。

表 3-3 5 项过度享乐

项目	汉语说明
7301\02*(t)ie47*\1	锦衣玉食
7301\02*(t)ie47*\2	豪宅
7301\02*(t)ie47*\3	“旅游狂”
7301\02*(t)ie47*\4	“特需”医疗
7301\02*(t)ie47*\5	“豪玩”

这 5 项汉语说明都比较传神，包括那三个带引号的。

0.1.0.2.1–2 三迷信行为 7301\02*ad01t=b 的世界知识

三迷信行为的汉语说明如下：

7301\02*ad019	财富迷信行为
7301\02*ad01a	生产力迷信行为
7301\02*ad01b	消费迷信行为

三迷信行为设置了两项增扩延伸概念，符号及相应汉语说明如下：

7301\02*ad01t*c01	低级三迷信行为
7301\02*ad01t*d01	高级三迷信行为

三迷信的低级与高级形态具有下列带编号的概念关联式：

(7301\02*ad01t*c01,jl00e21,pj01*~\1;s31,pj1*bc35)——(7301\02-4)
（当今，低级三迷信行为相关于非第一世界）
(7301\02*ad01t*d01,jl00e21,pj01*\1;s31,pj1*bc35)——(7301\02-5)
（当今，高级三迷信行为相关于第一世界）

这两个带编号概念关联式集中描述了低级与高级三迷信的基本世界知识。如果用比较鲜明的自然语言来表述，那就是下面的命题：第一世界流行高级三迷信，另外五个世界都流行低级三迷信，这就是科技迷信在当今地球村的地域分布特征。例如，“有钱能使鬼推磨”这样的低级财富迷信 7301\02*ad019*c01 在第一世界已经没有多少信徒了，第二世界的中国反之；“金融万能”之类的高级财富迷信 7301\02*ad019*d01 在第一世界十分流行，第二世界的中国又反之。

主流领域专家对于低级与高级三迷信的说法肯定嗤之以鼻，在[121–0.2.1–2]分节里，笔者曾发出感叹：批判两无视的论坛、论文和专著已经是浩如烟海，而在这个喧嚣的世界里听得到批判三迷信的声音吗？鉴于这一可悲状况，下面将略抒浅见，痴望着把这个听不到的声音稍微弄响一点。

当 2008 年金融风暴从华尔街席卷全球时，许多经济专家在预测风暴后的全球经济走向，他们都在使用着“V、U、L”模式等传统术语，这些术语还适用于后工业时代的经济走向预测吗？这值得思考。从世界知识的视野来看，“V、U、L”模式显然只适用于经济增长率走向时段性特征的描述，而不适用于经济增长率时代性特征的描述。但是，对于 2008 年金融风暴以后经济大局的考察，是不能脱离经济现象时代性特征的。

经济现象时代性特征的描述需要两条曲线，一是人均 GDP 随时代历程的变化曲线，二是经济增长率的相应曲线。人均 GDP 曲线的基本特征不妨用英语字母“S”来描述，经济增长率曲线不妨用希腊字母“Ω”来描述，如图 3-1 所示。

这两条曲线代表着任何经济体的共性，“S”曲线存在渐近形态的低段和高段，两者之间存在一个快速增长期的过渡段。“Ω”曲线存在小变化的前段和后段，两者之间存在先快速上升，而后快速下降的过渡段。“S”曲线的低段和“Ω”曲线的前段对应于农业时代；两曲线的过渡段对应于工业时代；“S”曲线的高段和“Ω”曲线的后段对应于后工业时代。“S”曲线和“Ω”曲线的名称似乎是个新玩意儿，实质上并不是。信息科学里著名的检测概率曲线就是“S”曲线，而数理统计的著名高斯分布就是“Ω”曲线。因此，我们也可以说：人均 GDP 的时代性特征符合检测概率规律，经济增长率的时代性特征符合高斯规律。

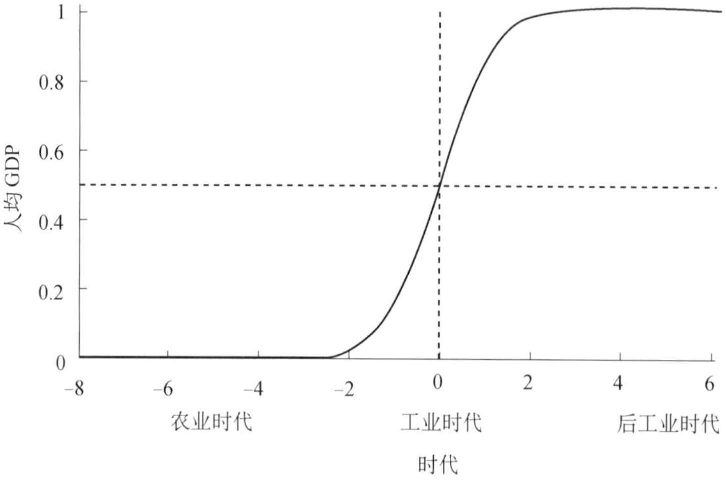

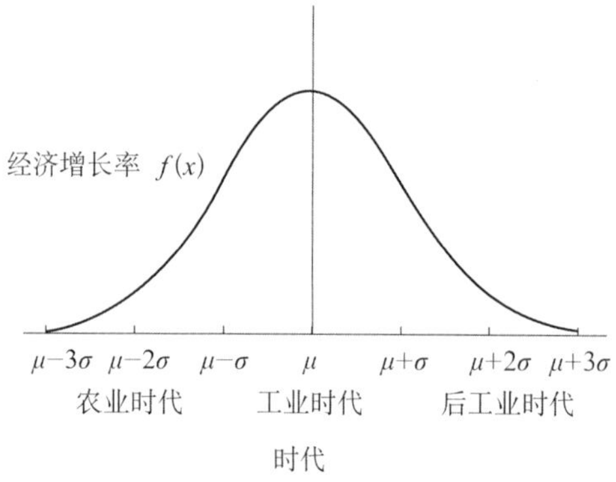

图 3-1　描述经济现象时代性特征的两条曲线

第一世界的经济发展已经完成了过渡段的全过程，进入了“S”曲线的高段和“Ω”曲线的后段。过渡段的全过程有点类似于宇航的起飞历程，要历过多级火箭推动。如果使用一下经济宇航这个术语，那么，就可以说：“信息&金融”产业的大发展是经济宇航的最后一级助推火箭，**没有也不需要**新的助推火箭了。

上面的黑体“**没有也不需要**”，对领域专家都是不可思议的，在世界知识的视野里，也不像数学的“1+1=2”那样简明。这需要未来的笛卡尔和康德来加以论证，笔者力所能及的只是指出：20 世纪的五大历史事件不可能在 21 世纪重演，这五大历史事件的清单如下：

（1）爆发了“爱因斯坦–普朗克–图灵”式的科学革命，并迅即引发了让历史叹为观止的一系列技术与工程奇迹；

（2）爆发了两次世界大战，这两次世界大战却成功导演了第一部历史童话——战争的梦魇终于在第一世界内部永远消失；

（3）爆发了两场“十月”革命，造就了让历史震惊的经典社会主义世界，但又梦幻般消失，然而这梦幻却具有内在必然性和不可逆转性，虽然其演变趋向还具有许多不确定因素；

（4）赫然出现了实体经济的地域性饱和现象，虚拟经济的全球性饱和现象也已初见端倪；

（5）猛然出现了第三、第四和第五世界的恢复与觉醒。

这五大历史事件还意味着下列五大历史效应：

（1）“爱因斯坦–图灵”式的科学辉煌不太可能再次出现，让历史叹为观止的技术奇迹还会继续，但对人类社会的影响力会逐步减弱，互联网很可能是技术与工程奇迹的“珠峰”；

（2）战争消失的历史童话会向各文明世界逐步推进；

（3）六种文明世界都会逐步找到自己的特定历史发展范式，最不稳定的第二世界也不会例外；

（4）实体经济和虚拟经济都有自己的终极边疆，终极边疆效应的直接表现就是经济饱和现象；

（5）第一世界在全部（8 项）专业活动领域的领先地位还将持续几个世纪，但它与另外五个世界的经济差距会迅速缩小。

上述五大历史效应是 21 世纪最为重要的世界知识，它们是 21 世纪世界棋局的大场，但不是 21 世纪世界棋局的急所。急所在于如何处理第一世界与另外五个世界的经济差距，在浪漫理性的思维范式里，让这一差距逐步趋向于零是天经地义的事，功利理性既可以完全赞同这天经地义，也可以走向它的反面。但两验理性会这样提出问题：为什么不考虑这种差距的适度存在也是一种选项呢？而且很可能是唯一的最佳选项？对这一选项的思考关系到“幸福追求无止境危机”的治本之策。如此重大的选项问题，为什么迄今没有人提出来加以研讨呢？对此笔者心中难免有点纳罕，有见识的头面人物可能是不愿意“冒天下之大不韪”的风险吧？专家们可能是由于“只缘身在此山中”的局限吧？纳罕之余就难免要写点出格的话。[121–2.1.3]小节里在谈到 2008 年金融危机时，就写下了“专家们的高评宏论迄今连治本之见的踪影都没有见到”的狂言。

这个选项问题不仅是六大世界之间的问题，也应该是同一世界的不同国家之间或同一国家的不同地区之间的问题。“S”曲线和“Ω”曲线的殊相表现是文明积淀和自然环境的函数，不同世界、国家和地区应各有**自己的“S”曲线适度高端值**。这个概念极为重要，应该成为后工业时代的第一号经济概念，故今后将把**这个“S”曲线适度高端值**命名为**人均 GDP 上限**。这一论断不需要专家的烦琐论证，不过是世界知识意义下的**经济公理**而已。当然，人均 GDP 上限的具体量化是经济专家的事。

第一世界拥有得天独厚的文明积淀和自然环境，第四和第五世界的自然环境在六个世界里相对最差，因此，这三个世界的人均 GDP 上限应该有所不同。在高原、草原、崇山峻岭和沙漠边缘地带生活的人们往往保留着他们独特的古老生活方式，这种独特性是生态多样性的最高层次表现，千万不要以现代化的名义去促成它们的消亡，而应该以珍惜的心态去呵护它们的延续。在这里，发展经济的硬道理可能演变成摧毁文明的歪理，提高生活水平的美好承诺可能实际上反而是美丽的谎言。除了经济公理以外，应该还存在相应的政治公理和文化公理，一个社会是否美好和先进的标志要基于政治、经济和文化态势的全面权衡，不能单以经济态势为依据。查韦斯先生和内贾德先生并不理解这一要点，仅基于对**经济公理**的无视或无知而高举反美旗帜，这旗帜不过是政治狂热和宗教狂热的产物，不过是卡斯特罗主义和霍梅尼主义的延续，在21世纪已仅具有破坏性，而没有任何建设性了。

以上所述，简略分析了科技三迷信行为的根源，进而就“幸福追求无止境危机”略说了“路在何方”？但是，三迷信行为的具体表述依然隐蔽在五里雾中。这是事实，而且是笔者故意为之，因为三迷信行为的低级形态在中国内地已经是如此泛滥，高级三迷信行为竟然在中国的英美学派精英里表现出“青出于蓝”的态势，这确实使笔者深感意外。这里就不来承担具体描述的任务了，麻烦第二棒接力者多费点心力吧。

0.1.0.2.1-3 两无视行为 7301\02*ad01\k=2 的世界知识

两无视行为 7301\02*ad01\k=2 的汉语说明如下：

7301\02*ad01\1	无视自然行为
7301\02*ad01\2	无视人文行为

联合国和各国政府都曾针对两无视行为发出过多次严厉警告，专家们提出过许多高明建议，许多环保人士为“无视自然”行为的严重后果奔走呼号，中国内地还及时提出了科学发展观的建设指导方针。但是，大家都知道，那些警告、建议、呼号和方针短期内的收效都不大，科学发展观的方针似乎只能深入大众之心，而很难深入某些官员和老板之心。这个现象不是专制与腐败可以给出全部解释的，下列基本概念关联式也许可以给出更好的回答：

7301\02*ad01\k<=7301\02*ad01t
（两无视行为强流式关联于三迷信行为）
7301\02*ad01\1≡pj1*a——（7301\02-6）
（无视自然行为强关联于工业时代）
(7301\02*ad01\2,jl00e21,a15e0n//a13e26//a10e26e26))——(7301\02-7)
（无视人文行为相关于全疆域征服、暴力政治斗争和极权政治制度）
7301\02*ad01\k=pj01*\2——（7301\02-8）
（两无视行为强交式关联于第二世界）

上面的三个带编号概念关联式各自使用了不同的联想逻辑符号，希望读者借用这个机会领略一下这些符号的意义，而不是单去背诵它们的文字定义。

（7301\02-6）使用了强关联符号“≡”，这意味着工业化必然带来环境的破坏，是工业化过程必须付出的代价。自卡逊女士发表著名的《寂静的春天》以来，天真的环保主义者就以为环境保护已成为这个时代的上帝命令。他们不了解：工业时代的主宰力量是不会理睬这个上帝命令的，这就是（7301\02-6）所要传达的世界知识。中国还处于工业时代，科学发展观只是一项经济建设原则，而不是一项可以完全付诸实施的政策，长江三峡水电站的建设符合科学发展观吗？这是一个不可能具有唯一答案的问题。据说：毛泽东先生最欣赏的大诗人是李白，但在这个问题上，李白先生肯定会同毛泽东先生发生不可调和的冲突。笔者会投下支持李白先生的一票，但也并不认为：支持毛泽东先生的票就是错误的。（7301\02-6）诚然为环境破坏者提供了某种辩护，但绝没有为他们胡作非为提供辩护，胡作非为属于法治问题，将在事业态度行为 7301\11 里论述。

（7301\02-7）使用了相关符号“jl00e21”，表示后者与前者的因果关系不具有必然性，而只是可能性。它依次列举了可能产生无视人文行为的三种主要因素：全疆域征服、暴力政治斗争和极权政治制度。在中国历史上，以“焚书坑儒”而自得的历史人物毕竟只有两位，可见把极权政治制度排在第三位是合适的。另外，那个洋洋自得的第一世界老是摆出一幅从来没有做过无视人文蠢事的姿态，这完全不符合历史事实，是危害性最大的虚伪。他们不仅做过无视人文的蠢事，还犯过毁灭人文的罪恶勾当。因此，这里把全疆域征服排在第一位。这是（7301\02-7）所要重点传达的世界知识。

（7301\02-8）使用了强交式关联符号“=”，表示两无视行为在六个世界里以第二世界最为突出。笔者实际上已经对这一带编号概念关联式进行过充分论证，这里就不指明具体的章节了。这一概念关联式或将成为汉奸骂名的铁证之一，如果骂者能骂出一些道理来，那笔者就十分高兴了。

0.1.0.2.2 效应心理行为基本形态 7301\02e6m 综述

效应心理行为基本形态 7301\02e6m 的汉语说明拷贝如下：

7301\02e6m	效应心理行为基本形态
7301\02e60	融合行为
7301\02e61	“欢迎”行为
7301\02e62	拒绝行为
7301\02e63	容纳行为

效应心理行为基本形态 7301\02e6m 将设置两项增扩延伸，符号及汉语说明如下：

7301\02e6m*e2n	效应行为形态的基本描述
7301\02e6m*e25	礼貌形态
7301\02e6m*e26	粗暴形态
7301\02e6m*c3n	效应行为形态的层次性表述
7301\02e6m*c35	效应行为形态的人际表现
7301\02e6m*c36	效应行为形态的国家表现
7301\02e6m*c37	效应行为形态的文明间表现

上列两项增扩延伸可以分别说，也可以非分别说。这里需要为第二项增扩延伸说几句话，本编的任何延伸概念或理解基因包含一项基本预设：主体优先于或默认于个人，但第二项增扩延伸的 7301\02e6m*c3n 则修正了这一预设，它扩大了主体的范围，把国家和文明都吸收进来了。7301\02e6m*c36 和 7301\02e6m*c37 的主体分别优先于国家 pj2 和文明 pj01*\k。不仅如此，它还把这一主体优先性推及于客体的对象。

7301\02e6m*c3n 的世界知识非常复杂，这一复杂性主要来于客体的内容和主体的代表性。现代中华文明的基本倾向是“欢迎”7301\02e61*c37 与拒绝 7301\02e62*c37 并存，但“欢迎”与拒绝的具体表现又取决于客体的具体内容和主体的代表性。例如，鲁迅和胡适两位大师既有各自不同的“欢迎”与拒绝，又有共同的同一“欢迎”与拒绝，但都缺乏容纳精神 r7301\02e63*c37，更谈不上融合境界 r7301\02e60*c37 了。

广义效应基本形态 7102e6m 有二级延伸概念 7102e61c2m，它在效应心理行为 7301\02 的延伸概念里没有直接写出来，是保留还是删除由后来者自行决定。

0.1.0.3 关系心理行为 7301\03

0.1.0.3-0 关系心理行为 7301\03 的概念延伸结构表示式

```
7301\03:(e4n,e2m,*t=b;)
  7301\03e4n        关系行为第一形态
  7301\03e45        关心行为
  7301\03e46        兴趣行为
  7301\03e47        冷漠行为
  7301\03e2m        关系行为第二形态
  7301\03e21        直接关系行为
  7301\03e22        间接关系行为
  7301\03*t=b       三争心态表现
  7301\03*9         争权心态表现
  7301\03*a         争利心态表现
  7301\03*b         争名心态表现
```

下面，将先进行关系心理行为 7301\03 的综述，随后以 3 个小节进行论述。

0.1.0.3-1 关系心理行为 7301\03 综述

描述关系心理行为 7301\03 的汉字主要是善-恶、好-坏、公-私、好-恶这四个概念对，前三个概念对派生的双字词极为丰富，积极意义（褒义）的有：好人、好事、帮人、救人、助人、公德、公心、善举、善事、行善、积德、无私、侠义、仗义、与人为善等；消极意义（贬义）的有：恶人、恶毒、邪恶、作恶、坏蛋、坏人、害人、损人、坏事、私心、自私、无恶不作等。这些词语涉及伦理的诸多侧面，都与关系心理行为 7301\03 存在一定的关联性，但不可能都安置在这一项延伸概念里。例如，好-恶将被安置在情感行为 7101\3 里，积德和公德将被安置在观念行为 7323 里。积德这个词语是笔者童年时从仰山堂婶嫂们口中经常听到的，公德这个词语是笔者少年时从珞珈山长辈口中经常听到的，后来这两个词语很少听到了。近年常听到中国人缺乏公共道德传统的议论，深感诧异。笔者不能不在此说一句：中国传统习俗是很讲公德的，不过在 20 世纪确实出现过深度中断的现象。

善-恶、好-坏、公-私这三组概念有古今之别，善-恶的概念比较古老，公-私的概念属于现代，《论语》也好，《理想国》和《尼各马可伦理学》也好，都以善-恶的概念为基础，没有把它们与公-私的概念直接联系起来，这一联系的建立是工业时代的发展或贡献。至于好-坏，则是现代汉语对古汉语善-恶的通俗化替换。

关系心理行为 7301\03 的合适描述离不开对人性的基本描述，人性的基本描述有性善论和性恶论的著名论争。[122-0.1.1-1]分节曾说过：性恶论确实比性善论深刻，但性善论比性恶论明智。传统中华文明和基督文明的主流伦理学都属于明智派，明智派一定强调良心、良知或博爱的积极意义，深刻派反之。7301\03 概念延伸结构表示式的设计以明智派的主张为依归，深刻派的主张则放在现实行为 7331 里。

0.1.0.3.1-1 关系行为第一形态 7301\03e4n 综述

关系行为第一形态 7301\03e4n 的延伸概念及其汉语说明如下：

```
7301\03:(e4n,;e4nd01;~e47d01)
  7301\03e4n              关系行为第一形态
  7301\03e45              关心行为
    7301\03e45d01           热衷行为
  7301\03e46              兴趣行为
    7301\03e46d01           好奇行为
  7301\03e47              冷漠行为
    7301\03e47d01           冷酷行为
    7301\03~e47d01          激情行为
```

联系于关系行为的热衷或激情是人生幸福的标志，一个未曾体验过热衷或激情的人算不上真正拥有过幸福的人生；联系于关系行为的好奇是人生成就感的标志，一个未曾体验过好奇的人算不上真正拥有过充实的人生；而一个鄙视关心与兴趣并以冷酷为上的人必然没有幸福。这是三项十分重要的世界知识，以下列特殊编号概念关联式表示予以表述。

((7301\03e45d01;7301\03~e47d01),jl111,(sg35e21e21,147,r7121d01))
——(7301\02-0-9)

（热衷行为或激情行为是幸福人生的必要因素）

(7301\03e46d01,jl111,(sg35e21e21,147,r7121b)) ——(7301\02-0-10)

（好奇行为是充实人生的必要因素）

(p7301\03e47d01,jl11e22,7121d01)——(7301\02-0-11)

（冷酷者没有幸福）

笔者的中学阶段生活在珞珈山，就读于东湖中学。那时的珞珈山正值她的青春年华，而东湖还是一位未遭任何污染的清纯少女（朱德将军在 20 世纪 50 年代初曾写下“东湖暂让西湖好”的名句）。东湖中学虽然只存在了短短四年半的时间，但领受过大学教授讲授中学课程的独特风采（东中主要靠武汉大学老师的无偿兼课），聆听过胡适先生的特邀讲演，讲词里的一句话——“要东摸摸，西看看”——深深影响了笔者的一生。其第一波影响就是使笔者把东中小小图书室的图书摸看了一遍，而后又去摸看武汉大学图书馆的报刊阅览室。东湖中学就是这样一片激励热衷、好奇和激情的乐土。造就这乐土的基本要素是自然与人文环境，而不是金钱与大楼。对金钱与大楼的迷恋是否反而有害于这乐土的营造呢？这答案本来像数学意义下的“1+1=2”一样简明，但为什么人们却像发疯似沉溺于这迷恋呢？精神生活的净化是医治这种沉溺病的必要前提，而精神生活的净化需要高雅世界知识的普及，这就是把上列概念关联式赋予特殊编号的原因，但愿她们能够成为高雅世界知识宝库里的三件样品。

0.1.0.3.1-2 关系行为第二形态 7301\03e2m 综述

关系行为第二形态 7301\03e2m 的延伸概念及其汉语说明如下：

```
7301\03:(,e2m,;e21*:(e4n,e1n),e22:(c01,d01),(e2m):(c01,d01);
                                   e21*e15e7m,e21*e16e4m)
  7301\03e2m                      关系行为第二形态
  7301\03e21                      直接关系行为
    7301\03e21*e4n                  怨之反应行为
    7301\03e21*e45                  化解
    7301\03e21*e46                  忍让
    7301\03e21*e47                  纠缠
    7301\03e21*e1n                  恩之反应行为
      7301\03e21*e15e7m               施恩者反应行为
      7301\03e21*e15e71               君子行为（不图回报）
      7301\03e21*e15e72               小人行为（投资回报）
      7301\03e21*e15e73               俗人行为（希图回报）
      7301\03e21*e16e4m               受恩者反应行为
      7301\03e21*e16e41               报恩
      7301\03e21*e16e42               忘恩
      7301\03e21*e16e43                “恩痴”
  7301\03e22                      间接关系行为
    7301\03e22c01                   见死不救
    7301\03e22d01                   见义勇为
    7301\03(e2m)c01                 旁观
    7301\03(e2m)d01                 干预
```

关系行为第二形态 7301\03e2m 的表现远比第一形态 7301\03e4n 复杂，其概念延伸结构表示式充分表明了这一点。

直接关系行为 7301\03e21 描述的内容主要涉及恩怨的概念，这里的恩怨是一对比较复杂的概念，它不同于恩仇，不具有对偶性，表 3-4 清楚地表明了这一点。

表 3-4　恩怨和恩仇表示

符号	含义
r6543e61	恩（德）
r6543~e71	怨
r653218//r3218	恩
r653228	仇

因此，对恩怨的反应行为分别采用了 7301\03e21*e1n 和 7301\03e21*e4n 的不同表示符号，这个表示式表明：恩之反应行为的描述需要区分施恩者 7301\03e21*e15 和受恩者 7301\03e21*e16，而怨之反应行为的描述则不必作此区分。在心情关系反应 7103 的直接反应 7103e21 里，我们并没有给出这样的描述，因为这是文学和心理学的事，交互引擎采取回避的策略比较明智。但行为描述却不能回避，这就是[HNC-1]符号设计平衡原则的妙用了。

应该说明：怨之反应行为 7301\03e21*e4n 的符号表示把化解与忍让都视为积极行为，把纠缠视为消极行为，这是功利理性 d24d01 所不能赞同的，浪漫理性更会发出五花八门的责难，因此，这里的选择乃基于经验理性和先验理性的思考，这一重要世界知识将以下面的概念关联式予以简化表达。

7301\03e21*e4n:=(d21+d22)
（此表示式所表示的怨之反应行为对应于经验理性和先验理性）

恩之反应行为 7301\03e21*e1n 的符号表示比较传神，大约不会受到非议，但施恩者反应行为 7301\03e21*e15e7m 的符号表示及其汉语说明就不敢这么奢望了。汉语主体说明的文字表述已高度简化，这无须解释。问题是小人行为 7301\03e21*e15e72 的辅助说明——投资回报——似乎十分不妥，何必把投资回报与小人行为联系起来呢？这反映了笔者对后工业时代的一种期待，如此而已。

间接关系行为 7301\03e22 涉及的内容远比直接关系行为复杂，这里不得不采取叩其两端的简化描述方式，符号本身无褒贬意义，但对应的汉语说明并非如此，这里存在明显的矛盾，需要稍加解释。

低端间接关系行为 7301\03e22c01 的汉语说明“见死不救”可以是卑鄙的自私，也可以是明智的审时度势，汶川地震时的范跑跑[01]属于前者，而“文化大革命”中的周恩来先生则属于后者。当然，这两个例证都会存在争议，这恰好证实了间接关系行为的极度复杂性。高端间接关系行为 7301\03e22d01 的汉语说明“见义勇为”的情况则更为复杂，它可以是伸张正义，也可以是助纣为虐，但是，这两者之间的区分却比上述的“卑鄙”与“明智”还要复杂。让我们想一想十字军的东征骑士，想一想法国大革命的狂热雅各宾党人，甚至不妨也想一想“文化大革命”中横扫一切牛鬼蛇神的红卫兵，也许你以为很容易判定他们的行为归类，但实际情况并非如此。上面的论述试图表明：对间接关系行为 7301\03e22 采取叩其两端的描述方式乃是唯一可行的选择。这种描述方式会带来词语捆绑的困惑吗？对此，笔者将笑而不答。

关系行为第二形态 7301\03e2m 的描述需要叩其两端的非分别说形态，相应的汉语说明比较准确。两者可分别自动施行“ckm”延伸，其具体操作由后来者自行决定。

0.1.0.3.1–3　三争心态表现 7301\03*t=b 综述

三争心态表现 7301\03*t=b 的延伸概念及其汉语说明如下：

```
7301\03:(,*t=b;*t*e4n,*t*e7m,(*t)*e2n;
              *t*e46e26,*t*e47e25,*t*e72e2n)
  7301\03*t=b              三争心态表现
  7301\03*9                争权心态表现
  7301\03*a                争利心态表现
  7301\03*b                争名心态表现
    7301\03*t*e4n            三争心态的自我表现
    7301\03*t*e45            适度三争
    7301\03*t*e46            淡泊三争
      7301\03*t*e46e26         消极淡泊三争
    7301\03*t*e47            过度三争
      7301\03*t*e47e25         积极过度三争
    7301\03*t*e7m            对强势者的三争心态表现
    7301\03*t*e71            认同
```

```
7301\03*t*e72          仇视
  7301\03*t*e72e2n       仇视的辩证表现
  7301\03*t*e72e25       积极仇视（造反有理）
  7301\03*t*e72e26       消极仇视（造反无理）
7301\03*t*e73          妒忌
  7301\03(*t)*e2n        对弱势者的三争心态表现
  7301\03(*t)*e25        理解
  7301\03(*t)*e26        鄙弃
```

三争心态表现 7301\03*t=b 是关系心理行为的本体描述。本编已多次引用过三争的概念。三争是历史的主线，迄今为止的人类历史就是一个民族、文明和智者之间进行三争的历史。三争有广义与狭义之分，心理意义的三争是广义的，专业活动的三争是狭义的，这一重要世界知识以下列特殊编号概念关联式予以表示：

(((7y:t=b):=(a0099t=b)),jl111,a0099tu8111-)——（7-0-1）
（对应于专业三争的心理活动是广义三争）

三争心态表现 7301\03*t=b 之三项延伸概念的定义式如下：

7301\03*t*e4n::=(7301\03*t,l02,p53d3n;l14,r4075)
7301\03*t*e7m::=(7301\03*t,l02,p53d35;l14,r4075)
7301\03*(t)*e2n::=(7301\03*t,l02,p53d37;l14,r4075)

笔者深知：这三项延伸概念的符号表示是死心眼的浪漫理性者所绝对不能赞同的，本编已经对浪漫理性说了许多不友好的话语，这可能引起严重误解，以为笔者对浪漫理性采取基本否定的态度。实际上，笔者心中充满了对浪漫理性的崇敬之情，没有浪漫理性，事物的辩证性就不可能得到最深刻的揭示，从克尔凯郭尔到尼采，从马克思到毛泽东，都对此作出过伟大贡献。但浪漫理性的深刻性（透彻性）一定是以牺牲全面性（齐备性）为代价的，是“叩其一端”（即“攻其一点，不及其余”），而不是孔夫子的“叩其两端”。毛泽东先生对马克思主义的最简明概括——造反有理——就是“叩其一端”的典型范例，所以，这里把它用于三争的辩证表现之一 7301\03*t*e72e25 的直系词语。

三争辩证表现的另外两项表示式 7301\03*t*e46e26 和 7301\03*t*e47e25 及其汉语说明也会有较大争议，这就由专家们去争议吧，HNC 不参与，只给出下面的带编号概念关联式：

((7301\03*t*e46e26;7301\03*t*e47e25),l02,p53d35))
（消极淡泊三争或积极过度三争都以强势者为对象）——（7301\03-1）

小节后记

前已指出：本章是《全书》最特殊的一章，其小节相当于其他部分的章，其子节相当于其他部分的节。但为子节写结束语未免小题大做了，所以这里为本小节写一个简明的后记。

本后记分 4 大段，每大段对应于一个子节，段首以符号“——”标记。

——第 0 子节定名“感受行为 7301\00”，对应于心情 710 的感受 7100，论述了感受行为基本形态 7301\00*m、感受基本效应行为 7301\00e2n 和动态感受行为 52(7301\00)。在第一项论述里，重申了“人们都太习惯于工业时代的惯性思维了，对后工业时代的曙光几乎没有察觉”的论点和“第一世界**不可能独力承担**创建后工业时代精神文明的历史重任”的论点，对“现代化包装下形成的法与天”提出了质疑，因为它把儿童与少年同那个“美妙的‘法与天的有无辩证法’”隔离起来了。

——第 1 子节定名“作用心理行为 7301\01”，对应于心情 710 的广义作用反应 7101，论述了作用反应行为 7301\01*t=a 和作用反应行为基本形态 7301\01~e05。前者是对作用心理行为 7301\01 的本体论描述，后者是对相应行为的认识论描述。

在第一论述里，预说了政治霸道、法律霸道、环境霸道和利益霸道的概念，提出了“后工业时代需要建立的经济理念之一就是鄙弃环境霸道和鄙弃利益霸道，并同时建立起环境王道和利益王道的经济理念”的论点。环境保护是当今的热门话题，但该话题是否仅涉及环境课题的表层描述呢？其深层描述是否应涉及环境王道与环境霸道的概念呢？这很值得思考。经典文明世界从来没有王道与霸道这一对概念，而后工业时代却十分需要它，因此，在那里写下了“经济霸道这个概念可能不会受到这种待遇。如果经济霸道能得到认同，那么经济王道的概念就跟着有希望了，而政治王道的概念似乎也有跟进的希望了”的话语，其中的“这种待遇”是指荒诞复古或封建余孽的讥笑。那里还说到环境霸道现象在“六个世界所面临的情况存在巨大差异，而作为第二世界中坚的中国，其状况最为复杂和严重”。

在第二论述里，提出了“六个世界的意识形态围墙其实主要表现为作用反应行为崇奉倾向的差异”的论点。那里顺便标示了古老中华文明的固有弱点，这弱点，在文明历史长河的视野里不过是一片涟漪，有人特别喜爱把这片涟漪放大成巨浪甚至海啸，这并不奇怪，因为愚不可及和别有用心是一种永恒的存在。

——第 2 子节定名“效应心理行为 7301\02”，对应于心情 710 的广义效应反应 7102，论述了效应反应行为 7301\02*t=a 和效应心理行为基本形态 7301\02e6m。前者是对效应心理行为 7301\02 的本体论描述，后者是对相应行为的认识论描述。

该子节着重论述了下列三组概念：

生活方式基本形态	7301\02*(t)ie4n
三迷信行为	7301\02*ad01t=b
两无视行为	7301\02*a\k=2

论述实际上是围绕着“经济公理”这一重要概念而展开的，为此先阐释了经济发展的时代性特征，指出该特征可用“S”曲线和“Ω”曲线来描述，随后概述了 20 世纪的五大历史事件及其历史效应，两者构成“经济公理”的形而上思考。“经济公理”的形而下（专家）研究尚未启动，对此，我们表达了“悠悠万事，唯此为大”的忧虑。

——第 3 子节定名“关系心理行为 7301\03”，对应于心情 710 的关系反应 7103，论述了关系行为第一形态 7301\03e4n、关系行为第二形态 7301\03e2m 和三争心态表现 7301\03*t=b。

在第一论述里，对以下三种行为进行了重点阐释，给出了若干特殊编号概念关联式，请读者予以关注。

热衷行为	7301\03e45d01
好奇行为	7301\03e46d01
激情行为	7301\03~e47d01

在第二论述里，对恩怨的概念进行了比较细致的描述，把君子、小人和俗人的概念与三种关于回报的态度联系起来。其中，神圣的投资回报竟然与小人行为画上了等号，那不过是“笔者对后工业时代的一种期待”而已，希望能得到谅解。

在第三论述里，对三争心态的辩证表现进行了细致的分析，引入了一系列很难甚至不能用自然语言词语直接表达的延伸概念，有兴趣深入了解 HNC 辩证法的读者，可以在那里找到生动的示例。

注释

[01] 关于范跑跑事件：2008年，四川汶川大地震时，一位当地正在上课的范姓老师赶紧自己一人外奔逃命，连警告话语都没有向学生们喊一声。事后范某在互联网上如实公示自己的逃跑经历，有自得之意而无自责之心。此公示在网上引起巨大争论，支持者大有人在，可列入当前中国社会的人文奇观，范某因此而获得“范跑跑”的网名。

第 1 小节 态度行为 7301\1

0.1.1-0 态度行为 7301\1 的概念延伸结构表示式

7301\1:(k=0-3;)

7301\10	基本态度行为
7301\11	事业行为
7301\12	亲情行为
7301\13	友谊行为

4 种态度行为 7301\1k 具有下列基本概念关联式：

7301\10<=7110
（基本态度行为强流式关联于态度基本内涵）
7301\10≡7110——（7301\1-0-1）
（基本态度行为强关联于态度基本内涵）
7301\11<=7111
（事业行为强流式关联于对事业的态度）
7301\11≡7111——（7301\1-0-2）
（事业行为强关联于广义对事业的态度）
7301\12<=7112
（亲情行为强流式关联于对亲情的态度）

```
7301\12≡7112——（7301\1-0-3）
（亲情行为强关联于对亲情的态度）
7301\13<=7113
（友谊行为强流式关联于对友谊的态度）
7301\13≡7113——（7301\1-0-4）
（友谊行为强关联于对友谊的态度）
```

上列延伸概念表示式和概念关联式是 0.1.0–0 小节的翻版，下文是翻版的继续。因此，许多文字性交代都将被省略。

0.1.1.0 基本态度行为 7301\10

0.1.1.0–0 基本态度行为 7301\10 的概念延伸结构表示式

```
7301\10:(*t=b,*\k=5;)
  7301\10*t=b              态度基础因素决定的行为（基础行为）
  7301\10*9                契约行为
  7301\10*a                观念行为
  7301\10*b                日常心态行为（常态行为）
  7310\10*\k=5             态度行为基本表现
  7310\10*\1               行为素质表现
  7310\10*\2               行为判断表现
  7310\10*\3               行为关系表现
  7310\10*\4               行为伦理表现
  7310\10*\5               行为方式表现
```

0.1.1.0.1–1 契约行为 7301\10*9 综述

契约行为 7301\10*9 的概念延伸结构表示式及其汉语说明如下：

```
7301\10*9:(e2n,e7m,e7n;e25*e26,e26*e25,)
  7301\10*9e2n             契约行为的基本表现
  7301\10*9e25             仁义行为
     7301\10*9e25*e26        仁义行为的辩证表现
  7301\10*9e26             功利行为
     7301\10*9e26*e25        功利行为的辩证表现
  7301\10*9e7m             权益行为
  7301\10*9e71             慷慨行为
  7301\10*9e72             贪婪行为
  7301\10*9e73             小气行为
  7301\10*9e7n             义务行为
  7301\10*9e75             豪爽行为
  7301\10*9e76             吝啬行为
  7301\10*9e77             计较行为
```

本编第一篇第一章的 1.0.1 分节[121–1.0.1–1]曾说到：“符号 71109e2n 本身存在相应的自然语言词语，‘违心’是其中之一，‘人在江湖，身不由己’也是。”所以，7301\10*9e2n 本身也存在直系“短语”，那就是违心行为和“人在江湖，身不由己”的行为。这种行为不是黑格尔式辩证逻辑所能描述的，“好心办坏事”或“好事变坏事”是常见的社会现象，这种说法容易得到认同。但如果说“‘坏心办好事’或‘坏事变好事’则更为常见”就不容易得到认同了。这些现象的描述超出了黑格尔式辩证逻辑的能力之外，但延伸概念7301\10*9e26*e25（功利行为的辩证表现）却能给出传神的描述。社会性功利行为所产生的积极效应是社会发展的主要动力，然而这只适用于农业和工业时代，这是一项十分重要的世界知识，以下面特殊编号概念关联式表示。

(r7301\10*9e26*e25xpj01-,jl111,(r00te25ju71,l14,c10ae55);
s31,pj1*~b)——（7301\10-0-1）
（在农业和工业时代，社会性功利行为的积极效应是社会发展的主要推动力）
(r7301\10*9e26*e25xpj01-,jl112,(r00te25ju71,l14,c10ae55);
s31,pj1*b)——（7301\10-0-2）
（在后工业时代，社会性功利行为的积极效应不是社会发展的主要推动力）

功利行为的辩证表现7301\10*9e26*e25是一个r强存在概念，老聃也许是最早洞察这一辩证特性的先哲，他对祸福相依的透彻思考、对仁义的一系列惊世之论就是明证。他是先秦时期唯一坚持逆向思维的思想家，孔子反之，坚持“吾从周”的顺向思维。对两位先哲的智慧妄加比较是不明智的，这有下面的特殊编号概念关联式为证：

(zr7301\10*9e26*e25>zrc7301\10*9e25,s31,pj01*~b)——（7301\10-0-3）
（在农业和工业时代，社会性功利行为积极效应的价值大于社会性仁义行为的价值）
(zr7301\10*9e26*e25<zrc7301\10*9e25,s31,pj01*b)——（7301\10-0-4）
（在后工业时代，社会性功利行为积极效应的价值小于社会性仁义行为的价值）

多数普通读者对上列特殊编号概念关联式可能觉得难以理解，某些专家则很可能嗤之以鼻。这关系到一个时代性话题，前文已有多次铺垫性论述，《全书》第二卷第八编将给出系统论述。

古汉语对仁义行为辩证表现7301\10*9e25*e26有“妇人之仁”的直系词语，这个词语虽然因妇女歧视色彩浓厚而令人厌恶，但不可因噎废食而不收录。古汉语对功利行为之辩证表现7301\10*9e26*e25似乎没有对应的描述词语，这应该是自然语言的共性，不必为此而羞愧。

权益行为7301\10*9e7m和义务行为7301\10*9e7n就不加解释了，因为其符号表示都十分传神。这些行为也会有相应的辩证表现，但不像仁义行为和功利行为那么突出，从略为宜。

0.1.1.0.1-2 观念行为7301\10*a综述

观念行为7301\10*a的概念延伸结构表示式及其汉语说明如下：

7301\10*a:(m,e4n,t=a;m*e2n,e4n*e2n,t*e2n)

7301\10*am	初级观念行为
7301\10*a0	“色厉内荏”行为
7301\10*a1	尊重行为
7301\10*a2	歧视行为
7301\10*ae4n	高级观念行为
7301\10*ae45	谦让行为
7301\10*ae46	超脱行为
7301\10*ae47	争夺行为

```
7301\10*at=a        丛林法则行为
7301\10*a9          强梁行为
7301\10*aa          忍受
```

这里，对三种观念行为都赋予了增扩延伸“e2n”，以描述三者的主体辩证表现。

在感受行为 7301\00 综述[123-0.1.0.0]里，引入增扩延伸的术语，但没有说明为什么要这么做，现在有条件略加论述了。

[122]的引言中曾略述了脑谜 3 号的基本科学问题：“‘心理’、意志和思维的不可直接观察性，为脑谜 3 号的科学考察带来了特殊困难。近年来，大脑活动的信号检测与处理技术取得了巨大进展，这在一定程度上缓解了不可直接观察性带来的困扰。但应该强调指出：不可直接观察性只是脑谜 3 号的表层现象，观察手段的改进只是工具而已，绝不是揭示脑谜 3 号科学之谜的钥匙，那钥匙只能是脑谜 3 号理论模型的建立与验证。然而，对这把钥匙的探索在近一个世纪里反而被忽视了，简单的动物性还原论大行其道，市场需求推动了心理治疗的大发展。这样的理论和方法当然有一定的实用价值，但基本无益于脑谜 3 号的科学探索。”这里应该补充的是：行为的可观察性也是有条件的，因为，被观察到的行为依然有真伪之分，社会价值越大的行为，其真伪性越难以证实或证伪。例如，毛泽东先生发动“文化大革命”的行为动机必将是永远的历史之谜。但行为（73）毕竟是可直接观察的，而心理（71+72）或心理与思维（71+72,8）基本是不可直接观察的。因此，本编对心理的描述尽量从简，有些心理现象就直接放在行为里加以描述，因为离开行为来描述这些心理现象几乎没有任何实际意义，尽管有些文学家甚至某些心理学家喜欢这样的描述。实验室意义的心理不同于真实社会之人的心理，HNC 认为：7301\10*a:(m,e4n,t=a; m*e2n,e4n*e2n,t*e2n)所描述的观念心理更贴近真实社会之人的心理，而实验室心理或文学心理反而是高不可攀。以上所说，就是设置行为增扩延伸概念的基本依据了。

三种观念行为——初级和高级观念行为及丛林法则行为——都具有主体辩证性“e2n”的全方位表现似乎是不可思议的，但这正是一切事物或社会现象的基本特性。对这一基本特性的正确把握是社会和谐性的根本保证，是智慧 7210\1 的核心内容，智慧必然重视观念行为的辩证表现，而智能 7210\2 则往往故意采取无视的态度，这是智慧与智能的基本差异之一，这一重要的世界知识以下列带编号的概念关联式表示。

```
(7210\1,s219e21jlu12d01,7301\10*a:*e2n)——(7210\1-1)
(智慧必然重视三种观念行为的主体辩证性表现)
(7210\2,s219e22su10e22jlu12c31d01,7301\10*a:*e2n)——(7210\2-1)
(智能往往故意忽视三种观念行为的主体辩证性表现)
```

三种观念行为的全方位辩证性表现都未赋予相应的汉语说明。它们不仅不存在于汉语，很可能也不存在于任何自然语言。没有自然语言词语直接对应（可捆绑）的理解基因是难以被激活的，但交互引擎或语言超人的未来创建者不必为此而担忧，对 7301\10*a:e2n 各种具体表现的描述肯定呈现出百家争鸣的态势，这种争鸣现象本身就是主体辩证性表现的激活因子，争鸣各方观点的对立度往往与事物主体辩证性的鲜活度成正比，把握 7301\10*a:*e2n 之类主体辩证性理解基因的钥匙就在这里。未来的交互引擎难道连语境信息的这点基本特征都抓不住吗？

观念行为 7301\10*a 的世界知识无比丰富，即使是在语言概念空间，也难以给出符合齐备性要求的描述。下面仅以古老中华文明和第一世界为参照点写出 5 个概念关联式。

(7301\10*a2,jlv11e22jur721jlu12e21,pj01*\1+j42e51) (1)
（歧视行为已基本不存在于第一世界内部）

(7301\10*a~e47=(pwj01+China)xpj1*9) (2)
（谦让与超脱行为强交式关联于古老中华文明）

((7301\10*a~e47,l44,pj2),jlv11e217jlur12e22jl12d01,pj1*bc37) (3)
（国家之间的谦让与超脱行为必将诞生于后工业时代的成熟期）

(7301\10*a9=(pwj01,l47,pj2*\1+pj2*\4)) (4)
（强梁行为强交式关联于第一和第四世界所对应的文明）

7301\10*aa=(pwj01+China)xpj1*9 (5)
（忍受行为强交式关联于古老中华文明）

上列 5 个概念关联不过是观念行为世界知识的冰山一角，在三个历史时代和六个文明世界的俯瞰视野里，它们代表了相关世界知识的亮点。但是，深信第一世界依然是邪恶帝国永恒代表的读者必然对概念关联式(1)义愤填膺；深信古老中华文明为封建制度万恶之源的读者必然认定概念关联式(2)居心叵测；迷信斗争哲学的读者必然对概念关联式(3)嗤之以鼻；信奉民主、自由和宗教信条的读者必然认为概念关联式(4)犯下了文明诬蔑之罪；而崇尚“国学”的读者则会谴责概念关联式(5)阉割了国学的灵魂。对这一切，笔者不作任何辩护。

0.1.1.0.1-3 常态行为 7301\10*b 综述

常态行为 7301\10*b 的概念延伸结构表示式及其汉语说明如下：

```
7301\10*b:(e7m;e7mc2n,e71e26,e72(e25,i);e72ie25;e7m:*7)
  7301\10*be7m              常态行为基本形态
  7301\10*be71              宽容行为
     7301\10*be71c2n          两级宽容
     7301\10*be71c25          原谅
     7301\10*be71c26          宽恕
     7301\10*be71e26          自谅
  7301\10*be72              责怪行为
     7301\10*be72c2n          两级责怪
     7301\10*be72c25          非议
     7301\10*be72c26          指责
     7301\10*be72e25          自省
     7301\10*be72i            苛求
       7301\10*be72ie25         严格要求
  7301\10*be73              “抱怨”行为
     7301\10*be73c2n          两级抱怨
     7301\10*be73c25          抱怨
     7301\10*be73c26          埋怨
     7301\10*be7m:*7          口头常态行为
```

常态行为的最大特点是：其全部行为都存在虚浮形态 7301\10*be7m:*7，统名之口头常态行为，其定义式或等同式如下：

```
7301\10*be7mc2n*7::=7301\10*be7mc2nju816
(两级口头常态行为定义为相应行为的非真形态)
7301\10*be71e26*7=:~(7301\10*be71e26)
(口头自谅等同于不自谅)
7301\10*be72e25*7::=7301\10*be72e25ju82~e71
(口头自省定义为卑鄙或虚伪的自省，即伪君子行为)
7301\10*be72i*7:=7301\10*be72iju816
(口头苛求等同于虚浮的苛求)
7301\10*be72ie25*7=:7301\10*be72ie25ju816
(口头严格要求等同虚浮的严格要求)
7301\10*b:*7=>50bae26
(口头常态行为强源式关联于虚伪社会风尚)
```

近年来，中国内地的造假行为的泛滥几乎达到了不可控制的危险状态，有人把这种状态的形成简单地归结为功利主义、市场化或西方文明的罪孽。这种简化认识反映了部分缘起性，但不是全部，甚至不是本质部分，本质是口头常态行为原来就曾盛行于中国内地达 30 年之久，那时流传着一个很形象的说法，叫“马列主义上刺刀”（对人不对己）。所以，这种简化认识必然埋藏着巨大的祸根，那就是误导后代中国人对经典社会主义的盲从怀旧，让经典社会主义造成的巨大历史阵痛或悲剧永远不见天日。这类盲从怀旧者已经出现了不少代表性人物，老中青都有。他们最可悲的表现就是既完全不懂得基础行为 7301\10*t=b 的基本世界知识（包括口头常态行为 7301\10*be7m:*7 和真实常态行为 7301\10*be7m:的本质区别），也完全不懂得态度行为基本表现 7310\10*\k=5 的基本世界知识。他们的理性认识仅来自于学校的课本和主流话语。上列概念关联式试图对这些世界知识给出一点粗浅的描述，下文将继续致力于此。

0.1.1.0.2-1 行为素质表现 7310\10*\1 综述

行为素质表现 7301\10*\1 的概念延伸结构表示式及其汉语说明如下：

```
7301\10*\1:(e4m,e7m)
  7301\10*\1e4m          行为气质表现
  7301\10*\1e41          热心行为
  7301\10*\1e42          冷漠行为
  7301\10*\1e43          狂热行为
  7301\10*\1e7m          行为胸怀表现
  7301\10*\1e71          谦虚行为
  7301\10*\1e72          傲慢行为
  7301\10*\1e73          小人得志行为
```

行为素质表现 7301\10*\1 将不设置增扩延伸概念，其概念延伸结构表示式具有封闭形态。这丝毫不意味着行为素质表现比较简明，而是恰恰相反，如果对它给出更细致的描述反而会弄巧成拙。

行为素质表现在六个世界具有明显差异，这些差异源于其文明的基本特征，描述这些基本特征的概念关联式如下。这些概念关联式一定会遭到文明歧视的严厉谴责，但行为素质表现的世界知识要点就是如此，笔者只能如实描述。

```
7301\10*\1e72=pj01*\1
（傲慢行为强交式关联于第一世界）
7301\10*\1e42=pj01*\2
（冷漠行为强交式关联于第二世界）
7301\10*\1e71=(pj01*\3,l52ie21,Russia)
（谦虚行为强交式关联于除俄罗斯以外的第三世界）
7301\10*\1e43=pj01*\4
（狂热行为强交式关联于第四世界）
7301\10*\1e73=pj01*\5
（小人得志行为强交式关联于第五世界）
```

0.1.1.0.2-2 行为判断表现 7301\10*\2 综述

行为判断表现 7301\10*\2 的概念延伸结构表示式及其汉语说明如下：

```
7301\10*\2:(*n,e7n;*5*\k=5,)
  7301\10*\2*n              基于判断效应的行为表现
  7301\10*\2*4              “藐视”
  7301\10*\2*5              重视
     7301\10*\2*5*\k=5        重视的基本侧面
     7301\10*\2*5*\1          重视权势
     7301\10*\2*5*\2          重视财富
     7301\10*\2*5*\3          重视成就
     7301\10*\2*5*\4          重视知识
     7301\10*\2*5*\5          重视传统
  7301\10*\2*6              轻视
  7301\10*\2e7n             基于判断的基本行为表现
  7301\10*\2e75             褒扬
  7301\10*\2e76             贬抑
  7301\10*\2e77             讽刺
```

行为判断表现乃“基于判断的行为表现”的简称，对“基于判断的行为表现”里的“判断”给出了“判断”与“判断效应”的区分。前者联系于低层次判断行为，而后者则联系高层次的判断行为。熟悉作用效应链的核心环节为效应的读者就不难理解上面对两种判断行为的排序及其汉语命名了。

重视 7301\10**5 这一高层次行为判断表现对文明基本特征的形成具有特殊意义，因此，对它赋予增扩延伸概念 7301\10*\2*5*\k=5，并基于上一分节同样的说明，给出下列概念关联式：

```
7301\10*\2*5*\k=pj01*\1
（全方位重视强交式关联于第一世界）
7301\10*\2*5*\1ju60e43=(pj01*\2+pj01*\4)
（过度重视权势强交式关联于第二和第四世界）
7301\10*\2*5*\5ju60e43=(pj01*\3+pj01*\4+pj01*\5)
（过度重视传统强交式关联于第三、第四和第五世界）
7301\10*\2*5*\3ju60e43=pj01*\6
```

（过度重视成就强交式关联于第六世界）

0.1.1.0.2-3 行为关系表现 7301\10*\3 综述

行为关系表现 7301\10*\3 的概念延伸结构表示式及其汉语说明如下：

```
7301\10*\3:(e4m;)
  7301\10*\3e4m               行为等级表现
  7301\10*\3e41               平等行为
  7301\10*\3e42               谄上行为
  7301\10*\3e43               欺下行为
```

行为关系表现集中体现为行为的等级表现 7301\10*\3e4m，其世界知识主要体现在下面的概念关联式里。

```
7301\10*\3e41=pj01*\1
（平等行为强交式关联于第一世界）
7301\10*\3~e41=pj01*~\1
（非平等行为强交式关联于非第一世界）
```

0.1.1.0.2-4 行为伦理表现 7301\10*\4 综述

行为伦理表现 7301\10*\4 的概念延伸结构表示式及其汉语说明如下：

```
7301\10*\4:(k=6;1*c2n,2:(e7m,e7n),3:(e7m,e7n),4e7m,5e7n,6e2n;
              6e25*e26,6e26*e25)
  7301\10*\4k=6               行为伦理表现基本侧面
  7301\10*\41                 行为真伪表现
    7301\10*\41*c2n             行为真伪的基本表现
    7301\10*\41*c25             真行为
    7301\10*\41*c26             “伪”行为
  7301\10*\42                 行为善恶表现
    7301\10*\42e7m              行为善恶性第一表现
    7301\10*\42e71              善行
    7301\10*\42e72              恶行
    7301\10*\42e73              冷血行为
    7301\10*\42e7n              行为善恶性第二表现
    7301\10*\42e75              高尚行为
    7301\10*\42e76              卑鄙行为
    7301\10*\42e77              虚伪行为
  7301\10*\43                 行为美丑表现
    7301\10*\43e7m              行为美丑性第一表现
    7301\10*\43e71              美行
    7301\10*\43e72              丑行
    7301\10*\43e73              陋行
    7301\10*\43e7n              行为美丑性第二表现
    7301\10*\43e75              雅行
    7301\10*\43e76              俗行
    7301\10*\43e77              堕落
  7301\10*\44                 行为王霸表现
    7301\10*\44e7n              行为王霸性基本表现
```

```
      7301\10*\44e75            王道行为
      7301\10*\44e76            霸道行为
      7301\10*\44e77            倒行逆施行为
  7301\10*\45                 行为对错表现
      7301\10*\45e7m            行为对错性基本表现
      7301\10*\45e71            正确行为
      7301\10*\45e72            错误行为
      7301\10*\45e73            失误行为
  7301\10*\46                 行为效应表现
      7301\10*\46e2n            行为效应性基本表现
      7301\10*\46e25            积极效应行为
        7301\10*\46e25*e26        积极效应行为的辩证表现
      7301\10*\46e26            消极效应行为
        7301\10*\46e26*e25        消极效应行为的辩证表现
```

行为伦理性表现 7301\10*\4 的行为真伪性 7301\10*\41 和行为效应性 7301\10*\46 最为复杂，故两者都设置了增扩延伸概念。至于行为的正义性，那就更为复杂了，所以这里未设置 7301\10*\40。伟大的柏拉图并没有说清楚正义性，罗尔斯自以为有所突破，实际上不过是仅仅添加了一些现代法学知识而已。让我们等待后工业时代柏拉图的降临吧。

当前是一个行为伦理表现 7301\10*\4 大混乱的时期，是一个柏拉图的至善理念和孔夫子的仁义理念大溃败的时期，是一个各种宗教核心价值观遭受空前冲击的时期。在农业时代向工业时代的跨越过程中，全球都遭受过上述混乱、溃败与冲击，可简称**伦理考验**。近 300 年的历史表明：人类顶住了那场考验。现在处于从工业时代向后工业时代的跨越过程，上述混乱、溃败与冲击的力量确实更为猛烈，那么，人类是否能够顶住这又一场的伦理考验呢？

要顶住这场伦理考验，关键要素之一是对下列概念关联式所描述的世界知识保持一种清醒的认识：

```
(50ba,147,(7301\10*\41*c26+7301\10*\42e77))<=pj01*\2
(“伪”行为和虚伪行为的风尚强流式关联于第二世界)
(50ba,147,(7301\10*\43~e71+7301\10*\43~e75))<=pj01*\1
(丑行与陋行、俗行与堕落的风尚强流式关联于第一世界)
7301\10*\44e76<=(pj01*\1+pj01*\2)
(霸道行为强流式关联于第一和第二世界)
7301\10*\46e25*e26<=pj01*\1
(积极效应行为的辩证表现强流式关联于第一世界)
7301\10*\46e26*e25<=pj01*\2
(消极效应行为的辩证表现强流式关联于第二世界)
7301\10*\46e25<=pj01*\3+pj01*\6
(积极效应行为强流式关联于第三世界和第六世界)
```

20 世纪最大的历史事件是经典社会主义制度 a10b3u11e21（原始性社会主义制度，即经典社会主义世界 pj01*\2u11e21）的轰然倒塌，人们习惯于把这一重大事件简单归结为两极世界或冷战的终结，这是非常浅薄的认识。前文曾对亨廷顿先生和福山先生略有微词，根本原因就在于他们没有认识到：市场社会主义制度 a10b3u11e22（善后性社会主义制度，即第二世界 pj01*\2）具有强大的生命力，因为它植根于所在地域的文明特质。人类能否顶住这又一场伦理考验，关键在于六大世界能否逐步调整并完善自身的文明特质，这一调整与完善过程必须从反思自身文明的弱点做起，而不是纵容其自由发展。就行为伦理表现来说，第一、第二和第四世界需要反思的东西也许更为繁重。自由主义者和民主制度崇拜者对第二和第四世界缺乏反思的制度保证议论甚多，殊不知第一世界存在着同样的问题，甚至更为积重难返。就高尚行为、雅行与王道来说，第二世界也许存在着更健全的文明基因，这是《对话》里老者的基本论点。笔者无力对此作出评判，只是希望有识之士明白一个基本事理，科技高峰永远是后者超过前者，但艺术的高峰并非如此，而伦理高峰则更为奇特，前人的思考深度超过后人是其常态。不明白或装作不明白这一基本事理者，也许具有很高的智能，但智慧一定平平。而在后工业时代，人类更需要智慧。

0.1.1.0.2-5 行为方式表现 7301\10*\5 综述

暂缺，参见[121-1.0.2-5]。

子节结束语

本子节需要一个结束语。这个结束语比较长，在某种意义上，是《全书》前言的一段插写。这插写里将引入**透齐**这一新词语，并予以系统论述，透齐就是透彻性与齐备性的简称或非分别说，这里不过是利用了一下汉语生成新词的特殊便利而已。论述过程中必然要涉及**语言理解基因**和**世界知识**这两个 HNC 的核心概念，因为，透齐性是两者的基本特性。不具备透齐性的语言理解基因要么是冒牌的基因，要么是差劲的基因；不具备透齐性的世界知识要么是高人的谎言，要么是专家的偏见。因此，在论述过程中，也将对世界知识与专家知识的本质区别有所说明。

态度 711 被定义为“心理”的第一号殊相概念群，这意味着人的行为无不受到态度的影响。汉语有“做人”和“为人”的词语，这两个词语包含着深厚的人文哲理，是态度行为 7301\1 或基本态度行为 7301\10 的直系词语，前者对应于“动词 v”，后者对应于“名词 g”。有趣的是：英语并没有对应的直系词语，这一语言现象很值得注意，那些一味贬低传统中华文明的文化人不妨想一想“汉有而英缺”的词语现象。

态度行为 7301\1 概念延伸结构表示式的设计就是对“做人”或“为人”的 HNC 描述，用笔者喜爱的话语来说，就是对“做人”或“为人”（下文将仅用“做人”为代表）给出一个符合透彻性与齐备性要求的描述，今后将把这种描述简称透齐描述，并使用透齐或透齐性的术语。

如果以概念树为参照，那么就可以说：透齐描述的具体落实就是各级延伸概念（概念延伸结构表示式）的设计，这就是说，**透齐性是分级的**。HNC 从未奢望过无所不包的透齐性，但它第一追求语言概念空间之范畴划分的透齐性；第二追求各概念范畴之概念群设计的透齐性；第三追求各概念群之概念树设计的透齐性；第四追求各概念树之概念延伸结构表示式设计的透齐性；这四项追求服务于一个核心目标，那就是为了求得**语言理解基因的数学物理表示式**。在这一追求或探索过程中，HNC 所运用的基本思考方式是形而上思维，即以综合与演绎为基本依托的思维。这就是说，HNC 的概念范畴、概念群、概念树（包括领域概念树）、概念延伸结构表示式的设计都是先验理性的产物，而不是经验理性的产物。但必须指出：上述前三项追求的目标只是语言概念空间描述的“一级”透彻性，这一步在 1993 年就达到了，但那不过是万里长征的第一步，因为从概念树到语言理解基因之间不仅存在一个复杂的纵向结构，还存在一个更为复杂的横向结构。在理论上，**领域**概念树的每一延伸概念对应于一项特定的理解基因，该延伸概念的每一位数字都具有确定的意义，不仅明确表达了该特定语言理解基因自身的意义，还同时表达了其所在局域网的全部意义，故 HNC 后来引入了**延伸概念**和**义境**这两个新术语，以替代原来曾经使用过的“概念节点”和“语义”这两个旧术语。延伸概念和义境意味着**任何特定概念都是一个特定概念家族的成员**，任何一个**语言理解基因**都是**一个特定语言理解基因家族**的成员，从家族的整体特征去俯瞰其家族成员就属于形而上思考，从家族成员的个性特征去仰视其整个家族就属于形而下思考。这两种思考方式不能偏废，但仅仅认识这一点是远远不够的，首先要明确：俯瞰与仰视两者必须以俯瞰为主，仰视为辅；其次要明确：俯瞰与仰视都属于近观，还必须有远望的配合，以免除“不识庐山真面目，只缘身在此山中”的局限性。这些都不过是十分浅显的体会，但笔者获得这一体会的时间却长达十年之久，起始于康德《纯粹理性批判》的启示，终止于对“学问文章皆宜以章句为始基，盖研究章句即为研究小学”这一训诂学基本原理的领悟。

这就是说，语言理解基因绝不是单指领域概念树的延伸概念本身，也不是单指它所在的概念家族，还要包括与之强关联的其他概念家族或其成员。因此，HNC 把领域概念树某一特定延伸概念所在的概念家族叫做语言理解基因的局域网，把全部概念树的全部延伸概念统称语言理解基因的全局网。因此，语言理解基因的定义可以采用下面的自然语言表述：

语言理解基因::=(领域延伸概念,所在局域网,所关联的全局网成员)

这个定义式实际上就是对语言理解基因透齐性的自然语言表述，其中的“所在”与“所关联”都有其特定的含义。

每一概念树各级延伸概念的设计都存在透齐性要求，从重要性来说，层级越高越重要，但从难度来说，层级越低越难以把握。这里，还存在着各概念树之间延伸概念配置的平衡问题，包括重复设置和虚设置等复杂问题，这些现象在前面已经遇到多次了。从原则上说，也许每一领域概念树的概念延伸结构表示式都应该采取开放形式，因为，各级延伸概念所表示的世界知识与专家知识之间具有交织性，层级越低，交织性越强。但是，如果不敢施行世界知识与专家知识的切割，那将是最为可悲的胆怯。HNC 专心致力于世界知识的揭示，因为，它不仅是实现语言超人、把语言数据变成语言记忆的关键，也是揭示大脑之谜的关键。世界知识是一种在**本质上有别于**专家知识的知识，世界知识**是人类智力的决定性因素**，而专家知识只不过是**人类技能的决定性因素**。

专家知识自工业时代以来已经不知增长了多少个数量级，使人类的技能取得了相应的长足进步，但人类的智力并没有取得相应的进步，在智力的智慧方面甚至还有所退步。20 世纪主要是人类技能的辉煌，而不是人类智力的辉煌，甚至还可以说是人类智慧的大倒退。希特勒、墨索里尼、佛朗哥、萨达姆是这一大倒退的标志性人物，未来，从历史的长河回过头来看，**也许**会**惊奇**地发现：在 20 世纪还有不少其作用与影响超过希特勒们的标志性人物。上面对“也许”和“惊奇”都使用了黑体，因为这两个词语必然会遭到“三年早知道者”的讥笑，可这里笔者要说：讥笑者们并不是后工业时代的先知，实际上，他们的世界知识十分贫乏，还生活在工业时代的洞穴里而不自知。

透齐性描述的层级之分是如此重要，为什么到这里才加以说明呢？因为，“做人”或“为人”的透齐性描述比较典型，比较容易理解。对“做人”的“一共”与“三殊”划分是其透齐性的一级描述，“三殊”代表“做人”的殊相 3 要素，即一个人对于事业、亲情与友谊的态度行为，它们显然是“做人”的基本侧面，这不是有点公理的味道吗？而这公理味道当然离不开“一共”的配置。

“一共”被命名为基本态度行为，“基本”是一个十分模糊的概念，但用在这里并不模糊，因为基本态度的两项延伸概念保证了它的确定性，同时也就保证了对“做人”基本态度的透齐性描述，它属于“做人”二级透齐性描述的内容之一。以上关于“基本”的说明适用于《全书》对“基本”的类似使用情况。

基本态度行为 7301\10 两项延伸概念的汉语表述并不传神，其符号表示 7301\10*t=b 和 7310\10*\k=5 也都不传神，怎么就能说它们实现了对“做人”的二级透齐性描述呢？诚然，基础要素和基本表现的名称有点透齐性的味道，两者的具体内涵——“契约、观念和日常心态”及“素质、判断、关系、伦理和方式”——的透齐性味道就更浓厚了。下面就来对此详加说明。

就基础要素来说，契约是两类劳动的代表，观念是第二类和第三类精神生活的代表，日常心态是第一类精神生活的代表，两类劳动和三类精神生活都到齐了，岂不就全了吗？就基本表现来说，素质是“7y”的代表，判断是“8”的代表，关系是作用效应链的代表，伦理是基本概念的代表，方式是逻辑概念的代表，语言概念空间全部概念范畴都到齐了，岂不也全了吗？“全了”者，“透齐”也，这就是基本态度行为 7301\10“一级”延伸概念设计的思考过程，这一思考的立足点是(7y+8)，所以对其所在的领域给予了特殊关照，基础要素里的“日常心态”、基本表现里的“素质”和“判断”就是这特殊关照的具体体现了。

代表的全面性似乎是没有问题的，但代表的合法性或合理性呢？先用这样一个短语——语言概念空间的俯瞰优势——来回答吧，这不是一个投机取巧的回答，因为，俯瞰就不难做到无遗漏，而无遗漏是合法性或合理性的基本前提。以基本表现的“方式”为例吧，我们的目标是从逻辑概念范畴里选出一个合适的代表，基本逻辑、语言逻辑和语习逻辑显然是不合适的，因为它们与基本态度行为的关联性极其微弱，于是只有综合逻辑可供选择了。在综合逻辑里的各概念群里量体裁衣，条件和广义工具显然太“紧”，谋略与策略又显然太“松”，于是，手段的第一号殊相概念树“方式与方法”就成为最合适的代表了，至于把它简称“方式”那是最自然不过的事了。

上面用了这么长的一段文字还只说到了基本态度行为 7301\10 的“一级”透齐性，这说明似乎还只着重于“齐”而未见其“透”。事实确实如此，这“透”将主要体现在“二级”延伸概念的设计里。但在着重说“透”之前，还需要对“齐”有所补充。

下面将一改天马行空式的论述方式，依托观念行为 7301\10*a 这个例子来作具体论述。为便于论述和阅读，现将有关表示式拷贝如下：

```
7301\10*a:(m,e4n,t=a;m*e2n,e4n*e2n,t*e2n)
  7301\10*am            初级观念行为
  7301\10*a0            “色厉内荏”行为
  7301\10*a1            尊重行为
  7301\10*a2            歧视行为
  7301\10*ae4n          高级观念行为
  7301\10*ae45          谦让行为
  7301\10*ae46          超脱行为
  7301\10*ae47          争夺行为
  7301\10*at=a          丛林法则行为
  7301\10*a9            强梁行为
  7301\10*aa            忍受
```

这个概念延伸结构表示式采取了封闭形态，这是该表示式的第一要点；与观念相联系的行为似乎浩如沧海，但这沧海的基本特征却集中体现在“三位代表”里，这是该表示式的第二要点；“三位代表”都具有主体辩证特征，这是该表示式的第三要点。

“三位代表”的汉语命名是比较传神的，“代表 1”叫初级观念行为，“代表 2”叫丛林法则行为，“代表 3”叫高级观念行为，这“三位代表”抓住了观念行为在三个历史时代的基本特征，这一世界知识以下面的概念关联式

7301\10*am=pj1*9 —— (6)
（初级观念行为强交式关联于农业时代）
7301\10*at=pj1*a —— (7)
（丛林法则行为强交式关联于工业时代）
7301\10*ae4n=pj1*b —— (8)
（高级观念行为强交式关联于后工业时代）

表示，这 3 个概念关联式被赋予了编号，它们衔接于前面 0.1.1.0.1-2 分节的 5 个概念关联式，为什么要分割开来放在这里来叙述呢？因为笔者希望把观念行为透齐性的时间与空间特性突出一下，前面 5 个概念关联式是观念行为的空间特性描述，这里的 3 个概念关联式是其时间特性的描述，这 8 个概念关联式可**统称观念行为的时空透齐性**。观念行为是基本态度行为 7301\10 的“两类八项”一级延伸概念之一，其透齐性描述提供了一个易于理解的范例，这三个概念关联式表明：由 7301\10*a:(m,e4n,t=a;)所描述的 3 项二级延伸概念体现了各自的时代特征，而前面的 5 个概念关联式描述了它们的地域特征。这样，时间与空间的视野就都得到体现了，这就把应该注入观念行为的东西都囊括进来了，我们还有什么理由怀疑它的透齐性呢？

透齐性是 HNC 方法论的灵魂，本插写是其微观方面的第一次系统阐释。

作为子节结束语似乎不可以就此结束，那就用一句话来概述本子节的灵魂吧，那就是“在后工业时代，智慧重于智能”。

0.1.1.1 事业行为 7301\11

0.1.1.1-0 事业行为 7301\11 的概念延伸结构表示式

```
7301\11:(e7m,*t=b;(e7m*3,e71*e26),*t*e4n;(e7m)*3d01)
  7301\11e7m                   事业行为基本形态
  7301\11e71                   敬业
  7301\11e72                   玩忽
  7301\11e73                   “应付”
    7301\11:(e7m*3,e71e26)       事业行为基本形态的变易
    7301\11e7m*3                 A 变易
    7301\11e71*3                 变通
    7301\11e72*3                 “忽悠”
    7301\11e73*3                 周旋
      7301\11(e7m)*3d01            过度 A 变易
    7301\11e71*e26               B 变易（执著）
  7301\11*t=b                  事业行为的本体表现（三争行为）
  7301\11*9                    争权行为
  7301\11*a                    争利行为
  7301\11*b                    争名行为
    7301\11*t*e4n                三争行为的辩证表现
    7301\11*9*e4n                争权行为的度表现
    7301\11*9*e45                适度集权
    7301\11*9*e46                轻度集权
    7301\11*9*e47                过度集权
    7301\11*a*e4n                争利行为的度表现
    7301\11*a*e45                适度争利
    7301\11*a*e46                轻度争利
    7301\11*a*e47                过度争利
    7301\11*b*e4n                争名行为的度表现
    7301\11*b*c45                适度玩新
    7301\11*b*e46                低度玩新
    7301\11*b*e47                过度玩新
```

这里，引入了两组增扩概念，并引入了“玩新”这个新词，下文都将有所说明。两组增扩概念是：

（1）事业行为基本形态 7301\11e7m 的变易 7301\11:(e7m*3,e71e26)

（2）三争行为 7301\11*t 的基本形态 7301\11*t*e4n。

0.1.1.1.1 事业行为基本形态 7301\11e7m 及其变易的世界知识

在事业态度基本形态小节[121-1.1.1]里曾着重讨论过敬业 7301\11e71，因为它是中华文明的优秀传统之一，而对于事业态度的另外两种形态 7112~e71 则略而未述，本分节将加以补充。

事业行为基本形态的变易首次采用了一种特殊的符号形式 7301\11:(e7m*3,e71e26)，它意味着这变易有两种形态：7301\11e7m*3 和 7301\11e71e26。前者将暂名 A 变易，它包含变通、“忽悠”和周旋三项。后者仅一项，暂名 B 变易。后者的符号表示具有不言自明的意义，前者则需要给出下面的概念关联式：

7301\11e7m*3=:7301\11e7m*e25——（7301\11-0-1a）

7301\11(e7m)*3d01=:7301\11(e7m)*3ju60e43——（7301\11-0-1b）

这就是说，A 变易被赋予了积极意义，而 B 变易被赋予了消极意义，但过度 A 变易也是消极的。所有的文明都重视 A 变易，不贬低 B 变易，宗教也是。唯有佛教反之，它轻视 A 变易，极力贬低 B 变易。在世界三大宗教中，佛教创立最早，但如今的信徒最少。佛教在其本土地区彻底败于印度教，在本土之外的广大地区大败于伊斯兰教，在东亚地区始终未能争得与儒学比肩的地位，这与佛教的上述特性不能说没有一定关系。

历史上所有成功的政治家和企业家都是运用 A 变易的高手。他们都曾对事业行为讲过语用力量巨大的话语。毛泽东先生说过，世界上怕就怕“认真”二字，共产党人就最讲认真，这是对 7301\11e71 的精彩表述。斯大林先生说过共产党人是由特殊材料制成的，这是对 A 变易的精彩表述。经典社会主义世界曾流行众多的迷信，而对斯大林上引话语的迷信也许是其中影响力最大的一项。

经典社会主义世界已经不可逆转地走向了“历史的终结”，其主体已分别演变成第三世界的一部分和第二世界，残存的一两个小国不过是苟延残喘。但曾经在那个世界里生活过的人们则对过去存在着两种极端态度，一种是无限怀念，另一种是坚决清算。怀念派和清算派不仅有老人，也有年轻人。近年来，两派之间的争论还十分激烈，有人对此深表忧虑，其实大可不必。这是一场十分低级的争论，中华文明的潜在智慧必能走出这低级阶段。这争论的背后关系到上述两组增扩概念所描述的世界知识。因此，本分节和下一个分节里将对此予以简要说明。

对 A 变易 7301\11e7m*3 的认识和运用不仅是一种智能，也是一种智慧。毛泽东先生是运用 7301\11e7m*3 的绝顶高手。他的许多著名话语都采用叩其一端的表述方式，这是毛泽东的特殊语言嗜好，这种嗜好同他的伪怒一样，是迷惑对手的超级智能表现。对此，怀念派的盲目崇拜和清算派的完全无视都是十分幼稚的表现，梁漱溟先生就比较理解这一点，所以，作为一位毛泽东伪怒的亲身受辱者，他对毛泽东先生的态度既不同于清算派，更不同于怀念派，梁先生是正确的。

对 7301\11e7m 和 7301\11e7m*3 的汉语表述分别选用了一个带引号的词语，那就是“对付”和“忽悠”。前者容易被接受，后者得稍微解释一下，因为，这个词语由于一位当红艺人的推动而于近年十分流行，在语用过程中已经染上了浓厚的贬义色彩，而概念关联式（7301\11-1）所描述的“忽悠”没有贬义。从某种意义上说，人类文明史（包括全部专业活动）的发展历程就是一个“忽悠”与被“忽悠”的过程，特别是政治与经济活动。当然，忽悠也需要把握一定的限度，过度的忽悠是消极的。但是，简单地把忽悠者一律打成罪人不仅是不公平的，甚至是荒谬的。

从经典社会主义世界走向市场社会主义世界（第二世界）是一个巨大的历史跨越，怀念派缺乏这一基本历史视野，因为他们完全不理解 B 变易所对应的世界知识。市场社会主义世界（第二世界）必然会逐步走向成熟，但这一定是一个非常缓慢的历史进程。当今，中国内地的庞大官僚体制和严重的腐败确乎令人震惊，整个社会似乎已经病入膏肓。**中国式奇迹与中国式重病同时发生，这肯定是史无前例的**。只看到奇迹而不明重病的人们以为中国的经济总量很快就会超过美国而成为引领世界的又一超级大国，西方智库的专家里有不少这样的糊涂人。但国内的怀念派和清算派则恰恰相反，只看到重病而不明奇迹的缘由，他们都对后工业时代的政治经济特征所知甚少甚至茫然无知，完全不明白当代中国病不仅不会阻挡中国的经济总量将在 15～30 年（此刻是 2009 年）的时间里超过美国，甚至会异变为加速这一历史进程的重要因素之一。这里想就便对清算派说一声，切不要去幻想那种革命式的突变，切不要以启蒙者自命（其实你们自己才特别需要后工业时代精神的启蒙），切不要误以为当代中国病会酿成陈胜吴广式起义、法国大革命或苏联帝国轰然崩溃的社会土壤，这样的社会土壤在任何国家都已经被全球化的现代政治经济格局所基本消解了，何况中国。清算派太缺乏这一基本历史视野了，因为他们完全不理解 A 变易所对应的世界知识。最后还应该对清算派重复一声：你们切不要以启蒙者自居，因为你们自己也许更需要后工业时代精神的启蒙，你们熟悉并习惯工业时代洞穴的生活，反而难以接受后工业时代的阳光，那些生活在农业时代洞穴里的人们不是留下过这样的历史教训吗！

下面，该写出 A 变易与 B 变易所对应的基本世界知识了。

7301\11e7m*3:=(7210\k+j7219)——（7301\11-0-2）
（A 变易对应于主体性智力或智力的主体）
7301\11(e7m)*3d01≡50bae26——（7301\11-0-3）
（过度的 A 变易强关联于虚伪的社会风尚）
7301\11e(7m)*3d01≡pj01*\2——（7301\11-3a）
（过度的 A 变易强关联于第二世界）
7301\11e71*e26≡50bbe26——（7301\11-0-4）
（B 变易强关联于封闭社会）

对于事业行为基本形态 A 变易 7301\11e7m*3，一共给出了 4 个特殊编号概念关联式，它们所代表的世界知识非同寻常，在社会学领域也许是最为重要的。

概念关联式（7301\11-0-1）（包括“-1a”与“-1b”两分式）可视为 A 变易的定义式，与（7301\11-0-3）一起构成对事业行为基本形态的辩证描述。两者表明：绝对的真善美不存在于人间世界，而只存在于天堂，这就是基督教教义的真谛所在，天真的人们都缺乏这一世界知识。

概念关联式（7301\11-0-2）表明：变通、“忽悠”与周旋不仅是智能的主体表现，也是智慧的主体表现。前文说到毛泽东先生是运用智力主体的绝顶高手，其实，圣人们也是如此。不过毛泽东先生的强项在于智能，而圣人们的强项在于智慧。在这一世界知识的视野里，“不批臭孔夫子，中国就无希望”的革命口号在今天已经变成一个十分陈旧的观念，依然在坚持这一观念的人不过是一些滑稽人物，他们要么是可怜的天真，要么就是他本人在玩弄忽悠游戏。

概念关联式（7301\11-0-3）表明：变通、“忽悠”与周旋本身尽管是积极的，但需要一个适当的度，过度就意味着虚伪的社会风尚，过度的 A 变易与虚伪的社会风尚之间不是源与流的逻辑关系，而是强关联逻辑关系。许多大师级名人都缺乏这一世界知识，怀念派则对此绝对无知。因此，他们简单地把当代中国病一律归罪于改革开放，而不明白过度的变通、“忽悠”与周旋与虚伪的社会风尚不过是同一事物的两面表现而已。在 A **变易的过度性**方面，列宁式社会主义的经典形态与市场形态之间**不存在本质区别**，存在巨大区别的不过是过度 A 变易的具体内容与形式而已。这一重要世界知识以概念关联式（7301\11-3a）表示。在这一世界知识的视野里，怀念派不过是一群哇哇乱叫的历史盲人，当然这里很可能有伪装者；而清算派则是一群过于自以为是的精英，迷信自由与民主是包治一切社会积弊的灵丹妙药。但是，两派之间却存在一项共识，那就是他们都认定传统中华文明的千年封建专制遗毒是现代中国一切祸乱的根源。这个共识实际上犯了两个常识性错误，一是“千年封建专制”是所有文明的共性，并不是中华文明的个性。二是封建与专制并不是一个“两位一体”的东西，在农业时代，封建恰恰是对专制的一种实际可行的制约。工业文明起源于蕞尔西欧的环境与社会因素就在于它始终处于高度发达的封建状态，从未形成一个名副其实的统一大帝国。中国农业时代的政治制度和体制有它的个性，历史学界存在不同的认识，笔者比较赞同的是下面的说法：秦王朝以前，中国是封建政体，不是中央政府高度集权的专制政体，秦始皇才开启了中国式的纯专制政体，但其存在的时间很短，汉王朝以后的王朝实行的都是“封建与专制并举”的政体。但笔者以为：清王朝比较特别，它恢复了纯专制政体，这主要是康熙皇帝的建树。因此，把当代中国病的历史根源简单归结为“千年封建专制的遗毒”是一个十分浅薄的看法，然而这个浅薄的东西却成了当代多数中国文化人的信条。现代中国病治疗的关键也许恰恰在于首先要对这种信条有所反思，这正是《对话》里老者的基本观点。笔者在前面花费了较多笔墨为传统中华文明的伦理思想辩护，原因就在这里了。

如果说（7301\11-0-3）是对开放社会的辩证思考，那么（7301\11-0-4）就是对封闭社会的辩证思考。依据这一思考，就不能作出“开放是万善之源，而封闭是万恶之源”的简单结论。可惜，思想深邃的波普尔先生都缺乏这样的认识，柏拉图和孔夫子诚然都是 B 变易的坚决捍卫者，但他们对至善理念的执著追求不宜轻易否定，这就是在[121 引言]里对波普尔先生写下了不敬之词的基本原因了。

过度 A 变易 7301\11e(7m)*3d01 是一切强国的通病，在工业时代，法国、德国、俄罗斯和日本都曾一度病得非常严重。因此把它挂上当代中国病的别名似乎显得极不公允，这需要作两点说明。

第一，当工业时代的曙光，伴随着枪炮的轰鸣和被屠杀者的惨叫，从蕞尔西欧洒向全球六大洲的时候，出现了一个全世界独一无二的奇异现象，那就是在某一个文明古国里，其社会精英们居然形成了一种主流共识——只有彻底摧毁自己固有的民族文化，才能挽救自身民族于危亡。这是人类历史上**绝无仅有的独特民族意识**，是一场空前绝后的文化浩劫。可是，那个文明古国——中国——至今还不能或不愿正视这一明显的历史事实。

第二，法、德、俄、日的过度 A 变易病主要表现在政治领域，而当代中国的过度 A 变易病则全面表现在专业活动的全部八大领域，其中，科技和教育领域病情的严重程度更使以往的患者望尘莫及。

以上两点已足以表明：把过度 A 变易叫做现代中国病并非是不公允的。现代中国病是一种慢性病，而大家知道：第一，对于慢性病很难开出有效的速效（休克）疗方；第二，慢性病一定具有自愈机制。清算派和怀念派都对休克疗方情有独钟，而且都不相信自愈机制的存在，这似乎是一个可怕的预兆。其实并不可怕，因为如上所述，他们寄予厚望的社会革命土壤已不复存在。怀念派依然保持着经典社会主义世界制造的对第一世界的仇视心态，而清算派则对第一世界过于崇拜并寄予厚望。但两派都不明白，对中国经济腾飞作出最大贡献的不是别人，正是你们所仇视的或崇拜的第一世界。这个奇特的历史因缘在经典社会主义当红的时期是不存在的。请记住："社会革命土壤已不复存在"的命题仅适用于当代，上述奇特历史因缘是一个不可或缺的因素。它是后工业时代曙光已经降临的历史预兆信号之一。

0.1.1.1.2 三争行为 7301\11*t=b 及其辩证表现 7301\11*t*e4n 的世界知识

这里就不拷贝相应的符号表示及其汉语说明了，相信这点小麻烦读者是能够忍受的。

争权行为辩证表现 7301\11*9*e4n 和争利行为辩证表现 7301\11*a*e4n 的世界知识比较简明，无须多说，需要补充的只是：孔夫子的"过犹不及"原理（这原理并非孔夫子的专利，希腊先贤有更详尽的精彩论述）对三争都不适用，尤其不适用于权争与利争，强于智能而弱于智慧的人一定不会明白这一辩证法，尽管他们在理论上可以把辩证法讲得有声有色和头头是道。

本分节需要着重说明的是争名行为的辩证表现 7301\11*b*e4n，这里引入了一个新词——玩新，以替代当前流行的词语——创新。创新这个词语已经被过度滥用了，特别是在中国。创新极难，而玩新则比较容易，这是颠扑不破的真理。玩新者，略有新意也。具备创新天赋并取得创新成果的人毕竟是极少数，诺贝尔奖得主也不是都有创新。孔夫子也许是对这一真理领悟最深的先哲了，所以他老先生"述而不作"，不创新，仅适度玩新或低度玩新，但绝不过度玩新。孔夫子的表率作用促成了中华文明独特的"立德、立功、立言"传统，这"三立"可统称立名。张载先生、范仲淹先生和顾炎武先生的名言实际上都没有超出立名的范畴。立名既是传统中华文明的优秀传统，也是传统中华文明的根本弱点，因为，它始终未触及权与利的深层或辩证思考，其结果必然导致自由与民主文明基因的极度匮乏。在工业时代的视野里，传统中华文明的这一弱点可谓一清如泉，因此，鲁迅先生和"五四"运动的先贤们在浪漫理性的误导下，对传统中华文明作出了过激反应，这在当年**似乎**是顺应时代潮流的。但是，现在已进入后工业时代的初期阶段，我们应该以新的视野对那一段历史重新加以考察了。"顺应时代潮流"的话早就应该出现，笔者是故意拖延的，因为，对那段历史的盲目歌颂实在是太多了，使笔者不由得生起一种"逆反"的老顽童心态。

话说回来，关于三争的深层思考，权争与利争其实相对比较简单，而名争最为复杂，因为它涉及人生价值的终极意义，权与利是"死了带不去"的，而名不然。因此，传统中华文明特别重视"流芳百世"与"遗臭万年"的观念，这个观念在西方是不存在的，与之对应的是天国与地狱的宗教观念。在笔者看来，这才是中华文明与西方文明的首要差异，其次是自由民主观念的强弱之别。在某些哲学家看来，"天人合一"是第一位的，但希腊文明和印度文明对此的论述未必低于中华文明；在某些社会学家看来，"和为贵"是第一位的，但基督文明对此的论述似乎高于中华文明。当然，文明的内涵有雅俗之分或精英与草根之分，有人可能认为"流芳"与"遗臭"的观念只是精英的偏爱，草民才不管这一套，但实际情况并非如此泾渭分明。笔者幼年在仰山堂生活时接触过各种类型的草民，如今回想起来才明白：至少“流芳”与“遗臭”的观念是不分雅俗的，虽然在表现形态上确实略有差异。

就三争行为的辩证表现 7301\11*t*e4n 来说，中华文明的立名传统已被摧毁殆尽，在笔者的印象里，只有丁玲的“一本书”主义还保留了一点残迹。下面的概念关联式将包括对这一地区性世界知识的描述。

7301\11*t*~e47≡50bae25——（7301\11-0-5）
（适度与低度三争强关联于诚信社会风尚）
7301\11*t*e47≡50bae26——（7301\11-0-6）
（过度三争强关联于虚伪社会风尚）
7301\11*t*e47≡7121d01\1e47——（7301\11-0-7）
（过度三争强关联于过度享受）
(pj01*\1+j42e51,s31,j11^e83)≡7301\11*~9*e47——（7301\11-8）
（当今第一世界的内部强关联于过度利争和过度玩新）
(pj01*\2+j42e51,s31,j11^e83)≡7301\11*t*e47——（7301\11-9）
（当今第二世界的内部强关联于过度三争）
(7301\11*b*e47,jl11e22,(pwj01+China)xpj1*9)——（7301\11-10）
（过度玩新无关于古老中华文明）

上列 6 个概念关联式都有编号，前 3 个还被赋予了特殊编号，这意味着它们所描述的世界知识具有普适性；后 3 个则不具有这一特质，因为它们带有地区性和时间性的局限性。过度三争的领域特征以下列概念关联式以表示，这也许是重复性描述，笔者就不管了。

(7301\11*9*e47,jl00e21,a1)
（过度权争相关于政治领域）
(7301\11*a*e47,jl00e21,a2)
（过度利争相关于经济领域）
(7301\11*b*e47,jl00e21,a3)
（过度玩新相关于文化领域）

前文说到的现代中国病，其集中表现就是概念关联式（7301\11-3a）和（7301\11-9）所描述的过度 A 变易和过度三争。而在过度三争中，最值得忧虑的不是过度权争与过度利争，而是过度玩新。笔者也希望这是一个错误的判断，果真如此，则现代中国病的基本痊愈在 21 世纪是没有希望的。

0.1.1.2 亲情行为 7301\12

0.1.1.2-0 亲情行为 7301\12 的概念延伸结构表示式

```
7301\12:(e7m,eam,*t=b,*i,**i;
        ea1t=a,ea2:(i,7),ea3\k=2,eam*(e2m,d2n),*i*\k=3;
        ea1a*d01,ea3\2*:(7,\k=4);)
```

7301\12e7m	亲情行为基本形态
7301\12e71	关爱

```
7301\12e72                       虐待
7301\12e73                       薄待
7301\12eam                       亲情行为的关系表现
7301\12ea1                       上位亲情行为
   7301\12ea1t=a                   上位亲情行为的本体表现
   7301\12ea19                     严教
   7301\12ea1a                     慈爱
     7301\12ea1a*d01                 溺爱
7301\12ea2                       下位亲情行为
   7301\12ea2i                     逆反
   7301\12ea27                     孝
7301\12ea3                       同位亲情行为
   7301\12ea3\k=2                  同位亲情行为的基本类型
   7301\12ea3\1                    夫妻亲情
   7301\12ea3\2                    同辈亲情
     7301\12ea3\2*7                  悌
     7301\12ea3\2*\k=4               同辈亲情基本类型
     7301\12ea3\2*\1                 兄弟亲情
     7301\12ea3\2*\2                 兄妹亲情
     7301\12ea3\2*\3                 姐弟亲情
     7301\12ea3\2*\4                 姐妹亲情
        7301\12ea3\2*\k*i              准同位亲情
   7301\12eam*e2m                  亲情的基本状态表现
   7301\12eam*e21                  父系亲情
   7301\12eam*e22                  母系亲情
   7301\12eam*d2n                  亲情的层级表现
   7301\12eam*d25                  近亲
   7301\12eam*d26                  远亲
7301\12*t=b                      亲情本体行为
7301\12*9                        权势亲情行为
7301\12*a                        利益亲情行为
7301\12*b                        成就亲情行为
7301\12*i                        准亲情
   7301\12*i*\k=3                  准亲情基本类型
   7301\12*i\1                     领养
   7301\12*i\2                     干亲
     7301\12*i\2-0                   同辈干亲
   7301\12*i\3                     过继
7301\12**i                       寻亲
```

亲情行为 7301\12 的概念延伸结构表示式采取了开放形式，设置了多项增扩延伸概念。下面以 5 个分节分别论述。

0.1.1.2.1 亲情行为基本形态 7301\12e7m 的世界知识

对亲情行为基本形态 7301\12e7m 未设置延伸概念。7301\12e71 和 7301\12e72 的汉语表达都有现成的词语，那就是关爱和虐待，对 7301\12e73 没有沿用亲情基本形态 7112e73 的描述词语——偏心，而使用了薄待，前者适合于心情的描述，后者适合于行为的描述。薄待这个词语非新非旧，但读者不会感到生疏。汉语的这种组词优势和伴随的表述优势有人就是视而不见，包括某些著名专家。汉语思维劣势论还颇有市场，废除汉字的吹鼓手早该成为过街老鼠了，可有些人还在博客里大放厥词，自以为生就一双齐天大圣的火眼金睛。

关爱 7301\12e71 被视为亲情行为的天性，是动物生理本能的表现。但语言概念空间的描述必须考虑齐备性的要求，7301\12e7m 的符号表示才是合适的选择。虐待和薄待的现象不仅存在着，甚至是一个比关爱更普遍的存在。社会的现代化过程在强力推动着亲情行为的这种不良趋向，这是“追求幸福无止境危机”的副产品之一，属于后工业时代的世界知识之一。但这里不必写出相应的概念关联式了，因为，它似乎毕竟只是一件“小事”。

需要强调指出的是：亲情行为基本形态 7301\12e7m 是一个弱独立性的理解基因，其基本功能是充当亲情行为 7301\12 复合理解基因的构成因子。

0.1.1.2.2 亲情行为关系表现 7301\12eam 的世界知识

亲情行为关系表现 7301\12eam 的延伸概念表示式及其汉语说明比较复杂，但近在咫尺，故暂时不予拷贝。下面先作一个总体性的简略说明，随后详说各项延伸概念。

亲情行为关系表现 7301\12eam 的延伸概念分为两类：沿用概念和增扩概念。这些概念有本体性与认识性之分，本体性概念属于强独立性理解基因，认识性概念属于弱独立性理解基因。这一关于复合理解基因的一般原则应有利于读者对下列复合理解基因表示式的理解：

```
(7301\12ea3\k+7301\12e7m)
(7301\12ea3\2,7301\12eam*(e2m,d2n))
(7301\12eam*(e2m,d2n)+7301\12e7m)
```

这三个表示式将构成亲情行为关系复合表示的基本形态。它还意味着沿用概念里的所有增扩概念（如“溺爱 7301\12ea1a*d01”和准同位亲情 7301\12ea3\2*\k*i）不需要复合。

严教与慈爱被选作上位亲情的代表性词语，这吸收了传统中华文明的智慧，其中的严教尤为重要。这里的“严”是严格的“严”，也是严厉的“严”，其映射符号是 s21e25。上位亲情行为的第一号延伸概念是严教 7301\12ea19，第二位才是慈爱 7301\12ea1a。这是传统中华文明关于上位亲情的至善理念，属于文化理念的范畴。顺便说一声：经典文明世界是不认同这一文化理念的，它在当代中国也已荡然无存。在笔者看来，这也是“追求幸福无止境危机”的副产品之一，当然又是“小事”一桩。但是，事物的本来面目都需要小中见大的考察，对一切“时代潮流”，都需要叩问其善与恶或美与丑，就如同对“与时俱进”需要叩问其是与非一样，不宜盲目跟随。这类话说多了，未免显得是存心与时代潮流对着干，所以，本段话语将是本话题在本编的最后一说。

逆反与孝选作下位亲情的代表性词语，两者都被赋予了定向延伸符号。逆反是一种少年时期的本能（生理性）反应，孝则是儒家伦理的核心观念之一，但经典文明世界不存在这一观念。这两项世界知识不难写出相应的概念关联式，就留给后来者去做吧。

同位亲情行为采取了常量并列延伸的表示方式 7301\12ea3\k=2，不同于亲情同位表现形式上选用变量并列延伸表示 7112ea3\k=m，实际上选用了 7112ea3\k=3。变量表示方式是为了适应诸如宠物亲情、网络亲情、机器人亲情之类的需求，7301\12ea3\k=2 的表示方式不仅不管这些，还把哥们亲情 7112\3 纳入同辈干亲 7301\12*i\2-0 里了。

尽管对同位亲情行为已进行了上述简化，但这只是减少了描述的维度，并未减轻描述的难度。居于同位亲情行为首位的夫妻亲情 7301\12ea3\1 在人类认识史一直处于比较混乱的状态。西方和东方的先哲们谁也不比谁高明多少，都存在着歧视妇女的时代性偏见。工业时代后期以来，平等观念不断注入夫妻亲情行为，这无疑是一个巨大的进步，但自由观念的过度注入则未必如此。怎样看待农业时代盛行于中华文明的“嫁鸡随鸡，嫁狗随狗”（雅称“出嫁从夫”）和“守节”等“封建垃圾”？其他各种古老文明的状况是否同中华文明大同小异？答案似乎不言而喻，但这类“不言而喻”的东西常常不过是简单的感性批判，并不能替换基于历史视野的严肃理性思考。考虑到夫妻亲情 7301\12ea3\1 世界知识的历史和当代状态都极为特殊，这里只好从略，不作延伸。亲情行为 7301\12 概念延伸结构表示式之所以采取开放形式，主要是为夫妻亲情 7301\12ea3\1 预留的。

居于同位亲情第二位的同辈亲情 7301\12ea3\2 有兄弟、兄妹、姐妹、姐弟四种组合形式，这一世界世界虽然接近于常识，但值得予以具体描述，故引入下面的增扩概念：

7301\12ea3\2*\k=4	同辈亲情基本类型
7301\12ea3\2*\1	兄弟亲情
7301\12ea3\2*\2	兄妹亲情
7301\12ea3\2*\3	姐弟亲情
7301\12ea3\2*\4	姐妹亲情
7301\12ea3\2*\k*i	准同位亲情

这些延伸概念都需要写出相应定义式，这就留给“第二棒”吧。

其中的准同位亲情 7301\12ea3\2*\k*i，就是对亲情关系表现里的哥们亲情 7112ea3\3 的吸纳，因此，需要写出下面的概念关联式：

```
7301\12ea3\2*\k*i=:7112ea3\3
```

《论语》里有一句描述准同位亲情的名言，那就是“四海之内，皆兄弟也”。这里的“兄弟”就是 7301\12ea3\2*\k*i 的非分别说。不过，应该指出：这名言并非传统中华文明的专利，基督文明有同样精彩的表述。然而，“悌 7301\12ea3\2*7”却有所不同，它很可能具备专利资格。前面论述过“仁学义”和“君子”的概念，提到过“天人合一”和“和为贵”的概念，本子节为“孝”和“悌”设置了专用延伸概念。在笔者看来，传统中华文明对伦理学的独特贡献就在于它对“仁义、君子、孝悌”概念的独到阐释，这些概念具有专利性，是中华文明的精髓。这一论断当然需要训诂学的深入研究，笔者不过是吆喝一声而已，连鸣锣击鼓的资格都够不上。

鉴于孝 7301\12ea27 与悌 7301\12ea3\2*7 的概念如此重要，下面给出两者的定义式：

```
7301\12ea27::=(c0103,l43,(411i9^e82,411i9^e81))
（孝定义为子女对父母的社会性责任）
7301\12ea3\2*7::=(7110ae45,l44,7301\12ea3\2*\(k))
（悌定义为同辈骨肉之间的相互谦让）
```

可惜，“悌”这个汉字在现代汉语里已变成生僻字了，“孝悌”之类的词语，当然是没有资格进入《现汉》的，此类曾是中华文明独特风尚的东西确实都已荡然无存。在独生子女的语境里，悌已经完全失去了其存在的意义，不过，这里还是愿意把一幕“悌”的真实故事以附注的形式[01]告诉读者，它发生在笔者的祖辈故居——仰山堂。已经死去的文明基因只好让它死去，克隆消逝文化的设想是不可思议的，但是，留下一点文明化石的记忆多少还是有一点点历史意义吧。

亲情行为关系表现 7301\12eam 的另外两组增扩概念拷贝如下：

7301\12eam*e2m	亲情的基本状态表现
7301\12eam*e21	父系亲情
7301\12eam*e22	母系亲情
7301\12eam*d2n	亲情的层级表现
7301\12eam*d25	近亲
7301\12eam*d26	远亲

这里，汉语说明里的“亲情”是“亲情关系表现”的省略。这两组增扩概念纯粹是工具性的，可后接对比型自延伸，这就无须多说了。

0.1.1.2.3 亲情本体行为 7301\12*t=b 的世界知识

亲情本体行为 7301\12*t=b 的汉语说明拷贝如下：

7301\12*t=b	亲情本体行为
7301\12*9	权势亲情行为
7301\12*a	利益亲情行为
7301\12*b	成就亲情行为

亲情行为 7301\12 的概念延伸结构表示式没有给出亲情本体行为 7301\12*t=b 的延伸概念。这不是由于延伸概念“7301\12*t:”不存在，而是由于它们只有沿用形态，没有增扩形态。因此，第二棒就完全可以全权处理了。

在亲情本体表现 7112t=b 小节[121-1.2.3]里，对权势亲情 71129 和利益亲情 7112a 作了比较充分的阐释，但对成就亲情留下了空白。那里申明了：这空白的填补要放到第三类精神生活论述以后，它继续有效，因此，本分节将暂时处于有若无的状态。

0.1.1.2.4 准亲情行为 7301\12*i 的世界知识

准亲情行为 7301\12*i 应另行写出下面的定义式：

7301\12*i::=(7301\12,147,7112ea3\3)
（准亲情行为定义为以哥们亲情为参照的亲情行为）

亲情行为关系表现 7301\12eam 与亲情关系表现 7112eam 的概念延伸结构表示式之间存在一个容易被忽视的差异，如下式所示：

7301\12ea3\k=2

7112ea3\k=3

这里，7301\12ea3\3 的缺位就由 7301\12*i 来替补了，上面的定义式就是对这一特定替补的符号表达，该定义式对逻辑符号“l47”而不是“l45”的选用包含着替补的“意义约定”。

准亲情行为的延伸行为拷贝如下：

```
7301\12*i*\k=3              准亲情基本类型
7301\12*i\1                 领养
7301\12*i\2                 干亲
  7301\12*i\2-0               同辈干亲
7301\12*i\3                 过继
```

其中，同辈干亲 7301\12*i\2-0 具有下面的概念关联式：

```
7301\12*i\2-0=:(7301\12ea3\2,l45,7112ea3\3)
（同辈干亲等同于对哥们的同辈亲情）
```

领养既不具有时代性，也不具有地域性，干亲具有强时代性和弱地域性，过继则兼有强时代性和地域性。描述这些世界知识的概念关联式就留给第二棒吧。

0.1.1.2.5 寻亲行为 7301\12**i 略说

在小说故事里，寻亲行为 7301\12**i 也许是仅次于爱情的第二号题材，它需要自己的概念延伸结构表示式，但这里一概从略。

注释

[01] 仰山堂的悌故事。这故事发生在笔者的高祖一代。笔者高祖兄弟五人，行三，有两兄两弟。兄弟皆庶出，仅高祖一人为正出。按祖训，高祖一人应分得全部祖产的一半，庶出兄弟平分另外的一半。但高祖坚持五兄弟平分，而庶出兄弟们则坚持严格按祖训办理，相互僵持多年。后，老四不幸早逝，无子，留下寡妻。在族长的策划下，庶出兄弟三人虚购了另外三处住房，从而形成如下的分家方案：地产五等分，仰山堂由老三和老四平分，另三兄弟迁出。于是，分家“纠纷”得以圆满解决。但实际上，这里有重大隐情瞒过了不理家务的老三。所谓的新购住房实际上由三位庶出先辈各自承担起“延期付款”的责任，地产的五等分仅计量而未计质，最好的地产都暗中分在老三名下。分家后，老三先后得两子，大儿子一生下来就过继给四房，由守寡的四弟媳抚养。以上就是仰山堂悌故事的基本情节。笔者在名分上属于仰山堂的四房，但血缘上是三房，名字里的“阳”原为“暘”。这个名字是黄侃先生（三房）取的，含有回归本身高祖（字暘谷）的意思。

0.1.1.3 友谊行为 7301\13

0.1.1.3-0 友谊行为 7301\13 的概念延伸结构表示式

```
7301\13:(e2n,*t=b,*\k=6;e26c01,)
  7301\13e2n              友谊基本形态
  7301\13e25              君子友情
  7301\13e26              小人友情
    7301\13e26c01           俗人友情
  7301\13*t=b             第一本体友谊
  7301\13*9               权势友谊
  7301\13*a               利益友谊
```

7301\13*b	成就友谊
7301\13*\k=6	第二本体友谊
7301\13*\1	事业情谊
7301\13*\2	学业情谊
7301\13*\3	状态情谊
7301\13*\4	奉献情谊
7301\13*\5	邻里情谊
7301\13*\6	随缘情谊

这里只给出友谊行为 7301\13 的一级延伸概念，其后续延伸概念放在各分节里说明。友谊行为可简称友谊、友情或情谊，在上面的说明里已经这么做了。在友谊 7113（节）里，第二友谊本体以变量并列延伸表示，实际给出了 5 项；这里则以常量并列延伸“\k=6”表示，增加了随缘情谊 7301\13*\6。从这个例子可以清晰体验到“心”与“行”的区别，友谊的对象一定是熟人（相识），情谊的对象则可以是偶然遇见（相逢）的生人，锁定于这类对象的友谊被定义为随缘情谊 7301\13*\6。

0.1.1.3.1 友谊基本形态 7301\13e2n 综述

在友谊 7113（节）里，主要是用一组概念关联式描述了君子之交和小人之交的基本特性，至于两者本身的具体表现则略而未谈，用一个故事替代了对君子之交的论述，本分节将有所补充。

将友谊基本形态两分为 7301\13e2n 的符号表示似乎过于简化，为什么不采用君子、小人和俗人的三分表示呢？这就涉及描述尺度（粗细）的把握了。此前，我们对人的素质 72228 以三分符号“e7m”描述君子、小人与俗人，却以二分符号“e2n”描述君子心理与小人心理，这包括君子态度与小人态度[121-1.0.1-3]、君子亲情与小人亲情[121-1.2.3]、君子情结[121-2.3.2]与小人情结[121-2.3.3]及君子贞操[121-3.2-1]等，统一采取了叩其两端甚至是叩其一端（如君子贞操）的描述方式。这是一种突出重点——君子——的特殊描述方式：如果叩其两端，则小人包含俗人；如仅叩其一端，则意味着小人与俗人可略而不论。这是《全书》的一项特殊约定，读者对这项约定应该能够理解，因为前文说过：孔子学院应高举一面自己的院旗，该院旗的标志符号应选用 Ren & Junzi。

前面，在直接关系行为 7301\03e21 里，我们以三分符号“e7m”分别描述了君子、小人和俗人的行为，其详细描述拷贝如下：

7301\03e21*e15e7m	施恩者反应行为
7301\03e21*e15e71	君子行为（不图回报）
7301\03e21*e15e72	小人行为（投资回报）
7301\03e21*e15e73	俗人行为（希图回报）

这些延伸概念是一种单向关系描述，因此描述尺度可以粗一些。本分节的友谊描述是一种双向关系描述，描述尺度就宜粗不宜细了，因为友谊的基本形态必须以双方行为的对称性为前提，仅一方有君子表现是形成不了君子友情的。这就是说，君子友情是珍稀的社会现象，而俗人友情是普遍的。为了描述这一世界知识，将引入下面的延伸概念并给出相应的概念关联式：

7301\13e26c01	俗人友情

(7301\13e25,jl111,ju73d01+ju73e22)
（君子友情是珍稀的）
(7301\13e26*c01,jl111,ju73e21)
（俗人友情是普遍的）
(7301\13e25,s35e21e21,(7133(~\1)e53,l45,7301\11*t))
——（7301\13-0-1）
（君子友情以“淡泊”三争行为为必要条件）
7301\13e26<=(s105,l45,7301\11*t)——（7301\13-0-2）
（小人友情强流式关联于对三争行为的选择）

这里引入了两个特殊编号概念关联式，前者用于描述君子友情，后者用于描述小人友情。两概念关联式采用了不同的联想逻辑，君子友情直接使用了综合逻辑——必要条件，它表明实现君子友情存在巨大难度，一个人即使达到了“淡泊”三争的境界，也不一定能够做到君子友情。小人友情描述直接使用的是联想逻辑之一——强流式关联，综合逻辑放在二级描述的位置上，它表明：一个人如果选择了三争行为，那小人友情就不可避免。所以，人们很容易接受“没有永远的敌人，也没有永远的朋友，只有永远的利益”这一命题。这里要请读者回忆一下：笔者在珞珈山的父辈们对这个命题曾有过激烈争论的[121-1.3 引言]，他们深知：这一命题是对利益迷信的宣扬，利益迷信也就是三争迷信，是危害最大的迷信，弥漫着利益迷信的社会一定是一个不健康的社会。但是，工业时代不仅大大加强了利益迷信，而且在其末期把这一迷信推上了顶峰，后工业时代的文明使命之一就是要把它从顶峰上拉下来，这是六个世界的共同使命，首先是政治家的使命。当前，第一世界在专业活动的全部领域都处于领先优势，但是，在履行这一文明使命方面，第一世界的政治家不仅不具有优势，而且应该说，他们背负的历史包袱也许更为沉重。因为，他们必须服从选票指挥棒，这根指挥棒的指挥者堂而皇之的名字叫民意，而实际上不过就是利益迷信。

削弱利益迷信的治本之策在于提倡人类的平常心，并从君子友情做起，把珍稀的君子友情转变成友谊的常态。描述君子友情的特殊编号概念关联式（7301\13-0-1）就使用了第四平常心的 HNC 符号，不过，在其汉语说明里以带引号的“淡泊”进行了替换。本编第一篇论述过人类的四种平常心，并将它们与四种佛性联系起来。近年来的国内外的许多畅销书，都在大力鼓吹人类的各种强烈情感，而强烈情感本质上是反人类平常心的，所以这种鼓吹是一种非常可怕的文化浪潮。对此，本节第 3 小节将有长篇呼应。

0.1.1.3.2 第一本体友谊 7301\13*t=b 的世界知识

本体友谊就是通常所说的交际或交往，第一本体友谊对应于社会交往，第二本体友谊对应于个人交往。因此，这里首先给出下面的概念关联式：

7301\13*t≡q710\3*~b
（第一本体友谊强关联于社会交往）
7301\13*9≡q710\3*9
（权势友谊强关联于国家、民族之间的交往）
7301\13*a≡q710\3
（利益友谊强关联于特定关系交往）

7301\13*b≡q710\3*a
（成就友谊强关联于“社团”之间的交往）
7301\13*\k≡q710\3*b
（第二本体友谊强关联于个人之间的交往）

本体友谊具有强时代性和地域性，因此，本分节所描述的关于本体友谊的延伸概念具有虚设特征。但是，不能在本体友谊和交往之间直接使用虚设逻辑符号，因为，这些延伸概念是构成复合交往理解基因的构成要素之一。

0.1.1.3.3 第二本体友谊 7301\13*\k=6 综述

第二本体友谊的汉语说明拷贝如下：

7301\13*\k=6	第二本体友谊
7301\13*\1	事业情谊
7301\13*\2	学业情谊
7301\13*\3	状态情谊
7301\13*\4	奉献情谊
7301\13*\5	邻里情谊
7301\13*\6	随缘情谊

第二本体友谊可统称情谊，有 6 种，依次论述如下：

0.1.1.3.3-1 事业情谊 7301\13*\1 综述

事业情谊 7301\13*\1 的概念延伸结构表示式如下：

7301\13*\1:(*\k=3)

7301\13*\1*\1	军事友情
7301\13*\1*\2	政治友情
7301\13*\1*\3	奋斗友情

事业情谊亦称事业友情，名目繁多，但以上列 3 类情谊最为强烈，可统称“战友情”，其对应的符号表示如下：

r7301\13*\1*(\k)　　战友情

从字面意义来说，三者之间构成包容关系，如下面的概念关联式所示：

7301\13*\1*\3 %= 7301\13*\1*\2 %= 7301\13*\1*\1

但一般来说，军人的战友情最浓并最有特色，政治斗争的战友情最富于浪漫情怀，故将两者独立出来。

三类战友情各对应于不同的特定领域，以下列概念关联式表示：

7301\13*\1*\1<=(7301\13*\1,144,(j42e51,147,a423~0//a41))
（军事友情强流式关联于军事组织的内部，特别是战争一方的内部）
7301\13*\1*\2<=(7301\13*\1,144,(j42e51,147,(a13i9e05;a13iat))
（政治友情强流式关联于起义活动或民权活动的内部）
7301\13*\1*\3<=(q743//q744i)
（奋斗友情首先强流式关联于探险活动，其次是交织型探访活动）

前两个概念关联式强调了特定领域的内部，但第三个概念关联式则未赋予这样的限制。为什么要这样区别对待？这就不作解释了。

0.1.1.3.3-2 学业情谊 7301\13*\2 综述

学业情谊 7301\13*\2 的概念延伸结构表示式如下：

7301\13*\2:(*eam;ea~3-0,)	
7301\13*\2*eam	学业情谊的基本形态
7301\13*\2*ea1	授业情谊
7301\13*\2*ea1-0	师恩
7301\13*\2*ea2	回报情谊
7301\13*\2*ea2-0	回报师恩
7301\13*\2*ea3	同学情谊

上面，事业情谊的概念延伸结构表示式采用了封闭形态，而此处的学业情谊则采用了开放形态，为什么？这基于以下两方面的考虑，一是学业情谊的时代性和地域性表现远强于事业情谊；二是联系于学业情谊的对象和内容比事业情谊复杂。例如，“天地君亲师”的观念大约只存在于传统中华文明，更不用说“一日为师，终身为父”的观念了。这些观念无疑是典型的封建糟粕，但语言概念空间还是应该为它们保留一个描述的位置。

学业情谊涉及的对象，符号“eam”给出了足够清晰的表示，符号“7301\13*\2*ea~3-0”更是一个传神的表示，其汉语说明似乎带有汉语局限性，其实不然，当然，笔者也不会因此而说出“它们反而体现了汉语表达功能的优越性”之类的话语。

授业情谊 7301\13*\2*ea1 指授业者对受业者的情谊，回报情谊 7301\13*\2*ea2 指受业者对授业者的情谊。下面先给出学业情谊所对应的领域句类代码及它对于对象与内容的基本约定，随后来一段插写。

HNC 理解基因	领域句类代码	对象确定	内容安置
7301\13*\2*ea1	R411T0*koJ	RB1 主导 RB2	捆绑为主
7301\13*\2*ea2	R412T0*koJ	RB2:=TA,TB:=RB1	独立为主
7301\13*\2*ea3	T49R410*koJ	受业者之间	灵活

下面的插写属于《全书》第三卷的内容，而该卷的撰写是多年以后的事，为以防万一，笔者将在本卷的写作过程中不时插写一些要点。插写也就是预说，不过，预说较短，而插写较长。前面为《全书》的前言写了一段插写，这里是为《全书》的后文写下的第一段插写。

句类知识、混合或领域句类代码的构造、领域句类代码的知识突显(salience)作用是 HNC 的三项基本功，许多读者可能对这三方面都很不熟悉，希望下面的简略说明能起到一点缓解作用。

上列 3 项语言理解基因（下文将临时简记为“基因 1”、“基因 2”和“基因 3”，通指则记为“基因 m”）的领域句类都包含基本单向关系句，分别使用了该句类的三种形态。如果没有这三种句类形态，那“基因 m”领域句类代码的设计就会陷于困境，其世界知识的描述也会随之陷于空谈。基本单向关系句的三种形态设计是关系句句类知识的牛鼻子，这牛鼻子所包含的句类知识有两项，一是对关系的两对象（RB1 和 RB2）给出主从或平等的明确描述（代码标记），约定当存在主从关系时，RB1 一定代表主宰者，RB2 一定代表从属者；二是两对象之一（RB1 或 RB2）必须捆绑内容，即必然存在 RB1C 或 RB2C，不允许两者都不存在。当然，RB1C 和 RB2C 也可以同时出现，但十分少见。这项句类知识对于语句隐知识的揭示（语句分析的 6 号和 15 号难点）和语义块分离现象的分析（8 号难点）具有重要指导意义。这个牛鼻子是所有两对象分置句类的共性，属于语义学和语用学的边际课题，很有深入研究的价值。但语义学和语用学似乎都对此了解不多，因此应该把它看做是语言学与 HNC 相互接轨的契机之一，为什么不去尝试一下？

下面依次略说 HNC 的三项基本功。

——关于句类知识

“基因 1”和“基因 2”的 RB1 对应于授业者，RB2 对应于受业者。其领域句类代码的 GBK 数量可 2 可 3，前者以 2GBK 为主，此时授业情谊内容一定安置（捆绑）于 RB1C 或 RB2C；后者以 3GBK 为主，此时，受业情谊内容一定独立安置于 TC。“基因 2”的 RB2（受业者）同时充当 TA，即充当回报情谊的回报者。对这种双重身份，与其用语义角色的术语来描述，不如用语境角色的术语，后者可以突出角色意义的动态性。也许可以这么说：RB2 在“基因 1”和“基因 2”里的语义角色没有变化，都是受业者的身份，但语境角色则有质的变化，“基因 1”的 RB2 一定是在受业过程中，而“基因 2”的 RB2 则可能是在受业之后，对 3GBK 情况，这“可能”就转化为“一定”，这时的 RB2 拥有充分表现回报情谊的能力。这样的知识就是 HNC 所特别强调的世界知识，立足于具体的基因（如这里的“基因 2”），这样的世界知识很容易以概念关联式的符号形式予以准确表达。当回报情谊内容以独立 GBK(TC)形式出现时，它可以转化成 fK 的形式。上面使用了两个黑体“一定”，第一个“一定”句以前的内容属于句类知识，此后的内容属于则属于领域句类知识。苗传江博士的《HNC 理论导论》(《苗著》) 仅论述了句类知识，所以，笔者深切希望《苗著》的增订版能尽早面世。

——关于混合或领域句类代码的构造

混合句类代码和领域句类代码的构造原则和符号表示方式完全一样，前者在《苗著》里已有充分论述，细节上的差异如表 3-5 所示。

表 3-5　混合句类与领域句类的基本差异

项目	混合句类	领域句类
GBK 最大数量	4	可大于 4
是否配置 fK	不配置	可配置

20 世纪语言学的主流学派是结构主义和功能主义，计算语言学的主流学派是统计主义，自称语料库语言学。王国维先生提出过学问三境界的说法，非常深刻。这里借用王先生对三境界的宋词描述，给出下面的“科技探索境界”（表 3-6）供读者参考。

表 3-6　科技探索境界

王先生描述	简称	思考特征	认知科学流派
第一境界	独上高楼境界	(算法,规则)	统计主义
第二境界	衣带渐宽境界	规则+法则	结构主义//功能主义
第三境界	蓦然回首境界	理论—法则—规则—算法	HNC//…

这里先对表中的第三项略加说明。托马斯·库恩先生在《科学革命的结构》中提出了常规科学和革命科学的说法，就认知科学领域而言，笔者的理解是：仅涉及或思考“规则—算法”的科学就属于常规科学，涉及并思考“理论—法则—规则—算法”全过程的科学才属于革命科学。后者才是实至名归的创新，而前者只是玩新而非创新，玩新者，略有新意也。笔者曾把“理论—法则—规则—算法”的全过程思考称为4棒接力智力。每两棒之间都呈现出简明的源流关系：前者为源，后者为流。例如，理论是法则之源，法则是理论之流，没有理论支撑的法则是靠不住的；同理，法则是规则之源，规则是法则之流，没有法则统摄的规则必有例外。

国内的计算语言家常抱怨语言规则的局限性，从而断言“语言规则必有例外”。这个断言似乎已经形成了国内语言学界的共识，但实际上这个断言很容易被证伪，下面的论断都足以证其伪。

00 语句有广义作用句和广义效应句的基本区分，这是所有自然语言的共性。

01 广义作用句有格式的变化，广义效应句有样式的变化，这方面不同语种的个性差异很大（见04-07）。

02 广义作用句最少是2GBK句，最多是3GBK句。

03 广义效应句最少是1GBK句，最多是2GBK句。

04 英语的广义作用句只采用基本格式。

05 汉语的广义作用句不仅采用基本格式，也采用规范格式和违例格式。

06 英语广义效应句的样式变化多于汉语。

07 英语的fK（辅块）多数放在语句的后方，少数放在语句的前方。

08 现代汉语的fK（辅块）一定放在EK（特征语义块）主体的前方。

09 英语多元逻辑组合的核心要素一定放在该组合结构的前方。

10 汉语多元逻辑组合的核心要素一定放在该组合结构的后方。

上列11条论断是前7条是典型的法则，后4条是典型的规则。不过，“语言规则必有例外”的提出者实际上并不区分法则与规则，因此，上面使用了“都足以证其伪”的表述话语。这话语是闲话又是真言，既不必较真又要认真对待。关键在于：对一个研究对象的探索首先要寻求一整套科学的描述概念（术语）：如上面的**作用与效应**、**格式与样式**、GBK、EK与fK等，这些科学描述概念的形成不能单依靠归纳与分析的思维模式，更要依靠演绎与综合的思维模式。传统语言学所使用的整套描述概念已经过于陈旧了，因为它始终在自然语言空间里就事论事，主要使用归纳和分析的思维模式，因而不了解在自然语言空间之上存在着一个统摄这些自然语言空间的语言概念空间。从这个语言概念空间俯瞰具体的自然语言空间，那些在语言空间看不到或很难看到的景象就会清晰地呈现出来，上面的11条论断只是这些景象中的一小部分，该景象的宏观概括是“概念无限而概念基元有限、语句无限而句类有限、语境无限而语境单元有限”（简称“三无限-有限公理”），该公理也可以凝练成一句话，那就是“语言理解无限而语言理解基因有限”。句类知识的表述和领域句类代码的构造，归根结底，不过就是服务于上述公理的具体描述而已，HNC 把这一公理的具体描述叫做世界知识，以区别于专家知识和**本能性**常识。这里使用黑体的“本能性”加以强调，因为世界知识实质上可以看作是非本能性常识。本能性常识的典型事例有：食（饿）与饮（渴）、热与冷、快感与不适（包括疼痛）等，HNC 对这类常识是基本不管的。

HNC 把知识分为常识–世界知识–专家知识三个层次，不断申明自己下不管常识，上不管专家知识，一心只管中间的世界知识。当然，世界知识的上下边界都必然存在模糊性或交织性困扰，就如同语义学和语用学的边界一样。这困扰可借用佛学的六根说予以缓解，在 HNC 看来，六根的总根是“意”，而“意”有“下意”、“中意”与“上意”之分，六根的另五根只与“下意”直接连接，但眼、耳两根产生的“下意”必然上升为“中意”，鼻、舌、身三根产生的“下意”则不上升为“中意”，仅停留在“下意”状态。HNC 摆脱下边界困扰的办法是：下意者，常识也；中意者，世界知识也；上意者，专家知识也。

——关于领域句类代码的知识突显作用

在 HNC 探索初期（20 世纪 80 年代末）“三无限–有限公理”是以假设的形式提出来的，把它看作是语言概念空间的基本属性。语言概念空间的核心科学问题与其说是语言问题，不如说是思维问题，主要不是语言生成问题，而是语言理解问题。可是，语言学的语法学、语义学、语用学和语境学研究都是在围绕着语言自身和语言生成打转，当时正在兴起的认知语言学并没有摆脱这一学术惯性。因此，笔者强烈地感觉到：没有这个关于“无限与有限”的假设就不可能打破原地打转的局面，语言概念空间的探索就会陷于寸步难行的困境。在探索 10 年之后（20 世纪 90 年代末）才开始意识到“三无限–有限假设”实质上是语言概念空间的公理，这公理是揭示大脑思维之谜的一把金钥匙，它启示我们：大脑里存在着**语言理解基因**，这基因既不是乔姆斯基先生的普适语法 UG，更不是人类基因组的生理基因，而是那有限的语境单元。语境单元的核心要素是领域句类代码 SCD，SCD 是领域的函数，因此语境单元的总量就是领域的总量，也就是语言理解基因的总量。现在（2009 年）我们已经确定：语言理解基因的总量在 15 000 组左右，而我们在 12 年前（1997 年）已正式确定的基本句类的总量不过是 57 个（或组），这个结论来于此前 5 年（1992 年）的作用效应链之发现。不过十分可惜，当时并没有形成广义作用与广义效应的明确概念，更没有形成两者各自分成 4 个基本句类群的思路。这里的关键在于：虽然从一开始，HNC 就把判断分成了思维判断 DJ 和基本逻辑判断 jDJ 两大类，但却没有想到：思维判断对应于（属于）作用型判断，基本逻辑判断对应于（属于）效应型判断。于是，在“作用效应链+判断”的 7 要素世界里**糊里糊涂**地度过了 5～9 年之久。

上面对“糊里糊涂”使用了黑体，这是为了表达一下笔者多年来一直挥之不去的感慨。体现“三无限–有限公理”的数学表示式(HNCm,m=1–4)是很简明的，原来打算并完全可以毕其功于一役，但从(HNC–1)推进到(HNC–3)却经历了 9 年（1992～2001 年）的中断，为什么会出现这样可怕的周折呢？根本原因就在于当年完全没有“假设即公理”的辩证认识，对“三无限–有限假设”在理论上的透彻性和齐备性（这是康德先生对理论探索的基本要求）缺乏自信，因而对 1993 年已基本定型的句类物理表示式[HNC-2]诚惶诚恐，从而陷入了经验理性信条（即真理检验的唯一标准说）的陷阱，认定实际语料验证是当务之急的头等大事。多次宣扬过“如果标注了 1 万句语料而没有发现不能以基本句类及其混合表示的语句，则表明其描述误差极有可能在万分之一以下，如果标注了 10 万句语料而依然如此，则表明其描述误差极有可能在 10 万分之一以下”的观点。还鼓吹过双 10 万语料（汉语和英语）标注工程，因为笔者一直（直到今天，即 2009 年 9 月 25 日）主张：机器翻译是 HNC 理论展现自己并赢得认同的最佳战场。笔者的上列宣扬和鼓吹（但最佳战场的主张除外）不仅误导了 HNC 团队，也严重误导了自己。在语句的句类验证和词语的 HNC 符号映射方面投入了过多的精力，尽管心里非常明白这一投入存在着严重的先天不足，也担忧它必将带来的严重后果，可还是在一段相当长时间里被“验证的魔鬼”迷了心窍。这里说的“先天不足”主要是指以下两方面：一是概念树（曾一度定名为根概念）的设计当时并没有完全定型，这主要是综合逻辑概念，至于各概念树的概念延伸结构表示式，仅对主体基元概念作了比较详尽的设计，领域概念树都只是临时抱了一下佛脚；二是混合句类的构造还没有形成明确的指导原则，对广义作用与广义效应、格式与样式这两组相互对应的基础性概念还没有彻底理清其理论与实际（工程）之间的分野。

那迷失的心窍一直到 2003 年才有所感悟，但尚未清醒，那时还保留着“HNC 理论工程”的宏伟构想，不过已经明白那只是一个梦想而已，所以，在第二届 HNC 与语言学研讨会上，笔者打破常规，以“阿门”结束那个发言。清醒状态姗姗迟到了两年，恰逢孔夫子所说的“从心所欲不逾矩”年龄段的起点，这时，笔者才为自己的人生定位了一个明确的目标，那就是完成[HNC-1]的**基本**设计和**基本**阐释。

[HNC-1]的设计与阐释不是一个孤立的语言学或认知语言学的问题，也不是一个单纯的自然语言理解或大脑语言理解基因的问题，它必然还要关系到对文明基本特征的思考；关系到对三个历史时代和六个世界的思考；关系到对后工业时代的曙光已经来临这一基本现实的思考；关系到对大脑思维奥秘及思维与语言关系的思考；关系到对“语言超人”的可实现性——HNC 理解基因[*01]的构造、信息（数据）与记忆之间相互转换——的思考。这些思考必须满足透彻性与齐备性的基本要求，但这一要求的实现谈何容易，所以上文有两处加了黑体的“基本”二字。在这一思考过程中，反复出现于脑际的短语就是“领域句类代码的知识突显作用”。突显这个术语是从认知心理学借用的，其原意是把注意力集中到某一特定领域，对干扰信息进行有效的隔离或屏蔽，但这个意思与 HNC 想要表达的还有比较大的差距。所以，下面对该短语里的突显进行比较详细的说明。

这说明将从 57 和 15 000 这两个数字说起，57 这个数字是句类视野里的世界知识维度，15 000 这个数字是语言理解基因视野里的世界知识维度，两者的维度差异高达两个数量级，这个差异大体相当于伽利略望远镜与哈勃望远镜的差距。句类及其分析这套概念工具只具备考察语言太阳系（句子）的功能，对语言银河系（段落与篇章）和语言宇宙（全部语言信息）是无能为力的，那么，语境及其分析与转换（向显记忆的转换）这套概念工具是否具备这样的功能呢？它有资格充当语言宇宙的哈勃望远镜吗？这些年来，笔者一直带着这个问题从不同角度不断拷问自己。所谓的不同角度，主要指表 3-7 所示的 8 项思考及对部分思考的语料检验。

表 3-7　HNC 未来思考

序号	思考
01	语言理解基因的激活与抑制
02	语言理解基因、语言记忆与学习的各自机制及三者之间的相互作用 （语言理解基因的强大预期、消歧、纠错与抗干扰能力）
03	语言理解基因“局域网”联盟的连接机制
04	语言理解基因与全局网的连接机制
05	HNC 语言理解基因的硬件安装、软件编程与调试
06	HNC 语言显记忆[*02]的积累和语言动态记忆的学习
07	基于两转换、两变换和两调整的机器翻译潜能
08	机器翻译的终极境界

8 项思考的前 4 项和后 4 项所面对的对象是不同的，前 4 项的对象是人类大脑的语言理解基因、记忆与学习，后 4 项的对象则是电脑的语言理解基因、记忆与学习。所以，在“05 号”和“06 号”的理解基因前面加了修饰语“HNC”。这两项思考是建造“语言超人”的关键，而训练“语言超人”的最佳学校就是机器翻译，“07 号思考”对应于初等教育，“08 号思考”对应于高等教育。

依据认知语言学的“语言不具有自主性”第一假设，对理解基因加上语言的修饰词语是不适当的，但认知语言学的“志大才疏”表现恰恰在于它忽视了大脑概念空间的五大区块——语言、图像、艺术、科学与情感——可能不存在统一的科学描述模式这一基本科学问题，这不是一个比物理统一场描述更容易回答的问题，然而认知心理学却似乎认为这是一个不成问题的问题。“语言不具有自主性”的假设实质上就肯定（假定）了统一科学描述模式的存在，而认知学又给不出这一模式的科学描述。所以，上面都统一加了“语言”的修饰词语。当然，笔者心目中的科学描述是指相应数学物理表示式的发现或建立，而不只是原则的阐释，这个出发点同认知语言学三大基本假设的提出者有所不同，他们以搞清原则为目标。大脑概念空间的五大区块肯定存在共同的原则，这是没有疑义的。但仅谈原则是哲学而不是科学，对大脑思维奥秘的揭示不会产生实质性的帮助，对人工智力的技术实现也不会有太大的裨益。

“02 号思考”可另名“语言理解基因的强大预期、消歧、纠错与抗干扰能力”，所谓“领域句类代码的知识突显作用”属于“02 号思考”的内容。领域句类代码是语言理解基因的核心部件，它具有强大的预期能力，预期能力的直接展现就是消歧或模糊消解，间接展现是纠错，但纠错又与抗干扰交织在一起，两者是语言理解基因激活与抑制的联合效应。由此可见：第一，“01 号思考”和“02 号思考”的顺序是不能颠倒的；第二，未来的语言超人不但要设置 HNC 语言理解基因的激活机制，还要设置 HNC 语言理解基因的抑制机制；第三，“语言理解基因的强大预期、消歧、纠错与抗干扰能力”这一短语里的前三者强依赖于特定语言理解基因的激活，后两者则强依赖于对其他无关理解基因（包括非语言理解基因）的抑制。因此，该短语的并列陈述方式并不十分恰当，要进行“预期、消歧与纠错”和“纠错与抗干扰”的分别解读。

每一特定领域的世界知识描述可以选择 57 个基本句类里的某一个或若干个句类以构成领域句类代码，反过来说，每一个基本句类可以用来描述许多个领域的世界知识，这个对应关系存在严重的不对称性，这一不对称性集中表现在 57 和 15 000 这两个数字上，57 这个数字是基本句类空间世界知识粒度的表征，15 000 这个数字是领域句类空间世界知识粒度的表征。世界知识粒度的概念大体对应于望远镜的空间分辨率，虽然领域句类空间的“分辨率”较之基本句类提高了两个数量级，但毕竟还不能比之于伽利略望远镜与哈勃望远镜。就“理解基因 m”来说，嵌插于其中的 R41mJ 和 T0J 不再是普通的基本句类了，它们的世界知识粒度远细于对应的基本句类，特别是 R41mJ。基本句类的 R41mJ 只限定了两对象（RB1 和 RB2）之间的主从或平等关系，“理解基因 m”里的 R41mJ 则把这一关系描述进一步限定在师生之间或同学之间。世界知识粒度的这一步优化（或精确化）显然不是一小步，而是一大步。

这就是说，领域句类代码 R41~0T0*koJ(7301\13*\2*ea~0)对两对象的预期能力要远大于相应的一般混合句类 R41~0T0*koJ，而 R41~0T0*32J(7301\13*\2*ea~0-0)的预期能力又有所增强。前者的“师”统指老师和学校，也不区分“生”的毕业与否；但后者不同，其中 R411T0*32J(7301\13*\2*ea1-0)的“师”专指老师，而 R412T0*koJ(7301\13*\2*ea2-0)里的“生”则专指毕业后的学生。

上面仅论述了知识粒度从句类空间到领域句类空间的巨大变化，但这里说的知识粒度仅涉及关系的对象，既未涉及关系的内容，也未涉及从语言概念空间到句类空间的知识粒度变化。这里只预说一句话，后者的变化大体相当于从目力到伽利略望远镜的提升吧。但 HNC 语句处理技术对最原始的伽利略望远镜依赖得太久了，向哈勃望远镜前进的步伐太慢了。对此，笔者应深表歉意，因为笔者的犹疑不决是造成这一严重后果的根本原因。笔者未敢及时郑重宣告：**语境单元就是语言理解基因，它可以通过个别的词语直接激活**，从而把领域句类代码的知识突显作用充分发挥出来。基本句类只是理解基因的部件，其预期能力是非常有限的，不可能对语句理解的 20 项难点形成有效的综合治理方案。

“02 号思考”是 8 项思考的枢纽，“语言理解基因的强大预期、消歧、纠错与抗干扰能力”这一表述里的“理解基因”不是单指个别的理解基因（上面的描述容易造成这样的误会），还包括每一个理解基因身后的强大后盾，这个后盾首先是它自身所在的“局域网”；第二是它所特有的“局域网”联盟；第三是和全局网的特定连接。“局域网”自身在理论上已符合透彻性和齐备性的要求，但第二点和第三点要达到这一要求还有一定距离，这就是“03 号思考”和“04 号思考”了。HNC 约定：语言理解基因与“局域网”联盟的连接采用联想逻辑符号（强关联“≡”、强交式关联“=”、等同“=:”、对应“:=”、强源式关联“=>”、强流式关联“<=”等），与全局网的特定连接采用 HNC 定义的 3 类逻辑符号（语习逻辑 f 除外）。神经元之间不是存在着众多的突触吗？这些突触必然具有不同的功能，对此，我们所知不少，但十分缺乏形而上思考。那么，联想逻辑符号和 HNC 逻辑符号是否有一点参考价值呢？对大脑神经生理学有兴趣的读者不妨想一想。

在 HNC 看来，突触首先存在着局域与全局之分。局域突触又存在本体型和认识型的两分，全局突触也存在高速与低速的两分。本体型突触存在交织、并列与定向的三分，认识型突触存在对比、对偶和包含的三分。高速突触与联想逻辑对应，低速突触与HNC逻辑对应。笔者期待着：未来的脑科学研究可能会对上述的突触类型预测提供证据，至于交互引擎或语言超人，则一定要依据上面的突触描述构建电脑的CPU。

总之，“领域句类代码的知识突显作用”就在于它能充分调动“语言理解基因的强大预期、消歧、纠错与抗干扰能力”。《全书》的附录，可能收录一篇展示这一“充分调动性”的文章。当然，如果那个时候HNC已胜利完成了它的机器翻译战役（对应于“07号思考”），那这个附录就没有必要了。

本插写的篇幅似乎太长了，把它放在学业情谊里来写是偶然的，但安排在友谊行为7301\13却是有预谋的。因为笔者对“事业、亲情、友谊”这六个字情有独钟，但笔者对现代社会的事业行为很不习惯，对亲情行为的衰落感慨万千，故笔者的精神依托只剩下友谊行为了，所谓预谋，不过就是这个意思而已。

上面关于学业情谊的世界知识说明都不难写出相应的概念关联式，但笔者决定偷懒了。

注释

[*01] 关于大脑的语言理解基因和HNC理解基因。大脑的语言理解基因和语言生成基因是两套语言基因，分别位于大脑皮层的不同区域，这已经是一项科学常识。但西方学者依然习惯于把两者混为一谈，不加区分，甚至误以为语言生成基因就是语言基因，近年来英美学者对FOXP-2基因的研究就是最明确的证据。怎么会出现这样的笑话呢？这完全是西方语言学界历经千年语法学惯性造成的误解。HNC理解基因目前只涉及语言的理解，暂时不涉及语言的生成。但交互引擎或语言超人离不开语言生成，HNC对此也有一套自己的思考，将在《全书》的第三卷里论述。

[*02] 记忆的基本类型见《全书》附录的《把语言数据变成语言记忆》一文。

0.1.1.3.3-3 状态情谊7301\13*\3综述

状态情谊7301\13*\3的概念延伸结构表示式如下：

```
7301\13*\3:(*eam,*\k=3;)
   7301\13*\3*eam          状态情谊的基本形态
   7301\13*\3*ea1          上位情谊
   7301\13*\3*ea2          下位情谊
   7301\13*\3*ea3          同位情谊
   7301\13*\3*\k=3         状态情谊基本类型
   7301\13*\3*\1           同乡情谊
   7301\13*\3*\2           同民族情谊
   7301\13*\3*\3           同胞情谊
```

上面的汉语说明都有文字省略，上位情谊是“上位人士对下位人士的情谊”的简化，下位情谊是“下位人士对上位人士的情谊”的简化，同位情谊是“同位人士之间的情谊”的简化。这里的“位”可以指状态507+j019所描述的“位”，也可以指55和56所描述的“位”。这三种“位”（状态）所对应的状态情谊已相当宽泛，但还没有把白居易名句“同是天涯沦落人，相逢何必曾相识”所描述的情谊包含进来，那属于随缘情谊7301\13*\6。

在西方普世价值观的视野里，上位情谊和下位情谊的概念应属于被铲除的落后观念，因为只有等位情谊才符合平等的理念。有些文化人会乐于说：上位情谊不过是虚伪的主子情谊，下位情谊不过是卑劣的奴才情谊。这类说法也是世界知识的一种表达方式，但这种表达方式存在着浓厚的 BACA 色彩。BACA 是语境单元（语言理解基因）的构成要素之一，将在《全书》的第三卷论述，但这里需要预说一个“急所”性的问题，那就是 BACA 的激活问题。由于 BACA 弱关联于领域，不能依靠领域信息来进行激活，因此，以往一直对此避而不谈。

上面“上位情谊不过是虚伪的主子情谊，下位情谊不过是卑劣的奴才情谊”的表述显然提供了 BACA 的激活信息，“显然”的依据是其中的“虚伪”与“卑劣”、“主子”与“奴才”这两对词语，但计算机（语言超人）能够利用这一显然的依据吗？

下面将再写一段插写，从语言理解基因的 4 种基本类型说起。

语言理解基因的 4 种基本类型是：善基因、恶基因、常规基因和辩证基因。善基因定义为带有积极意义符号的基因，如“高尚行为 7301\10*\42e75”；恶基因定义为带有消极意义符号的基因，如“卑鄙行为 7301\10*\42e76”和“虚伪行为 7301\10*\42e77”；常规基因定义为不带有积极或消极意义符号的基因，如“三争行为 7301\11*t=b”（争权行为 7301\11*9、争利行为 7301\11*a、争名行为 7301\11*b）；辩证基因定义为同时带有积极与消极意义符号的基因，如“积极过度三争 7301\03*t*e47e25”。

BACA 传达述者观察和评判事物的立场、观点与方法，其中立场属于 BAC 描述 7 要素的参照（Re），居于 7 要素中承前启后的关键位置，其前有方式（Ms）、途径（Wy）和工具（In），其后有条件（Cn）、原因（Pr）和结果（Rt），前四者是综合逻辑概念的再综合，条件（Cn）是条件 s3 的直接对应，后两者是作用效应链的再综合。其中的方式 Ms 是谋略 s11、策略 s12 与手段 s2 的综合；途径（Wy）是认识论 s109、步调论 s10a 与渠道 s23 的综合；工具（In）是“武器”s22 和广义工具 s4 的综合；参照（Re）是目的论 s108 与视野论 s10b 的综合，述者的目的和视野不同，其观察和评判事物的立场就不同。笔者之所以把当代的地球村划分成六个世界，不仅是由于这六个世界的文明基因存在本质差异，也是由于考虑到它们的立场存在巨大差异。BACE 和 BACA 各自要素的 HNC 映射符号都有两套，将分别在第二卷和第三卷说明，这里只给出如上的宏观描述。

如何判断述者 BACA 的立场呢？这主要取决于述者对 4 类语言理解基因的表述方式。首先要判定的是立场的常规性和变异性，基本判断标准如表 3-8 所示。

表 3-8　立场判定基本准则

判定依据	表述方式	立场类型
善基因	积极或中性	常规
	消极	变异
恶基因	积极	变异
	消极或中性	常规
常规基因	中性或积极	常规
	消极	变异
辩证基因	积极或消极	变异
	中性	常规

常规立场联系于 BACE 的 Re，变异立场联系于 BACA 的 Re，这是语言概念空间的又一条法则。当然，如果没有 HNC 符号体系，这条法则是无法运用或应用的，但有了 HNC 符号体系，这一法则的运用或应用就易如反掌了。

现在可以回到“上位情谊不过是虚伪的主子情谊，下位情谊不过是卑劣的奴才情谊”的表述了，它必然包含 BACA 的信息，完成这一判断太轻松了。因为，状态情谊 7301\13*\3*eam 属于常规基因，而述者却使用消极意义的词语“虚伪”与“卑劣”予以修饰，依据上面的“立场判定基本准则”，可轻易作出变异立场的判断，换句话说，“虚伪”与“卑劣”这一对词语就构成了作出这一判断的充足判据。

立场的常规性与变异性是立场的基本属性，甚至可以说，它是立场的数学（抽象的）表征，而不是立场的物理（具体的）表征，但立场物理特征的揭示离不开这一数学特征的确定。立场的物理表征既包括伦理概念群的正邪、真假、善恶、美丑、对错、王霸与褒贬这样 7 项内容侧面，又包括从社会到个人的无数对象侧面，每一对象与内容又具有绝对性与相对性的双重表现。因此，立场的物理判断显得十分复杂，专家出现判断错误是常见现象。但是，只要把握好概念的具体和抽象特征，把握好两类劳动和三类精神生活的语境领域之分，把握好三个历史时代和六个世界的时空视野，把握好立场的常规性与变异性这一指路明灯，立场的判定未必那么可怕，如果未来交互引擎或语言超人在这方面的智力水平超越了专家，你完全不必感到惊异。

这段插写应该结束了，但不知读者注意到没有，前文在谈到“显然”的依据时，提到了“虚伪”与“卑劣”、“主子”与“奴才”两对词语，后文分析时，只使用了“虚伪”与“卑劣”这一对词语。这关系到“主子”与“奴才”这一对词语的语境意义存在巨大的时代变迁，也就是说，“虚伪”与“卑劣”的义境是静态的，而“主子”与“奴才”的义境是动态的。李莲英嘴里说出来的“主子”与“奴才”和“哲学乌鸦”笔下写出来的，其义境完全不同，所以，后面的分析只好避而不使用这一对词语了。

上面略说了上位情谊 7301\13*\3*ea1 和下位情谊 7301\13*\3*ea2，现在，应该对同位情谊 7301\13*\3*ea3 说几句话了。

状态情谊 7301\13*\3 的概念延伸结构表示式采取了开放形式，它是专门为同位情谊预留的，很可能需要设置 7301\13*\3*ea3\k=m 的延伸概念以描述不同类型的同位情谊，这里只给出下面的基本概念关联式：

```
7301\13*\3*ea3=7331
(同位情谊强交式关联于概念树行为与现实)
```

这就是说，这里的延伸概念设置需要同“概念树 7331”的概念延伸结构表示式的设计求得某种平衡，故暂缺为妥。

状态情谊的第二项延伸概念 7301\13*\k=3 就不论述了，其义境都比较简明，留给后来者做习题吧。

0.1.1.3.3-4 奉献情谊 7301\13*\4 综述

奉献情谊 7301\13*\4 的概念延伸结构表示式如下：

```
7301\13*\4:(*\k=4;*\1k=3,52y*\4;*\1~3e2m,)
```

```
7301\13*\4*\k=4              奉献情谊基本类型
7301\13*\4*\1                情义奉献
  7301\13*\4*\1k=3             三类特殊情义奉献
  7301\13*\4*\11               父母之爱的奉献
    7301\13*\4*\11e21            父爱奉献
    7301\13*\4*\11e22            母爱奉献
  7301\13*\4*\12               爱情奉献
    7301\13*\4*\12e21            痴男奉献
    7301\13*\4*\12e22            痴女奉献
  7301\13*\4*\13               友爱奉献
7301\13*\4*\2                信仰奉献
7301\13*\4*\3                仁义奉献
7301\13*\4*\4                危难奉献
  52(7301\13*\4)               紧急奉献
```

在学业情谊和状态情谊的两个分节里，笔者都免去了最基本的概念关联式，本分节不能再这么干了，先给出下面的概念关联式：

7301\13*\4≡ro3a2a——（7301\13-0-3）
（奉献情谊强关联于人类奉献行为的效应）

请注意："人类奉献行为"这个概念似乎比较复杂，但以 HNC 符号体系来表示，却显得十分简明，那就是 o3a2a，其中的前挂变量数字符号"o"代表"(65;9;c)"，这意味着奉献行为虽然事实上存在着本能性、理智性与社会性的三层级区分，但奉献情谊 7301\13*\4 并不作这样的区分。"人类奉献行为产生的效应"这个概念似乎更复杂了，但 HNC 的符号表示不过就是 ro3a2a 而已，前挂一个字母符号"r"就十分传神了。上面的概念关联式以逻辑符号"≡"将 7301\13*\4 与 ro3a2a 连接起来，这属于联想逻辑符号使用的一种特殊技巧，意在避免使用符号"::="。若使用该符号，就把忘恩负义的现象也纳入奉献情谊了，而符号"≡"的使用可以避免这种荒谬性。

对奉献情谊仅作 7301\13*\4*\k=4 的延伸似乎有点不可思议，但下列概念关联式表明：这样的设计乃是 HNC 的必然选择。

7301\13*\4*\1<=(7+8)
（情义奉献强流式关联于第一类精神生活）
7301\13*\4*\2<=q82——（7301\13-0-4）
（信仰奉献强流式关联于信仰与宗教）
7301\13*\4*\3<=(b+d)——（7301\13-0-5）
（仁义奉献强流式关联于第三类精神生活）
7301\13*\4*\4<=3328\k
（危难奉献强流式关联于灾祸）

情义奉献 7301\13*\4*\1 曾是古典文学作品的主题之一，崇尚自由与本能人性的现代文学已经对此不那么感兴趣了。这里对情义奉献给出了 7301\13*\4*\1k=3 的延伸，以描述 3 种特殊的情义：父母之爱、爱情和友爱，可简称三爱奉献。对前两者又作了"e2m"的延伸，以区分父爱与母爱、痴男与痴女。与这些延伸概念配套的基本概念关联式都不难写出，笔者就偷懒了。

信仰奉献 7301\13*\4*\2 和仁义奉献 7301\13*\4*\3 是两项与文明特性密切相关的延伸概念，故必须给出下面的概念关联式：

7301\13*\4*\2=(pwj01+rq821)
（信仰奉献强交式关联于宗教文明）
7301\13*\4*\2<=q820~b
（信仰奉献强流式关联于终极性和追求性信仰）
7301\13*\4*\3=(pwj01+China)xpj1*9
（仁义奉献强交式关联于古老中华文明）
7301\13*\4*\3<=q820b——（7301\13-0-6）
（仁义奉献强流式关联于伦理性信仰）

到此为止，本子节共给出了 6 个特殊编号概念关联式，下面把这 6 个表示式集中起来拷贝如下：

(7301\13e25,s35e21,(7133(~\1)e53,l45,7301\11*t))——（7301\13-0-1）
（君子友情以“淡泊”三争行为为必要条件）
7301\13e26<=(s105,l45,7301\11*t)——（7301\13-0-2）
（小人友情强流式关联于对三争行为的选择）
7301\13*\4≡ro3a2a——（7301\13-0-3）
（奉献情谊强关联于人类奉献行为的效应）
7301\13*\4*\2<=q82——（7301\13-0-4）
（信仰奉献强流式关联于信仰与宗教）
7301\13*\4*\3<=(b+d)——（7301\13-0-5）
（仁义奉献强流式关联于第三类精神生活）
7301\13*\4*\4<=q820b——（7301\13-0-6）
（仁义奉献强流式关联于伦理性信仰）

显而易见，这些概念关联式之所以取得特殊编号的资格，并不是基于它们的现实存在性，而是基于它们的存在现实性，因为“人类有史以来的第一号悖论”（见[121-3.2-2]分节）的化解必须仰赖于这 6 个特殊编号概念关联式的全面存在。当前地球村六个世界的基本态势是：小人友情泛滥于全球，奉献情谊和信仰奉献仅弱存在于第一世界，君子友情和仁义奉献在第二世界已不复存在，这意味着友谊行为的全面缺失。但人类正在呼唤：“斗争啊，请不要扭曲友谊的灵魂；竞争啊，请不要霸占协同的圣地。”这是时代的呼唤，而时代呼唤是最强大的力量。因此，我们有理由保持一种憧憬：那死去的优秀文明基因未必不能复活，那泛滥的消极文明基因未必不能抑制，那信仰奉献与仁义奉献未必不能融合，那小人竞争未必不能为君子协同所取代。

0.1.1.3.3-5 邻里情谊 7301\13*\5 综述

邻里情谊 7301\13*\5 的概念延伸结构表示式如下：

7301\13*\5:(*7,*γ=b;)

7301\13*\5*7	乡里情谊
7301\13*\5*γ=b	邻里情谊的时代性表现
7301\13*\5*9	农业时代的邻里情谊

7301\13*\5*a　　　　工业时代的邻里情谊
7301\13*\5*b　　　　后工业时代的邻里情谊

汉语曾流行过“远亲不如近邻”的谚语，这谚语是对邻里情谊的生动描述，但它只适用于农业时代，这就是邻里情谊的基本世界知识。邻里情谊两项延伸概念的设置可以说就是以这谚语为依据的。

乡里情谊 7301\13*\5*7 具有下列基本概念关联式：

7301\13*\5*7<=pwj2*\1
（乡里情谊强流式关联于村庄）
7301\13*\5*7=%7301\13*\3*\1
（乡里情谊属于同乡情谊）
7301\13*\5*7=7301\12*i
（乡里情谊强交式关联于准亲情）

自 1946 年起，笔者就完全离开乡里生活了，但对仰山堂的乡里情谊感受至深，终生难忘。笔者是从小说里知道高利贷这个词语和这件事的，当时深感困惑甚至震惊，因为它同笔者的幼年生活体验完全相反。笔者看到过的是这样的情景：有人来还钱或还米，而仰山堂的借出者却坚持不受，理由是“说好了的，是送的”。也常听到这样的话语：“别着急，不够再来啊”。在笔者的记忆里，这样的事太平常了，我的母亲从来就是这样对待乡里的，更不用说亲朋了。这里笔者要说：这些平常事是不难理解的，它毕竟仅涉及金钱和财物，但下面的事却有点不一样了。

仰山堂西一里光景就是地图上可以找到的蕲水，蕲水的河床很宽，以前，丰水期靠竹排渡，枯水期靠临时搭建的木板桥，那桥每年要在洪水季节的前后拆一次和架一次。春夏与夏秋之交，竹排渡和木板桥会同时存在一段时间，两者都是免费的。过桥人多的日子，那桥头一定有人“值班”，以便帮扶那些过桥有困难的（包括生理上的或携带过重的）人，这些“值班”不是被安排的，而是自愿的，这可以肯定，因为笔者在 1946 年的春夏之交也曾多次去“值班”过，当然主要不是为了做善事，而是为了玩。那么，这项公益服务的组织者是谁？费用从何而来？20 世纪 90 年代回乡扫墓时曾询问过，但已经没有人说得清楚了。

现在，代替那古老服务的是现代化的公路桥，公路桥毕竟是有限的，集中于大镇，于是，多数地段的两岸交通需要涉水。笔者当时想重游一下蕲水西岸的一个老镇，叫芭茅街，现在已不是“街”而只是一个小居民点了。笔者拒绝了陪同者一定要背笔者过河的建议，兴致盎然地于笑谈中涉水而行，涉水固然是一种情趣，过木板桥也是一种情趣，这别无选择是进步还是退步呢？当年的沿河小镇乃自然形成，是市场的造化，不是计划的产物，这集中是进步还是退步呢？

芭茅街上当年有肉店、豆腐店、药店、布店和杂货点等。笔者当年属于外来的小顾客，曾去过那里购物，每次都受到贵宾般的接待，有高品级的豆浆皮，有特殊炸制的油条……现在回想起来，那招待就是乡里情谊的自然流露，同生意经根本没有关系。好好招待回到故乡暂住的人，是一种责任和一份光荣，这就是他们的朴素情感。出于对当年招待的感念之情，笔者当时很想见一下那些店老板们的后人，可惜已经无从打听了。

当然，村庄不是人间天堂，乡里情谊 7301\13*\5*7 只是村庄的美好面，对应的丑恶面是乡里冤仇，后者将安排在“行为与现实 7331”里去叙说。

下面略说邻里情谊的时代性表现 7301\13*\5*γ=b，它具有下列基本概念关联式：

7301\13*\5*γ:=pj1*t
（邻里情谊的时代性表现对应于三个历史时代）
(7301\13*\5*9,jl00e21,1078i)
（农业时代的邻里情谊相关于过程的持续性）
(7301\13*\5*a,jl00e21,10787a)
（工业时代的邻里情谊相关于过程的交替性）
z7301\13*\5*a<<z7301\13*\5*9
（工业时代邻里情谊的值远小于农业时代的邻里情谊）
7301\13*\5*9≡7301\13*\5*7
（农业时代的邻里情谊强关联于乡里情谊）
7301\13*\5*a<=pwj2
（工业时代的邻里情谊强流式关联于城市）
(7301\13*\5*7,jl11e227,7301\13*\5*a)
（乡里情谊“消失”于工业时代的邻里情谊）
(7301\13*\5*7,jl11e217jlu13c21,pj1*b)
（乡里情谊应该“重现”于后工业时代的邻里情谊）

这里的每一个概念关联概念式都需要大篇幅的文字说明，一概从免吧。

0.1.1.3.3-6 随缘情谊 7301\13*\6 综述

随缘情谊 7301\13*\6 的概念延伸结构表示式如下：

7301\13*\6:(*e1n,*γ=a;)

7301\13*\6*e1n	随缘救助
7301\13*\6*γ=a	随缘情谊的基本类型
7301\13*\6*9	相投情谊
7301\13*\6*a	相怜情谊

随缘情谊 7301\13*\6 实际上是第二本体友谊 7301\13*\k=6 的“不管部”，其延伸概念仅取两项似乎有悖于透齐性的常理，对这个问题，笔者只能用下面的话语来回答。这个表示式的拟订已经是一个多月以前的事了，这段时间里曾反复思量，感觉就是如此，现在只好随着感觉走了。

随缘救助与危难奉献强交式关联，前者的随机性更强一些，救助者与被救助者之间原来一定不相识，这些世界知识以下列概念关联式表示：

7301\13*\6*e1n=7301\13*\4*\4
（随缘救助强交式关联于危难奉献）
7301\13*\6*e1n:=u102
（随缘救助对应于随机性）
((4070,144,p7301\13*\6*e1n),jl111jlu13c22,u65507+j78e81;s31,11eb1)
（随缘救助的双方在开始时一定是不认识的）
((p7301\13*\4*\4,144,4072),jl111jlu13c21,u65507+j78e82)

（危难奉献者与对方之间可能是认识的）
7301\13*\6*e1n<=02e71
（随缘救助强流式关联于同情心）

随缘情谊的基本类型 7301\13*\6* γ=a 可统称共鸣情谊，对两者以符号“γ=a”表示最为适当，是该延伸符号的典型应用，这值得提请读者注意。

相投情谊与相怜情谊的基本世界知识以下列概念关联式表示：

7301\13*\6*9=o507+j86e25
（相投情谊强交式关联于人的积极状态）
7301\13*\6*a=o507+j86e26
（相怜情谊强交式关联于人的消极状态）
((800ea2d01,l43,7301\13*\6*9),jl112,u7210\2)
（对相投情谊的盲从是不精明的）
((6502e623,l43,7301\13*\6*a),jl112,u7210\1)
（对相怜情谊的拒绝是不明智的）

小节后记

这是《全书》的第二篇小节后记。同第一篇一样，全文分四部分，每部分对应于一个子节，以符号“——”标记。

——第 0 子节定名“基本态度行为 7301\10”，对应于态度 711 的态度基本内涵 7110。

基本态度行为 7301\10 的后续两级描述最值得思量，第一级后续描述采取了基础行为 7301\10*t=b 和态度行为基本表现 7310\10*\k=5 的两分，两者的符号表示及其再延伸方式如表 3-9 所示。

表 3-9　基本态度行为 7301\10 两级描述要点

名称	符号表示	再延伸方式		
		本体论方式	认识论方式	混合方式
契约行为	7301\10*9		+	
观念行为	7301\10*a			+
常态行为	7301\10*b		+	
行为素质表现	7310\10*\1		+	
行为判断表现	7310\10*\2		+	
行为关系表现	7310\10*\3		+	
行为伦理表现	7310\10*\4	+		
行为方式表现	7310\10*\5	（待定）		

此表充分揭示了观念行为和行为伦理表现的独特性，但这只是一个细节问题，重要的是它们的**透齐性**资格，这在该子节的结束语里作了力所能及的说明。**透齐性是 HNC 方法论的灵魂**，这是一个比较复杂的概念，但其神秘面纱在该说明里至少揭开了明亮的一角，如果读者能因此而对语言理解基因的概念感受到一定程度的信心，则笔者将感到无比欣慰。下面只对上述两项细节作一点补充。

观念行为 7301\10*a 采取混合延伸方式乃基于：其中的丛林法则行为描述必须采用

“t=a”符号，而不能采用诸如“e2o”之类的“ekm”符号；行为伦理表现 7301\10*\4 的本体论延伸方式乃基于：其延伸描述必须与基本概念是伦理概念群 j8 直接挂接。两者都呈现出明显的公理意味，这里就不宜多说了。

契约行为 7301\10*9 被列为基础行为之首，仁义行为与功利行为又被列为契约行为之首，对两者分别赋予了辩证表现 7301\10*9e25*e26 和 7301\10*9e26*e25，这三点是基础行为 7301\10*t=b 世界知识的第一要点。这第一要点一定会遭到鄙夷，但这里可以告诉大家：那鄙夷者一定是一个没有读过（或读懂）先秦和希腊经典原著的人，一定是一个完全不了解各主流文明历史源流的人，一定是一个对三个历史时代和六个世界茫然无知的人。契约行为分节里的 4 个特殊编号概念关联式实际上就是这些话语的 HNC 表述（暗说）。

观念行为的描述亮点是引入了观念行为主体辩证表现这一概念或术语，提出了如下的重要论点：把握这一概念或术语是智慧 7210\1 的核心内容，“智慧必然重视观念行为的辩证表现，而智能 7210\2 则往往故意采取无视的态度，这是智慧与智能的基本差异之一”。这是基础行为世界知识的第二要点。

常态行为的描述亮点是引入了口头常态行为这一概念或术语，这个术语缺乏敏锐性，笔者很不满意，只好凑合。围绕着它给出了系列概念关联式，算是一种补偿吧，它们揭示了各种虚伪行为和虚浮行为的心态本质。这是基础行为的第三要点。

基本态度行为的另一项本体描述定名为“态度行为基本表现 7310\10*\k=5”，其要点已在该子节结束语中有所论述，这里就从略了。

——第 1 子节定名为“事业行为 7301\11”，其一级延伸采取认识论描述和本体论描述各一的方式，前者定名为“事业行为基本形态 7301\11e7m”，后者定名为“三争行为 7301\11*t=b”。

事业行为基本形态 7301\11e7m 的描述亮点是引入了“A 变易”和“B 变易”的概念，并据此概述了毛泽东先生之政治谋略、中国式奇迹和中国式重病的基本特征。

三争行为 7301\11*t=b 的描述亮点是把“e4n”用于三争辩证表现的符号表示，并据此指出中国式重病的症结在于过度三争，其中的过度玩新最值得忧虑。

——第 2 子节定名为“亲情行为 7301\12”，其一级延伸概念有 5 项，前两项属于认识论描述，后三项属于本体论描述。

认识论描述着重介绍了“孝”与“悌”这两个传统中华文明特有的概念，提出了如下论断：“传统中华文明对伦理学的独特贡献就在于它对‘仁义、君子、孝悌’概念的独到阐释，这些概念具有专利性，是中华文明的精髓。”

本体论描述都比较简略，不存在描述亮点。

——第 3 子节定名为“友谊行为 7301\13”，设置了 3 项一级延伸概念，分别定名为“友谊基本形态 7301\13e2n”、“第一本体友谊 7301\13*t=b”和“第二本体友谊 7301\13*\k=6”。该子节加入了两段插写，故篇幅为各子节之冠。

友谊基本形态以特殊编号概念关联式揭示了君子友情和小人友情的本质区别，君子友情导源于对三争行为抱有深层内因情感的第四平常心，而小人友情则导源于对三争行为的不能放弃，这必然导致君子友情的珍稀和俗人友情 7301\13e26*c01 的常见。有感于此，笔者情不自禁地写了如下的期盼：削弱利益迷信的治本之策在于提倡人类的平常心，并从君子友情做起，把珍稀的君子友情转变成友谊的常态。

第一本体友谊不存在描述亮点。

在第二本体友谊里，以学业情谊 7301\13*\2 为依托，阐释了句类空间和领域句类空间知识粒度的巨大差异；阐释了语言理解基因的概念。以状态情谊 7301\13*\3 为依托，阐释了语言理解基因的 4 种基本类型；阐释常规立场和变异立场的概念。这四项阐释属于《全书》第三卷的内容，出于以防万一的考虑，在这里预先作了两段插写。

第一段插写还列举了 HNC 理论 8 项思考的清单，这是 HNC 理论未来发展的基本方向，最后两项思考包含了 HNC 理论一直回避的语言生成问题。

第 2 小节 愿望行为 7301\2

0.1.2-0 愿望行为 7301\2 的概念延伸结构表示式

```
7301\2:(k=3;)
  7301\21                      期望行为
  7301\22                      愿望实践行为
  7301\23                      愿望实践后行为
```

仿前，对 3 种愿望行为给出下列基本概念关联式：

```
7301\21<=7121
（期望行为强流式关联于期望）
7301\21≡7121
（期望行为强关联于期望）
7301\22<=7122
（愿望实践行为强流式关联于愿望之实践）
7301\22≡7122
（愿望实践行为强关联于愿望之实践）
7301\23<=7123
（愿望实践后行为强流式关联于愿望实践后）
7301\23≡7123
（愿望实践后行为强关联于愿望实践后）
```

0.1.2.1 期望行为 7301\21

0.1.2.1-0 期望行为 7301\21 的概念延伸结构表示式

```
7301\21:(*t=b,c01,d01,*\k=6,53y;*td01,(53y):(e2n,*i),;(53y)*it=a)
  7301\21*t=b                  期望驱动行为
  7301\21*9                    权势驱动行为
  7301\21*a                    财富驱动行为
  7301\21*b                    成就驱动行为
```

```
    7301\21*td01               “野心”行为
  7301\21c01                 生存驱动行为
  7301\21d01                 幸福驱动行为
  7301\21*\k=6               期望行为与文明类型
                             （文明驱动行为）
  (537301\21)                誓愿行为
     (537301\21)e2n            誓愿行为的基本形态
     (537301\21)e25            祈福行为
     (537301\21)e26            诅咒行为
     (537301\21)*i             定向誓愿行为
        (537301\21)*it=a         定向誓愿行为基本内容
        (537301\21)*i9           发誓
        (537301\21)*ia           许愿
```

0.1.2.1.1 期望驱动行为 7301\21*t=b 综述

期望驱动行为的基础概念关联式是：

(7301\21*t<=a0099t,t=b)

但这个概念关联式实际上已经包含在

7301\21<=7121
（期望行为强流式关联于期望）
7301\21≡7121
（期望行为强关联于期望）

这两个概念关联式里了，那么，是否有必要另行写出来呢？这是一个比较重大的问题，未来交互引擎的第三战役（智力培育）将面对它。这里只说一句原则性的话：若另行写出，那是典型的画蛇添足。

期望驱动行为是值得特别关注的社会现象，下面给出两个特殊编号概念关联式：

((39e62,103,7301\21*t),100*3218,50bae25) —— (7301\21-0-1a)
（期望驱动行为的分割有利于高雅社会风尚）
((39e61,103,7301\21*t),100*3218,50bae26) —— (7301\21-0-1b)
（期望驱动行为的并合有利于低俗社会风尚）

这两个特殊编号概念关联式表述了一项极为重要的世界知识。为简明起见，这里先以文言文形式给出下面的表述：权、利、名，人之所大欲也。若智者仅欲其一，则社会高雅；若智者兼欲其二，则社会低俗；若智者皆欲之，则社会必大乱矣。权势、利益、成就分别强关联于政治、经济和文化，后三者构成人类文明的三大支柱。社会健康的基本标志是允许三大支柱都具有独立发展的自由空间，不能钦定某一支柱“是统帅，是灵魂”，从孔夫子到陈寅恪，从柏拉图到波普尔，都对这一点有非常清醒的认识。可是，“权势统帅”的教条一直构成农业时代的主流意识形态，如今，这个教条在第一世界内部已经基本被清除了，第三世界内部也在努力清除中，但另外 4 个世界仍然沉迷于此，第二世界最为严重。至于国际政治格局，则整个地球村依然沉浸在“权势统帅”的教条里。

人们都熟悉西方世界的自由民主运动建立了三权分立的政治制度，这固然是一项伟大的历史功绩，但自由民主运动更实质性的历史功绩是为文明三大支柱的三权分立奠定了初步基础。这里提出了两种三权分立的概念或术语，政治制度的议会、行政与司法的三权分立可名之小三权分立，文明三大支柱——政治、经济与文化——的三权分立可名之大三权分立。**大三权分立且各受特定制约才是社会制度的理想境界**，大三权分立可为“智者仅欲其一”这一理想目标的实现提供基本保障，那就是传统中华文明曾经大力提倡的**王道**社会，也是后工业时代必将追求的理想社会形态。“权势统帅”教条的肉体诚然在第一世界内部已不复存在，但其灵魂依然在游荡着，这不仅傲然表现在对外方面，也公然表现对内方面，只不过换了一幅新面具，叫“利益统帅”。这就是说，“统帅”的思维范式依然主宰着这个世界，从来不曾被反思过，更不用说清除了。这个“统帅”教条就是**传统中华文明所谴责的霸道**[*01]。近一个多世纪以来，“利益统帅”的新教条经历了从“经济统帅”到“资本统帅”再到“金融统帅”的演变过程，下文将以“金融统帅”统称之。

如今在第一世界，“金融统帅”不仅已经统帅到了政治头上，还统帅到了文化头上，这很可怕。但是，如同“政治统帅”随着工业时代的旭日东升而走向衰落一样，“金融统帅”也必将随着后工业时代的旭日东升而趋于衰落，从而促成大三权分立这一理想社会形态逐步走向成熟。这不是幻想，而是社会发展与进步的必然，[123-0.1.0.2.1-2]分节所阐释的经济公理为这一必然趋势提供了基本理论依据。但是在当下，“金融统帅”是下文即将论述的第一文明（理性文明、自由至上文明）标杆的实质性内涵，是当代先进文明的基本特色，也是第一世界的根本危机所在。

地球村的当前文明形态竞争实质上是两位统帅——“金融统帅”与“三合一统帅”——之间的竞争，即第一世界与第二世界之间的角力。但两位角力者似乎都没有感受到后工业时代的曙光，都仅习惯于工业时代的游戏规则。第一世界不明白“金融统帅”是违背天理的，第二世界不明白“三合一统帅”更是违背天理的，这两“违背”已成为后工业时代危机的总根源。戈尔先生当然不可能认识到这一点，他对“拯救地球计划”过于踌躇满志，高估了控制温室气体排放措施的效果，他没有看到地球本身已经承受不起“金融统帅”和“三合一统帅”的长期折腾，更不明白这两“帅”必须逐步退出历史舞台的发展动向。当然，两“帅”的退出是一个长期的历史进程，需要新的启蒙。人们不仅要觉醒到无视自然的严重存在及其灾难性后果，还要觉醒到无视人文的严重存在及其灾难性后果，更要觉醒到三迷信的严重存在及其灾难性后果。从而进一步认识到拯救地球的关键在于对三迷信和两无视的全面治理，在于对下文将要论述的“过度幸福驱动行为”的全面抑制，而不只是对温室气体排放的控制。诚然，控制温室气体排放是拯救地球的“急所”之一，但毕竟只是一步好棋而已。时代的呼唤必有回应者，两“帅”必有退出历史舞台的一天，那将是后工业时代的春天，这就是特殊编号概念关联式（7301\21-0-1）试图表达的世界知识。

上面的论述可全部视为期望行为的非分别说，下面需要补充一点分别说。对权势、利益和成就以“t=b”结构描述仅指出了三者之间的交织性共相，而“t=b”本身还存在不同的殊相，这是 HNC 有待探索的理论课题之一。期望驱动行为 7301\21*t=b 的殊相表现更不能忽视，为此，将为 7301\21*b 设置一项增扩延伸概念 7301\21*b*i，定名为喜好驱动行为，它具有下面的特殊编号概念关联式：

7301\21*b*i<=7131\1e51——（7301\21-0-2）
（喜好驱动行为强流式关联于人类第一基本情感的喜好）

凡“政治统帅”的国度一定要扼杀喜好驱动行为，“三合一统帅”国度必然继承这一扼杀嗜好，彻底的自由主义者对此有比较清醒的认识，但他们忽视了“金融统帅”同样具有这种扼杀效应。喜好驱动行为是艺术与科学的重要推动力，这一重要世界知识以下面的概念关联式表示。

(7301\21*b*i,jl111,(r121,147,a319+a329+a60t+a618))
（喜好驱动行为是情感文学、艺术创作、哲理探索和科学探索的“土壤”）

“野心”行为 7301\21*td01 的世界知识并不复杂，但“野心”行为所产生的心理效应则最为复杂。在 20 世纪，政治野心行为给人类带来了有史以来的诸多巨大人祸，可是依然有很多文化人对此采取掩饰甚至加以歌颂的奇怪态度。21 世纪刚刚开始，2007 年从华尔街刮起的金融风暴没有像某些经济专家原来估计的那么可怕。看来，经济野心家还将继续享受他们的天价年薪和投资回报奇迹，对这类野心家的历史审判无疑是一个极为渺茫的未来。会出现这样的历史审判吗？提出这样的问题是荒唐透顶的痴人说梦吗？笔者不这么看，故下面写出两个基本概念关联式，供后来者参考。

7301\21*9d01=>((3228\2ju417d01,s31,pj1*t),s31,[20]pj12))
（政治野心行为强源式关联于发生在 20 世纪的人类历史上诸多巨大人祸）
(7301\21*ad01,100*vr3118bjlu12e22,(3228\3ju417d01,s31,pj1*t))
（经济野心行为将造成人类历史上最大的荒溢之灾）

本支节[*02]最后，应该说几句乐观的话。不要想当然认定“智者仅欲其一”的大三权分立是一个乌托邦式的幻想，农业时代就曾出现过，为什么后工业时代反而不能实现呢？姜太公的渭水钓鱼和孔夫子的周游列国就属于纯权势驱动行为，前者属于传说，但后者却是真实的历史；农业时代的中国商人（如近年有人著书介绍的晋商、徽商等）一直甘居“士农工商”之末（这当然也是传统中华文明的先天缺陷之一），极为小心地遵守纯利益驱动原则；中国士大夫更有纯成就驱动的优秀传统（“为天地立心，为生民立极，为往圣继绝学，为万世开太平”是这一优秀传统的经典描述）。这些优秀传统在近代中国并非孑然无存，卢作孚先生和马一浮先生就是经济界和文化界的两位杰出代表，政治界也有类似奇人，陈布雷先生可以算一位吧。当前，第一世界已经出现了一些“智者仅欲其一”的可喜势头，当然主要局限于政治领域。

0.1.2.1.2 生存驱动行为 7301\21c01 综述

生存驱动行为 7301\21c01 的概念延伸结构表示式如下：

7301\21c01:(\k=5;\1*:(c01,i),\2*:(c01,i),(\k)*(c01,d01);)

7301\21c01\k=5	生存驱动行为的五分描述
7301\21c01\1	第一谋生（食与衣）
7301\21c01\1*c01	最低第一谋生（饥寒交迫）
7301\21c01\1*i	乞讨

```
7301\21c01\2                第二谋生（住）
    7301\21c01\2*c01          最低第二谋生（贫民窟）
    7301\21c01\2*i            无家可归
7301\21c01\3                第三谋生（行）
7301\21c01\4                第四谋生（医）
7301\21c01\5                第五谋生（玩）
    7301\21c01(\k)*c01        贫困
    7301\21c01(\k)*d01        温饱
```

下面将引入两个新的符号表示：(zo)和(z*o)，其中的“o”代表具体概念——物，(zo)表示该物的数量，(z*o)表示该物在一定条件下的比值。这里的物是广义的，包括挂靠物和基本物，挂靠物包括(p,w,pw,gw,rw)。(z*o)有两种表示方式：直接方式和逻辑方式，后者的表示式是：((z*o)y1,l43,y2)。经济学的数据主要是(z*rw)a2y:的形态，但某些常用的经济学数据，如中国政府特别喜爱的GDP，可直接使用。下面给出(zo)的一个示例和(z*o)的两个直接表示式：

```
(zp)7301\21c01(\k)*c01       贫困人口数量
(z*p)7301\21c01(\k)*c01      贫困人口在总人口中的比值
(z*p)7301\21c01(\k)*d01      温饱人口在总人口中的比值
```

这三个数据特别适用于农业时代，也适用于当今第一世界之外的另外五个世界（第三世界的日本、韩国和新加坡除外）。农业时代的所谓盛世不能仅用人均GDP去衡量，这个指数并不重要，重要的是上列两个比值和下面马上要说到的另一个比值。

生存驱动行为7301\21c01的另外两个增扩延伸概念就不说明了，其理解基因资格可谓不言自明，就留给后来者去处理吧。

对生存驱动行为7301\21c01采取五分描述7301\21c01\k=5的缘由已在[121-2.1.2]小节有所论述，这里就不必重复了。

0.1.2.1.3　幸福驱动行为7301\21d01的世界知识

幸福驱动行为7301\21d01的概念延伸结构表示式如下：

```
7301\21d01:(\k=m;\ke4n)
  7301\21d01\k=m              幸福驱动行为的基本表现
  7301\21d01\1                享受行为
    7301\21d01\1e4n             享受行为的辩证描述
    7301\21d01\1e45             适度享受行为
    7301\21d01\1e46             低度享受行为
    7301\21d01\1e47             过度享受行为
  7301\21d01\2                投资行为
    7301\21d01\2e4n             投资行为的辩证描述
    7301\21d01\2e45             适度投资行为
    7301\21d01\2e46             低度投资行为
    7301\21d01\2e47             过度投资行为
  7301\21d01\3                自由行为
    7301\21d01\3e4n             自由行为的辩证描述
    7301\21d01\3e45             适度自由行为
    7301\21d01\3e46             低度自由行为
```

7301\21d01\3e47　　　　　过度自由行为

幸福驱动行为 7301\21d01 无增扩延伸，采取了封闭形态，但仍然采用了变量并列延伸方式。

在[121-2.1.3]小节里说到：最近的金融危机不过是一场时代性危机的冰山一角，“由于形而上思维的衰落，人们只会从经济和法治层面去思考这场危机，不会从哲学和生活方式层面去作深层次思考。因而，应对这场史无前例危机的治标措施将会是及时的甚至是强有力的，但治本之策是不会出现的，专家们的高评宏论迄今为止连治本之策的踪影都没有见到”。这段话的前后，实际上已经指出了治本之策的基本思路，用这里引入的术语来说，那就是要提倡并推行三适度行为与三低度行为，贬抑甚至惩治三过度行为。第一世界要大力提倡并推行三低度行为——低度享受、低度投资和低度自由的行为，其他五个世界，特别是第二世界要大力提倡低度享受行为，抑制直至惩治过度享受行为。下面的论述将省略行为二字，过度享受行为将简称过度享受，其他类推。

过度享受的术语大约是不会有人反对的；过度投资的术语很容易与经济学“投资、消费、外贸”三驾马车说的“投资”产生混淆；过度自由的术语则具有更大的模糊性。因此，下面似乎应该首先说清楚过度投资和过度自由这两个术语的含义，但实际上将不这么做，而是寓说明于相关世界知识的阐释之中。

下面，首先给出下列概念关联式：

7301\21d01\1e47:=pj1*(t)——（7301\21-1）
（过度享受对应于整个人类历史）
7301\21d01\2e47:=pj1*bc35——（7301\21-2）
（过度投资对应于后工业时代的初级阶段）
7301\21d01\3e47=(pj1*ac37+pj01*\1)——（7301\21-3）
（过度自由强交式关联于第一世界的工业时代成熟期或工业时代成熟期的第一世界）
7301\21d01\2e47<=7301\02*ad01t——（7301\21-4）
（过度投资强流式关联于三“迷信”行为）
7301\21d01\2e47<=7102ad01——（7301\21-0-3）
（过度投资强流式关联于科技迷信）
7301\21d01\2e47=(USA,China,)
（过度投资强交式关联于美国和中国）
(7301\21d01\ke47,jl11e227,7121d01)——（7301\21-0-4）
（过度幸福实质上没有幸福）

上列概念关联式三种类型齐备，特殊编号的 2 个，普通编号的 4 个，无编号的 1 个。前面曾为这三种编号方式写了一大堆话，但这里的例子可以传递更多的生动信息，请读者结合下面的说明感受一下。

下面将依托上列概念关联式分组说明其世界知识的要点。

前 3 个概念关联式表明：3 种过度幸福驱动行为 7301\21d01\k=3 存在着显著的时代性差异，过度享受具有永恒性，无地域差异性，即具有时间与空间的普适性；过度投资和过度自由都仅存在于历史长河的一瞬，但过度投资不存在地域差异性，而过度自由的地域差异性十分突出，这里的地域以六个世界为参照，不是地理学的概念。当然，由于全球化的影响，过度自由的表现也会在第一世界以外的 5 个世界出现，但对这 5 个世界而言，第一，它是舶来品或进口货；第二，它很难成为这 5 个世界的主流社会意识形态。例如，20 世纪中叶曾盛行于第一世界的性解放运动（自称革命）是典型的过度自由，但这场革命运动不可能在第三世界的日本、印度和新加坡形成气候，更不用说第四世界了。这里顺便说一声：第二世界的性文化进口剧增态势本来是很值得从文明的大视野去反思一下的，但某些专家、暴富者和官员绝不会考虑这一点。究其原因，专家的问题主要是死守着性本身这么一个狭窄的视野，后两者主要是基于性享受的需要，而官员则还有 GDP 政绩的硬道理考量。

农业时代的过度享受者主要是王公贵族，过度享受的主体内容是[123-0.1.0.2.1-1]分节所阐释的过度享乐 7301\02*(t)ie47*\k=5。其过度享乐的程度可谓穷凶极恶，这一点，六个世界的祖辈们没有本质区别，佛陀、孔夫子和耶稣都曾致力于改变这种状况，但收效甚微。不过，热衷于批判传统中华文明的人们另有一番见解，他们一直致力于编制一个“穷凶极恶之最”的历史面具套在传统中华文明的头上。当然，历史面具的编织由来已久，并非第二世界传统文化摧毁者的首创，但他们确实把这一编织水平推进到一个新的高度，成为百年来中国文化最独特的盛事。这盛事造就了一种中国式政治谋略与有色眼镜，这谋略与眼镜又培育了一种中国特色的文化风格，这文化风格正在形成一支强大的进攻型软实力，“东方抨击”式文人（如李敖和《中国不高兴》的作者们）和“乌有之乡”式文人就是这种文化风格的突出代表。

工业时代的过度享乐者主要是各种类型的富豪，富豪们的过度享乐生活方式，似乎不宜再用穷凶极恶之类的修饰词语了，但富豪生活方式的危害性却是王公贵族所望尘莫及的。王公贵族们有本事通过他们的穷凶极恶把民众搞得活不下去，但没有本事把地球搞得不堪重负，而富豪们却有这个本事，他们能通过其生活方式的示范作用做到这一点，因为广大的所谓中产阶级也跟着向他们看齐，这样，地球就必然承受不起了。当然，富豪们及其大量追随者绝没有谋杀地球的本意，其无视自然和无视人文的罪行与王公贵族相比，也许不过是小巫见大巫而已，但问题在于：王公贵族生活方式的示范效应极为有限，而富豪生活方式的示范效应却巨大无比。人们习惯于把现代富豪生活方式叫做繁荣，但却没有想一想：上帝和佛陀是否会把它叫做罪行呢，对这种繁荣继续高唱赞歌是否违背了上帝和佛陀所启示的天理呢？汉语的谚语“人往高处走，水向低处流”对富豪生活方式的示范作用作了深刻的描述，但是，这“高处”是有极限的，这极限是上帝的设置，其理论描述就是本节前面所阐释的经济公理（见[123-0.1.0.2.1-2]分节）。

三过度行为的量化描述属于领域专家的事，这件事非常重要，也许某一天会成为一个热门学科。但该学科绝不会仅与某一特定专业学科（如经济学）挂接，它既不宜用“全部专业活动的总和”的短语来描述，也不宜用“两类劳动和三类精神生活的总和”的短语来描述。“总和”之类的省事概念不能轻易使用，因为它最容易为概念的偷梁换柱提供庇护所。但是，可以肯定地说：该学科的**定名之日**将是**后工业时代**脱离初级阶段**之时**。[130-6.1.1-1]分节里对综合性学科的基本类型采取变量型并列延伸表示 a6498\k=m，主要就是为这一未来学科而预备的。

过度享受（享乐）和过度自由的量化描述是未来的事，但过度投资不同，其量化描述已在进行。但由于缺乏三个历史时代和六个世界的视野，人们通常仅使用经济引擎的“三驾马车”概念对投资作狭义理解。这样，中国的过度投资就似乎显得特别严重，而美国似乎不存在这个问题。其实这只是问题的表象而非本质，中国与美国都存在过度投资，只不过中国的过度投资来源于低级三迷信和“三合一统帅”的社会形态，而美国的过度投资来源于高级三迷信和“金融统帅”的社会形态，这才是问题的本质。这一世界知识十分重要，故特地为“过度投资 7301\21d01\2e47”另写了 3 个概念关联式。这 3 个概念关联式三种类型各一，其中的具体含义就不必一一细说了。

最后的特殊编号概念关联式（7301\21-0-4）关系到人生的基本哲理，先哲们为此写下了众多的名言，它们浓缩在大脑里的语言理解基因应该就是这么一个简单的符号表示式吧。

三过度行为的量化描述可以考虑从过度享受 7301\21d01\1e47 做起，因为这应该不至于引发巨大的反对浪潮。地球村里至少还有 1/6 的人处于水深火热之中，而我们应该对“恻隐之心，人皆有之”的论断有一个基本信任。因此，下列两组数据

```
(z*p)7301\21c01(\k)*c01,147,(pj:+Y|))
(贫困人口在 Y| “地” 的比值)
(z*p)7301\21d01\1e47,147,(pj:+Y|))
(过度享受人口在 Y| “地” 的比值)
```

的搜集与公布是重要的，这数据比基尼系数更具明朗性和震撼性，更有利于唤起人类的良知。其中的(pj:+Y|)可以变换成其他符号，如表 3-10 所示：

表 3-10　地域表示

符号	含义
pj01\k=6	六个世界
wj2*\k=6	六大洲
ppj2*k|-0+Y|	某国的 Y|省（州、邦……）
ppj2*k1|-0*k2	某国的“k2”地区

0.1.2.1.4 文明驱动行为 7301\21*\k=6 综述

文明驱动行为是“期望行为与文明类型 7301\21*\k=6”的简称，其概念延伸结构表示式将描述六个世界各自期望行为的基本特征，因此，其表示式的形态也将与众不同，不是以通常的“7301\21*\k*:(”形态开始，而是以特殊的“7301\21*:(\k*”形态开始，如下所示：

```
7301\21*:(\1*3,\2*i,\3*γ=a,\4*7,\5*\k=3,\6*t=a)
  7301\21*\1*3      第一世界的作用性期望行为（第一期望）
  7301\21*\2*i      第二世界的效应性期望行为（第二期望）
  7301\21*\3*γ=a    第三世界的过程性期望行为（第三期望-1/-2）
  7301\21*\4*7      第四世界的状态性期望行为（第四期望）
  7301\21*\5*\k=3   第五世界的转移性期望行为（第五期望-1/-2/-3）
  7301\21*\6*t=a    第六世界的关系性期望行为（第六期望-1/-2）
```

六个世界的期望行为竟然可以按作用效应链的 6 个环节来分别加以命名，这很可能出乎许多读者的意料，下面将依次对此加以说明。这六项期望行为将简称“第几期望”或“kth 期望”，其中的第一、第二和第四期望不再拟划分子类，但第三和第六期望有–1/–2 的两分，第五期望有–1/–2/–3 的三分。

文明期望行为 7301\21*\k=6 的论述是本子节的重点，将提出并论述三个文明标杆的概念，在对第二文明标杆的论述中，有一些骇异性的文字，必然会遭到一些专家或读者的不屑或耻笑，又必然会遭到另外一些专家或读者的声讨或诛杀。无论是哪一种反应，又或者是根本没有反应，笔者都认为是十分正常的现象，也不会因为顾及这一点而进行相应修改，因为这些文字并非仅为当今的读者而写的。

——关于第一期望 7301\21*\1*3

从三个时代的视野来看，人类社会的历史演变进程具有表 3-11 所示的基本特征：

表 3-11　文明的时代特征

	文明基因主导者	文明支柱主宰者	文明强势者
农业时代	(神学,哲学)	政治	(1th+2th,4th)世界
工业时代	科学	经济	(1th,3th-2)世界
后工业时代	(哲学,科学+神学)	(政治,经济+文化)	(1th,2th,3th,4th)世界

表里的符号“,”和“+”具有特殊约定的意义，前文已有交代。前两行关于农业和工业时代的描述是已知事实，第三行关于后工业时代的描述是一种展望。该表前两列所描述的内容极为重要，一言难尽，将在《全书》第二卷作系统论述。该表第二行标明了第一世界在工业时代“一枝独秀”的事实，其缘由前文有所交代，即“工业时代之物质和精神条件的创建可以归功于第一世界的贡献，后工业时代物质条件的创建也主要是第一世界的贡献”（[123–0.1.0.0.1]）的论断。在历史时代的大视野里，有两个得到广泛认同的论述是笔者不完全赞同的，一是大国兴衰论，似乎历史具有“三十年河东，三十年河西”的“风水轮流转”规律，其实论者所论述的历史现象都不过是历史的小涟漪，而不是历史的大趋势。从这个意义说，那些关于“美帝国将如同大英帝国或罗马帝国一样走向衰落”的论断简直就是乱弹琴了，将工业时代的大英帝国与农业时代罗马帝国进行类比是浅薄的，将工业时代中期的全球巨无霸英国与后工业时代初期的全球巨无霸美国进行类比就更为浅薄了，因为这两个类比没有把时代性、疆土、人口与技术这四个基本要素充分考虑进去，甚至抛之九霄云外。二是技术主宰论，其代表性著作是不久前推出的《技术的本质》，其基本论点可概括为这样一句话——“技术是社会发展的上帝”，作者阿瑟先生被誉为熊彼特第二。从表象看，阿瑟先生诚然是才华横溢，洞察力超群，论据充分，极具说服力。但实际上，支持这些论据的深层要素不过是三迷信而已，故其洞察力与形而上意义下的透齐性要求还相距甚远。

第一期望 7301\21*\1*3 拥有众多的自然语言词语，但主要词语是下列 4 个：自由世界、普世价值（人权）、全球化和世界安全，前两者可名之第一政治期望，全球化可名之第一经济期望，世界安全可名之第一军事期望。这 4 个词语的对应 HNC 符号如下：

```
自由世界          (w7301\21*\1*3,a10a)
```

普世价值　　(z7301\21*\1*3,a10e25+a30\0)
全球化　　(r7301\21*\1*3,a20b)
世界安全　　(r7301\21*\1*3,a40a+a45t)

作为语言理解基因，第一期望 7301\21*\1*3 似乎应该继续延伸，以便直接表述上列 4 个复合概念，这个问题值得探讨，笔者也在思考中，读者不妨先注意一下：上列 4 词语中有两个以五元组符号“r”表示，由此可见符号“r”的作用非同寻常。在本子节的结束语里，将以此为契机，对 HNC 符号体系的载体部分给出一个俯瞰式说明。

下面给出第一期望 7301\21*\1*3 的基本概念关联式：

7301\21*\1*3<=pj01\1
（第一期望强流式关联于第一世界）
7301\21*\1*3:=pj1*b——（7301\21-5a）
（第一期望对应于后工业时代）
7301\21*\1*3=ra10e25——（7301\21-6a）
（第一期望强交式关联于民主政治制度传统）
7301\21*\1*3=>(rua10e25e25,s31,pj1*b)——（7301\21-7）
（第一期望强源式关联于后工业时代的高雅民主制度）
7301\21*\1*3≡a11ie21——（7301\21-8a）
（第一期望强关联于相对权力政党）
7301\21*\1*3=ra03ba
（第一期望强交式关联于经济全球化）
7301\21*\1*3=a40ibua40e21
（第一期望强交式关联于后工业时代的军事理念）
(7301\21*\1*3,jl11e21e21,gu00)——（7301\21-0-5）
（第一期望具有作用性）

其中，普通编号概念关联式有两种类型：带字母标记的和不带的，前者表示该概念关联式具有共享性，其他期望也有对应的概念关联式，后者表示该概念关联式为该期望所特有。这是一项无须赘言的标记约定，适用于后续各期望基本特征的描述。

——关于第二期望 7301\21*\2*i

表 3-11 表明：第二世界曾拥有辉煌的过去（农业时代），也必将拥有辉煌的未来（后工业时代），但当前第二世界依然处于现代历史上最为不可思议的**现代悖论**状态。该悖论的含蓄文字表述是：凡外来批评都是绝对不可接受的，即使它完全符合经验理性原则；凡笔者自 20 世纪初期以来形成的核心信念都是绝对不可以明言放弃的，即使它已明显不符合经验理性原则。经典社会主义大厦的突然崩塌似乎证实了这一**现代悖论**的彻底破产，然而，许多学者对这里的“似乎”竟然完全视而不见，并据此不断预测第二世界的未来。这些预言者不明白：任何**悖论**作为一种信条都是可以长期存在的，**现代悖论**也不例外。该悖论维护者可以通过对历史面具的精心编织和对民众盲从性的巧妙利用化悖为真，人类历史本身提供了无数化悖为真的成功样板，难道不是吗？经典社会主义大厦轰然崩塌的根本原因不是**现代悖论**的破产，而是由于下述特定经济与文化因素。特定经济因素是：资本主义的私有市场体制相对于经典社会主义的公有计划体制具有巨大优越性，这导致

欧洲的“东西方”之间形成了经济发展水平和生活水平的巨大反差；特定文化因素是：经典社会主义世界的欧洲部分存在着悠久的自由文明基因，未能被彻底摧毁，其共鸣效应在斯大林逝世后不断增强，并不断爆发出巨大的政治能量。

第二期望 7301\21*\2*i 具有下列基本概念关联式：

7301\21*\2*i<=pj01*\2
（第二期望强流式关联于第二世界）
7301\21*\2*i:=pj1*a——（7301\21-9a）
（第二期望对应于工业时代）
7301\21*\2*i=ra10e26——（7301\21-10a）
（第二期望强交式关联于专制制度传统）
7301\21*\2*i=>(a10e26e25(c01),s31,pj1*b)——（7301\21-11a）
（第二期望强源式关联于后工业时代的民主性专制制度）
7301\21*\2*i≡a11ie22——（7301\21-12）
（第二期望强关联于绝对权力政党）
(7301\21*\2*i,jl11e21e21,ru30)——（7301\21-0-6）
（第二期望具有效应性）

我们看到：第二期望和第一期望一样，拥有 3 个带字母标记的普通编号概念关联式，独有的普通与特殊编号概念关联式各一。这些概念关联式所描述的世界知识非常重要，将构成当代及未来地球村的文明标杆，其基本特征如表 3-12 所示。

表 3-12 三种文明标杆的基本特征[01]

标杆名称	代表世界	最高观念及其对应的 HNC 符号
理性文明	第一世界	自由至上 ra30\13
理念文明	第二世界	政党至上 ra30\12
信仰文明	第四世界	教会至上 ra30\11

表 3-12 指明：当前及未来的文明标杆仅有 3 个，上列第一和第二期望的概念关联式对此给出了关键性的展示，下面另外 4 项期望的概念关联将对此给出全面的展示。

此表所概括的世界知识具有第一位的重要性，但这样的知识，各领域专家都会不屑一顾，不过，领域专家们的判断、建议与论述在这一世界知识的视野里也显得并不高明。《历史的终结及最后之人》和《文明的冲突与世界秩序的重建》是学术界的例子，BRIC（金砖 4 国）和 G2 的炒作是经济界的例子，这些论著、炒作和倡议都表明：其提出者对**六个世界及其期望**、**三种文明标杆**和**经济公理**这三项紧密相关的第一位世界知识所知不多甚至绝对无知。这里想表达的是关于后工业时代的最大语境或话题——三种文明标杆，此表只是一个开头。该表第二行所描述的文明标杆必然存在巨大而尖锐的争议，这里只想说这样一句话：到 2030 年的时候，这场争议会显露出一些眉目；到 2050 年，这场争议也许就演变成另外一个样子了。

——关于第三期望 7301\21*\3*γ=a

第三期望具有两种基本类型，分别命名为第三期望-1 和第三期望-2，它导源于第三世界存在两种基本类型：3th–1 世界和 3th–2 世界。表“文明时代特征”标示：3th–2 世界曾在工业时代充当过文明强势者，在第一世界发动征服全球的时代大浪潮中不仅幸免于难，且及时赶上了工业时代的历史列车，前文曾对此有所论述[121-1.2 结束语]。

3th-2 世界的两个特殊国家——俄罗斯和日本——都曾在工业时代后期和后工业时代的拂晓时刻创造过令全世界震惊的奇迹。这个特殊的历史印记构成了第三期望-2 的基本特征，如下列概念关联式所示。

7301\21*\3*a<=pj01*\32
（第三期望-2 强流式关联于 3th-2 世界）
7301\21*\3*a:=pj1*b——（7301\21-5b）
（第三期望-2 对应于后工业时代）
7301\21*\3*a=ra10e26——（7301\21-10b）
（第三期望-2 强交式关联于专制制度传统）
7301\21*\3*a=>(a10e26e25(d01),s31,pj1*b)——（7301\21-13a）
（第三期望-2 强源式关联于后工业时代的专制性民主制度）
7301\21*\3*a≡a11ie22c21——（7301\21-14）
（第三期望-2 强关联于低度绝对权力政党）
(7301\21*\3*a,jl11e21,gu00+gu5210)——（7301\21-0-7a）
（第三期望-2 存在作用性与动态过程性）

第三期望-1 导源于 3th-1 世界，这个世界在亚洲和欧洲都为数不少，两位突出代表是印度和韩国，其他则包括从原广义社会主义阵营中独立出来的大部分欧亚国家，少数直接进入第四世界。第三期望-1 的基本世界知识可概括成下列概念关联式。

7301\21*\3*9<=pj01*\31
（第三期望-1 强流式关联于 3th-1 世界）
7301\21*\3*9:=pj1*a
（第三期望-1 对应于工业时代）——（7301\21-9b）
7301\21*\3*9=ra15e05te16——（7301\21-15a）
（第三期望-1 强交式关联于被征服情结）
7301\21*\3*9<=7301\21*\1*3——（7301\21-16）
（第三期望-1 强流式关联于第一期望）
7301\21*\3*9≡a11ie21——（7301\21-8b）
（第三期望强关联于相对权力政党）
(7301\21*\3*9,jl11e21e21,gu10)——（7301\21-0-7b）
（第三期望-1 具有过程性）

——关于第四期望 7301\21*\4*7

表 3-12 表明：第四世界与第二世界有最多的相似性，下面的概念关联式将进一步呈现出这一特点：

7301\21*\4*7<=pj01*\4
（第四期望强流式关联于第四世界）
7301\21*\4*7:=pj1*a——（7301\21-9c）
（第四期望对应于工业时代）
7301\21*\4*7=ra10e26——（7301\21-10c）

（第四期望强交式关联于专制制度传统）
7301\21*\4*7=>(a10e26e25,s31,pj1*b)——(7301\21-11b)
（第四期望强源式关联于后工业时代的民主性专制制度）
7301\21*\4*7=a10(m)3e25——(7301\21-17)
（第四期望强交式关联于政教分离政治体制）
7301\21*\4*7≡a10(m)3(e2n)e22——(7301\21-18)
（第四期望强关联于神权）
(7301\21*\4*7,jl11e21e21,gu50)——(7301\21-0-8)
（第四期望具有状态性）

我们看到：第四期望与第二期望具有共同的源流特征，如概念关联式（7301\21-10o）和（7301\21-11o）所示，两者的特有概念关联式（7301\21-12）和（7301\21-18）也具有深刻的相似性。

——关于第五期望 7301\21*\5*\k=3 和第六期望 7301\21*\6*t=a

表 3-12 表明：第五和第六世界在过去不曾成为强势文明，将来也不会。这是上帝的安排，不存在任何歧视问题。第五世界在南半球，第六世界的主体部分也在南半球。发达的北大西洋联盟跟它们完全没有关系，正在热议的环太平洋地域概念跟第五世界也完全没有关系，第六世界与之有关的国家虽然不少，但都是小国。南大西洋地域合作的概念直接联系于这两个世界，环印度洋地域合作的概念把第三世界的南沿地带与第五世界东部区域联系了起来，但这两个概念目前仅属于所谓“南南合作”的设想阶段，很难付诸实践并产生实际效果。总之，这两个世界缺乏“天时、地利、人和”的基本发展条件，其在后工业时代必将继续屈居六个世界的末位是可以断言的。

两者的差异在于：第五世界存在 3 种发展倾向，而第六世界仅存在两种发展倾向，如表 3-13 所示。

表 3-13 第三、第五和第六世界的发展倾向

	编号	对应内容
第三世界	1	向第一世界看齐
	2	向第二世界看齐
第五世界	1	向第一世界看齐
	2	向第二世界看齐
	3	向第四世界看齐
第六世界	1	向第一世界看齐
	2	向第二世界看齐

此表清晰地说明：六个世界存在着三种文明标杆，分别对应于第一、第二和第四世界。

下面需要对表 3-13 所描述的看齐现象略加说明，这里有两个明显的问题：第一，为什么只有第五世界是三看齐而另外两个世界只是两看齐？第二，以俄罗斯和日本为代表的 3th–2 世界怎么会向以中国为代表的第二世界看齐？这是否过于荒唐？这两个问题实质上是有联系的，下面略加论述。

第三世界的两分实质上是其历史身份的两分，3th–1 世界是工业时代的被征服者，而 3th-2 世界不是，它曾一度后来居上，成为震惊世界的迟到征服者，其征服活动的顶峰都发生在 20 世纪，这给自己造成了致命的**外伤**。因为 20 世纪不再是一个征服走运的世纪，而是一个征服倒霉的世纪，征服已成为历史潮流的绝对反动，罗斯福先生看到了这一点，但丘吉尔先生和斯大林先生都没有看到，更不用说希特勒和东条英机了，这就是丘、斯两位先生虽胜利于二战又最终败于二战的根本原因。苏联集团的轰然崩塌是斯大林帝国的必然历史命运，叶利钦先生看明白了这一点，而戈尔巴乔夫先生却没有，这就是叶胜而戈败的根本原因了，“叶胜”者，俄罗斯帝国依然矗立也；“戈败”者，狭义的苏联帝国已彻底毁灭而不可再生也。

农业时代文明标杆的活力主要来于文明积累的历史效应，工业时代文明标杆的活力主要来于以综合国力为后盾的军事实力，后工业时代文明标杆的活力将基于两者的结合并开创适应新时代需求的新思维。从这个意义上说，上列三种文明标杆都不具备后工业时代的文明标杆资格。不过 1th 文明标杆的情况要好得多，它已进入而立之年，虽然离不惑境界还有很长的距离；2th 文明标杆有点像一位血气方刚的青年暴发户，信奉权钱万能，只顾眼前，不计未来，对自己的内伤满不在乎；3th 文明标杆则像一家百年老店里的一位老年掌柜，对现代生活很不习惯，满腔抱怨而不求适应。从这个意义上来说，第二世界和第四世界都存在着深刻的内部危机，广义内战无一日不在进行。但这两个世界毕竟都有过农业时代的辉煌，工业时代虽然遭受过被征服或被侵略的屈辱，但他们的传统广大地盘已经基本甚至完全恢复了。因此，他们都拥有在后工业时代重建自己文明标杆的“天时地利人和”条件。第五和第六世界则仅具备一个形式上的“地利”，既无“天时”，更无“人和”，缺乏建立文明标杆的主客观条件。因此，向别人看齐似乎是唯一的选择，卡斯特罗和查韦斯先生折腾的本事再大，也只能充当历史客串的角色。第三世界的情况比较特殊，下面会另有论述。

第二和第四世界的“天时地利人和”条件还可以从其内外环境因素作一个简明的论述，从内部环境来说，两者都拥有延续千年的广大地盘，没有 3th-2 世界的外伤。从外部环境来说，第一世界正在沉醉于唯一文明标杆的自得中，此前不是曾出现过两个新标杆（苏维埃和日本）吗？结果都只是昙花一现，因此，第一世界的基本战略思考是：新出现的暴发户都是我们急需的市场新边疆，他们不可能对我们的文明标杆构成挑战。那最耀眼的暴发户也不过是又一朵昙花而已，经济上的“互补”才是头等大事，双方都存在巨大的市场互补需求，用不着认真搞什么遏制战略。至于那古怪的老掌柜，他的绝技不就是搞恐怖吗？只要高举反恐义旗，把恐怖主义搞臭就稳操胜券了。这就是第一世界当前的如意算盘，是一项极为重要的世界知识。在这一点上，美国的民主、共和两党并没有本质差异，“老”欧洲的左派、右派和中间派也没有本质差异。第二世界的韬光养晦主张者看透了第一世界的这种幼稚心态，而《中国不高兴》的作者们则对这一世界知识茫然无知。

苏、日两朵昙花的出现既是历史的偶然性巧合，又是历史的必然性逻辑。这逻辑的要害在于拉动工业时代列车的引擎，列车的形态拉动者是车头，车头由政治与经济两者构成，但拉动工业时代列车的引擎并不是政治与经济本身，而是以科学和实业为后盾的**工业技术**。

工业技术是比较容易迎头赶上的，这是当今所谓中国速度的核心奥秘，也是当年“日本速度”和“亚洲四小龙速度”的核心奥秘。在工业技术方面，苏、日两朵昙花也曾作出过重大贡献。但是，当**工业技术**向**知识技术**转型时，美国就遥遥领先，这特别表现在信息技术和**金融技术**两方面，两者是后工业时代的技术曙光。金融技术吸引了美国甚至全球最优秀的人才，这就是《对话》里的老者预测美国的科学事业必将衰落的依据之一。但是，信息技术和金融技术都缺乏工业技术赖以全速发展的厚实科学基础，故短短 10 年间，信息泡沫和金融泡沫相继始现于美国，并流害全球。所以，3th–2 世界打心底里并不服气美国，压根儿就没有向美国看齐的念头。他们也曾一度充当过文明强势者，苏联还曾拥有过东半球的半壁江山，并曾一度引领太空技术；日本曾一度雄霸西太平洋的广大地区，又曾一度充当过工业技术的引领者之一。这使得苏维埃帝国曾以新时代的文明标杆自居，而日本也一直以文明标杆之一自命。但是，苏维埃的自居不过是一种泡沫，日本的自命不过是一种幻觉。如今，苏联泡沫和日本幻觉都已破灭，但其遗裔总会残留着一些与第一世界抗衡的心结，于是，俄罗斯的普京崇拜现象和日本的民主党走调现象就应运而生。这崇拜和走调需要寻找“知音”或盟友，第二世界的入围首选就属于政治逻辑的常识了。

全球化浪潮必然会把文明标杆的巨大影响凸显出来，在福山先生的视野里，文明的标杆只有两个：自由与极权，那个代表极权的苏维埃标杆倒下了，剩下的只是自由标杆，于是，历史走向了终结。在亨廷顿先生的视野里，看到了这个世界存在多个文明标杆，但他恰恰忽视了那个由毛泽东先生重新铸炼过的新苏维埃标杆 ra30\12。这当然是亨廷顿先生的严重失误，但这个失误主要渊源于新标杆 ra30\12 本身的过于诡异，而不是亨廷顿先生学识的不足。ra30\12 标杆脱胎于苏维埃，但苏维埃标杆的短命基因在 ra30\12 里已不复存在，因为它已经施行了基因修复工程。这修复工程虽然是以“制造历史面具”和“摸着石头过河”的原始方式进行的，然而，由于接连巧遇一系列“天时、地利、人和”的良机，已经取得了石破天惊的历史性效果，这就是 ra30\12 诡异性的渊源。理解了这一点，这诡异性就不那么诡异了，那些“中国行将崩溃”论调的屡唱屡败就一点也不奇怪了。经济学家并不看重这个数据，但实际上这个数据的意义非同寻常，有资格以文明标杆 ra30\12 的钢筋名之，这一点，斯大林先生和毛泽东先生一定是赞同的，因为两位都曾对钢铁情有独钟。

如果说：文明标杆 ra30\12 的活力主要在于**中国速度**，那么文明标杆 ra30\11 的主要活力就在于伊斯兰信仰者的**只进不出**。中国速度还将持续 20 年左右，直至它逼近第二世界可容纳的人均 GDP 上限（即经济公理“S”曲线高端值）。伊斯兰信仰者只进不出的态势具有长远性，它将使信仰伊斯兰教的人口总量很快高居世界第一。这就是说，第二世界的经济速度优势和第四世界的人口速度优势将足以保证这两个文明标杆（ra30\1~3）的强大生命力，这就是上列两表所描述世界知识的基本理论依据，其简明概括可重述如下：

地球村只有 3 个文明标杆，分属于第一、第二和第四世界。第一世界虽然背着征服者的历史包袱，但 ra30\13 文明标杆可以免除该包袱的负面影响，其普世价值的宣扬具有强大的吸引力，因此，它成为文明看齐的首选是理所当然的。第二世界没有征服者的历史包袱，曾在“冷战”的中期以后自称“第三世界”，并与该世界广交朋友，现在它又搞出了一个中国速度，即将成为全球最大的国家经济体，这对第三、第五和第六世界必将产生一定的吸引力，这些都会促成 ra30\12 文明标杆的形成，并成为文明看齐的第二选择。

下面可以回到此大段论述之前提出的两个问题了。

问题 1：为什么第五世界是三看齐而另外两个世界是两看齐？这主要是因为第四世界在第五世界有雄厚的内应，地理上具有大举渗透的便利条件。在历史上（包括农业和工业时代）第四世界曾与第一和第三世界发生过持续千年之久的地盘争夺，算得上是老对手了。现在，各自的地盘已经稳定下来了，后工业时代将成为这一稳定性的可靠担保者。第六世界在西半球，远离第四世界，文明标杆 ra30\11 虽然古老，但在那里的影响却至今还微乎其微。

问题 2：以俄罗斯和日本为代表的 3th–2 世界怎么会向以中国为代表的 2th 世界看齐？在三个文明标杆的视野下，这“怎么会”一点也不奇怪，不过是别无选择而已。当然，这看齐将具有隐蔽性和虚伪性，俄罗斯将努力探索中国速度的奥秘而进行仿效，日本将从对中国速度的诠释中寻觅抬高日本文明价值的依据。第三世界的这两位佼佼者都有自己的特殊文明情结，追求“与众不同”，两位的“看齐”可以理解为一种特殊的“创造”，实质上是试图把 ra30\13 与 ra30\12 这两种文明标杆结合起来，但名义上将自称俄罗斯道路和日本道路。

0.1.2.1.5 誓愿行为(537301\21)的世界知识

誓愿行为(537301\21)的概念延伸结构表示式及其汉语说明拷贝如下：

```
7301\21:(,53y;(53y):(e2n,*i),;(53y)*it=a,)
  (537301\21)                    誓愿行为
     (537301\21)e2n                誓愿行为的基本形态
     (537301\21)e25                祈福行为
     (537301\21)e26                诅咒行为
     (537301\21)*i                 定向誓愿行为
       (537301\21)*it=a              定向誓愿行为基本内容
       (537301\21)*i9                发誓
       (537301\21)*ia                许愿
```

在 5 项驱动行为中，如果说对期望行为与文明类型 7301\21*\k=6 的描述具有浓厚的未来色彩，那么就可以说：对誓愿行为(537301\21)的描述就必然具有浓厚的以往印记。这一重要的世界知识将通过下列概念关联式予以表示，这一表示方式当然是粗线条的。

```
(537301\21)e25=q821a
（祈福行为强交式关联于宗教文化活动）
(537301\21)e25=>q7159b
（祈福行为强源式关联于祝愿）
(537301\21)e25<=q8109
（祈福行为强流式关联于 1th 天意）——(1)
(537301\21)e26=q813+q851
（诅咒行为强交式关联于迷信与作用型法术）
(537301\21)e26=>q715e47
（诅咒行为强源式关联于粗鄙语言）
(537301\21)*i9<=0103
（发誓强流式关联于责任的承担）
(537301\21)*i9≡7201(γ)d01
（发誓强关联于坚韧）
```

(537301\21)*i9<=q810a
（发誓强流式关联于 2th 天意）——(2)
(537301\21)*ia<=q810b
（许愿强流式关联于 3th 天意）——(3)

上列概念关联式表明：誓愿行为(537301\21)密切联系于深层第二类精神生活，因而具有鲜明的时代性。深层第二类精神生活 q8 的第一号概念群是想象 q81，想象的基本内涵是天意 q810，天意可依据作用效应链的环节并合原则(β 原则)而一分为三，于是有(kth,k=1–3)天意的区分或命名。与天意有联系的概念关联式赋予了临时编号，天意是传统中华文明特有的概念，临时编号之举不过是为了引起读者对这一概念的注意而已。

子节结束语

本子节分 5 部分，采取两种不同的论述方式，每部分有自己的论述亮点，如表 3-14 所示。

表 3-14 期望行为 7301\21 的论述要点

段落名称	符　号	论述方式	论述亮点
期望驱动	7301\21*t=b	综述	“金融统帅”与“三合一统帅”
生存驱动	7301\21c01	综述	符号(zo)和(z*o)的引入
幸福驱动	7301\21d01	世界知识	三过度行为是后工业时代危机的总根源
文明驱动	7301\21*\k=6	综述	三种文明标杆与六个世界的基本关系
誓愿	(537301\21)	世界知识	天意的三分(kth 天意,k=1–3)

表中所列举的论述亮点在专家的视野里必然都带有“半生不熟”的致命缺陷，但问题不在于生或熟，而在于这些主要面向未来的论述是否符合三个时代和六个世界视野里的透彻性要求。“煮熟”是现代著作的一种时尚，但也是一种文化流感，远离它是笔者的宿愿。有些专家习惯于把关乎自己领域的新东西当成是自己早已知道的东西，从而可以不屑一顾，这是学术探索的一种不良习惯，对此应习以为常，不必回应。

本子节的核心内容是对第二世界及其文明标杆 ra30\12 的论述，既论述了其“三合一统帅”现象的历史渊源和巨大弊病，又论述了“中国特色之本正在造就 21 世纪最耀眼的中国速度”。这论述关系到后工业时代的呼唤，笔者自知根本不具备响应这一呼唤的能力，请把它当作一小块引玉之砖吧！

下面将论述一个特殊而敏感的话题——语言理解基因的氨基酸和染色体。这个话题之所以放在这里来写，主要是由于下列两个概念关联式：

7301\21*\1*3=ra10e25　　(7301\21 6a)
（第一期望强交式关联于民主政治制度传统）
7301\21*\1*3=>(rua10e25e25,s31,pj1*b)——(7301\21-7)
（第一期望强源式关联于后工业时代的高雅民主政治制度）

引发的遐想。下面的论述也是一段插写，这插写里还套着另外一小段插写。

上列概念关联式里分别有带字母符号“r”和“ru”的概念，ra10e25 的汉语直系词语是“民主政治制度传统”，rua10e25e25 的汉语直系词语是“高雅民主制度”。请看：延伸概念 a10e25 一前挂“r”，就变出了一个语言描述的后置“传统”，a10e25e25 一前挂“ru”

就变出了一个语言描述的前置“高雅”，这不是很有趣味吗。这前置与后置是自然语言空间的现象，是语习范畴的约定，比较烦琐；但语言概念空间的景象则十分简明，延伸概念 a10e25 和 a10e25e25 都必有效应（HNC 的术语叫 r 强存在），前者使用了单纯的“r”，对应的汉语词语叫“传统”，它同样适用于 ra10e26。后者使用了复合的“ru”，对应的汉语词语叫“高雅”，但它不适用于 rua10e25e26，其对应的汉语词语叫“低俗”。这里顺便说一下延伸概念 a10e26e2n（见[130-1.0.3]小节），它也是一个“r”强存在概念，也有对应的 rua10e26e2n 汉语词语，如下所示：

rua10e26e25　　仁政
rua10e26e26　　暴政

在后工业时代，应该重新审视 rua10e26e25（仁政）与 rua10e25e25（高雅民主政治制度）的各自社会价值，请允许笔者再说一次：这是时代的呼唤。毫无疑义，否定暴政是正确的和正义的，维护暴政是错误的和邪恶的；但同时还应该发问，否定仁政也是正确的和正义的吗？维护仁政也是错误的和邪恶的吗？仁政必须让位于高雅民主政治制度吗？哈耶克、波普尔和福山先生都对此给出了肯定的答案，但前已多次指出：三位可尊敬的先生都缺乏形而上思维的透齐性，他们的答案就可以认定成最终答案吗？后工业时代在呼唤新的答案，上述三足鼎立的文明标杆说也许可成为寻求新答案的起点之一吧，为什么一定不能纳入新时代思考的选项之一呢。

插写的插写到此可以结束了，下面进入正题。

开启大脑皮层的迷宫显然需要一把神奇的钥匙，这大体上就是塞尔先生在其《心、脑与科学》一书中所表达的基本构思。这里要补充的是：这钥匙至少需要两种“万能性”的钥匙构件。其一是生理基因的氨基酸//染色体，其二是理解基因的“氨基酸”//“染色体”。前者已被发现，20 种氨基酸和 23 对染色体已成为常识性知识。后者的情况则令人困惑不已，其存在性问题似乎都还没有人明确地提出过，这包括在认知科学方面最有洞察力的塞尔先生。这里要冒天下之大不韪地说一声：HNC 从一开始就在致力于（也仅限于）语言理解基因之氨基酸//染色体的探索。当笔者在 2005 年决定写《全书》的时候，这项探索已经有了一个比较清晰的眉目，其基本结果如表 3-15 和表 3-16 所示。

表 3-15　语言理解基因氨基酸的符号表示

类别	符号
第一类氨基酸（延伸概念的本体论描述）	(t//α//β//γ,\k,i//3//7)
第二类氨基酸（延伸概念的认识论描述）	(o,cko,dko,eko, –,–0|)
第三类氨基酸（五元组）—— 抽象概念的基本属性描述	(v,g,u,z,r)

表 3-16　语言理解基因染色体的符号表示

类别	符号
范畴标记符号	(j,jl,l,f,s),(φ,ψ,q)
特定前挂符号	(52,53),(6m,9,c)
物性符号	x
特定逻辑符号	(^,~)
具体概念标记符号	(w,p,pw,gw,rw),jw,(pe,p–)

表 3-15 第一次给出了 3 类语言理解基因氨基酸的说法，表 3-16 第一次给出了 5 类语言理解基因染色体的说法，这个说法属于明喻，但又是对 HNC 理论实质性内涵的揭示。故请不要对它过于较劲，但也不要过于怠慢。表里的符号可造成眼花缭乱的纷扰，也可引发豁然开朗的顿悟。这里首先要强调指出的是：表 3-15 和表 3-16 的大部分内容，前人都已有所发现。例如，表 3-15 里的“语言理解基因第一类氨基酸”不过就是“一生二，二生三，三生万物”论断的符号化而已，真正具备创新资格的新发现仅下列 3 项。一是语言理解基因第二类氨基酸里的 eko；二是语言理解基因第三类氨基酸（五元组）里的 r；三是语言理解基因第一类染色体——范畴标记符号——里的 ϕ。此外众多符号所代表的概念当然也有新意，但严格说来，那只是玩新而已，还不具备创新的资格。

“eko”的发现揭示了概念辩证表现的“庐山真面目”，黑格尔先生只对其中的“o”具有非常深刻的理解，因此他实际上并没有跳出“只缘身在此山中”的局限性。“此山”者，自然语言空间是也，而其“真面目”要从语言概念空间向下俯瞰才能认清概念辩证性表现的全貌，那就是表 3-15 所列的清单了。清单中前人完全没有思考过的就是“eko”这一项。

“r”的发现**彻底修复**了自然语言符号体系里**最为严重的概念关联性断裂**。传统语言学的动、名、形词性描述已经勾画出了表 3-15 的前 3 项，但词性描述存在着两项非常严重的弱点，第一是没有把词性表现与概念范畴（即表 B 的“语言理解基因的第一组染色体——范畴标记符号”）联系起来，不同概念范畴有不同的词性表现；第二是没有想到抽象概念的名词具有作用效应链的两极（即作用与效应）表现，不知道抽象概念的名词必然会以（g,r）这两种形态**成对出现**——虽然 r 的存在有强弱之分。以形而上思维的透齐性标准来衡量，这两项弱点是致命的，对语言学柏拉图洞穴的形成起了重大作用。语言学柏拉图洞穴把语言研究限制在自然语言空间内部，使生活在该洞穴里的人们不知道洞外有天，这洞外天就是语言概念空间，这语言柏拉图洞穴的六个面实质上就是“动、名、形、主、谓、宾”。HNC 理论的初期探索之一就是给该洞穴打通与洞外连通的通道，让语言概念空间的阳光可以透射进来，“r”就是通道之一。本段第一句描述了这项通道工程的基本设计思路，所以用了两个以黑体字标示的短语加以提示。苗传江博士在其《HNC 理论导论》中对五元组给出了生动的描述，但笔者依然希望：该书再版的时候，他敢于从语言柏拉图洞穴的视野作出更有创意的论述。这样的论述不仅需要勇气，也需要对柏拉图洞穴这个概念本身有深刻的理解。上面关于“r”概念的一系列示例能否对此有所裨益呢？这不仅取决于努力，也取决于佛家所说的“觉”和孔夫子所说的“愤启悱发”了。

从重要性来说（ϕ）的发现是最上述 3 项发现中最关键的一项，它揭示了作用效应链在语言概念空间的核心地位。要说明这一点，不能不提起塞尔先生关于认知科学之桥（认知桥）的设想，这里应首先申明：塞尔先生本人并没有直接使用过认知桥的术语或概念，但他的一系列专著[02]都清楚地阐释了这一极为重要的思考：认知科学必须建立起这样一座大桥，把“生理”的此岸与“理性”的彼岸连接起来。但是，塞尔先生心目中的认知桥是万能的，而 HNC 却没有这样的雄心壮志，仅仅试图建立一座专用桥，该桥只允许通行一种类型的车辆——语言（初期还限于文字文本），故其名称叫语言理解基因。语言理解基因的主体结构叫领域句类代码 SCD，而 SCD 的核心构件就是**主要**由（ϕ）

提供的57组句类代码。通过这座桥，人类就有能力把一切文字数据转换成“语言超人”的文字记忆（即[HNC-3]到[HNC-4]的转换）。这样，网络世界海量文字数据的查询（对搜索结果的查询）就不会像现在这样笨拙和费事；数据挖掘的水平就可以有一个质的提升；每一位网民都可以拥有一个善解人意的语言智力助手。更重要的是：日益令人喜爱又令人生畏的虚拟网络世界就有可能通过“语言超人”逐步形成一个具有人类专业活动特征的虚拟网络社会，该网络社会也会产生网络政府，该政府将主管网络世界的是非善恶，从而免除网络世界可能给人类带来的伤害。

语言理解基因的HNC名称叫语境单元SGU，其物理表示式[HNC-3]乃依托于语境基元概念而建立，而语境基元概念的主体是扩展基元概念（ψ,q），因此，(ψ,q)的重要性似乎等同于（φ）。但是，主体基元概念和扩展基元概念的创新度是完全不等同的，因为(ψ,q)的内容都是人所熟知的，而（φ）却不是这个情况。（φ）的6个环节在自然语言里都有对应的词语，但人们并没有把与这些词语相对应的概念群**贯通**起来，构成一个被命名为作用效应链的整体概念范畴，而整个HNC理论大厦正是建立这一**贯通**之基础之上的。作用效应**链**可以类比于DNA的双螺旋结构，该链的6个环节（构件）则可以类比于氨基酸的4种核苷酸。

扩展基元概念（ψ）的三分为第一类精神生活（心理7y与思维8）、第二类劳动（专业活动a）和第三类精神生活（追求活动b与理念活动d）含有一定的新思考；扩展基元概念（q）的两分为第一类劳动（体力劳作q6）和第二类精神生活（表层形态的交往与娱乐q7和深层形态的想象与信念q8）也含有一定的新思考。但扩展基元概念(ψ,q)思考里的“新”与主体基元概念（φ）思考里的“新”完全不可同日而语，两者的形成过程及其基本特征具有本质差异，如表3-17所示。

表3-17　两类基元概念的本质差异

	概念群-树的设计	与思维的关联	与基本逻辑的关联	与综合逻辑的关联
主体基元	开创为主	本体型连接	本体型连接	认识型连接
扩展基元	继承为主	认识型连接	认识型连接	本体型连接

一般读者知道这张表的存在就可以了，但有志于HNC理论的读者则需要对此表花点工夫，本体型连接和认识型连接是什么意思呢？在HNC理论体系中有哪些具体体现呢？为什么该表未包含基本概念、语言逻辑概念和语习逻辑概念呢？这些你必须有自己的明确答案。

表B的另外4种语言理解基因染色体可以说都是从语言概念空间俯瞰自然语言空间的第一景象，即任何登山者都可以在高山之巅观察到的景象，绝对谈不上创新。不过这里需要就语言理解基因的第五号染色体——具体概念标记符号——说两句话，第一句话是：符号学和计算机科学的原始性（或基础性）思考对它的形成有重要启发，第二句话是：在HNC资源的建设方面，没有比此类概念的直系词语捆绑更重要的事情了。

注释

[*01]“王道”与“霸道”通常被认为是一对封建落后的儒家概念，在某些读者看来，这句话必然显得十分荒谬。因此，请先参看一下[121-1.0.1]子节关于态度基础因素7110t=b的论述。那里引用了《孟子》里的一句名言：“王何必曰利，亦有仁义而已矣”，此名言就是对王道与霸道的最简明阐释。系统论述见本卷第四编下篇。

[*02]《全书》原来打算在“卷、编、篇”之后，仅使用“章、节、小节”的编号，章对应概念群，节对应于概念树，小节对应于一级延伸概念。后来为二级和三级延伸概念增加了子节和支节的名称，但不常使用，这里是第一次使用支节这个术语。

[*03] 此论断与“王道”与“霸道”的概念相互呼应，将在本卷第四编下篇论述。

[*04] 暗示两位数的GDP增长属于非正常。

[01] 本表关于文明标杆的命名请参看[130-3.0.3-1]分节。

[02] 主要有《心灵的再发现》、《心灵、语言和社会》、《心、脑与科学》。

0.1.2.2 愿望实践行为 7301\22

0.1.2.2-0 愿望实践行为 7301\22 的概念延伸结构表示式

```
7301\22:(53y,*t=b,e4m;(53y)c5n,*te4n)
  (537301\22)                殊相愿望行为
     (537301\22)c5n            殊相愿望行为的阶段性表现
     (537301\22)c55            幼年喜好行为
     (537301\22)c56            少年梦想行为
     (537301\22)c57            青年志向行为
     (537301\22)c58            中年抱负行为
     (537301\22)c59            老年感悟行为
  7301\22*t=b                三争行为
  7301\22*9                  争权行为
  7301\22*a                  争利行为
  7301\22*b                  争名行为
     7301\22*te4n              三争行为的辩证表现
     7301\22*te45              适度三争行为
     7301\22*te46              淡泊三争行为
     7301\22*te47              过度三争行为
  7301\22e4m                 手段行为
  7301\22e41                 手段适度行为
  7301\22e42                 手段缺乏行为
  7301\22e43                 不择手段行为
```

愿望实践行为 7301\22 的概念延伸结构表示式采取了封闭形态，无增扩延伸概念，故下面也不以支节形式进行论述。

“封闭”与“无增扩”竟然成了愿望实践行为 7301\22 的基本特征，这似乎十分不合常理。对此的解释与其用哲学的方式，不如用文学的方式，这里可以使用苏东坡先生“淡妆浓抹总相宜”的名句。这条名句非常适用于对期望行为 7301\21 和愿望实践行为 7301\22 的描述，前者已在前面（本小节的第 1 子节）浓抹过了，后者在这里（本子节）

可以淡妆了，因为两者描述的实质上是同一位“西子”——愿望行为 7301\2，前者偏重于其共相（jl01e21）和势态（53）侧面的描述，后者偏重于对其殊相（jl01e22）和动态（52）侧面的描述。这也体现了所谓平衡原则的运用。

0.1.2.2-1 愿望实践行为 7301\22 的世界知识

愿望实践行为 7301\22 三项延伸概念的汉语命名分别是殊相愿望行为、动态三争行为和手段行为，三者可简称殊相行为、三争和手段。

对殊相行为(537301\22)采取了简明的“c5n”描述，(537301\22)c5n 的汉语描述——幼年喜好、少年梦想、青年志向、中年抱负、老年感悟——似乎都比较传神，但请注意：“喜好、梦想、志向、抱负和感悟”都不能作为对应延伸概念的直系捆绑词语，但它们可以作为(537301\22)c5n 的共享直系捆绑词语。

(537301\22)c5n 意蕴的阶段是指年龄段，年龄有生理、心理与智力的区分，这里着重于生理年龄，这一世界知识以下面的概念关联式表示。

((537301\22)c5n,jl00e21ju721,10bc5m)
（殊相行为的阶段性表现主要相关于生理年龄）

对三争 7301\22*t=b 采取了简明的“e4n”描述。三争是读者已经很熟悉的老话题了，三争的辩证表现 7301\22*te4n 也是老话题了，这里本来可以彻底略而不述了，但有感于正在召开的全球气候峰会，笔者将抄袭网上的流行样板，给出下面的游戏文字：看到发达国家与发展中国家之间的激烈交锋，看到两大集团内部各自的精明算盘，孔老夫子流泪了，康德先生苦笑了，尼采先生高兴了，这时，一个声音出来了：“什么 Change！又是赫鲁晓夫的臭屁！”于是，大家都恢复常态，陷入了深深的沉思。这沉思的结果将在[142 引言]里陈述。

至于手段 7301\22e4m，游戏文字都可以免了，因为该符号表示式本身就蕴含了足够的世界知识。

0.1.2.3 愿望实践后行为 7301\23

0.1.2.3-0 愿望实践后行为 7301\23 的概念延伸结构表示式

7301\23:(e9n,eam,ean;e9n*e4n,eao*e2n,;)

7301\23e9n	转移情结行为
7301\23e95	格瓦拉行为
7301\23e96	秦始皇行为
7301\23e97	朱元璋行为
7301\23eam	地位情结行为
7301\23ea1	高位行为
7301\23ea2	低位行为
7301\23ea3	攀比行为
7301\23ean	世态情结行为
7301\23ea5	强势行为
7301\23ea6	弱势行为
7301\23ea7	较量行为

0.1.2.3.1 愿望实践后行为 7301\23 综述

愿望实践后行为 7301\23 可简称情结行为，其三项延伸概念都以情结命名，这包括转移情结行为、地位情结行为和世态情结行为。但具体命名却都去掉情结二字，这是由于情结是一个模糊度极大的概念，按模糊度的大小顺序排列，其 HNC 映射符号如下：

```
r71,r712,r713,r7123
```

在[121–2.3]节和本子节使用情结一词时，其对应的义境是“r7123”，这在[121–2.3]节已有说明，这样，愿望实践后 7123 的概念延伸结构表示式就获得了符合透齐性要求的保证。但必须同时指出：即使是在“r7123”义境的约束下，其三项具体的情结表现仍然具有极为宽泛的意义，对它们进行细致的心理分析或描述不仅是极为困难的，而且是多余的。因此，这里将“故技重演”，对三项情结表现的细致描述将作分散安置。例如，较量行为 7301\23ea7 将安置于竞争基本内涵 b30 和比赛基本内涵 q730 这两种概念树；强势行为 7301\23ea5 将安置于行为与个性 7332；弱势行为 7301\23ea6 将安置于行为与现实 7331；地位情结行为 7301\23eam 将安置于行为与观念概念树 7323；秦始皇行为和朱元璋行为 7301\23~e95 将安置于行为与理性概念树 7322；格瓦拉行为 7301\23e95 将安置于行为与理念概念树 7321。这些知识将以下列概念关联式表示：

```
7301\23e95=7321
（格瓦拉行为强交式关联于行为与理念）
7301\23~e95=7322
（秦始皇行为和朱元璋行为强交式关联于行为与理性）
7301\23eam=7323
（地位情结行为强交式关联于行为与观念）
7301\23ea5=7332
（强势行为强交式关联于行为与个性）
7301\23ea6=7331
（弱势行为强交式关联于行为与现实）
7301\23ea7=(b30,q730)
（较量行为强交式关联于竞争与比赛）
```

情结行为 7301\23 的三项延伸概念在功能上类似于人之状态 50a 里的两项延伸概念——劳动 50aa 和精神生活 50ac26，前三者各自对应于一两个特定概念树，后两者各自对应于两三个特定概念群。劳动和精神生活在人之状态里是两个虚设延伸概念，赋予了相应的概念关联式予以表达。情结行为也有类似的性质，但不赋予相应的表达符号，因为，有必要为它保留一点进一步描述的空间，这就是其概念延伸结构表示式具有二级延伸并采取开放形态的原因了。

情结行为 7301\23 的二级延伸概念属于增扩概念，分别使用了意义最为简明的主体辩证逻辑符号“e4n”和“e2n”,其汉语描述可谓不言自明，因此都略而不具了。

小节后记

本小节 3 个子节的主要论述都带有“半生不熟”的致命弱点，这些弱点具有三种类型。

第一类弱点是技术性的。现代文体或文风的写者善于对这种技术性问题加以掩饰处理，不仅可以做到使读者感受不到，甚至还可以把弱点甚至错误变成亮点，可惜笔者没有这个能耐，只好让这类弱点直接暴露在读者面前。例如，你眼前的关于情结行为二级延伸概念的陈述就属于这一类型的“次品”，用“不言自明”和“略而不具”替代具体论述的搪塞方式显然是令人厌恶的，为什么不对转移情结行为 7301\23e9n 的“e4n”特性加以阐释呢？难道秦始皇行为和朱元璋行为还具有“e45”和“e46”的积极表现吗？为什么不对地位情结行为 7301\23eam 和世态情结行为 7301\23ean 的“e2n”特性加以阐释呢？难道“拍马屁”、“奴才”和“逆来顺受”的行为（属于低位行为或弱势行为）还具有“e25”积极意义吗？怎能对这样严肃而尖锐的原则问题“略而不具”呢？然而对此，笑而不答就是最好的回答。

第二类弱点渊源于论题本身具有理论大厦的性质，而笔者缺乏对这一大厦的全局把握功力，关于文明标杆的论述就属于这一情况。“三文明标杆”说是“六个世界”说的理论支柱，“六个世界”说是对“发达国家”说和“发展中国家”说的替换，“三文明标杆”说是对“现代文明”说的替换，这两个替换非常重要，是从工业时代视野转向后工业时代视野的关键。“现代文明”说立足于“发展是硬道理”的著名理性命题，而“三文明标杆”说则立足于对该理性命题的反思，试图建立一个适应后工业时代要求的新命题，该新命题的基本思考是：不要独尊理性，也要尊重理念和信念。理性以变革与竞争为上帝；理念以仁（变革与传统融合）义（竞争与协同融合）为上帝；信念以永恒与全能的神为上帝。

要求对理性、理念和信仰做到同样尊重是不现实的，但要求不独尊其一是现实的，即可以实现的。不独尊就意味着可以有所侧重，这样，三种文明标杆的出现或存在就属于最基本的天理了。第一种侧重于理性，第二种侧重于理念，第三种侧重于信念或信仰，这就是“三文明标杆”说的基本理论依据了。

“三文明标杆”说意味着将存在三种现代文明：第一世界的现代文明、第二世界的现代文明和第四世界的现代文明。现代化是三者的共相，但三者必然还拥有各自的殊相，这殊相将不仅表现在文化侧面，也将表现在政治和经济侧面。在表“三种文明标杆的基本特征”里，给出了这三种现代文明之文化殊相和政治殊相的命名，但未给出经济殊相的命名。在笔者心中，这经济殊相就是这三个世界的人均 GDP 上限的差异，在[123-0.1.0.2.1-2]分节（三迷信行为 7301\02*ad01t=b 的世界知识）里曾对此给出了力所能及的说明。

“三文明标杆”说或“三种现代文明”说在今天显然是天方夜谭，这里笔者想说的是：几十年之后这个情况必将有所改变，因为经济公理必将呈现出它的清晰面目，三迷信必将暴露出它的空前危害性。当人类在 21 世纪末回首往事的时候，将为哥本哈根的争吵感到羞愧；将为中国**现代悖论**的消解感到惊异；将为形形色色恐怖事件的出现感到不可思议；最后是将为地球村终于出现了三种文明标杆而感到欣慰。

第三类弱点是关于“擦边球”的论述方式，此前所有关于“HNC 与认知科学”或“HNC 与脑科学”的论述都采取了这一方式，但围绕着表“两类基元概念的本质差异”的论述堪称“擦边球”之冠。“擦边球”的义境，褒贬兼而有之，那么，这“擦边球”居心何在？还是那句话——笑而不答就是最好的回答。

第 3 小节
情感行为 7301\3

0.1.3-0 情感行为 7301\3 的概念延伸结构表示式

```
7301\3:(k=3;)
  7301\31          基本情感行为
  7301\32          外因情感行为
  7301\33          内因情感行为
```

仿前，对 3 种情感行为给出下列基本概念关联式：

7301\31<=7131
（基本情感行为强流式关联于基本情感）
7301\31≡7131
（基本情感行为强关联于基本情感）
7301\32<=7132
（外因情感行为强流式关联于外因情感）
7301\32≡7132
（外因情感行为强关联于外因情感）
7301\33<=7133
（内因情感行为强流式关联于内因情感）
7301\33≡7133
（内因情感行为强关联于内因情感）

本小节（情感行为 7301\3）是本节（“心理”行为 7301）的最后一个小节，到此已经可以看到：“心理”行为 7301 这株概念树的论述文字将成为全部概念树的冠军，这一冠军现象可以说完全是意料之内的事，因为，人类行为都可以简称“心理”行为或归结为某种“心理”表现。但人有常人与智者之别，两者的根本区别不在他们的“心理”，而在他们的智力，常人的“心理”素质优于智者是完全可能的，但常人的智力高于智者则是绝对不可能的。这就是 HNC 理论把心理两分为“心理”71 与意志 72 的基本原因了。“人”与“民”或“人民”与“公民”这些术语都含有崇高的意义，但不能利用这一点去抹杀智者的特殊贡献，这项非常特别的抹杀运动实际上呈现为一种“边抹杀、边制造”的智力游戏，曾在苏联和当前的第二世界做得非常成功，形成各种形态的“主义”或“思想”及“崇拜”，炮制了许多公理式的名言。这些名言在第二世界依然拥有众多的信奉者。

应该冷静地看到：这人祸与革命之间确实存在着错综复杂的交织性，历史一直是在革命的阵痛中呼唤着正义，这一点必须首先加以考虑；其次，革命者与传统维护者之间及革命者之间的仇怨是不可能完全说清楚的，因为那本来都是智者之间的游戏。让它随着历史之风飘去是比较明智的选择，历史的原貌本来就"是烟，又不是烟"，把过于烟化的部分基本清除掉就可以满意了。"并不如烟"的呼唤显然把历史理想化或笼统化了，它可能引向另一种形态的"边抹杀、边制造"智力游戏。这就是笔者坚定地支持沈永聪先生撰写"智者论"的根本原因了。

汉语曾把"心理"或"心理"行为概括成"情欲"这一词语，这一概括抓住了要点，但不符合"心理"描述的透齐性标准。HNC 把"情欲"对应于愿望 712 和情感 713 这两个概念群，又增设了心情 710、态度 711 和心态 713 这三个概念群，这才达到了"心理"描述的透齐性要求。

现在，可以建议读者回过头去浏览一下本章及本节的开始部分了，再看看基本行为 730 之概念树（7301、7302 和 7303）的设计，再看看"心理"行为 7301 概念延伸结构表示式基本架构的设计，相信会有所收获，对语言概念空间的透齐性描述能够获得一些领会，这里说的领会是指感性认识与理性认识相互交融的意思。

下面将回顾情感 713 的描述要点，如表 3-18 所示，随后略作浅说。

表 3-18　情感描述要点

概念树描述	二（三）级延伸描述	三（四）级延伸描述
基本情感 7131	第一平常心 7131(\k)e53	第一佛性 7131(\k)e53d01
	强烈基本情感 7131\k~e53	
外因情感 7132	第二平常心 7132(\k)e53	第二佛性 7132(\k)e53d01
	强烈外因情感 7132\k~e53	
内因情感 7133		
表层内因情感 7133\1	第三平常心 7133\1e57	第三佛性 7133\1e57d01
	荣辱观 7133\1~e57	
深层内因情感 7133~\1	第四平常心 7133(~\1)e53	第四佛性 7133(~\1)e53d01
	强烈内因情感 7133(~\1)~e53	

表 3-18 指明：情感 713 有基本情感 7131、外因情感 7132 与内因情感 7133 的三分，基本情感和外因情感各对应于人类的一种平常心，但内因情感却派生出两种平常心。这四种平常心以第一、第二、第三和第四区别之。平常心即儒家所说的中庸，儒家的修身和佛学的修行都讲究这 4 个层级，故斗胆把这四种平常心的升华定名为四种佛性。

但是，佛性行为是不宜于用来描述人类第一类精神生活的，即情感行为 7301\3 的延伸概念里不可以包含它，这是对佛的尊重，否则就是一种亵渎了。因此，前述关于行为概念延伸结构表示式的"移用+修改+增扩"原则（见[123-0.1.0.0.3]支节）需要加上一条——"删除"。

平常心与强烈情感相对应，强烈基本情感的具体内容是：好恶（喜好与厌恶）和乐忧，与第一平常心相对应；强烈外因情感的具体内容是：爱与恨、兴奋与悲伤、无畏与恐惧，与第二平常心相对应；强烈表层内因情感的具体内容是光荣与耻辱（荣辱观），与第三平常心相对应；强烈深层内因情感的具体内容是：自得与自责、自勉与抱憾、自豪与自卑，与第四平常心相对应。

前已指出：凡有野心的政治家和企业家无不对上列强烈情感特别感兴趣，尽力调动并强化这些强烈情感为自己的野心服务。当然，也有许多政治家懂得平常心的巨大价值，是减缓社会摩擦不可或缺的润滑剂。在农业和工业时代，强烈情感的推动者主要是政治家，到了后工业时代，政治家的这一角色已逐步为企业家所取代。这项取代非同寻常，它不仅意味着一场时代性巨变，还伴随着一个巨大时代异象的出现，那就是文化界或知识界对强烈情感推动者所持的态度：从有所警惕甚至批判转变为麻木不仁甚至推波助澜。后工业时代的来临呈现出许多标志，这也可以列入标志之一吧。

0.1.3.1 基本情感行为 7301\31

0.1.3.1-0 基本情感行为 7301\31 的概念延伸结构表示式

```
7301\31*:(\k=2;
         \ke5m,(\k)e53;
         \k~e53e2n,\1e51*3;
         \1e51*3\k=3,\ke53*n,(\k)e53*n,)
  7301\31*\k=2                   基本情感行为基本类型
  7301\31*\1                     第一基本情感行为
     7301\31*\1e5m                 第一基本情感行为的三分描述
     7301\31*\1e51                 喜好行为
       7301\31*\1e51*3               嗜好行为
          7301\31*\1e51*3\k=m          嗜好的类型描述
          7301\31*\1e51*3\1            嫖
            7301\31*\1e51*3\1*3          包二奶
          7301\31*\1e51*3\2            赌
          7301\31*\1e51*3\3            毒
     7301\31*\1e52                 厌恶行为
     7301\31*\1e53                 第一常情行为
       7301\31*\1e53*n               第一常情行为的虚实表现
  7301\31*\2                     第二基本情感行为
     7301\31*\2e5m                第二基本情感行为的三分描述
     7301\31*\2e51                高兴行为
     7301\31*\2e52                担忧行为
     7301\31*\2e53                第二常情行为
       7301\31*\2e53*n              第二常情行为的虚实表现
     7301\31*(\k)e53              第一平常心行为
       7301\31*(\k)e53*n            第一平常心行为的虚实表现
     7301\31*\k~e53               强烈基本情感行为
       7301\31*\k~e53e2n            强烈基本情感行为的辨证表现
```

为便于下面的说明，将基本情感和基本情感行为的概念延伸表示式拷贝如下：

```
7131:(\k=2;\ke5m,(\k)e53;(\k)e53d01,\k~e53e2n)
7301\31*:(\k=2;\ke5m,(\k)e53;\k~e53e2n,\1e51*3;
           \1e51*3\k=3,\ke53*n,(\k)e53*n,)
```

我们看到：两者存在三点差异，一是后者取消了 7301*\(k)e53d01 延伸项，这么做的理由在前面已经说过了，各分节都如法炮制；二是后者设置了增扩延伸概念

7301\31*\1e51*3；三是后者设置了 4 级延伸概念，且采用开放形态。

基本情感 7131\ke53 的汉语命名都采用了“未名”，这里却采用了“常情行为”的定名。常情行为实际上是第一平常心行为的分别说，其诠释不妨使用下面的仿训诂方式，第一常情行为者，好恶不形于色也；第二常情行为者，忧乐不形于色也；第一平常心行为者，好恶忧乐皆不形于色也。不形于色不等于不形于心，故常情行为与第一平常心行为皆被赋予了增扩延伸符号“*n”,以描述其虚实表现。“心理”的虚实表现只能通过“心理”行为加以考察，这项考察的难度很大，汉语对此有“盖棺不可论定”的著名诗句，那就是白居易的“周公恐惧流言日，王莽谦恭下士时，倘使当时身便死，一生真伪又谁知”。尽管如此，这一世界知识还是应赋予交互引擎，其表示方式就是下面的概念关联式：

7301\31*:*n:=j81n —— （7301\31-0-1）
（基本情感行为的虚实表现对应于伦理属性的虚实）

请注意：这个概念关联式被赋予了特殊编号，在第三卷的有关论述中很可能引用它。

仿照基本情感 7131 的论述方式，本子节将由 3 个而不是 2 个分节构成。

0.1.3.1-1 第一基本情感行为 7301\31*\1 的世界知识

在[121-3.1-1]里，已对第一基本情感 7131\1 的世界知识作了充分论述，那里的一系列基本概念关联式都可以移用于第一基本情感行为。因此，本分节将着重于增扩延伸概念的论述，首先述说嗜好行为 7301\31*\1e51*3。

嗜好行为的嗜好应该加上引号，因为它是特定喜好的简称。对嗜好的类型描述采用了变量并列延伸 7301\31*\1e51*3\k=m，这里仅选取其中的三项——嫖、赌、毒，可简称“三毒”。

“三毒”行为具有下列概念关联式：

7301\31*\1e51*3:=pj1*t —— （7301\31-1）
（嗜好行为对应于三个历史时代）
7301\31*\1e51*3\k=%7301\21d01\1e47
（“三毒”行为属于过度享受行为）
7301\31*\1e51*3\k≡a23\25*γ —— （7301\31-2）
（“三毒”行为强关联于三项特殊需求服务）
(7301\31*\1e51*3\k,jl11e227,pj01*\2u11e21) —— （7301\31-0-2）
（“三毒”行为曾消失于经典社会主义世界）
7301\31*\1e51*3\1*3≡7301\21d01\1e47(d01) —— （7301\31-0-3a）
（包二奶行为强关联于超级享受行为）
7301\31*\1e51*3\1*3=pj01*\2(c35) —— （7301\31-0-3b）
（包二奶行为强交式关联于第二世界的初级阶段）
(7301\31*\1e51*3\1*3,jl12e227,pj01*\2(~c35)) —— （7301\31-0-4）
（包二奶行为将消失于第二世界的非初级阶段）

概念关联式（7301\31-1）必然会引起质疑，因为这里的嗜好行为主要指“三毒”行为，而其中的第三毒似乎是工业时代的产物，农业时代哪有毒行为？但秦始皇给出了明确的答案，他所渴望的长生不老仙丹就是毒物，这毒物曾是农业时代的最高需求，这需求也许对化冶技术和化学的形成产生过一定的拉动作用，这个问题当然是专家的事，HNC 只给出下面的表示式：

((7301\31*\1e51*3\3,s31,pj1*9),l00*031,14eb6)
（农业时代的毒行为在于免除死亡）
(pw7301\31*\1e51*3\3,s31,pj1*9)=:[XianDan 仙丹;elixir of life;]
（汉语把农业时代的毒物叫仙丹……）

上列特殊编号概念关联式也必然会引起质疑，它们具备这一资格吗？这个问题既涉及对传统中华文明伦理学的一个基本命题——“万恶淫为首，百善孝为先”——的思考，也涉及对经典社会主义世界和第二世界的思量与描述。在[121-1.2.1]小节里曾提及该命题的后论，同时给出了 HNC 并不直接支持该论断的申明，这里需要给出同样的申明，但也必须同时指出：该命题的前论具有重大伦理学意义，概念关联式（7301\31-0-3o）是对其伦理学意义的基本描述。在这两个概念关联式里使用了两个自延伸概念，其 HNC 符号及汉语命名如下：

7301\21d01\1e47(d01)　超级享受行为
pj01*\2(c35)　第二世界初级阶段

所谓超级享受行为，就是古代帝王的特殊享受，汉语叫三宫六院，包二奶就是这种超级享受行为的现代版本。概念关联式（7301\31-0-3o）把这两层意思都十分清晰地表达出来了。前文曾对第二世界的现状与未来给出了一个基本描述，因此，概念关联式（7301\31-0-4）是不可或缺的。当前，对经典社会主义世界和第二世界初级阶段的思量与描述，都泛滥着叩其一端的弊病，上列特殊编号概念关联式试图对这一弊病有所匡正。以上所说，就算是对资格质疑的回答吧。下面还要补说几句闲话，上面的特殊编号概念关联式使用了 HNC 逻辑关联符号 jl11e2m7 并三次使用自延伸符号，如果这些符号蕴含的意义都被用上了，那就意味着交互引擎之梦有点希望了。

下面转入第一常情行为及其虚实表现的论述。

现代文明的基本特征可以这样来描述，那就是：要大力消除各级平常心行为，要大力鼓吹各级强烈情感行为，特别是：要全力消除第一常情行为，要虔诚推动喜好行为。这说法本身并没有什么特别的地方，值得注意的是使用了“全力”与“虔诚”这两个修饰词语，为什么？为的是强调一下现代社会的简明实情之一，那就是：**第一常情行为是市场的天敌；喜好行为是市场的上帝**，对天敌与上帝能不“全力”与“虔诚”吗？试想：如果第一常情行为成为社会行为的主流，那现代经济和现代经济学会变成什么样子就简直不可想象——豪宅、豪车、豪店、豪赌就是一种反理性的存在；美国曾年产 1800 万辆汽车的壮举就是一种过度挥霍[*01]；发达国家的人均 GDP 也许早已严重超标；豪门与富豪的角色就应该被看作是人类大家庭盛宴中的节日焰火；智慧地球[*02]就未必是一个好东西；包二奶就成了最为人类所不齿的卑劣行为……由此看来，这个天敌是必须加以消灭的，这个上帝是不容怀疑的，这两条才是现代经济学的灵魂，其简明程度与前述经济公理相当。专家们果不知此乎？抑知之而不言乎？吾不得而知之也。

前文曾多次提及工业时代的柏拉图洞穴，但并未具体论述，这里略加弥补。洞穴生活的基本特征就是必须天天念经，虔诚的教徒都是如此，不同类型的洞穴拥有不同的经。最著名的两部经是《圣经》和《古兰经》，其影响力最大，信众约占全球人口的一半，为什么？其根本原因之一就在于两经具有“**唯一性、独尊性和通俗性**”。这**三性**是佛学和儒学所不具备的。佛经太多也太玄奥，儒家搞了四书五经甚至十三经，佛陀和孔夫子先于耶稣和穆罕默德数百年之久，但影响力却不及后者，其重要原因之一就在于这**三性**的巨大差异。

工业时代的柏拉图洞穴也有自己的“圣经”，该“圣经”的影响之大无疑已经超过了《圣经》和《古兰经》，它是人类历史上一部经文最短但威力最大的经，全经只有四个汉字：**拉动内需或刺激内需**，故也可叫“现代四字真经”或“四字真经”。但《全书》将把它定名为需求外经，“外”者，超出了**人均 GDP 上限之外**也，超出了**地球容纳限度之外也**。**需要外经**是工业时代柏拉图洞穴的第一大经。当前，第一世界和第二世界天天都在念这“现代四字真经”，不过双方的理解有很大差异，并存在很大争论，第一世界抱怨说：“我的内需已经拉动//刺激得很充分了，可你第二世界老是对内需拉动//刺激不力，害得我们的贸易赤字不断增大，造成世界贸易失衡。”第二世界回答说：“错！你们出超了几百年，现在该你们背点赤字了，这根本不值得大惊小怪。我们特别内需的东西你们偏偏不卖，继续做着技术霸权的美梦，放弃这种霸权梦才是关键。你们知道一架波音飞机要交换多少亿双袜子吗？世界贸易真的失衡了吗？你们会计算吗？”双方都显得理直气壮，但双方的论据都没有说在点子上，是真糊涂还是装糊涂？应该是兼而有之吧！这场争论是关乎世界未来的命运之争，是关于地球村之六个世界的人均 GDP 上限是否应该有所不同之争[01]，是哥本哈根气候峰会闹剧的真正幕后力量。但 2009 年表现得并不那么激烈，只在世界贸易组织的游戏规则框架内搞些小摩擦。这主要是由于美国的过度幸福行为不得不在金融风暴劲吹期间有所收敛，其贸易赤字在 2009 年略有降低（这主要归功于其过度享受行为 7301\21d01\1e47 的略有收敛）。但是，这个局面是不可能持续的。第二世界强大的实体经济生产力已如一匹脱缰的野马，人们津津乐道的那些农业和工业时代的伟大帝国在第二世界面前都不过是微不足道的“小巫”而已。

第二世界的天时优势主要是：①从 20 世纪 80 年代开始，第一世界形成了资本与技术大膨胀的巨大张力，它急需开拓经济新边疆，在第一世界的视野里，第二世界的猛然出现就恰如“正值山穷水尽，忽然柳暗花明”。②“文化大革命”对马列主义里的死板经济学教条造成了毁灭性冲击，反思的浪潮在“文化大革命”后期已在中华大地暗流汹涌。③那时，苏联已盛极而衰，但全世界几乎都没有察觉，第一世界的全部注意力都集中在遏制那个庞然大物身上。于是，当打着改革开放旗帜的中国以一幅崭新的面貌出现在世人面前时，它就成了第一世界各国争相结识的新宠。

第二世界的地利优势主要是：①从 20 世纪 70 年代开始，西太平洋地区异军突起于经济和技术领域，日本带着亚洲“四小龙”很是风光了一阵子。它们就在第二世界的身旁，于是，第二世界“就近取材”的便利举世无双。②中国具有延续两千多余年的大一统传承，其人口比第一世界的总数还多几个亿，其疆域是“老”欧洲或新印度的 3 倍。欧盟或印度要付出吃奶的力气才能办成的经济大事在中华大地上几乎可以畅行无阻。③四邻无军事强手的敌国，可以放心地集中一切力量于经济建设。

第二世界的人和优势更是无与伦比，这里只说最重要的三点。①百年来两番文化大断裂[*03]的意外收获：可简称白纸效应，一句普普通通的俗话都可以变成万人景仰的至理名言。②中华文明长寿的第一号奥秘：即前文一再提到的敬业精神，它在经历了 30 年的“一不怕苦，二不怕死”锤炼之后，显示出更为强大的生命力，它突出表现在那数以亿计的农民工身上，也表现在那去国外“淘金”或“镀金”的“海闯”身上。③海外华人富商的中华情结：他们喜滋滋地把自己掌控的资金和技术潮水般地投向第二世界。

实体经济向第二世界的大规模转移是近 20 年来最重要的全球经济事件，这一事件是第二世界“天时、地利、人和”的综合效应，它造就了中国速度，但远未形成所谓的中国模式，与其说是中国模式，不如说是中国幸运。

但幸运之神是多变的，不会老是眷顾第二世界。第二世界毕竟存在严重文化内伤[*04]，它对**需求外经**的巨大危害既缺乏起码的警觉，又不敢直接面对。它对所谓中国模式的沾沾自喜充分表明了这一点，它在哥本哈根气候峰会上令孔夫子落泪的表现更表明了这一点。

需求外经是一部什么性质的经书呢？请允许笔者先写出几句狠话，随后再略加解释。狠话是：**需求外经**是一部**毁灭第一平常心的经**，是一部**破坏自然生态和毒化人文生态的经**，是一部**服务于过度幸福需求的经**；而**宗教经文**和**儒家经典**却是**加强第一平常心的经**，是**保护自然生态和优化人文生态的经**，是**服务于温饱需求和正常幸福需求的经**。

与**需求外经**相对应的是**需求内经**，下面引入紧密相关的 6 个重要概念（读者可顺便领会一下关于语言理解基因“氨基酸 r”和“染色体 gw”的譬喻），其有关 HNC 符号及汉语说明列表如下：

r7301\21c01(\k)*d01	温饱需求
gw7301\21c01(\k)*d01	温饱经
r7301\21d01\k~e47	正常幸福需求
gw7301\21d01\k~e47	正常幸福需求经（**需求内经**）
r7301\21d01\ke47	过度幸福需求
gw7301\21d01\ke47	过度幸福追求经（**需求外经**）

温饱需求、正常幸福需求和过度幸福需求是三种截然不同的需求，三者的本质差异在于：温饱需求和正常幸福需求是不需要拉动或刺激的，需要拉动或刺激的只是过度幸福需求。这就是说，“**拉动//刺激内需**”这一词语**所指的需求一定是过度幸福需求**，而过度幸福需求本来是不应该去拉动或刺激的，拉动或刺激这种需求就是犯罪[02]。因此，“拉动//刺激内需”这个短语把“过度幸福需求”简化成“内需”应该看作是一个巨大的语言错误。当小布什先生或奥巴马先生甜言蜜语地劝中国人拉动//刺激内需的时候，当主流经济学家高谈阔论要调整经济结构的时候，笔者心里老是联想到这个语言错误，总觉得他们是在忽悠，他们都是在念**需求外经**，而不是在念**需求内经**，更不是在念**温饱经**。需求外经以“只讲效率，不问公平”为最高原则；温饱经和需求内经则以“公平第一，效率第二”为最高原则。那些立足于**需求外经**的学者最爱谈论“兼顾效率与公平”的原则，最爱论述“效率与公平之间之最佳平衡点”的寻求，这类谈论一定是在忽悠别人，同时也是在忽悠他们自己，因为他们的“兼顾”或“最佳平衡点”无非就是“效率第一，

公平第二”的命题，而这一命题的真伪性是很可疑的，因为“公平第二”很可能导致公平缺失甚至公平丧失。这也许是政治经济学最重要的课题吧。

自拯救地球计划提出以来，戈尔先生做了十分杰出的工作，他因此而荣获 2006 年度诺贝尔和平奖。但前文曾说到：戈尔先生并不了解“金融统帅”的违背天理特征（见本篇的 0.1.2.1.1 支节），这里要补充说：戈尔先生也不理解，他自我感觉良好的“拯救地球计划”并没有抓住拯救地球的要害。

表面看来，地球自然生态危机的急所在于减少温室气体——二氧化碳，碳成了地球危机的元凶，但那元凶的产婆是过度幸福追求。这“孩子”实质上是假元凶，那真元凶是“孩子他妈”，即**需求外经**。地球的自然生态危机只是表象，地球的人文生态危机才是本质。**需求外经**直接造成的严重后果是地球的人文生态危机[03]，地球的自然生态危机不过是地球人文生态危机的必然产物，这项世界知识可谓一清如泉。这些话，前面已用不同的语言形式表述过多次了，曾使用过“后工业时代的时代性危机”、“人类历史的第一号悖论”等诸多说法。可是，第一世界的那位“金融统帅”坚决要求隐瞒这一世界知识，第二世界的那位“三合一统帅”更是如此。考虑到这一情况，笔者觉得：暂时不把这些世界知识告知交互引擎也可以，即不写出相应的概念关联式。

下面略说一下基本情感行为 7301\31 的另外几个增扩延伸概念。

7301\31*\1e53*n 属于最难以把握的概念之一，特殊编号概念关联式（7301\31-0-1）实际上已经指明了这一点，这些表现的具体汉语说明如下：

```
7301\31*\1e53*4          疑似第一常情行为
7301\31*\1e53*5          真实第一常情行为
7301\31*\1e53*6          虚浮第一常情行为
```

这就是说，第一常情行为存在着疑似、真实与虚浮的区分，这一区分是十分重要的世界知识。可以说：疑似、真实与虚浮的区分是一切人类情感行为的基本特征，这特征属于语言理解基因的“氨基酸 n”，而不是“氨基酸 e2n”。所以，凡迷信“真伪逻辑学”的人如果搞起人类行为学，那是一定会闹笑话的，因为他们根本不了解这两种语言理解基因“氨基酸”的重大区别。这里要强调的是：并非所有的“情感行为 7301\3”都需要赋予“n”的直接表示，但所有平常心行为则是绝对需要的，下面的各相关分节将照此办理。至于如何对各级平常心行为的这一特性进行具体辨认，那就进入专家知识的范畴了。但笔者希望：交互引擎的“心”要明白这一要点，也就是说，对“人类情感行为 7301\3”一定要具有这种基本认识。

0.1.3.1-2 第二基本情感行为 7301\31*\2 的世界知识

第二基本情感行为和第一平常心行为的延伸概念及汉语说明拷贝如下（连带给出了第二常情行为虚实表现的汉语说明）：

```
7301\31*\2                     第二基本情感行为
    7301\31*\2e5m                第二基本情感行为的三分描述
    7301\31*\2e51                高兴行为
    7301\31*\2e52                担忧行为
```

7301\31*\2e53	第二常情行为
7301\31*\2e53*n	第二常情行为的虚实表现
7301\31*\1e53*4	疑似第一常情行为
7301\31*\1e53*5	真实第一常情行为
7301\31*\1e53*6	虚浮第一常情行为
7301\31*(\k)e53	第一平常心行为
7301\31*(\k)e53*n	第一平常心行为的虚实表现

基本情感 7131 及其行为 7301\31 强交式关联于人的性格 7221 和素质 7222，这一关联性在基本情感的有关章节里皆略而未述，本分节将略加弥补。先说几句题外话，在设计基本情感的延伸概念时，曾优先考虑过采取“t=a”的形态，因为第一基本情感和第二基本情感之间的交织性比较强，但最后还是决定采取“\k=2”的形态，这是为了便于三种情感的比较描述。因此，这里将首先给出下面的概念关联式：

7131\1e5m=7131\2e5m
（第一基本情感强交式关联于第二基本情感）
7301\31*\1e5m=7301\31*\2e5m
（第一基本情感行为强交式关联于第二基本情感行为）

基本情感行为 7301\31 与性格 7221 的基本概念关联式如下：

7301\31*(\k)e53<=72219e60——（7301\31-0-5）
（第一平常心行为强流式关联于性格的太极）
7301\31*\ke51<=7221be21——（7301\31-3）
（喜好和高兴行为强流式关联于性格的“灵活”）
7301\31*\ke52<=7221be22——（7301\31-4）
（厌恶和担忧行为强流式关联于性格的“呆板”）

基本情感行为 7301\31 与素质 7222 的基本概念关联式如下：

7301\31*\ke51<=72229e25——（7301\31-5）
（喜好和高兴行为强流式关联于襟怀的宽宏）
7301\31*\ke51<=7222ae22——（7301\31-6）
（喜好和高兴行为强流式关联于品格的求变）
7301\31*\ke52<=72229e26——（7301\31-7）
（厌恶和担忧行为强流式关联于襟怀的狭隘）
7301\31*\ke52<=7222ae21——（7301\31-8）
（厌恶和担忧行为强流式关联于品格的稳健）

这里的全部概念关联式都被赋予了编号（其一被赋予了特殊编号），都采用了流式关联。人的性格与素质决定其行为，这是人所熟知的世界知识。这里把这一宏观描述细化了，就人的基本情感行为来看，决定性的性格因素是太极、“灵活”与“呆板”三项，决定性的素质因素是襟怀的宽宏与狭隘，是品格的稳健与求变。

特殊编号概念关联式（7301\31-0-5）的汉语说明使用了“性格的太极”，这个短语十分别扭，这是为了与“性格的‘灵活’”和“性格的‘呆板’”对称，也许“太极性格”略胜一筹吧，“太极性格”者，刚、柔、犟之融合性格也，或曰：刚、柔、犟皆有亦皆无之性格也。中国人经常使用“性格好”或“性格不好”的话语，但好或不好的标准是什么？HNC 对此给出了一个明确的答案：好性格就是太极性格 72219e60。在 HNC 符号体系里，性格是用概念树 7221 来描述的，性格的内涵是作用效应链延伸符号“β”来描述的，读者不妨比较和体味一下 HNC 描述与词典描述的区别，如表 3-19 所示。

表 3-19 性格内涵描述

词典描述	在态度和行为方面表现出来的心理特征	好性格	性格开朗
HNC 描述	7221β	72219e60	r7221be21

在关于性格的 HNC 里描述里，依次出现了符号 β 、e60 和 r，三者分别属于“语言理解基因氨基酸”的三大类型，而且各是该类型的突出代表。笔者愿意在这里重复一下：“如果这些符号蕴含的意义都被用上了，那就意味着交互引擎之梦有点希望了。”

0.1.3.1–3 第一平常心行为和强烈基本情感行为辩证表现的世界知识

细心的读者可能会注意到：本分节的命名不是[123–3.1–3]分节命名的直接变换，这是由于那里的“第一佛性”不存在对应的行为（其缘由前文已有交代），故“第一平常心行为和强烈基本情感行为辩证表现”就成为本分节的命名了。

现代文明不在意对各级平常心行为的培育，特别是第一平常心行为的培育；一味追求对各种强烈情感行为的培育，又不在意强烈情感行为的辩证表现，这是人文生态危机的表现之一，可名之教育生态危机。这在第二世界表现得特别严重，“中小学生学习负担过重”、“应试高于一切”、“一考定终身”、“地区歧视”、“高校大跃进”、“大跃进式扩招”等都是中肯的表述，可惜都没有触及教育生态危机这一根本问题。教育生态危机的基本表现是：教育失去了自主性或独立性，沦为文明统帅的下属或奴婢，在第一世界，教育是“金融统帅”的下属，在第二世界，教育是“三合一统帅”的奴婢。作为下属和奴婢，有什么资格对教育理念、教育职责、教育模式等根本问题进行严肃探讨呢？不过，下属的地位毕竟还远强于奴婢，所以，教育生态危机在第二世界就“表现得特别严重”了。

强烈基本情感行为 7301\31*\k~e53 是人的四种基本天性，儿童的笑就意味着喜好和高兴，儿童的哭就意味着厌恶和担忧，当然都只是四者的低级形态。对于这四种基本天性，普遍存在一种误识：认定喜好和高兴是积极的东西，而厌恶和担忧是消极的东西；还存在一种浅薄：不知道这四种基本天性都具有“e2n”形态的辩证表现。这误识和浅薄是“金融统帅”和“三合一统帅”爱不释手的法宝，他们据此就有充分理由剥夺教育的自主性了。两位“统帅”的差别仅仅在于：“金融统帅”善于引诱，而“三合一统帅”比较生硬和死板。这个话题目前不必多说，毕竟“大三权分立”还是一种理念，不是当前的事，而是后工业时代成熟期的事，因此这一世界知识也没有必要现在就告诉交互引擎。

下面就以一个有趣的概念关联式结束本子节：

7301\31*\1e51*3\k=%7301\31*\1e51e26(d01)
（“三毒”行为属于消极喜好行为的极端形态）

注释

[*01] 这两个数字可视为导致地球不堪重负的典型经济数据。

[*02] 智慧地球是IBM公司于2008年推出的宏伟商业模式。

[*03]“两番文化大断裂”见本节之（0.1.2.1.4）支节关于文明标杆的论述。

[*04] 第二世界的文化内伤即指第二世界的两番文化大断裂。

[01] 人均GDP上限是经济公理必然导出的概念，这上限是自然生态和人文生态的函数，是未来最大的综合学科课题，前文已有多次论述。

[02]“拉动//刺激内需”犯罪说将在[142-1.2]节有所论述。

[03] 人文生态危机将在[142-1.3]节有所论述。

0.1.3.2 外因情感行为 7301\32

0.1.3.2-0 外因情感行为 7301\32 的概念延伸结构表示式

```
7301\32*:(\k=3;\ke5m,(\k)e53;)
  7301\32*\k=3                      外因情感行为基本类型
  7301\32*\1                        第一外因情感行为
     7301\32*\1e5m                    第一外因情感行为的三分描述
     7301\32*\1e51                    爱
     7301\32*\1e52                    恨
     7301\32*\1e53                    第一理性行为
  7301\32*\2                        第二外因情感行为
     7301\32*\2e5m                    第二外因情感行为的三分描述
     7301\32*\2e51                    激情行为
     7301\32*\2e52                    悲伤
     7301\32*\2e53                    第二理性行为
  7301\32*\3                        第三外因情感行为
     7301\32*\3e5m                    第三外因情感行为的三分描述
     7301\32*\3e51                    勇敢
     7301\32*\3e52                    畏惧
     7301\32*\3e53                    第三理性行为
     7301\32*(\k)e53                  第二平常心行为
     7301\32*\k~e53                   强烈外因情感行为
```

与基本情感行为的描述一样，外因情感 7132 延伸概念里的“未名”在外因情感行为里被赋予了“理性行为”的类名，三“未名”以“第某理性行为”名之。

外因情感行为 7301\32 的三“级”延伸概念概未列出，故下面四个分节将以综述名之。

0.1.3.2-1 第一外因情感行为 7301\32*\1 综述

第一外因情感 7301\32*\1 的概念延伸结构表示式如下：

```
7301\32*\1:(e5m;e5m*d01,e51(i,t=a);
  ~e53*d01*\k=3,e51ie2m,^(ye51i);e52*d01\1*t=a,^(e51ie2m),)
7301\32*\1                          第一外因情感行为
   7301\32*\1e5m                      第一外因情感行为的三分描述
   7301\32*\1e51                      爱
      7301\32*\1e51*d01                 政治崇爱行为
         7301\32*\1e51*d01\k=3             政治崇爱行为基本类型
         7301\32*\1e51*d01\1               爱国
```

```
      7301\32*\1e51*d01\2          爱组织
      7301\32*\1e51*d01\3          爱领袖
    7301\32*\1e51i               恋爱
      7301\32*\1e51ie2m            贞节
      ^(7301\32*\1e51i)            滥情行为
        ^(7301\32*\1e51ie2m)         淫荡行为
…
    7301\32*\1e519               宠爱行为
…
  7301\32*\1e52                恨
    7301\32*\1e52*d01            政治仇恨行为
      7301\32*\1e52*d01\k=3        政治仇恨行为基本类型
      7301\32*\1e52*d01\1          民族与国家仇恨行为
        7301\32*\1e52*d01\1*t=a      民族与国家仇恨基本表现
        7301\32*\1e52*d01\1*9        民族仇恨行为
        7301\32*\1e52*d01\1*a        国家仇恨行为
      7301\32*\1e52*d01\2          异端仇恨行为
      7301\32*\1e52*d01\3          阶级仇恨行为
  7301\32*\1e53                第一理性行为
    7301\32*\1e53*d01            博爱行为
```

对第一外因情感行为，HNC 增扩了多项延伸概念，这包括政治崇爱行为、政治仇恨行为和博爱。三者的 HNC 符号是 7301\32*\ke5m*d01；前两者的类型描述可统一采用

7301\32*\1~e53*d01\k=3

的符号形式；民族与国家仇恨的基本表现可采用

7301\32*\1e52*d01\1*t=a

的符号形式，这些都值得细加领会。上列增扩延伸概念具有下列特殊编号概念关联式：

7301\32*\1~e53*d01\k≡a10e26e26——（7301\32-0-1）

（政治崇爱行为和政治仇恨行为强关联于极权政治制度）

(a10e25,jl1129,(7301\32*\1~e53*d01\k,l52ie21,r7301\32*\1e51*d01\1)
——（7301\32-0-2）

（民主政治制度否定除爱国主义以外的全部政治崇爱和仇恨行为）

7301\32*\1~e53*d01\3≡pj01*\2u11e21——（7301\32-0-3）

（爱领袖行为和阶级仇恨行为强关联于经典社会主义世界）

7301\32*\1e53*d01≡rq821\2——（7301\32-0-4）

（博爱强关联于基督信仰）

(7301\32*\1e52*d01\1*t,jl11e21e26,pj1*~b) ——（7301\32-0-5）

（民族与国家仇恨行为存在于整个农业和工业时代）

(7301\32*\1e52*d01\1*t,jl11e227,pj01*\1+j42e51;s31,pj1*b)
——（7301\32-0-6）

（在后工业时代，民族与国家仇恨行为已不存在于第一世界内部）

这里应再次提醒一声：上列特殊编号概念关联式在使用基本逻辑概念时，都采用了

其延伸表示，但故意未在汉语说明里予以相应说明，原因就笑而不说了。

在上面延伸结构表示式里，也许是第一次使用了符号“…”，原因也笑而不说了。

0.1.3.2-2 第二外因情感行为 7301\32*\2 综述

第二外因情感行为 7301\32*\2 的概念延伸结构表示式如下：

```
7301\32*\2:(e5m;e51d01;e51d01*\k=m,)
    7301\32*\2e5m                    第二外因情感行为的三分描述
    7301\32*\2e51                    激情行为
      7301\32*\2e51d01                 狂热行为
        7301\32*\2e51d01*\k=3            狂热行为类型描述
        7301\32*\2e51d01*\1              政治狂热行为
        7301\32*\2e51d01*\2              经济狂热行为
        7301\32*\2e51d01*\3              文化狂热行为
    7301\32*\2e52                    悲伤
      7301\32*\2e52*3                  悲愤行为
    7301\32*\2e53                    第二理性行为
```

对第二外因情感行为，HNC 增扩了两项延伸概念：一是狂热行为类型描述；二是悲愤行为，前者采用了并列延伸符号“\k=3”，后者采用了定向延伸符号“3”。在下面狂热行为的概念关联性描述中还将采用一系列自延伸符号。

狂热行为 7301\32*\2e51d01 的基本概念关联式如下：

```
(7301\32*\2e51d01*\1,jl00e21,pj1*~b)
（政治狂热行为关联于农业和工业时代）
7301\32*\2e51d01*\1≡a13e26
（政治狂热行为强关联于暴力主义）
7301\32*\2e51d01*\1<=pj01*\2u11e21
（政治狂热行为强流式关联于经典社会主义世界）
(7301\32*\2e51d01*\2,jl00e21,pj1*a+pj1*bc35)——(7301\32-1)
（经济狂热行为关联于后工业时代初级阶段和工业时代）
(7301\32*\2e51d01*\3,jl00e21,pj1*bc35)——(7301\32-2)
（文化狂热关联于后工业时代初级阶段）
(7301\32*\2e51d01*\1,s31,pj1*bc35)<=pj01*\4——(7301\32-0-7)
（后工业时代的政治狂热行为强流式关联于第四世界）
(7301\32*\2e51d01*\1,s31,pj1*bc35)=>a13e26(d01)
（后工业时代的政治狂热行为强源式关联于恐怖活动）
((7301\32*\2e51d01*\2(d01)≡(pj01*\1+USA),s31,pj1*bc35)
                                            ——(7301\32-0-8)
（当今，最高形态的经济狂热行为强关联第一世界的美国）
 (7301\32*\2e51d01*\2(c01)≡(pj01*\2+China),s31,pj1*bc35)
                                            ——(7301\32-0-9)
（当今，最低形态的经济狂热行为强关联于第二世界的中国）
7301\32*\2e51d01*\2<=7301\02*ad01t——(7301\32-0-10)
（经济狂热行为强流式关联于三迷信行为）
 (7301\32*\2e51d01*\3(c33)≡(pj01*\1+USA),s31,pj1*bc35)
                                           ——(7301\32-0-11)
```

（当今，高级形态的文化狂热行为强关联于第一世界的美国）
(7301\32*\2e51d01*\3(~c33)≡(pj01*\2+China),s31,pj1*bc35)
——（7301\32-0-12）
（当今，中低形态的文化狂热行为强关联于第二世界的中国）
7301\32*\2e51d01*\3<=7301\02*ad01\2——（7301\32-0-13）
（文化狂热行为强流式关联于无视人文行为）

这组概念关联式有特殊编号、普通编号和无编号之分，这就不加解释了。或问：这里的特殊编号概念关联式为什么这么多？前面（见本节的 0.1.2.1.4 支节）不是写了关于后工业时代三个文明标杆的长篇论述吗！那就是答案了。

悲愤行为 7301\32*\2e52*3 是一种值得特别关注的行为，因为它可能导致生命悲剧，这一世界知识以下面的普通编号概念关联式表示：

7301\32*\2e52*3=>14eb63(e2m)——（7301\32-3）
（悲愤行为强源式关联于自杀与他杀）

这一概念关联式带有自延伸符号“(e2m)”，该符号的约定意义是“对内”与“对外”。历史上不乏著名的悲愤行为者 p7301\32*\2e52*3，我国最有名的就是屈原先生了。最近，我国连续出了几起轰动一时的生命悲剧 r14eb63(e2m)，悲剧制造者是几位草民[*01]。应该把这些草民首先看作悲愤行为者加以研究，神经病疑似患者只是一种思考，不是最重要的。社会学应该把下面的数据（参考本篇的 0.1.2.1.2 支节）

((z*p)7301\32*\2e52*3,147,p14eb63(e2m))
（悲愤行为者在自杀者或杀人者中的比例）

作为一项重要的研究课题，这一课题对于第二世界尤为重要。北京大学有位教授说：“上访人员的 99.9%以上是神经病患者”，引起轩然大波，这位教授显然是把悲愤行为和精神病这两个概念混淆了。有感于此，故提出上述研究课题的建议，很可能是贻笑大方了。

每个小时代都有自己的小时代病，当今是后工业时代的初级阶段，这种初级阶段的小时代病往往更有特色。后工业时代初级阶段的小时代病似乎主要就是狂热与悲愤行为，或称强烈第二外因情感病。故在[121-3.2-2]分节里曾戏言：“如果笛卡尔活在今天，他会先写出他的《狂热沉思》，然后才去写他那系列的哲学沉思；如果康德活在今天，他也会先写出他的《狂热批判》，然后才去写他那系列的哲学批判。”那里还说到：“外因情感 7132 是政治家和企业家最感兴趣的情感，不过，政治家和企业家的关注点有所不同，也可以说有本质区别。政治家的调动内容是全面的，包括三类强烈外因情感和第一类强烈内因情感，但企业家的调动内容则集中于宠爱 7132\1e519 和狂热 7132\2e51d01。市场边疆或消费边疆的本质就是扩张人类的宠爱与狂热。”对第二外因情感病，需要给出一个形而上描述，那就是下面的概念关联式：

r7301\32*\2~e53(e26)≡xpj1*bc35(e26)——（7301\32-0-0）
（强烈外因情感病强关联于后工业时代初级阶段的时代病）

这个特殊编号概念关联式被赋予了“0”的序号，前面已给出的一系列非“0”序号相关概念关联式是其对应的形而下描述。式中的自延伸符号“(e26)”与语言理解基因氨基酸符号“r”和“x”分别搭配，就构成了与汉语的“病”字相对应的语境意义。考虑到第四世界也是未来三大文明标杆之一，应补充一个特殊编号概念关联式：

((7301\32*\2e51d01*\1=7301\32*\2e52*3),s32,pj01*\4)
——(7301\32-0-14)
(在第四世界，政治狂热行为强交式关联于悲愤行为)

以上的论述已经为第二理性行为 7301\32*\2e53 的重要性提供了足够的知识背景。如果问：东西方文明的基本差异到底在哪里？一个比较明显的现象是：柏拉图、亚当·斯密、尼采都对激情 7132\2e51 和激情行为 7301\32*\2e51 十分重视，而孔夫子、程朱、曾国藩则对第二理性行为 7301\32*\2e53 情有独钟。因此，本分节将以下列概念关联式结束。

7301\32*\2e51=(pwj01+pj01*e22)
(激情行为强交式关联于西方文明)
7301\32*\2e53=(pwj01+pj01*e21)
(第二理性行为强交式关联于东方文明)

0.1.3.2-3 第三外因情感行为 7301\32*\3 综述

第三外因情感行为 7301\32*\3 的概念延伸结构表示式如下：

7301\32*\3:(e5m;~e53:(*t=b,(i)),e51*d01;^(y~e53*(t)),)
7301\32*\3e5m　第三外因情感行为的三分描述
7301\32*\3e51　勇敢行为
7301\32*\3e51*t=b　勇敢行为的缘由描述(缘由勇敢)
7301\32*\3e51*9　理念勇敢行为
7301\32*\3e51*a　理性勇敢行为
7301\32*\3e51*b　观念勇敢行为
^(7301\32*\3e51*(t))　胆小鬼行为
7301\32*\3e51*d01　冒险行为
7301\32*\3e52　畏惧行为
7301\32*\3e52*t=b　畏惧行为的缘由描述(缘由畏惧)
7301\32*\3e52*9　理念畏惧行为
7301\32*\3e52*a　理性畏惧行为
7301\32*\3e52*b　观念畏惧行为
^(7301\32*\3e52*(t))　懦夫行为
7301\32*\3~e53(i)　市场心态行为
7301\32*\3e51(i)　市场信心行为
7301\32*\3e52(i)　市场恐慌行为
7301\32*\3e53　第三理性行为

对第三外因情感，HNC 增扩了三项延伸概念，一是勇敢行为和畏惧行为的缘由描述；二是胆小鬼行为和懦夫行为；三是冒险行为。首先值得一说的是：后两项增扩概念的符号表示比较传神。

如果说一个汉字就是世界，那么“勇”与“畏”这两个汉字的“世界之大”也许足以与“仁、义、礼、智、信”比肩；如果把“勇敢”与“畏惧”仅仅理解为反义词，那就完全违背符号“e5m”的义境了。汉语关于“勇”和“畏”有许多著名的命题，王安石先生的“天变不足畏”是一个，毛泽东先生的“彻底的唯物主义者是无所畏惧的”是一个，“两强相遇勇者胜”也是一个。这些命题是真命题吗？延伸概念 7301\32*\3~e53*t=b 或许有助于回答这个问题。

延伸概念 7301\32*\3~e53*t=b 对“勇”与“畏”给出了同一事物的两侧面描述，它将“勇”与“畏”的本体依托于理念、理性与观念之上，那么，其认识论描述就自然导致“应有所不畏，又应有所畏”。用现代语言来说就是：应该面对的就必须去担当，不应该去做的就必须约束自己。这些世界知识的概念关联式如下：

7301\32*\3~e53*t:=dy
（缘由勇畏行为对应于深层第三类精神生活的各概念群）
7301\32*\3~e53*9:=d1
（理念之勇畏对应于理念）
7301\32*\3~e53*a:=d2
（理性之勇畏对应于理性）
7301\32*\3~e53*b:=d3
（观念之勇畏对应于观念）
7301\32*\3e51*t≡011
（缘由勇敢强关联于主动承担）
7301\32*\3e52*t≡0485
（缘由畏惧强关联于积极约束）

王安石先生和毛泽东先生都是政治理念的实践者 pd11，又都是浪漫理性者 pd23，“天变”和唯物主义都不过是观念 d31 的一种形态。浪漫理性的基本特征是不承认理念的存在，习惯于把观念混同于理念。因此，两位先生对“畏”命题给出义境完全相同的表述是合乎浪漫理性之联想逻辑的。但从先验理性或经验理性来看，这命题反而显得不合乎联想逻辑，也许相反的命题——“天变不可不畏”和“彻底的唯心主义者是无所畏惧的”——更值得玩味，2006 年印度洋大海啸和当前的温室气体效应是天变“反”命题的生动证据，虔诚基督教徒的忏悔行为和狂热伊斯兰教徒的人体炸弹行为是无所畏惧“反”命题的生动证据。

上文在谈到教育生态危机（见本节的 0.1.3.1-3 支节）说：“现代文明不在意对各级平常心行为的培育……一味追求对各种强烈情感行为的培育……这是人文生态危机的表现之一，可名之教育生态危机。”这里应补充说：该论述里的“各种”不是“全部”，缘由畏惧行为就是例外，它遭到现代教育的严重忽视，一味追求缘由勇敢行为。但传统中华文明并非如此，笔者的父母和仰山堂[*02]的婶嫂们都是缘由畏惧教育的铁面执行者，笔者童年生活留下的最深记忆是：撒谎是最大的过失，要受到严厉的惩罚。因此，诚实心态的养成最初主要不是基于对是非的认识，而是基于对犯错的畏惧。

缘由勇畏行为 7301\32*\3~e53*t 具有下列概念关联式：

7301\32*\3e51*t=(7201(t)+7201e25)
（缘由勇敢行为强交式关联于常态意志的坚强与进取）

7301\32*\3e52*t=(72019a+7201e26)
（缘由畏惧行为强交式关联于常态意志的自我要求与保守）
7301\32*\3e52*t=7202e75:
（缘由畏惧强交式关联于异态意志的抗诱惑力）
7301\32*\3e51*t=7210\2
（缘由勇敢强交式关联于智能）
7301\32*\3e52*t=7210\1
（缘由畏惧强交式关联于智慧）
7301\32*\3e51*t=7222ae22
（缘由勇敢强交式关联于求变）
7301\32*\3e52*t=722ae21
（缘由畏惧强交式关联于稳健）
7301\32*\3e51*~9=(b11+7301\32*\2e51d01*\1)
（理性与观念勇敢强交式关联于革命和政治狂热行为）
7301\32*\3e52*~9=(b21+7301\32*\2e53)
（理性与观念畏惧强交式关联于整体性继承和第二理性行为）
…

缘由勇畏的世界知识描述以符号“……”结束，下面转入市场心态行为的表述，其符号表示拷贝如下：

7301\32*\3~e53(i)	市场心态行为
7301\32*\3e51(i)	市场信心行为
7301\32*\3e52(i)	市场恐慌行为

市场心态行为具有下列特殊编号概念关联式：

7301\32*\3~e53(i):=(7140e2m,l03,a20b)——（7301\32-0-15）
（市场心态行为对应于人们对市场的乐观或悲观心态）
7301\32*\3~e53(i)≡(507+j86e2n,l45,a20b)——（7301\32-0-16）
（市场心态行为强关联于市场的积极或消极状态）
r7301\32*\3~e53(i)≡(139e5n,l45,a2+107aa)——（7301\32-0-17）
（经济心态强关联于经济态势）

这三个特殊编号概念关联式需要特殊的说明。“-15”号表示式可视为市场心态行为的定义式，可分别写成：

7301\32*\3e51(i)::=(7140e21,l03,a20b)——（7301\32-0-15a）
（市场信心行为定义为对市场的乐观心态）
7301\32*\3e52(i)::=(7140e22,l03,a20b)——（7301\32-0-15b）
（市场恐慌行为定义为对市场的悲观心态）

在这个定义式里，未对两种市场心态行为赋予积极或消极的意义，但在“-16”号表示式里，则以“e2n”的形态赋予了这一意义。该表示式采用了联想逻辑符号“≡”，而不是“<=”，这显示了市场与市场心态行为的诡异或魅力，即上帝之手的奇妙，世界知识的描述以此为限。要问“为什么”，那就进入专家知识的范畴了。“-17”号表示式引入了两个术语，一是经济心态，以符号 r7301\32*\3~e53(i)表示，二是经济态势或经济发展

态势，以复合符号

(139e5n,l45,a2+107aa)

表示。这两个术语以联想逻辑符号“≡”相连接，这意味着可以用 r7301\32*\3~e53(i)来描述经济态势。形式上存在着下面的汉语说明：

r7301\32*\3e51(i)　良好经济态势
r7301\32*\3e52(i)　不好经济态势

但这一描述显然不适用农业时代，因此，应给出下面的概念关联式：

(r7301\32*\3~e53(i),jl00e22,pj1*9)
（经济态势描述无关于农业时代）

所有强烈情感行为都具有“e2n”辩证特性，经济心态尤为突出，也许可以说：没有什么积极的东西比市场信心行为更能体现“乐极生悲”的辩证性了，也没有什么消极的东西比市场恐慌行为更能体现“失败乃成功之母”的辩证性了；也许还可以说：没有什么别的辩证性表现比经济心态的辩证表现对人类社会物质生活具有更大的影响力了。因此，这里将引入下列自延伸概念：

r7301\32*\3e51(i)*(e26)　经济祸因
　r7301\32*\3e51(i)*(e26)(c3m)　经济衰退
　r7301\32*\3e51(i)*(e26)(c33)　经济危机
r7301\32*\3e52(i)*(e25)　经济福音
　r7301\32*\3e52(i)*(e25)(d3n)　经济复苏
　r7301\32*\3e52(i)*(e25)(d35)　V 型复苏
　r7301\32*\3e52(i)*(e25)(d36)　W 型复苏
　r7301\32*\3e52(i)*(e25)(d37)　L 型复苏

这些自延伸概念具有下列概念关联式：

a25\0*i=r7301\32*\3~e53(i)
（经济调控基本目标强交式关联于经济态势）
a25\0*i(\1):=(3118a,l03,7301\32*\3e51(i);
s33,r7301\32*\3e52(i)*(e25)(d3n)) —— (7301\32-0-01a)
（第一类经济调控对应于经济复苏时期对经济信心行为的培育）
a25\0*i(\2):=(312a,l03,7301\32*\3e52(i);
s33,r7301\32*\3e51(i)*(e26)(c3m)) —— (7301\32-0-01b)
（第二类经济调控对应于经济衰退时期对经济恐慌行为的克服）
a25\0*i(\3):=(303γjlu12e21,l03,r7301\21c01(\k)*d01;
s32,pj01*\1) —— (7301\32-0-01c)
（第三类经济调控已实行于第一世界，目的是满足人类的正常幸福需求）
a25\0*i(\4):=(311b,l03,r7301\21d01\ke47;s31,pj1*bc35)
—— (7301\32-0-02)
（第四类经济调控盛行于当今，目的是刺激人类的过度幸福需求）
a25\0*i(\5):=(303γjlu13c21,l03,r7301\21d01\k~e47,s32,pj01*~\1)
—— (7301\32-0-03)

（在第一世界之外的另外五个世界，都应该实行满足温饱需求的第五类经济调控）
(a25\0*i(\3)+a25\0*i(\5))≡a258\1e41——（7301\32-0-18）
（第三与第五类经济调控强关联于经济利益配置的适度调节）

这里采取了一种特殊论述方式，对经济调控 a25\0*i 给予了 HNC 类型描述，这一类型描述以自延伸概念“(\k=5)”的形态出现，这就是说，在本卷第三编“经济与政府 a25”这一概念树（见[130-2.5]节）里并不直接给出五类型经济调控的延伸概念。因为这些概念的论述逃脱不了越俎代庖的嫌疑，所以只好躲在第三外因情感行为这个角落里窃窃私语了。

经济调控类型 a25\0*i(\k=5)的 HNC 描述都采取了特殊编号概念关联式的特殊形式，以联想逻辑符号“:=”描述了 5 类经济调控，即这里的符号“:=”等同于符号“::=”。但 5 类经济调控分别采用 3 种特殊编号形态，分别标记为“–01”、“–02”和“–03”。这 3 个标记具有下述意义：“–01”型调控早已在第一世界有效推行；“–02”型调控（即第四类经济调控）正在许多国家推行，以第二世界的中国和第一世界的美国最为疯狂；“–03”型调控（即第五类经济调控）则在绝大多数何国家都处于口惠而实不至的可悲状态。联合国曾为了改变这一可悲状态提出过宏伟的目标，但这一目标同样陷入了可悲的境况。所谓的“拯救地球计划”很可能也将遇到类似的结局，全世界对“哥本哈根惨败”的束手无策是极为不祥的预兆。

上述 5 类经济调控反映了凯恩斯主义的基本经济主张，应该说“–01”型调控已取得了奇迹般的效果，这是连凯恩斯本人可能都未曾预想到的，但这一奇迹的发生不能仅仅归功于凯恩斯先生的天才指引，更要归功于 20 世纪奇迹般的技术进步。正是这奇迹般效果和奇迹般进步彻底摧毁了列宁先生的破天荒预言和毛泽东先生的破天荒宏图。

现在，该回到第三外因情感行为的另外 3 项增扩延伸概念了，三者的 HNC 符号拷贝如下：

7301\32*\3e51*d01	冒险行为
^(7301\32*\3e51*(t))	胆小鬼行为
^(7301\32*\3e52*(t))	懦夫行为

就符号意义来说，冒险行为是最大限度的勇敢行为，胆小鬼行为是应该勇敢面对而采取相反心态的行为，懦夫行为是理应心存畏惧而采取相反心态的行为。这里对胆小和懦夫的解释有别于词典，这一差异的根源就不予说明了。三者的基本概念关联式如下：

7301\32*\3e51*d01≡7302\02e71(d01)
（冒险行为强关联于最大限度的勇敢行为）
^(7301\32*\3e51*(t))≡7302\02e73(d01)
（胆小鬼行为强关联于最大限度的逃避行为）
^(7301\32*\3e52*(t))≡7302\02e75(e26)
（懦夫行为强关联于坚定行为的消极表现）

请注意：这些概念关联式都采用了联想逻辑符号“≡”，其右侧都采用了“异态意志行为 7302\02e7o”的自延伸概念。

本分节最后，略说一下与三项外因情感行为的三项理性行为，下列概念关联式描述了三者之间的区别，这是形而上描述的典型示例，意会之足矣。

7301\32*\1e53=q8
（第一理性行为强交式关联于深层第二类精神生活）
7301\32*\2e53=b
（第二理性行为强交式关联于表层第三类精神生活）
7301\32*\3e53=d
（第三理性行为强交式关联于深层第三类精神生活）

0.1.3.2-4 第二平常心行为和强烈外因情感行为辩证表现略述

两者的 HNC 符号表示如下：

7301\32*(\k)e53	第二平常心行为
7301\32*\k~e53e2n	强烈外因情感行为的辩证表现

本分节的姊妹“篇”是本节的 0.1.3.1-3 分节，那里关于教育生态危机的论述在这里同样适用，故那里使用了综述的“篇”名，而这里却使用“略述”。不过，它具有“略而不述”和“补充”的双重含义。

在第二外因情感世界知识的论述（见[121-3.2-2]分节）里曾提及：政治家和企业家对情感有独到的认识，对情感行为有独到的调动和运用方式。那里政治家和企业家是泛指的，后来我们论述了六个世界和三种文明标杆，文明标杆必将给政治家、企业家和思想家打上文明的烙印，这就导致下列三种类型的政治家、企业家和思想家的必然存在，其符号表示如表 3-20 所示。

表 3-20 不同类型的政治家、企业家、思想家的符号表示

概念	符号	简化符号	特定自延伸概念
第一文明政治家	(pa1,s33,ra30\13)	pa1*\1	
第一文明企业家	(pa2,s33,ra30\13)	pa2*\1	p_a2*\1(d01)
第一文明思想家	(pa3,s33,ra30\13)	pa3*\1	
第二文明政治家	(pa1,s33,ra30\12)	pa1*\2	pea1*\2(d01)
第二文明企业家	(pa2,s33,ra30\12)	pa2*\2	
第二文明思想家	(pa3,s33,ra30\12)	pa3*\2	
第三文明政治家	(pa1,s33,ra30\11)	pa1*\3	
第三文明企业家	(pa2,s33,ra30\11)	pa2*\3	
第三文明思想家	(pa3,s33,ra30\11)	pa3*\3	pa3*\3(d01)
后工业时代思想家	(pa3,s3,ra30(\k))	pa3*(\k)	

三个特定自延伸概念的汉语说明如下：

p-a2*\1(d01)	“金融统帅”（“金帅”）
pea1*\2(d01)	“三合一统帅”（“官帅”）
pa3*\3(d01)	最高精神领袖（“教帅”）

上列 HNC 符号所对应的现象和人物都已经是当前地球村的赫然存在。但是，工业时代柏拉图洞穴的效应形成了一种视野魔障，使得人们对上述赫然存在缺乏透彻认识，

对“官帅”的认识尤为浅薄。对此，前文已有所论述，这里需要补充的一点是：三“帅”不仅都在故意隐瞒强烈外因情感行为的辩证表现，都在竭力推动强烈外因情感的消极表现，而且都在竭力铲除第二平常心行为的生长土壤。上面以符号 pa3*(\k)表达了一种期待，前文多次提到“后工业时代的呼唤”，这是其中最重要的一项了。这期待的实现取决于三种文明标杆的融合，因此，本子节以下面的特殊编号概念关联式结束：

7301\32*(\k)e53≡r72209e55——（7301\32-0-19）
（第二平常心行为强关联于儒学信仰）

注释

[*01] 应该记下名字的有：杨佳、唐福珍、伍勇……

[*02] 仰山堂是作者祖辈住宅的名称，前文已有交代。

0.1.3.3 内因情感行为 7301\33

0.1.3.3-0 内因情感行为 7301\33 的概念延伸结构表示式

7301\33*(\k=4;\1e5n,(~\1)e5m;)	
7301\33*\k=4	内因情感行为基本类型
7301\33*\1	第一内因情感行为
7301\33*\1e5n	第一内因情感行为的三分描述
7301\33*\1e55	争光行为
7301\33*\1e56	无耻行为
7301\33*\1e57	第三平常心行为
7301\33*\2	第二内因情感行为
7301\33*\2e5m	第二内因情感行为的三分描述
7301\33*\2e51	自得行为
7301\33*\2e52	自责行为
7301\33*\2c53	自省行为
7301\33*\3	第三内因情感行为
7301\33*\3e5m	第三内因情感行为的三分描述
7301\33*\3e51	自强行为
7301\33*\3e52	自洽行为
7301\33*\3e53	达观行为
7301\33*\4	第四内因情感行为
7301\33*\4e5m	第四内因情感行为的三分描述
7301\33*\4e51	自豪行为
7301\33*\4e52	谦卑行为
7301\33*\4e53	幽默行为
7301\33*(~\1)e53	第四平常心行为

本子节的分节设置在形式上与前两个子节相同，但内容安排有所不同，强烈内因情感行为的辩证表现将作为自延伸概念对待，不给予符号表示，也不作具体讨论，第五分节只描述第三和第四平常心行为。

0.1.3.3-1 第一内因情感行为 7301\33*\1 的世界知识

内因情感 7133 的四分 7133\k=4 也可以依据它们与外因情感 7132 关联性的强弱而进行两分：表层内因情感 7133\1 和深层内因情感 7133(~\1)。这一世界知识的概念关联式如下：

(7133\1,jl00e21u00(c33),7132)
（表层内因情感强关联于外因情感）
(7133(~\1),jl00e22u00(c01),7132)
（深层内因情感弱关联于外因情感）

不言而喻，内因情感行为 7301\33 也有表层与深层的两分，它与外因情感行为 7301\32 也有相同的关联性，但相应的概念关联式就不必另行写出了。

HNC 描述的三类情感及其行为都存在三分描述，这三分描述又可作强烈与“平和”的两分。强烈描述通常只作分别说，不作非分别说。“平和”描述则既需要分别说，也需要非分别说，这在前面已经这么做了。“平和”基本情感行为的分别说使用“常情行为”的术语，“平和”外因情感行为的分别说使用了“理性行为”的术语；非分别说则相应使用了“第一平常心行为”和“第二平常心行为”的术语。以上是关于情感行为描述的约定。

这一约定仅用于情感行为之“e5m”形态的三分描述，不用于“e5n”的三分描述。采用“e5n”描述的只有第一内因情感行为或表层内因情感行为，因此，对它将给予特殊待遇，那就是对“强烈”第一内因情感行为也给一个非分别说的命名，叫性情行为，它包括争光行为和无耻行为。与性情行为相对应的“平和”描述定名为第三平常心行为，与另外 3 种强烈内因情感对应的非分别说“平和”描述定名第四平常心行为。

性情这个词语的词典解释仅具褒义，因此，说一个人是性情中人，肯定没有贬义。但性情行为里的“性情”则是一个褒贬兼备的词语，争光行为通常褒义的，无耻行为通常是贬义的。但是，现实生活里的争光行为与无耻行为却呈现出光怪陆离的复杂现象，当红卫兵在“文化大革命”期间大破“四旧”的时候，在当今中国的“弄钱”高手们在“华贵”的社交场合炫耀情妇数量或二奶数量的时候，人们不难看清光荣与无耻的浅层交织；当卢作孚先生的一位老跟班在“五反”运动中表现出坚定革命立场而诬陷卢先生[*01]的时候，人们也可以在事后看清光荣与无耻的可怕交织。但是，性情行为的浅层呈现在现实生活中毕竟还是少数，绝大多数情况是难以看清真相的，因为性情行为主要是由无数生活规则所诱发的，而所有生活规则不仅要受到“权利名”（即“三争”行为）的左右，还要受到所谓真理和法则系统的“指导”。上面说到的三“帅”都声称拥有自己的真理与法则系统，“金帅”系统的普世性正在被大肆宣扬，“官帅”系统的普世性在 20 世纪的中国曾流行着“放之四海而皆准”的盛誉。“金帅”与“官帅”的法则系统之争远没有成为过往云烟，许多学人把两“帅”之争看得过于简单。其表层原因比较简明，那就是“金帅”的假面目历来十分张扬，“官帅”的真面目历来十分隐蔽。但误解的深层原因则极为复杂，其简明的陈述是：两“帅”之间不仅具有殊相的差异性，也具有共相的一致性。这一点，将在下一个分节略事说明。尽管如此，两“帅”之间的领导权之争毕竟是日趋明显的全球大局，于是当今世界就出现了这样一个时代性命题：谁能带领人类走向未来？一个答案是“金帅”，另一个答案是“官帅”。在20年前，这两个答案（命题）的真伪似乎泾渭分明，因为那时两“帅”所拥有的GDP或综合国力悬殊太大，而如今却有点模糊了，因为两者的GDP或综合国力在迅速接近。但应该提出一个问题：“谁能带领”的命题是一个真命题吗？未必！因为，人均GDP或综合国力似乎已不再是决定人类未来走向的第一要素，科技力量似乎也已不再是推动人类社会发展的第一要素。对人均GDP的盲目追求可以不顾经济公理[*02]的约束吗？20世纪科技力量的辉煌可以颠覆经济公理吗？自然生态危机已严重存在，那么造成这一危机的祸首是谁呢？难道不就是对人均GDP的盲目追求吗？与自然生态危机同步存在的还有人文生态危机，难道第一世界就不存在人文生态危机吗？难道科技迷信[*03]的存在本身不就是人文生态危机的集中表现之一吗？难道人类在技能大进化的同时不会同时发生智慧大退化的逆转趋向吗？这些问题都必须在三个历史时代、六个世界和三种文明标杆的大视野里才能看得比较清楚。人类的未来不是别的，就是从后工业时代的初级阶段迈向中级和高级阶段，而三种文明标杆的现状都不足以担当这一历史重任。对此，前文已有多次预说，这里算是那些预说的一个结束语吧。下面回到本分节的主题。

性情行为也可叫做荣辱观行为，其中的争光行为 7301\33*\1e55 也可叫做爱面子行为，无耻行为 7301\33*\1e56 也可叫丢面子行为。性情行为是所有行为中最日常、最费心、最命运攸关的行为，是个人的鲜明表征，也是国家、民族和文明的鲜明表征。这里先给出它的一些基本概念关联式：

```
7301\33*\1e55=j805
（争光行为强交式关联于正义）
7301\33*\1e56=j806
（无耻行为强交式关联于邪恶）
7301\33*\1(~e57)d01=%rd10——（7301\33-1）
（执著性情行为属于世界观）
7301\33*\1(~e57)*c01=%rd30——（7301\33-0-1）
（虚浮性情行为属于社会观）
7301\33*\1(~e57)*c01≡7133\1(~e57)c01——（7301\33-2）
（虚浮性情行为强关联于虚伪的荣辱观）
7301\33*\1(~e57)=>b01
（性情行为强源式关联于行动追求）
7301\33*\1(~e57)<=a30\1——（7301\33-3）
（性情行为强流式关联于文明的政治形态）
((7301\33*\1(~e57),l47,China),l00*1079c26ju41c26;s31,[20]pj12)
                                                ——（7301\33-0-2）
（在20世纪，中国人的性情行为经历过多次剧变）
(r7301\33*\1(~e57)c01,l00*139e26;s31,pj1*bc35;
                      s32,(pj01*\2,pj01*\1,))——（7301\33-0-3）
（当今时代散发着虚浮性情行为，其中尤以第二世界和第一世界为甚）
…
```

上列概念关联式带有特殊编号和普通编号的各有3个，其中的两个细节需要交代一声，这包括下面的符号和术语，所谓交代，不过是将相关的对应概念一并写出来，其符号意义自明，文字说明就免了。

```
rd30                        社会观
rd10                        世界观
7301\33*\1(~e57)*c01        虚浮性情行为
7133\1(~e57)c01             虚伪的荣辱观
```

从理论上说，世界观包括社会观，但 HNC 希望对这两个概念加以更细致的区分，其对应的 HNC 符号明确给出了两者的关系与差异。就性情行为来说，社会观的作用远大于世界观，这就是前两个概念关联式分别带普通编号和特殊编号的原因了。另外两个特殊编号概念关联式反映了 HNC 理论的一些基本思考，下面略加说明。

特殊编号概念关联式（7301\33-0-2）试图表述传统中华文明荣辱观在 20 世纪的特殊经历或遭遇，这在前文[*04]已有所论述，曾名之两次文化大断裂，这里需要补充三点。

（1）第一次大断裂形成了“革命光荣，守旧可耻”的心灵效应；第二次大断裂形成了“三争光荣，原则狗屎”的心灵效应，可分别简称可耻效应和“狗屎”效应，后一名称非常不雅，但十分贴切，故加引号而予以保留。当前中年以上的中国人当能对此感受至深。

（2）荣辱观是心灵观的主体，心灵观其实就是康德先生发明的世界观。康德以后的 200 多年间，关于世界观的论述远远超过了以往的两千年，其中最著名的两大派别是共产主义世界观和人权主义世界观，前者在 20 世纪中叶曾达到巅峰，后者在 21 世纪中叶也应该达到其巅峰吧。传统中华文明的心灵观是：“良知无愧为荣，见利忘义为耻”或“君子为荣，小人可耻”。这个心灵观是上列两大世界观都绝对不能容许的，因此在第一次文化大断裂时就被彻底摧毁了。因此可以说：可耻效应就取得了一箭双雕的效果：既可以诱使人们把“变革不能抛弃继承”这一条最基本的理性原则抛之九霄云外，又可以诱使人们把“三争不能违背伦理”这一条最基本的伦理原则抛之九霄云外。

（3）可耻效应与“狗屎”效应之间存在源流关系，这是前两点的简明联想逻辑，它属于第三类精神生活的重要世界知识，将在[141-1.3]节和[142-1.0]节里予以 HNC 描述。

特殊编号关联式（7301\33-0-3）试图表明“金帅”和“官帅”近年来都爆发了许多奇异表现，其奇异度的不可思议恐怕连想象力无与伦比的尼采先生都要叹为观止。这些奇异表现对性情行为的正常发育造成了巨大冲击，使虚浮性情行为泛滥于全球。奥巴马先生摆出一幅要“挽狂澜于既倒”的姿态，大骂华尔街无耻。但华尔街不仅绝不会因此骂而就范，而且还可能心中窃喜，因为他们由此骂可以看出奥巴马先生已经没有别的王牌了。至于“官帅”在第二世界的奇异表现，这里只想说这么一句话：那就是“青出于蓝而胜于蓝”，说不定在华尔街豪杰们的豪华鸡尾酒会上已经有人发出过这一感叹了。这就是上列最后一个概念关联式要赋予特殊编号的依据了，因为它所反映的世界知识确实具备这一资格。窦文涛先生主持的“锵锵三人行”节目曾多次触及这项世界知识，但总是采取“擦边球”的独特论述方式，窦先生不是宣告过“锵锵”是凤凰的声音吗？怎么到这个话题就不锵锵了呢？非凤凰不能锵锵也，乃凤凰不可随意锵锵耳。

0.1.3.3-2 第二内因情感行为 7301\33*\2 综述

第二内因情感行为的基本延伸概念如下：

7301\33*\2e5m	第二内因情感行为的三分描述
7301\33*\2e51	自得行为
^(7301\33*\2e51)	自暴自弃行为
7301\33*\2e52	自责行为
^(7301\33*\2e52)	自是行为
7301\33*\2e52t=b	自责行为的基本表现
7301\33*\2e529	后悔行为
7301\33*\2e52a	惭愧行为
7301\33*\2e52b	内疚行为
7301\33*\2e53	自省行为
^(7301\33*\2e53)	自欺行为

第二内因情感及其行为有一个非常有趣的现象，就是其三分描述都存在反概念，这“三正”与“三反”现象的强弱或有无，也许是文明最本质的特征，“三正”基因齐备的文明是一定健康的，“三反”基因猖獗的文明一定是病态的。但是“三正”与“三反”基因都具有辩证表现，因此在一定历史时期，“三正”文明可表现为虚弱，而“三反”文明可表现为强大。但从长远的时代视野看，“三正”文明一定长寿，而“三反”文明必然短命。

第一世界已经树立的第一文明标杆导源于“三正”文明基因，但“金帅”仅保留自得，向自责与自省巧妙地注射了大量毒素（即上述自是和自欺文明基因）。华尔街豪杰们敢于与奥巴马先生较量，主要是因为他们明白：这些毒素已经为“金帅”大军培育了一大批现代自是行为与现代自欺行为的顶级高手，这些高手们还善于制造并利用科技迷信。这就是后工业时代初级阶段最耀眼的时势，这个时势注定了奥巴马先生的失败，他的大骂不会产生任何实质性效果。

第二世界正在树立的第二文明标杆并非导源于“三正”文明基因，而是直接导源于“一正两反”文明基因，“一正两反”者，自得、自是与自欺之组合也，这个说法不过是转述了波普尔先生和哈耶克先生的陈旧看法，实际上经不起训诂学的检验。历史的真实情况是：“金帅”与“官帅”的文明土壤具有同样悠久的历史，具有同样深厚的“三正”文明基因，其差异仅在于：“金帅”祖先的自责与自省文明基因来于神学（基督教的救赎和原罪），而“官帅”祖宗的自责与自省文明基因来于哲学（儒家的仁义伦理学）。但两“帅”都非常明白：强烈情感及其行为**才是**他们的生命，一切平常心行为都是他们的**天敌**，而自是行为和自欺行为则是他们**最忠诚的朋友**。两“帅”的这一共同心思，用文雅的汉语来说，叫做“心有灵犀”和“司马昭之心”；用现代术语来说，可叫做意识形态的深层共相。所以，两“帅”都在天天大念**需求外经**（见[123-0.1.3.1-1]），并从 20 世纪末开始联起手来，发动了一场以“兴二灭二”（兴自是行为和自欺行为，灭自责行为和自省行为）为主题的文明大忽悠战役，其规模之大和影响之深肯定要远远超过历史上的任何文明战役，与这场文明大忽悠战役相比，秦始皇的焚书坑儒不过是小巫而已，奥马尔哈里发对亚历山大城古典藏书的半年焚烧[01]也不过是“小巫”而已，毛泽东的“思想改造运动”和“文化大革命”也依然不过是“小巫”而已。

文明大忽悠战役树起了两面战旗，分别书写着“现代化”和“全球化”的漂亮词语，两“帅”已成功做到把专业活动全部八大领域的精英都集合到这两面旗帜之下，掀起了一阵又一阵的“三迷信”（财富迷信、生产力迷信和消费迷信）浪潮，并借助高科技的东风，掀起了一浪高过一浪的“两无视”（无视自然和无视人文）浪潮。这大忽悠浪潮的基本景象可归纳成下列 8 点：

（1）造就了一批又一批的成功冲浪者，其顶尖人物富可敌国，誉满全球，追星无数；

（2）扩大了中产阶层的队伍，使他们的吃喝玩乐日日新，衣食住行又日新；

（3）改善了原弱势群体的境况，包括残疾人、贫民窟居民、土著民族或少数民族，也包括中国特有的农民工；

（4）造成了地球自然生态环境的急剧恶化；

（5）万般学术市场化，一切价值金钱化；

（6）理性归一于功利，理念趋向于虚无；

（7）创新奴婢于赚钱，奋斗服务于享受；

（8）学者告别了苦学生涯，修行者告别了苦修模式。

形式上，（1）～（3）是“三迷信”浪潮的直接积极效应，而（4）是“无视自然”的直接消极效应，（5）～（8）是“无视人文”浪潮的直接消极效应；实质上，（1）～（8）是一个整体，是文明大忽悠战役的基本效应。文明大忽悠战役就是“三迷信”与“两无视”之间的一场奇妙的婚姻，用 HNC 的术语来说，这婚姻构成了一个特殊形态的作用效应链，它超出了以往先贤的想象力，属于他们始料不及的范畴。因此，前文曾对这场婚姻定名了一系列术语，包括“后工业时代初级阶段的阵痛”、“后工业时代危机”、“人类历史的第一号悖论”、“中国悖论”等。

有人质疑：那战旗上不是明写着“现代化”和“全球化”吗？难道还暗藏着“三迷信”和“两无视”的玄机吗？这恐怕是“以小人之心，度君子之腹”吧！

没有迷信者承认自己迷信，没有无视者承认自己无视，两“帅”固然如此，两“帅”的粉丝更是如此。当然，“帅”是主动的、自觉的和有历史眼光的，而粉丝是被动的、盲从的并缺乏历史眼光的。

两“帅”的历史眼光值得一说，他们回眸历史，看到两千多年来有 3 大异人的影响值得深入考察，第一位异人搞了一套提升平常心及其行为的学说，第二位异人搞了一套以“仁义”和“君子小人”为核心概念的伦理体系，第三位异人搞了一套以上帝和道成肉身之绝对信仰为依托的真理与律法体系。两“帅”考察的共同结论是：统战第一异人；打倒第二异人；依靠第三异人。其基本依据是：第一异人的东西虽然属于我们的天敌，但其哲理太深，信徒不多，以利诱之足矣；第二异人的要害不在于他也推崇我们的天敌，而在于仁义这个东西是“三迷信”和“两无视”的克星和死敌，并彻底否定了绝对信仰的存在性，故必须打倒，这就是鲁迅先生和胡适先生曾在同一个战壕里一起战斗的根本原因了；第三异人的“绝对信仰”这个观念太可爱了，太有利用价值了，该异人的改革继承者还打出过著名的“三钱旗帜”——“拼命地赚钱，拼命地省钱，拼命地捐钱”，这真是妙不可言，以“花”代“省”、以“秀”代“捐”不就变成了我们的旗帜吗！不就万事大吉了吗！

不过，两“帅”的文明血缘关系毕竟有本质差异，理论上，第三异人是两“帅”的共同启示者，但从文明血缘关系来说，第三异人只是“金帅”的祖先，并非“官帅”的祖先。因此，“金帅”一直对第三异人奉若神明，对祖先的价值充分加以利用；而“官帅”则弃若敝屣，这种轻浮态度是“官帅”前辈和老师的失误，毕竟当今“官帅”的祖先是第二异人，因此，他近年也在反思祖先的利用价值：为什么不给第二异人营造一个类似于第三异人的全球性地位呢？这就是孔子学院开始“大跃进”于全球的基本背景了。

0.1.3.3-3 第三内因情感行为 7301\33*\3 的世界知识

第三内因情感行为 7301\33*\3 的基本延伸概念如下：

7301\33*\3e5m	第三内因情感行为的三分描述
7301\33*\3e51	自强行为
7301\33*\3e52	自洽行为
7301\33*\3e53	达观行为

前面大体上以相同的词语表述“心理”及其行为，对情感亦然。但这里却使用了不同的词语，自强替换了自勉，自洽替换了抱憾，达观替换了“释怀”。这需要略加说明，特别是后两个替换。

传统中华文化文明特别重视深层内因情感的培育，这是辜鸿铭先生的重要发现，前文已有交代（[121-3.3-2]分节）。深层内因情感及其行为的纵横分布特征可以用一个 9 元素（3*3）矩阵来描述，如表 3-21 所示。

表 3-21 深层内因情感行为的矩阵表示

(e51)		(e53)		(e52)	
自得	⌒	自省	⌒	自责	（第二内因情感行为）
↑		↑		↑	
自强	⌒	达观	⌒	自洽	（第三内因情感行为）
↓		↓		↓	
自豪	⌒	幽默	⌒	谦卑	（第四内因情感行为）
	（主观）		（客观）		

这个矩阵各列中央要素与其上下要素之间存在着源流关系，这是一项十分重要的世界知识，其概念关联式都被赋予了特殊编号，汉语说明省略了行为二字。

7301\33*\3e51=>(7301\33*\2e51+7301\33*\4e51) —— (7301\33-0-4)
（自强强源式关联于自得与自豪）
7301\33*\3e53=>(7301\33*\2e53+7301\33*\4e53) —— (7301\33-0-5)
（达观强源式关联于自省与幽默）
7301\33*\3e52=>(7301\33*\2e52+7301\33*\4e52) —— (7301\33-0-6)
（自洽强源于关联于自责与谦卑）

这组特殊编号概念关联式集中描述了内因情感行为的纵向联想逻辑：“-0-4”式也可表述为“自强乃自我之本”，是中华文明对“自我”的独特描述；“-0-5”式也可表述为“达观乃反思之本”，是弘扬主观能动性的法门，可视为“我思故我在”的另一种表述形式；“-0-6”式也可表述为“自洽乃实践之本”，是尊重客观法则性的法门，可视为“存在决定意识”的另一种表述形式。

这组特殊编号概念关联式是人性最重要侧面的描述，因为它关涉到人的深层内因情感。自强、达观与自洽是最重要的人性，自强是人性的科学基因表现；达观是人性的哲学基因表现；自洽是人性的神学基因表现。健全的人性需要三者均衡发展，不能仅偏重于某一侧面。这均衡的详说是深层内因情感行为九要素的均衡，而要点就是“自强、达观与自洽”的均衡。自强、达观与自洽也是最重要的文明特性，健全的文明也需要三者均衡发展，不能仅偏重于某一侧面。这些极为重要的世界知识以下列概念关联式表示。

(7301\33*\3e5m,100*1079ju85e75)=>(xp;xpwj01)ju83e75
——（7301\33-0-7）
（自强、达观与自洽的协调发展强源式关联于健康的人性与文明）
(7301\33*\3e5m,100*1079ju85e76)=>(xp;xpwj01)ju83e76
——（7301\33-0-8）
（自强、达观与自洽的失调发展强源式关联于低俗的人性与文明）
(7301\33*\3e5m,100*1079ju85e77)=>(xp;xpwj01)ju83e77
——（7301\33-0-9）
（自强、达观与自洽的病态发展强源式关联于堕落的人性与文明）

这三个特殊编号概念关联式是文明考量的重要判据，可以形成下面的命题：只有深层内因情感行为各项（九项）要素均衡发展的文明才是健全和长寿的文明。这一判据不仅适用于对传统文明的考量，更适用于对未来文明的考量。依据这个判据，就可以给出下面的两个子命题：①传统中华文明对深层内因情感各项要素的均衡协调发展比较重视；②现代文明对内因情感各项要素的均衡发展日趋忽视。“金帅”和“官帅”都过分强调自强，都十分忽视达观与自洽，达观的缺失必然助长“三迷信”的泛滥，自洽的缺失必然助长“两无视”的泛滥，这一世界知识以下列概念关联式表示。

(7301\33*\3e53,jl11e22e26)=>(7102ad01t,t=b)——（7301\33-0-10）
（达观的缺失强源式关联于“三迷信”）
(7301\33*\3e52,jl11e22e26)=>(7102ad01\k,k=2)——（7301\33-0-11）
（自洽的缺失强源式关联于“两无视”）

前文曾说过：“自强的信念造就了中国人的特殊敬业精神，成为中华文明长寿最重要的因素。”这里应进一步说：自强、达观与自洽的协调发展是中华文明长寿的根本因素。在经历了20世纪两番文化大断裂之后，这一根本因素还有恢复的希望吗？对此应持乐观态度，因为经济公理最终将启示世人：“三迷信”是必须抛弃的，“两无视”总有一天会成为人人喊打的过街老鼠。

0.1.3.3-4 第四内因情感行为 7301\33*\4 的世界知识

第四内因情感行为 7301\33*\4 的基本延伸概念如下：

7301\33*\4e5m	第四内因情感行为的三分描述
7301\33*\4e51	自豪行为

```
7301\33*\4e52        谦卑行为
7301\33*\4e53        幽默行为
```

这里对第四内因情感及其行为的描述也采用了不同的词语，以谦卑替换了自卑，以幽默替换了含蓄。

本分节就不以概念关联式的形式对第四内因情感行为的世界知识进行描述了，只想对媒体界说一句话：多一点谦卑和幽默的话语，少一点自豪的张扬吧。

0.1.3.3-5 第三平常心行为和第四平常心行为略说

内因情感行为 7301\33*\k=4 的两分是 HNC 情感描述的必然选择，这无须再作解释了。其符号表示如下：

```
7301\33*\1e57        第三平常心行为（“若惊”行为）
7301\33*(~\1)e53     第四平常心行为（“达观”行为）
```

第三平常心行为可另名“性情超越”行为，但笔者倾向于简称“若惊”行为，第四平常心行为简称“达观”行为，这两个带引号的简称都比较传神。“若惊”来于《老子》第十三章阐释的荣辱思考，“达观”则来于“达观强源式关联于自省与幽默”的论断（见特殊编号概念关联式（7301\33-0-5））。

HNC 定义了四种平常心行为，给出了相应的命名；与之对应也有四种非平常心行为，前两种已给出了命名：强烈基本情感行为和强烈外因情感行为，后两种也将赋予命名：尊严行为和俗人行为。为了便于记忆，全部情感行为的命名如表 3-22 所示。

表 3-22 情感行为命名

平常心行为	简称	非平常心行为
第一	常情行为	强烈基本情感行为
第二	理性行为	强烈外因情感行为
第三	“若惊”行为	尊严行为
第四	“达观”行为	俗人行为

前文指出：“现代文明要大力消除各级平常心行为，要大力鼓吹各级强烈情感行为……**第一常情行为是市场的天敌；喜好行为是市场的上帝**”（见[123-0.1.3.1-1]分节关于基本情感行为的论述），“三‘帅’不仅都在故意隐瞒强烈外因情感行为的辩证表现，都在竭力推动强烈外因情感的消极表现，而且都在竭力铲除第二平常心行为的生长土壤。”（见[123-0.1.3.2-4]支节关于第二平常心行为的论述）。这两段论述表述了现代文明的基本特征，那就是：**竭力消除各级平常心行为，并同时竭力强化各级非平常心行为**。这是现代文明走向的重大误区，是从科技迷信派生出来的现代化迷信，是当今时代危机的集中表现和总根源。要走出这个误区，许多公元前先贤的智慧可以提供更好的启示。这是笔者最想说的一句话，并以这句话替代本节的结束语。

注释

[*01] 见卢作孚先生幼公子卢国纶文《抗战功臣：船运巨子卢作孚之死内情》。

[*02] 经济公理见[123-0.1.0.2.1-2]分节关于“三迷信”行为的论述。

[*03] 科技迷信是“三迷信”和“两无视”的统称。

[*04] 中华文化断裂的论述见[123-0.1.2.1.4]支节。

[01] 奥马尔下焚书令时说：“这些书的内容或许可兰经里也有，那么我们不必读它。这些书或许有反对可兰经的内容，那我们不准读它。”

第 2 节 意志行为 7302 (072)

（略）

第 3 节 心态行为 7303 (073)

（略）

第一章

言与行 731

（行为的形态描述）

引 言

行为 73 存在**两种**基本形态：言与行。作为行为的第一号殊相概念群，731 也可定义为行为的形态表述，7310 是行为形态的非分别说，7311 和 7312 是行为形态的分别说。三者构成行为形态 731 这一概念群的三株概念树，这完全符合行为形态描述的透齐性要求。各概念树的汉语命名如下：

7310	言行的基本内涵
7311	言
7312	行

上一章的相应引言中说过：行为 73 是脑迷 3 号四要素中唯一可以直接观察的要素，但随即指出："可直接观察性并不等于真实性，这一十分重要的世界知识必须纳入行为的描述，这是为行为 73 设置第一号殊相概念群 731 的基本思考，731 将命名为言与行。"行为真实性的判据主要依托于言 7311 与行 7312 之间的对应性，这项内容将构成 7310 描述的主体。

行为形态 731 各株概念树之间存在着特殊的交织性，因此，在其概念延伸结构表示式的设计中，要善于运用平衡原则。本章是学习平衡原则的最佳教材，这一点仅点到为止，并不细说，请读者留意。

第 0 节
言与行基本内涵 7310 (074)

引言

在语言概念空间的视野里，精神世界的全部现象都可以归结为言与行（下文将简称言行）。按照黑格尔先生的逻辑学、自然哲学和精神哲学的三分法，那么 7310 就与精神哲学相对应，其内涵覆盖之广似乎有点可怕了。但 HNC 仅专注于精神世界或精神哲学的世界知识，而 7310 主要定位于精神世界形态特征的描述，于是，那“可怕”就转为“轻松”了，7310 概念延伸结构表示式将充分表现出这种“轻松”性。

1.0-0 言行基本内涵 7310 的概念延伸结构表示式

```
7310:(e5n,e4n,c3n,t=a;e553,e56d01,e57e26;e57e26t=a)
  7310e5n                      言行第一匹配性
  7310e55                      言行一致
    7310e553                     承诺
  7310e56                      言行相悖
    7310e56d01                   欺骗
  7310e57                      言行不一
    7310e57e26                   言行不一的消极效应
      7310e57e26t=a                消极言行不一的基本表现
      7310e57e269                  浮夸
      7310e57e26a                  炒作（忽悠）
  7310e4n                      言行第二匹配性
  7310e45                      说到做到
  7310e46                      少说多做
  7310e47                      多说少做
  7310c3n                      言行层级表现
  7310c35                      第一层级言行
  7310c36                      第二层级言行
  7310c37                      第三层级言行
  7310t=a                      言行基本侧面
  73109                        专业活动言行
  7310a                        劳作活动言行
```

下文以 3 个小节进行论述，后两项延伸概念将并在一个小节里略述，因为两者不过是虚设而已。

1.0.1 言行第一匹配性 7310e5n 的世界知识

本小节可以只用两句话来说明：一是语言理解基因氨基酸符号“e5n”的使用比较传神；二是 3 项二级延伸概念的设置比较到位。

下面先给出一组概念关联式，最后再对上述两点略加说明。

7310e553≡7302\22*ae55e25——（7310-1）
（承诺强关联于诚信行为）
7310e56d01≡7302\22*ae56e26
（欺骗强关联于诈骗行为）
7310e57e26t<=7301\33*\1(~e57)*c01——（7310-2）
（浮夸与炒作行为强流式关联于虚浮性情行为）
7310e57e26t<=(^(7301\33*\2e52)+^(7301\33*\2e53))——（7310-3）
（浮夸与炒作行为强流式关联于自是和自欺行为）
7310e57e26t=>50bae26
（浮夸与炒作行为强源式关联于低俗社会风尚）——（7310-4）
7310e57e26t<=(7301\02*ad01+a0099t)——（7310-0-1）
（浮夸与炒作行为强流式关联于科技迷信和三争）
(7310e57e26t,100*139e26;s31,pj1*bc35;s32,(pj01*\2+China,))
——（7310-0-2）
（当今时代风行着浮夸与炒作行为，尤以第二世界的中国为甚）
(7310e57e26t,jl111,(j762,l45,7310e56d01xpj1*bc35))
——（7310-0-3）
（浮夸与炒作行为就是当代欺骗行为的变异）

此组概念关联式着重描述了浮夸与炒作行为，其中的普通编号概念关联式大体对应于无数先贤早已揭示过的世界知识，而三个特殊编号概念关联式所描述的世界知识则有待未来的贤者加以揭示，因为这需要后工业时代的视野，两者只是提供一点线索而已。依然生活在工业时代柏拉图洞穴里的专家们，对此是难以理解的。

法制可以抑制欺骗行为，但对浮夸与炒作行为无能为力。浮夸与炒作行为的泛滥必然导致诚信的解体，诚信的解体必然导致欺骗的猖獗，法制或制度至上主义在这里遇到了难题。法制或制度的效用主要属于理性范畴，但诚信不仅属于理性，更属于信念、观念和理念，因此，仅仅依靠法制或制度的力量不可能解决浮夸与炒作问题。所以，第一文明标杆（经典文明世界）还要借用上帝的力量，第三文明标杆（伊斯兰世界）还要借用真主的力量，第二文明标杆（市场社会主义世界）也需要借用一种文明力量，但现成的东西是不存在的，“拿来”与“复旧”都是幼稚的，这需要未来贤者进行艰苦的探求。

语言理解基因氨基酸“e5m”和“e5n”具有两项基本特征：一是“两头小、中间大”；二是“两头”常出现“e2n”的辩证表现。但是，言行匹配性 7310e5n 里“e5n”却与众不同，因此，对其“两头”未设置“e2n”延伸，而对其“中间”则设置了“e26”延伸。前文曾多次使用过“后工业时代危机”、“人类历史的第一号悖论”和“后工业时代初级阶段的阵痛”等术语，但并未给出对应的 HNC 符号，现在可以给出了，那就是 r7310e57e26(t)。

1.0.2 言行第二匹配性 7310e4n 的世界知识

先给出概念关联式：

7310e45<=(72219e60+722ae55e25)
（说到做到强流式关联于性格的太极和品格的诚信）
7310e46<=(7221*be22+7222*ae21)
（少说多做强流式关联于性格的“呆板”和品格的稳健）
7310e47<=(7221*be21+7222*ae22)
（多说少做强交式关联于性格的“灵活”和品格的求变）
7310e45≡7310e55
（说到做到强关联于言行一致）

本小节也只需要说两句话：一是符号 7310e4n 里的“e4n”比较传神；二是不需要二级延伸。

1.0.3 言行层级表现 7310c3n 和言行基本侧面 7310t 略说

先给出概念关联式：

(7310c3n:=50ac26t,t=b)——（7310-5）
（言行层级表现对应于精神生活的层级表现）
(7310t:=50aat,t=a)
（言行基本侧面对应于两类劳动）

这两个概念关联式表明：言行层级表现 7310c3n 和言行基本侧面 7310t 两者都是虚设概念，但这一虚设是行为形态描述必不可少的环节，否则就不符合透齐性的要求。言行层级表现的概念关联式对三类精神生活赋予了认识论描述，这是对本体论描述的补充。这项补充很重要吗？如果你对形而上思维没有兴趣，那就不必管它了。

结 束 语

本节命名的内涵似乎不太符合内涵这个词语的定义：“反映概念所指对象的本质属性的总和，即概念所包含的全部内容。”怎样才能把此定义里的对象、本质、属性、总和、全部与内容这 6 个词语的意义告知计算机呢？即使这些意义都被告知了，被告知者又如何把握其复杂组合的意义呢？不要说计算机，人也不容易做到这一点。所以，词典通常就要用一个例子来说明，“内涵”使用的例子就是“人”。语言学和语言哲学的词语分析有一条潜规则：举例所用的概念一定是 HNC 所定义的具体概念，因为，内涵与外延的区分对抽象概念没有什么实质性意义。上列 6 个词语 HNC 都有自己的符号表示（即定义），其中对象与内容的定义与传统语言学存在本质区别，这个问题将在第三卷阐述。这里只希望读者了解：这里的内涵不是语言学的内涵，“基本内涵”这个词语的含义其实就是共相，共相概念树 7310 就是概念群言与行这个“政府”的“不管部”。该概念群描述行为的形态，汉语有一个漂亮的名字叫“言行”，因为行为的形态无非就是言与行，所以，就直接定名为“言与行”了。

以上关于基本内涵的话早就应该向读者交代了，因为“基本内涵”这个词语已经用过多次了。为什么要拖到这里才正式说明呢？这主要是由于 7310 概念延伸结构表示式既采取了封闭形态，又极为简明，是表现 HNC 定义方式透齐性的范例，便于理解。这理解涉及“定义”和“透齐性”这两个极为重要的概念，这在前面已作了充分的阐释，“定义”请参阅[121-0.1.1]、[121-0.3.1]、[122 引言]和[122-0.1 结束语]；“透齐性”请参阅[123-0.1.1.0 结束语]。

最后要说的一句话是：概念树言与行基本内涵 7310 的概念延伸结构表示式采取了封闭形态，但下面将会看到：概念树言 7311 和行 7312 就没有这么幸运了。

第 1 节
言 7311 (075)

引言

言行、言行不一、言行一致都是汉语的常用词，笔者幼年在仰山堂时常听到“言必信，行必果”，而说者似乎多数是文盲。在这里提一下这一语言文化现象不是多余的，因为它关系到言与行这两株概念树之 HNC 符号设计的依据，提一下具有替代“鸡先？蛋先？”之类无聊论说的作用。

1.1-0 言 7311 的概念延伸结构表示式

```
7311:(β,\k=0-2,e0m,n,e5n,e5m,e7m,e7n,e2n,e4n;
    ai,(~9)t=a,\0(c01,*i),4e4n,(~4)d01,e57:(e2n,i),),e53d3n,
    e7mc3n,e75c2n,e76:(c01,d01),(e2n)t=a,)
  7311β                    言之作用效应链表现
    7311ai                   谣言
    7311a9                   传说
    7311aa                   “广告语”
    7311b9                   关系语
    7311ba                   “状态语”
  7311\k=0-2               言之基本形态
  7311\0                   信息语言
    7311\0c01                肢体语言
    7311\0*i                 多媒体语
  7311\1                   言（口语）
  7311\2                   文（书面语）
  7311e0m                  言之基础性表现（功用）
  7311e01                  交际语（叙述）
```

7311e02	批判语
7311e03	论述语
7311n	言之第一表现（虚实）
73114	“戏言”
73114e4n	“戏言”的度表现
73114e45	严肃语
73114e46	幽默
73114e47	玩笑
73115	实话
73115d01	真话
73116	虚话
73116d01	谎言
7311e5n	言之第二表现（善恶）
7311e55	善言
7311e56	恶言
7311e57	喻言
7311e57e2n	喻言的辩证表现
7311e57e25	积极喻言
7311e57e26	消极喻言
7311e57i	寓言
7311e5m	言之第三表现（雅俗）
7311e51	雅言
7311e52	俗言
7311e53	趣言
7311e53d3n	趣言的层级性表现
7311e7m	言之第四表现（理性）
7311e71	正确话语
7311e72	错误话语
7311e73	失误话语
7311e7mc3m	理性话语的层级性表现
7311e7n	言之第五表现（理念）
7311e75	王道话语
7311e76	霸道话语
7311e77	超霸话语
7311e75c2n	王道话语的层级性表现
7311e75c01	低级霸道话语
7311e75d01	高级霸道话语
7311e2n	言之第六表现（效用）
7311e25	积极效用话语
7311e26	消极效用话语
7311(e2n)t=a	效用话语的两种特定表现
7311(e2n)9	煽动性话语
7311(e2n)a	诱惑性话语
7311e4n	言之技艺表现
7311e45	白话
7311e46	文言
7311e47	言不及义

1.1.1 言之作用效应链表现 7311β 的世界知识

言 7311 必然具有作用效应链的全面表现，在 HNC 视野里，这是最基本的世界知识。读者可能感到奇怪的是：在 7311β 的延伸描述里只给出了 7311(~9)的约定延伸，这需要略加解释，但答案非常简明，就是下面的概念关联式：

73119==(7311e0m+7311n+7311e5o+7311e7o+7311e2n)
（言之作用效应侧面是言之功用和伦理表现的虚设）

言之过程转移侧面 7311a 和言之关系状态侧面 7311b 都存在β约定延伸，当然，两者本身都具有丰富的语言存在。例如，流言蜚语和小道消息就是 7311a 的直系词语，但如果把神话和传说纳入 7311a9，把檄文、声明和宣言纳入 7311aa，那显然更为恰当。7311b 也有类似情况，就不举例说明了。下面给出 7311a 和 7311b 的基本概念关联式：

7311a=a34
（言之过程转移侧面强交式关联于大众文化）
7311a9=a36
（传说强交式关联于历史文化）
7311aa=a35
（“广告语”强交式关联于信息文化）
7311b=q701
（言之关系状态侧面强交式关联于谈）
7311b9=q710\k
（关系语强交式关联于交往的基本类型）
7311ba=q702
（“状态语”强交式关联于感受）
(7311b9,jl00e21,pj1*t)——（7311-1）
（关系语有关于时代）
(7311at+7311ba,jl00e22,ju815)——（7311-0-1）
（传说、“广告语”和“状态语”都无关于真实性）

上列概念关联式提供了下列 3 项世界知识：①言之过程转移侧面强交式关联于文化的 3 株居后概念树；②言之关系状态侧面强交式关联于表层第二类精神生活；③言之过程转移侧面和言之状态侧面都不宜拘泥于其真实性，鉴于这一世界的特殊重要性，其概念关联式被赋予了特殊编号。下面给出它们的示例（表 3-23）。

表 3-23　传言、“广告语”和“状态语”示例

知识	示例
传言	大禹三过家门而不入
	万恶资本主义世界的人民还生活在水深火热之中
“广告语”	……决东海之波，流恶难尽
	你值得拥有
“状态语”	无立锥之地
	华北之大，容不下一张平静的书桌

特殊编号概念关联式（7311-0-1）不容易得到专家的认同，20 世纪我国一位著名的历史学家曾经认真地论证过大禹是一条大虫，这似乎有点不可思议，但如果考虑到专家往往对（7311-0-1）所表征的这一类世界知识并不在意，更不在行，那就并不奇怪了。一些至今还在迷恋于攻击孔夫子的人们，这类世界知识的欠缺就更为明显了。

1.1.2 言之基本形态 7311\k=0-2 的世界知识

言之基本形态采取“\k=0-2”和“\0*i”的符号表示是明智的选择，这里所谓的明智主要指两点：①设置了根概念 7311\0，从而突出了言之音与形两侧面，这反映了 HNC 关于语言的一贯思考；②对言之形态的时代性和地域性特征置之不理，即不为此设置专用延伸概念，其描述将推给专家知识，或以 HNC 符号的复合形式予以表示。

当前，人们对网络语言寄予了过多的期待，这类似于语言学界对所谓的语料库语言学曾经寄予的厚望，实际上，网络语言跳不出“多媒体语”7311\0*i 的“佛掌”。“多媒体语”是后工业时代的产物，应给出下面的概念关联式：

7311\0*i:=pj1*b
（多媒体语对应于后工业时代）

对 7311\1 和 7311\2 分别使用了言和文的汉语命名，两者就是口语和书面语的简称。任何民族的正常成年人都存在文盲，但不存在“言盲”。20 世纪初，一些学人（包括一些别有用心的外国人）提出了一个重大命题：汉字的特殊性注定了汉民族必然存在大量文盲，由这个命题就自然引申出下面的著名批判语：“汉字不灭，中国必亡。”这个命题的正确与否在当今已经不那么重要，重要的是需要重新思考汉字的神奇性，它关系到大脑之谜的探索，汉字必然有利于左脑和右脑的协同运作，因为汉字的认知不仅关涉到左脑的语言区块，也关涉到右脑的形象区块。当然，这属于专家知识，已超出了《全书》的讨论范畴。20 世纪的中国曾出现过对言之过分强调和对文的不当贬低，这是上述命题导致的消极效应之一，因此，给出下面的两个概念关联式是有一定意义的。

7311\1=7311e52
（言强交式关联于俗言）
7311\2=7311e51
（文强交式关联于雅言）

1.1.3 言之功用表现 7311e0m 的世界知识

以符号 7311e0m 描述言之功用表现似乎有悖于传统语言学的基本信条，实际上并非如此，20 世纪中叶哲学的语用学转向实质上就是对 7311e0m 的认同。考虑到部分读者可能对语言的批判功能和论述功能比较生疏，下面给出这两种语言的示例：

7311e02 （批判语）	横扫一切牛鬼蛇神；砸烂旧世界；打倒孔家店 上帝死了；美帝国主义是纸老虎；像个男人吧 勃列日涅夫先生，拆掉这堵墙吧 汉字不灭，中国必亡
7311e03 （论述语）	没有永远的敌人，也没有永远的朋友，只有永远的利益 阶级斗争，一些阶级消灭了，一些阶级胜利了，这就是历史

为天地立心，为生民立极，为往圣继绝学，为万世开太平
恻隐之心，仁之端也……辞让之心，礼之端也……
存在决定意识

对批判语和论述语，这里略说三点：①近年来，国外对语言的隐喻性投入了很多研究，但似乎并没有注意到一个要点，那就是隐喻多用于批判语，上述“上帝死了”以下的批判语示例都具有隐喻性；②语用力量说因批判语和论述语的存在而获得强大生命力，如果语言仅涉及交际功能，那就无所谓语用力量了；③论述语应设置延伸概念7311e03c3n，但论述语的层级区分乃专家的事，故HNC仅采用自延伸符号7311e03(c3n)。

言之功用表现具有下列基本概念关联式：

7311e01:=(239e2m+239eam+2393+23989)
（交际语对应于问与答、信息转移的层次性表现、要求和叙述）
7311e02:=2398a+2399
（批判语对应于评述和建议）
7311e03:=2398b
（论述语对应于论述）
(7311e02,100*139e26;s31,pj1*a)——（7311-2）
（批判语流行于工业时代）
(7311e03(c31),100*139e26,(pj1*9,pj1*bc35))——（7311-0-2）
（低级论述语流行于农业时代，也流行于当前）
(813,145,7311e03(c3n):=gwd10d01jlu12e22——（7311-0-3）
（论述语层级性的判断对应于未来的仁学）

上面给出了两个特殊编号概念关联式，（7311-0-3）里包含了论述语的层级表示。如果问上面列举的论述语各属于哪个层级呢？当前的回答只能是“无可奉告”，因为（7311-0-3）所试图表述的世界知识暂不论述为宜。

1.1.4 言之虚实（第一）表现7311n的世界知识

延伸概念7311n的有关对应汉语说明拷贝如下：

73114	“戏言”
73114e4n	“戏言”的度表现
73114e45	严肃语
73114e46	幽默
73114e47	玩笑
73115	实话
73115d01	真话
73116	虚话
73116d01	谎言

汉语说明只对“戏言”加了引号，这意味着其他的命名与相应的符号表示比较匹配，若按照维特根斯坦的语言观，“戏言”的引号其实也是可以摘除的。

本子节开始的6个子节逐一对言的6项伦理表现进行描述，这6项表现依次与基本概念之伦理属性概念群j8的6株殊相表现相对应，这一重要的世界知识都将给出相应的

概念关联式。在 1.1-0 里把序号名（第一到第六）放在第一位（括号外），在以下各子节的标题里将把它们移到括号内（第二位），这仅仅是为了便于读者的联想和记忆。

本子节将配置如下的概念关联式：

7311n:=j81n
（言之虚实表现对应于伦理属性的实与虚）
73115d01=(72228e71+7210\1)——（7311-0-4）
（真话强交式关联于君子与智慧）
73116d01=(72228e72+7210\2)——（7311-0-5）
（谎言强交式关联于小人与智能）
(73114,jl00e22,72228e7m)
（“戏言”无关于人的气质）
(73114e45,jl11e21e21,u72019ad01)
（严肃语应具有严肃性）
73114e46:=(j83e71+j83e75)
（幽默对应于美与雅）
73114e46=j83e76
（玩笑强交式关联于低俗）

1.1.5 言之善恶（第二）表现 7311e5n 的世界知识

言之善恶表现 7311e5n 的有关汉语说明拷贝如下：

7311e55	善言
7311e56	恶言
7311e57	喻言
7311e57e2n	喻言的辩证表现
7311e57e25	积极喻言
7311e57e26	消极喻言
7311e57i	寓言

为便于理解下面的概念关联式，这里先给出 7311e5n 的一些示例：

7311e55	勿以善小而不为，勿以恶小而为之
	人命关天；慈悲为怀；己所不欲，勿施于人
7311e56	人不为己，天诛地灭；婚姻是爱情的坟墓
	宁我负天下人，勿使天下人负我
7311e57	放下屠刀，立地成佛
	商场就是战场；没有免费的午餐
	对敌人的仁慈，就是对人民的残忍

言之善恶表现 7311e5n 的基本概念关联式如下：

(7311e55+7311e57e25):=j82e71
（善言和积极喻言对应于善）
(7311e55+7311e57e25)=7210\1
（善言和积极喻言强交式关联于智慧）
7311e56:=j82e72
（恶言对应于恶）

7311e57e26:=j82e73——（7311-0-6）
（消极喻言对应于冷酷）
(7311e56+7311e57e26)=7210\2
（恶言和消极喻言强交式关联于智能）
7311e57i=(7210\1,7210\2)
（寓言首先强交式关联于智慧）

上面给出了一个特殊编号概念关联式，但暂不论述。

1.1.6 言之雅俗（第三）表现 7311e5m 的世界知识

言之雅俗表现 7311e5m 的有关汉语说明拷贝如下：

7311e51	雅言
7311e52	俗言
7311e53	趣言
7311e53d3n	趣言的层级性表现

为叙述便利，下文把雅言、俗言和趣言简称三言。

7311e5m 的基本概念关联式如下：

(7311e5m:=40\11e5m;s31,pj1*9)
（在农业时代，三言对应于人类的基本群份）
7311e53d35=:7311e51
（高层级趣言等同于雅言）
(7311e51,100*139e56;s31,pj1*a)——（7311-3）
（在工业时代，雅言趋于衰落）
7311~e53:=j83~e77——（7311-0-7a）
（雅言和俗言对应于伦理属性的高雅和低俗）
7311e53d3n:=j83e7n——（7311-0-7b）
（趣言层级性表现对应于伦理属性的高雅、低俗与堕落）
(7311e53d37,100*139e55;s31,pj1*bc35)——（7311-0-7c）
（在后工业时代初级阶段的当今，低层级趣言趋于兴旺）

特殊编号概念关联式（7311-0-7）也暂时不宜论说，但其中的堕落一词需略加说明。前文已多次指出：当今——后工业时代的初级阶段——是一个技术日新月异的时代，又是一个充满科技迷信的时代；是一个机遇广阔的时代，又是一个危机深重的时代；是一个对非物质文化遗产充满热情的时代，又是一个对人类精神文明遗产茫然无知的时代；是一个对发展与进化深信不疑的时代，又是一个对永恒和蜕化缺乏基本认知的时代；总之，这是一个文明观念不断更新的时代，又是一个文明观念走向堕落的时代。7311e5m 是时代心声的符号，特殊编号概念关联式（7311-0-7）是对这一心声符号基本特征的描述。前面说过：不要对网络语言寄予过多的期待，这里要补充一句：网络语言正是低层级趣言 7311e53d37 的急先锋。司马迁、曹雪芹、鲁迅和毛泽东的语言是高层级趣言 7311e53d35 的杰出代表，但在当今的中国，已经很难见到这样的语言了。

1.1.7 言之理性（第四）表现 7311e7m 的世界知识

言之理性（第四）表现 7311e7m 可另称理性话语，其有关汉语说明拷贝如下：

```
7311e7m            理性话语
7311e71            正确话语
7311e72            错误话语
7311e73            失误话语
  7311e7mc3m         理性话语的层级性表现
```

理性话语 7311e7m 的基本概念关联式如下：

```
7311e7m:=j84e7m
（理性话语对应于伦理的理性表现）
7311~e73:=7311~e57
（正确话语和错误话语分别对应于善言和恶言）
7311e71c37=7210\1
（高层级正确话语强交式关联于智慧）
7311e72c37=7201\2
（高层级错误话语强交式关联于智能）
(7311e71c37,jlv111,ju73e22ju60d01)——（7311-0-8）
（高层级正确话语极为稀少）
```

理性话语的层级性表现 7311e7mc3n 是一个十分复杂又有趣的课题，其世界知识与专家知识的交织度也许仅低于即将论述的理念话语，因此，对特殊编号概念关联式（7311-0-8）这里就略而不述了。

1.1.8 言之理念（第五）表现 7311e7n 的世界知识

言之理念（第五）表现 7311e7n 可另称理念语言，其汉语说明拷贝如下：

```
7311e7n            理念话语
7311e75            王道话语
7311e76            霸道话语
7311e77            超霸话语
  7311e75c2n         王道话语的层级性表现
  7311e75c01         低级霸道话语
  7311e75d01         高级霸道话语
```

理念话语 7311e7n 的基本概念关联式如下：

```
7311e7n:=j85e7n
（理念话语对应于伦理的理念表现）
7311e75:=7311e55
（王道话语对应于善言）
7311~e75:=7311e56
（非王道话语对应于恶言）
7311e75c26=7210\1
```

（高级王道语言强交式关联于智慧）
7311~e75=7210\2
（非王道话语强交式关联于智能）
7311e75c26≡d10d01——（7311-0-9a）
（高级王道话语强关联于仁）
(7311e75c26,jlv111,ju73e22ju60d01;s31,pj1*bc35)——（7311-0-9b）
（当今世界极度缺乏高级王道话语）
(7311e76d01,l00*139e26;s31,pj1*bc35;s33,a14)——（7311-4）
（当今的外交界风行着高级霸道话语）

为便于读者理解各种类型的理念话语，一张示例表是一个好办法。但偷懒的惯性驱使笔者采取一种混合型表达方式，如表 3-24 所示。

表 3-24　各类型理念话语及其爱好者或典型语例

理念话语类型	爱好者或典型语例
超霸话语	查韦斯和内贾德
低级霸道话语	美国第 43 任总统小布什
高级霸道话语	英国外交官员
低级王道话语	“人之初，性本善”
高级王道话语	“仁者无敌”

1.1.9 言之效用（第六）表现 7311e2n 的世界知识

言之效用表现 7311e2n 需要一个非分别说的表示符号 7311(e2n)，这分别说可另称效用话语，有关汉语说明拷贝如下：

7311e25　　积极效用话语
7311e26　　消极效用话语
　7311(e2n)t=a　　效用话语的两种特定表现
　7311(e2n)9　　煽动性话语
　7311(e2n)a　　诱惑性话语

本小节的概念关联式和具体论述都免了，因为任何后来者都可以担当此任。

1.1.10 言之技艺表现 7311e4n 的世界知识

言之技艺表现 7311e4n 的汉语说明拷贝如下：

7311e4n　　言之技艺表现
7311e45　　白话
7311e46　　文言
7311e47　　言不及义

对言之技艺表现 7311e4n 不设置延伸概念，文言 7311e46 是传统中华文明的“专利”吗？似乎可以这么说。20 世纪的中国在“打倒孔家店”的同时，曾发生过一场关于白话与文言的论争，这里使用的符号与那场论争的结局不完全一致，因此，本分节也暂不论述。

结束语

本节从 10 个侧面对言 7311 进行了论述,这 10 个侧面满足描述的透齐性要求吗？这个问题的答案既简明又复杂。如果你对 HNC 理论的概念范畴设计和延伸概念设计的基本原则有一个初步了解；对语言理解基因的第一类和第二类氨基酸的概念（见[123-0.1.2.1]子节结束语）有所把握；对仁和君子的概念有一个比较准确的认识；对三个历史时代、三个文明标杆和后工业时代初级阶段这三个极为重要的概念基本认同；对 20 世纪中叶以后西方学界的所谓语用学转向略有所知，那答案就是十分简明的。

上述前 4 项知识的系统论述安排在《全书》的第二和第三卷，其撰述是几年以后的事，但前文已通过预说的方式给出了要点。完全欠缺的只是第五项，有一本入门的书值得推荐，那就是盛晓明先生的《话语规则与知识基础》（学林出版社）。

复杂性在于：在语言学和认知学的专著里，对语言与思维关系的描述弥漫着大量的误导语言，这说来话长，只能提醒一下而已。

第 2 节
行 7312 (076)

（略）

第二章

行为的形而上描述 732

引 言

在 HNC 的视野里，这一章和下一章是行为描述必不可少的两个基本侧面，为什么这两个侧面就必不可少呢？两侧面的名称本身实际上就已经给出了明确的答案。但一般读者对这两个名称可能很不习惯，笔者为此而深感苦恼，但又实在想不出更合适的汉语表述。所以，下面先说几句看似题外的话。

本编的引言里，曾说到第一名言（存在决定意识）和第二名言（意识决定存在），并指出："两名言都是人类智慧的最高体现……两名言在形式上是对立而互不相容的，但实质上并不对立而是互补的。"这就是 HNC 视野里的存在与意识，它意味着存在和意识本身都具有（存在）两种基本形态。存在的两种基本形态可表述为决定意识的存在和（被）意识决定的存在；意识的两种基本形态可表述为（被）存在决定的意识和决定存在的意识。形态有高级与低级、主动与被动或作用与效应之分，这两种形态将分别简称作用形态和效应形态。作为决定者的形态属于作用形态，作为被决定者的形态属于效应形态，这一关于形态层级的定义或标准应该不致引起太大的争议。依据这一定义或标准，那么就可以说：决定意识的存在是一种作用存在，它强交式关联于应有与合理的存在，而被意识决定的存在是一种效应形态的存在，它强交式关联于不应有与不合理的存在；同理，决定存在的意识是一种作用形态的意识，它强交式关联于理念与信念；被存在决定的意识是一种效应形态的意识，它强交式关联于理性与观念。第一名言和第二名言都未对存在和意识进行上述的形态层级区分，造成了两名言的各自局限性。当然，两名言可视为对存在与意识的形态非分别说，而非分别说一定要采取"正反相成"的陈述方式，这是佛经的经典陈述方式，可简称佛学陈述方式，"第一名言+第二名言"就符合佛学陈述方式了。本章和下章将采取这样的方式。

行为是一种特定形态的存在与意识，它既是存在的社会表现，又是意识的社会表现，因此，对行为的描述既需要第一名言的视野，也需要第二名言的视野，以第二名言为基本依托的行为描述就定名为行为的形而上描述 732，而以第一名言为基本依托的行为描述则定名为行为的形而下描述 733。这就是说，732 描述意识起决定作用的行为，可另名形而上行为；733 描述存在起决定作用的行为，可另名行而下行为。

依据上面阐释的原则，概念群 732 之概念树设计的理论依据就十分明朗了，那就是意识形态的高低顺序：（理念，信念，理性，观念），考虑到信念与理念呈现出强交式关联，本章将把理念与信念合而为一，这样，概念群 732 各概念树的符号设计及其汉语命名就是一件十分轻松的事了，如下所示：

7321	行为与理念（理念行为）
7322	行为与理性（理性行为）
7323	行为与观念（观念行为）

三者的定义式如下：

7321::=(732,1v83ju721,d1+q82)

（理念行为定义为主要基于理念和信念的形而上行为）

7322::=(732,1v83ju721,d2)

（理性行为定义为主要基于理性的形而上行为）

7323::=(732,1v83ju721,d3)

（观念行为定义为主要基于观念的形而上行为）

形而上行为 732 未设置共相概念树 7320，因为不必设置，这涉及比较深层次的透齐性思考，就略而不述吧。

第 1 节
行为与理念 7321 (077)

引言

行为与理念 7321 这株概念树可另称理念行为，上面已经指出：理念行为里的理念是广义的，包括深层第三类精神生活里定义的概念群 d1（理念）和深层第二类精神生活里定义的概念群 q82（信仰与宗教）。这一点，将构成理念行为概念树 7321 之概念延伸结构表示式设计的基础性思考。为避免汉语表述的混乱，下文将把与概念群 d1 对应的理念行为另称理想行为，把与概念群 q82 对应的理念行为另称信念行为。

2.1-0 理念行为的概念延伸结构表示式

```
7321:(t=a;tα=b;9(α)d01)
  7321t=a                     理念行为的二元本体表现
  73219                       理想行为
     73219α=b                   理想行为的四元本体表现
     732198                     纯理想行为
     732199                     交织于信念的理想行为
     73219a                     交织于理性的理想行为
     73219b                     交织于观念的理想行为
       73219(α)d01                超理想行为
  7321a                       信念行为
     7321aα=b                   信念行为的四元本体表现
     7321a8                     纯信念行为
     7321a9                     交织于理念的信念行为
     7321aa                     交织于理性的信念行为
     7321ab                     交织于观念的信念行为
```

理念行为 7321 的概念延伸结构表示式是封闭的，其主体构成是语言理解基因第一类氨基酸里的“t=a”，这一特性很值得注意，因为大脑之谜的探究首先需要选择合适的行为样板，这一点对脑谜 1 号尤为重要。按 HNC 的思路，(HNC-1)的每株概念树都是脑谜探究的一个母样板，而其延伸概念就逐级构成子样板、孙样板等。不同概念样板的复杂度存在很大差异，这取决于该样板的“社会关系”，这个情况同家族十分类似。家族的社会关系无非是两方面：一是家族的家谱；二是亲朋之间的联系。概念样板“社会关系”的“家谱”就是概念范畴-概念群-概念树-各级延伸概念，将简称**概念族谱**。概念样板的“亲朋联系”就是它的全部概念关联式。就脑谜 1 号来说，行为 73 的每株概念树都是必须首先加以探究的母样板。我们对这些母样板的“家谱”和“亲朋关系”的概况已经有所认识了，那是一座巨大的“迷宫”，我们正在摄制一张该“迷宫”的俯瞰图，大部分已经完成了。凭借这张俯瞰图，我们还不能制订一个探究脑谜 1 号的攻坚方案吗？还要继续“东一榔头，西一棒子”吗？这就是为什么前文对当今的脑科学探索说了一些不合听话语。

上面说到：脑谜探究要选择**合适**的行为样板，这里特意对合适一词使用了黑体，合适的标准是什么？答案之一就是：选择那些“独生子女”的母样板（概念树），理念行为 7321 符合这一要求，请读者记住这一点。如果要探究中国人和非中国人的大脑差异，那么可以预期：联系于理念行为 7321 的大脑区块（如果它确实存在的话）将呈现出明显的差异，中国人大脑皮层的理想行为区块 73219 应该比较发达，而其他文明的人们则相反，比较发达的是信念行为 7321a 区块。当然，中华文明在这 100 年的时间里发生过两次文化大断裂，这是其他文明或地球村的另外 5 个世界都不曾遇到的特殊经历。因此，中国人大脑的 73219 区块在这 100 年间的变异必然是巨大的，但千年的遗传积累应该不会完全消失。前文（见[123-0.1.2.1.4]支节）曾论述过后工业时代的地球村将出现第二文明标杆的前景，这一论述的理论思考之一就是建立在这“不会完全消失”的假定之上。

上面的论述或许会使大多数读者如堕五里雾中，因为你对理想行为的上列延伸概念很可能一点感性认识都没有，但你很快会获得补偿。在有了一定的感性认识以后，那五里雾也许就会逐渐消散。

本节分两个小节进行论述。

2.1.1 理想行为 73219 的世界知识

服务于上述补偿目标，本子节首先提供各种理想行为的汉语示例（表 3-25）。

表 3-25 理想行为示例

行为	示例
732198 （纯理想行为）	伯夷叔齐的不食周粟行为（饿死于首阳山）
	“道不行，乘桴浮于海”的命题
	严子陵对光武帝刘秀的独特友谊行为 [01]
	李密的感人辞官行为 [02]
732199 （交织于信念的理想行为）	范仲淹的“先天下之忧而忧，后天下之乐而乐”命题与行为
	顾炎武的“天下兴亡，匹夫有责”命题与行为
73219a （交织于理性的理想行为）	霍去病的“匈奴未灭，何以家为”命题与行为
	诸葛亮的“鞠躬尽瘁，死而后已”命题与行为
	文天祥的“人生自古谁无死，留取丹心照汗青”命题与行为
	于谦的“粉身碎骨何足惧，要留清白在人间”命题与行为
73219b （交织于观念的理想行为）	孝的观念与行为；贞节的观念与行为
	落叶归根的观念与行为
	“忠孝不能两全”的命题与行为

上列四类理想行为的整体表现是否带有传统中华文明的“专利”特征？粗略的考察是：纯理想行为 732198 的“专利”性最强，交织于观念的理想行为 73219b 次之，交织于信念的理想行为 732199 又次之，交织于理性的理想行为 73219a 的“专利”性最弱。这是一个很值得探究的训诂学课题。下面将从世界知识的视野，对此详加论述。

在世界知识的视野里，文明的探究需要两个基本视野，一是文明基因的视野，二是文明主体构成的视野。文明基因的描述将用神学、哲学和科学来概括，可简称文明三基因或三学；文明主体构成的描述将用政治、经济和文化来概括，可简称文明三要素或三支柱。以往对文明的考察，比较注重三支柱（文明主体构成）的视野，而不太注重三学（文明基因）的视野。不太注重者，缺乏文明基因之明确认识也，只知其一（文明主体结构），不知其二（文明基因）也。不知者，非不知三学之具体内容也，乃不知三学共同构成文明基因之特殊作用或地位也；仅知三学之形而下文化属性，不知三学之形而上文明基因属性也。

这“**不知**”，乃是工业时代柏拉图洞穴[*a]的基本特征，不知者多矣。也许可以说：在工业时代的众多杰出学者中，只有康德一人属于例外。康德的三《批判》声名显赫，但康德还有一个同样重要的关于道德的三《论》[03]，这个情况很类似于亚当·斯密的遭遇，《国富论》名震全球，而《道德情操论》却少为人知。如果考察一下三《批判》和三《论》的整体结构，那么，康德思考里的文明三基因景象就非常清晰，只不过由于当时还没有基因这个词语，从而妨碍了他说出或写下“文明三基因”的简明论断。但康德的全部论著清晰地勾勒出康德思考的主线：哲学是关于存在的探索，神学是关于心灵的探索，这两项探索一定要本体论与认识论并举（简言之，就是结构与功能的探究并举），但科学不同，它仅着重于存在与心灵的形式探索，不必要求本体论与认识论并举。因此，文明的形而上探索只需要两种视野或立足点：一是哲学，二是神学。三《批判》是以哲学为立足点的文明形而上探索，三《论》是以神学为立足点的文明形而上探索。曾出现过这样的论点：康德在《纯粹理性批判》里抛弃了上帝，后来又在《实践理性批判》里把上帝请了回来，那是不懂得康德体系透齐性的典型表现。康德体系透齐性的基本标志是他对存在的独特认识：存在可以包括心灵，但心灵又可以而且必须独立于存在。因此，康德超越了所谓的唯物论与唯心论之争，他既不会认同其前的“我思故我在”论断（笛卡尔），更不会认同其后的“存在决定意识”论断（马克思）。

康德本来是一位杰出自然科学家，其第一本专著是《自然通史与天体理论》，其博士学位论文是《论火》。他是在而立之年（1755 年）取得大学讲师资格以后，才全力转向哲学和神学探索的。当时，欧洲哲学的两大主流学派——唯理论和经验论分别遭遇到“独断论”（以莱布尼茨为代表）和“怀疑论”（以休谟为代表）引发的危机，康德敏锐地看到：哲学自身需要来一场哥白尼式的革命，唯理论亟待匡正其理性目标的膨胀与野心，而经验论亟待挽救其理性目标的萎缩与彷徨。

但哲学的哥白尼革命要比科学的哥白尼革命复杂得多，康德为此经历了“至少 12 年的沉思”（康德原话），度过了一段高僧式的“闭关”生活，在其创作力鼎盛的时期，竟然不顾学海生涯的惯例而进入“沉默的十年”，这是古往今来绝无仅有的探索范例。1781 年康德决定“出关”，他以惊人的气势和无与伦比的深厚学术功力迈上了哲学哥白尼革命的征途。以三《批判》之第一批判——《纯粹理性批判》（A 版）的横空出世吹响进军的号角，以三《论》的《永久和平论》告示进军的鸣金。这一伟大进军历程的三《批判》和三《论》就是对文明基因的系统阐释。这个论断十分重要，既关系到《全书》后续一系列概念群之概念树的设计，也关系到一系列概念树之概念延伸结构表示式的设计和相关世界知识的阐释，故下文将仿效“现代八股”所要求的烦琐论述形式，这仿效一定是差劲的，请读者见谅。

在希腊文明里，三学本来是既各自独立又相互协同而发展的，这是希腊文明无与伦比的辉煌传统，后来这个传统随着希腊文明实体的解体而丧失了。在漫长的欧洲中世纪，基督教会的巨大权势造成了神学的垄断地位，使哲学逐步沦为神学的附庸，而科学也沦为哲学的一个分支。这就是当今经典文明世界（第一世界）发源地在第一个千禧年（公元 1000 年）结束时的基本文明态势，如果这个文明态势继续下去，那第二个千禧年结束时（公元 2000 年）的人类文明肯定还停留在那漫漫长夜的农业时代，希腊文明蕴含的现代文明之光肯定不会像现在这样普照大地。

那么，人类是怎么跨进现代文明的呢？人类历史的发展阶段应该如何划分呢？现代文明又将走向何方呢？这三个相互关联的问题存在多种答案。不言而喻，人们首先想知道的或许是历史学家的答案，但历史学家历来比较谦虚，他们主要关注第二个问题，从来不深究第一个问题，基本回避第三个问题。鉴于这三个问题的极度重要性，下文将分别把它们定名为文明的第一、第二和第三命题，统称文明基本命题。在文明基本命题的众多答案中，最有深度和最有影响力的一个是著名的马克思答案。

马克思答案的要点其实十分简明，可概述如下：生产力决定生产关系，经济基础决定上层建筑，存在决定意识，这三“决定”是一切社会现象的三大基本定律，操控着社会整体的辩证运动，就如同物理现象服从牛顿三定律一样。社会辩证运动的终极结果必将导致终极生产关系的出现，这终极生产关系叫共产主义，而唯一可以适应共产主义的阶级叫无产阶级，此阶级必然具有大公无私的阶级性。由于无产阶级的出现，大同世界的千年理想已不再是一个乌托邦的梦想，而是一个已经呈现在眼前的**潜在**，把这一**潜在**变成现实的唯一道路就是进行无产阶级革命，以神圣的暴力政治斗争摧毁那万恶的旧世界。马克思答案的哲学名称叫“辩证唯物主义和历史唯物主义”，简称“马克思主义”或“科学社会主义”，后来经过经典社会主义世界两位创立者（列宁和毛泽东）的发展，改称“马克思列宁主义”，在中国叫“毛泽东思想”。

马克思答案的一个著名解读是：“费尔巴哈+尔格黑（倒过来的黑格尔）”，这个貌似深刻的解读抹杀了该答案的深厚文明渊源，模糊了它的历史本来面目——该答案不过是漫长文明革命进程的硕果之一，不是全部。这抹杀与模糊同时也把马克思答案的两个漏洞掩盖得更严实了。

人类文明革命进程的清单式表述是：文艺复兴+宗教改革+科技革命+地理大发现+工业革命+英国宪政革命+启蒙运动+法国大革命。这个清单包含 8 项内容或事件，其排序大体对应各事件发生的时间顺序，该清单可简称“工业文明清单”，形式上它包含了文明主体构成和文明基因的双重视野，但实质上忽视了文明基因的主导作用，并没有对文明第一命题给出明确的直接回答。

文明第一命题的答案不在于上列清单的各离散项或它是否完整，而在于文明基因自身的发育状态，**在于神学独尊态势的让位**。在所有显赫的古代文明（包括汤因比列举的十多种文明）里，只有希腊文明符合三学独立并协同发展的标准，但可惜：希腊文明的良好态势并没有延续下去，中世纪的欧洲是一个神学独尊、哲学处于附庸地位的时代。

文明基因态势的这一欧洲特征并不是欧洲的个性，而是全球的共性，是所有文明的共性，更准确地说，是所有文明在整个农业时代的共性：一学独尊，另两学处于附庸地位，那独尊者一定是神学，没有例外。形式上似乎有一个例外，那就是中华文明，它不是神学独尊，而是儒学独尊，但儒学既可以名之中华哲学，也可以名之中华神学。如果把儒学看作中华神学的话，那就可以对文明的时代性特征给出下面的简明陈述：农业时代是神学独尊的时代，工业时代是科学独尊的时代，后工业时代将是一个废除独尊、三学鼎立的时代。

从神学独尊到科学独尊的转变是一个非常艰难的时代性巨变，从科学独尊到三学鼎立的转变也必将如此。前文多次使用过科技迷信的术语并对科技迷信的现象严加批判，鄙视甚至愤慨那些论述的读者到此是否可以多少有一点谅解或理解呢？

神学独尊曾是一个漫长的历史存在，而且在当今地球村的大部分世界（第一世界除外）继续严重地存在着，由于“存在决定意识”规律的作用，农业时代的人们习惯于这一存在，许多伟大的智者也都服从这一存在。神学独尊就意味着哲学要居于附庸地位，而科学原来就是哲学的一部分。这种主从关系似乎是天经地义的和永恒的，那么，是什么因素促使人们想到要去改变这种主从关系的不合理状态呢？是生产力的发展吗？是民族斗争或阶级斗争的效应吗？是国家之间征服与被征服的紧张吗？是权利意识的觉醒吗？也许这些因素都起了一定的推动作用，但是，最直接、最有决定性的推动因素却是一个**命题**，如果这个说法成立的话，毫无疑义那命题就是人类历史上影响最为深远的一个伟大命题。该命题的简明陈述是：**哲学不过是神学的附庸**，其提出者叫托马斯·阿奎那，故该命题可名之阿奎那命题。阿奎那先生通过《神学大全》这一巨著对这一命题进行了气势磅礴、逻辑严密的论证。

但是，这个命题立即引出了一个反命题：**哲学不是神学的附庸**，于是从 13 世纪开始，在西欧学界就出现了一场上述两个对立命题（二律背反）的长期论争，这场论争逐步演变（升级）成为一场**哲学争取独立地位的战斗**。这场战斗的历史意义可谓无与伦比，如果没有这一战斗的胜利，就**没有科学的独立**；没有这特定的**胜利**和**独立**，“工业文明清单”里的各项内容（事件）就都不会发生，因而也就不会出现从农业时代到工业时代的历史性演变。如果把哲学从神学的独立叫第一次独立，把科学从哲学的独立叫第二次独立，那么显然，没有第一次独立之战的胜利，就不可能出现第二次独立，**是第一次独立之战的胜利播下了第二次独立的种子**。那么，谁是撒播这种子的第一人呢？就是上面说到的那位阿奎那先生，他是一位神甫，那真是应了中国的一句谚语：“有意栽花花不发，无心插柳柳成荫”，因为阿奎那命题的本意是为了维护和加强神学独尊的传统，而不是为了改变它。阿奎那先生曾在 1999 年被评为第二个千禧年间（公元 1000 ~ 2000 年）影响世界历史的十大文化人物之一[04]，他确实当之无愧，虽然就个人来说，他实际上犯下了一个“搬起石头砸了自己的脚”的严重错误。

科学在中世纪的正式名称叫自然哲学，在希腊文明里叫物理学，是哲学的三大构成之首（另外两个分别叫伦理学和逻辑学）。科学是从哲学中独立出来的，独立的标记就是牛顿的《自然哲学的数学原理》的问世，这独立的标记是一个**双重性**标记，它不仅是**工业时代真正得以正式开始**的标记，也是**哲学最终从神学中完全独立出来**的标记。人们对该标记的第一属性比较熟悉，但对其第二属性就比较生疏了。

“哲学向神学争取独立地位的战斗”和“科学从哲学中的独立”是一个特定的文明事件，是人类历史迄今为止最伟大的**文明事件**，没有任何其他历史事件的文明地位或历史价值可以与这一事件相比拟，故将命名为**一号文明事件**。但一号文明事件并未成为哲学史和历史教科书的醒目标题，诚然，罗素先生的《西方的智慧》和汤因比先生的《历史研究》都有一些闪烁其词的素描，然而毕竟只是素描而已，而且是闪烁性的，因为两位先生都不具有明确的文明基因视野，也没有三个历史时代的视野，后者当然主要是由于两位先生“其生也早”的缘故。更重要的是：问题并不能到此结束，我们还应该继续追问：一号文明事件的发生是历史的偶然还是历史的必然？这个追问十分重要，它等价于追问这样一个问题：现代文明的出现是历史之偶然还是必然？

多数读者会认为这是一个多余的追问，马克思答案不是已经讲得一清二楚了吗？但问题在于：马克思答案的必然性回答只是预设而不是论证的结果，因为它回避了文明第一命题，因为三“决定”本身就是一种预设。因此，我们对答案的继续追问是不可或缺的。

让我们从一个奇特的历史现象起谈，当今经典文明世界（第一世界）的发源地不过是地球村的一个**蕞尔小区**，居住在这**蕞尔小区**的人口当年不过区区百万量级，但正是他们，最先举起了工业革命的大旗，把漫长的农业文明迅速推进到工业文明，从而把整个人类社会从农业时代**强行**带入了工业时代。

发生在这个**蕞尔小区**的**巨变**是全人类历史进程中最伟大的一个历史事件。但这个事件的历史渊源并未深究：为什么该事件偏偏发生在那样一个**蕞尔小区**呢？其他广大地域的诸多文明迟早都会自动发生这样的事件吗？马克思答案的回答是：“是的，任何文明迟早都会自动发生。”但是，从文明基因的视野看来，答案并非如此。正确的答案应该是：只有三学都比较健全的传统文明才有可能实现文明的时代性进化，即从农业文明跃进到工业文明，凡三学之一居于独尊地位的文明都不可能自动实现这一跃进，至于三学本身存在天然缺陷的文明就更没有指望了。如果说进化乃必然趋势的话，那对于文明基因不够健全的文明来说，进化的历程就不是“一万年太久”，而是“一万年太短”了。中华文明和众多的传统文明一样，都不是三学基因健全的文明，它们仅仅依靠自身的力量能实现文明的时代性进化吗？答案绝不像马克思答案那么简单，恐怕都是属于“一万年太短”的类型吧。

马克思先生本人生活在那**蕞尔小区**的文明里，当年能强烈感受到时代跃动的脉搏，他和许多同时代的伟大智者一样，敏锐地觉察到了文明的时代性巨变，可惜那“**蕞尔小区**”毕竟限制了他的时空视野。一方面，他既没有进行文明基因的思考，也没有进行关于“工业文明清单”之土壤和种子的思考，可能他都不知道或故意不承认“工业文明清单”的种子最先恰恰是神甫们撒下的，从而对神学和宗教采取了全盘否定的轻率态度。另一方面，他既没有深入思考过那“**蕞尔小区**”得天独厚的“天时、地理、人和”条件，也没有思考过自然现象诚然具有定律性的东西，而社会现象则未必同样具有。虽然“三决定”论在形式上也采取了佛学的论述方式，但在执行过程却采取了极端功利主义的态度，夺取政权的前后截然相反。夺权前仅念“三决定”论的正说，夺权后则善用内外有别的“原则”，对内实际上只念“三决定”论的反说了。

上面把希腊文明抬高到文明基因健全的唯一古老文明，并顺便说到传统中华文明也不是一个文明基因健全的文明，这就需要进一步追问：传统中华文明基因不够健全的具体表现是什么？许多人认为这个问题的答案特别简明：就是那位孔老二造的孽，那位董仲舒搞的鬼，那历代皇帝耍的阴谋，鲁迅先生早就一针见血地指出了这个要害。在这些人的思考里，似乎千年封建专制是中华大地特有的现象，似乎中华大地之外（特别是经典文明世界）就没有孔夫子那样的“万恶”学者，就没有董仲舒那样的“可恶”吹鼓手，就没有刘彻（汉武帝）那样霸道的皇帝或国王。这种对世界文明史茫然无知的可悲心态不但依然严重存在着，而且许多学者还在振振有词地继续强化它。自卑与自大是一对孪生兄弟，有自卑的声音，就必然有自大的声音，无论是自卑还是自大，都不会一无是处，但中华民族的自大之声毕竟被压制了一个世纪之久，这里就不来具体论说了。问题的关键在于：应该如何描述传统中华文明的基因特征呢？文明的自卑与自大之声都没有扣住这个要害。这里将抛出如下的引玉之砖描述，中华文明的基因特征是：神学哲学化，哲学神学化，科学边缘化，始终未能形成神学、哲学和科学各自独立的完备学术体系，可简称“三化一无”。但是，“三化一无”并非“百无一是”，其“愚者千虑之一得”对后工业时代的文明建设或许具有极为重要的启示意义。

当然“三化一无”说需要专家的训诂，本支节将仅从世界知识的视野对此作两点论述。第一，传统中华文明是世间唯一的无神论文明，这一论点与“神学哲学化”相对应；第二，传统中华文明是世间唯一的理想型或理念性文明，这一论点与“哲学神学化”相对应。要想认识中华文明的特色，要想认清中华文明的优势与弱势，就必须抓住这两个要点。那么，抓不住会怎么样呢？在此将笑而不议。

——关于“传统中华文明是世间唯一的无神论文明”说（“柳宗元论断”）

“柳宗元论断”（见《封建论》开场白）的原文是：“天地果无初乎？吾不得而知之也。生民果有初乎？吾不得而知之也。然则孰为近？曰：有初为近。孰明之？由封建而明之也。”这寥寥46个汉字的论述却包含了四个极为深奥的问题，并给出了四个极为深刻的答案。问题是神学的根本问题，答案是哲学的高明思辨。这是“神学哲学化”的典范之作，是中华文明独特智慧的集中体现，也是汉字和文言文魅力的极致表现。独特智慧者，对“无初乎”与“有初乎”这个最艰深的神学问题不叫劲也。但绝大多数传统文明不这么处理，偏在这个最艰深的问题上真叫劲，于是就叫出了神的存在，其最高境界就是叫出了唯一的上帝（或真主，或梵天）。有了上帝，才能产生富有生命力的有神论和宗教。若以“不叫劲”与“真叫劲”为依归，那么传统文明就可以分成无神论文明和有神论文明两大类，而传统中华文明或许是前者的**唯一代表**。这是一个绝对不容忽视的文明现象，可是，西方世界不仅一定会忽视它，甚至会无视它，因为在他们的思维里，古老文明必然是神学主导的文明，这个观念太根深蒂固了，必然产生一个疑问：世间哪会有上帝管不着的地域或世界？因此，无神论文明的存在对于他们是不可思议的，这就是西方学者更习惯于把儒学叫做儒教的根本原因了。儒学与儒教仅有一字之差，可有天壤之别，这里仅点到而不展开讨论。但点到是必要的，因为它直接关涉到本分节的主题。

——关于“传统中华文明是世间唯一的理想型或理念性文明”说（康德“希腊哲学论断”）

康德的“希腊哲学论断”（见《道德形而上学基础》前言开场白）的原文是：“古希腊哲学曾被划分为三门学科：物理学、伦理学和逻辑学，这种划分完全适合主题的本性。人们对此能够加以改进的也许只是对这种划分的补充，以便确保这种划分的彻底性，同时正确地界定其必要的细分。”

请允许笔者先以最浅显的文言文对这个论断加以注释：古希腊哲学者，文明基因也；物理学者，科学也；伦理学者，神学也；逻辑学者，哲学也。这个解释会立即引起如下质疑：这个解释与前述康德思考之间存在着明显的矛盾，难道康德会自相矛盾吗？因此，这其中至少有一项解释是完全错误的，是 HNC 强加于康德的。

要说清这个质疑并没有多少难度，问题在于需要专业术语的一些特定知识。康德创造过数量惊人的新术语，其原因并不是由于当时的德语还不够成熟（有此一说），而是由于他通过“至少 12 年沉思”领悟到许多前人未曾思考过的深邃“般若”，这些“般若”是任何自然语言都难以表达的（说句玩笑话：可惜当时没有 HNC 符号体系）。康德的“希腊哲学论断”就存在这样的问题，这不是汉语或英语译文的问题。为下面的论述之便，这里也把英语译文转录如下：

> Ancient Greek philosophy was divided into three sciences:physics,ethics,and logic.This division conforms perfectly to the nature of the subject,and one can improve on it perhaps only by supplying its principle in order both to insure its exhaustiveness and to define correctly the necessary subdivisions.

两种译文里的难处理词语对应列表如表 3-26 所示。

表 3-26 “希腊哲学论断”里的难处理词语

英　语	汉　语	HNC 表示+（汉语说明）
Ancient Greek **philosophy**	古希腊	(ra307;s32,Greek;s31,pj01*9)（古希腊文明）
three **sciences**	三门学科	(3)a649:（学科）
conforms perfectly	完全适合	471(c33)（完全适配）
the nature of the **subject**	**主题**的本性	(jr741,l45,a30i),a30it=b（文明基因的本性）
exhaustiveness	彻底性	jr75e2m（透彻性）

在表“‘希腊哲学论断’里的难处理词语”里，对似乎翻译不当的词语施加了特殊字体符号，英语译文标记了 3 个词语：(philosophy,sciences,subject)，汉语译文标记了两个词语：（**哲学**，**主题**），因为，在语境分析的视野里，“古希腊**哲学**”的义境乃指称“古希腊文明”，而非单指哲学；“**主题**的本性”里的主题乃特指“文明基因”，而不宜使用泛指的主题。这说法的依据何在呢？就在于该论断里关于“物理学、伦理学和逻辑学”的非寻常三分排序；就在于对“这种划分”给予了“完全适合、能够的……只是、确保……彻底性、正确界定……细分”等非寻常用词；更在于这非寻常用词出于康德的笔下。要透彻理解这三“在于”，需要把握相当的专业知识，所以这里将采取一种特殊的说明形式，仅简略介绍如下的相关世界知识。在康德生活的年代，“工业文明清单”描述的历史进程已全部完成，那时，哲学就是文明基因的总代表，物理学是科学的代表，伦理学是神学的代表，而逻辑学是狭义哲学的代表；神学独尊态势的让位并非直接让位于科学，而是

在形式上首先让位于文明基因的总代表——哲学。这“四代表说”和“让位说”其实都是人们熟悉的历史事实，唯一略有疑问的可能是神学代表说。此说渊源于摆脱《圣经》垄断的学术努力，在这项努力中，最杰出的贡献者是斯宾诺莎，第一位高举伦理学大旗的人就是他。他是一位“明修栈道，暗度陈仓”的高手，栈道者，伦理学也；陈仓者，《圣经》也。以上所说，就是康德“希腊哲学论断”的基本语境，其中的四代表说和让位说居于核心地位。由此可见，仅仅依靠语法分析和语义分析进行“希腊哲学论断”的准确翻译几乎是不可能的，但如果跨进语境分析，则其准确翻译又几乎是轻而易举的了。这个说法当然会遭到最严厉的谴责，否则反而是不可思议的。但笔者乐于承认：表 3-24 的第三列就是回应这一谴责的初步尝试。

运用“柳宗元论断”和康德的“希腊哲学论断”对传统中华文明进行考察，其文明基因特征就十分清晰了，那就是“三化一无”。“三化一无”的基本效应就是理想行为 73219 特别发达，而其中的纯理想行为 732199 更是中华文明的“专利”，伯夷与叔齐、严子陵、李密、范仲淹和顾炎武不仅是中华文明的圣贤，也应该列为人类文明的圣贤，因为后工业时代特别需要这样的圣贤和他们的榜样力量。

后工业时代文明的基本走向将是单一文明基因主导性的逐步消失，无神论文明与有神论文明的分野将逐步趋于消融，理念文明、信念文明和理性文明的分野（见[130-3.0.1]小节）也将趋于消融。第一世界可以接受信念文明和理性文明的概念，但不容易接受理念文明的概念，儒学被称为儒教就是一个鲜活的证据。表 3-24 所提供的多数范例，西方人是难以理解的，其中的纯理想行为 732199 也许比外星人的奇特行为更不可思议。但话说回来，在对纯理想行为 732199 的认识方面，现代中国人可以说已经被彻底西化了，伯夷、叔齐、严子陵和李密的故事也许连贴上封建糟粕标签的资格都没有，把它们从文明的记忆里彻底消灭就是了。但正是这些故事里闪烁着传统中华文明的精华——理念，所以，这里特地对严、李两位先生的故事在注解里引了两段文言文。这里说几句闲话，这两段文言文是笔者幼年在仰山堂时期背诵过的，60 多年来并未从记忆中消失。但应该说：在背诵的当年并没有什么特殊感受，但今天回味起来却大不相同，似乎其深厚的意境只有那样的文字才能表达出来，并能在自然吟诵中产生出那种震撼心灵的魅力。

理念和理性这两个词语需要细致的训诂：柏拉图的理念不同于孔子的理念——仁，康德的理性则接近于孔子的仁；现代学者的理性只是康德的知性；孔子的道不同于老子的道，孔老之道又不同于佛陀的道——般若；三道曾并存于中华大地，但从未实现三道圆融。因此，中华文明的形而上描述还需要继续思考，封建的标签是一种描述，但那是典型的愚昧，因为这标签的制作者连共相与殊相这一对基本概念都没有搞明白；儒学的标签也是一种描述，但那是一种典型的无视，无视佛教和道教曾在中华大地产生过巨大影响；“生命通孔”[*b]的标签是一种比较新颖的描述，但那是一种令人叹息的混淆，因为所有的传统文明都起源于对生死命题的深层思考。上述范仲淹、顾炎武、诸葛亮、文天祥和于谦的命题不就包含着对生死命题的鲜明答案吗？然而，这一答案与所谓的“生命通孔”无关，并非来于佛或上帝高于生死意义的启示，而只是依托于一种理念，这理念的形成，不是立足于对“个人”或“自我”之生命意义（价值）的深层思考，而是立足于对“社会人”之生命意义（价值）的深层思考。中华文明与其他一切古老文明的本质差异就在于此，“柳宗元论断”和康德“希腊文明论断”是最佳诠释。因此，传统中华文明可名之理念文明，**理念**二字比较准确地表达了传统中华文明特色的精髓，这个特定的**理念**就是应该写在孔子学院院旗[*c]上的 Ren（仁）。可以预期：这一形而上描述与上列课题的训诂结果无关。这里，不妨再说一次：最早认识到中华文明这一特色的学者是中国的第一位海归——辜鸿铭先生。最后，还应该说一声：理念文明的形成确实与所谓的“独尊儒术”脱不了干系，但这一特定干系并非“有百害而无一利”，这需要从后工业时代的视野重新加以考察，但不属于本分节的内容了。

以上大段文字所描述的世界知识，可概括成下面的概念关联式：

(73219,l83,(8111,l45,a30it))——(7321-0-1)
（理想行为基于全部文明基因的综合）
(732198,l83,(8111,l45,a30i~b))——(7321-1)
（纯理想行为基于文明神学基因与哲学基因的综合）
(732198,jlv11e21ju721,(pwj01,l47,China);s31,pj1*9)——(7321-2)
（在农业时代，纯理想行为主要存在于中华文明）
(pwj01,l47,China)xpj1*9:=a30\12——(7321-0-2)
（传统中华文明对应理念文明）
(732198,jl11e22e22jlu12e21;s31,pj1*a)
（在工业时代，纯理想行为已经消亡）
(732199+73219b,l00*139e56jlu12d01;s31,pj1*a)
（在工业时代，交织于信念和观念的理想行为必然衰落）
73219(α)d01≡7302\22*8e71——(7321-3)
（超理想行为强关联于君子行为）
(73219(α)d01,l00*139e55jlu12e22;s31,pj1*b(c36))——(7321-0-3)
（在后工业时代的成熟阶段，超理想行为将趋于兴旺）

这里出现了普通编号和特殊编号的概念关联式各 3 个，其特定含义就不来解释了。

2.1.2 信念行为 7321a 的世界知识

信念行为 7321a 的概念延伸结构表示式及其汉语说明拷贝如下：

7321a	信念行为
7321aα=b	信念行为的四元本体表现
7321a8	纯信念行为
7321a9	交织于理念的信念行为
7321aa	交织于理性的信念行为
7321ab	交织于观念的信念行为

信念行为 7321a 的延伸概念在形式上与理想行为 73219 同构，这同构性乃演绎而来，这里就不能像上一个分节那样，给出“四种信念行为 7321aα=b”的具体示例了，因为笔者对信念行为的知识仅来于书本（翻译小说和宗教书籍），完全没有亲身感受，岂可贸然！但这里应提醒读者：信念行为 7321a 未设置与理想行为 73219 对应的延伸概念 7321a(α)d01，为什么？这是不宜询问和回答的，因为这好比询问：“到第三个千禧年结束时，宗教人口在总人口中的比例还会保持现在的水平吗？”

尽管对信念行为7321a的未来不宜进行预测，但下面的概念关联式还是可以给出的。

7321a8≡q8209
（纯信念行为强关联于终极性信仰）
7321a9=(q8219+a13\21)——（7321-4）
（交织于理念的信念行为强交式关联于宗教政治活动和宗教斗争）
7321a9=>d23——（7321-0-4）
（交织于理念的信念行为强源式关联于浪漫理性）
7321aa≡q821~9——（7321-5）
（交织于理性的信念行为强关联于宗教的文化与教育活动）
7321aa=>d24d01——（7321-0-5）
（交织于理性的信念行为强源式关联于功利理性）
7321ab≡(q83+q84+q85)——（7321-6）
（交织于观念的信念行为强关联于红白喜事与法术）
(7321a8,l00*139e56jlu12d01;s31,pj1*a)
（在工业时代，纯信念行为必然衰落）
(7321a9,lv00*139e26jlur12e21,(China,s31,(20)pj12))
——（7321-0-6）
（交织于理念的信念行为曾风行于20世纪的中国）
(7321aa,lv00*139e26,(China,s31,pj1*b(c35)))——（7321-0-7）
（交织于理性的信念行为风行于当下的中国）

上面给出了4个特殊编号概念关联式，它们所传递的世界知识极为重要，不能略而不述。

（7321-0-4）和（7321-0-5）两式揭示了浪漫理性和功利理性的基本根源，这两种理性是工业时代的“萧何”，这“萧何”，是“成也萧何，败也萧何”命题里的泛指萧何，而不是影响韩信命运的特指萧何。当代学者都崇奉理性，几乎到了“言必称理性”的程度，而不知其言中的理性不过是康德的知性，并不是康德的理性，康德的理性更接近于孔子的仁和柏拉图的理念。对理性的过度崇奉是科技迷信的认识论根源，也是后工业时代危机的认识论根源，因此应该普及这样一项世界知识：**理性仅高于观念而低于理念，绝不能过度迷信**，过度迷信必将走上三争的智能独木桥，而离开超越三争的智慧阳关道。普及这一重要世界知识需要人文与社会各学科齐心协力的艰苦努力，HNC可以贡献的绵薄之力只是写出相应的特殊编号概念关联式，本分节的前两个特殊编号概念关联式就是这一努力的落实。

本分节的后两个特殊编号概念关联式是前一分节所有对应项的延续，它们面向第二世界和后工业时代的第二文明标杆。本节说到这里已完全符合适可而止的论述原则了。

结 束 语

本节是《全书》第一次模仿“现代八股”的论述方式，但笔者对这种论述方式比较生疏，甚感力不从心，未必有预期的效果，请读者见谅。其中关于现代化进程起源于阿奎那命题的论点一定会贻笑大方，笔者本打算在结束语里对此略加辩护，以弥补论述过程的漏洞。但行文至此，惯性思维已回居主导地位，那个打算自然就放弃了。

注释

[*a] 关于工业时代柏拉图洞穴的简要论述见[123-0.1.3.1-1]分节。

[*b] 关于牟宗三先生“生命通孔”说的简要介绍见[123引言]。

[*c] 孔子学院院旗是笔者的建议，见[123-0.1.1.3.1]支节。

[01] 范仲淹的《严先生祠堂记》说：“盖先生之心出乎日月之上，光武之量包乎天地之外。微先生不能成光武之大，微光武岂能遂先生之高哉。”

[02] 李密向晋武帝司马炎辞官的《陈情表》说：“臣无祖母，无以至今日。祖母无臣，无以终余年……臣密今年四十有四，祖母刘今年九十有六，是臣尽节于陛下之日长、报刘之日短也。乌鸟私情，愿乞终养。”

[03] 康德的道德三《论》分别是：《道德形而上学》、《论理性界限内的宗教》和《永久和平论》，前者有两部专著，一是1785年的《道德形而上学基础》，二是1797年的《德行学的形而上学基础知识》。

[04] 第二个千禧年间的十大文化巨人是（按该项全球评选活动的得票多少排序）：爱因斯坦、马克思、牛顿、康德、达尔文、笛卡尔、麦克斯韦尔、霍金、尼采和托马斯·阿奎那。但应该指出：霍金先生的入选是不合适的，这是大众选票弊端的典型例证。

第 2 节
行为与理性 7322 (078)

引言

行为与理性 7322 这株概念树可另称为理性行为，其概念延伸结构表示式的设计，也许是最为独特的，这一独特性密切联系于对先验理性的理解或阐释。因此，这里建议读者先去翻阅一下[142-2.2]节的引言。

2.2-0 理性行为 7322 的概念延伸结构表示式

```
7322:(α=b;(~8)t=b,bd01;(~8)(t)e2n)
  7322α=b              理性行为的四元本体表现
  73228                先验理性行为
  73229                经验理性行为
     73229t=b             经验理性行为的三争表现
     732299               经验理性的争权行为
     73229a               经验理性的争利行为
     73229b               经验理性的争名行为
  7322a                浪漫理性行为
```

```
    7322at=b             浪漫理性行为的三争表现
    7322a9               浪漫理性的争权行为
    7322aa               浪漫理性的争利行为
    7322ab               浪漫理性的争名行为
  7322b                实用理性行为
    7322bt=b             实用理性行为的三争表现
    7322b9               实用理性的争权行为
    7322ba               实用理性的争利行为
    7322bb               实用理性的争名行为
    7322bd01             功利理性行为
    7322(~8)t=b          理性三争行为（理性三争）
      7322(~8)(t)e2n       理性三争行为的辩证表现
```

理性行为 7322 的概念延伸结构表示式也是封闭的，其主体构成也仅用语言理解基因的第一类氨基酸来表达，这两点与理念行为 7321 完全相同，但也存在本质区别，那就是以“α=b”替代了“t=a”，这替代含义深刻，它借用了康德沉思的基本成果，其对应的通俗话语就是：理性之根乃人类的天赋。天赋者，先验也，故以符号 73228 表示先验理性行为乃 HNC 理论的必然选择。

理性行为 7322 之概念延伸结构表示式对先验理性行为不设置后续延伸，对经验、浪漫和实用理性行为则统一设置联系于三争的后续延伸，以概念树为参照，那么可以说：这样的概念延伸结构特性是独一无二的。这是理性行为的基本特征，对它的把握需要如下的全方位思考，即下列概念关联式：

7321<=a009a——（732-1a）
（理念行为强流式关联于专业活动的效应表现）
7322<=a0099——（732-2a）
（理性行为强流式关联于专业活动的作用表现）
7323<=a00bi——（732-3a）
（观念行为强流式关联于专业性承诺）
(73228,jlv00e22,a0099t)——（7322-0-1）
（先验理性行为无关于三争）
(7322(~8)t<=a0099t,t=b)——（7322-0-2）
（非先验理性行为强流式关联于三争）

上列 6 个概念关联式全部加了编号，其中的前 3 个使用了概念群层级的编号，前 4 个使用了附属标记“a”，这意味着它们还有相应的孪生表示式。后两个概念关联式被赋予了特殊编号，是本节的“贵宾”，它蕴含的世界知识极为重要，理应现在就给予足够的说明，但这需要下列概念关联式的支持，才能获得比较齐全的知识基础。

7321≡b00a——（732-1b）
（理念行为强关联于理念追求）
7321=>821——（732-1c）
（理念行为强源式关联于探索）
7322≡b009——（732-2b）
（理性行为强关联于理性追求）

7322=>(822,831+832) ——(732-2c)
（理性行为首先强源式关联于发现，其次是策划与设计）
7323≡7302\22——(732-3b)
（观念行为强关联于素质行为）
7323=>(841,842)——(732-3c)
（观念行为首先强源式关联于评价，其次是决策）
73228::=(7322,183,d22)
（先验理性行为定义为基于先验理性的理性行为）
73229::=(7322,183,d21)
（经验理性行为定义为基于经验理性的理性行为）
7322a::=(7322,183,d23)
（浪漫理性行为定义为基于浪漫理性的理性行为）
7322b::=(7322,183,d24)
（实用理性行为定义为基于实用理性的理性行为）
73228<=q811——(7322-1a)
（先验理性行为强流式关联于理性想象）
73229<=q801——(7322-1b)
（经验理性行为强流式关联于记忆）
7322a<=q812——(7322-1c)
（浪漫理性行为强流式关联于幻想）
7322b<=q813——(7322-1d)
（实用理性行为强流式关联于迷信）
73228=(802+8213,8111+812e21)——(7322-2a)
（先验理性行为首先强交式关联于清晰性思考与独创，其次是综合与演绎）
73229=(803+8223,8112+812e22)——(7322-2b)
（经验理性行为首先强交式关联于针对性思考与求证，其次是分析与归纳）
73229=(b01,b13+b33)——(7322-0-3)
（经验理性行为首先强交式关联于夺取，其次是立足于改革或竞争的并举）
7322a=(b03,b11+b32)——(7322-0-4)
（浪漫理性行为首先强交式关联于反抗，其次是革命与争斗）
7322b=(b02,b23+b43)——(7322-0-5)
（实用理性行为首先强交式关联于奋斗，其次是立足于继承或协同的并举）

这里打破了惯例，将概念关联式集中放在概念延伸结构表示式分节“-0”里，这不仅是为了在形式上凸显这些概念关联式的逻辑结构对称性，更是为了在内容上凸显其概念联想脉络的清晰性和齐备性。下面并不先对此进行说明，而将写一大段特殊的文字，它关系到 HNC 理论 20 年思考历程中的疑惑、顿悟和惊讶（将简称惑悟惊），也关系到其间许多不堪回首的情景，后者主要涉及两个技术性环节：一是新术语的引入；二是概念的数字化符号表示。

惑悟惊必然有层级性表现。最高层级的惑悟惊应属于大脑之谜的探究，两语言处理区块（维尼克区和布洛克区）的发现、大脑百亿量级神经元及其奇特联结方式和信息传递方式的发现、左脑与右脑基本分工的发现当然都是重大的研究成果，后两项还分别获得过诺贝尔生理和医学奖的殊荣。但这些进展不过是大脑之谜探究长征的第一步，它无助于下列现象的解答：为什么许多科学与艺术天才往往是“一才独秀”，其日常（语言）智力反而十分平庸呢？为什么这些天才的奇异心理行为更为常见呢？为什么其中的个别人竟然还是弱智？为什么一些先天盲人竟然具有极高的日常（语言）智力呢？为什么以往杰出的风流人物（这包括皇帝、统帅和企业家）当中有些人竟然是文盲或半文盲？为什么正常的儿童都是语言学习和智力学习的天才呢？为什么人们总是习惯于相信（“迷信”）思维的奥秘就在于语法和逻辑之中呢？为什么不认真反思一下：儿童的智力成长过程是对这“迷信”的明显否定呢？

HNC 探索历程的起点就是上列疑惑，特别是最后一项疑惑。因此 HNC 探究的第一项思考就是：上列现象都关乎大脑之谜的重要线索或启示，如果作出下列假设，那么上列疑惑就会出现一个比较明朗的答案，就会出现从纯然的疑惑到惑悟的转折。这些假设一直伴随着 HNC 的探索历程，这些假设也就是命题，它们被区分为三种类型：第一类具有公理性特征；第二类具有透齐性特征；第三类需要求证。下面就来列举这些假设或命题，并在其编号的括号内标出类型符号：Ⅰ、Ⅱ或Ⅲ。

01（Ⅱ）大脑存在下列五个结构与功能区块——语言智力区块、图像智力区块、艺术智力区块、科技智力区块和情感区块，下文将简称大脑五区块。前 4 个区块应该分别代表 4 种不同类型的智力，所以都加了智力的修饰语，但情感区应该弱关联于智力，故未加。其中的语言智力区块也可以叫做日常智力区块或基本智力区块，所谓弱智就是指这个智力区块的发育不正常，并不意味着另外三个智力区块也“弱智”。大脑奥秘的探索需要大脑五区块的视野，心理学和认知学也需要这个视野。大脑五区块奥秘的揭示不可能毕其功于一役，故 HNC 仅集中关注其中的语言智力区块。

02（Ⅱ）正常婴儿的语言智力区块和图像智力区块，以及两者与外界的输入接口应该最先发育，语音输入接口的发育过程或许最早，据说在母体内就已经开始了，这就是所谓胎教的依据。

03（Ⅰ）两输入接口发育的必要外因条件是声音和图像，而必要内因条件则是语言理解基因和图像理解基因之母体结构的存在。这理解基因之母体结构必须先天存在，否则就没有人类。但是，HNC 不继续追问这项先天存在的起源，是全能的上帝还是奇妙的进化（演化）在 HNC 的视野里并不重要。

04（Ⅰ）语音输入接口是一个奇妙的信息转换装置，它把语音携带的符号信息从转瞬即逝的物理（声波）形态转换成可永久保留于大脑皮层里的生理形态，这生理形态的符号信息就是**概念**。

05（Ⅰ+Ⅱ）要区分概念的**形成**与**激活**，概念的**形成**是一个长时间的积累过程，概念的**激活**是一个对已有相关概念的联想过程。这两个过程具有本质区别，但常被混淆，甚至休谟先生在其《人性论》的第一卷中都留有混淆的明显痕迹。概念**形成**的积累过程在大脑皮层里表现为两级效应，第一级效应形成**共相记忆**，第二级效应形成**语言理解基因**，这就是说，概念的**形成**与**共相记忆**和**语言理解基因**的生成是同步的。概念**激活**则是一个瞬间事件，仅密切联系于概念的运用，对自然语言来说，这个瞬间事件就是语言理解。当然，概念**形成**与概念**激活**也存在交织现象，这属于另一范畴的问题，这里就不来讨论了。

06（Ⅰ）**共相记忆**和**语言理解基因**不仅是语言理解的必要条件，也是语言理解的充分条件，**共相记忆**是**语言理解基因**的概念基础，**语言理解基因**是**共相记忆**的概念上层建筑，两者共同构成 HNC 特意命名的**语言概念空间**的主体（不是全部）。

07（Ⅱ）如果撇开**共相记忆**和**语言理解基因**的载体，那么就可以说**语言概念空间**的主体不过就是一个概念符号体系，该符号体系的本质特征是它的层次性与网络性，层次性应完全表现于概念的符号表示自身，而网络性则应既表现于概念的符号表示自身(曾名之局域联想脉络)，又表现于概念之间的逻辑联结方式(曾名之全局联想脉络)。

08（Ⅱ）自然语言符号体系把概念符号体系的层次性和网络性都抹掉了，语音或语言输入接口（语音输入接口仅涉及听觉，语言输入接口同时涉及听觉和视觉）的基本功能就是为自然语言符号体系到语言概念空间符号体系的转换提供条件或保障，即为语言理解提供条件与保障；同理，从语言概念空间符号体系到自然语言符号体系就需要一个语音或语言输出接口，它为语言生成提供条件或保障。语言概念空间和自然语言空间之间的信息转换是一种高级形态的信息形式转换，是当前信息处理系统所使用的 A/D、D/A 转换或数字化转换所不可比拟的，后者都不过是低级形态的信息形式转换。输入接口高级形态信息转换的第一步就是把词语变成概念，过去由于概念缺乏一个完备的符号体系，这第一步始终在“摸着石头过河”，现在 HNC 已经提供了语言概念空间（包括概念基元、句类和语境单元三个层级）的一整套完备符号体系，彻底摆脱低级“摸石头”状态的条件已基本具备，现代化的大桥或“渡轮+码头”正在建造，就输入接口高级形态信息转换的第一步而言，已经可以宣告：那急滩险流、暗礁漩涡的风险不复存在了。

09（Ⅰ+Ⅱ+Ⅲ）凡符号体系都是可以虚拟的，高级形态的信息形式转换也不会例外（Ⅰ）。塞尔先生的哲学论证仅在形式上否定了图灵检验的有效性，但不能否定图灵检验蕴含的宏伟目标（Ⅱ），那就是语言概念空间的人工虚拟，即大脑语言智力区块的计算机模拟（Ⅲ）。具有语言智力的计算机系统必然是语言超人，因为它必然具有“一目千行，过目不忘”的超级理解力和记忆力，“一目十行，过目不忘”的人类才子与语言超人相比，那是小巫见大巫了。语言超人的基本职责就是实现 08 命题所要求的高级形态信息形式转换。当前搜索引擎之沟通缺陷或尴尬的根治，对于语言超人来说，不过是小菜一碟。因此可以说：语言超人的产业前景不可限量，完全具备担当未来信息产业霸主公司董事局主席的资格。

10（Ⅱ）语言超人的核心构件就是**共相记忆**、**语言理解基因**和**殊相记忆**。HNC 探索目标的焦点就是找出三者的数学和物理表示式。其基本结果如表 3-27 所示。该表勾画了 HNC 理论的全貌，后文将简称全貌表。下文先说明该表的 12 个要点，随后注释该表的 5 个细节，但不妨先读。下文将把语言共相记忆简称共相记忆，语言理解基因和语言殊相记忆亦照此办理。

表 3-27 语言超人核心构件

构件名称	数学表示式	物理表示式	数 量
语言共相记忆 1	(HNC1)	(HNC–1)	456(429+23+4)
概念延伸结构表示式	CP:(ICP+BCP)|	CT:(OD+ED)|	15 000+
语言共相记忆 2	(HNC2)	(HNC–2)	
语句数学表示式	SJ=JKm+{vKm}		
基本句类表示式		SCJ=GBKm+{EKm}	
		SCJ(GX;GY)	57
语言共相记忆 2a		(HNC–2a)	
混合句类表示式		SC*J(GX*;GY*)	<3192
语言理解基因	(HNC3)	(HNC–3)	
语境单元表示式	SGU(DOM,SIT)	SGU(SCD)	15000±
语言殊相记忆	(HNC4)	(HNC–4)	
语境表示式	ABS(BC,GX+GY)	ABS[DOM]=>ABS[BC]	∞

要点 01——关于共相记忆和理解基因

共相记忆和理解基因共同构成大脑语言智力区块的主体，人之智力的发育过程主要是语言智力区块的发育过程。理解基因在形态上也是一种共相记忆，但绝不能命名为共相记忆 3，因为记忆是被动式构件，而理解基因是主动式构件，是语言智力的引擎或机床，它对输入信息进行加工，加工过程要实时地同有关的共相记忆和殊相记忆进行信息交换，因此这一加工过程必然是一个输入信息与记忆之间的耦合过程，即语言理解处理过程。这记忆，包括共相记忆和殊相记忆；这耦合，要区分初级和高级形态。初级形态耦合的基本效应是形成共相记忆，高级形态耦合的基本效应是形成殊相记忆。从初级形态耦合到高级形态耦合大约要经历 20 年的演变过程，其间伴随着工作记忆的逐步成熟，所以，此耦合形态的演变过程也可简称工作记忆的成熟过程。这一过程密切联系于儿童的语言习得过程，但两者绝非同一个过程，因为工作记忆的成熟过程要涉及大脑的全部核心构件，而语言习得过程主要涉及大脑的接口（I/O）。皮亚杰和乔姆斯基的杰出贡献分别在对大脑接口前期形态和后期形态的探索，实际上都未涉及大脑的核心构件。工作记忆成熟过程的耦合效应必然要反馈给共相记忆，使之获得更新或完善，这一特定的反馈非常重要，将名之共相记忆反馈，也许天才的终极答案就是天才拥有天才的共相记忆反馈（这是同义反复的命题吗）。这就是说，不仅殊相记忆是不断更新的，共相记忆也曾有一个不断更新的过程。可以预设：童年和少年是共相记忆的活跃期，青年是共相记忆的成熟期，中年是共相记忆的定型期，这三个阶段的共相记忆反馈应逐级递减，最后趋于消停。孔夫子说过“四十而不惑”，这“不惑”二字也许是对这一消停现象最为恰当的语言描述吧。还可以预设：少年将进入殊相记忆的活跃期。但不能预设：老年将转入共相记忆和殊相记忆的衰退期，理由请看要点 3。

要点 02——关于记忆的“仿柳宗元论断”

仿柳宗元的陈述是：“共相记忆果有据乎？此可得而知之也；殊相记忆果有初乎？亦可得而知也。然则孰为近？曰：有初为近。孰明之？由婴儿无记忆而明之也。”对“仿柳宗元论断”就不作进一步的说明了，因为那是脑科学领域专家的事。

要点 03——关于记忆与理解基因之间的内部接口

第一，记忆与理解基因之间必然存在内部接口。这内部接口也应有共相记忆接口和殊相记忆之别。老年迟钝应密切联系于共相记忆的老化，老年健忘应密切联系于殊相记忆的老化，这里存在两种老化，不可不加辨别。第二，记忆的老化乃记忆自身之老化为主乎？抑内部记忆接口之老化为主乎？第三，不同外因造成的失忆症乃记忆自身之故障为主乎？抑内部记忆接口之故障为主乎？这三点，将称为脑谜 6 号[01]。

要点 04——关于记忆的层级与类型之分

共相记忆有两层级与两类型之分，两层级指概念基元层级和句类[02]层级，两类型指句类的基本与混合[03]之分。殊相记忆则仅有两类型之分：领域索引记忆和对象内容索引记忆，前者又称实记忆或集中式记忆，后者又称虚记忆或分散式记忆。HNC 把关于记忆的上述说法看作属于公理性的东西，与心理学的传统说法[04]有本质差异，在附录的两篇论文（附录 2：语境表示式与记忆；附录 3：把文字数据变成文字记忆——见《全书》第 2 册末尾）里有所论述。

要点 05——关于脑谜 7 号（语言理解基因的区块划分）

本要点的论述将暂时放弃上述约定，把**语言**这两个关键字加上去，后续要点的论述也可能如此，就不一一交代了。语言理解基因应处于大脑五区块的“交通枢纽”位置，它应该离语言共相记忆最近，但可以远离语言殊相记忆。可预设语言理解基因和语言共相记忆各拥有自己的区间，将分别定名为语言理解基因区和语言共相记忆区。语言理解基因区的“本体”就是语境单元表示式(HNC–3)，它应分为 5 个“省区”和 2 个特区，5 个“省区”分别对应于三类精神生活和两类劳动，2 个特区分别对应于效应和状态的特定延伸概念。语言共相记忆区的“本体”[05]就是概念延伸结构表示式(HNC–1)和句类表示式(HNC–2)[06]，可分别简称语言概念基元区和句类区，两者又各拥有两个小区，语言概念基元区的两小区是：领域概念小区和非领域概念小区；句类区的两小区是：基本句类小区和混合句类小区。语言理解基因区之“省区”与特区的两分、语言共相记忆区之概念基元区和句类区的两分是极为重要的形而上思考，“省区”、特区和小区的细分[07]也是极为重要的形而上思考，所有这些大小区块在语言概念空间里应该呈现出“本体”存在性，对这一存在性的求证乃是语言与思维关系的第一号科学课题，将称为脑谜 7 号。

要点 06——脑谜 7 号探究的语言超人之路

脑谜 7 号的科学意义不言而喻，现代技术已可为这项求证研究提供足够的物理条件，但 HNC 并没有据此向脑科学或认知学界提出任何具体建议，因为它理解“人微言轻”的含义。但 HNC 有自己的特殊思考，集中体现在语言超人的设想里[08]。语言超人的基本论据是：有了表“语言超人核心构件”里的那些物理表示式，电子语言理解基因和电子语言共相记忆的技术实现就具备了坚实的理论基础，语言超人就不再是一个科技梦幻，而是一位只待“唐僧”出现的“孙悟空”了。可惜的是：“唐僧”还没有上路，“孙悟空”还在花果山嬉玩。为什么会出现这种情况呢？如果用康德的话语来说，那就是由于大家太习惯于理性小学生的思维方式了，而完全不熟悉理性法官的思维方式。人的大脑不可以随意用来做脑科学实验研究的样品，而语言超人却可以起到人脑实验研究“白老鼠”的作用。这种作用就意味着对大脑研究方式作 180 度转向的逆向思考。不是仅仅把语言超人当做一项技术或产品来对待，而是把它当做一种大脑仿生学研究的活样品，可称为脑谜 7 号探究的语言超人之路。当前，各种智能机器已经取得了喜人的进展，但都是仅从生理端面进发，而对生理端面之上的大脑五区块采取“囫囵吞枣”的思考方式，这样搞出来的智能实质上仅限于生理层级的本能反应。那么，是继续 “囫囵”下去还是问一声“路在何方”呢？是严肃思考一下这个问题的时候了。彼岸之路必须从脑谜 7 号的揭示做起，因为脑谜 7 号就是语言智力迷宫的主体，该迷宫的生理特征诚然是可怕的，但其功能特征并不可怕。老是死盯住那可怕的生理特征就无异于一位“弃易就难”的傻帽。(HNC–m,m=1–4)已对该迷宫的功能特征给出了如此清晰的描述，不去利用和经营它而去追随各种时髦岂不依然是一个“弃易就难”的傻帽吗！

要点 07——关于语言超人的计算机类比

语言理解基因和语言共相记忆就是语言超人的 CPU 硬件，就是语言超人理解基因的母体结构（参看命题 3），就是语言超人之语言概念空间的主体构成，这些已经没有任何疑义了。语言超人的“外存”MD 就是语言殊相记忆或语境表示式（参看表“语言超人核心构件”的最后一行）；语言超人的接口 I/O 就是自然语言空间和语言概念空间之间的符号转换，这项转换工作已经耗费了大量的财力和人力，传统语言学的各种流派都为此作出过自己力所能及的贡献，但成效如何？大约“只缘身在此山中”是一个比较确切的回答吧。此山者，自然语言空间也；此山之外还有彼山，彼山者，语言概念空间也。所谓语言超人的接口乃指此山与彼山之间的交通也，而非此山之内部交通也。这个问题非常重大，它也密切联系于外语教学和机器翻译，也许将在第三卷另辟一编（原计划里无此项内容）加以论述。

要点 08——关于传统派的窘境和浪潮派的忽悠

自然语言空间如何描述呢？传统语言学曾为此组建过语法、语义和语用这三个方面军，将统称传统派。其中语用方面军曾在 20 世纪下半叶很是风光过一阵子，取得过一些理论成果，但透齐性都比较差，语义学的表现最差，整体状态不过是游击队的水平。如果说到对语言知识处理的应用，那总的说来，传统派恐怕连差强人意都谈不上。

诚然，传统派一直在辛勤建设此山的内部交通。他们以词法和句法为基本武器，尽心建设通向句法树的交通要道，他们以词义和语义语法为基本武器，尽心建设通向语句语义分析的要道，他们以语用学提供的若干指导原则为基本武器，努力建设通向语言理解的交通要道。这三条要道没有一条被真正打通过，但通车典礼却举行过多次。据说：那第一要道的根本问题在于“句法树是罗马”，而罗马是条条大道可通的（不是有“条条大路通罗马”的格言吗），从汉语的可怕分词“瓶颈”就可以窥见那“条条”可怕性的“一斑”了！据说：第二要道的根本问题在于词义和句义本身都是像跳蚤一般灵巧的“变色龙”，这“变色龙”的巨大能耐就是不断给第二要道造成“山体滑坡”。如果问：有制服这“变色龙”的办法和武器吗？答案是：没有！那肯定是遥远未来的事。据说：第三要道的根本问题在于仅运用上下文知识并不能到达语言理解的彼岸，而语义学和语用学并不能提供上下文之外的知识，因此，第三要道就只好暂时采取“关键词检索”和“头尾简单相连”的简易方案了。以上，就是传统派建设此山内部交通情况的基本情况，窘境日趋明显，连问“路在何方”，曾多次急病乱投医，包括对浪漫派（下面就要说到）的盲目跟随，最新的投向是所谓的“词语本体”。

由于传统派的无所作为，一个浪潮派在近 30 年来就脱颖而出，该派以所谓的“语料库语言学”为旗帜，以大规模语料为后盾，以机器学习和统计算法为武器，异军突起，雄心万丈，使信息领域的各路专家趋之若鹜。但这里必须指出：浪潮派的理论基础过于薄弱，根本没有进行过关于语言与思维的些微思考，更不用说建立什么自身理论体系了。它把维也纳学派的缺点全盘继承了，但维也纳学派的优点却一点也没有学到[09]。不过，浪潮派已经并将继续取得自己的辉煌，但是，对这辉煌的局限性一定要有一个清醒的认识，对于那些只需要“技术–产品–产业”**三棒智力**的知识产业，它会产生微软式或谷歌式的短平快奇迹，但对于那些需要“**理论（科学）**–技术–产品–产业”**四棒智力**的知识产业，它一定是“成事不足，败事有余”。语言知识产业恰恰是一个绝对需要四棒智力的产业，可是也恰恰是这个业界最不情愿承认关于三棒智力和四棒智力的论断。浪漫派对机器翻译的雪线[10]尴尬坦然面对，对语言知识处理（包括搜索引擎）的**核心科学问题**采取机智无伦的忽悠对策[11]，这惊人的坦然和高明的忽悠，与其说是某些聪明脑子想出来的点子，毋宁说是某种文明必将演出的一场科技悲剧。该文明拥有语法和逻辑的厚重文化传统，该传统曾使得该文明赢得某些学科的优势，但如今，该传统却要成为一个拖后腿的东西了，这一点，将在《全书》第二卷论述。对这里的“该”，就不必明说而心照不宣吧。

要点 09——“不识庐山真面目，只缘身在此山中”

传统派窘迫的根源何在？苏东坡先生的上引名句是否就是一个切中要害的答案？是否可以说，语法、语义和语用这三个方面军都只专注于此山（自然语言空间），而未曾认真思考过彼山（语言概念空间）为何物呢？其实这不过是一层窗户纸，虽然它并不属于“智慧窗户纸”（参看[121–1]引言），但至少也算得上一张“智力窗户纸”吧。所以这里就不去捅它了，而直接转入要点 10 的叙说。

要点 10——自然语言空间的基本景象

自然语言的基本景象将名之此山景象，概念空间自身的基本景象将名之彼山景象。

上面，从要点 01 到要点 07 所描述的内容就是彼山景象，本要点描述此山景象。

于是有人提问了，彼山景象是语言概念空间的共相，此山景象不就是语言概念空间的殊相吗？共相可以包含殊相，但不能替代殊相。因此，此山景象这个说法本身不就是一个明显的伪命题吗？

提问者是一位偷换概念的高手，他用“此山景象”偷换了“自然语言”。此山景象者，乃“身在此山中”不易观察到的此山景象也，乃从彼山更易于观察的此山景象也。这就意味着描述此山景象时，我们必须使用一系列的 HNC 术语，这些术语将以黑体标记，其中的个别术语与传统语言学的术语同名，则以引号标记，如句类将写成“句类”。为什么要使用这两个不合常规的标记呢？那是为了传达或强调下述论断：如果说诞生于此山的一系列概念或术语相当于农业时代的弓箭和刀矛，那么就可以说：诞生于前期彼山的一系列概念就相当于工业时代的枪炮和飞机，而诞生于后期彼山的系列概念或术语则相当于后工业时代的核弹和导弹。前期者，(HNC1)+(HNC2)也；后期者，(HNC3)+(HNC4)也[*b]。

此山景象的描述将以汉语和欧语[*c]为基本参照，这两种自然语言基本景象的异同将构成“要点 10”的基本内容，并以“景象 m”的标记依次叙述。

景象 1：**广义作用**陈述句的主体[*d]在汉语和欧语里呈现出语句**格式**[*e]的本质差异，如下面的表述所示。

汉语	可采用任何**格式**
欧语	仅采用**基本格式**

此景象的发现或可见性必须借用**语义块**和**格式**这两个概念或术语。

汉语和欧语的**样式**也存在本质差异，这里就略而不述了。

景象 1a：欧语的疑问句可采用**违例格式**，但绝不采用**规范格式**，从句亦然。

景象 2：汉语和欧语**语义块**核心部件的安置方式呈现出下述异同：

异：	汉语	多部件广义“对象”**语义块**的核心部件一定安置在**语义块**的后端。
	欧语	多部件广义“对象”**语义块**的核心部件一定安置在**语义块**的前端。
同：	汉语和欧语都一定把多部件**特征语义块**的核心部件安置在**语义块**的后端。	

这里包含 3 项论断，其中的部件和核心这两个词语都具有特定的意义，第三项论断必将与传统语言学发生激烈冲突，故以往隐而不宣。这些都会在第三卷有所交代。

景象 3：汉语和欧语的辅块安置方式存在巨大差异。

汉语	**辅块**一定安置在**特征语义块**主体[*f]的前面。
英语	**辅块**在**特征语义块**的前后都可以安置，但优先于后面。

景象 2 和景象 3 有异曲同工之妙，反映了汉语和欧语表述方式的本质差异，汉语是“先次后主”，欧语是“先主后次”。这一表达方式的差异不仅表现在短语、语义块和句子层级，也会表现在句群层级，并且可能对思维习惯产生一定的影响。

景象 4：自然语言各有自己的句类偏好。

句类的最高层极划分仅有两类：广义作用句或广义效应句，非此即彼。两者又各拥有 4 个基本子类。自然语言成熟的基本标志应该是：8 个基本子类一应俱全。但不同自然语言对 57 种**基本句类**则各有自己的常用和罕用倾向或偏好。例如，汉语常用**简明状态句**，而英语罕用，且限于“句群”内部的后续句，而绝不用于先行句。第一个敏感地觉察到不同自然语言具有不同句类偏好的人应该是维特根斯坦先生，可惜那个时候还没有“句类”这个概念，他只能用“语言游戏”和“语法梦幻”之类的词语来表述自己的感受。

景象 5：语言的词语形态只不过是上帝的魔术。

词语形态似乎是语言的命根子，欧语的这个命根子很发达，汉语恰恰没有这个命根子，这就是 19 世纪比较语言学把汉语打成低级形态语言的基本依据了。没有这个命根子的汉语几千年来活得怎么样呢？这就有不同看法了。最极端的看法已经成为历史了，但那个“汉字不灭，中国必亡”论断的影响依然存在，在我国的主流语言学界并没有完全消失。汉字简化诚然是一种历史的选择，但并非神圣不可侵犯，“过”了就是“瞎折腾”。我们“过”了没有呢？汉语“字义基元化，词义组合化”的千年演化历程本是自然语言百花园里的奇葩，是汉语的特殊优势，而我们自己却视而不见，甚至自怨自艾，抱怨什么汉语不能适应现代文明，自怨自艾的效应就会产生欧语妙不可言的幻觉。其实欧语并非那么美妙，为了说明这一点，下面引述一段一位美国哲学家对心灵(mind)这一词语的抱怨为证。

> ……心灵这个概念有些混乱也有点可悲，但正如 T. S. 艾略特所说："当我与你谈话时，我总得使用语词。"心灵这个词在英语中没有一个替代词，尽管我将建议用一些其他的词语，我希望这些词语将证明比"心灵"这个概念更有用处（塞尔《心灵、语言和社会》p41）。

这段话可命名为塞尔困惑，它是英语的罕见现象吗？用德语写作的康德先生是否也碰到过类似困惑呢？汉语可以轻而易举地免除这种困惑吗？如果塞尔先生懂得汉语，他会不会为心灵这个组合词拍案叫绝呢？请读者想一想吧。

为什么说词语形态只不过是上帝的魔术？因为，没有这个命根子的汉语几千年来活得比任何一种古老语言都滋润。但是，现代汉语语法学却特别介意这个命根子，说汉语语法，就一定要从这命根子的缺失谈起，这缺失造成汉语的句法分析远远难于欧语，也是中文信息处理的难度远大于欧语的总根源。这是完全错误的论断，而这一错误的根源恰恰在于不知道对此山景象的科学描述。

上面仅列举了此山景象之要，在下一个要点里，还会谈起上帝的魔术。不过，此山景象的系统论述将放在《全书》第三卷里。

要点 11——谁是自然语言理解处理的劲敌？

笔者 12 年前（1998 年）曾写过《自然语言语句理解处理的 20 项难点》一文，在出版《定理》时，张全博士曾建议将该文编进去，但由于当时(HNC3)和(HNC4)尚在酝酿中，而笔者深知：没有这两个法宝，语句理解不可能真正取得突破性进展。因此，张全博士的建议就被婉拒了，但仍在《定理》中给出了 20 项难点的清单。如果现在来考察那份清单，那就应该把它调整为"5+15"的结构，其中的前 5 项对应于[*b]中所说的劲敌，其具体内容如下：

> 难点 01 小句多句类代码的认定（原编号 01）；
>
> 难点 02 全局小句与局部小句的认定（原编号 02）；
>
> 难点 03 动词体词化（异化）的认定（原编号 17）；
>
> 难点 04 以指代、省略和句间接应词为代表的浅层隐知识揭示（原编号 06）；
>
> 难点 05 以复杂省略和想象描述为代表的深层隐知识揭示（原编号 15）。

这里的 02 和 03 可以简化成"v_g-v_l- (˜v)辨识"或名之"全局动词-局部动词-动词异化的辨识"；而 04 和 05 则可以简化成"隐知识揭示"。这样，自然语言理解处理的劲敌就可以简述为三劲敌：句类代码（劲敌 A）+动词三表现（劲敌 B）+隐知识（劲敌 C）。今后，《全书》将使用劲敌、劲敌 o 或劲敌 m 的用语，也将使用流寇或流寇 n 的用语。流寇者，另外 15 项难点之所指也，劲敌 m 和流寇 n 将统一编号，故 m=1–5，n=6–20，汉语分词"瓶颈"将名之流寇 19。

劲敌 B 在汉语里有许多说法，最低端的说法叫"动词满天飞"，最高端的说法叫"汉语的短语与句子同构”,后者被称为汉语的根本特色,著名的论据就是“咬死了猎人的狗”。这就是传统语言学界擅长的“截断法”，其实，如果使用这“截断法”去考察英语，那它的同构特色将更为突出，从句和所谓的非限定性动词短语难道不与句子同构吗！动词三表现（劲敌 B）在英语里照样普遍存在。那么，动词形态的变化是否对劲敌 B 的降伏有什么特殊功效呢？读者自己可以随意去验证一下（不需要什么大规模真实语料），你会发现:那动词形态确实不过是上帝的魔术，它本身对降伏劲敌 B 实际上毫无作用，起作用的是一种语句结构，HNC 把这种结构叫“l–v”准则[12]。但应该承认:欧语对“l–v”准则的运用比汉语便利，但那不是动词形态的功劳，而是其有关语言逻辑概念比汉语更为齐备的功劳。另外，汉语的某些语言逻辑概念（如 l0 概念群）比英语齐备，所以可灵活采用几乎所有的语句格式。汉语灵活的语句格式可借用一句流行套话，那就是“既是挑战，也是机遇”。可惜我们以往不知道利用这个机遇，光知道对着劲敌 B 讲一些漂亮的丧气话。

要点 12——路在何方?

路在何方的具体陈述是：劲敌 m 可以降服吗？流寇 n 可以肃清吗？这个问题的答案已经隐含在[*b]的“洛阳感奋吟”里了。当然，这样的说法显得太不严肃，但严肃的论述不是这里的事，甚至都不是《全书》的事，那么，何必提起这个话题呢？那是由于关于语言超人的话题以前并没有说透，所以打算借用这个机会弥补一下。

语言超人这个概念或术语是笔者在北京师范大学中文信息处理研究所举办的一次讲座中正式提出来的，使用的题目叫“语言超人之梦”。在拟订大纲时，曾考虑过两种讲述角度，一是大脑之谜探究的角度，二是语言理解的角度。笔者当时很想选择前者，因为 HNC 探究的初始出发点虽然是后者，但后期探索的兴趣和目标逐步转向于前者。为什么会发生这个转向呢？这里有三个触动，需要交代一下。

第一个触动来自语言学。思维是大脑的基本功能，思维就要运用概念。但是，运用概念等同于运用词语吗？概念和词语在大脑皮层里应该拥有自己的载体（神经元组合），两者是共同享用同一个载体吗？这是两个最平常不过的问题，然其科学价值很不平常。答案显而易见：“是”或“否”，正确的答案应该是“否”。然而，语言学家关于语言与思维关系的经典论述却是引向于“是”[13]，这是一个一直被忽视的重大问题。诚然，专家的天职就是要与众不同，有些著名的哲学家就专门去挑战那些众人都认为是毋庸置疑的正确答案。但语言学家的这个“是”答案似乎不属于这个情况，它也不会带来专家天职的积极效应。

第二个触动来自心理学。长时记忆、短时记忆和工作记忆是记忆的透齐性描述吗?语言习得仅仅是皮亚杰描述的那些个阶段吗？认知心理学提出的那些原则对认知的成长过程有什么指导意义呢？这些似乎又是一直被忽视的重大问题。

第三个触动来自脑科学。最新的成果都显得那么零碎和混乱，把不同层次和不同侧面的东西搅在一起似乎成了脑科学研究的一种时尚模式。生理与心理、感觉与认知、感性与理性、理性与信仰、信仰与理念、思考与判断、行为与行动、语言理解与语言生成在脑科学那里似乎都内外不分。佛家说的“色受想行识”也都不知区分，更不用说小乘与大乘[14]的区分了。正确把握这些概念分与合才是脑科学成为科学的关键，脑科学属于广义科学，仅从狭义科学的视野去考察，是抓不住脑科学之关键的。

这三项触动由于(HNC-3)和(HNC-4)的发现而“柳暗花明”，因为这两个物理表示式不仅提供了研发语言超人的全套工具，也提供了一个探究大脑之谜的新途径，即探究人类语言智力发育过程的新途径。如果说迄今为止脑科学的全部探究都是顺向探究，即从生理学出发的自下而上的研究方式；那么，依托于语言超人研发过程的脑科学研究则是一种逆向探究，即自概念**形成**出发的自上而下的研究方式。这种研究方式的最大优点在于：可以把语言智力分解成各种不同大小的单元和组成，对它们各自的结构与功能及其相互影响进行深入细致的测试，并与人类大脑的相应测试结果进行比较。这样不仅可以获得语言智力终极状态的静态知识，还可以获得语言智力发育过程的动态知识，这种探究方式将是脑科学探究的全新范式，但应该指出:这一范式的最早构思者其实就是提出图灵检验的图灵先生，从这个意义上说，塞尔先生对图灵检验的批判实际上是一场误会，并形成了严重的误判。塞尔先生纯然是一位哲学家，他缺乏对上述三类触动的感受与思考。

以上所说，已经回答了“路在何方”的理论要点。那么，实现语言超人的软件工程存在不可逾越的障碍吗？这就是笔者把《定理》里描述的“手册计划”变成《理论全书》的根本原因了，因为笔者试图完全回避这个问题。但在《全书》的撰写过程中越来越感到：要完全做到这一点几乎是不可能的，这将造成《全书》的“不伦不类”，可笔者顾不得那么许多了，所以，下面略说三点关于语言超人的大急[*g]。

第一，语言超人软件必须从概念**形成**做起，这件事以往曾使用过“概念知识库”（见《理论》）和“HNC 研发平台”（见《定理》）的术语，都未免带有“言不及义”的严重弱点。概念**形成**不仅是构建(HNC-1)和(HNC-2)，还要以两者为基础，进一步构建共相记忆 1 和共相记忆 2。这就要请读者回到表“语言超人核心构件”了，该表的构件名称栏目都赋予了不同的命名，以记忆或基因命名的名称排在上方，以表示式命名的名称排在下方，并相对于前者右移一位。这表示前者包含后者，或者说，后者只是前者的一部分。以共相记忆 1 为例，这意味着它不仅包括(HNC-1)，还包括(HNC-1)每一延伸概念所对应的全部概念关联式，其他类推。

第二，语言超人软件面临着概念运用的巨大挑战，而概念运用的前提是概念基元符号体系的程序诠释。前面介绍过语言理解基因的氨基酸和染色体（见[123-0121]子节结束语），曾多次使用传神这个词语来描述那些语言理解氨基酸的奇妙，但如果软件是符号盲，那奇妙不过是白搭。如何解决这白搭问题？笔者不知道。

第三，语言超人软件面临着领域激活与认定的巨大挑战。前面提到的“l-v 准则”和笔者近年经常强调的“三二一原则”（见第三卷）属于应对这一挑战的法宝，但不是全部，而且两者都有待细化和具体化，而这一具体化过程离不开语言超人工程的正式启动。

语言超人工程的启动是一个非同寻常的大课题。它关系到四棒接力智慧或眼光；关系到战略与战术、刘邦与张韩萧[*h]、大急与收官的全局性智能；更关系到对概念**形成**、概念**激活**（见命题 05）和概念运用是否具有清晰的认识。当今是一个四棒接力智慧处于“一头冰凉、一头发烧”的时代，如果“理论、战略、刘邦、大急、概念形成”这一头继续处于冰凉状态，那语言超人战役的发动或高级形态的信息转换工程的启动将一定继续处于“可望而不可即”的凄凉状态。

但必须强调：这项工程将是 21 世纪最为伟大的一项科技工程，这“最”的依据就是它是迄今为止唯一一个缺乏完善理论支撑的科技工程。那么，(HNC-m)是否能够为该科技工程的启动提供足够的理论支撑呢？一个明显的疑问是：HNC 把自己的探究范围定位于或局限于四大智力区块中的一个——语言智力区块，首先它把智力区块与情感区块切割开来，其次，它把四大智力区块相互切割开来，最后，它把大脑的结构与功能区块与其他的生理区块切割开来。这种思考方式是否潜藏着巨大的先天不足呢？笔者的回答很简明：这不是先天不足，而是必由之路。我们已经由于对此认识不足而走了许多弯路。

上面的文字分别使用了“结构与功能区块”、“智力区块”和“区块”这三个不同的词语，这些词语以往都使用“概念空间”这个统一的描述词语，故有“大脑存在五大概念空间”的说法，两种描述或说法的同一性在于“区块”和“概念空间”的可互换性。

“区块”便于加修饰语，便于区分共相与殊相描述，这里的“结构与功能”是共相描述，“XX 智力”或“XX”是殊相描述。这里应该特别指出两点：一是大脑的探究必须把“结构”和“功能”捆绑在一起，不能像语言学那样分开来搞，一边是结构主义语言学，另一边是功能主义语言学，这种搞法就是 HNC 常常慨叹的形而上思维衰落症，故大脑区块的共相描述采用了“结构与功能”的修饰语。二是情感区块不能使用“智力”的修饰语，但另外 4 个区块都可以使用，这就是情感的独特性。但是，“区块”也有弱点，容易引起一种错误的联想，以为各区块之间会存在如同国界那样的分界线。

“概念空间”既可以保留“区块”的优点，又可以避免“区块”的误导，故以往的 HNC 论述多采用“概念空间”。但这个术语也有缺点，它不利于 HNC 的普及，因为文科读者似乎很不习惯抽象的空间概念。

长篇特殊论述到此可以结束了，它是所有“-0”分节里绝无仅有的安排，但它不同于前面的插写或预说。那些东西的位置安排多少带有一点任意性，而本特殊论述的如此安排则是蓄谋的。其内容有的适合放在《全书》的总前言里，有的适合放在第三卷里。考虑到其内容陈述很难摆脱形而上色彩浓重的概念或词语，完全放在总前言里显得太早，完全放到第三卷又嫌太晚。于是“行为与理性 7322”这株概念树就被选中了，因为它属于“行为的形而上描述 732”这片概念林，即使是本来很不熟悉甚至讨厌形而上的读者到此也该多少习惯一些了。但是，本论述用到的术语太多，读者不习惯的东西可能不少，所以，下面安排一组细节说明。

笔者生性不拘小节，表达随意，写点东西还喜好卖破绽、打埋伏，这些坏习惯造成的文字毛病在此前出版的《理论》和《定理》中比比皆是，说它晦涩已经是非常客气的话语了。下面的细节说明也是为了弥补以往的失误。

细节 01——关于(HNCm,m=1-4)和(HNC-m,m=1-4)

两者用于区分语言概念空间的数学表示式和物理表示式，前者对应于数学表示式，后者对应于物理表示式。在《理论》时期，HNC 预定的探索行程仅走了一半不到，数学表示式还差两个，物理表示式仅完成了一个，所以，“表示式”这个说法就未敢明言。在《定理》时期，HNC 的数学行程走完了，同时也感受到了物理行程的漫长，所以，在符号表示上就沿用了“不拘小节”的坏招。

如果说"三无限与三有限"假设的提出和证实分别是 HNC 探求历程的起点和终点，那么就可以说：(HNCm)是 HNC 数学行程终点的符号标记，而(HNC-m)则是 HNC 物理行程终点的符号标记。如果说 HNC 数学行程的总体感受是"风光无限好"，那么，其物理行程的总体感受则是"欢乐亦惊心"。

这里，应郑重宣告：《HNC 理论全书》是名不副实的，因为其预定目标就很不"全"，连(HNC-1)都仅将完成主体或要害部分，而不是全部，这主要是基于"天有不测风云"的考虑。要做到名副其实，需要后来者不断作出富于创造性的艰苦努力。

细节 02——关于(HNC-1)

表 3-25 的(HNC-1)符号表示式是 CT:(OD+ED)|，其中未曾正式使用过的三个符号说明如下：

CT	概念树	Concept Tree
OD	本体论描述	Ontology Description
ED	认识论描述	Epistemology Description

(HNC-1)和(HNC1)必须给出符号表达形式的差异，过去太过随意。两表示式里的其他符号都保持原来的定义，这里就不解释了。

细节 03——关于(HNC2)和(HNC-2)

为阅读之便，将表 3-25 的有关部分拷贝如下：

语言共相记忆 2	(HNC2)	(HNC-2)	
语句数学表示式	SJ=JKm+{vKm}		
基本句类表示式		SCJ=GBKm+{EKm}	
		SCJ(GX;GY)	57
语言共相记忆 2a		(HNC-2a)	
混合句类表示式		SC*J(GX*;GY*)	<3192

其中部分符号的说明如下：

GX	广义作用
GX*	混合型广义作用
GY	广义效应
GY*	混合型广义效应
SJ	语句数学表示式，自变量是数学意义的语块。
SCJ	基本句类表示式，自变量是物理意义的语块[*a]。
SC*J	混合句类表示式，语块数量可多于基本句类约定的上限。

广义作用 GX 和广义效应 GY 的表示符号早该引入了，迟至今日实属"罪该万死"。符号"J"（读音 gōuér）和"GBK"的认定过程充满着戏剧性，是结束 HNC 团队内各自习惯的时候了，今后请以此为准吧，不要再随意使用"JK"之类的符号了，因为，广义对象 GB 是对象 B 和内容 C 非分别说的两种基本形态之一，是 HNC 理论特别钟爱的一个概念。

语义块"4 要素 A-B-C-E"说的核心是对象 B 和内容 C,说 A 是 B 的派生，这容易理解；说 E 是 C 的派生，这就不太容易理解了，然而，这正是句类理论的基石。HNC

的对象 B 既不同于哲学的对象，更不同于语言学的对象。B 不仅需要不同的分别说，也需要不同的非分别说。GB 是句类层次的非分别说，而 BC 则是语境层次的非分别说。这就是 GB 和 GBK 备受 HNC 钟爱的缘由了。

细节 04——关于(HNC3)和(HNC–3)

先给出下面的对比性拷贝：

```
语言共相记忆 1        (HNC1)            (HNC-1)           456(429+23+4)
概念延伸结构表示式    CP:(ICP+BCP)|     CT:(OD+ED)|       15000+
…
语言理解基因          (HNC3)            (HNC-3)
语境单元表示式        SGU(DOM,SIT)      SGU(SCD)          15000±
```

先说明此拷贝的对比性，它体现在“15 000+”和“15 000±”这两个数字上，前者表示领域概念树延伸概念的总数量，它远小于语言共相记忆 1（即全部 456 种概念树的延伸概念）的总数量，后者表示语言理解基因的总数量。两数字的后缀符号“+”和“±”表示：语言理解基因的总数量一定小于领域概念树延伸概念的总数量，因为某些延伸概念只是复合理解基因的“组件”，无须为它设置独立的语境单元。

语言理解基因的数学和物理表示式里使用了 4 个专用符号，其汉语和英语的对应词语如表 3-28 所示。

表 3-28　专用符号的汉、英对应词

专用符号	汉语对应词	英语对应词
SGU	语境单元	Sentence Group Unit
DOM	领域	DOMain
SIT	情景	SITuation
SCD	领域句类	Sentence Category Domain

看过《定理》的读者应该对这些符号似曾相识，那里的 SGU(DOM;SIT;BACE;BACA)简化成这里的 SGU(DOM,SIT)，如此而已。这里应指出两点：一是《定理》故意含糊了数学表示式和物理表示式的界限或区别；二是语境单元的汉语表达和英语对不上号。为什么会这样？《全书》第三卷会有所交代。

细节 05——关于(HNC4)和(HNC–4)

有关内容拷贝如下：

```
语言殊相记忆    (HNC4)            (HNC-4)
语境表示式      ABS(BC,GX+GY)     ABS[DOM]=>ABS[BC]    ∞
```

这里的“ABS[DOM]=>ABS[BC]”是《定理》里没有的内容，意指从领域索引记忆到对象内容索引记忆的转换（见要点 4）。这里，[DOM]和[BC]使用了方括号而不是圆括号，表示其中的 DOM 和 BC 乃特指而非泛指。

注释

[*a] 物理意义语义块指由广义作用或广义效应决定其内涵的语义块。

[*b] 笔者2009年应大正公司之邀赴洛阳解放军外语学院验收许嘉璐先生主持的某“支撑项目”之某子课题时，对该课题组所取得的进展出乎意料，机器翻译的终极性突破（译准率不低于95%）呈现出“招之即来，来之能战，战之能胜”的可喜态势。感奋之余，打油五律一首，将名之洛阳感奋吟，录如下：

谋划井冈山，胆识最超凡。流寇仍顽抗，劲敌更嚣蛮。

刀箭固无能，枪炮亦有短。星弹飞天日，春风渡玉关。

诗中前两句指该项目。流寇指词语的组合模糊，汉语比英语严重，分词“瓶颈”和人名地名辨认是其典型表现。劲敌将在要点11里有所说明。刀箭指传统派的句法语义分析；枪炮指依托于(HNC-2)的句类分析；星弹乃“两弹一星”的简称，指依托于(HNC-3)和(HNC-4)的语境分析。

[*c] 欧语即印欧语系的简称。

[*d] 此处的主体就是主句的替换，因为主句和从句这一对术语不太适合于汉语。

[*e] 语句**格式**和语句**样式**都是HNC为“句式”的特定描述而引入的术语或概念，**格式**对应于广义作用句，**样式**对应于广义效应句。**格式**还有基本、规范和违例之分。详细说明见《全书》的附录。

[*f] 此处的主体一词不可省略，因为汉语习惯于把特征语义块的时态、情态和势态部分迁移到辅块的前面，这属于语义块分离现象的重要形态之一。此外，还应该指出的是：这条规则似乎仅适用于现代汉语，而不适用于古汉语。

[*g] 大急是对围棋术语大场与急所的合称。

[*h] 张韩萧指汉初三杰的张良、韩信和萧何。

[01]“脑谜m号”是HNC引入的术语，其中的m=1-7。脑谜1号和脑谜2号的定义皆见[122-1.0.1]小节，脑谜3号见[122]引言，脑谜4号和脑谜5号待定义，脑谜7号见下面的要点05。

[02] 在HNC引入的所有术语中，笔者最不满意的一个就是句类，因为传统语言学已有同名的术语，而两者毫无关系。事后曾多次叩问自己：句畴（句子范畴）多么简明，怎么会当年就没有想起来呢？不过，句类的HNC符号是SC，乃英语sentence category的缩写，算是小有弥补吧。

[03] 混合句类也有数学表示式，但表“语言超人核心构件”只给出其物理表示式，如同基本句类一样。句类这个概念本身源于物理，虽亦可数学，但过去偏于宽松，已经引发了一些概念上的混乱。今后，请以表“语言超人核心构件”的表示为准。

[04] 心理学关于记忆的传统说法是短时记忆和长时记忆，对前者后来有所发展，提出了短时记忆极限、工作记忆或动态记忆等说法。表“语言超人核心构件”里的共相记忆1、共相记忆2、共相记忆2a和殊相记忆是对长时记忆的“颠覆性”修正。海马被认为是长时记忆的载体，但HNC认为海马只是殊相记忆的载体，而共相记忆的载体应该处于大脑皮层的“交通枢纽地带”。HNC也使用工作记忆的概念，但其含义有别于心理学的同名术语。

[05] 此处使用了“语言共相记忆区的‘本体’”这一短语，对其中的本体这个词语加了引号，这引号可视为黑体的替代符号。该短语试图强调：语言共相记忆区是人类大脑皮层里的一个本体性存在，它与语言理解基因的关系是基础结构与上层建筑的关系。上帝在造人的时候，最费心思的环节并不是语言理解基因本身，而是语言共相记忆。这一点，对语言超人的研发具有重要的启示意义。

[06] 这里只写了(HNC-2)，实际上它包括(HNC-2a)。共相记忆区的存在及共相记忆1和共相记忆2的各自独立存在都是脑科学的重大理论课题，不难设计相应的心理学实验予以验证。(HNC-2)和(HNC-2a)是否各自独立存在的验证则比较复杂，也似无必要。但语言超人的研发必须加以区分。

[07]“省区”、特区和小区的区分应该是全人类的共性，但不同世界（文明）生民的“省区”应呈现出一定的差异。对这一差异的实验研究具有某种意义的迫切性，依笔者的愚见，其科学价值不小

于珍奇动物的保护之类。

[08] 语言超人这个术语或概念最先出现在《定理》中的“HNC理论的语言学基础”一文里，那时(HNC-3)和(HNC-4)正处于“呼之欲出”的阵痛阶段，但深信它们终究会降生的，所以就在那个讲座上狂了一把。

[09] 维也纳学派是反形而上学的急先锋，对20世纪的语言哲学的发展产生过重大影响。其优点是使逻辑分析达于极致，但同时对思维四要素里的综合与演绎置之不理，这是该学派的致命缺陷。

[10] 机器翻译雪线是笔者为了描述传统机器翻译策略的根本缺陷而提出的形象化比喻，雪线的量化描述就是70%左右的译准率（不计限定领域的特殊应用）。传统语言学（包括所谓的语料库语言学）胜任不了雪线上的攀登，但HNC语言学（这是苗传江博士提出的概念）完全可以胜任。张克亮博士和李（颖）、池（毓焕）两博士已分别为HNC机器翻译（这是仿效苗博士的说法了）出版了两部专著，笔者基于他们的研究成果可以断言：只要语境分析技术略加配合，不低于95%译准率（对传媒文本）的机器翻译目标已近乎唾手可得矣。

[11]“忽悠对策”短语里的忽悠诚然沿用了该词隐喻的贬义，但更多的是表示笔者的钦佩之情，这并非第一次，[123-0.1.1.1.1]孙节对毛泽东先生的评说就带着这种心态。IBM公司最近宣扬的“智慧地球”在笔者看来就是典型的忽悠，此忽悠者，避开语言理解而巧妙施行文本信息之技术处理也。

[12]“l-v”准则表述了HNC技术在句类分析阶段关于语句理解处理谋略的基本思路，也叫“中间切入，先上后下”。该准则不是专为汉语提出的，它适用于任何自然语言，是语句理解处理的必由之路。这一点，将在《全书》第三卷加以阐述，目前，对“l-v”准则的理解存在重大偏差，包括把“l-v”准则退化成“v”准则的偏差，那就等同于动词中心论了。

[13] 这里使用了“引向”，没有使用“传统语言学的答案是：‘是’”的陈述。这里也存在窗户纸问题，是一张学术窗户纸。在附录的“把文本数据变成文字记忆”一文里曾对此略有论述。

[14] 笔者认为：佛学的小乘与大乘概念对后工业时代的思想启蒙具有重大指导意义，因而也必然关系到脑科学的未来研究。《心经》说：“色即是空，空即是色。受想行识，亦复如是。”牟宗三先生说过“察业识莫过于佛学”。按HNC的说法，色是物之殊相，空是（精）神之共相。殊相要上转到共相，共相要下转到殊相，而且这上转与下转不仅要施之于色，也要施之于“受想行识”。小乘者，偏重于上转，特别是色之上转也；大乘者，上转与下转并重，直至识之上下转移也。

2.2-1 先验理性行为73228的世界知识

先验和形而上学这两个词语或概念在内地语境里的名声很差，在学术领域一度几乎是谬误甚至反动的别名。已有许多学者为此做了正名的事，但似乎还不够彻底，故HNC不断萌发顺便帮点忙的意愿。这里就从概念关联式（7322-1）和（7322-0-1）谈起，前者共有4个表示式，集中拷贝如下：

73228<=q811——（7322-1a）

（先验理性行为强流式关联于理性想象）

73229<=q801——（7322-1b）

（经验理性行为强流式关联于记忆）

7322a<=q812——（7322-1c）

（浪漫理性行为强流式关联于幻想）

7322b<=q813——（7322-1d）

（实用理性行为强流式关联于迷信）
(73228,jlv00e22,7301\03*t=b)——（7322-0-1）
（先验理性行为无关于三争心态表现）

关于人类精神生活之三层级划分和理性之四类型划分的 HNC 理论描述，读者应该已经不十分陌生了。但三层级和四类型的 HNC 符号表示可不是一件轻松的事，在拍定这些符号之后，笔者依然没有轻松的感觉，因为，在这些符号拍定的前后经历了一场敬畏心态的奇特转变：拍定前是对大脑之谜的敬畏，拍定后是对语言超人的敬畏，后者将简称拍定敬畏。上面（[123-2.2-0]分节）的特殊论述实际上描述了这一心态变化。拍定敬畏表现在两个方面：一是概念延伸结构表示式的设计；二是概念关联式的写定。这里要向读者说一声：在写定上面的概念关联式时，这种敬畏之心是比较淡弱的，但其中的一些细节蕴含着十分重要的世界知识，值得细说。

概念关联式（7322-1）揭示了四类型理性行为与深层第二类（层级）精神生活的源流关系，但其中的经验理性行为和先验理性行为的符号表示有点“奇异”，这“奇异”是一种对应性的“奇异”，如表 3-29 所示。

表 3-29　理性行为与其他概念的对应性“奇异”

	理性行为	理性	相关概念	
	(7322)	(d2)	联想	想象
HNC 符号	73228	d22		q811
(汉语说明)	(先验理性行为)	(先验理性)		(理性想象)
HNC 符号	73229	d21	q801	
(汉语说明)	(经验理性行为)	(经验理性)	(记忆)	
HNC 符号	7322a	d23		q812
(汉语说明)	(浪漫理性行为)	(浪漫理性)		(幻想)
HNC 符号	7322b	d24		q813
(汉语说明)	(实用理性行为)	(实用理性)		(迷信)

此表清楚表明：理性行为 7322 这株概念树与第三类精神生活之“理性 d2”这个概念群的关联性有点“奇异”（将临时简称第一奇异）；与深层第二类精神生活 q8 这个概念子范畴的关联性也有点“奇异”（将临时简称第二奇异）。不过应该首先注意到，浪漫理性行为 7322a 和实用理性行为 7322b 这两者是正常的；出现“奇异”表现的是先验理性行为 73228 和经验理性行为 73229。在理性行为 7322 这株概念树里，把先验理性行为列为根概念 73228，把经验理性行为列为基干概念 73229；在理性 d2 这概念群里，把经验理性排第一位 d21，把先验理性排在第二位 d22。那么，为什么不把两者一致起来呢？下面的回答多数读者一定是不满意的，但笔者就只有这么一点“老实交代”的本事，只好预致歉意了。那回答是：“行为 73”属于形而下，故上转以方便其形而上；“深层第三类精神生活 d”本身属于形而上，故下转以方便其形而下。上面分节特意提了一下小乘与大乘的概念（简要说明见该分节的[14]），那是为了这里的“上转”、“下转”和“方便”这三个词语了。

如果说：第一奇异是概念树与概念群之间的对应性“奇异”，那么，第二奇异就是概念树与概念范畴之间的对应性“奇异”了。第二奇异的突出表现就是单把经验理性行为 73229 与深层第二类精神生活 q8 的共相概念群“联想 q80”相关联，而把另外三项理性行为 7322(~9)与 q8 的殊相概念群“想象 q81”相关联。为什么要这么做呢?

前文曾多次提到概念树及其概念延伸结构之设计的平衡原则，还说过该原则是该设计的灵魂，而该设计又是(HNC-1)的灵魂等。上述对应性“奇异”的出现（被安置）是平衡原则的具体运用，就事论事来说（形下说），就是试图通过“理性行为 7322”这株概念树把三类精神生活串通起来，提高一点来说（形上说）就是：概念族谱的设计要为概念联想脉络的物理描述（即各种类型的概念关联式）提供便利。

(HNC-1)的汉语描述就是“概念范畴-概念群-概念树-各级延伸概念”这一概念族谱，今后将作为 HNC 理论关于概念基元描述的唯一版本。这意味着《理论》里的“语义网络”和“概念节点”（含“概念节点表”）这两个术语从此宣告作废（实际上，笔者已多年不使用这两个术语了）。为什么要予以废除呢？直白地说：就是由于它们依然没有摆脱传统语言学的囫囵吞枣思维模式，极不利于对两山（即语言概念空间的彼山和自然语言空间的此山）景象的描述，对彼山尤为不利。前文曾在“要点 01”到“要点 07”里描述了彼山景象，在“要点 10”里描述了此山景象。那些描述所使用的概念是“语义网络”和“概念节点”所完全不能容纳的。彼山景象的描述是以记忆和理解基因为基础沿着两条路线展开的，第一条是以“共相记忆-殊相记忆-工作（动态）记忆”为路标的路线，可简称（语言）记忆路线；第二条是以“概念**形成**-概念**激活**-概念**运用**”为路标的路线，可简称（语言理解）基因路线。“语义网络”和“概念节点”是一种不符合透齐性要求的静态描述；概念族谱则是一种符合透齐性要求的动态描述。（此处的）透齐性要求者，对两路线之兼顾也。笔者虽然不是“语义网络”这个词语的始作俑者，但“三大超级语义网络”和“概念节点”这两个词语曾是《理论》大力鼓吹的，流毒甚广，无论是对彼山或此山的观察，都起了有色眼镜或变形眼镜的有害作用，这里向读者深致歉意。

上列普通编号概念关联式（7322-1o）是立足于记忆路线的兼顾，它们提供的基本世界知识是：要依托于概念族谱，从比较中获知四种理性行为具有各自不同的缘起。先验理性行为缘起于理性想象 q811,而理性想象是深层第二类精神生活的**第一号**殊相概念树。因此，先验理性行为被赋予一切理性行为之根（73228）的资格，乃 HNC 的必然选择。

特殊编号概念关联式（7322-0-1）是立足于基因路线的兼顾，它提供的基本世界知识是：先验理性行为不关注三争。庄子视三争为粪土，魏晋玄学最崇拜庄子；老子开出的济世良方叫“无为而治”，本质就是不要过度三争；张良的不争乃其先验理性行为的习惯使然，不能仅看做是一种保全自己的处世哲学。西方也有各种热衷于先验理性行为的教派，毕达哥拉斯学派就是著名的始祖。最近还出了一位怪杰，值得一说。此人叫格利高里·佩雷尔曼，俄罗斯犹太人，他彻底破解了彭加勒（庞加莱）猜想，而且采取了纯然形而上的破解方式，引起全球轰动。2007 年被授予数学界的诺贝尔奖（费尔兹奖），2010 年被授予千禧年奖，皆拒绝受领。他隐居起来了，与世人和媒体隔绝。这是一位现代超庄子，笔者想对佩雷尔曼先生说的是：如果您能对后工业时代的曙光有所感受，那就请向世人讲一讲您的感受吧。

一个充斥先验理性行为的社会是不健康的，但一个先验理性行为绝迹的社会则一定是可怕的，这很容易写出相应的概念关联式，后来者补上吧。

由于先验理性行为不关注三争，因此，三争表现必然与它无缘。但另外三种理性行为都关注三争，这项理解基因表现在延伸概念“7322(~8)t=b”里，因此，下面将另辟一个“2.2-5”分节来描述这一世界知识。

2.2-2 经验理性行为 73229 的世界知识

下面将有关经验理性行为已写出的概念关联拷贝如下，其间还插入了两个先验理性行为的概念关联式，以资比较。

73229::=(7322,183,d21)
（经验理性行为定义为基于经验理性的理性行为）
73228<=q811——（7322-1a）
（先验理性行为强流式关联于理性想象）
73229<=q801——（7322-1b）
（经验理性行为强流式关联于记忆）
73228=(802+8213,8111+812e21)——（7322-2a）
（先验理性行为首先强交式关联于清晰性思考与独创，其次是综合与演绎）
73229=(803+8223,8112+812e22)——（7322-2b）
（经验理性行为首先强交式关联于针对性思考与求证，其次是分析与归纳）
73229=(b01,b13+b33)——（7322-0-3）
（经验理性行为首先强交式关联于夺取，其次是立足于改革或竞争的并举）

上列普通编号概念关联式试图对先验理性行为和经验理性行为的特质差异给出一个明晰的形而上描述。（7322-1o）描述了两者缘起特质的差异；（7322-2o）描述了两者思维特质的差异。编号里的“-mo”表示要请读者稍加留意，不要产生“-1o”和“-2o”之“o”取值相同的误会，“1o”有(a;b;c;d)的不同取值，“2o”则只有“a;b”的不同。

特殊编号概念关联式（7322-0-3）将在下文说明。

2.2-3 浪漫理性行为 7322a 的世界知识

浪漫理性行为首要的世界知识是它的缘起特质，这里把描述 4 种理性行为缘起特质的概念关联集中起来拷贝如下：

73228<=q811——（7322-1a）
（先验理性行为强流式关联于理性想象）
73229<=q801——（7322-1b）
（经验理性行为强流式关联于记忆）
7322a<=q812——（7322-1c）
（浪漫理性行为强流式关联于幻想）
7322b<=q813——（7322-1d）
（实用理性行为强流式关联于迷信）

从缘起特质的视野看，这里呈现出一个“出乎意外”的景象，那就是：先验、浪漫和实用理性行为这三者是同质的，而经验理性行为是特立独行的。三同质理性行为都缘起于深层第二类精神的第一殊相概念群“想象 q81”，并依次对应于该概念群的三株殊相概念树。经验理性行为则缘起于深层第二类精神的共相概念群“联想 q80”，与该概念群的第一株殊相概念树“记忆 q801”对应。

在前面的“2.2-1”里，为“先验理性行为被赋予一切理性行为之根（73228）的资格”作了充分的辩护，那么，为什么又要把经验理性列为概念群“理性 d2”的殊相概念树之首 d21，把先验-浪漫-实用理性依次符号为 d22-d23-d24 呢？上面的论述对此给出了充分辩护。这样，所谓理性行为的对应性“奇异”（见表“理性行为与其他概念的对应性‘奇异’”）已经一点也不奇异了。

2.2-4 实用理性行为 7322b 的世界知识

本分节将集中讨论前列特殊编号概念关联式所描述的世界知识，为此，先把它们集中拷贝如下：

(73228,jlv00e22,a0099t)——(7322-0-1)
（先验理性行为无关于三争）
(7322(~8)t<=a0099t,t=b)——(7322-0-2)
（非先验理性行为强流式关联于三争）
73229=(b01,b13+b33)——(7322-0-3)
（经验理性行为首先强交式关联于夺取，其次是立足于改革或竞争的并举）
7322a=(b03,b11+b32)——(7322-0-4)
（浪漫理性行为首先强交式关联于反抗，其次是革命与争斗）
7322b=(b02,b23+b43)——(7322-0-5)
（实用理性行为首先强交式关联于奋斗，其次是立足于继承或协同的并举）

这些特殊编号概念关联式的汉语说明包含着一些读者极不熟悉的“词语”，其中的“立足于改革或竞争的并举”和“立足于继承或协同的并举”当为不熟悉之最，这两个“词语”是笔者在写（7322-0-3）和（7322-0-5）的汉语说明时临时想起来的省略表述形式。举例来说，b13 历来使用的汉语说明是“改革与继承”，比较准确的汉语说明是“立足于改革而又包容继承”，这里把它简化成“改革的并举”了，其他类推。

这组特殊编号概念关联式的总体思路是：要把理性行为与第二类劳动和表层第三类精神生活这两个概念范畴联结起来。4 种理性行为的各自功能特征可以透过这种联结得以充分凸显，其符号表示式如此简洁连笔者本人都有点意外。

这些特殊编号概念关联式描述的世界知识集中体现为下列两点：第一，三争是一切非先验理性行为的缘起。对这一点，佛家、道家和儒家都看得非常透彻，基督教和伊斯兰教这两大宗教同样如此，不存在“识”的高低之分。但对策有本质区别，儒家和两大宗教强调规范经验理性行为，而佛、道两家则强调强化先验理性行为。这已经属于专家知识，但 HNC 符号体系不难对此给出简明的符号表示。第二，非先验理性行为强交式关联于表层第三类精神生活。不同传统文明对表层第三类精神生活有自己的偏好，差异很大，所谓文明的冲突不能一般归结文明的差异，差异不一定引起冲突，但对表层第三类精神生活的不同偏好却是文明冲突的根源，亨廷顿先生并不明白这一点。

这里必须说明：概念树“d21-d22-d23-d24”的依次内涵约定未考虑文明的偏好，对理性行为 7322 之延伸概念“73228-73229-7322a-7322b”也照此办理，但概念树“b01-b02-b03”的依次内涵约定则参考了传统中华文明的偏好。为什么要这么做呢？那是基于这样的一项思考——传统中华文明的深厚理念内涵（d10）可以为后工业时代的文明再启蒙提供更多的启示性知识，这在前面已预说过多次了。

以上的论述都太形而上了，所以，下面说几句形而下的话语。英国是经验理性行为的样板；法国是浪漫理性行为的样板；美国是实用理性行为的样板；德国和苏联曾是“浪漫理性行为+实用理性行为”两极端形态相结合的样板。实用理性的极端形态叫功利理性，浪漫理性的极端形态叫不断革命。这两种极端形态理性的结合非常可怕，可名之疯狂理性。许多伟人酷爱疯狂理性，疯狂理性又容易引发疯狂崇拜，20 世纪的全部巨大政治灾难都源于“疯狂理性+疯狂崇拜”。“两疯狂”[*1]不仅没有退出历史舞台，还有愈演愈烈之势，“金帅”（参看[123-0.1.3.2-4]分节）导演的经济“两疯狂”已经引发了 21 世纪的巨大经济灾难，这个势态还会延续下去，奥巴马试图扭转这种势态，那是绝不可能完全奏效的，因为这种经济灾难是科技迷信的必然产物，是工业时代柏拉图洞穴的必然效应。另外，奥巴马本人的智慧和美国的文化底蕴绝对承担不起扭转后工业时代危机的历史重任，回想一下那位我们中国人特别熟悉的基辛格博士就明白了，面对着当年政治“两疯狂”表现出来的伟力和魅力，他这么一个高智商的风云人物却显得多么“弱智”啊！政治形态的疯狂理性在第四和第六世界还有代表人物，在第二世界的边缘地区也有代表人物，他们都力图在 21 世纪继续制造政治灾难，针锋相对或软硬兼施是应对这些代表人物的唯一选择吗？未必！因为这种选择过于重视了疯狂理性这一面，而忽视了疯狂崇拜的另一面，似乎忘记了两者毕竟是两回事。

回到上列特殊编号概念关联式，说三个细节。一是（7322-0-1）应该携带一个如下的附属概念关联式：

73228=73219a——（7322-0-1a）
（先验理性行为与交织于理性的理想行为强交式关联）

二是如果不参考传统中华文明的偏好，对 b0y 改用下面的定义：

b01	行动追求（夺取）
b02	对命运的抗争（反抗）
b03	伴随追求的战斗（奋斗）

那特殊编号概念关联式（7322-0-m,m=3-5）里的符号不协调性不就完全消失了吗？这属于树木与森林的关系问题，也涉及平衡原则。平衡就要考虑：此处协调了，彼处呢？这个问题在[141-0]章里也许会有比较深入的讨论。

三是需要给出下面两个无编号概念关联式：

(7322a,j100e21,73228)
（浪漫理性行为相关于先验理性行为）

(7322b,jl00e21,73229)
（实用理性行为相关于经验理性行为）

2.2-5 理性行为三争表现 7322(~8)t=b 的世界知识

这里不拷贝 2.2-0 分节概念延伸结构表示式的有关内容了，因为那些内容极为简明，读者应该非常熟悉了。下面仅说明两个要点。

第一，7322(~8)t=b 的各项延伸延伸概念并不具备独立构成理解基因的资格，只是构成复合理解基因的要素，这就点到为止吧。

第二，理性三争行为的辩证表现 7322(~8)(t)e2n 仅采取非分别说的符号表示，而且使用的符号是语言理解基因氨基酸的最简单形态——“e2n”，而不是“e4o”之类。这一点非常重要，但也不详说了。

三争属于大脑 5“省区”的专业活动“省”，而且位居该“省”的中国式“省会”[*2]。这“省会”与理性行为三争表现的联系当然十分重要，那就是本章的第二号特殊编号概念关联式（7322-0-2）所描述的世界知识。请读者回去看一眼那个表示式并同时关注一下它前面的（7322-0-1）吧，你可以借助这些阶梯登上彼山。如果你举目四望，那会看到关于三争的基本景象。但那景象引发的感受必因人而异，其两极端形态可以这样来表述，一个是：好啊！那困扰着这世界的三争主要流向那非先验理性行为，并不流向那先验理性行为，也不流向那理想行为，这世界大有希望；另一个是：天啊！那困扰着这世界的三争几乎流向所有的行为，似乎只有先验理性行为和理想行为例外，这世界真是没得救了。

对这两种极端感受的评说不是《全书》的事，但这里想借这个机会再说几句关于“理性仅高于观念而低于理念，绝不能过度迷信”这一论断（见[123-2.1-2]分节）的话。当代人说理性，不仅把先验理性彻底排除在外，实际上也把经验理性排除在外，他们强调的只是实用理性的极端形态——功利理性(d24d01)。企业家只讲功利理性，这是他们的天性，所谓“在商言商”的生意经是也，但政治家和文化人不能如此。可是，当今的政治家和文化人也全都淹没在功利理性的浪潮里，目前以第二世界最为严重。奥巴马先生似乎是个例外，其实不完全是。对华尔街的贪婪固然需要谴责，更需要监管（即法治），但如果只有这两招，那是不可能治本的。因为这两招根本不触及贪婪的根源。贪婪是一种社会病态，监管永远不是医治社会病态的灵丹妙药，最多是高质量的“万金油”而已。

功利理性已深入人心，为方便读者对四种理性行为的理解，这里不辞浅陋，也来“红学”一把。雪芹先生高在哪里呢？就高在他对传统中国文化和人生哲学的独到领悟，这领悟当然是缘起于他个人的亲身感受，但是，他不是一位家族命运兴衰的诗人感叹者，也不是一位社会兴衰的哲学思考者，而是一位对中国文化缺失的探究者。他当然熟读过中华文化的经典，熟悉社会的上层人士，对社会草根也不陌生。他探究的结论是：中华文化上端太高，下端太低；一边叫“君子”（菩萨或真人），另一边叫“小人”（畜生或蠢货），这两端之间缺乏一个贯通，缺乏一个居中的东西。因此，他要通过《红楼梦》来表述他心目中的贯通，这贯通就体现在“贾宝玉-薛宝钗-林黛玉-王熙凤”这四个人物形象里。用本节的语言来说，贾宝玉是先验理性行为的代表，薛宝钗是经验理性行为的代表，林黛玉是浪漫理性行为的代表，王熙凤是功利理性行为的代表，他在君子与小人之间插入了林黛玉和薛宝钗，林黛玉是“君子”的下行，薛宝钗是“小人”的上行，这是第一点。第二，他领悟到：传统的社会精英（“大人”）就是贾政和贾雨村这样的人物，这两位“大人”分别是主子观念行为和功利理性行为的代表，可简称“二贾”（“‘贾政’+‘贾雨村’”），其 HNC 符号表示如下：

7323ea1e26+7322bd01　　　“二贾”

雪芹先生见到的社会是一个由“二贾”主导的社会，而且“二贾”之一的“贾政”在社会生活的全部领域无所不在，因此，他描写了众多的“贾政”，这包括老祖宗、王夫人、邢夫人、薛姨妈，以及尤氏和李纨等。第三，雪芹先生精心设计了一位替代“二贾”的人物，那就是薛宝钗，这个人物不存在“二贾”的缺点，却仍然保持着“二贾”的优点。因此，一个由“薛宝钗”主宰的社会应该是一个相对健康的社会。为此，他塑造了多位个性鲜明的“薛宝钗”，这包括探春、平儿、鸳鸯和袭人，还包括秦可卿，透过“可卿救我”这一声呼唤，暗示“薛宝钗”其实就是其自况人物——贾宝玉——的合适配偶。第四，雪芹先生似乎深信：“二贾”是社会不公正的主要根源，他甚至还敏锐地觉察到：“贾政”所造成的不公正更甚于“贾雨村”，他不仅通过黛玉的死凸显了这一点，还通过晴雯和金钏儿的死和贾宝玉遭到毒打来加以佐证。雪芹先生显然希望借此而强烈提示：一个不能容纳“林黛玉”和“贾宝玉”的社会是多么可怕。第五，多数修行人（僧人和道士）竟然被打上了浓重的功利理性行为或迷信观念行为的色彩，仅对妙玉和惜春例外，使她们浪漫化。从人物的上述设计（安排）可以看出：雪芹先生的心中萦绕着一个他理想中的社会，那应该是一个以“薛宝钗”理性为主导的社会，这个社会将尊重“两玉”所体现的理性，将拒斥凤姐所体现的理性，还要拒斥儒、释、道三家所提倡的理念或观念。以上五点，才是《红楼梦》的真谛，才是“满纸荒唐言，一把辛酸泪，皆云作者痴，谁解其中味”的真解。那些“皆云”者和那个“谁”，应该包括读过此书原稿的脂砚斋们吧。那些迷信“脂评”或考据的专家们是否忽视了这一点呢？

作为一位对中国文化缺失的探究者，雪芹先生是深刻的和独到的，甚至是超时代的。当然，这不等于说他是完全正确的。考虑到中华文明的理念之光在他生活的年代惨遭两位“英明”皇帝的屠灭，他的探究就更加显得难能可贵了。所以，雪芹先生的思想境界要远高于中国四大名著的另外三位作者——罗贯中、施耐庵和吴承恩，只有他塑造了各种理性行为的人物形象，而另外三位不过是塑造了一些观念行为的人物形象罢了。从这个意义上也许可以说：雪芹先生不仅是中国的千古一人，甚至是世界的千古一人。

最后交代一点：对功利理性行为要不要单独设置一个延伸概念呢？原以为有延伸概念 7322(~8)(t)e26 就足够了，但《红楼梦》使笔者改变了这一想法，最后还是加上了7322bd01。

结 束 语

本节预定的论述重点是平衡原则，因为该原则在这里得到了充分体现。但写得不怎么样，力不从心的愧疚逼出了向《红楼梦》搬救兵的想法，因为“贾-薛-林-王”确实是对 4 种理性行为的最佳诠释。

注释

[*1]“两疯狂”可能会成为《全书》的常用术语。有这么一种非常奇特的文化现象，一些激烈批判某种“两疯狂”的人，同时又盛赞和美化另一种“两疯狂”。《全书》目前还没有讨论这一奇特现象的安排，也许就用“两疯狂”这术语作为替代品吧。

[*2] 中国的省会一定是该省之政治、经济、文化三文明主体的中心，这是中国特色之一，其他世界的首都和省会则没有这种刚性要求。美国是另一个极端，其首都和省会只承担政治中心的角色，故这里使用了中国式“省会”的说法。“省会”者，对应于共相概念群者也。

第 3 节 行为与观念 7323 (079)

引言

行为与观念 7323 这株概念树，可简称观念行为。这里的观念不是休谟所阐释的与印象相对应的那个观念，而是指对人类行为起直接作用的那种习惯性认识，这就是说，人的行为往往跟着那种习惯性认识（观念）走。本节将对观念行为给出一个形而上描述，该描述是否符合透齐性要求，请读者自行判断，本节不作任何辩护。

但这里需要说明，任何社会的常态是：观念行为 7323 是最普遍的行为，不仅是大众的行为，也是“精英”的行为。而理性行为 7322 毕竟是少数“精英”的事，理念行为 7321 则是更少数“精英”的事，这一社会态势与时代无关。但是，三个历史时代的主宰者有本质变化，农业时代以观念行为 7323 为主导，而且以主从观念行为 7323(~ea3)为主导；工业时代以理性行为 7322 为主导，当前已演变以功利理性行为 7322bd01 为主导；后工业时代将以什么行为为主导呢？答案已前面有所预说了,第二卷将给出正式的说明。

2.3-0 观念行为 7323 的概念延伸结构表示式

```
7323:(c01,eam,e2n,\k=2,;
        eame2n,e25c01,e26e25,(\k)i,;
```

```
        (~ea3)e26d01,)
7323c01                 迷信观念行为
7323eam                 观念行为的关系表现（关系观念行为）
7323ea1                 主宰观念行为
  7323ea1e2n              主宰观念行为的两分辩证表现
  7323ea1e25              公仆行为
  7323ea1e26              大人行为
    7323ea1e26d01           主子行为
7323ea2                 从属观念行为
  7323ea2e2n              从属观念行为的两分辩证表现
  7323ea2e25              公民行为
  7323ea2e26              百姓行为
    7323ea2e26d01           奴才行为
7323ea3                 平等观念行为
  7323ea3e2n              平等观念行为的两分表现
  7323ea3e25              适度平等行为
  7323ea3e26              过度平等行为
7323e2n                 观念行为的善恶表现（善恶观念行为）
7323e25                 观念善行
  7323e25c01              底善行为
7323e26                 观念恶行
  7323e26e25              “悔恶从善”
7323\k=2                观念行为的生活表现（生活观念行为）
7323\1                  精神生活观念行为
7323\2                  物质生活观念行为
  7323(\k)i               性观念行为
```

这个概念延伸结构表示式的一级延伸概念是 4 项。第一项来自于语言理解基因的“省区”，直接挂接于第二类精神生活的迷信 q811；第二项来自于作用效应链，直接挂接于关系的主从性表现 44eam；第三项来自于基本概念，直接挂接于善恶 j82；第四项来自于语言理解基因的特区，直接挂接于生活 50ac2n。这个排序的依据何在呢？选择这 4 位挂接代表的依据又何在呢？这就略而不述了。

对上列延伸概念的语言命名需要略加解释。这里采取了“中西合璧”的方式，公仆和公民是外来术语，两者是工业时代最有代表性的词语标志，是工业时代才产生的新概念。汉语原来没有这两个术语和概念是很自然的，各种传统文明都一样，当然希腊文明另当别论，这是专家的事。古汉语里的“民”是这里的百姓，不是公民，但也不是奴才。大人与百姓对应，主子与奴才对应，大人有别于主子，百姓有别于奴才，这才是恰当的描述或定位，这是所有古老文明的共性，上面的符号表示对此作了清晰的区分。如果把大人与主子、百姓与奴才混为一谈，那所有的古老文明就可以归结为主奴文明，这是尼采先生的大发明。但这个发明不是真发明，即使是对所谓的欧洲黑暗中世纪，都不能这么说，对中华文明就更不能这么说了。传统中华文明是典型的“大人-百姓”文明，而且具有开放性与开明性，这个论断的论证属于专家的事。这里，笔者仅写下两点困惑，第一，近百年来，有那么多的杰出同胞特别迷信尼采发明，据此而制造出第一个全球独一无二的古文明假象：中国和中华文明是“主奴”观念的策源地，孔夫子是该万恶观念的制造者。第二，大清帝国的前四位“英明”帝王曾是“主奴”观念的大力强化者，但近年的“英明”帝王歌颂者不仅对此置若罔闻，反而以戏说的方式制造第二个也是全球独一无二的古文明假象：帝王被公仆了，“顺-康-雍-乾”几乎都具有现代的公仆觉悟。这两个奇异的假象只是一种文化现象吗？

2.3.1 迷信观念行为 7323c01 的世界知识

迷信的形态最为丰富多彩，人都有迷信。前面多次说到科技迷信，也说过民主迷信，那属于高级迷信。这里的迷信观念行为 7323c01 同那些高级迷信不能说一点关联都没有，但这点关联性是没有资格进入概念关联式的，因为符号 7323c01 已表明：它所描述的属于最低级形态的观念行为，对科技和民主的迷信肯定不在其中。它关涉到的主要内容体现在下列关联式里。这里不妨说一句：虽然迷信观念行为 7323c01 具有万般形态，但其联想脉络不过就是下列区区七项。

7323c01<=(813b,103,53e7m) (1)
（迷信观念行为强流式关联于对机遇、危机和风险的预测）
7323c01<=(032,103,3228\0) (2)
（迷信观念行为强流式关联于对灾祸的免除）
7323c01<=(537121,7121) (3)
（迷信观念行为强流式关联于“祝愿”与期望）
7323c01=q821a (4)
（迷信观念行为强交式关联于宗教文化活动）
7323c01=q85 (5)
（迷信观念行为强交式关联于法术）
(7323c01,j100e21,(q84,q83)) (6)
（迷信观念行为关联于白喜事与红喜事）
7323c01=7321ab——（7323-1）
（迷信观念行为与交织于观念的信念行为强交式关联）

为叙述的便利，对上列 7 个概念关联式的前 6 个给出了临时编号。“前 3”概述了迷信观念行为的根源，无关于时代性；“后 3”概述了相关的活动关联式，全都密切联系于第二类精神生活，具有鲜明的时代性，而具有鲜明时代性的东西必然同时具有鲜活的地域性。

关联式（1）描述的典型事例有算命、占卜、看相和风水；关联式（2）描述的典型事例有求神拜佛、祭祀、风水等；关联式（3）描述的典型事例有许愿、祭祀、风水等；关联式（4）描述的典型事例有祷告、做礼拜、朝圣等；关联式(5)描述的典型事例有特异功能、催眠术、心理治疗及占卜与算命等；关联式（6）描述的典型事例有吉日、吉祥“标记”、凶险“标记”、土葬（风水）、天葬等。

上面列举的清单昭示了下列世界知识：①对迷信观念行为加“\k=m”的延伸描述是不明智的；②第二名言对人类生活的影响力大于第一名言；③风水与“标记”是最有影响力的两项迷信观念行为；④不能以科学的名义轻易否定迷信观念行为，特别是其中的宗教文化活动（包括天葬）；⑤看相与心理治疗是第二名言的有力佐证。

2.3.2 关系观念行为 7323eam 的世界知识

如果说迷信观念行为最为普遍，那么就可以说：关系观念行为对人类社会的效应或影响力最为巨大。在当今这个后工业时代的初级阶段，关系观念行为 7323eam 属于最敏感的话题，近年，第一世界的名人常在这个话题上栽跟头，但栽跟头者未必全错,更可能是一种“过度言论自由”下“真话不能说”现象的呈现。下面给出一组概念关联式：

(7323(~ea3)e26,lv00*50ba,pwj01ju40-;s31,pj1*9)——(7323-2)
（在农业时代，大人和百姓行为风行于所有文明）
7323(~ea3)e25<=a1025——(7323-3)
（公仆和公民行为强流式关联于民主政治制度）
(7323(~ea3)e25,lv00*50bae25,(pj01*\1,pj01*\3ju40-0j41c21);s31,pj1*bc35)——(7323-3a)
（在当今，公仆和公民行为风行于第一世界和少部分的第三世界）
7323(~ea3)e25≡7323ea3e25——(7323-4)
（公仆和公民行为强关联于适度平等行为）
7323(~ea3)e26<=a10e26——(7323-5)
（大人和百姓行为强流式关联于专制政治制度）
7323(~ea3)e26d01<=a10e26e26——(7323-5a)
（主子和奴才行为强流式关联于极权制度）
7323eam:=7301\10*a——(7323-6)
（关系观念行为对应于基本态度行为的观念行为）
(7323ea3e2n,lv00*50ba,pj01*\1;s31,pj1*bc35)——(7323-0-1)
（当今，适度与过度平等行为都风行于第一世界）
7323eame25<=a10e25——(7323-0-2)
（积极关系观念行为强流式关联于民主制度）
7323eame25=a10e26e25——(7323-0-3)
（积极关系观念行为强交式关联于“新型”专制制度）
7323ea3e26<=a10e25te26——(7323-0-4)
（过度平等观念行为强流式干关联于消极民主效应）
(7323ea3e26,100*139e25jlu12e22;s33,a10e25e25)——(7323-0-5)
（过度平等观念行为在新型民主制度下将趋于收敛）

这里，概念关联式的两大“阵营”界限分明，对此，多数读者应该已经心领神会了。个别的特殊编号概念关联式（如（7323-0-3））必招痛骂，前文已在多处对此作了回应。这里只想说明两个技术性环节，一是“风行”这一词语的 HNC 符号，二是关于语言理解基因第三类氨基酸“u”的使用。

先说“风行”，它所对应 HNC 符号分别安置在“过程趋向 139”和“社会风尚 50ba”这两个延伸概念里，前者必含贬义，后者可中性，也可褒可贬。对上面两次使用的中性表示，应无异议，但其中的一次褒表示可能招来谴责，笔者就不辩护了。

次说“u”，在（7323-3）里，有“pj01*\3ju40-0j41c21”的符号表示，其中的“u”不可省略，它是“ju40-0”与“j41c21”要先组合的约定表示，仅此而已。可见“u”不等同于语言学的形容词概念，当然也不是毫无关联，这也算是一小段预说吧。

2.3.3 善恶观念行为 7323e2n 综述

先将有关内容拷贝如下：

7323e2n	观念行为的善恶表现（善恶观念行为）
7323e25	观念善行
7323e25c01	“不害人”
7323e26	观念恶行
7323e26e25	“悔恶从善”

善恶观念行为 7323e2n 的符号表示带有明显的绝对性，有人可能会发问：“非此即彼”的描述方式是 HNC 力求避免的，为什么这里却“反其道而行之”呢？这样的提问就是“只见树木，不见森林”的典型表现了，从伦理的视野来考察行为，“e2n”的二分描述才符合透彻性标准，下面概念关联式的不对称表现：

7323e2n<=j82e7o
（善恶观念行为强流式关联于伦理的善恶）

反而是透彻性的体现，而齐备性则体现在 4 项延伸概念的综合里，前文已有所说明了。

观念善行 7323e25 在不同文明里都拥有丰富多彩的词语，这得麻烦池毓焕博士了。但观念恶行 7323e26 的情况则似乎截然不同，中华大地的情况尤为复杂，故下面的论述将采取比较放开的形式。先说一句这样的话吧——当前中国最大的问题在于：观念恶行的平均收益远大于平均损失，于是就出现了前文所说的“狗屎”效应（见[123-0.1.3.3-1]分节）。“狗屎”效应所对应的行为准则是：只要做到犯法不为人知，什么事都可以干。这就意味着观念恶行不仅不是狗屎，简直就是香馍馍了。

那么，观念恶行 7323e26 包含的内容全部包含在上面的概念关联式了，因为它是 7323e2n 的唯一“<=”关联式。细分起来，观念善行有两种，观念恶行有 4 种，因此，可考虑设置孙延伸概念 7323e25\k=2 和 7323e26\k=4。它们分别具有下列概念关联式：

7323e25\1<=j82e71
（仁爱行为强流式关联于伦理的善）
7323e25\2<=j82e75
（高尚行为强流式关联于伦理的高尚）
7323e26\1<=j82e72
（残暴行为强流式关联于伦理的恶）
7323e26\2<=j82e73
（冷酷行为强流式关联于伦理的无情）
7323e26\3<=j82e76
（卑鄙行为强流式关联于伦理的卑鄙）
7323e26\4<=j82e77
（虚伪行为强流式关联于伦理的虚伪）

在 4 种观念恶行里，当今最流行的是冷酷行为 7323e26\2 和虚伪行为 7323e26\4，两者可分别名之（现代）“甲流”和（现代）“乙流”。在“金帅”国度（即第一世界）里，“甲流”主要泛滥于商界，“乙流”主要泛滥于政界。但在“官帅”国度里，“甲流”和

“乙流”则在政-经-文三界一齐泛滥。“被精神病”、“食品毒”[*01]、“药品假”[*02]和“范跑跑”[*03]是“甲流”泛滥于三界的标记，“被统计”[*04]、“县白宫”、“故里争”[*05]、“二奶热”、“硅谷潮”、“诈捐门”、“抄袭风”是“乙流”泛滥于三界的标记。“两流漫三界”现象已成为热门电视节目创作灵感的源泉，成就了不少节目名人。这是盘古开天辟地以来绝无仅有的奇特人文景观，其最大看点是两“被”高居两“流”之首。据说：上帝看到这一景观后，曾发出如下感慨：“官帅”果不凡，老夫也犯难。

两“流”的泛滥常使笔者想起以往流行的三句名言：一是“勿以善小而不为，勿以恶小而为之”（刘备临终前给儿子的遗言）；二是“苦海无边，回头是岸”；三是“放下屠刀，立地成佛”。名言 1 是延伸概念 7323e25c01 的最佳诠释；名言 2 里的“苦”实质上是“欲”，名言 3 里的“屠刀”实质上“作恶”，因此，这两句佛学名言是延伸概念 7323e26e25 的最佳诠释。但三名言似乎离现代生活太远，也许用“便宜”、“吃亏”、“贼船”这三个词语可以给出比较贴近现代生活的表述，如下：

7323e25c01　　不占便宜+不要过度在意吃亏
7323e26e25　　上了贼船要下来
（莫迷信“上了贼船就下不来”的命题，那是极为有害的伪命题）

善恶观念行为 7323e2n 是对行为伦理表现 7301\10*\4 的形而上描述，这意味着要从繁杂的行为伦理表现中（见[123-0.1.1.0.2-4]分节）选出适当的代表，该代表就是行为善恶表现，因此，下面的概念关联式必须给予编号。

7323e2n:=7301\10*\42 —— (7323-7)
（善恶观念行为对应于基本态度行为之伦理表现的善恶表现）

不同文明持有不同的善恶观，更准确地，是善恶观的出发点和侧重点有所不同。传统中华文明是否拥有最为丰富多彩的善恶观呢？这很值得训诂。笔者已多次提到中华文明百年来的两次文化大断裂，这里需要再提一次，因为文化断裂最可怕的后果就是善恶观的丧失甚至颠倒。要问“两流漫三界”现象可以如此猖獗？其形而上答案就在这里。这个结果丝毫没有贬低追求形而下答案的意思，但两种答案不能相互替代，这应该成为后工业时代的一项大众化世界知识。

2.3.4 生活观念行为 7323\k=2 的世界知识

先将有关内容拷贝如下：

7323\k=2　　观念行为的生活表现（生活观念行为）
7323\1　　精神生活观念行为
7323\2　　物质生活观念行为

先给出一个普通编号概念关联式：

(7323\k:=7301\02*t,k=2,t=a) —— (7323-8)
（生活观念行为对应于效应心理行为的效应反应行为）

这意味着：

```
7323\1:=7301\02*9
（精神生活观念行为对应于文化反应行为）
7323\2:=7301\02*a
（物质生活观念行为对应于科技反应行为）
```

这里应请读者留意(7323–m,m=6–8)这连续3个概念关联式所联合传达的世界知识：关系观念行为、善恶观念行为和生活观念行为这三者的联想脉络都不直接连通于“关系心理行为 7301\03”，而分别直接连通于“基本态度行为 7301\10”和“效应心理行为 7310\02”。对关系心理行为和善恶观念行为的“:=”表示式还比较容易理解，但对生活观念行为的“:=”的表示式是否有悖于常理呢？在回答这个问题之前，不妨先说一说两个现象。

现象1：对中国人生活观念行为巨变口蜜腹剑的盛赞

近20多年来，中国人的生活观念行为发生了翻天覆地的变化，欧美精英对这一巨变兴奋不已，不惜盛赞。有些人在盛赞的同时，心里揣着一个强烈的愿望：这巨变里蕴藏着中国（第二世界）必将向欧美文明（第一世界）靠拢甚至转化的强大动力，这不是很有一点口蜜腹剑（杜勒斯先生鼓吹过著名的“和平演变”之剑）的味道吗。但是，这种“兴奋”和所谓的“蕴藏”是一种典型的欧美式痴心妄想症，鼓吹这种妄想症的畅销书屡见不鲜（如《中国大趋势》之类）。但这类畅销书作者只是写手而不是学者，他们仅有写手的能耐，并没有学者的智慧。他们使用两个标签——“毛时代”和“邓时代”——来概述现代中国60年的前后两个历史阶段，他们过于看重两“时代”的表象差异，忽视甚至无视两“时代”的本质延续。为什么会发生这样的误判呢？因为“生活观念行为”本来只是一个被意识决定的存在，只是文明的表象，而不是文明的引擎。但进入后工业时代的初级阶段以后，“金帅”煞费苦心地对生活观念行为施行浓妆艳抹，把精神生活的观念行为 7323\1 全面物化到物质生活的观念行为 7323\2 之内，这物化“手术”做得非常成功，于是生活观念行为摇身一变，被改造成需求外经[01]的奶妈了，“金帅”还雇佣了大批写手把这位奶妈进一步美化成文明的驱动引擎，代沟说因此而广为流行。这既反映了第一文明标杆的固有弱点或缺陷，也标志着“金帅”的阴谋确实取得了巨大成果，前文已对此给出了足够的论述[02]。

现象2：对中国房地产疯狂色厉内荏的辩护

怎样描述中国近年来房地产行业的态势呢？其走向如何？最近有人提出了“房价是总理说了算，还是总经理说了算？”的荒唐命题，这里以“疯狂”一词描述是恰当的。这疯狂的基本背景是：中国已成为全球基本原材料（如钢、水泥、铜、玻璃）消耗的“半壁”巨人。应该比较一下的是：当美国在20世纪中叶前后充当这个角色的时候，其年消耗量的绝对值不过是现在中国的1/10～1/5。那么，当今中国的“半壁”巨人角色可持续吗？它还要继续向“3/4壁”的宏伟目标前进吗？房地产对“半壁”的贡献高达36.1%，而与此同时，中国城市却出现了不可忽视的“蜗居”和“蚁族”现象。如何看待这房地产疯狂呢？“地王”及其代言人的答案极其简单明了：那“36.1%”就是中国当前经济的上帝，是市场的正常生态，是不可侵犯的，对它的侵犯就是走计划经济的回头路，就会使中国经济遭遇硬着陆的灾难性打击。叫唤什么“半壁”和“3/4壁”！书呆子才这么干，以往的全球霸主们，谁不曾在许多领域“半壁”过呢！那是市场的正常生态，“蜗居”和“蚁族”也是，不值得大惊小怪。不过，后者属于公益事业，当然是政府的事，我们的买地费用和纳税足够让政府办好这点小事。

请看：这口气是多么气势汹汹！好像中国政府和广大民意都对市场经济一窍不通，特别是现代市场经济。但这气势汹汹的背后实际上是色厉内荏，因为他们的论点严重违背了经济公理。他们虽然没有经济公理这个概念，但严峻的全球资源势态他们心里是一清二楚的，只是出于“金帅”的忽悠本能，他们也必须忽悠自己，否则就没法子活下去了。这背后依然是那**人为的**文明驱动引擎（生活观念行为）在作怪。“地王”们已经成功地吊高了中国富人的住宅胃口，奇迹般地营造了一个举世无双的房地产投资热潮，他们怎么可能放弃这块硕大无朋的蛋糕呢？这里把“市场”和“利润”这两个词语同“阶级斗争”这个词联系起来，在一些人看来简直是罪不可恕，不过笔者认为：这三个词的任何一个一旦被神圣化都会产生同样可怕的后果。对中国房地产疯狂的疯狂辩护是一种非常值得注意的中国现象，它似乎预示着“官帅”与本土“金帅”信徒（包括小“官帅”）之间在进行着一场复杂的斗争。这场斗争是中国国情的大场和急所，《全书》以前未曾论及，这里需要提一下以备后用。

由于生活观念行为已被改造成为需求外经的奶妈，所以“金帅”和“官帅”都要极力抬高这位“奶妈”的特殊地位。但这位奶妈的 HNC 符号不过是普普通通的“7323\k=2”，似乎同她的显赫地位很不相配，这值得略加解释，为此，下面的拷贝是必要的。

```
    7323\k=2                      生活观念行为
    7323\1                        精神生活观念行为
    7323\2                        物质生活观念行为
(7323\k:=7301\02*t,k=2,t=a)——（7323-8）
（生活观念行为对应于效应心理行为的效应反应行为）
        7301\02*t=a                 效应反应行为
        7301\02*9                   文化反应行为
        7301\02*a                   科技反应行为
          7301\02*(t)i                 生活方式
            7301\02*(t)ie4n              生活方式的基本形态
          7301\02*ad01                 科技独尊行为
            7301\02*ad01t=b              三迷信行为
            7301\02*ad01\k=2             两无视行为
```

概念关联式（7323-8）表明：符号“7323\k=2”并非普普通通，而是极不寻常，因为它直接关涉到生活方式、三迷信和两无视行为。它启示世人：要走出工业时代的柏拉图洞穴，去沐浴后工业时代的晨曦；要重新审视科技独尊的观念和行为；要争取从过度享乐的生活方式中解脱出来，回归适度和低度享乐生活方式。这才是人类未来最重要的目标，也是人类未来真正的核心利益所在，三大文明标杆的重建，都要以这个目标和“益在”[注3]为依归，这就是概念关联式（7323-8）昭示的第一项世界知识。

在符号“\k=2”的排序约定里，“\1”是第一位的，“\2”是第二位的；在符号“t=a”的排序约定里，“9”是第一位的，“a”是第二位的。生活观念行为和效应反应行为的对应关系表明：精神生活观念行为是第一位的，物质生活观念行为是第二位的。这是概念关联式（7323-8）昭示的第二项世界知识。

效应反应行为 7301\02 符号里的“\02”表明，至少还存在一个对应于符号“7301\01”的概念，其重要性必然大于“7301\02*t”，其汉语名称叫“作用反应行为”，与“7301\02*t”对应的是“7301\01*t”，其汉语对应名称分别是政治反应行为和经济反应行为。前文曾提到大脑迷宫的俯瞰图（见[123-2.1-0]分节），由 7301\02 的俯瞰图可知：效应反应行为也联系到感受行为 7301\00 和关系心理行为 7301\03，但那两个方面可以不直接激活，这是概念关联式（7323-8）昭示的第三项世界知识。

生活观念行为被“金帅”改造成奶妈以后，那“科技反应行为 7301\02*a”的一对怪胎[注 4]已横行天下，人们应该对这位奶妈和她哺育的两个怪胎保持高度警惕，绝不可顶礼膜拜。这是概念关联式（7323-8）昭示的第四项世界知识。这项世界知识极为重要，似乎有必要直接写出相应的概念关联式，具体操作由后来者决定。

最后略说一下延伸概念“性观念行为 7323(\k)i”，毫无疑义，它必须拥有的概念关联式数量应该与三争并驾齐驱，位居全部语言理解基因的首位，因为在众多的领域概念树下都设置了与“性观念行为 7323(\k)i”有关的延伸概念。在大脑迷宫的俯瞰图里，这些分散的延伸概念应该连接起来，其连接方式的要点是：“性观念行为 7323(\k)i”应充当源汇流奇(12ebm)里的源(12eb1)和汇(12eb2)的角色。但“性观念行为 7323(\k)i”要当好这个角色并不简单，自延伸概念“性观念行为 7323(\k)i(e2n)”的引入似乎是必要的。

结 束 语

与同一概念群的另外两株概念树理念行为 7321 和理性行为 7322 不同，观念行为 7323 的概念延伸结构表示式采取了开放形态，而且，开放度最大，即一级延伸即处于开放形态。在理念、理性和观念行为中，观念行为的时代性最强，为表述这一世界知识，一级延伸概念 7323t=b 和概念关联式(7323t:=pj1*t,t=b)的设置似乎是一个很有吸引力的选择。但是，人们已经太习惯于生活于极度狭窄的历史断层里了，观念行为之时代性特征的描述几乎是不可能的。过往的，是巨大的谜团；未来的，是虚无的憧憬；当前的，如梦如幻。这样的 7323t=b 显然属于典型的鸡肋，而鸡肋是很难取舍的。

本节有别于常规，在概念延伸结构表示式的后面给出了“传统中华文明是典型的‘大人-百姓’文明，而且具有开放性与开明性”的论断。这个论断似乎是对“传统中华文明乃典型主奴文明”论断的否定，因而一定会遭到谴责。但大人与百姓的 HNC 符号本身和相关的概念关联式（见 7323-m,m=1-5）已经对谴责之声给出了回应。这里不妨交代一个与此有关的一个细节，在写定 7323 延伸结构表示式的过程中，7323(~ea3)e2ne2n 曾是选项之一，出于透彻性难以把握的考虑，最后又放弃了。

在本节的各小节里，对第二世界的消极面赋予了较多论述，这是对前述文明标杆论（见[123-0.1.2.1]子节）和中国速度论（见[123-0.1.2.1.4]孙节）的必要补充。这里应该向细看或翻阅到这里的读者表示谢意和歉意，因为如此分散和杂乱的论述方式是令人难以容忍的。但笔者只能出此下策。因为，《全书》必须以概念树为纲，而不能以人文社会学的主题为纲，这是命中注定的结构性缺陷，只能请读者包涵了。前面的某些预说除了“以防万一”的考虑之外，其实也有这结构性缺陷的因素。因为概念树与主题是交织在一起的，多数领域概念树可以对应于人文社会学一个学科，甚至其中的一项延伸概念都可以具备这一资格。

注释

[*01] 最臭名昭著的，是三鹿奶粉事件。

[*02] 最骇人听闻的，是山西的儿童疫苗致死事件。两事件的可怕不仅在于事件本身，更在于其曝光过程的艰辛。

[*03] 最不可思议的，不仅是范跑跑本人试图借其可耻行为出名，而是竟然有许多人为其辩护。

[*04] 最敢于冒天下之大不韪的，是那“2009年房地产疯狂”的房价上涨率仅为1.3%。

[*05] 最让人恶心的，叫“西门庆故里争”。

[01] 需求外经是经济公理派生出来的核心概念，已在[123-0.1.3.1-1]分节进行了充分论述。

[02] 该论述是围绕着未来三种文明标杆这一主题而展开的，主要内容在下列章节：

文明驱动行为 7301\21*\k=6	[123-0.1.2.1.4]孙节
第一基本情感行为 7301\31*\1	[123-0.1.3.1-1]分节
第二内因情感行为 7301\33*\2	[123-0.1.3.3-2]分节

[03]“益在”是“利益所在”的简化形态之一，另一个是“利在”，两者都是新词，以后可能经常使用。现代人心中只有“利在”，没有“益在”。这两个新词是否体现了一点汉字造词的特殊优势呢？

[04]两怪胎的符号和汉语说明拷贝如下：

7301\02*ad01t=b	三迷信行为
7301\02*ad01\k=2	两无视行为

后 记

人文社会学可简称行为学，这里使用了人文社会学的术语，故意去掉了“科”字。人文科学、社会科学或人文社会科学的术语大家已经习惯了，其实并不恰当，去掉其中的“科”字才比较科学。因为科学只是人类文明基因的三学——哲学、神学和科学——之一，人类文明三主体——政治、经济和文化——是三学的综合效应，不能仅归功于科学。由于工业时代出现了科学独尊的态势，这就必然造成一种心理效应：什么学科都以挂上科学二字为荣，挂不上就怕被人看不起，似乎“低人一等”。最突出的例子是中医，它背着伪科学的骂名近一个世纪了，骂者一直振振有词，而中医的坚定维护者或辩护者并不明白科学独尊的圈套，总想高举“中医科学”的旗帜，不愿意或不甘心使用“中医学”的旗帜，“中医是实践科学”、“中西医结合”等提法实际上都是中了独尊圈套的表现。中医学类似于亚里士多德的“形而上学+物理学”或“亚氏科学”，你完全可以反问那些对中医挥舞“伪科学”大棒的学者：可以把“亚氏科学”叫“伪科学”吗！同时你也应该主动反思：中医学是否也需要经历类似于“亚氏科学”的那种演进过程、逐步分化出各种形态的中医科学分支呢?

在当前的行为学里，理性居于独尊地位，这是工业时代科学独尊态势在行为学里的伴随效应或延伸。理性行为诚然应该是行为的主体，但不是第一位的，更不能独尊。理念-理性-观念的排序才符合行为的最高境界和最佳状态，对社会要这么看，对个人也要这么看。这不过是 HNC 理论关于文明基因特性思考的又一次体现，无须赘述。不过，借着这个机会，本章“理念行为 7321”节对传统中华文明给出了行为学角度的 HNC 描述，以与前文伦理学角度的 HNC 描述（见禀赋基本内涵 7220[123-2.0]节）相呼应。在这一呼应的基础上，对文明基因与文明进化的关系给出了比较系统的 HNC 阐释。其中的马克思答案是一个比较复杂的课题，故采取了进退有度或留有余地的弹性论述方式。

在“理性行为 7322”节里，第一次正式阐释了语言超人的概念，把 HNC 探索与大脑之谜的探索直接联系起来，这是 HNC 探索的真正初衷，只是此前未明言而已。交互引擎是 HNC 探索应用定位的恰当名称，但不是科学定位的恰当名称，语言超人是一个好得多的选择，可简称语超。该节先论述了语言超人硬件系统的功能性结构特征，接着论述了其软件系统的结构性功能特征。强调指出：硬件系统的关键在于共相记忆（相比于殊相记忆和对外接口），而软件的关键在于概念**形成**（相比于概念**激活**和概念运用）。论述中顺便概述了语言超人的一些特异视力，描述了彼山（语言概念空间）和此山（英语和汉语）的基本景象。这里作一点补充，那就是鹦鹉记忆，它是共相记忆、殊相记忆、动态记忆之外的第四种记忆，是黄蓉[*01]妈妈拥有的那种拷贝式语言记忆，鹦鹉一词是对这种记忆的传神描述，是在写完那段文字以后才偶然想起来的。鹦鹉记忆也可以叫做拷贝记忆。

对理性行为的分别说和非分别说试图表明：当今这个时代对理性行为的理解存在着严重偏差，这些论述既是对前述“科技独尊行为 7301\02*ad01”的呼应，也是对第三类精神生活之“理性概念群 d2”的预说。在那里乘机“红学”了一把，不过是试图具体展示一下世界知识和专家知识的异趣，考察一下通家红学与专家红学的异趣，丝毫没有贬低专家红学的意思。

在“观念行为 7323”节里，重点阐释了下列思考：

——要特别注意“大人-百姓”与“主子-奴才”的区分；

——要大力维护“‘不害人’7323e25c01”和“‘改恶从善’7323e26e25”的基础性观念行为；

——要高度警惕生活观念行为向需求外经奶妈转换的异化。

丧失这些思考的直接后果就是：有些人继续以乱骂祖宗为能；某些人仍然以善唱高调为高；许多人则以“奶妈”崇拜为荣。笔者不能不非常遗憾地说一句：这些现象当今以第二世界为盛。但鉴于这些现象之历史背景与现实状态的极度复杂性，观念行为的概念延伸结构表示式就暂时采取了全面开放的形态。

最后，回应一下在“愿望实践后行为 7301\23”子节（[123-0.1.2.3]）里的一段论述：

——地位情结行为 7301\23eam 将安置于行为与观念概念树 7323；

——秦始皇行为和朱元璋行为 7301\23~e95 将安置于行为与理性概念树 7322；

——格瓦拉行为 7301\23e95 将安置于行为与理念概念树 7321。

这三句话分别落实于下面的概念关联式：

7301\23eam:=7323eam
（地位情结行为对应于关系观念行为）
7301\23e96:=7322a
（秦始皇行为对应于浪漫理性行为）
7301\23e97:=7322bd01
（朱元璋行为对应于功利理性行为）
7301\23e95:=7321a9
（格瓦拉行为对应于理念-信念行为[02]）

注释

[*01] 黄蓉是金庸小说《射雕英雄传》的女主角。

[*02] 理念-信念行为即交织于理念的信念行为。

第三章

行为的形而下描述 733

引　言

上一章的引言指出："732 描述意识起决定作用的行为，可另名形而上行为；733 描述存在起决定作用的行为，可另名行而下行为。"接着又指出："依据上面阐释的原则，概念群 732 之概念树设计的理论依据就十分明朗了，那就是意识形态的高低顺序：（理念，信念，理性，观念）"。所谓"概念群 732 之概念树设计的理论依据"同样适用于概念群 733，只不过把"意识形态的高低顺序"换成存在的现实与个性罢了，现实存在的效应高于个性存在是形而下行为的共相表现，个性存在的效应高于现实存在是形而下行为的殊相表现，"共"先于"殊"是 HNC 的一般约定，故 733 仅设置两株概念树，其符号表示及汉语说明如下：

7331	行为与现实（现实行为）
7332	行为与个人（个人行为）

行为与现实亦另名现实行为，行为与个人亦另名个人行为。两者具有下面的基本概念关联式：

733=731——（733-1）
（行为的形而下描述强交式关联于言与行）
7331=7321ab——（7331-1）
（现实行为强交式关联于观念-信念[*01]行为）
7331=73229——（7331-2）
（现实行为强交式关联于经验理性行为）
7331=7323eam——（7331-3）
（现实行为强交式关联于关系观念行为）
7331=7322b——（7331-4）
（现实行为强交式关联于实用理性行为）
7332=732199+7321a9——（7332-1）
（个人行为强交式关联于信念-理想行为和理念-信念行为）
7332=73228+7322a——（7332-2）
（个人行为强交式关联于先验理性行为和浪漫理性行为）
7332=7323e2n——（7332-3）
（个人行为强交式关联于善恶观念行为）

上列概念关联式将构成相应概念延伸结构表示式设计的基本依据。

第一名言和第二名言对 732 和 733 各概念树排序的影响力截然相反，如表 3-29 所示。

表 3-29　第一名言和第二名言对行为的影响力

概念树	732y	733y
第一名言	递增	递减
第二名言	递减	递增

这意味着现实行为 7331 主要是第一名言的表现，而个人行为 7332 主要是第二名言的表现。

注释

[*01] 观念-信念行为即交织于观念的信念行为，其他类推。

第 1 节 现实行为 7331 (080)

现实行为 7331 的定位非常明确，不必引言，下面直接进入概念延伸结构表示式。

3.1-0 现实行为 7331 的概念延伸结构表示式

```
7331:(\k=4;)
  7331\k=4                     现实行为的第二本体表现
  7331\1                       信念现实行为
  7331\2                       经验现实行为
  7331\3                       关系现实行为
  7331\4                       实用现实行为
```

对第二现实行为仅以“\k=4”符号表示，似乎有点不可思议，但如果从作用效应链的“三段说+轮回说”来看，那是极为简明的思考，7331\1 对应于作用；7331\2 对应于效应；7331\3 对应于关系；三者构成作用效应链的三段表现（非三侧面 β 说）。而 7331\4 对应于作用效应链之轮回。

按符号的约定，本节是没有资格设置小节的，但考虑到 7331\k 各自内容的巨大包含性，这里将提高它们的地位，以 4 个小节分别对它们进行论述。

3.1.1 信念现实行为 7331\1 综述

信念现实行为 7331\1 具有下面的概念延伸结构表示式：

```
7331\1:(d01,ebn,(~eb2);d01t=b;d01(~o)3)
  7331\1d01                    信念现实行为的最高体现（浪潮）
    7331\1d01t=b                 浪潮的 3 种本体表现
    7331\1d019                   政治浪潮
    7331\1d01a                   经济浪潮
    7331\1d01b                   文化浪潮
      7331\1d01(~o)3               无知浪潮
      7331\1d01(~9)3               政治无知浪潮
      7331\1d01(~a)3               经济无知浪潮
      7331\1d01(~b)3               文化无知浪潮
  7331\1ebn                    信念现实行为的震荡形态
  7331\1(~eb2)                 信念现实行为的永恒形态
```

信念现实行为的概念延伸结构表示式被赋予了封闭形态，主体项是“浪潮 7331\1d01”，它拥有后续延伸概念，另外两项都是对信念现实行为之过程特性的描写。

浪潮的准确 HNC 符号是 r7331\1d01，这就是说“信念现实行为的最大呈现 7331\1d01”是一个 r 强存在概念，故以 r7331\1d01 的汉语直系词语为其汉语命名。

浪潮曾是社会发展的强大动力，但无知浪潮却是社会灾祸的根源，这一重要世界知识将以下列概念关联式表示：

(7331\1d01t,lv00*3618jlur12e21,(1079e71,147,pj01-))
——（7331\1-1）
（各本体浪潮曾推动社会的前进）
(7331\1d01a,l00*311jlur11e22;s32,pj01(~\1);s31,pj1*9)
——（7331\1-0-1）
（在农业时代，第一世界以外的各个世界都未曾出现经济浪潮）
(7331\1d01t,l00*10787jlur12e21;s33,(r12m,147,pj1*a);s32,pj01\1)
——（7331\1-2）
（第一世界的工业时代全过程，各本体浪潮都曾相互穿插与交替）
(7331\1d01(~o)3,jlv12c33,3228\4)——（7331\1-3）
（无知浪潮必造成荒溢之灾）
(7331\1d01(~9)3,jlv11e21,pj01*\1+pj01*\3ju41c21)
——（7331\1-0-2）
（政治无知浪潮常态存在于第一世界和“少数”第三世界）
(7331\1d01(~9)3,jlv11e21e22,(pj01*\3+j01*\6)ju41c22)
——（7331\1-0-3）
（政治无知浪潮暂态存在于“多数”第三和第六世界）
(7331\1d01(~9)3,jlv11e21e26,pj01*\5+j01*\6ju41c21)
——（7331\1-0-4）
（政治无知浪潮消极存在于第五世界和“少数”第六世界）
(7331\1d01(~a)3,jlv11e21e26,pj01*\2u11e21)——（7331\1-0-5）
（经济无知浪潮消极存在于经典社会主义世界）
(7331\1d01(~b)3,jlv11e21e22,pj01*\2)——（7331\1-0-6）
（文化无知浪潮暂态存在于第二世界）
(7331\1d01(~b)3,jlv11e21e26,(China,147,[20]pj12))
——（7331\1-0-7）
（文化无知浪潮消极存在于 20 世纪的中国）
7331\1d01(~9)3≡p-a2*\1(d01)——（7331\1-0-8a）
（政治无知浪潮强关联于“金帅”）
7331\1d01(~b)3≡pea1*\2(d01)——（7331\1-0-8b）
（文化无知浪潮强关联于“官帅”）
7331\1ebn=>7331\1d01(~o)3——（7331\1-0-9）
（信念现实行为的震荡形态强源式关联于无知浪潮）

关于“存在 jl11e2m”之各种形态的汉语表述一直处于待定状态，以前曾多次使用过存在的精确符号表示，但其汉语表达则常以模糊的“存在 jl11e21”代之。这里第一次使用了常态、暂态、消极等修饰词，未用者，还有与 jl11e21e25 对应的积极。

上面给出了一组特殊编号概念关联式，读者由此可以清晰地看到：特殊编号不仅表示该概念关联式十分重要，而且表示它只是“一孔之见”，因而必有争议。这是世界多元性的本质特征，也是《全书》引入特殊编号的基本依据。

上列特殊编号概念关联式是以下列两个基本论断为依据的：一是“人类文明三主体构成——政治-经济-文化——的理想关系结构是：统帅-基础-灵魂”；二是“**大三权分立且各受特定制约才是社会制度的理想境界**”。第一基本论断已散见各处，将在[142-1]章的后记里给出系统论述，第二论断在“期望驱动行为 7301\21*t=b”的[123-0.1.2.1.1]孙节里已有比较系统的论述。立足于这两个论断，上列特殊编号概念关联式都不过是普普通通的世界知识，当今，“金帅”之如此猖狂与“政治无知浪潮”是一枚硬币的两面；“官帅”之如此猖狂与“文化无知浪潮”是另一枚硬币的两面。这项普普通通而又极为重要的世界知识以同一特殊编号概念关联式（7331\1-0-8o）强调之。

“无知”这个词语或许会刺激太多的人，对受刺激者的一切责难笔者只想回应两句话：① 金融如何监管已成为全球的热门话题，从那主流论说中，君未见其政治无知之甚吗？② “重庆风暴”近来成为中国舆情的热门话题，从那主流论说中，君未察其文化无知之甚吗？

为什么不给出无知浪潮以分别说表示 7331\1d01t3 呢？这说来话长，这里就从略了。对此有兴趣的读者不妨以下列概念关联式为起点自行思考。

7331\1d019=a13+a15
（政治浪潮强交式关联于政治斗争和征服这两株概念树）
7331\1d01a=(a26,a20ad01)
（经济浪潮首先强交式关联于经济与科技概念树，其次是企业王国）
7331\1d01b=(a30\k,a31+a32)
（文化浪潮首先强交式关联于文明形态，其次是文学和艺术）

信念现实行为 7331\1 存在震荡形态和永恒形态，前者以语言理解基因之氨基酸“ebn”表示，后者以“(~eb2)”表示，这两个符号挂接于 7331\1 的意义表达十分传神，文字解释反而显得是多余的事了。不过，这里值得回味一下黄炎培疑问和尼采悲情。

20 世纪中叶，黄炎培先生大约是受到《甲申三百年祭》(1944)的启发，提出“其兴也勃焉，其亡也忽焉”的历史循环律能否被打破的疑问，还到延安向毛泽东先生热情请教，结果是被大大忽悠了一把[01]。其实，黄炎培疑问不过是对“信念现实行为之震荡形态”现象的一种文言表述而已，同历史循环律根本扯不上关系。在 20 世纪中叶提出这样的问题是否太迂腐了一点呢？故其被忽悠也，“不亦宜乎”。

19 世纪末叶，尼采先生登上了浪漫理性的顶峰，决心清算柏拉图和耶稣基督对人类的“千年欺骗”，借超人查拉图斯特拉[02]之口宣告“上帝死了”，柏拉图和耶稣的说教都不过是“高贵的谎言”。人类被骗了 2000 多年而竟然甘之如饴，故尼采不得不请出一位超人以拯救之，这就是著名的尼采悲情。然而，人类需要这样的“高贵谎言”，因为如果没有“高贵的谎言”滋润人间，“卑劣的谎言”就会取而代之。前者不过是力图造成一种“信念现实行为的永恒形态”，而后者却会造成“信念现实行为的震荡形态”，是哪种形态的信念现实行为更为可怕呢？尼采先生未曾思考过。第二次世界大战后的纽伦堡审判给出过“尼采思想是德国危险……预兆”的表述，那不能简单视为对尼采的误解。尼采未能看到后工业时代的曙光，但感受到了工业时代黄昏，这时代黄昏造就了一位浪漫理性的伟大勇士，而浪漫理性勇士的呼唤往往是文化断裂的号角，一定要冷静对待。有趣的是：第二次世界大战后的德国政治家对尼采的呼唤进行了冷静的反思，但第一世界的学界并没有做到这一点，研究尼采的主要学者（这包括海德格尔和施特劳斯及所谓后现代的代表人物德里达）基本采取盲目维护的态度，这就难怪第二世界的学界对 20 世纪中国的两次文化大断裂也采取类似态度了。

3.1.2 经验现实行为 7331\2 综述

经验现实行为 7331\2 具有下面的概念延伸结构表示式：

```
7331\2:(*n,c01,d01;
         *4:(ea3,e1n),*5d01,*6e1n,c01c2n,d01e2n;
         *4ea3d3m,*4e1ne7o,*4e1ni,d01e2ne2m;
         *4e1nie7n,)
  7331\2*n                  自我行为
  7331\2*4                  交易行为
    7331\2*4ea3               等势交易
      7331\2*4ea3d3m            等势交易阶段性
    7331\2*4e1n               非等势交易
    7331\2*4e15               非等势交易的受益方
    7331\2*4e16               非等势交易的受损方
      7331\2*4e1ne7o            非等势交易的人性表现
      7331\2*4e1ni              色情交易
  7331\2*5                  趋利避害行为
    7331\2*5d01               “一毛不拔”行为
  7331\2*6                  嫁祸行为
    7331\2*6e1n               替罪羊行为
  7331\2c01                 弱势行为
    7331\2c01n                弱势行为的辩证表现
    7331\2c014                周旋
    7331\2c015                认命
    7331\2c016                抗争
  7331\2d01                 强势行为
    7331\2d01e2n              强势行为的辩证表现
    7331\2d01e25              王道行为
    7331\2d01e26              霸道行为
      7331\2d01e2ne2m           王道与霸道行为的内外之别
```

经验现实行为 7331\2 具有一主两辅的延伸结构，一主是“自我行为 7331\2*n”，两辅分别是“弱势行为 7331\2c01”和“强势行为 7331\2d01”。

自我行为的描述又以交易行为 7331\2*4 为中心，其中的三个 4 级延伸概念的定义式如下：

```
7331\2*4ea3d3m::=(139d3m,145,7331\2*4ea3)
（等势交易阶段性定义为等势交易的趋向演变过程）
7331\2*4e1ne7o::=(7331\2*4e1n+j82e7o)
（非等势交易的人性表现定义为非等势交易与善恶之并）
7331\2*4e1ni::=(7331\2*4e1n,103,50a(c2n)3)
```

（色情交易定义为性生活的非等势交易）

下面将以 4 个分节对经验现实行为进行论述：第一分节讨论交易行为 7331\2*4；第二分节讨论趋利避害行为和嫁祸行为 7331\2*(~4)；第三分节讨论弱势行为 7331\2c01；第四分节讨论强势行为 7331\2d01。交易与利害、弱势与强势这 4 个概念构成了对经验现实的透齐性描述，交易又是四者的核心概念，因此，第一分节的文字比较冗长。

这里应就便交代一下《全书》固有的结构性缺陷。本书的前两卷是依托概念树来撰写的，这全部 456 株概念树直接涉及“人文-社会科学”的全部领域，也直接涉及“科学-技术-工程”的个别领域。对前者从世界知识的视野进行了广泛的思考，提出了一系列重大课题，排在最前列的是下列 4 项：“三个历史时代和后工业时代危机说”、“未来三大文明标杆说”、“政治、经济、文化和社会公理说”和“科技迷信说”；对后者立足于语言概念空间的“三无限与三有限”公理提出了一系列新课题，排在最前列的是下列 4 项：“语言理解基因”、“共相记忆与殊相记忆”、“语言超人”和“脑谜 m 号,m=1-7”。这些课题都与多株概念树有关，因此每项课题的论述就必然要散布到许多概念树里。因此，就每一课题来看说，就未免显得杂乱无章了，对此，笔者深感无能为力。

第一分节将多次出现老调重弹，但对老调二字加上引号比较合适，因为实际上它们是对老调不可或缺的补充，其中最重要的是有关第二文明标杆现状的补充论述。

3.1.2-1 自我行为 7331\2*n 概述之一：关于交易 7331\2*4

第一世界特别推崇自我这个概念，这里需要交代一声，HNC 目前还没有决定是否在 d13 里专门为它设置一个延伸概念，或许就用复合概念(d13,l45,r4075)来替代。不过，自我行为的“r”(ru7331\2*n)或许是更好的表达。第一世界的学者对自我作了大量的研究，笔者面前的书架子上就有《发展的自我》和《自我的发展》两册专著。在世界知识的视野里，自我行为就是人性的基本表现，所谓自我的发展或发展的自我，主要表现在“交易行为 7331\2*4”的趋于成熟。这一成熟过程是黑格尔式对立统一概念的又一生动范例，其辩证演化的对偶双方就是“趋利避害行为 7331\2*5”和“嫁祸行为 7331\2*6”。“自我行为 7331\2*n”的三侧面是人性之基本表现，趋利避害似乎是人性对动物性的直接继承，但嫁祸于人和交易则似乎是人性的独特发展。前文曾论述过人性论的现实派和明智派[03]，讨论过两者之间对于人性的认识论差异，这里需要进一步思考下述命题：信念是不是人类精神生活的最高境界呢？现实派给出“是”的答案，而明智派则给出“否”的答案。明智派坚持认为：信念之上还有理念，理念是人类可以接受的，并非不可实现；现实派则坚持认为：理念是**多余的**和**不可实现的虚幻**，而信念则是**必须的**和可以实现的**实存**。这是人性善恶论的基本分歧，是柏拉图和耶稣基督的根本区别，也是孟子和荀子的根本区别。笔者支持明智派，后工业时代的曙光更增强了笔者的信心，但笔者也尊重现实派。对明智派的支持意味着对第二文明标杆的憧憬，对现实派的尊重则既意味着对第一文明标杆的期待，又意味着对第三文明标杆的憧憬。

交易行为 7331\2*4 不仅是自我行为 7331\2*n 的辩证统一表现，也是经验理性的集中体现。其两项延伸概念的符号表示和汉语命名都十分传神，拷贝如下：

```
7331\2*4ea3                    等势交易
7331\2*4e1n                    非等势交易
```

符号 7331\2*4e1n 是 7331\2*4(~ea3)的替换，应给出下面的定义式：

```
7331\2*4e1n::=(7331\2*4,144,(p53d25,p53d26))
（非等势交易定义为强势者与弱势者之间的交易）
```

交易最初出现于经济和政治领域，最后扩展到文化和专业活动的全部领域；等势交易最初仅出现于经济领域，随后扩展到政治和专业活动的全部领域。交易的世界知识令人眼花缭乱，但其要点比较简明，如表 3-30 所示。

表 3-30　交易的时代性演变

	农业时代	工业时代	后工业时代
等势交易	限于商业	扩展到各专业活动领域	扩展到社会生活的各个领域
非等势交易	无所不在	退出各专业活动领域	退出社会生活的各个领域

表 3-30 中的扩展和退出前面省略了“逐步”两字，但绝不可加“完全”二字，非等势交易的完全退出乃是乌托邦的典型设想。

“社会生活的各个领域”包括两类劳动和三类精神生活，即 HNC 定义的语境主体构成。语境主体构成的现实内容，一言以蔽之，就是交易，生命本身也不过就是物质的交换。交换和交易的 HNC 符号分别是 249 和 c249，这意味着下面的基本概念式成立。

```
7331\2*4=:c249
（交易等同于社会性交换）
```

此表是对三个历史时代的另一种表述角度，特别突出了工业时代和后工业时代的基本差异。等势交易的扩展和非等势交易的减退首先是在专业活动领域逐步实现的，不可能一步登天，进入社会生活的各个领域。第一世界的不同国度无不如此，宪政领路人英国一直步履蹒跚，革命先锋法国饱经磨难，宗教改革发源地德国制造了两次世界大战的空前人祸，即使是直接跨入工业时代的美利坚合众国也历尽艰辛。在 19 世纪，虽然专制政治制度在欧洲的压迫效应 a2099e1m 有所削弱，但剥削效应和统治效应 a209(~9)e1m（参看[130-2.0.1.1]子节）依然普遍存在，这就是马克思主义产生的时代背景。当今在第一世界看似美好的社会景象是后工业时代曙光的呈现。但第一世界毕竟还是一位后工业时代的历史幼童，幼童不可能具有不惑的智慧，幼童诚然有可爱的一面，但不能把幼童的幼稚当作成熟，传媒和畅销书里的幼童崇拜现象是笔者的错觉吗？但愿如此。另外，有人还依然把这位历史幼童看作是工业时代的恶霸，那不是别有用心，就是历史盲人了。

等势交易与非等势交易的时代性演变特征弱依赖于不同的世界，第一世界的经历具有示范意义或作用，其他五个世界都应该加以参考。但照搬（即全盘西化）是一种休克疗法。休克疗法虽然不能全盘否定，在个别国家（如波兰）确实获得了巨大成功，但毕竟失败的情况居多。20 世纪的中国搞过两次休克，如何评价其成败呢？这是一个非常复杂的课题，简单的二选一答案肯定是一种过度简化，100 多年来，依靠过度简化而大获成功的中国名人太多了，以致人们都已习惯于把过度简化当作法宝。在网络世界，过度简化的论述和吸引眼球（过度简化的变种之一）的标题铺天盖地，传媒和专家、金帅和官帅都在充当这法宝的贩卖者和鼓吹手。这是中国悖论[*2]的典型文化表现。当然，非第一世界的许多国家在走向工业时代或后工业时代的过程中，必然会遇到种种有别于第一世界的阵痛，但大趋势（即等势交易的逐步扩展和非等势交易的逐步减弱）是不可阻挡的，中国悖论不可能永久充当中国特色的护身符。

描述等势交易的流行词语叫双赢或博弈，其 HNC 符号是 r7331\2*4ea3。双赢或博弈是有前提的，那就是等势，等势交易才有可能双赢，非等势交易出现双赢的可能性极微。

表 3-30 所描述的世界知识可以通过下列基本概念关联式给出符合语言超人需求[04]的数字化描述：

(7331\2*4e1n,jl111,(12m9e21,l02,50b9);s31,pj1*9)——(7331\2-2)
（在农业时代，非等势交易是社会风尚的主流）
(7331\2*4ea3,jl11e21lur91\4,(j42e21,l47,a228);s31,pj1*9)
——(7331\2-3)
（在农业时代，等势交易仅存在于商业交易内部）
(7331\2*4ea3,l47,a11)≡pj1*a——(7331\2-4)
（政权活动领域的等势交易强关联于工业时代）
(7331\2*4ea3d33:=pj1*a(d22);s32,pj01*\1)——(7331\2-5)
（在第一世界，等势交易的初级阶段对应于工业时代的发展期）
(7331\2*4ea3d32:=pj1*a(d21);s32,pj01*\1)——(7331\2-6)
（在第一世界，等势交易的中级阶段对应于工业时代的成熟期）
(7331\2*4ea3d31:=pj1*bc35;s32,pj01*\1)——(7331\2-0-1)
（在第一世界，等势交易的高级阶段对应于后工业时代的初级阶段）
((53*(7331\2*4ea3),l44,(pj01*\1,pj01*~\1)),jlv11e217jlu12e21;s31,pj1*bc35)——(7331\2-0-2)
（当今，第一世界与非第一世界之间的等势交易的势态已经出现）

上列概念关联式主要描述了等势交易，并将等势交易的发展过程划分为 3 个阶段：初级、中级和高级阶段。等势交易的三阶段说似乎是一个新名词，三阶段的典型表现集中在政治领域，对应于现代政治制度的建立与完善过程。等势交易初级阶段的核心内容是废除王权制度；等势交易中级阶段的核心内容是培育政治体制；等势交易高级阶段的核心内容是完善政治制度。这些世界知识极度重要，以概念关联式表述如下：

7331\2*4ea3d33:=(3128,l03,a109)——(7331\2-1a)
（等势交易的初级阶段对应于王权制度的废除）
7331\2*4ea3d32:=(3518b,l03,a10m)——(7331\2-1b)
（等势交易的中级阶段对应于政治体制的培育）
7331\2*4ea3d31:=(3519,l03,a10e2n)——(7331\2-1c)
（等势交易的高级阶段对应于政治制度的完善）

上列三个概念关联式被赋予（7331\2-1o,o=(a,b,c)）编号，这组表示式里的内容和符号需要特别加以说明。就内容说，三者所涉及的内容依次是社会制度 a10t、政治体制 a10m 和政治制度 a10e2n。就符号说，第一个表示式里使用的是常量符号“a109”，后两个表示式里使用的是变量符号“a10m”和“a10e2n”。这里需要提前进行 7 点说明：①社会制度使用的是本体论描述符号“t=b”，政治体制和政治制度使用的是认识论描述符号“m”和“e2n”。这意味着三种社会制度都可以容纳不同的政治体制和政治制度，王朝社会制度的终结并不等同于世袭政治体制和专制政治制度的终结，更不等同于轮替政治体制和民主政治制度的建立。②王朝-共和是对社会制度的第一描述，资本-后资本是对社会制度的第二描述；混合-轮替-世袭是对政治体制的第一描述，总统-内阁（首相或总理）是对政治体制的第二描述；专制与民主是对政治制度的第一描述，政党与选举是对政治制度的第二描述。③社会制度、政治体制和政治制度是三个既有密切联系又有重大区别的概念，不能混为一谈。我们不仅要注重三者之间的区别，还要注重三者内部不同描述之间的区别。对这些区别的忽视已经造成、并将继续造成极为严重的混乱，20 世纪中国的两次文化大断裂正是这种混乱造成的恶果。④王朝并非一定专制，专制并非一定是王朝。共和并非一定民主，专制也可以共和。资本并非一定与王朝势不两立，王朝也可以拥抱资本。⑤王朝社会制度大体与农业时代对应，资本社会制度大体与工业时代对应，后资本社会制度大体与后工业时代对应。⑥关于社会制度、政治体制和政治制度的上列各种描述似乎触及了社会现象的本质，但实际上并非完全如此，因为社会的根本进步在于等势交易的逐步扩展和非等势交易逐步退出。⑦专制政治制度也同样具有实现等势交易的潜能，**等势交易并非民主政治制度的专利，非等势交易并不是专制政治制度不可根治的痼疾**。

上述 7 点是对社会的纵向考察，如果再作一番横向考察，那又可以归纳出以下 6 点：①在文明的三项主体构成里，政治是统帅，经济是基础，文化是灵魂。关于政治-经济-文化的统帅-基础-灵魂定位是理想社会制度的公理，可简称社会公理[05]，该公理是大三权分立理想[*03]的原则依据。②农业时代的王权制度或教权制度是对社会公理的严重扭曲，因为无论是王权或教权都总是在侵蚀经济的基础地位，且王权一定觊觎文化的灵魂地位，而教权则垄断文化的灵魂地位，并觊觎政治的统帅地位。③工业时代的资本制度以宪政替代了王权，削弱了教权，国家政权出现了崭新的面貌，它不再具有对经济的侵蚀性和对文化的觊觎性，这是资本制度的巨大历史功绩。④但是，资本制度存在天生的缺陷，因为它对社会公理一无所知，故仅仅约束了政治，却没有约束自己，终于导致金帅的出现，金帅在以另一种形态重蹈王权和教权的覆辙，它侵蚀政治的统帅地位，也觊觎文化的灵魂地位。⑤以资本制度掘墓人自命的经典社会主义看透了资本制度贪婪的表象，却没有看清其侵蚀和觊觎的本质，以致自己也陷入了重蹈王权和教权覆辙的泥潭，它再次侵蚀经济的基础地位并觊觎文化的灵魂地位，笔者这一代中国人所十分熟悉的“政治是统帅，是灵魂”论断堪称人类历史上“霸权之最”的七字宣言，而该宣言依然是当今官帅的一面旗帜。⑥第一世界的金帅、第二世界的官帅和第四世界的教帅都是对社会公理和经济公理[*04]的违背，但两公理终将引导世人走向大三权分立的理想世界之路，并开导金帅、官帅和教帅放弃其对专断的痴迷。

概念关联式（7331\2-1o）试图以最简洁的方式表述上列 7 项纵向社会知识和 6 项横向社会知识。所谓最简洁，是以智力基本内涵的四论为依据的，该四论的 HNC 符号及汉语说明如下：

s10α=b	智力基本内涵
s108	目的论
s109	途径论
s10a	步调论
s10b	视野论

（7331\2-1a）侧重于社会发展态势的目的论说明，（7331\2-1b）侧重于途径论的说明，（7331\2-1c）侧重于步调论和视野论的综合说明。下面将对此依次加以论述。

（7331\2-1a）描述的主体是等势交易的初级阶段 7331\2*4ea3d33，该阶段的目标以王权制度的废除(3128,l03,a109)为核心内容，其中的常量符号“a109”、“3128”和逻辑符号“:=”的联合使用是目的论描述的暗喻。符号“d3m”的相继使用则不仅暗喻了等势交易这一概念（理解基因）的过程性，也具体描述了该过程的时段性，这一重要知识或信息是从**同时被激活**的后续一系列概念关联式获得的，特别是其中的

（7331\2-5）、（7331\2-6）和（7331\2-0-1）

概念关联式“-5”表明：“-1a”所描述的目标——“王权制度的废除”——通常并不能一举成功，出现反复应属于常态，17 世纪的英国光荣革命和 18 世纪的法国大革命就是明显的例证。当然，20 世纪初的中国辛亥革命和俄罗斯二月革命似乎都一举成功，第二次世界大战后，第四世界也出现了不少一举成功的范例（如埃及、伊拉克、利比亚和伊朗），但这些“一举成功”都只是形式而非实质。实质上，英国和法国废除王权之后的长期折腾乃历史逻辑之必然，没有也不可能有例外，即使是直接进入工业时代的美国也未能例外，林肯总统的被暗杀和著名小说《飘》所描述的故事就是明证。社会制度的变革不可能一举成功，这应该是社会公理的推论之一吧，故（7331\2-5）特地指明：等势交易的初级阶段对应于整个工业时代的发展期，而且还加了空间条件——第一世界。

（7331\2-1b）描述的主体是等势交易的中级阶段 7331\2*4ea3d32，该阶段的目标以政治体制的培育(3518b,103,a10m)为核心内容，政治体制使用了黑氏对偶符号“a10m”，因此，内容描述的侧重点就从目的论转向途径论了。查阅“a10m”的内容[*05]，就不难明白这转向说的言之有据。辛亥革命后中国政坛的纷争，二月革命后俄罗斯政坛的纷争，主要是政治体制的纷争，而不是社会和政治制度的纷争，但高明的政治家一定会在等势交易的初级阶段把政治体制的纷争提高到社会和政治制度的高度，以有利于把政治对手打进反革命的死角。列宁-托洛茨基和斯大林、孙中山-蒋介石和毛泽东都是混淆等势交易阶段性的绝顶高手，故（7331\2-6）特地指明：等势交易的中级阶段对应于整个工业时代的成熟期，而且也另加了空间条件——第一世界。

（7331\2-1c）描述的主体是等势交易的高级阶段 7331\2*4ea3d31，该阶段的目标是政治制度的完善(3519,103,a10e2n)，政治制度 a10e2n 使用了非黑氏对偶符号“e2n”，因此，内容描述的侧重点就进而转向步调论和视野论了。查阅“a10e2n”内容[*06]，或许依然会感到此转向说之费解，故这里需要多说几句。政治制度的描述符号 a10e2n 展示了民主制度的美好和专制制度的丑恶。但真伪、善恶和美丑都具有相对性和辩证性，民主和专制政治制度也是如此。民主政治制度的真善美表现为平等、自由和人权，相应的符号

表示是 a10e25t=b；专制政治制度的伪恶丑表现为压迫、剥削和统治，相应符号表示是 a10e26t=b。但是，政治制度具有 a10e2ne2n 的辩证延伸，为此特意制造了两个新词——“新型”民主制度和“新型”专制制度，其符号对应如下：

a10e25e25	“新型”民主制度
a10e26e25	“新型”专制制度

第二个新词必将经历一段臭名昭著的时日，笔者肯定看不到其臭名被洗刷的一天。但那一天必然会到来，这毫无疑义的，因为后工业时代不会永远停留在当下的初级阶段，三种文明标杆不会永远停留在当今的幼稚阶段。历史时代必然出现时代自身的教师，下面出场教师的名字将不再是什么德先生、赛先生或启蒙先生等，而是两位名叫经济公理和社会公理的先生首先登场，还有两位名叫文化公理和政治公理的先生也会随后赶来。经济公理先生的简况前面已经介绍了，另外三位公理先生的简况将在[142-1]章里介绍。

这就是说，政治制度辩证延伸 a10e2ne2n 的描述不仅需要时间-过程侧面的步调论，还需要空间-转移侧面的视野论，这个结论同时也是三个历史时代、六个世界、三种文明标杆的立论之基。说到这里，关于（7331\2-1c）的解释应该可以告一段落了。

其实，“新型”专制制度并非真正意义上的新词，柏拉图和孔夫子早就探索过它的雏形，柏拉图把它叫做贵族制，孔夫子把它叫做仁政。据说，马克思先生的原意是建立一种新型专制制度，这需要训诂。不过，无须训诂也可以断定：俾斯麦先生无疑是一位新型专制制度的探索者与实践者，而凯恩斯先生则是一位新型民主制度的坚定探索者与实践者。

这就是说，新型专制制度 a10e26e25 和新型民主制度 a10e25e25 的概念并非空穴来风。当然，在官帅的处境如此左右为难、官帅的态度又是如此麻木蛮横的今天（2010 年），对

a10e26e25	新型专制制度
ra30\12	第二文明标杆

的讨论确实显得非常不合时宜，但由于《全书》并不企求及时出版，时宜问题就变成一个可以不予考虑的问题了。

第二世界并非丝毫没有向“新型”专制转化的迹象，最主要的内容如下：①执政党和国家的最高领导人已从终身制转变为轮换制，“七上八下”[06]的约定巩固了这一转变，“顾问委员会”的设置已成为历史，“军委主席”的特殊过渡形态也可能即将成为历史。②对马克思答案[*7]的迷信已转变为对现代功利理性的崇拜。③对美利坚和俄罗斯的态度已从头号敌人转变为亦敌亦友。④百姓主体构成的排序已从(工,农,学)转变为(商,学,工,农)。⑤对传统中华文明的态度已从全盘否定转变为“热情”利用。

上列 5 项转变概括了“改革开放 30 年”的基本变化，涉及文明构成三主体（政治-经济-文化）的全部内容，内容①②③都涉及政治，内容④主要涉及经济，内容⑤主要涉及文化。因此，那些所谓“中国 30 年改革仅涉及经济未涉及政治”的论断是死心眼的幼稚，死心眼者完全没有后工业时代已经降临和当今存在六个世界的视野，以为现代文明标杆已经成熟而且是唯一的，未来不再需要创立新的文明标杆了。

中国社会结构从（工，农，学）到（商，学，工，农）的巨大转变是静悄悄进行的，

既没有当年从(士,农,工,商)到(工,农,商,学)[07]的轰轰烈烈，更没有从(工,农,商,学)到(工,农,学)[08]的残酷。中国的市场经济确实**再次**建立起来了，这毫无疑义。问题在于**再建**的中国市场经济带有浓重的中国特色，该特色的要点就是(官,商,学,工,农)的等级结构过于森严，“官”居于绝对强势地位。第一世界也有“官”，“官”也是社会构成的独立要素，但其社会构成四要素的排序是(商,学+官,工)，“官”的高层主要来于(商,学)，又可以回归(商,学)。这就是说，第一世界的社会构成早已不再是工业时代初期的(官,商,学,工,农)五要素构成，而是(商,学+官,工)的四要素构成，工农或城乡之间的非等势交易已完全消失，但(商,学+官,工)的社会结构毕竟使得许多非等势交易得以继续保存，从而形成了金帅独大的肥沃土壤。

对第一世界来说，今后的根本任务比较简明，就是把(商,学+官,工)的社会结构逐步变成(商+学+官+工)的社会结构，从而迈向后工业时代的高级阶段。用 HNC 符号语言来说，时代演进的根本标志就是把社会结构里的“,”号变成“+”号。第一世界的社会结构已经出现了一个“+”号，“,”号的浓重度出现了明显减弱的趋势。但是，第一个“,”号（即金帅）必然会顽强挣扎，就像农业时代的王权一样。

第二世界面临的情况要复杂得多，其社会结构不仅全是“,”号，而且第一个“,”号的浓重度高居全球之冠，这是第二世界的两大根本困境。对第一困境近年有所治理，但仅对最后一个“,”号略有成效，其他基本依旧，而且第一个“,”号的膨胀甚至进入了有增无减的极度危险态势。西方的某些学者对第二世界的两大根本困境视而不见，对所谓的中国发展模式或北京共识胡吹乱捧，这“不见”和“吹捧”是真是假，笔者难以判断。不过，从后工业时代的历史视野来看，一个没有“+”号、全是“,”号的五要素社会结构的国度不太可能具备创立现代发展模式的资格，国人千万不要上这个当。前文已对中国速度的缘由[*08]作了比较细致的分析，国人也千万不要因中国速度而头脑发热。

但是，对第二世界持悲观态度、把第二文明标杆的逐步建立看作痴人说梦的态度，笔者也是不赞同的。我们不应该忽视当前中国社会的下列 4 项基本态势，这些态势密切导源于 20 世纪中国社会结构的多次大断裂，这断裂不仅表现在文化侧面（前文曾多次有所论述），也表现在政治和经济侧面，经济和文化各两次，政治三次。两次经济大断裂的标记年代分别在 20 世纪 50 年代和 20 世纪 80 年代；两次文化大断裂的标记分别在 1919 年和 20 世纪 80 年代；三次政治大断裂的标记分别在 1911 年、1949 年和 20 世纪 80 年代。这总共 7 次社会大断裂在全球是独一无二的，这就必然造成全球独一无二的中国特色。第一次经济断裂的要点是彻底废除私有制；第二次经济断裂的要点是恢复私有制并同时大力加强官有制[09]。第一次文化断裂的要点是彻底埋葬传统中华文化，为经典社会主义文化的迅速入侵扫清根本障碍；第二次文化断裂的要点是彻底清除经典社会主义文化里的浪漫理性，同时完整保持其中的功利理性。第一次政治断裂的要点是废除王权，把社会结构从（帝，官，士，工，农，商）的千年旧形态变换成（官，商，学，工，农）的近代形态；第二次政治断裂的要点是把（官，商，学，工，农）的 5 要素社会结构变换成（官，工，农，学）的 4 要素社会结构；第三次政治断裂的要点是恢复（官，商，学，工，农）的近代社会形态。从上面的叙述可以看出两点：①在这些大断裂中，政治始终起着统帅作用；②对第二世界来说，20 世纪 80 年代是一个非常特殊的年代，中华大地同步发生了政治、经济和文化的全面断裂，是文明断裂的总爆发，下文将特意以中国式断裂名之。

中国式断裂是中国特色之母，不懂得中国式断裂，就不可能理解中国。请记住中国式断裂的三个关键词："20 世纪 80 年代+断裂+全面爆发"，三者的奇妙组合形成了一股强大的爆炸性力量，掀起了一场史无前例的"下海从商"浪潮。中国社会似乎在一夜之间装上了一台威力巨大的引擎，以迅猛无伦的速度向着现代化目标奔驰。用 HNC 语言来说，该引擎，就是作用效应链蓄势已久的新一轮运作(c003)；那浪潮，就是过程突变(10ae22)和定向转移本体呈现(209t=b)的综合。前文已对该浪潮的"蓄势"进行了详尽的分析[*09]，这里要补充说明的不过该浪潮的爆炸性特征而已，爆炸性的基本标志就是中国社会结构从"商"的不合理之"无"(jl11e22e26)又突然转变为合理之"有"(jl11e21e25)。

这一爆炸性浪潮造就的基本效应就是：当今中国（官，商，学）的代表人物都属于**第一代**，他们**都没有父辈**，更不用说**祖辈了**。无父无祖，则无传承；无传承，则无创新；无创新，就只能退而求其次而玩新了，玩新的俗名就叫做"摸着石头过河"。最近有人抱怨说："摸了 30 年石头还不够吗？"抱怨者不知：创新之路必须以百年计，区区 30 年是绝对不够的，从托马斯·阿奎那到笛卡尔是 400 年，从牛顿到爱因斯坦是 300 年。问题更在于：这 100 多年来发生在中国的三次摸着石头过河都只是一门心思闹变革（革命）没有心思去思考变革与继承的综合并弘扬智慧。许多人必然认为：在那种内忧外患的国内外环境中，说什么"变革与继承的综合并弘扬智慧"纯粹是胡思乱想，可你不妨想一想：当年的印度不是出现过甘地那样的政治家吗！当年的中国不也出现过卢作孚[*10]那样的企业家吗！

在中国大陆，"商"的前辈在第一次经济大断裂中被彻底消灭了，如今的内地富豪都属于第一代暴富，这非常明显，是人们比较熟悉的。但是，如何看待中国内地的高官和学杰呢？他们有父辈和祖辈吗？他们是不是也是"第一代"呢？他们"何来继承"、又"何所继承"呢？这个问题非常复杂。60 年来，我们一味丑化第一趟渡河，神化第二趟渡河，这需要反思。但某些反思文字却出现了"变丑化为美化，变神化为妖魔化"的"妄谈"，这需要冷静对待。实际上，那是 20 世纪初期中国学界浮躁病的再现，现今的浮躁者同他们的前辈一样，对有关领域的高端状态所知甚少，对人类文明的历史发展过程与动向所知更少。他们对 20 世纪上半叶某些中国学杰的过度抬高是不符合实际情况的，并极度缺乏历史视野。浮躁者对前两趟渡河的"妄谈"和官帅及其追随者对第三趟渡河的"侈谈"是当今中国的主要危险。

上面概述了概念关联式（7331\2-1o）世界知识，概述过程结合第二世界的实际情况，进行了比较具体的语境分析，这些分析是否可能有益于"妄谈"和"侈谈"病症的医治呢？笔者确实抱有这种奢望。

交易是概念"经验现实行为 7331\2"最重要的一项延伸概念，也是社会生活最重要的一项概念，用 HNC 的话语来说，它是最重要的语言理解基因之一，应纳入微超研究的首选样板。该理解基因的家族成员"色情交易 7331\2*4e1ni"可选入该项微超研究的宠儿。对于这位宠儿，可考虑设置一项自延伸概念 7331\2*4e1ni(c01)，其意义等同于等势色情交易。等势色情交易早已盛行于第一世界，第二世界大有后来居上之势。被整治的“天上人间”就属于等势色情交易，高官的权势二奶现象更有足够资格纳入等势色情交易之最了。

非等势交易人性表现 7331\2*4e1ne7o 的符号表示十分传神，是词语捆绑研究的绝佳样板，据此不难写出富有创意的词语义境学论文。笔者愿意在这里郑重建议：让义境**基本**替代语义这个词语吧！如果说语法是石器，那语义和语用当然就是铁器，但依然是冷兵器，义境才是热兵器。你可以非常反感这个比喻，但实际上，这不是比喻而是对语言与思维关系的实情描述，(HNCm)和(HNC-m)就是这一实情描述的数学与物理表示式。

3.1.2-2 自我行为 7331\2*n 概述之二：趋利避害行为和嫁祸行为 7331\2* (~4)

趋利避害行为 7331\2*5 和嫁祸行为 7331\2*6 是自我行为 7331\2*n 的两翼，将简称两翼自我行为。趋利避害行为是人类的本能，也是生命的本能，包括动物和植物；但嫁祸行为多半是人类的专利，是一种特殊的智力。这里特意加了“多半”的修饰语，因为研究动物智力的学者一定期望聪明的动物也懂得嫁祸，这样他们就有论文可学了。但本能或专利的区分并不重要，重要的是下面的概念关联式：

7331\2*4=>j82~e75 —— (7331\2-0-3a)
(交易强源式关联于人性的卑鄙与虚伪)
7331\2*(~4)=>j82~e71 —— (7331\2-0-3b)
(两翼自我行为强源式关联于人性的恶)

这两个特殊编号概念关联式最有典型性，性恶论在这里找到了强有力的证据，而性善论在这里完全没有立足之地。故前文曾说过性恶论是深刻的，但为什么又要说性善论是明智的呢？因为经验现实行为 7331\2 毕竟只是经验行为 7331 的“四分之一”，经验行为 7331 又只是形而下行为 733 的“二分之一”，行而下行为 733 又只是行为 73 的“四分之一”。性恶论紧紧抓住这个“1/32”，深刻是当之无愧的；但性善论还旁顾那另外的 31/32，并怀着走出柏拉图洞穴的强烈意愿，说它明智也是当之无愧的。从深刻派到明智派可以划分出 4 种类型的论述方式，依次定名为：点说、线说、面说和体说。点说者，“攻其一点、不及其余”也；线说者，以过程与转移为基本依托也；面说者，以关系和状态为基本依托也；体说者，以广义作用效应链为基本依托也。深刻派多数属于点说者，也有线说和面说者，但是否有人达到了体说的水准呢？不知道。明智派则从线说者到体说者皆有，但是否有人居于点说水准呢？不知道。

但是，说特殊编号概念关联式（7331\2-0-3o）最有典型性并不仅仅是指上述内容，还包括两式左边表示式的内容设置：“-3a”里不是非等势交易“7331\2*4e1n”，而是交易“7331\2*4”本身；“-3b”里不只是“嫁祸 7331\2*6”，也把“趋利避害 7331\2*5”包含进去了。这一设置是对性恶论之深刻性的深层展现。

至于抬高自我价值的种种宏论，这里就不作具体讨论了，因为（7331\2-0-3o）和下面的两个延伸概念

7331\2*5d01	“一毛不拔”行为
7331\2*6e1n	替罪羊行为

已对此给出了符合透齐性要求的回答。这里需要说明的只是：为什么要对“一毛不拔”加上引号？它是“拔一毛而利天下不为也”的简化，不是很符合符号 7331\2*5d01 的义境吗！问题在于：它并未表达“势利眼”、“见利忘义”、“落井下石”、“宁做负心汉，不当烂好人”（这是曹操名言“宁我负天下人，勿使天下人负我”的现代版）等词语的意义，而这些都是 7331\2*5d01 的直系词语。遗憾的是：“一毛不拔”行为在中国大陆已经被“全民普及”了，以至于为范跑跑辩护的声音在“一虎一席谈”里竟然明显占了上风，那应该是胡一虎先生的失败主持之一吧。

本分节最后需要补充一点：“趋利避害 7331\2*5”可能需要加一个非分别说的延伸——7331\2*5t=a，以区分趋利与避害，这由后来者自行决定。

3.1.2-3 弱势行为 7331\2c01 的世界知识

本分节先给出弱势行为的定义式，随后拷贝其延伸概念和汉语说明：

7331\2c01::=((7331\2,l02*01,p53\d26),l43,p53\d25)
（弱势行为定义为弱势者相对于强势者的经验现实行为）

7331\2c01n	弱势行为的辩证表现
7331\2c014	周旋
7331\2c015	认命
7331\2c016	抗争

对弱势行为 7331\2c01 的“n”描述符合透齐性要求，因为周旋、认命和抗争都是弱势行为的可选择项。合理的选择取决于条件，实际的选择缘起于个性，这两项世界知识以下面的概念关联式表示：

((380ju84e71,l03,7331\2c01n),jl00e21,s3)
（弱势行为的合理性选择相关于条件）
(380ju746,l03,7331\2c01n)<=7221
（弱势行为的主观性选择强流式关联于性格）

文学家喜好鄙视周旋、丑化认命、歌颂抗争，那是艺术概念空间的描写。语言概念空间要保持自己的相对独立性，对其他概念空间投射过来的信息或知识可以参考，但不宜过于重视或当真。在中国式断裂前的 70 年间，在国人心目中，周旋的文学形象就是《家》里的高家大少爷觉新和《雷雨》里的姨太太繁漪，故周旋行为是应该被鄙弃的；认命的文学形象就是阿 Q 或祥林嫂，故认命行为一定是丑态的；抗争的文学形象没有合适的男性，也许《骆驼祥子》里的虎妞可以作为女性代表吧。这些文学形象只是弱势行为的一种表现，不是主流，更不能充当传统中华文明的代表。这里将推荐 20 世纪中国实际生活中的 4 位人物，前两种弱势行为各选男女代表一人。善于周旋的两位代表人物是陈寅恪先生和赵一荻女士（张学良将军的第二任正式夫人），彻底认命的两位代表人物是王国维先生和张琼华女士（郭沫若先生的原配夫人）。对于这 4 位代表人物，可以加以鄙视或丑化吗？热衷于抗争的现代人物就太多了，他们充分展现了弱势行为的另一种形态，但可以一律加以歌颂吗？现代读者对上列文学或实际人物可能很不熟悉，也没有兴趣，所以，本节也就不以注释的方式给出简要介绍了。

上一个分节曾说过这样的意思：生活就是交易，交易也就是生活。但从本分节看，那是典型的点说，不仅极端片面，而且是可怕的愚昧。因为，交易只是自我行为的一部分，而自我行为又只是经验现实行为一部分；经验现实行为又只是现实行为或现实生活的一部分。当然有人会说：弱势行为不就是弱势自我吗？强势行为不就是强势自我吗？可见，点说也能在形式上做到“点”之有理，但实质上那不过是对柏拉图洞穴的恋癖而已。

3.1.2-4 强势行为 7331\2d01 的世界知识

本分节先给出强势行为的定义式，随后拷贝其延伸概念和汉语说明：

```
7331\2d01::=((7331\2,101*01,p53\d25),143,p53\d26)
(强势行为定义为强势者相对于弱势者的经验现实行为)
    7331\2d01e2n          强势行为的辩证表现
    7331\2d01e25          王道行为
    7331\2d01e26          霸道行为
      7331\2d01e2ne2m       王道与霸道行为的内外之别
```

势态 53 是 HNC 特别钟爱的概念树之一，它和动态 52 两者可以前挂全部基元概念，从而构成语言理解基因的染色体之一，这已在“期望行为 7301\21”子节（[123-0.1.2.1]）的结束语里有所论述。势态 53 这一概念在传统中华文明里简称势，它是柳宗元《封建论》结束语的点睛之字，即“吾固曰：（封建）非圣人之意也，势也”里的“势”，也是贾谊《过秦论》结束语的点睛之字，即“仁义不施，而攻守之势异也”里的“势”。势在传统中华文明里具有特殊的概念地位，大体相当于希腊文明里的逻辑。但西方的逻辑重在形式，属于形式逻辑；中国的逻辑重在内容，属于内容逻辑。形式逻辑比较容易发展成为完备的体系，内容逻辑就不是那么轻易了。内容逻辑的正式论述安排在第三卷的第一编，这里要指出的是：势态逻辑是内容逻辑的重要内容之一，而势态逻辑的基本内涵就是概念树 53 的两项一级延伸概念，拷贝如下：

```
53:(e7m,d2n)
  53e7m          势态基本表现
  53e71          机遇
  53e72          危机
  53e73          风险
  53d2n          强势与弱势
  53d25          强势
  53d26          弱势
```

这两项延伸概念是对必然性和偶然性的辩证逻辑描述，53e7m 描述了偶然性的三分转换逻辑，53d2n 描述了必然性的两分转换逻辑。《封建论》的“势”乃偶然逻辑之势，指出封建体制不过是生民之初的一种势态（机遇），它充满了危机和风险，不是圣人设计的制度。《过秦论》的“势”乃必然逻辑之势，分析了秦帝国强弱之势转换的深层次原因。两文的直接考察对象分别是封建体制和秦帝国，但其关于势态逻辑的论证对今天仍有重大启示意义。社会结构的等级性是强势行为 7331\2d01 和弱势行为 7331\2c01 存在的根源，社会结构的(官,商,学,工,农)存在就必然导致强势行为和弱势行为的宏观存在。即使把社会结构里的“,”号都变成了“+”号，也只能消除强势行为和弱势行为的宏观存在，并不能消除两者的微观存在。这就是说，强势与弱势行为将是一个永恒的存在，她具有不合理存在的主（体）面（宏观层面），但也具有合理存在的次（要）面（微观层面）。人类文明的进步只能逐步消除强势与弱势行为不合理存在的“主面”，不可能也没有必要消除其合理存在的“次面”。

在传统中华文明里，把强势行为的不合理存在命名为霸道，把强势行为的合理存在命名为王道。在那个远古年代，圣人的想象力再强，也不可能预见到强势与弱势行为不合理存在的“主面”竟然可以出现被消除的社会条件。他们只能退而求其次，以约束强势行为和规范一般行为（包括弱势行为）为其哲学思考的立足点，这就是形成仁义这一概念的社会背景。“仁”主要是对强势行为的约束，“义”主要是对一般行为的规范。由“仁”就引申出王道与霸道的概念，王道就是要实行“仁”，其哲学意义（即定义，霸道同）就是：强势者要利用的自己的强势去帮助弱势者（即“己欲立而立人，己欲达而达人”），不能利用自己的强势去谋取特殊利益（即“君子无关于过度三争”[*11]），更不能利用自己的强势欺凌弱势者（不恃强凌弱）。霸道就是不“仁”，其集中表现就是就是强势者利用自己的强势谋取自己的特殊利益并欺凌弱势者（**恃强凌弱**）。前文在论述 “态度丛林法则表现 7110at=a”[*12]时曾写道:“《论语》和《孟子》是对‘强梁与忍受 7110at=a’的全面哲学回应，代表着伦理学的最高智慧。”在论述“仁学义”的哲学意义[*13]时曾指出“这是西方伦理学迄今未曾达到的高度”，这个论断十分重要，但显然属于另类。当时没有条件进行详细论述，现在有这个条件了，已对君子、王道和霸道给出了 HNC 表示式和足够的概念关联式了，可以略事弥补了。

传统中华文明哲学思考的起点同希腊文明存在根本差异，后者的起点集中于**存在**的本体论与认识论思考，前者有所不同，它特别现实，直接以丛林法则为起点。基于丛林法则的现实，其哲学思考的重中之重就自然聚焦于一点，那就是如何约束和规范强势者的行为。这是儒家的独特思考，法家反之，集中思考**如何治理弱势者**。故法家提出的治国谋略容易取得富国强兵的短平快效应，这是任何政治家和企业家都明白的治理学 ABC：**约束弱势易，约束强势难**。从这个意义上可以说：先秦的法家（不是法治论者）是避难就易的精明学术商人，道家（不是道教）是知难而退的潇洒学者，儒家则是迎难而上的理念求索者。这一求索的基本成果就集中体现在“仁”、“王道”、“霸道”、“君子”、“小人”这一组概念上，这些概念是对“道”（大体对应于西方人的自然法）这一基本概念的巨大发展。“道”是对“自然法”的共相描述，“仁”是对“自然法”的殊相描述，**殊就殊在它主要针对强势**。柏拉图没有这么思考过，康德也没有。洛克和孟德斯鸠的思考有点接近于“仁”，但远未达到“仁”的高度，因为它只针对政治专制，并没有涉及强势本身，对经济强势更丝毫没有触动。

不要小看“己所不欲，勿施于人”、“己欲立而立人，己欲达而达人”这两个看似朴素的命题[*a]，它是专门针对强势者而制定的基本行为准则，因为，能“施于”者和能“达人”、“立人”者自然是强势者，而“被施”者和“被达”、“被立”者通常是弱势者。备受“五四运动”鞭挞的“温良恭俭让”及“君君、臣臣、父父、子子”等行为准则实质上也是侧重于针对强势的。这里要特别指出的是：**王道和霸道、君子和小人**这个概念组体现了孔夫子所擅长和喜爱的一种独特表述方式，是黑格尔先生很不熟悉的一种表述方式，孔夫子特地给它取了一个名字，叫“叩其两端而竭焉”（大体对应于现代汉语的“抓两头、带中间”）。如果说孔夫子关于仁的一系列直接论述是对强势者的一种晓谕，那么，上面以黑体字标示的概念组就是为孔夫子对强势者的一种警告了。那警告十分简明，用现代话语来说就是：你是强势者，你拥有恃强欺弱的先天条件，你拥有作恶害人的充分本钱，那条件诚然是霸道之母，但也可以转换成王道之母；那本钱诚然是小人之母，但也可以转换成君子之母。霸道和小人是愚昧和下流的，无异于禽兽，是没有好下场的；王道和君子才是智慧的和高尚的，是提升人之价值（有异于禽兽）的瑰宝，是真正值得人类追求的终极理念。笔者前几年曾对比重读了一遍《论语》、《孟子》和《理想国》、《尼各马可伦理学》，读完以后的深刻感受是：把伦理学的立足点放在对强势者的晓谕和警告上，这是中华文明伦理学的独特思考，希腊文明没有这样的思考。这个思考是否非常高明地抓住了伦理学的要害呢？是否更有利于一个理想社会结构的建立呢？这是一个值得深思的大课题。

理想社会结构是柏拉图名著《理想国》探讨的中心课题，提出了“智慧、勇敢、节制、正义”的 4 要素原则，这 4 要素是柏拉图为其设想的理想政治体制（不是政治制度）服务的，当然属于人类精神生活的重要组成部分（不是全部，也不是柏拉图伦理学的全部）。有趣的是：孔子也几乎同时（略早一点）提出了一个理想社会结构的 4 要素原则，那就是“仁、义、礼、君子”。这两个 4 要素原则是否殊途同归呢？有没有高低之别？这也许是当代最为重大的训诂学课题，也是对所谓诺贝尔奖获得者倡议[11]作出具体回应的第一号课题。下面为这一课题的深入探索提供一个素描。为素描之便，下文将使用柏拉图模式和孔子模式两术语。两模式的异同如表 3-31 所示。

表 3-31　孔子模式和柏拉图模式的异同

	孔子模式	柏拉图模式
统治者	仁(1) 王道	智慧(1)
		愚蠢
	霸道	
保卫者		勇敢(2)
基本行为准则	义(2)	正义(4)
	勇	
法治	礼(3)	节制(3)
强势者	君子(4)	
	（俗人）	
	小人	

此表清晰展示了孔子模式和柏拉图模式的异同，可概括成以下 4 点：

（1）两模式都把统治者当作社会结构的第一要素，但对统治者提出的基本要求有所不同，孔子模式的基本要求是仁，柏拉图模式的基本要求是智慧。由仁引申出来的是王道与霸道、君子与小人的概念，由智慧引申出来的是 5 种政治体制的概念。

（2）两模式都极度重视基本行为准则的建立，对该准则要点的认识可谓英雄所见略同，都抓住了伦理学的共相概念树——正义。差异在于孔子模式对统治者提出了更高的禀赋要求，而柏拉图模式对统治者提出了更高的智力（禀赋的一部分）要求。

（3）两模式都高度重视法治的建设，命名的差异很大，一个叫礼，另一个叫节制，但这只是形式而非实质，或者说，只是一个细节问题。

（4）两模式的根本差异在于：孔子模式把强势者的禀赋培育看作是实现其理想社会结构的关键，这一点特别重要，可名之孔子模式亮点。而柏拉图模式则特别强调了对城邦保卫者情感与技能的培育。

孔子模式亮点清晰地表明：其理想社会结构是（君子，俗人，小人）呈现出纺锤形分布形态的社会，这种社会结构可名之孔子理想社会。

纺锤形分布形态意味着俗人是社会成员的主体构成，君子和小人都是少数。但孔子模式强调：君子**必须存在**，是要花大力气加以培育的存在，而俗人和小人不过是当然的存在。这就是说，一个没有小人的社会是不可思议的，但一个没有君子的社会是**可怕的**。这就是**孔子理想社会**的要点。这个论断会立即引申出一个有趣的问题：当今的第一世界有君子吗？笔者回答不了这个问题，但笔者确实知道：①奥巴马先生遇到的真正难题正是在这里，前文已多处提到了这一点；②第一世界的内王道已趋于成熟，但还远没有达于完善，前文也多处提到了这一点。③第一世界还不知道外王道为何物，急需补课，前文也多次隐喻了这一点。

关于中华伦理学特色的弥补性说明到此可以结束了。但有一个细节需要交代一下。孔子从来没有用过俗人这个词语，《论语》的“子曰”里只有君子、小人和大人的说法。那么“孔子理想社会”的说法成立么？这疑惑太书生气了，上面不是多次说到孔子喜好“叩其两端而竭焉”的表述方式吗！

下面讨论两个问题，一是王道与霸道的时代性特征；二是古老中华文明和希腊文明的文明土壤差异。

依据王道与霸道的前述定义，我们已经清晰地看到：这个“概念对”是描述人类文明进化的合适统一标准，其实，第一世界引以为自豪的民主-平等-自由-人权-开放-透明等概念都属于王道的范畴；第一世界不断谴责的专制-独裁-迫害-封闭等概念都属于霸道的范畴。从表述的简洁性来说，王道与霸道的概念应该不难为全人类所接受，但第一世界似乎很不乐意，这很有意思。其奥秘似乎在于王道与霸道都有内外之别，要说外王道，那第一世界就乏善可陈了；要说外霸道，那第一世界就劣迹斑斑了。当然，这个说法很可能只是笔者的臆测，因为王道与霸道是一对被遗忘的概念，其发明国度曾把它当做封建糟粕扔进过历史垃圾桶。现在，是时候了！应该把它们重新捡回来，把同样在垃圾桶里闲置了很长时间的仁、君子和小人等概念都一起捡回来。这些都是概念的瑰宝，第二世界有资格、更有责任把这些概念瑰宝宣向全球。这些概念瑰宝才是“大场”，而许多所谓的非物质文化遗产不过“官子”，甚至是半目价值的“官子”。当然，“官子”容易引起联合国官员和大众的兴趣，但第二世界不能老是被这种兴趣牵着鼻子走。前面不是建议过把 Ren & Junzi 作为孔子学院院旗的标志吗！这里，将以王道与霸道为变量，对人类政治文明进步的势态逻辑给出一个描述，分别采用表（表 3-32）和图两种方式。

表 3-32　王道与霸道的时代性特征

		农业时代	工业时代	后工业时代初级阶段
王道	内	萌芽	成长	成熟
	外	无	萌芽	成长
霸道	内	有节	减弱	消除
	外	巅峰	有节	减弱

此表提供了工业时代和后工业时代划分的政治学依据。

内王道的描述选用了萌芽、成长和成熟的词语，其 HNC 符号和概念关联式如下：

7331\2d01e25e21(d4n)　　内王道的发展过程
7331\2d01e25e21(d48):=pj1*9——（1-1）
（内王道萌芽于农业时代）
7331\2d01e25e21(d47):=pj1*a——（1-2）
（内王道成长于工业时代）
7331\2d01e25e21(d46):=pj1*bc35——（1-3）
（内王道成熟于后工业时代的初级阶段）
7331\2d01e25e21(d45):=pj1*b~c35——（1-4）
（内王道完善于后工业时代的非初级阶段）

外王道的描述选用了无、萌芽、成长的词语，其 HNC 符号和概念关联式如下：

7331\2d01e25e22(d3n)　　外王道的发展过程
(7331\2d01e25e22,jl11e22;s31,pj1*9)——（2-1）
（农业时代不存在外王道）
(7331\2d01e25e22(d37):=pj1*a——（2-2）
（外王道萌芽于工业时代）
(7331\2d01e25e22(d36):=pj1*bc35——（2-3）
（外王道成长于后工业时代的初级阶段）
(7331\2d01e25e22(d35):=pj1*b~c35——（2-4）
（外王道的成熟于后工业时代的非初级阶段）

内霸道的描述选用了有节、减弱、消除的词语，其 HNC 符号和概念关联式如下：

7331\2d01e26e21(~d45)　　内霸道的发展过程
7331\2d01e26e21(d46):=pj1*9——（3-1）
（内霸道有节于农业时代）
7331\2d01e26e21(d47):=pj1*a——（3-2）
（内霸道减弱于工业时代）
7331\2d01e26e21(d48):=pj1*b——（3-3）
（内霸道消除于后工业时代）

外霸道的描述选用了巅峰、有节、减弱的词语，其 HNC 符号和概念关联式如下：

7331\2d01e26e22(d4n)　　外霸道的发展过程
7331\2d01e26e22(d45):=pj1*9——（4-1）
（外霸道巅峰于农业时代）

7331\2d01e26e22(d46):=pj1*a —— (4-2)
(外霸道有节于工业时代)
7331\2d01e26e22(d47):=pj1*bc35 —— (4-3)
(外霸道减弱于后工业时代初级阶段)
7331\2d01e26e22(d48):=pj1*b~c35 —— (4-4)
(外霸道消失于后工业时代的非初级阶段)

王道与霸道的内外之分需要一个参照，上列概念关联式选用的参照是国家，这一点很重要，以下面的定义式表示：

7331\2d01e2ne21::=(7331\2d01e2n,s32,(j42e21,l47,pj2))
(内王道和内霸道定义为一个国家内部的王道或霸道)
7331\2d01e2ne22::=(7331\2d01e2n,l44,pj2)
(外王道和外霸道定义为国家之间的王道或霸道)

王道与霸道的内外之分可另选的参照很多，这包括民族、宗教、阶级、行业、部落、家族、家庭。但这些参照都可以纳入 7331\2d01e2ne21 的范畴，对 7331\2d01e2ne21 作"\ke2m"的延伸就可以给出相应世界知识的符号表示。其中的强势部落和强势家族的王道与霸道尤为重要，往往充当举足轻重的社会角色。在农业时代，这是各古老文明的共相；在工业时代，强势家族的作用依然十分巨大，第三世界的许多国家尤为明显。强势部落在第五世界的作用更是不容忽视。但这些世界知识强交织于专家知识，将暂时按下不表。

上面的全部概念关联式都只给了临时编号，这并非由于它们没有取得普通甚至特殊编号的资格，而是因为考虑到：从垃圾桶里捡回来的东西，要让人们有一个习惯的过程。这里需要特别加以说明的是下列几点。

(1) 关于"内王道完善 7331\2d01e25e21(d45)"的说明。

王道完善是人类未来的憧憬，自延伸符号"(d45)"的使用就隐喻了这个意思。当今，第一世界都远没有达到这一境界，另外 5 个世界的差距就更大了。王道完善的基本标志是：(君子，俗人，小人)呈现出纺锤形分布形态；(金帅，官帅，教帅)逐步淡出霸道语境；(政治，经济，文化)各司其文明主体构成的社会角色[12]；(哲学、神学、科学)各司其不同内容的探索职责[13]。

(2) 关于"外王道不存在于农业时代、萌芽于工业时代"论断的说明。

古老中华文明有夷狄的明确概念，这就等于说：王道不适用于对外。那么，文明基因最为全面发展的古希腊文明是否高明一点？也没有！因此，表里就用"无"来描述了。不过，那征服达于极致的工业时代却出现了外王道的萌芽，那萌芽就是 1648 年签定的威斯特伐利亚和约，该和约是国际法的产婆，是国家主权这一现代概念的鼻祖，是宗教改革(工业文明清单 8 项内容的第二项)最伟大的成果。许多读者可能对这三句话的历史背景很不熟悉，或者很不以为然，那笔者只能致歉了。

(3) 关于"工业时代和后工业时代划分的政治学依据"的说明。

有关内容拷贝如表 3-33 所示。

表 3-33　工业时代和后工业时代划分的政治学依据

		工业时代	后工业时代初级阶段
王道	内	成长	成熟
	外	萌芽	成长
霸道	内	减弱	消除
	外	有节	减弱

这里有 4 项指标，在 20 世纪 50 年代以后，它们在第一世界呈现出来的变化是极为巨大的。表面上，有的指标似乎比较容易辨认，如内霸道；有的指标似乎很难辨认，如外霸道。实际情况并非如此，表所描述的现象是一清如泉的。但是，第一世界以外的许多人并不这么看，我国的网评和网帖随时可以看到大量精彩的话语，足以证明这表是"汉奸的捏造"。内贾德、查韦斯、卡斯特罗和金正日先生其实都是生活在这类精彩话语的虚幻里，从六个世界的视野看，这并不令人惊异。但问题在于：这"成熟、成长和减弱"只是一个过渡，一个暂态，它既有一个"成长、萌芽和有节"的过去；它还有一个"完善、成熟和消除"的未来。这是当今最重大的哲学课题，但第一世界的精英却竟然对此浑浑噩噩，前文已提过多次了[*b]，这确实令人惊异，但又不必惊异，因为他们毕竟没有三个历史时代和六个世界的视野。内贾德和查韦斯两先生的洋洋自得与第一世界的浑噩是密切相关的，这是什么问题呢？答案其实十分简单，就是形而上思维长期缺失必然酿成的恶果。

由仁派生出来的王道与霸道、君子与小人的概念是"理念概念群 d1"的核心，其普世价值超过任何其他概念。读者可以感受到笔者对这些概念的特殊情感，但遗憾的是：笔者未能展示其魅力于万一。不过，前面的一些有关论断是值得在这里简略回顾一下的：①希腊文明的文明基因最为健全，而中华文明的文明基因最为特殊，这健全性和特殊性皆为古老文明之冠。②健全性表现为哲学、神学和科学的各自充分独立发展；特殊性表现为将哲学神学化、神学哲学化、科学边缘化。③希腊文明基因的健全性已经造就了蕞尔西欧率先进入工业时代的历史奇迹与辉煌；那么，中华文明基因的特殊性是否有可能造就后工业时代的另一种辉煌呢？这一重大课题已经被提出过多次了，答案实际上也已经被隐喻过多次了，那隐喻里的关键词就是仁、王道、霸道、君子和小人。

下面可以转入中华文明和希腊文明的文明土壤差异性的说明了。

希腊文明的文明土壤是城邦，中华文明的文明土壤是大一统的封建帝国。城邦的疆域很小，人口很少；封建帝国的疆域很大，人口众多。柏拉图哲学思考的中心课题是如何建立一个理想的城邦；孔子哲学思考的中心课题是如何建立一个理想的封建帝国。城邦的基本社会结构是（官员，军人，文人，商人，技人）；封建帝国的基本社会结构是（王，官，士，农，工，商）。中华封建帝国经过大秦帝国最终演变成（帝，官，士，工，农，商）的社会结构；希腊城邦经过罗马帝国最终也演变成（帝，官，士，商，工，农）的社会结构。这最终的社会社会结构表面上是大同而小异，实质上是大异而小同。大异者：①东帝常实而西帝常虚，故西官的作用远大于东官。②东士逐步完全脱离科学与技术（仅医学例外）的探索；西士则始终密切联系于科学与技术的全面探索。③东商社会地位最低，始终在（工，农）之后；西商的社会地位比较高，始终在（工，农）之前。官、商、士的状态包孕着政治、经济、文化的势态，即文明三主体构成的势态。西官、西士和西商的上述状态是一种社会势能，在 13 世纪以后逐步演变成一种历史势态，这在前文已有所论述[*14]，那势态就是造就蕞尔西欧率先进入工业时代的上帝之手，即贾谊和柳宗元所说的“势”。而东官、东士和东商的上述状态不包孕西欧的那种社会势能，因此也就不可能造就那种历史势态，这就是泱泱中华注定不能自行跨入工业时代的基本社会因素。

社会势能包括政治势能、经济势能和文化势能，形成这势能的内因是文明基因：哲学、神学和科学。造就工业时代社会势能的惯性力量可以继续造就后工业时代的低级阶段，但后工业时代低级阶段已遭遇到空前的时代性危机，那么，靠什么社会势能缓解或消解这场危机并让后工业时代摆脱它的低级阶段呢？前文已多次提出过这个问题，实际上也多次隐喻甚至明喻过这个问题。这里又回到了这个问题，然而，将仅从文明土壤这个基础性方面来说，而且仅以希腊城邦和中华帝国为例。

城邦是一种文明土壤，帝国是另一种文明土壤。

城邦的社会构成是 4 要素（官，士，商，工），帝国的社会构成是 6 要素（王，官，士，农，工，商）。4 要素社会构成的文明主体归属是“官–政治+士–文化+（商，工）–经济”，6 要素社会构成的文明主体归属是“（王，官）–政治+士–文化+（农，工，商）–经济）”。由此可见，城邦文明与帝国文明的基本（土壤）差异在于两点：第一，城邦尚未形成“王”的概念，而帝国则已形成“王”的稳固概念；第二，“商”是城邦经济的第一要素，“农”是帝国经济的第一要素。

这两点差异与文明的海洋性和大陆性有一定关系，但那不是造成该差异的决定性因素，决定性因素是文明所在地域的地貌特征和民族人口总量这两者。希腊的地貌和民族人口不具备建立帝国的基本条件，故希腊人没有产生过帝国的念头。亚历山大大帝的出现是一个极为特殊的个例，即使他没有英年早逝，他那个大帝国也同样会遭遇昙花一现的下场，这是可以断言的，因为希腊文明根本没有为一个大帝国的建立进行任何准备，苏格拉底、柏拉图和亚里士多德都没有想过这个重大课题。中华的地貌和民族人口不同于希腊，它拥有建立帝国的先天优越条件，其优越程度堪称全球独一无二。于是，那个经常被谴责的“普天之下，莫非王土，率土之滨，莫非王臣”和“天无二日，地无二王”的观念早就在中华大地产生了，那不是孔子的发明，但孔子一定会维护它，而希腊人当然不会有这种观念。

上述两点差异是城邦文明和帝国文明的本质区别，这差异，既是土壤，又是种子，对两种文明的发展走向起着基因作用。

先说第一差异，即“(王，官) –政治”与“官–政治”的差异。

“(王，官) –政治”意味着存在两级政府：中央政府（大政府）和地方政府（小政府）；“官–政治”意味着只存在一级政府（小政府）。用围棋术语来说，两级政府和一级政府面临的大场完全不同，**两级**政府的大场是中央政府和地方政府的关系问题；而**一级**政府的大场是最高领导层的更迭问题。所以，“(王,官) –政治”的中国一直忙于封建制与郡邑制的形式化探索，而较少涉及“(王,官) –政治”的体制或制度本身；而“官–政治”的希腊则有条件致力于政治体制或制度本身的实质性探索。从两种探索的结果来说，希腊探索的成果应该远远大于中国，事实也似乎确实如此。共和、民主、选举、任期、立法、行政、司法这些现代政治概念都在希腊的探索与实践里出现了，而中国探索似乎只留下“君君、臣臣、父父、子子”这八个字的混账“吃人”礼教。但是，实际情况果真是如此简单吗？

希腊探索的代表人物是柏拉图，中国探索的代表人物是孔子。柏拉图探索的代表著作是《理想国》，孔子探索的代表文本是《论语》。两位探索者的探索时机都处于所在文明的衰落时期，都带着浓厚的拯救情怀。柏拉图的拯救法宝叫做正义和哲学王，孔子的拯救法宝叫做仁和君子。从这个意义上说，两位哲人的纲领性结论可谓殊途同归。

现代中国曾为孔子树立过 6 种形象，一是坚决维护奴隶制度的反动孔子；二是坚决维护封建礼教的万恶孔子；三是阻碍科学技术发展的文化罪人孔子；四是发明“学而优则仕”的官迷孔子；五是符合官帅政治需要的良民孔子，六是符合市场需求的名人孔子。第一形象曾大走红于“文化大革命”，那是由于林彪竟然写过“克己复礼为仁”条幅而引起的一场闹剧，现在似乎没有什么市场了，但另外 5 个形象依然走红。所以现代中国人对孔子探索的基本成果是很不熟悉的，故前文略加介绍，希望多少有助于一个真正孔子形象的树立。表 3-31 是这一努力的概括性描述，该表对问题“实际情况果真是如此简单吗？”给出了明确的答案。

这里必须补充说明的是：柏拉图和孔子的探索必然都要受到其文化土壤和时代背景的约束，他们的某些论断必然具有糟粕性。但对某些糟粕性的东西更要**特别慎重**。例如，如何看待柏拉图关于“民主制度次坏”的论断和孔子关于“克己复礼为仁”的论断呢？就非常需要这种态度。因为这两个论断里蕴藏着“寓精华于糟粕”的大智慧。冷静审视民主政治制度的缺陷需要一种新的智慧，正确理解“克己复礼为仁”的论断更需要一种新的智慧。当第一世界和第二世界分别获得这种智慧的时候，后工业时代就可以告别其初级阶段了。

对城邦文明和帝国文明的第二差异似乎不必多说什么，因为商屈居 6 要素社会结构（王，官，士，农，工，商）之末显然是中华文明的固有缺陷，而商居于 4 要素社会结构（官，士，商，工）的第三位显然是希腊文明的潜在优势。在某种意义上可以说：东士与西士、东商与西商的前述差异就是这一缺陷与优势的延续。《理想国》的开篇竟然是一位商人畅谈他的老年感悟，这是非常有意义的语境，中国古典文献有这样的语境吗？前面曾论及 100 年来中国社会发生的 7 次大断裂，大断裂的语境必然存在不同的声音，可是，中国近代文献有这样的基本（且不谈完整）记录吗？这就是说，中国的古典文献和近代文献实际上存在着同样的严重缺陷：语境不全！近代的比古典的更为严重。那么，现代的比之近代的又如何呢？热衷于“八股”的各级官员和热衷于“雷语”的各级精英都想一想这个问题吧。

中华文明与希腊文明的差异是传统文明差异性的代表，是文明差异的共相，非第一世界的各传统文明与第一世界发源地传统文明之间都存在这种差异。这意味着非第一世界的各传统文明都不具有“自行跨入工业时代”的潜质，老是抓着中华文明没有这个潜质而大做文章的人实际上陷入了“一神教”信徒的泥潭而不自知，而未来的世界需要多种文明标杆，前文在论述马克思答案的前后已经多次讲过这一点了。当前，马克思答案依然拥有大量的信徒，居其两端者也大有人在，一端是热衷于把马克思说成是自由主义者，另一端则把这种人视为马克思答案或毛泽东思想的叛徒，他们感慨万端：毛泽东所预见的暗藏走资本主义道路当权派果然在中华大地实现了复辟的目的。理论上的吵吵闹闹实际上是在继续共同铸造马克思答案的上帝权威性。

3.1.3 关系现实行为 7331\3 综述

关系现实行为 7331\3 具有下面的概念延伸结构表示式：

```
7331\3:(e7m,e0m,e6m,e2n;
                        e2n:(i,3);
                        e25ie5n,e26ie4n,e253e7n,e263e7m)
  7331\3e7m              利益行为
  7331\3e71              利他行为
  7331\3e72              损人行为
  7331\3e73              利己行为
  7331\3e0m              双向关系行为
  7331\3e01              合作行为
  7331\3e02              对抗行为
  7331\3e03              妥协行为
  7331\3e6m              单向关系行为
  7331\3e60              调和行为
  7331\3e61              支持行为
  7331\3e62              反对行为
  7331\3e63              中立行为
  7331\3e2n              恩仇行为
  7331\3e25              救援行为
  7331\3e26              害人行为
    7331\3e2ni             恩仇行为承受者的伦理表现
      7331\3e25ie5n          受援者伦理表现
      7331\3e26ie4n          受害者伦理表现
    7331\3e2n3             恩仇行为作用者的伦理表现
      7331\3e253e7n          救援者伦理表现
      7331\3e263e7m          害人者伦理表现
```

本小节将采取与前两小节有所不同的论述方式：①将不依次对 4 项延伸关系进行同等分量的说明，而以第四项延伸概念“恩仇行为 7331\3e2n”为重点；②先对 7331\k=4 的设置作必要的说明。

本节开始，给出了一组概念关联式（7331-m,m=1-4），它们实际上规定了概念树 7331 辖属的内容，相应的汉语表述就是：现实行为包含以下 4 项内容：第一是以“观念-信念”为依托的现实行为；第二是经验理性为依托的现实行为；第三是以关系观念为依托的现实行为；第四是以实用理性为依托的现实行为。为什么要这样设置呢？就是为了让行为的形而上描述和行为的形而下描述相互恰配，为了让概念树 7331 与概念树组（732y,y=1-3）恰配起来。实际选用的具体方案是：从概念树“理念行为 7321”中选取“交织于观念的信念行为 7321ab”充当恰配代表；从概念树“理性行为 7322”中选取“经验理性行为 73229”和“实用理性行为 7322b”充当恰配代表；从概念树“观念行为 7323”中选取“关系观念行为 7323eam”充当恰配代表。这里，理念行为和观念行为都只选取了一位代表，而理性行为却选取了两位代表，这是一种思考；各位代表具体选取什么延伸概念，这是另一种思考。这两项思考围绕着什么中心呢？那就是透齐性。就略说一下这个思考的过程吧。

这四位代表的顺序安排，采取如下原则：先依据 732y 的顺序各安置一位代表，这样，拥有两个代表权（理性行为 7222）的第二位代表自然就被安置最后的位置上了。

前文（见[123-3.1.2-2]分节）论述“交易行为 7331\2*4”时曾写道：“它是最重要的语言理解基因之一，应纳入微超研究的首选样板。”这里，对“关系现实行为 7331\3”的各项延伸概念几乎都不能写下同样的话了，因为它们的概念联想脉络都远比交易行为复杂，其盘根错节的特征也许会在第三卷第一编里作为一个范例来加以论述。

关系现实行为 7331\3 之 4 项延伸概念的定义式如下：

7331\3e7m::=(7331\3,lv83,(r32(~0)8,144,(4075,4076)))——(1)
（利益行为乃基于自身与他人之间的利害考量而作出的关系现实行为）
7331\3e0m::=(7331\3,lv83,(r32(~0)8,144,407m))——(2)
（双向关系行为乃基于彼此之间的利害考量而作出的关系现实行为）
7331\3e6m::=(7331\3,lv83,(r32(~0)8,144,(407e31,407~e31)))——(3)
（单向关系行为乃基于我方与另两方之间的利害考量而作出的关系现实行为）
7331\3e2n::=(7331\3,lv82,(r32(~0)8,144,(4071,4072)))——(4)
（恩仇行为乃根据此方与彼方之间的利害效应而呈现出来的关系现实行为）

这 4 个定义式里使用的符号和对应的汉语解读，请注意两点：

（1）前 3 个定义式使用的第一个逻辑符号是 lv83，第四个定义式的对应符号是 lv82。两者的汉语解读有所不同，前者用了“考量”和“作出”，后者用了“效应”和“呈现”。

（2）关系现实行为所依托的内容统一选作“利害 r32(~0)8”。对利益行为和恩仇行为的符号表示赋予了伦理因素；对双向和单向关系现实行为则不赋予伦理因素。这一重要世界知识已蕴含在符号表示里了。请注意：“利害 r32(~0)8”的“利 r3218”不是利益。

利益这个词语越来越时髦了，在 HNC 符号体系里，它拥有三个符号：

(r3218,ra0099a,a009aae21a)

这里选用了第一个，而目前时髦的利益是后面两个，这使笔者常想起“王何必曰利，亦有仁义而已矣”，故提前给出下面的概念关联式：

r3218%=(ra0099a+a009aae21a)——（XYa-m|）
（作用效应链中的利益包含专业活动里的两种利益）
ra0099a:=((pj2,pj52,p563e1m,)+p53d25))——（XYa-m|）
（三争里的利益对应于特定世界成员和强势者的利益）
a009aae21a:=(pa5ae36+p53d26)——（XYa-m|）
（专业活动效应里的利益对应于法律当事人和弱势者的利益）

上面的概念关联式引入了新面孔的编号，那是第三卷的工具，“提前给出”的用语包含着这一暗喻，这里就不解释了，读者先意会吧，“特定世界成员”短语也不解释了，读者和语超应该都不存在理解的障碍。三种利益代表三种语境，强势者话语中的利益基本上是三争里的利益（ra0099a）；弱势者话语或法律语言中的利益基本上是专业活动效应里的利益（a009aae21a），而孟子话语中的“利”则是作用效应链中的利（r3218）。此利与害共生，必须靠仁义去平衡或调节。所以，梁惠王和孟子虽然都使用了“利”这个词语，但两者的义境有本质差异，梁惠王的“利”就是当今世界特别时髦的“利益”，而“国家利益”和“国家核心利益”就更了不得了。第一世界如果真想向东方文明学点智慧的话，他应该首先弄明白：“国家利益”和“国家核心利益”在东方智慧里乃属于霸道的东西，而不是属于王道的东西。第一世界如果真的弄明白了这一点，那就意味着后工业时代即将脱离其初级阶段了。

下面对 4 项关系行为依次略说其世界知识。

——关于利益行为 7331\3e7m

先给出下列概念关联式：

7331\3e7m≡72228e7m——（7331\3-0-1）
（利益行为强关联于气质）

这是关系现实行为 7331\3 的第一号概念关联式，其自然语言的表述有三句话，分别对应于符号(e7m,m=1–3)。用汉语来表达就是：利他行为强关联于君子；损人行为强关联于小人；利己行为强关联于俗人。由于君子还远不是一个普适概念，故使用“特殊编号”比较合适。该概念关联式隐喻着一项重要的世界知识：它并不包含亲情 7112 和友谊 7113 里的利益行为，也不包含捐献服务 a237b 和志愿服务 a2373，但不包含不等于没有关系，这关系，以下面概念关联式表示：

(7331\3e7m,jl11e22,7112+7113)——（7331\3-01）
（利益行为无关于亲情和友谊）
7331\3e71=a237b+a2373——（7331\3-02）
（利他行为强交式关联于捐献服务和志愿服务）

形而下的“利益行为 7331\3e7m”乃形而上的“关系观念行为 7323eam”的一种呈现，两者之间的交式关联（即概念关联式“7331=7323eam——（7331–3）”）是一个不可或缺的描述，然而那毕竟只是一个极为粗糙的素描。语超必须进一步把握下面的概念关联式：

7331\3e71≡7323eame25——（7331\3-03）
（利他行为强关联于公仆行为、公民行为和适度平等行为）
7331\3e72≡7323(~ea3)e26d01——（7331\3-0-2）
（损人行为强关联于主子行为和奴才行为）
7331\3e73≡7323eame26——（7331\3-0-3）
（利己行为强关联于大人行为、百姓行为和过度平等行为）

——关于双向关系行为 7331\3e0m 和单向关系行为 7331\3e6m

先将有关内容拷贝并将部分命名改写如下：

7331\3e0m	双向世事人情行为
7331\3e01	合作行为
7331\3e02	对抗行为
7331\3e03	妥协行为
7331\3e6m	单向世事人情行为
7331\3e60	调和行为
7331\3e61	支持行为
7331\3e62	反对行为
7331\3e63	中立行为

这两项延伸概念涉及的内容，汉语有一个简明的概括叫“待人处世”或“待人接物”，还有个文雅的说法叫“世事洞明皆学问，人情练达即文章”。这里把“世事”和“人情”按照关系的双向性和单向性（即关系第二类基本属性 40α=b 里的 409e2m）分为两大类：“双向世事人情行为 7331\3e0m”和“单向世事人情行为 7331\3e6m”。从这里可以看到：汉语为 7331\3 的表述创造了十分传神的对应词语，那就是“世事人情”，但把它作为直系捆绑词语时，请千万不要忘了加上语言理解基因的第三氨基酸符号“r”。

在“关系现实行为 7331\3”的 4 项延伸概念里，符号表示最传神的是第二和第三项。因为两者所使用的语言理解基因第二类氨基酸符号“e0m”和“e6m”已经把双向性和单向性的义境特征明确无误地表达出来了。所以，上文已把两者的汉语表述直接叫做“双向世事人情行为”和“单向世事人情行为”。

在“关系现实行为 7331\3”的概念延伸结构表示式里，我们对前 3 项延伸概念都采取了“一级”封闭形态，这包括利益行为、双向世事人情行为和单向世事人情行为。如果要讲述语言理解基因第二类氨基酸的妙用，这三项语言理解基因可作为教材的生动范例。当然，这生动性离不开相应概念关联式的配合，三者的定义式已经描述了最基础的世界知识，对利益行为，前面补充了足够的概念关联式，下面对双向和单向世事人情行为作类似的补充。

7331\3e0m:=(7103e21+7301\03e21) —— (7331\3-04)
（双向世事人情行为对应于直接反应和直接反应行为）
7331\3e6m:=(7103e22+7301\03e22) —— (7331\3-05)
（单向世事人情行为对应于间接反应和间接反应行为）
7331\3e0m=a0099t —— (7331\3-06)
（双向世事人情行为强交式关联于专业活动的三争）
7331\3e6m=a009a~8 —— (7331\3-07)
（单向世事人情行为强交式关联于专业活动的制度与契约）
7331\3e0m=(s11+s12) —— (7331\3-08)
（双向世事人情行为强交式关联于谋略与策略）
7331\3e6m=s21 —— (7331\3-09)
（单向世事人情行为强交式关联于方式与方法）

这 6 个概念关联式都有编号，后 4 个概念关联式应看作是前两个概念关联不可或缺的补充，它们规定了世事人情行为与“心理”反应及其行为的区别或分工。上文说到关系现实行为 7331\3 的盘根错节性，但 HNC 不会对这种特性的描述束手无策，这组概念关联式就是 HNC 的“武器”。这就是说，关系现实行为虽然不适合做微超研究的首选样板，但一旦开始做复杂微超的研究，它也许就是比较合适的样板了。

——关于恩仇行为 7331\3e2n

先将有关内容拷贝如下：

```
7331\3e2n                    恩仇行为
7331\3e25                    救援行为
7331\3e26                    害人行为
  7331\3e2ni                   恩仇行为承受者的伦理表现
    7331\3e25ie5n                受援者伦理表现
    7331\3e26ie4n                受害者伦理表现
  7331\3e2n3                   恩仇行为作用者的伦理表现
    7331\3e253e7n                救援者伦理表现
    7331\3e263e7m                害人者伦理表现
```

延伸概念恩仇行为 7331\3e2n 的引入保证了关系现实行为 7331\3 描述的透齐性，这句话如果引起了你的疑惑，那就请回去看一下“支持与反对 43”概念树的概念延伸结构表示式（[110-4.3]节），该概念树拥有 3 项一级延伸概念，其中的两项已经纳入世事人情行为了，那剩下的一项就纳入恩仇行为了。因此，下面给出 3 个概念关联式：

7331\3e0m:=43e0m——（7331\3-10a）

（双向世事人情行为对应于关系的合作与对抗）

7331\3e6m:=43e6m——（7331\3-10b）

（单向世事人情行为对应于关系的支持与反对）

7331\3e2n<=(r32~08;r43e7m)——（7331\3-11）

（恩仇行为强流式关联于效应作用的利与害或关系的和谐与冲突）

这组概念关联式表明：恩仇行为远比世事人情行为复杂。恩、仇、怨都是“r”型概念，前文曾有所论述（见[123-0.1.0.3.2]孙节），这里再把那里给出的 HNC 符号拷贝一下：

```
恩          (r653218;r6543e61;r3218)
仇          r653228
怨          r6543~e71
```

这（HNC 符号）表明：仇和怨都是感性层次的认识，恩主要是感性层次的认识，但也可以提升到理性和理念层次的认识。宗教主要致力于向理性层次的提升，而佛学和儒学则同时致力于向理性和理念层次的提升。动物也有恩、仇、怨的表现，但那归属于本能或感性层次的反应比较适当。

考虑到恩、仇、怨内容（内涵）的上述复杂情况，《全书》当然要把它们的描述安置在不同的概念树下。所以，前面在关系心理行为的“关系行为第二形态 7301\03e2m”里（见[123-0.1.0.3.2]孙节）着重描述了恩怨行为，接着又在外因情感行为的“第一外因情感行为 7301\32*\1”里（见[123-0.1.3.2-1]分节）着重描述了政治仇恨行为。这两次描述皆以感性认识为基本立足点，这里的“恩仇行为 7331\3e2n”是恩、仇、怨的第三次描述，已转移到以理性认识为基本立足点了，描述的这种转移性就体现在概念关联式（7331\3-11）里。由此可见，世事人情行为的描述也是以理性认识为基本立足点。这样的世界知识如果用语义学的专业语言（术语）来描述不仅是烦琐的，甚至是无能为力的，但一组概念关联式却可以非常轻松地给出十分到位的描述，那就是（7331\3-10o）和（7331\3-11）的妙用了。

由于“恩仇行为 7331\3e2n”担当着恩、仇、怨描述的殿后责任，所以，它就成了“关系现实行为 7331\3”里唯一未遭封闭的延伸概念，为它设置了两项延伸概念，分别命名为恩仇行为承受者和作用者的伦理表现。所选用的符号和汉语命名都十分到位，其四级延伸概念未予具体说明，现补充如下：

7331\3e25ie5n	受援者伦理表现
7331\3e25ie55	报恩
7331\3e25ie56	忘恩
7331\3e25ie57	念恩
7331\3e26ie4n	受害者伦理表现
7331\3e26ie45	适度报复
7331\3e26ie46	低度报复
7331\3e26ie47	过度报复
7331\3e253e7n	救援者伦理表现
7331\3e253e75	不图回报
7331\3e253e76	希图回报
7331\3e253e77	索取回报
7331\3e263e7m	害人者伦理表现
7331\3e263e71	良知性补偿
7331\3e263e72	无意补偿
7331\3e263e73	有所补偿

这里有四类对象：受援者、受害者、救援者和害人者，他们的基本概念关联式如下：

(7331\3e25ie55;7331\3e26ie46;7331\3e253e75;7331\3e263e71)
:=7302\22*8e71——（7331\3-0-4）
（报恩、低度报复、不图回报和良知性补偿对应于君子行为）
(7331\3e25ie56;7331\3e26ie47;7331\3e253e77;7331\3e263e72)
:=7302\22*8e72——（7331\3-0-5）
（忘恩、过度报复、索取回报和无意补偿对应于小人行为）
(7331\3e25ie57;7331\3e26ie45;7331\3e253e76;7331\3e263e73)
:=7302\22*8e73——（7331\3-0-6）
（念恩、适度报复、希图回报、有所补偿对应于俗人行为）

这四个概念关联式似乎不必被赋予特殊编号，如果某些读者有这个想法，那笔者可真是有无比欣慰之感了，因为该想法的产生就表明：传统中华文明特有的概念瑰宝是有可能恢复并推向全球的。

恩仇行为的 4 种对象或角色不仅适用于个人，也适用于组织、企业和国家。企业和国家不能老是以救援者自居，你们必须形成这样的认识：你们不仅要当好作为救援者的角色，也要当好作为一个害人者、受援者和受害者的角色。这是上列特殊编号概念关联式所揭示的世界知识。诚然，你们的本来使命是救援者，但另外 3 种角色也会降临在你们头上，这就叫现实。所以，传统中华文明才发明了王道和霸道的概念，至于恩仇行为与“两道”行为之间的概念关联式就留给后来者去完成吧。

3.1.4 实用现实行为 7331\4 综述

实用现实行为 7331\4 具有下面的概念延伸结构表示式：

```
7331\4*(t=b,\k=0-3;te4n,\ke5n,\0*t=a,;\0*tc01;\0*td01,)
  7331\4*t=b              实用现实行为的第一本体描述
                          （第一现实行为）
  7331\4*9                权争行为
  7331\4*a                利争行为
  7331\4*b                名争行为
    7331\4*te4n             第一现实行为的认识论描述
  7331\4*\k=0-3           实用现实行为的第二本体描述
                          （第二现实行为）
  7331\4*\0               生
  7331\4*\1               老
  7331\4*\2               病
  7331\4*\3               死
    7331\4*\ke5n            第二现实行为的认识论描述
    7331\4*\ke55            超脱
    7331\4*\ke56            执著
    7331\4*\ke57            世俗
    7331\4*\0*t=a           头号现实行为的本体描述
                            （头号现实）
    7331\4*\0*9             财
    7331\4*\0*a             色
      7331\4*\0*tc01          素君子
      7331\4*\0*td01          素小人
```

上面的汉语说明体现了汉语的特殊优势，既有老组合词的“权利名”、“生老病死”和“财色”，也有新组合词的“权争”、“第一现实”、“头号现实”、“素君子”等。

3.1.4.1 第一现实行为 7331\4*t=b 的世界知识

对“权利名”的三争是本编（第一类精神生活）里频度最高的话题了，多次出现的话题需要一个汇集点，这个汇集点就是第一现实行为。这一重要世界知识以下面的两个概念关联式表示：

7331\4*t%=((7103t;7111t;7112t;7113t;7121t;7122t;7202e7nt)=>7301)
—— (7331\4-1)

（第一现实行为包含关系反应基本内容、事业态度本体表现、亲情本体表现、友谊本体表现、期望基本内容、目标选定和“三争”激效等心理所导致的行为）

7331\4*t=a0099t —— (7331\4-2)

（第一现实行为强交式关联于专业活动的三争）

（7331\4-1）的汉语说明比较蹩脚，没有找到比较顺畅的词语，读者一定感到十分不爽，因为它们不能有效激活大脑的相关联想，但语言超人应该不会。现实行为包含 7 项内容，其中含有“心理”71 里的心情 710、态度 711 和愿望 712 的延伸概念，但没有情感 713 和心态 714 的对应内容，而选用了异态意志 7202 的一项延伸概念。这些就请读者加以注意而不予解释了。该说明的概括词语使用的心理而不是“心理”，这只是一个细节，但不可忽略。这两个概念关联式足以保证第一现实行为 7331\4*t 符合透齐性要求吗？还是那句话——笑而不答是最好的回答。

第一现实行为之认识论描述所对应的延伸概念 7331\4*te4n 是东方智慧的集中体现，符号“e4n”非常传神，这已讲过多次了，相应的汉语表述都不必写出了。

3.1.4.2 第二现实行为 7331\4*\k=0-3 的世界知识

第二现实行为具有两项延伸概念，其一是“第二现实行为认识论描述 7331\4*\ke5n”，其二是“头号现实 7331\4*\0*t=a”。任何文明都对前者有精彩的描述，但最精彩、最深入、最系统的当属佛学，佛学的博大精深主要体现在这里，这一世界知识以下列概念关联式表示：

(a60t,l45,7331\4*\ke5n)=(r821,l01,q821\1)——(7331\4-3a)
（第二现实行为的哲理探索强交式关联于佛学）
(7331\4*\ke55,l01,q821\1)=7210\1(d01)——(7331\4-3b)
（佛教的超脱强交式关联于最高智慧）
((r7331\4*\ke55,l01,q821\1),f31,Bore)——(7331\4-3c)
（佛教的超脱智慧命名般若）

第二现实行为的符号表示一定要采用 7331\4*\k=0-3 的形态，而不能采用 7331\4*\k=4 的形态，否则，头号现实行为的说法就不合乎透彻性的标准了。

头号现实行为 7331\4*\0*t=a 是当前传媒的主题，这一文化现象是后工业时代初级阶段的文化标志。从这个意义上说，当今六个世界除了第四世界以外，都已进入了后工业时代，而第二世界的进入速度在近 20 年来为全球之冠，是所谓中国速度的一部分。这一文化现象是三个文明标杆说的理论依据之一，是第三文明标杆之必然潜在性和第二文明标杆之必须潜在性的依据之一。这里值得介绍一下与现实有关的 HNC 符号：

r30	现实
r30(d01)	哲学现实（存在）
r30(c01)	头号现实
r30(d21)	第一（位）现实
r30(d22)	第二（位）现实

自然语言的“现实”有多种语义，“现实是残酷的”里的现实是 r30(d22)；黑格尔名言——凡是现实的都是合乎理性的，凡是合乎理性的都是现实的——里的现实是 r30(d01)；这里的第一现实是 r30(d21)；第二现实是 r30(d22)；头号现实是 r30(c01)。后 3 个现实符号可用于相应现实行为的定义式，读者不妨自己练习一下，并回过去翻阅一下关于定义的略说（见“广义作用反应 7101”概念树的[121-0.1.1]小节），从而体验一下 HNC 符号体系的妙用。

财色是头号现实行为的基本内容，这一点应该不会有太大的争议。笔者期待：这里引入的素君子和素小人这两个词语也不至于引起反感，如何在中华大地再次普及君子的概念和复活君子行为呢？这个难题的解决需要大家想办法，也许从“素君子”做起是办法之一吧。

结束语

本节把现实行为 7331 分解成 4 类：信念现实行为 7331\1、经验现实行为 7331\2、关系现实行为 7331\3 和实用现实行为 7331\4。这 4 类现实行为分别恰配于理念行为 7321、理性行为 7322 和观念行为 7323，这一恰配性由概念关联式（7331-m.m=1-4）加以具体描述。这 4 个概念关联式呈现出该恰配的某种“非线性”特征，恰配于理念行为和观念行为的各 1 项——第一项和第三项，而恰配于理性行为的则有两项——第二项和第四项。这不难理解，因为，现实行为毕竟要以理性为基本依归，而且它必然服从作用效应链的三段表现与轮回规律。

“信念现实行为 7331\1”小节着重讨论了浪潮现象，对无知浪潮给予了特殊关注，以特殊编号概念关联式的形式描述了相关世界知识的要点。该小节最后，结合信念现实行为之震荡形态和永恒形态的讨论，对尼采悲情写了一段告别的话。

“经验现实行为 7331\2”小节是本节的重点，独占了篇幅的大半。该小节着重讨论了“交易行为 7331\2*4”和“强势行为 7331\2d01”，各占一个大篇幅的分节。在交易行为分节里，对“等势交易与非等势交易的时代性演变”给出了详尽的分析，对社会进行 7 点纵向考察和 6 点横向考察，提出了一个富有争议的命题：**“等势交易并非民主政治制度的专利，非等势交易并不是专制政治制度不可根治的痼疾”**，为新型民主或专制政治制度的设想提供了一种理论思考。在强势行为分节里，再次论述了传统中华文明的特色，比较了中华文明和希腊文明的文明土壤差异，阐释了孔子模式和柏拉图模式的异同，对王道与霸道、君子与小人的概念赋予了强势行为意义的补充解释，特意写下了一段预言式话语：“冷静审视民主政治制度的缺陷需要一种新的智慧，正确理解‘克己复礼为仁’的论断更需要一种新的智慧。当第一世界和第二世界分别获得这种智慧的时候，后工业时代就可以告别其初级阶段了。”

“关系现实行为 7331\3”和“实用现实行为 7331\4”两小节都内容平平，但也有描述亮点，那就是对君子和小人概念的反复运用，从而回应了“理想社会结构是（君子，俗人，小人）呈现出纺锤形分布形态的社会，这种社会结构可名之为孔子理想社会”的论断。

注释

[*01] 观念-信念行为是“交织于观念的信念行为”的简称，其他类推。

[*02] 中国悖论的论述见“文明驱动行为7301\21*\k=6综述”（[123-0.1.2.1.4]孙节））

[*03] 大三权分立的论述见“期望驱动行为7301\21*t=b综述”（[123-0.1.2.1.1]孙节）

[*04] 经济公理的论述见“三迷信行为7301\02*ad01t=b世界知识”（[123-0.1.0.2.1-2]分节）

[*05] 政治体制的论述见“政治体制a10m世界知识”（[130-1.0.2]小节）

[*06] 政治制度的论述见“政治制度a10e2n世界知识”（[130-1.0.3]小节）

[*07] 马克思答案的论述见“理想行为73219世界知识”（[123-2.1-1]分节）

[*08] 中国发展速度缘由分析见“第一基本情感行为7301\31*\1世界知识”([123-0.1.3.1-1]分节)

[*09] 对中国式断裂的蓄势分析指官帅的形成论述，见“期望驱动行为7301\21*t=b综述”（见[123-0.1.2.1.1]孙节）

[*10] 该插说见“理性行为7322的概念延伸结构表示式”（[123-2.2-0]分节）

[*11]“君子无关于过度三争”的论述见“气质72228综述”（[122-2.2-1]分节）

[*12] 见“态度丛林法则表现7110at=a综述”（[121-1.0.1-2.3]分节）

[*13] 见“禀赋基本内涵7220”（[122-2.0]节）

[*14] 托马斯·阿奎那命题，见“理想行为73219世界知识”（[123-2.1-1]分节）

[*a] 两者分别是仁的最低标准和最高标准,见“禀赋作用表现72209e5n的世界知识”([122-2.0-1]分节）

[*b] 指前文对福山、亨廷顿先生的评论，主要在以下三处：

“科技迷信7102ad01综述”（[121-0.2.1-2]分节）

“事业态度本体表现7111t=b世界知识”（[121-1.1.2]小节）

“文明驱动行为7301\21*\k=6综述”（[123-0.1.2.1.4]孙节）

[01] 黄炎培之问见“信念现实行为7331\1综述”（[123-3.1.1]小节）。

[02] 查拉图斯特拉是古波斯的先知，希腊人名之琐罗亚斯德。

[03] 人性论的现实派和明智派见“常态意志”（[122-0.1.1-1]）。

[04]“符合语言超人需求的数字化描述”是所有概念关联式的共性，该短语早该出现，迟至今日才首次亮相，非常抱歉。如今的“语言超人”就是以前的“交互引擎”，但交互引擎的说法容易造成一种误解：该引擎可以单单依靠(HNC-3)而独立运行，而置其必需的“能源”与“资源”于不顾。类似的误解已发生于句类分析达10多年之久，而且还在持续，语境分析一定要吸取这一教训。在开始开发句类分析技术的时候，我们只有(HNC-2)，还没有(HNC-3)和(HNC-4)，所以，句类分析的歧途乃不可避免，但语境分析绝不应该重蹈覆辙，因为(HNC-3)和(HNC-4)是同时给定的。句类分析需要语境分析为后盾；语境分析需要殊相记忆为后盾。没有语境支撑的句类分析不会比常规的句法-语义分析高明很多，没有殊相记忆和动态记忆支撑的语境分析也必然不会比将来可能出现的句法-语义-语用分析高明多少。这样，交互引擎必将永远停留在幼儿水平，根本不可能担当起语言超人的重任。语言超人将简称语超，语超之母将简称微超，无母则无子，无微超则无语超。微超曾命名“图灵之战”，也叫“智力培育战役”。微超的理论准备已基本就绪，那就是语言理解基因、语言共相记忆、语言殊相记忆和动态记忆四项，关键项是共相记忆里的与每一理解基因相联结的概念关联式，其激活标记符号（即概念关联式的主体逻辑符号）揭示了语言理解运作过程的关键步骤，其组合结构又可作为语言生成的基本样板。所以《全书》的残缺版在这些关键点上实际上是不残缺的。

[05] 社会公理将在[142-1.0]节里正式论述。

[06]“七上八下”指中央领导67岁还能上位而68岁则退下。

[07] 这是中国社会构成在20世纪20年代的第一次转变。

[08] 这是中国社会构成在20世纪40～50年代的第二次转变。

[09] 官有制是国有制的别名，有人使用过这个术语，笔者以为比较贴切，故借用之。

[10] 卢作孚见“第一内因情感行为”（[123-0.1.3.3-1]）。

[11] 诺贝尔奖获得者关于“21世纪人类社会的发展必须吸收孔子智慧”的倡议是一个误传，读者上网查询即知。不过，许多著作和文章都提到了这个倡议，这里也就以讹传讹了。

[12] 政治、经济、文化的社会角色指“政治-统帅、经济-基础、文化-灵魂”的表述。

[13] 指“哲学是对存在本质的探索、神学对心灵本质的探索和科学是对存在与心灵的形式化探索”的表述。

第 2 节
个人行为 7332 (081)

引言

仿照现实行为 7331 的描述模式，以概念关联式(7332-m,m=1-3)为依托，个人行为也采用并列延伸结构，它将构成个人行为一级延伸概念的主体。此外，还为它设置了一项定向延伸概念 7332i，定名选举行为。

本节是心理(71,72,73)篇的最后一节。在此前的各节里，笔者曾试图介绍一些传统中华文明特有的宝贵概念，这些概念曾被当作封建糟粕而扔进文明垃圾堆。任何古老文明都存在封建糟粕，古老中华文明的糟粕是否更多一些，甚至是全球之冠？这不是一个可以轻易回答的严肃问题，但一个世纪以来，我们采取了过于轻率的态度，“全球之冠”的主张者依然大有人在。基于这一令人痛心的历史和现实，并考虑到扔弃传统和追求低品位的时髦几乎成了现代中国的一种民族嗜好，使中国式断裂的势头有增无减，故此前对传统文明的弱点通常都采取略述的方式。这也是“矫枉过正”的一种表现，本节将有所弥补，这主要通过“选举行为 7332i”的设置来体现，因为该项个人行为缺失确实是传统中华文明的重大固有缺陷之一。

概念关联式(7332-m,m=1-3)拷贝如下：

7332=732199+7321a9——(7332-1)
(个人行为强交式关联于信念-理想行为和理念-信念行为)
7332=73228+7322a——(7332-2)
(个人行为强交式关联于先验理性行为和浪漫理性行为)
7332=7323e2n——(7332-3)
(个人行为强交式关联于善恶观念行为)

3.2-0 个人行为 7332 的概念延伸结构表示式

```
7332:(\k=3,i;~\3*γ=a,\3:(e5n,*3),ie5m;)
  7332\k=3                    个人行为的第二本体表现
  7332\1                      个人“理念”行为
     7332\1*γ=a                  个人“理念”行为的两分表现
     7332\1*9                    个人理念行为
```

7332\1*a	个人信念行为
7332\2	个人理性行为
7332\2*γ=a	个人理性行为的两分表现
7332\2*9	个人先验理性行为
7332\2*a	个人浪漫理性行为
7332\3	个人观念行为
7332\3e5n	个人观念行为的基本表现
7332\3e55	个人善行
7332\3e56	个人恶行
7332\3e57	个人俗行
7332\3*3	个人异行
7332i	选举行为
7332ie5m	选举行为基本类型
7332ie51	自主型选举（第一类选举：普选）
7332ie52	协商型选举（第二类选举："异选"）
7332ie53	认同型选举（第三类选举："认选"）

仿上节，本节也提高 7332\k 的地位，以 3 个小节进行论述，这样，本节的小节数就将是 4 个而不是两个了。

3.2.1 个人“理念”行为 7332\1 的世界知识

这里带引号的“理念”意味着它包含理念和信念，其两分符号表示采取“γ=a”的语言理解基因氨基酸符号乃自然之选，无须赘述。

个人理念行为 7332\1*9 和个人信念行为 7332\1*a 是两个大“集装箱”，分别表述理念行为和信念行为的个性特征。写到这里，笔者强烈地觉得：本章枯燥的文字该休息一会儿了。可是笔者又不会生动，怎么办呢？只好故伎重演，插写一点真人真事了。

“忠于爱情”、“维护尊严”和“爱惜时间”都属于理念。如果有人为了忠于爱情而终身不娶不嫁，为了维护尊严而投湖自尽，为了爱惜光阴而一辈子没有离开过一个小镇，那不一定有什么传媒价值。但是，如果那终身不娶者是一位大名鼎鼎又风度翩翩（类似于当下的流行字“帅”和“酷”）的大学教授，那投湖自尽者是一位学界泰斗，那一辈子困居一个小镇的是一位千年学杰，应该有点传媒价值吧，尽管当今的传媒对此并不感兴趣。这里先介绍一下那位学界泰斗和千年学杰的名字——中国人王国维和德国人康德，王先生跳下的湖是颐和园的昆明湖，康德困居的小镇原名柯尼茨堡，现在是俄罗斯的一块飞地，叫加里宁格勒。至于那一群教授，这里只介绍两个名字：金岳霖和陈岱孙。王国维的投湖和康德的困居都潜藏着十分复杂的历史背景，真要搞清楚并不容易。但金岳霖和陈岱孙两位先生忠于爱情的故事则是个人理念行为的崇高典范，带有传统中华文明特性，非常感人，上网就能查到，请你通过他们的故事感受一下个人理念行为 7332\1*9 的义境吧。

这里不免要说一下当今的传媒了。在口头上，他们把“多元”与“个性”喊得个震天响，但实际上，他们却把“一元”与“共性”强化到了极致。这言行不一的现象非常可恶，请允许笔者用两句文言文来表述：“虚‘多元’而实‘一元’；言‘个性’而行‘共性’，当代之哀也，莫大于此。”这是现代化进程的最新创举，渗透到人类生存基本需求——衣食住行医玩——的方方面面，渗透到两类劳动和三类精神生活的方方面面。这个世界潮流是第一世界带的头，其幕后推手就是那位“金帅”。第二世界紧随其后，“官帅”扮演着青出于蓝而胜于蓝的历史角色。在这个世界潮流里，康德不会再有了，王国维不会再有了，金岳霖和陈岱孙更不会再有了，这样的世界真的美好吗？

笔者幼年时在仰山堂常听到“一寸光阴一寸金，寸金难买寸光阴”，笔者老年也听到了另一种“爱惜时间”的话语（箴言）——“时间就是金钱”，并被告知这话语多么来之不易！其实，这“不易”不过是前述中国式断裂[*01]的一片浪花，那浪花诚然值得欣赏，但不能为之沉醉，因为浪花也可能是海啸的前兆。如果“时间就是金钱”的命题竟然成立，那么，把“时间”转换成“一切”或“存在”又如何？如果“存在就是金钱”成了人类信条，那“时间就是金钱”的箴言就是最不吉利的话语了，因为它就是人类文明海啸不折不扣的预兆了。

前文曾说过“凤凰声音”[*02]的一些好话，这里不得不再说一声：两年来（现在是2010年夏季）那凤凰的声音已经基本变味儿了，已经变成“官帅”和“金帅”的一只十分听话的“笼中鸟”了。

个人理念行为7332\1*9主要呈现在社会结构里的“士”身上，古今中外皆然。但个人信念行为7332\1*a不是这样，它不存在“身份”歧视，对（帝，官，士，商，工，农）一视同仁。个人信念行为的普遍存在性可简称信念情结，是一种最为复杂的社会现象，一种高级形态的迷信或毒品。一味美化它固然是落入下乘的俗见，全盘否定它同样是跌入下乘的浅见。回忆一下斯大林所宣扬的“特殊材料”和毛泽东所强调的“最讲认真”[*03]吧，品味一下这些信念情结催化剂的语用力量吧。当你认准别人吸了“官帅”毒品的时候，说不定你自己也吸了“金帅”的毒品呢？！

本小节暂时不写概念关联式了，放在第二卷第八编撰写之后吧。

3.2.2 个人理性行为7332\2的世界知识

有关内容拷贝如下：

7332\2*γ=a	个人理性行为的两分表现
7332\2*9	个人先验理性行为
7332\2*a	个人浪漫理性行为

这里只选取了先验理性和浪漫理性，而舍弃了经验理性和实用理性，难道后两种理性行为就不具有个人特征吗？这个问题是必须回答的吗？这两问而不是简单的第一问比较符合HNC的思路。

本节不拟写出各级延伸概念的定义式，其原由就不说了。请读者自己试写一下个人理性行为的定义式吧，写出来以后，你就会明白：这里并不存在舍弃问题，个人理性行为两分表现的设计只是明确了凸现问题。下面的故事表明：个人的先验和浪漫理性行为确实是世界知识应该加以凸现的内容。

该故事是笔者最近听来的。该“故事”是关于一道试题的答案，该试题是某著名大学管理学博士生面试的一道选择题：给出下列4种人里的最好和最差。

1	听话	出成绩
2	听话	不出成绩
3	不听话	出成绩
4	不听话	不出成绩

“正确”答案是：“1 最好，3 最差。”

实际上，这里存在 4 种答案：

答案 A：“1 最好，4 最差”——经验理性标准（成绩第一，在意听话）

答案 B：“1 最好，2 最差”——先验理性标准（听话第一，在意成绩）

答案 C：“3 最好，1 最差”——浪漫理性标准（不听话第一，不在意成绩）

答案 D：“1 最好，3 最差”——功利理性标准（成绩第一，忌讳不听话）

某著名大学选择答案 D 为正确答案，这一点也不奇怪，完全符合官帅的逻辑。这并不是“新”官帅的新思维，“老”官帅也同样如此。中国 1949 年以后各项“运动”的主要整肃对象就是那些“不听话、出成绩”的人，刘少奇先生不是谆谆告诫过要“做党的驯服工具”吗！“不听话”从来是官帅的第一忌讳。

答案 A 和答案 D 符合常理，而答案 B 和答案 C 有悖于常理。当然，理性范畴的常理并非真理，这无须说明。需要说明的是：凡符合常理的，个性特征就比较稀少；凡有悖于常理的，个性特征就比较强烈。本小节延伸概念的设计依据就在于此。

前面的提问到此本来可以结束了，考虑到读者可能对答案B和答案C感到很不习惯，这里稍加解释。先验理性者专注于公理性的东西，不仅有自命天才的癖好，还带着满眼蠢材的有色眼镜看待身边的人，那“听话、不出成绩”简直就是不可救药的蠢材了，因此，答案 B 自然是他们的第一选择。浪漫理性者专注于跟现存的一切观念作对，传统近乎敌人，变革或革命就是一切，别树一帜和与众不同就是乐趣，那“不听话、出成绩”的人自然是最可爱的，而“听话、出成绩”的人自然是最可恶的，因此，答案 C 自然是他们的第一选择。

最后，回到《全书》的老一套，以 5 个概念关联式集中表达 5 项关于政治制度的世界知识。这 5 项世界知识中的 3 项是关于当前的或历史的；两项是关于未来的，因而是探索性的，后者使用了特殊编号。这本来不需要说明的，这多余的说明是为了强调它的探索性。

rw7332ie51≡a10e25xpj1*bc35——（7332\2-1）

（自主型选票强关联于当今的民主政治制度）

rw7332ie52=>a10e26e25jlu12e22——（7332\2-0-1）

（协商型选票强源式关联于未来“新型”专制政治制度）

rw7332ie53=>a10e25e25jlu12e22——（7332\2-0-2）

（认同型选票强源式关联于未来的“新型”民主政治制度）

(rw7332ie5m,jl11e21jlur12e21;s32,pwj01xpj1*9d33)——（7332\2-2）

（三类型选票都曾经存在于古老文明）

(rw7332ie51,1v47d01,pj1*ad31)——（7332\2-3）

（自主型选票是工业时代成熟的标志）

本小节最后，向读者提一个建议：回头去翻阅一下“行为与观念 7323”节的“关系观念行为 7323eam”小节（[123-2.3.3]），那里的论述是本子节的形而上“影像”。这“影像”是什么意思呢？笔者就笑而不答了，你就当作是“如临深渊，如履薄冰”态度的一个注释吧。

注释

[*a] 这里说的阴谋包括对军事演习过程中偶发事故的掩饰。

[*01] 中国式断裂的论述见“自我行为7331\2*n概述之一”（[123-3.1.2-1]分节）

[*02] 关于凤凰声音的谈论见“第一内因情感行为7301\33*\1的世界知识”（[123-0.1.3.3-1]分节）

[*03] 关于斯大林和毛泽东有关名言的介绍见“事业行为基本形态7301\11e7m及其变易的世界知识”（[123-0.1.1.1.1]孙节）

3.2.3 个人观念行为 7332\3 综述

有关内容拷贝如下：

7332\3	个人观念行为
7332\3e5n	个人观念行为的基本表现
7332\3e55	个人善行
7332\3e56	个人恶行
7332\3e57	个人俗行
7332\3*3	个人异行

本小节自然包含两个子节，综述仅针对个人异行。

3.2.3.1 个人观念行为基本表现 7332\3e5n 的世界知识

本子节先提建议：回头去翻阅一下“行为与观念 7323”节的“善恶观念行为 7323e2n”小节（[123-2.3.3]），那里的论述是本子节的形而上“影像”。形而上描述的诀窍之一是“抓两头，带中间”，即孔夫子所说的“叩其两端而竭焉”。形而下描述反之，其对应的诀窍叫“先抓中间，后顾两端”。所以，这里的个人观念行为必须以符号 7332\3e5n 作基本描述，而不能像上一章那样，以符号 7323e2n 对善恶观念行为作基本描述。这里，干脆把上面的意思同时使用 HNC 符号和汉语编排成下面的两组话语。

——7323e2n 是 7332\3e5n 的形而上影像；7332\3e5n 是 7323e2n 的形而下影像。

——7323eam 是 7332ie5m 的形而上影像；7332ie5m 是 7323cam 的形而下影像。

语言理解基因氨基酸符号“e5o”具有“两头小、中间大”的基本特性，这里的 7332\3e5n 似乎比较符合实际，而 7332ie5m 则显然有悖于实际。这个问题其实并不难回答，自主型选票果真那么自主吗？其实金帅心里非常明白，只是某些新国际者不那么明白而已。说穿了，自主型选票的大多数实质上就是认同型选票。

在 7323e2n（善恶观念行为）的论述（[123-2.3.3]小节）里，曾用“两流漫三界”的话语描述第二世界，但在“文明驱动行为 7301\21*\k=6”的论述（[123-0.1.2.1.4]孙节）里，又曾用“内伤的治疗要充分调动自愈机制，不能光靠药物，更不能使用扫帚”的话语描述第二世界，并断言第二世界已经消除了“苏维埃标杆的短命基因”，因为它已经施行了“基因修复工程”。这两种描述似乎充满着矛盾，前者在“谴责”官帅，后者却又在为官帅“辩护”。这里故意把谴责和辩护打了引号，因为它们不是通常意义下的谴责和辩护，而只是对事物本来面目的一种描述。关于谴责、辩护和描述的概念将在《全书》第二卷第二编第二章第 6 节（[220-2.6]）里阐释。

符号 7332\3e5n 及其汉语表述都是比较传神的，是对任何时代、任何社会之个人观念行为的透齐性描述，因为它蕴含着伦理学的精髓。一个缺乏个人善行的社会是病态的；一个充盈个人善行的社会是健康的；一个没有个人恶行的社会是不可思议的；一个流溢着个人俗行的社会是正常的；这项知识应列为第二位世界知识[*01]，也可命名为伦理学的第一号公理。佛陀、孔夫子、柏拉图、耶稣和康德都是这第二位世界知识或第一号伦理学公理的深刻领会者，但许多哲人和伟人则是该公理的挑战者。

本分节的文字论述是对上一小节长篇论述不可或缺的回应，但千言万语不过就是下面特殊编号概念关联式所概括的世界知识：

7332\3e5n≡72228e7m——（7332\3-0-1）
（个人观念行为基本表现强关联于气质基本描述）

这概念关联式的分别说汉语表述更容易理解，但这里就不写了，免得又惹朋友们生气。

3.2.3.2 个人异行 7332\3*3 综述

如果说个人观念行为基本表现 7332\3e5n 基本上是可以预期的，那么就应该说个人异行 7332\3*3 基本上是不可预期的。

个人异行 7332\3*3 的透齐性描述可采用下面的封闭型概念延伸结构表示式：

7332\3*3:(\k=4,t=b;~\2i,\2*t=b,(t)e26;\2*bγ=b,\3ie1n)

7332\3*3\k=4	个人异行的层级表现
7332\3*3\1	本能层级的个人异行（本能异行）
7332\3*3\1i	性欲异行
7332\3*3\2	心理层级的个人异行（心理异行）
7332\3*3\2*t=b	心理异行三特殊表现
7332\3*3\2*9	态度异行
7332\3*3\2*a	愿望异行
7332\3*3\2*b	情感异行
7332\3*3\2*bγ=b	情感异行的典型消极表现
7332\3*3\2*b9	排斥异行
7332\3*3\2*ba	怨恨异行
7332\3*3\2*bb	妒忌异行
7332\3*3\3	信念层级的个人异行（信念异行）
7332\3*3\3i	迷信异行
7332\3*3\3ie1n	迷信异行的作用承受表现
7332\3*3\4	理念层级的个人异行（理念异行）
7332\3*3\4i	执著异行
7332\3*3t=b	个人异行的三争表现
7332\3*39	权争异行
7332\3*3a	利争异行
7332\3*3b	名争异行

上面列举的个人异行清单可区分 A、B 两类，A 类包括性欲异行、情感异行和三争异行；其他为 B 类。君子无关于 A 类异行，但所有的人都会有 B 类异行，这既包括名人、精英或常人，也包括君子、小人和俗人。不过，少数人的 B 类异行表现比较强烈和丰富，多数人的表现比较平淡。在汉语语境里，B 类异行表现特别强烈的常被称为疯子，于是，章太炎先生和黄侃先生曾有章疯子和黄疯子的绰号，但这个绰号的义境在不同语境下有天壤之别。下面仅以名人为例来诠释各项 B 类异行（表 3-34），这些个例都包含比较复杂的真实故事，但一律略去细节说明，有兴趣的读者可自行上网查阅。在 A 类异行中，性欲异行最诡异，情感异行最复杂，三争异行最智能但未必智慧。

表 3-34 B 类异行示例

命名	HNC 符号	示 例
态度异行	7332\3*3\2*9	托尔斯泰和卢梭的对待情妇和私生子 章太炎的对待辛亥革命 黄侃的对待刘师培
愿望异行	7332\3*3\2*a	辜鸿铭的留辮子 格瓦拉的再游击
迷信异行	7332\3*3\3i	张悟本、李一等的成功忽悠 新国际者的“七十大限”论或“十年转型”论
执著异行	7332\3*3\4i	王国维的投湖 陈寅恪对第二历史研究所所长的拒绝

个人异行 7332\3*3 的概念延伸结构表示式为什么符合透齐性要求呢？这个问题就留给读者思考了，相应的概念关联式也就留给读者做练习了。

注释

[*01]第一位世界知识包含三项内容：六个世界及其期望、三种文明标杆和经济公理，在“文明驱动行为7301\21*\k=6”次节（[123-0.1.2.1.4]）进行了概述，将在《全书》第二卷第八编作正式论述。

3.2.4 选举行为 7332i 的世界知识

有关内容拷贝如下：

7332i	选举行为
7332ie5m	选举行为基本类型
7332ie51	自主型选举（普选、第一类选举）
7332ie52	协商型选举（第二类选举）
7332ie53	认同型选举（第三类选举）

在当今中国的话语世界里，个人行为受到新国际者的极大关注，他们认为：传统中华文明缺乏对个人行为与公共行为这两者及其分野的起码认识，明确或重新获得这两个概念不过是近 30 年间的事。许多以启蒙者、大师、狂人或乌鸦自居的新国际者都认为这是一项重大发现，他们很为该项发现的发现而自得，那自得的程度多少有点像当年的马克思先生。马克思先生和中国新国际者的发现有异曲同工之妙，前者发现了无产阶级独具大

公无私的阶级性，后者发现了传统中华文明独缺个人观念，因而也必然缺乏自由的观念。这“独缺”的发现实际上是黑格尔发现[*01]——东方人只知道一个人是自由的……——的翻版。不过，黑格尔先生说的是东方人，而某些新国际者用中国偷换了东方。黑格尔的发现并非全错，那么，新国际者的发现就全错吗？也不是，传统中华文明确实没有“选举行为 7332i”的概念。这项判断当然需要训诂，但世界知识对这类判断可以采取“大致不差”的标准。因此，本小节最重要的世界知识就是下面的概念关联式：

(7332i,jl11e22e22;s32,(pwj01rc50ac2n,147,China))——(7332-0-1)
（传统中华文明不存在（不应“无”的“无”）选举行为）

这是一个以“7332”领衔的唯一特殊编号概念关联式。

但是，缺乏选票行为并不等于缺乏个人行为与公共行为的概念，因为“选举行为 7332i”只不过是个人行为 7332 这株概念树的延伸概念之一，7331 主要是针对公共行为。7332 虽名之个人行为，但 7331 并未名之公共行为，而名之现实行为。为什么呢？这将在本章后记里作简要说明。

下面将给出一组以“7332i”领衔概念关联式，这组概念关联式是与以“7332\2”为领衔的概念关联相互呼应的。

(7332ie51,1v47d01,ra30\13)——(7332i-1)
（自主型选举标志着第一文明标杆）
(7332ie52ua1,1v47d01jlur12e22,ra30\12)——(7332i-0-1)
（政治协商型选举将标志第二文明标杆）
(7332ie53ua1,1v47d01jlu12c32,ra30\11)——(7332i-0-2a)
（政治认同型选举可标志第三文明标杆）
(7332ie53ua1,1v47d01jlur12c33,ra30\13))——(7332i-0-2b)
（政治认同型选举终将标志第一文明标杆）

为便于读者考察上面说到的呼应，将前面的有关概念关联式拷贝如下：

rw7332ie51≡a10e25xpj1*bc35——(7332\2-1)
（自主型选票强关联于当今的民主政治制度）
rw7332ie52=>a10e26e25jlu12e22——(7332\2-0-1)
（协商型选票强源式关联于未来的“新型”专制政治制度）
rw7332ie53=>a10e25e25jlu12e22——(7332\2-0-2)
（认同型选票强源式关联于未来的“新型”民主政治制度）

以这两组概念关联式为依托，先交代一下符号细节，随后略说“畅想”，最后漫说“憧憬”。

符号细节是：特殊编号概念关联式（7332i-0-m）里都对“主语”（选举）都加了“ua1”的修饰，对逻辑连接符号（1v47d01）则分别使用了“jlur12e22”、“jlu12c32”和“jlur12c33”三种不同的修饰。这些细节包含的义境在下面的“畅想”里叙说。

中华文明对选举这个概念是非常生疏的，如果说古汉语里的禅让可能有过选举的萌芽，那萌芽也早已被扼杀在刚出土的时候了，选举这个词语是古汉语的缺项，折射出古老中华文明的一项重大缺陷。但古希腊文明和古罗马文明都对选举有过特殊贡献，第一世界在工业时代的 3 个世纪里，花了大量精力对自主型选举（普选）不断加以完善，取得了丰硕成果。该成果在某些新国际者的视野里已成为一个绝对标准、一种偶像。但是，“选举行为 7332i”就那么特别，只存在一种最佳形态吗？若答案果真如此，那反而有点不可思议了，在语言概念空间里，这是非常自然的疑问。因此，HNC 为“选举行为 7332i”设置了延伸概念 7332ie5m，给出三类型选举的描述。三类型选举在古希腊和古罗马文明里实际上都是存在的，在现代生活里也依然存在。现代大公司董事会和世界一流私立大学校领导的产生也有选举程序，但那种选举显然有别于第一世界的政治选举——普选（自主型选举）。如果在选举背后存在单一的绝对“控股”力量，那样的选举就只能是认同型选举；如果存在多个“控股”力量，那协商型选举就比较适当。这就是说，第一世界在政治领域确实只存在自主型选举（普选），但在经济和文化领域并非如此，也实行认同型或协商型选举。这段文字可能很蹩脚，但它的意图是明确的，就是以这种方式（等同于或替代）对三类型选举进行定义式说明。勤于思考的读者可能感到奇怪：作者有时对一项延伸概念给出其 HNC 符号定义式，有时又不给，没个准，这是怎么一回事呢？其实这里是有“准”的，那就是：凡以语言理解基因第二类氨基酸定义的延伸概念一定不会另给 HNC 符号定义式了，因为该符号本身就是定义式，三类型选举就属于这个情况。

笔者感到奇怪的反而是：为什么自古有之的三类型选举现在只有一种自主型选举在政治舞台上独演，而另外两种类型的选举却似乎转入了“地下”状态呢？笔者“疑心病”比较重，确实怀疑这是金帅的重大阴谋之一，故意让世人误会选举只有一种，没有第二和第三种，这是一种迷幻剂，他特别希望他的对手——官帅和教帅——也被迷幻。金帅深知：官帅的宿疾可以用协商型选举来治疗，教帅的宿疾可以用认同型选举来治疗，这就是特殊编号概念关联式

（7332\2-0-1）和（7332\2-0-2）

所试图传递的世界知识，可以把两者叫做“后工业时代政治秘方”。金帅的阴谋就是不让官帅和教帅知道这个“政治秘方”，该阴谋似乎颇见成效，那些喜欢对西方政治制度的精髓大声说“绝不”的人就是中计者或被迷幻者。

第一世界的政治体制、政治制度和普选经过 3 个世纪的不断探索与实践，今天已相当完善，怎么可以轻易地说“绝不”呢？当然，它并不能适应后工业时代的挑战，还需要继续探索与实践，这是另一个层次的问题，是任何文明模式都需要面对的挑战。第二世界需要对自己的政治体制、政治制度和选举进行非常艰苦并有所创新的探索和实践，但事有轻重缓急，那么，第二世界的当务之急是什么？新老国际者各有自己的答案，但官帅本人还没有形成自己的明确答案，两个“绝不”只是对新老国际者答案的否定，它本身并不构成答案。工业时代 3 个世纪以来的历史经验表明：第二世界的当务之急要放在政治体制的改革方面，而不能像新老国际者所主张的那样，放在政治制度的改革方面，因为政治制度属于政治作用效应链的关系状态侧面，政治体制属于该作用效应链的过程转移侧面，让我们还是遵循作用效应链的基本运作规则吧！

那么，第二世界政治体制的当务之急又在哪里呢？在官帅的“政权领导人更迭 a113”方面[*02]，而不是其他。

“政权领导人 a113”有一项延伸概念叫“政权领导人更迭基本方式 a113t=b”，更迭方式的第三项 a113b 叫选举。第一世界已经对 a113t 研究得非常透彻，并干了一件惊天动地的事，就是把那里的选举“偷换”成普选，于是，普选就成了普世价值。选举本来就存在三种类型，虽然普选在形式上是老大，但老二和老三并没有委托老大充当他们的代表呀！老大怎么就“普世”了呢？“真理在少数人手里”并非罕见情况，不是吗？普选原则与保护真理的原则并不兼容，甚至具有冲突性，不是吗？当然，这并不意味着第二类和第三类选举就具有保护真理的特性，但基于“真理在少数人手里”的现实，它们毕竟也是一种可供考虑的选择。在后工业时代初级阶段的今天、在地球面临着严重生态危机的今天、在六个世界已赫然出现的今天、在科技迷信如此猖獗的今天、在需求外经（四字真经）正在疯狂挤压《圣经》的今天、在“真理在少数人手里”的情况必将又一次涌现[*03]的今天、在这个“民主潜能已耗尽，自由积弊更惊心”[01]的今天，总之，在这个人类急需求索新真理的今天，我们需要对普选有所反思，对民主与专制政治制度有所反思，我们需要把第二类和第三类选举重新请回来进行再研究。

第一世界对上列两项反思和一项再研究采取不屑一顾的态度是理所当然的，于是，这反思与再研究的重任就自然落在第二世界和其他世界的双肩上。就课题的性质来说，这是一个可以先只在政治体制 a10m 的框架内进行探索的课题，是一个可以暂时不涉及政治制度 a10e2n 的课题。该课题的探索需要展现出一些新的思考，不应该继续摸着石头过河了。HNC 认为：把探索的突破口选在“协商型选举 7332ie52”是适当的，这是一个具有广阔探索空间的课题，要研究希腊和罗马贵族的经验教训，要研究工业时代以来天主教会的经验教训，要研究现代企业巨无霸在管理方面的经验教训。再说一声：这只是一个关乎“政治体制 a10m”和“选举行为基本类型 7332ie5m”的课题，从概念的联想脉络来说，它必然要牵涉到“社会制度 a10t=b”、“政治制度 a10e2n”，也必然要牵涉到“政权活动 a11”的方方面面，但一切探索活动的第一要点就是要有所取舍，切忌“拿来主义”。政治探索活动尤其要结合自身文明的特性，结合自身国家或民族的具体情况。就第二世界来说，当前的关键是舍弃专政，但这并不意味着要舍弃专制，因为专制与专政是两个具有本质区别的概念。

有一种看法认为：国家不过是一个文明或民族的一种临时集合体，一个国家的政治特色主要取决于其政党的基本形态。HNC 支持这个看法，因此为“政党基本形态 a11ie2m”设置了如下的符号表示：

a11ie2m	政党的基本形态
a11ie21	相对权力政党
a11ie22	绝对权力政党

第一世界的政党都是相对权力政党，人们太习惯于相对权力政党了，以为凡政党就必须是这样的政党，这就形成了一种思维定式，就如同以为凡选举就必须是普选一样。

但是，符号 a11ie2m 和 7332ie5m 告诉我们：地球村的现实不是这么简单，地球村实际存在着两种形态的政党和三种类型的选举。在这个符号表示里，对两形态政党和三类型选举未赋予积极与消极的含义，或正义与邪恶的含义。有人会对此提出质疑，为什么不把上列两个符号写成下面的 B 表述形式呢（表 3-35）？

表 3-35 关于政党和选举的两种表述

	A 表述	B 表述
政党基本形态	a11ie2m	a11ie2n
选举基本类型	7332ie5m	7332ie5n

HNC 的回答如下：如果你认为 20 世纪后半叶的发展势头可以无限延续下去，因而根本不存在所谓的后工业时代，当然也就根本不存在所谓的时代性危机；如果你认为人类文明三基因说是胡说八道，因而科学独尊乃是天经地义的永恒；如果你认为关于科技迷信、经济公理和需求外经的论述都是无知者的臆想，因而金帅不过是一个别有用心者的捏造；如果你认为人类只需要一种文明标杆，因而根本不需要考虑什么第二种和第三种文明标杆，那你就舍弃 A 表述而选用 B 表述吧。新国际者就是这么希望的，有趣的是：老国际者也同样如此，不过自然语言表述的（前）两项顺序要颠倒一下就是了。双方的希望都非常坚定，亨廷顿先生隐约感觉到了这一点，这就是《文明的冲突与世界秩序的重建》实质上没有答案或答案只是“无奈”二字的根本原因了。

诚然，B 表述确实体现了政党形态和选举类型的“冲突”性，但对那“冲突”双方的属性（“积极与消极”和“正义与邪恶”）赋予就一定是正确的吗？亨廷顿先生不是明显地陷入了“无奈”的困境吗？其“无奈”的起源不正是以“冲突”为前提吗？但是，为什么不同的文明就必须冲突呢？基督文明与伊斯兰文明曾经相互冲突过 13 个世纪之久，却以两者之间的疆线“千年不变”的结果告终[*04]，或者说，双方都没有达到最初的圣战目标。以冲突为依托的思维实质上是古老圣战思维的继续，是社会丛林法则的产物。A 表述代表了“以共存替代冲突”的简明思路，B 表述则代表着“你死我活”和“以牙还牙，以血还血”的古老圣战思路，如此而已。故 HNC 选择了 A 表述。

在新老国际者的视野里，B 表述代表着人类的最新、最高智慧，而有人竟然不买这最新、最高智慧的账，这实在令人费解。所以，他们都难免表现出强烈的愤慨之情（愤情），多数新老国际者是愤情者，他们都对当下地球村的六项新现实[*05]非常生疏，依然生活在六项旧现实里。他们相互争吵，甚至非常激烈，常使笔者联想起“本是同根生，相煎何太急”的名句。他们似乎都不曾想过：那金帅和官帅都站在“云雾”[*06]的高处暗笑呢！

“畅想”就写到这里吧，“憧憬”所需的铺垫已大体具备，下面就开始叙说了。

憧憬 1：愿联合国发表一个新时代宣言，正式宣告后工业时代曙光的来临。后工业时代的基本口号应该是：告别仇恨，倡导仁义；告别苛政，实行仁政；告别帝国思维，倡导四海一家的思维；告别战争，倡导协商；告别贫困，倡导节俭；告别单一文明标杆，倡导多元文明标杆；告别金帅、官帅和教帅的“准上帝”地位，倡导政治、经济、文化的大三权分立；告别科学独尊，倡导哲学、神学与科学的协同发展。

憧憬 2：愿金帅多读《圣经》，不再宣扬需求外经，放弃控制全球的旧梦，要依据联合国的新时代宣言，树立继续完善第一文明标杆的清醒认识，为应对后工业时代的巨大挑战作出自己应有的贡献。

憧憬 3：愿官帅多读中华文明经典，高举仁和王道的旗帜，开拓一种新型的政治制度，为建立后工业时代的第二文明标杆作出自己伟大的贡献。

憧憬 3：愿教帅有所反思，您的老对手曾引领世界走向工业时代和后工业时代，您当年曾在文明继承的便利性方面最具优势，而您却被自己的竞争对手远远抛在后面。您对圣战的迷恋是否早已违背了先知的告诫呢？愿您与第三世界的俄罗斯合作，开拓政治制度的新范式，为建立后工业时代的第三文明标杆作出自己应有的贡献。

憧憬 4：愿新老国际者放弃对政党和选举的 B 描述，而选用 A 描述。你们完全不必“你死我活”下去，可以“握手言欢”。愿两位终将顿悟：自己为之奋斗的东西不过是金帅与官帅在茶余饭后闲谈中的助兴笑料而已。

注释

[*01]黑格尔发现指他关于东西方文明特性的那段名言：“东方文明只知道一个人是自由的，希腊文明知道一部分人是自由的，日耳曼文明才知道所有人都是自由的。”在[123-0.1.1]小节曾引用过。该名言出自黑格尔的晚年名著《历史哲学》。

[*02] 政权领导人更迭a113的论述见[130-1.1.2]小节。

[*03] 前一次涌现在工业时代的启动或初级阶段。

[*04]“千年疆线不变”指伊斯兰世界的西部边疆，该边疆与当今第一世界的欧洲疆域相接。伊斯兰世界曾攻占比利牛斯半岛，也曾攻占巴尔干半岛的大部分，但先后为基督教世界所收复，大体回到了公元1000年时的状态，故名之“千年疆线不变”。

[*05] 六项旧现实就是工业时代柏拉图洞穴的基本景象，六项新现实是后工业时代曙光的标记，见[123-3.2.2]小节。

[*06] 这“云雾”指工业时代的柏拉图洞穴。

[01]“民主潜能已耗尽，自由积弊更惊心”是笔者写给好友石承曾的“感怀”诗的两句，全诗为两首七律，全诗如下：

感怀（一）

专制从来靠杀人，霸强一贯赖盲忱。
兵权在握权笃定，谎话连传话即真。
衰落西边彼无奈，崛起东方我最能。
千年骗局皆兴旺，何惧书生瞎折腾。

感怀（二）

财富疯增势未停，极权赖此可长生。
民主潜能已耗尽，自由积弊更惊心。
西亚君王忧虑免，南美豪哥霸道灵。
“动向”如今此为大，“争鸣”岂可不明新！

结束语

本节的写作不得不采取半成品风格，因为，21 世纪的上半叶将注定是个人行为最为诡异的年代，其时间过程的剧烈变化和空间分布的巨大差异也许将成为历史长河中一个最耀眼的奇点。

所谓半成品风格，其要点就是以诡异对诡异，这确实是没有办法的办法。

在“个人‘理念’行为 7332\1”的第一小节，大谈已经基本消失的个人“理念”行为，最后连一个概念关联式都没有写，这可以说是半成品的最低级形态。

在“个人理性行为 7332\2”的第二小节，关于民主和专制的论述还是一个半成品。

第三小节的内容——个人观念行为 7332\3——则具有半成品的宿命，因为那主要是专家的事。但该小节关于第一号伦理学公理（第二位世界知识）的简明论述、关于个人异行之 A、B 两类型划分的论述以及“君子无关于 A 类异行”的命题对专家的相关研究具有一定的参考价值。

第四小节的内容——选举行为 7332i——与第三小节恰恰相反，并不具有半成品的宿命，因为这一课题的专家研究留下了巨大的空白，但现在写出来的东西却是一个典型的半成品，这多少有点出乎笔者本人的意外，这意外的明显痕迹之一就是关于三类选举命名的举棋不定。所谓空白，是指第二类和第三类选举，这两类选举是选举学的空白。为了把这两类选举推进到政治领域，给它们起一个响亮的名字是很重要的事。于是，在设计“个人行为 7332”概念延伸结构表示式的时候，笔者就干了这件事，对第二类选举起了“异选”的名字，对第三类选举起了“认选”的名字，虽然这两个名字都加引号，但当时的自我感觉还是良好的。因为这里的“异”来于基本概念的“一与异 j76”，这个“异”有利于对“真理在少数人手里”态势的保护。但是，在前一小节撰写列斯毛专利的过程中，那种自我感觉逐步消失了，过线（世界知识与专家知识的界线）的沉重感演变成对自己的强烈警告。于是，拷贝过来的“汉语说明”就与原件不一样了，“异选”和“认选”都被删掉了，但原件仍然保留，就以这种奇特的方式表达一下笔者的无奈吧。

不要以为民主是政治制度的唯一选择，还有鸽专制和鹰民主；不要认定普选是唯一的选择，还有第二类和第三类选举。对第二世界来说，一定要向鸽专制转型；一定要探索并实践第二类选举；一定要彻底告别专政党天下。“悠悠万事，唯此为大”。这些，就是第四小节希望向读者传递的世界知识。考虑到这一世界知识目前还鲜为人知的现实，不得不以畅想和憧憬的特殊形式作了大段的非《全书》式论述，这不仅是无奈，而且是厚着脸皮不辞浅陋了。

后记

本章引言说：“现实存在的效应高于个性存在是形而下行为的共相表现，个性存在的效应高于现实存在是形而下行为的殊相表现，‘共’先于‘殊’是 HNC 的一般约定，故 733 仅设置两株概念树……”据此，细心的读者可能会质疑现实行为概念树符号 7331

的合理性，既然是共相，为什么不选用 7330 呢？这就又要回到对所谓第一名言和第二名言的具体解读了。引语里的“共相表现”可用“社会性表现”替换，“殊相表现”可用“个体性表现”替换。但这替换是有条件的，因此笔者乐于使用更具普适性的共相与殊相术语。那引言里特意给出了表“第一名言和第二名言对行为的影响力”，那表里使用了“影响力”的词语，对“影响力”使用了“递增”和“递减”的词语，而那“递”不过只分两级。因此，这些词语充分表现了自然语言模糊性表述的优势——回避了描述的定量性要求，这非常巧妙。本章把自然语言表述的巧妙性具体落实到概念关联式（7331-m）和（7332-m）里。这两组概念关联是不可以改成（7330-m）和（7331-m）的，因为如果那样，两组概念关联式里的对仗性特征就失去了恰配的依据。

本章和上一章所描述的内容是行为描述的又一“综合+演绎”样式，而不是“分析+归纳”样式。这一描述样式的优势在概念林-概念树-子延伸-孙延伸……的设计方面得到了充分的展示，这就只点到为止而不论述了。

从某种意义上说，本编前三篇的主体内容就是为上面引文里的憧憬提供理论依据或未来相应理论体系的素材。这个目的已经基本达到了。

写下上面这段文字的本来用意是试图表明：概念之间极为复杂的关联性和交织性在 HNC 符号体系的框架里是不难把握的，虽然结果很可能是事与愿违。笔者特意在上面使用了“准概念树”和“准子概念”的术语，这两个“准”概念只是“心理”行为 7301 的两项延伸概念，“准”的理论基础是“心理”71 这一概念子范畴的透齐性描述，从而这些“准”概念的总和就可以构成“心理”行为的透齐性描述。同理，与意志 72 这一概念子范畴对应的意志行为 7302、与心态 714 这一概念林对应的心态行为 7303 也存在相应的“准”概念，这三类“准”概念的总和就可以构成心理行为基本内涵 730 这片概念林的透齐性描述了。人类的一切活动都可以统称行为，但 HNC 定义的行为基本内涵 730 并不包含一切，它简称心理行为，其定义式是：

```
730::=(7301,7302,7303)
```

而行为的定义是：

```
73::=(730,731,732,733)
```

这样定义行为以后，行为的复杂性就不那么复杂了，我们就有条件给它一个符合透齐性要求的描述了。虽然意志行为 7302 和心态行为 7303 的概念延伸结构表示式《全书》将永付阙如，但其构架是明确的，不用对后来者的接棒能力有任何担心，这也许是笔者在撰写本书过程中的最大乐趣之一吧。

这就是说，行为描述的第一株概念树是“心理”行为 7301，最后一株概念树是个人行为 7332。

从行为的定义式可知：如果对行为进行个人与公共简单划分，并不总是恰当的，心理行为的多数概念树就没有采用这种简单的二分法，更不用说两类劳动以及第二与第三类精神生活了。

本 篇 跋

这是《全书》第一卷第二编第三篇的最后一个小节，也可视为“心理”篇的最后一个小节。“心理”篇的论述方式属于《全书》的异类，搞了大量的补写和预写，也统称插写。本小节的内容既属于前者，也属于后者。它既是“三文明标杆说”和“两类民主与专制说”的补说，又是“政治制度说”的预说。“三文明标杆说”安排在“期望行为 7301\21”这一准概念树(“‘心理’行为 7301”这一概念树的孙概念)的文明驱动行为“7301\21*\k=6”这一准子概念（“‘心理’行为 7301”这一概念树的曾孙概念）里；“两类民主与专制说”安排在“个人理性行为 7332\2”这一子概念里；而“政治制度说”则安排本编之外，属于本卷第三编第一章的“政治制度 a10e2n”子概念。“三文明标杆说”和“两类民主与专制说”都是十分重大的社会学或文明学课题，两说互补。民主与专制似乎只属于政治学的范畴，这是专家知识的视野，在世界知识的视野里并非如此，民主与专制也是文明学的基本课题。HNC 依据专家知识的视野，把政治制度的基本描述放在专业活动（第二类劳动）的政治概念林 a1 里叙说，但依据世界知识的视野，把该描述的理论依据分别放在第一类和第三类精神生活里叙说。在当今的话语世界里，两说当然是乱弹琴，但如果你略微知道一点中国的先秦经典、古希腊经典和从笛卡尔到康德的西欧经典，你就会明白：两说虽然并不是什么新东西，不过是对上列三大经典的一种综合，但并非是乱弹琴。该综合里有一些新的思考，那是三大经典时代不存在的东西，这主要是指关于三个历史时代和六个世界的思考，该思考里的全新内容是关于经济公理和需求外经的论述，半新内容是关于科技迷信的论述。这里应指出的是：三个历史时代和六个世界本身仅在本编预说，主体论述安排第二卷第八编里。

术 语 索 引

D

E

F

G

H

J

K

L

M

N

P

Q

R

S

T

W

Y

Z

人 名 索 引

① 有些作品和人名之间并非作者—著作关系，特此说明。
② 括号中的人名表示其在正文叙述中并未出现，而只出现了有关的观点或作品。

续表

人名	别称	有关观点或作品	页码
陈布雷			382
陈岱孙			538
陈独秀			287
陈胜			352
陈寅恪		《陈寅恪的最后二十年》	226、380、517、543
陈子昂			168
池毓焕		《变换》	173、175、190、198、199、265、289、320、492
储安平			548、549
慈禧太后			242
达尔文		《进化论》	440、441
大禹			441
戴安澜			292
德里达			507
邓小平			
狄更斯		《双城记》	192
笛卡儿			
丁玲			354
东条英机			392
董仲舒			458
窦文涛			418
杜勒斯			319、494
杜牧			168
范美忠	范跑跑		333、336、493、497、517
范仲淹		《严先生祠堂记》	231、351、451、458、461
费尔兹			482
佛朗哥			346
（弗里德曼）		《世界是平的》	180
弗洛伊德			228
伏尔泰		《历史哲学》（《风俗论》导言）	178、179、189
福山		《历史的终结及最后之人》	180、344、393、396、536
伽利略			367、369
甘地			515

续表

续表

人名	别称	有关观点或作品	页码
霍去病			453
基辛格			485
贾谊		《过秦论》	518、525
（简·卢文格）		《自我的发展》	508
姜太公			382
蒋介石		《蒋介石日记》	201、205、244、512
金庸		《射雕英雄传》	315、499
金岳霖			538、539
金正日			524
君士坦丁			81、140
卡斯特罗			328、392、524
卡逊		《寂静的春天》	328
凯恩斯			421、513
康德		《纯粹理性批判》、《实践理性批判》、《自然通史与天体理论》、《论火》、《永久和平论》、《道德形而上学基础》	127、161、166、186、238、274、281、289、299、326、346、366、400、416、426、454、458、459、460、461、462、463、464、469、473、519、538、539、542、553
康熙			220、235、240、352
克尔凯郭尔			334
（克里奥帕特拉）	埃及艳后		268
孔子	孔夫子	《论语》	183、193、205、208、209、212、224、225、226、268、277、287、290、291、302、307、338、360、429、460、461、462、463、520、521、524、525、526、535、536
库恩	托马斯•库恩	《科学革命的结构》	365
莱布尼茨			454
（老舍）		《骆驼祥子》	517
老子、老聃	李耳	《老子》	2、24、29、41、73、79、98、290、431
李敖	小乔		385
李白		《蜀道难》	238、329
李莲英			372
李密		《陈情表》	453、460、463

续表

续表

人名	别称	有关观点或作品	页码
马克思		《共产党宣言》	116、160、282、334、454、455、457、463、498、509、513、526、527、535、543
马一浮			305、382
（玛格丽特•米切尔）		《飘》	512
（麦金德）		《地缘政治论》	111
麦克斯韦尔			463
毛泽东	毛主席、毛公		51、197、223、244、268、277、319、329、334、339、350、351、378、393、418、424、427、444、455、480、506、512、527、539、541、548
孟德斯鸠			519
孟子		《孟子》	17、189、193、194、287、289、399、508、519、520、529
米塔尔	钢铁大王		177
苗传江		《HNC 理论导论》	161、364、397、480
墨索里尼			346
牟宗三		《中国哲学十九讲》	161、162、463、480
穆罕默德		《古兰经》	408
拿破仑			268、277
内贾德			179、328、446、524
尼采		《查拉图斯特拉如是说》、《善恶的彼岸》	183、186、187、192、193、205、287、334、400、417、426、463、489、506、507、535
牛顿		《自然哲学的数学原理》	10、14、84、455、456、463、515
诺贝尔			41、353、410、465、482、520、536
庞统			60
佩雷尔曼	格利高里•佩雷尔曼		482
彭加勒	庞加莱		482
皮亚杰			468、474
普京			393
普朗克			326、327
普希金			241、242

续表

续表

人名	别称	有关观点或作品	页码
托尔斯泰		《复活》、《战争与和平》	17、79、543
托洛茨基			512
王安石			418
王度庐		《卧虎藏龙》	315
王国维			40、241、242、364、517、538、539、543
王莽			406
维特根斯坦	维氏	《哲学研究》	13、68、442、472
文天祥			453、460
吴承恩		《西游记》	487
吴广			351
吴虞			287
伍勇			423
武则天			268
希拉里			293
希特勒			238、346、347、392
萧何			462、479
小布什			409、446
熊彼特			387
熊十力			305
休谟		《人性论》	162、170、454、466、488
许嘉璐			290、478
玄奘			138
薛定谔			87
荀子			17、508
亚当•斯密		《道德情操论》、《国富论》	161、170、240、282、293、318、417、454
亚里士多德		《政治论》、《尼各马可伦理学》	212、240、287、497、525
亚历山大			427、525
严子陵			453、460
杨佳			423
杨修			82
耶稣	基督	《圣经》	205、385、408、506、508、542
叶卡特琳娜			220

续表

《HNC理论全书》总目

第一卷 基元概念

第二卷　基本概念和逻辑概念

第三卷 语言概念空间总论